Windows C/C++
加密解密实战

朱晨冰 李建英 著

清华大学出版社

北京

内 容 简 介

本书详解 Windows 加解密算法的原理及其实现技术，内容安排首先从各大主流加解密算法的原理入手，然后用 C/C++语言自主实现这些算法，最后从 C/C++提供的主流加解密框架和函数库入手讲解其使用方法。

本书分为 14 章，内容包括密码学概述、搭建 C 和 C++密码开发环境、对称密码算法、杂凑函数和 HMAC、密码学中常见的编码格式、非对称算法 RSA 的加解密、数字签名技术、椭圆曲线密码体制 ECC、CSP 和 CryptoAPI、身份认证和 PKI 理论基础、实战 PKI、SSL-TLS 编程、SM2 算法的数学基础、SM2 算法的实现。

本书适合用于 C/C++初中级开发人员自学密码开发技术，也适合高等院校和培训机构相关专业的师生教学参考。

图书在版编目（CIP）数据

Windows C/C++加密解密实战/朱晨冰，李建英著. –北京：清华大学出版社，2021.4
ISBN 978-7-302-57821-5

Ⅰ.①W… Ⅱ. ①朱… ②李… Ⅲ. ①Windows 操作系统②C 语言–程序设计 Ⅳ. ①TP316.7②TP312.8

中国版本图书馆 CIP 数据核字（2021）第 056247 号

责任编辑：夏毓彦
封面设计：王　翔
责任校对：闫秀华
责任印制：宋　林

出版发行：清华大学出版社
网　　址：http://www.tup.com.cn，http://www.wqbook.com
地　　址：北京清华大学学研大厦 A 座　　　　邮　　编：100084
社 总 机：010-62770175　　　　　　　　　邮　　购：010-62786544
投稿与读者服务：010-62776969，c-service@tup.tsinghua.edu.cn
质量反馈：010-62772015，zhiliang@tup.tsinghua.edu.cn

印 装 者：小森印刷霸州有限公司
经　　销：全国新华书店
开　　本：190mm×260mm　　　印　张：34　　　字　　数：870 千字
版　　次：2021 年 6 月第 1 版　　　　　　　印　　次：2021 年 6 月第 1 次印刷
定　　价：129.00 元

产品编号：083260-01

前　言

随着计算机及网络技术的发展，信息安全，特别是各行各业信息系统的安全成为社会关注的焦点，直接影响国家的安全和社会的稳定。

信息安全技术是核心技术中的核心。信息安全，大到国防安全，小到个人银行账号，一出事对国家和个人都是大事。网络世界黑白难分，暗礁险滩出入相随，保护信息安全是每个 IT 人员必须重视的课题，一定要保证所开发的信息系统是安全的，经得起攻击。作为一个 IT 人，无论你是在 Linux 下开发，还是在 Windows 下开发，无论是用 C/C++开发，还是 Java 开发，或者用 C#开发，都应该掌握信息安全技术，这项技术就像我们大学学习的数据结构、离散数学那样，是任何信息系统的基础。举一个简单的例子，你在开发一个信息管理系统，总不能把用户的登录口令以明文的方式保存在数据库中吧。

C/C++语言作为当今世界主流的开发语言，使用十分广泛，而关于 C/C++加解密方面的图书寥寥无几，而且现有的只是对基本的函数进行介绍，并没有深入算法原理。也就是读者看了，只知道这样用，而不理解为何这样用。学习信息安全技术，不先从原理上来理解其本质，是开发不出安全的系统来的。

为何要写一本密码书？答案是市面上的密码书实在太学院派或太工程派。本书不同于以往的密码书，很多学院派的密码书对许多常用或不常用的密码算法只是蜻蜓点水、浅尝辄止地介绍，而没有进行上机的代码实现，让学生看了似懂非懂。而实践派的密码书从头到尾只是几个业界算法库的函数介绍，然后调用，接着就结束了，让学生看了只知其然，而不知其所以然。

本书来自于拥有几十年经验的密码开发工程师一手资料，知道哪些算法是重要并且常用的，瞄准这几个常用的算法（本书全方面地从理论到实现介绍 SM2/SM3/SM4 算法），循序渐进（甚至从小学数学讲起），详细地介绍其原理，到自主实现，再到业界库的调用（工作中必定会碰到，一定要在找工作之前学习），对于有理解难点的地方会重点介绍。通过本书，读者不仅能理解原理，还能自己上机实现，还可以熟练调用业界知名算法库，做到从理论到实践的全线精通，这一点是市面上 99%的密码书都无法做到的。可以说，学完本书，立即上岗，毫无压力！

本书首先从各大主流加解密算法的原理入手，然后用 C/C++语言手工实现该算法（这是理解算法理论的必要过程），最后从 C/C++提供的主流加解密框架和函数库入手熟悉其使用。记住，会使用函数库是最基本的技能，真正的专家是要会设计和实现算法库，因为很多场合，尤其是国防军工领域，很多敏感的、需要高性能的地方都要自己实现加解密算法，而不能照搬别人的函数库，所以不理解原理是不可以的。C/C++作为信息系统开发的主流语言，其信息安全需求十分旺盛，在 C/C++开发的信息系统中，熟练运用信息安全技术迫在眉睫。

作者长期工作在信息安全开发一线，有着较为丰富的密码算法使用经验，经常使用各种算法来保护数据安全，自己平时也积累了不少技术心得和开发经验，但这些技术比较零散，系统性不强，借此机会，将这些内容整理成一个完整的系统，并且将所涉及的技巧和方法讲述出来，是一件很荣幸的事。作者所做的工作来源于长期的实践，对于密码安全的开发技巧都从基本的内容讲起，然后稍微提高，所以本书可以说是"贴近实战"。软件开发是一门需要实践的技术，本书对理论尽量用简单易懂的语言介绍，然后配合相应的实例，避免空洞的说教，对于其中的技术细节，都尽量讲深、讲透，为读者提供翔实可靠的技术资料。

实践反复告诉我们，只有把关键核心技术掌握在自己手中，才能从根本上保障国家经济安全、国防安全和其他安全。作为一名老工程师，真心希望每个 IT 从业者都能静下心来学一学密码学。

密码学在信息技术应用中占有重要的地位，国家也日益重视信息安全，密码技术成为开发者经常会碰到的问题。针对当前密码学领域的书，要么理论太枯燥，要么太简单笼统，无法应对一线实战开发的情况，因此就有了这么一本面对初中级程序员的密码学开发方面的书。很多人学习密码学主要是应用密码算法来保护数据安全，实际开发过程中也是如此，所以学习密码学的度很有讲究，太深没必要，太浅没什么用。本书在学习深度方面也经过了仔细斟酌。

源码下载与技术支持

本书示例源码请扫描下面的二维码下载，也可按页面提示转发到自己的邮箱中下载。由于写作时间紧迫，书中疏漏之处在所难免，读者若有疑问、建议和意见，可以加作者技术支持 QQ 或者发送邮件联系作者（QQ、邮箱参见下载资源），邮件主题为"Windows C/C++加密解密实战"，在此表示感谢。

作　者
2021 年 1 月

目　录

第 1 章
◆ 密码学概述 ▶

密码学的历史极为久远，其起源可以追溯到远古时代，人类有记载的通信密码始于公元前400年。虽然密码是一门古老的技术，但自密码诞生直至第二次世界大战结束，对于公众而言，密码始终处于一种未知的黑暗中，常常与军事、机要、间谍等工作联系在一起，让人在感到神秘之余，又有几分畏惧。信息技术的发展迅速改变了这一切。随着计算机和通信技术的迅猛发展，大量的敏感信息通过公共通信设施或计算机网络进行交换，特别是 Internet 的广泛应用、电子商务和电子政务的迅速发展，越来越多的个人信息需要严格保密，如银行账号、个人隐私等。正是这种对信息的秘密性与真实性的需求，密码学才逐渐揭去了神秘的面纱，走进公众的日常生活中。

1.1　玛丽女王的密码

密码学是一门神秘而古老的学科，古今中外，刀光剑影，经常能看到密码学的影子。1586年10月15日上午，玛丽女王走进佛斯林费堡挤满人的法庭。由于多年囚禁与风湿病的折磨，她憔悴不堪，但她依旧高贵冷静地展现着帝王风范，在医生的协助下，缓缓走近位于这狭长审判室中间的御座。玛丽以为这御座表示她赢得了应有的敬意。她错了。这御座代表缺席的伊丽莎白女王——玛丽的仇敌与起诉人。玛丽被和缓地带离御座，走到审判室另一边的被告席上，那把猩红色丝绒椅才是她的座位。

苏格兰的玛丽女王在此接受叛逆罪的审判。她被控密谋行刺伊丽莎白女王以夺取英格兰王位。伊丽莎白的国务大臣弗朗西斯·沃尔辛厄姆爵士已捕获其他共犯，取得供词，并将他们处决了。现在，他要证明玛丽是这宗阴谋的核心人物，一样罪当处死。

如图 1-1 所示，上方人物是伊丽莎白一世，下方头像是玛丽女王。

图 1-1

这宗叛逆阴谋是一群年轻的英格兰天主教贵族策划的。他们意图除掉伊丽莎白这个新教徒，让同为天主教徒的玛丽取而代之。法庭认为，玛丽显然是这群叛匪的名义领袖，但不确定她是否承认这项罪责。事实上，玛丽的确授意了此次行动。沃尔辛厄姆面临的挑战是：他必须证实玛丽和这群叛匪之间确有关系。

审判日当天，玛丽独坐在被告席上。被控叛逆罪的嫌犯不得请辩护律师，也不准传唤证人。不过，玛丽还未身陷绝境——当初她很谨慎地用密码与叛匪通信，她用密码系统把信息转换成一串无意义的符号。玛丽相信，就算沃尔辛厄姆搜出这些信件，也读不出什么名堂来。这些信件的内容既然无解，也就不能成为呈堂证据。

不幸的是，沃尔辛厄姆不仅拦截到玛丽送给叛匪的信件，还知道谁能破解这些密码。托马斯·菲利普是英格兰破解密码的第一高手。他若能破解玛丽授意叛匪谋逆的信息，她就难逃一死了。

1542 年 11 月 24 日，亨利八世于索维莫斯一役击溃苏格兰大军。亨利八世征服苏格兰、夺取詹姆斯五世王位的野心，眼看就要实现了。经过这场战役，深受打击的苏格兰国王身心完全崩溃，退居在福克兰的宫殿里。就连两周之后，女儿玛丽的诞生，也无法使这位病怏怏的国王振作起来。他似乎就等着继承人诞生，确定责任已了，即可平静地离开人世。玛丽诞生一个星期后，年仅 30 岁的詹姆斯五世随即驾崩。1543 年 9 月 9 日，9 个月大的玛丽在斯特灵城堡的礼拜堂接受加冕。正因玛丽女王太过年幼，英格兰反而暂缓侵犯苏格兰。亨利八世顾虑，若于此刻出兵进犯一个新王只是女婴的国家，会被讥为没有骑士风度。因此，英格兰国王改用怀柔政策，想安排玛丽与他的儿子爱德华成亲，借此将苏格兰纳入都铎王室的统治之下。

可是，苏格兰拒绝了亨利八世的提议。他们宁愿让玛丽和法国皇太子弗朗西斯缔结婚约。1548 年 8 月 7 日，6 岁的玛丽前往法国。16 岁时，玛丽与弗朗西斯完婚，并在 1559 年成为法国王后。至此事事顺遂，玛丽似乎可以意气风发地返回苏格兰了。没想到，一向孱弱的弗朗西斯病倒了。他在儿时感染的耳疾忽然恶化，发炎的部位扩散到脑部，引发脓疮。1560 年，登基未满一年的弗朗西斯撒手人寰，玛丽成为寡妇。

从此，玛丽陷入一场又一场的悲剧。1561 年，她回到苏格兰。在接下来的两场失败婚姻中，玛丽女王被卷进衰败的旋涡。1567 年，苏格兰的新教贵族对他们的天主教女王不再抱任何希望，于是囚禁玛丽，强迫她让位给 14 个月大的儿子詹姆斯六世。1568 年，玛丽逃出囚房，向南朝英格兰走去，寄望于她的表姑伊丽莎白一世能提供庇护。

玛丽做了一个可怕的错误判断。伊丽莎白提供给她的不过是另一座监牢。玛丽遭受囚禁的原因是她对伊丽莎白构成了威胁。玛丽的祖母玛格丽特·都铎是亨利八世的姐姐，所以她有权继承英格兰王位，只不过亨利八世仅存的子嗣伊丽莎白的顺位排在她之前。但是英格兰的天主教徒认为，英格兰的国君应该是信奉天主教的玛丽。

1586 年 1 月 6 日，被囚禁了 18 年的玛丽惊愕地收到一批信。

这些信来自玛丽的支持者，是吉尔伯特·基弗偷运进来的。基弗是天主教徒，1577 年离开英格兰，在罗马接受神学教育。他于 1585 年回到英格兰，急于为玛丽效劳。他来到位于伦敦的法国大使馆，那里积放了一大批寄给玛丽的书信。基弗宣称他有办法把这些信件偷运进囚禁玛丽的查特里宅邸，而他也真的办到了。这只是一个开始。基弗开始担任秘密信差，送信给玛丽，并带出她的回信。他用皮革把信裹起来，再把包裹藏在封塞啤酒桶的空心木塞里。酿酒商把酒送进查特里宅邸，玛丽的仆人打开木塞，取出藏在里面的信交给玛丽。将信息带出查特里宅邸也是用同样的方法。

此时，一项营救玛丽女王的计划正在伦敦的一个酒馆里酝酿着。该计划的中心人物是天主教贵族青年安东尼·贝平顿。这些谋逆分子一致认为，这项后来被称为"贝平顿阴谋"的计划需要玛丽的首肯才能进行下去。问题是，他们找不到与她通信的途径。1586 年 7 月 6 日，基弗来到贝平顿的门前。他送来一封玛丽的信，说她在巴黎的支持者提到贝平顿，她很期待贝平顿的来信。贝平顿随即写了一封长信，描述计划的轮廓。

一如既往，基弗把这封信放进啤酒桶的木塞里，蒙混过看守玛丽的人。贝平顿还采取了额外的措施，把信转换成密码——万一密函被玛丽的看守人拦截，他也无法解读内容。他所用的密码如图 1-2 所示。他用了 23 个符号来代替英文字母（不包括 j、v、w），另有 36 个符号来代替单词或词组。此外，还有 4 个虚元（不代表任何字母，像空格一样不具备任何意义的符号），以及一个重复符号，这个重复符号表示下一个符号代表两个相同的字母。

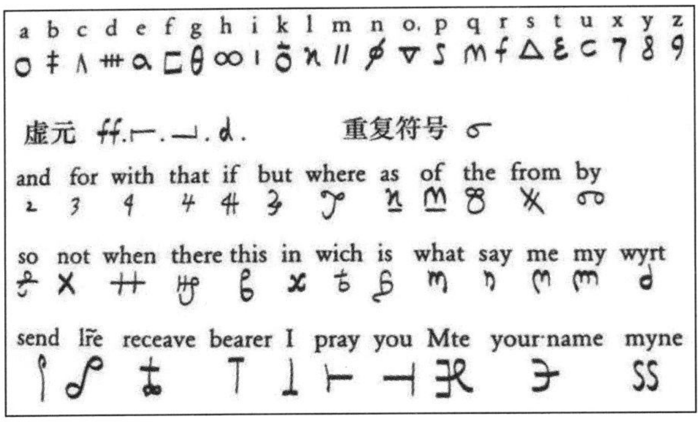

图 1-2

虽然基弗是一个小伙子，比贝平顿还年轻，这件传递信息的差事却做得从容自在、游刃有余。可是，每趟来回查特里宅邸的途中，他都会多拐一个弯。表面上他是玛丽的特务，事实上他是双面间谍。且回到 1585 年，基弗在回到英格兰之前，写了一封信给沃尔辛厄姆爵士，向他毛遂自荐。基弗意识到，他的天主教背景是打进反伊丽莎白女王密谋核心的最佳面具。

得到贝平顿与玛丽的往来密函后，沃尔辛厄姆的第一目标就是解译它们的内容。全然了解密码学价值的他，曾在伦敦设立了一所密码学校，并聘任托马斯·菲利普当他的密码秘书。菲利普是语言学家，通晓法语、意大利语、西班牙语、德语，更重要的是，他是欧洲优秀的密码分析家之一。寄给或出自玛丽之手的信函，都被菲利普一一掌握。他是频率分析法大师，破解密码是迟早的事。

所谓频率分析法，以英文为例，首先，我们必须分析一长篇甚至数篇普通的英文文章，以确立每个英文字母的出现频率。据统计，英文字母中出现频率最高的是 e，接下来是 t，然后是 a……然后，检视我们要处理的密码文，并把每个字母的出现频率整理出来。假设密码文内出现频率最高的字母是 O，那么它很可能就是 e 的替身；如果密码文内出现频率次高的字母是 X，那它可能就是 t 的替身；如果密码文内出现频率第三高的字母是 P，那它可能就是 a 的替身。

在此情况下，我们需要一种更精细的频率分析法，才能有把握地继续下去，判别出这 3 个常用的字母 O、X、P 的真实身份。我们可以把观察焦点转向它们跟其他字母相邻的频率上。例如，字母 O 是否出现在许多字母之前或之后？还是它只出现在某些特定的字母旁边？这些问题的答案可以进一步告诉我们 O 所替代的字母是元音还是辅音。如果 O 所替代的字母是元音，跟它相邻的字母应该很多；如果它所替代的字母是辅音，有很多字母可能没有机会跟它相邻。例如，字母 e 几乎可以出现在任何字母的前面或后面，但字母 t 就不太可能与 b、d、g、j、k、m、q、v 相邻。

一旦破译出几个字母后，密码分析的工作就可以快速地开展下去了。

玛丽在 7 月 17 日函复贝平顿时，实质上等于签下了自己的死刑判决书。她于信中提到这个"计划"，尤其希望他们在刺杀伊丽莎白时，能先派人救出她。这封信在交给贝平顿之前，依例拐了个弯，来到菲利普手上。他很快就破译出这封信的内容。读毕，菲利普在信上标了一个绞刑架的符号。

8 月 11 日，玛丽女王和她的侍从被特许在查特里宅邸的属地骑马。当玛丽来到一片荒野上时，瞥见一群人骑着马过来。她的第一个念头是，必定是贝平顿的人来救她了。但她很快就明白，这些人是来带她去接受审判的。玛丽女王如图 1-3 所示。

图 1-3

审判在 10 月 15 日开庭，现场有两位首席法官、4 位陪审人员、法务大臣、财政大臣以及沃尔辛厄姆爵士等。菲利普坐在旁听席，静静看着他们呈示他从加密信函中掘出的证据。

审判延续到次日。审判结束时，玛丽把命运交给法官。10 天后，星室法庭在威斯敏斯特聚会，认定玛丽"图谋、设想各种能致使英格兰女王死亡、毁灭的事件"，因此判决有罪。他们建议处以死刑。伊丽莎白一世签署了死刑判决书。

从这个历史真事可以看出，密码学非常重要，关乎生死。至于在战争年代，密码学就更加重要了。情报永远要在密码的保护下发送出去。

1.2　密码学简史

密码学是研究通信安全保密的科学，其目的是保护信息在信道上传输的过程中不被他人窃取、解读和利用，它主要包括密码编码学和密码分析学两个相互独立又相互促进的分支。前者研究将发送的信息（明文）变换成没有密钥不能解或很难解的密文的方法，而后者则研究分析破译密码的方法。其发展经历了相当长的时期。第一次世界大战之前，密码学的重要进展根本是不为人知的，很少有文献披露这方面的信息。直到 1918 年，由 W.F. Friendnmn 论述了重合指数及其在密码学中的应用以及转轮机专利的发表才引起了人们的重视，但仅仅由军事和秘密部门所控制。

第一次世界大战之后到 20 世纪 40 年代末期，密码学家们将信息论、密码学和数学结合起来研究，使信息论成为研究密码编码学和密码分析学的重要理论基础。完全处于秘密工作状态的研究机构，开始在密码学方面取得根本性的进展，具有代表性的有 Shannon（香农）的论文——《保密系统的通信理论》和《通信的数学理论》，他将安全保密的研究引入了科学的轨道，从而创立了信息论的一个新学科。

从 20 世纪 50 年代初期到 60 年代末期的 20 年中，在密码学的研究方面公开发表的论文极少，但 David Kahn 于 1967 年出版的著作——《破译者》使密码学的研究涉及了相当广泛的领域，使不知道密码学的人了解了密码学，因此密码学的研究有了新的进展。

自 20 世纪 70 年代初期到现在，随着计算机科学与技术的发展，促进了密码学研究的兴起和发展，人们使用密码学技术来保护计算机系统中信息的安全。因此，在密码学的研究和应用等方面取得了许多惊人的成果和理论。具有代表性的有：

（1）Diffie 和 Hellman 于 1976 年发表的"密码学的新方向"一文提出了公开密钥密码学（公开密钥或双密钥体制），打破了长期沿用单密钥体制的束缚，提出了一种新的密码体制。公开密钥体制可使收、发信息的双方无须事先交换密钥就可以秘密通信。

（2）Horst Festal 研究小组于 20 世纪 70 年代初着手研究美国数据加密标准（Data Encryption Standard，DES），并于 1973 年发表了"密码学与计算机保密"等有价值的论文，该文论述了他们的研究成果并被美国标准局（National Bureau of Standards，NBS）采纳，于 1977 年正式公布实施为美国数据加密标准，并被简称为 DES 标准。

上述密码学的发展可粗略地划分为三个阶段：第一阶段（1949 年之前）的密码学可以说不是什么学科，仅为一门艺术；第二阶段（1949 年到 1975 年）可以说是密码学研究的"冬天"，成果和论文少且为单密钥体制，但在这一阶段有如 Shaman 的理论和 David Kahn 的著作并为密码学奠定了坚实的理论基础；第三阶段（1976 年到现在）可以说是密码学研究的"春天"，密码学的各种理论和观点百花齐放，应用硕果累累。

我们也可以看一下密码历史长河中的年份流水表：

公元前 400 年，希腊人发明了置换密码。

1881 年，世界上第一个电话保密专利出现。

二战期间，德国军方启用"恩尼格玛"密码机。

1976 年，由于对称加密算法已经不能满足需要，Diffie 和 Hellman 发表了一篇叫《密码学新动向》的文章，介绍了公钥加密的概念，由 Rivet、Shamir、Adelman 提出了 RSA 算法。

1985 年，N.Koblitz 和 Miller 提出将椭圆曲线用于密码算法，根据是有限域上的点群中的离散对数问题 ECDLP，它比因子分解更难（指数级）。

ECC 产生背景：随着分解大整数方法的进步和完善、计算机速度的提高以及计算机网络的发展，RSA 的密钥需要不断增加长度才能保证数据安全。但是，这导致了 RSA 加密速度大为降低，对使用 RSA 的应用带来了很大的负担，需要一种新的算法来替代 RSA。

1993 年，美国国家标准和技术协会（National Institute of Standards and Technology，NIST）提出安全散列算法（SHA）。

1995 年，又发布了修订版 FIPS PUB 180-1，通常称之为 SHA-1。

1997 年，美国国家标准局公布实施了美国数据加密标准（DES）。

1997 年，利用各国 7 万台计算机历时 96 天破解了 DES 的密钥。

1998 年，电子边境基金会（Electronic Frontier Foundation，EFF）用 25 万美元制造的专用计算机花费 56 小时破解了 DES 的密钥。

1999 年，EFF 用 22 小时 15 分完成了 DES 的破解工作。

1999 年年底，有人把 512 位的整数分解因子，512 位的 RSA 密钥被破解。

2000 年 10 月，美国国家标准和技术协会（NIST）宣布选择 Rijndael 作为将来的 AES。注：Rijndael 是在 1999 年由研究员 Joan Daemen 和 Vincent Rijmen 创建的。

2004 年，在国际密码学会议（Crypto'2004）上，来自山东大学的王小云教授的报告介绍了破译 MD5、HAVAL-128、MD4 和 RIPEMD 算法。随后 SHA-1 也被宣告破解。

2009 年年底，768 位的整数也被成功分解，威胁到了现在流行的 1024 位密钥的安全性。

1.3 密码学的基本概念

1.3.1 基本概念

密码学作为数学的一个分支，是研究信息系统安全保密的科学，是密码编码学和密码分析学的统称。

密码编码学是关于消息保密的技术和科学。密码编码学是密码体制的设计学，即怎样编码，采用什么样的密码体制保证信息被安全地加密。从事此行业的人员被称为密码编码者（Cryptographer）。

密码分析学是与密码编码学相对应的技术和科学，即研究如何破译密文的科学和技术。密码分析学是在未知密钥的情况下从密文推演出明文或密钥的技术。密码分析者（Cryptanalyst）是从事密码分析的专业人员。

1.3.2 密码学要解决的 5 大问题

密码学主要是为了解决信息安全的 5 大问题，即机密性、可用性、完整性、认证性、不可否认性。

机密性指保密信息不会透露给非授权用户或实体，确保存储的信息或传输的信息仅能被授权用户获取到，而非授权用户获取到也无法知晓信息内容。解决方案是使用密码算法对需要保密的信息进行加密。

可用性指保障信息资源随时可提供服务的能力特性。

完整性指信息在生成、传输、存储和使用过程中发生的人为或非人为的非授权篡改均可以被检测到。解决方案是利用密码函数生成信息"指纹"，实现完整性检验。

认证性指一个消息的来源和消息本身被正确地标识，同时确保该标识没有被伪造。解决方案是利用密钥和认证函数相结合来确定信息的来源。

不可否认性是指用户无法在事后否认曾经进行信息的生成、签发、接收行为。解决方案是对信息进行数字签名。

1.3.3　密码学中的五元组

在密码学中，有一个五元组：明文（Plaintext）、密文（Ciphertext）、密钥（Key）、加密算法（Encryption Algorithm）、解密算法（Decryption Algorithm）。对应的加密方案称为密码体制。

明文是作为加密输入的原始信息，即消息的原始形式，通常用 m 或 p 表示。所有可能的明文构成的有限集称为明文空间，通常用 M 或 P 来表示。

密文是明文经加密变换后的结果，即消息被加密处理后的形式，通常用 c 表示。所有可能的密文构成的有限集称为密文空间，通常用 C 来表示。

密钥是参与密码变换的参数，通常用 k 表示。一切可能的密钥构成的有限集称为密钥空间，通常用 K 表示。

加密算法是将明文变换为密文的变换函数，相应的变换过程称为加密，即编码的过程，通常用 E 表示，即 $c=E_k(p)$。

解密算法是将密文恢复为明文的变换函数，相应的变换过程称为解密，即解码的过程，通常用 D 表示，即 $p=D_k(c)$。

对于有实用意义的密码体制而言，总是要求它满足：$p=D_k(E_k(p))$，即用加密算法得到的密文。同样，总是能用一定的解密算法恢复出原始的明文来。

1.3.4　加解密算法的分类

通常可以将加解密算法分为对称算法和非对称算法。

对称算法使用的密钥必须完全保密，且加密密钥和解密密钥相同。对称算法的优点：（1）运算速度快，具有较高的吞吐率；（2）对称密码体制中的密钥相对较短；（3）对称保密体制的密文长度往往和明文长度相同，或扩张较小。对称算法的缺点：（1）密钥分发需要安全通道；（2）密钥量大，难以管理；（3）难以解决不可否认问题。

非对称算法又称为公钥算法，它有两个密钥，一个是对外公开的公钥，可以像电话号码一样注册；另一个是必须保密的私钥，只有拥有者才知道。非对称加密是为了解决对称加密体制的缺陷而提出的，一个是密钥的分发和管理问题；另一个是不可否认问题。非对称算法的优点是：（1）密钥分发相对容易；（2）密钥管理简单；（3）可以有效地实现数字签名。非对称算法的缺点是：（1）运算速度较慢；（2）同等安全强度下，非对称密码体制要求的密钥位数要多些；（3）非对称保密体制中，密文的长度往往大于明文的长度。

第 2 章

◀ 搭建C和C++密码开发环境 ▶

2.1　密码编程的两个重要的国际库

　　密码编程如果所有事情都要从头开始写，那结果将是灾难性的。幸亏国际开源界已经为我们提供了两个密码学相关的函数库：OpenSSL 和 Crypto++。从功能上来讲，OpenSSL 更为强大，不但提供了编程用的 API 函数，还提供了强大的命令行工具，可以通过命令来进行常用的加解密、签名验签、证书操作等功能。Crypto++纯粹是用 C++写的，适合 C++洁癖患者，OpenSSL 是用 C 语言写的，也可以在 C++程序中调用。

　　友情提醒，一线密码应用开发中，OpenSSL 用得多些，建议掌握。

2.2　C/C++密码库 OpenSSL

　　Crypto++虽好，但功能不如 OpenSSL。一线开发中，用得更多的是 OpenSSL。虽然 OpenSSL 是用 C 语言写的，但在 C++程序中使用完全没有问题。何况，OpenSSL 很多地方利用了面向对象的设计方法与多态来支持多种加密算法。所以，学好 OpenSSL，甚至分析其源码，对我们提高面向对象的设计能力大有帮助。很多著名的开源软件，比如内核 XFRM 框架、VPN 软件 StrongSwan 等都是用 C 语言来实现面向对象设计的。因此，我们会对 OpenSSL 叙述的更为详细些，因为一线实践开发中，经常会碰到这个库的使用（很多 C#开发的软件，底层的安全连接也会用 VC 封装 OpenSSL 为控件后供 C#界面使用，更不要说 Linux 的一线开发了），希望大家能预先掌握好。

　　随着 Internet 的迅速发展和广泛应用，网络与信息安全的重要性和紧迫性日益突出。Netscape 公司提出了安全套接层协议（Secure Socket Layer，SSL），该协议基于公开密钥技术，可保证两个实体间通信的保密性和可靠性，是目前 Internet 上保密通信的工业标准。

　　Eric A.Young 和 Tim J. Hudson 自 1995 年开始编写后来具有巨大影响力的 OpenSSL 软件包，这是一个没有太多限制的开放源代码的软件包，可以利用这个软件包做很多事情。1998年，OpenSSL 项目组接管了 OpenSSL 的开发工作，并推出了 OpenSSL 的 0.9.1 版，到目前为止，OpenSSL 的算法已经非常完善，对 SSL 2.0、SSL 3.0 以及 TLS 1.0 都支持。OpenSSL 目前新的版本是 1.1.1 版。

OpenSSL 采用 C 语言作为开发语言，使得 OpenSSL 具有优秀的跨平台性能，可以在不同的平台使用。OpenSSL 支持 Linux、Windows、BSD、Mac 等平台，OpenSSL 具有广泛的适用性。OpenSSL 实现了 8 种对称加密算法，如 AES、DES、Blowfish、CAST、IDEA、RC2、RC4、RC5，实现了 4 种非对称加密算法，如 DH、RSA、DSA 和 ECC，实现了 5 种信息摘要算法，如 MD2、MD5、MDC2、SHA1 和 RIPEMD。此外，OpenSSL 还实现了密钥和证书的管理。

OpenSSL 的 License（许可证）是 SSLeay License 和 OpenSSL License 的结合，这两种许可证实际上都是 BSD 类型的许可证，依照许可证里面的说明，OpenSSL 可以被用作各种商业、非商业的用途，但是需要相应地遵守一些协定，其实这都是为了保护自由软件作者及其作品的权利。

2.2.1 OpenSSL 源代码模块结构

OpenSSL 整个软件包大概可以分成三个主要的功能部分：密码算法库、SSL 协议库以及应用程序。OpenSSL 的目录结构也是围绕这三个功能部分进行规划的，具体可见表 2-1。

表 2-1 OpenSSL 的目录结构及功能

目 录 名	功能描述
Crypto	所有加密算法源码文件和相关标准（如 X.509 源码文件）是 OpenSSL 中重要的目录，包含 OpenSSL 密码算法库的所有内容
SSL	SSL 存放 OpenSSL 中 SSL 协议各个版本和 TLS 1.0 协议的源码文件，包含 OpenSSL 协议库的所有内容
Apps	存放 OpenSSL 中所有应用程序的源码文件，如 CA、X509 等应用程序的源码文件就存放在这里
Docs	存放 OpenSSL 中所有的使用说明文档，包含三个部分：应用程序说明文档、加密算法库 API 说明文档以及 SSL 协议 API 说明文档
Demos	存放一些基于 OpenSSL 的应用程序例子，这些例子一般都很简单，演示怎么使用 OpenSSL 中的一个功能
Include	存放使用 OpenSSL 的库时需要的头文件
Test	存放 OpenSSL 自身功能测试程序的源码文件

OpenSSL 的算法目录 Crypto 目录包含 OpenSSL 密码算法库的所有源代码文件，是 OpenSSL 中重要的目录之一。OpenSSL 的密码算法库包含 OpenSSL 中所有密码算法、密钥管理和证书管理相关标准的实现。

2.2.2 OpenSSL 加密库调用方式

OpenSSL 是全开放的和开放源代码的工具包，实现安全套接层协议（SSL v2/v3）和传输层安全协议（TLS v1）以及形成一个功能完整的、通用目的的加密库 SSLeay。应用程序可以通过三种方式调用 SSLeay，如图 2-1 所示。

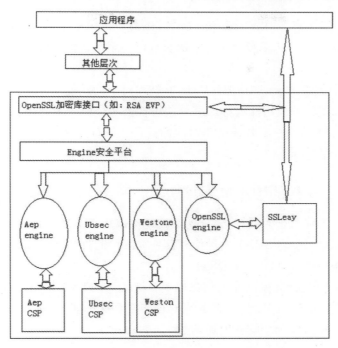

图 2-1

一是直接调用，二是通过 OpenSSL 加密库接口调用，三是通过 Engine 平台和 OpenSSL 对象调用。除了 SSLeay 外，用户还可以通过 Engine 安全平台访问 CSP。

使用 Engine 技术的 OpenSSL 已经不仅仅是一个密码算法库，而是一个提供通用加解密接口的安全框架，在使用时只要加载了用户的 Engine 模块，应用程序中所调用的 OpenSSL 加解密函数就会自动调用用户自己开发的加解密函数来完成实际的加解密工作。这种方法将底层硬件的复杂多样性与上层应用分隔开，大大降低了应用开发的难度。

2.2.3　OpenSSL 支持的对称加密算法

OpenSSL 一共提供了 8 种对称加密算法，其中 7 种是分组加密算法，仅有一种流加密算法是 RC4。这 7 种分组加密算法分别是 AES、DES、Blowfish、CAST、IDEA、RC2、RC5，都支持电子密码本模式（ECB）、加密分组链接模式（CBC）、加密反馈模式（CFB）和输出反馈模式（OFB）4 种常用的分组密码加密模式。其中，AES 使用的加密反馈模式（CFB）和输出反馈模式（OFB）分组长度是 128 位，其他算法使用的则是 64 位。事实上，DES 算法里面不仅仅是常用的 DES 算法，还支持三个密钥和两个密钥 3DES 算法。OpenSSL 还使用 EVP 封装了所有的对称加密算法，使得各种对称加密算法能够使用统一的 API 接口 EVP_Encrypt 和 EVP_Decrypt 进行数据的加密和解密，大大提高了代码的可重用性能。

2.2.4　OpenSSL 支持的非对称加密算法

OpenSSL 实现了 4 种非对称加密算法，包括 DH 算法、RSA 算法、DSA 算法和 ECC 算法。

DH 算法一般用于密钥交换。RSA 算法和 ECC 算法既可以用于密钥交换，又可以用于数字签名，当然，如果你能够忍受其缓慢的速度，那么也可以用于数据加解密。DSA 算法则一般只用于数字签名。

跟对称加密算法相似，OpenSSL 也使用 EVP 技术对不同功能的非对称加密算法进行封装，提供了统一的 API 接口。若使用非对称加密算法进行密钥交换或者密钥加密，则使用 EVPSeal 和 EVPOpen 进行加密和解密；若使用非对称加密算法进行数字签名，则使用 EVP_Sign 和 EVP_Verify 进行签名和验证。

2.2.5　OpenSSL 支持的信息摘要算法

OpenSSL 实现了 5 种信息摘要算法，分别是 MD2、MD5、MDC2、SHA（SHA1）和 RIPEMD。SHA 算法事实上包括 SHA 和 SHA1 两种信息摘要算法，此外，OpenSSL 还实现了 DSS 标准中规定的两种信息摘要算法：DSS 和 DSS1。

OpenSSL 采用 EVPDigest 接口作为信息摘要算法统一的 EVP 接口，对所有信息摘要算法进行了封装，提供了代码的重用性。当然，跟对称加密算法和非对称加密算法不一样，信息摘要算法是不可逆的，不需要一个解密的逆函数。

2.2.6　OpenSSL 密钥和证书管理

OpenSSL 实现了 ASN.1 的证书和密钥相关标准，提供了对证书、公钥、私钥、证书请求以及 CRL 等数据对象的 DER、PEM 和 BASE64 的编解码功能。OpenSSL 提供了产生各种公开密钥对和对称密钥的方法、函数和应用程序，同时提供了对公钥和私钥的 DER 编解码功能，并实现了私钥的 PKCS#12 和 PKCS#8 的编解码功能。OpenSSL 在标准中提供了对私钥的加密保护功能，使得密钥可以安全地进行存储和分发。

在此基础上，OpenSSL 实现了对证书的 X.509 标准编解码、PKCS#12 格式的编解码以及 PKCS#7 格式的编解码功能，并提供了一种文本数据库，支持证书的管理功能，包括证书密钥产生、请求产生、证书签发、吊销和验证等功能。

事实上，OpenSSL 提供的 CA 应用程序就是一个小型的证书管理中心（CA），实现了证书签发的整个流程和证书管理的大部分机制。

2.2.7　面向对象与 OpenSSL

OpenSSL 支持常见的密码算法。OpenSSL 成功地运用了面向对象的方法与技术，才使得它能支持众多算法并能实现 SSL 协议。OpenSSL 的可贵之处在于它利用面向过程的 C 语言去实现面向对象的思想。

面向对象方法是一种运用对象、类、继承、封装、聚合、消息传递、多态性等概念来构造系统的软件开发方法。

面向对象方法与技术起源于面向对象的编程语言（Object-Oriented Programming Language，OOPL）。但是，面向对象不仅是一些具体的软件开发技术与策略，而且是一整套关于如何看待软件系统与现实世界的关系、以什么观点来研究问题并进行求解，以及如何进行系统构造的软件方法学。概括地说，面向对象方法的基本思想是，从现实世界中客观存在的事物（对象）出发来构造软件系统，并在系统构造中尽可能运用人类的自然思维方式。面向对象方法强调直接以问题域（现实世界）中的事物为中心来思考问题、认识问题，并根据这些事物的本质特征，把它们抽象地表示为系统中的对象，作为系统的基本构成单位。这可以使系统直接地映像问题域，保持问题域中的事物及其相互关系的本来面貌。

结构化方法采用了许多符合人类思维习惯的原则与策略（如自顶向下、逐步求精）。面向对象方法则更加强调运用人类在日常的逻辑思维中经常采用的思想方法与原则，例如抽象、分类、继承、聚合、封装等。这使得软件开发者能够更有效地思考问题，并以其他人也能看得懂的方式把自己的认识表达出来。具体地讲，面向对象方法有如下一些主要特点：

（1）从问题域中客观存在的事物出发来构造软件系统，用对象作为这些事物的抽象表示，并以此作为系统的基本构成单位。

（2）事物的静态特征（可以用一些数据来表达的特征）用对象的属性表示，事物的动态特征（事物的行为）用对象的服务表示。

（3）对象的属性与服务结合成一体，成为一个独立的实体，对外屏蔽其内部细节（称作封装）。

（4）对事物进行分类。把具有相同属性和相同服务的对象归为一类，类是这些对象的抽象描述，每个对象是它的类的一个实例。

（5）通过在不同程度上运用抽象的原则（较多或较少地忽略事物之间的差异），可以得到较一般的类和较特殊的类。子类继承超类的属性与服务，面向对象方法支持对这种继承关系的描述与实现，从而简化系统的构造过程及其文档。

（6）复杂的对象可以用简单的对象作为其构成部分（称作聚合）。

（7）对象之间通过消息进行通信，以实现对象之间的动态联系。

（8）通过关联表达对象之间的静态关系。

概括以上几点可以看到，在使用面向对象方法开发的系统中，以类的形式进行描述并通过对类的引用而创建的对象是系统的基本构成单位。这些对象对应着问题域中的各个事物，它们内部的属性与服务刻画了事物的静态特征和动态特征。对象类之间的继承关系、聚合关系、消息和关联，如实地表达了问题域中事物之间实际存在的各种关系。因此，无论是系统的构成成分，还是通过这些成分之间的关系而体现的系统结构，都可以直接地映像问题域。

面向对象方法代表了一种贴近自然的思维方式，它强调运用人类在日常的逻辑思维中经常采用的思想方法与原则。面向对象方法中的抽象、分类、继承、聚合、封装等思维方法和分析手段，能有效地反映客观世界中事物的特点和相互的关系。而面向对象方法中的继承、多态等特点可以提高过程模型的灵活性、可重用性。因此，应用面向对象的方法将降低工作流分析和建模的复杂性，并使工作流模型具有较好的灵活性，可以较好地反映客观事物。

在 OpenSSL 源代码中，将文件及网络操作封装成 BIO。BIO 几乎封装了除了证书处理外的 OpenSSL 所有的功能，包括加密库以及 SSL/TLS 协议。当然，它们都只是在 OpenSSL 其他功能之上封装搭建起来的，但却方便了不少。OpenSSL 对各种加密算法封装，就可以使用相同的代码但采用不同的加密算法进行数据的加密和解密。

2.2.8　BIO 接口

在 OpenSSL 源代码中，I/O 操作主要有网络操作和磁盘操作。为了方便调用者实现其 I/O 操作，OpenSSL 源代码中将所有的与 I/O 操作有关的函数进行统一封装，即无论是网络还是磁盘操作，其接口是一样的。对于函数调用者来说，以统一的接口函数去实现其真正的 I/O 操作。

为了达到此目的，OpenSSL 采用 BIO 抽象接口。BIO 是在底层覆盖了许多类型 I/O 接口细节的一种应用接口，如果在程序中使用 BIO，就可以和 SSL 连接、非加密的网络连接以及文件 I/O 进行透明的连接。BIO 接口的定义如下：

```
struct bio_st
{
    ...
    BIO_METHOD *method;
    ...
};
```

其中，BIO_METHOD 结构体是各种函数的接口定义。如果是文件操作，此结构体如下：

```
static BIO_METHOD methods_filep=
{
    BIO_TYPE_FILE,
    "FILE pointer",
    file_write,
    file_read,
    file_puts,
    file_gets,
    file_ctrl,
    file_new,
    file_free,
    NULL,
};
```

以上定义了 7 个文件操作的接口函数的入口。这 7 个文件操作函数的具体实体与操作系统提供的 API 有关。BIO_METHOD 结构体如果用于网络操作，其结构体如下：

```
staitc BIO_METHOD methods_sockp=
{
    BIO_TYPE_SOCKET,
    "socket",
    sock_write,
    sock_read,
    sock_puts,
    sock_ctrl,
    sock_new,
    sock_free,
    NULL,
```

```
};
```

它跟文件类型 BIO 在实现的动作上基本上是一样的。只不过是前缀名和类型字段的名称不一样。其实在像 Linux 这样的系统中，Socket 类型跟 fd 类型是一样的，它们是可以通用的，但是，为什么要分开来实现呢？那是因为有些系统（如 Windows 系统）的 Socket 跟文件描述符是不一样的，所以，为了平台的兼容性，OpenSSL 就将这两类分开来了。

2.2.9　EVP 接口

EVP 系列的函数定义包含在 evp.h 里面，这是一系列封装了 OpenSSL 加密库里面所有算法的函数。通过这样统一的封装，使得只需要在初始化参数的时候做很少的改变，就可以使用相同的代码但采用不同的加解密算法进行数据的加密和解密。

EVP 系列函数主要封装了三大类型的算法，即公开密钥算法（也称非对称加密算法）、数字签名算法和对称加密算法（业内一般讲加密算法就是指加解密算法），要支持这些算法，需要调用 OpenSSL_addall_algorithms 函数。

1. 公开密钥算法

函数名称：EVPSeal*...*、EVPOpen*...*。

功能描述：该系列函数封装提供了公开密钥算法的加密和解密功能，实现了电子信封的功能。

相关文件：p_seal、p_open.c。

2. 数字签名算法

函数名称：EVP_Sign*...*、EVP_Verify*...*。

功能描述：该系列函数封装提供了数字签名算法的功能。

相关文件：p_sign.c、p_verify.c。

3. 对称加密算法

函数名称：EVP_Encrypt*...*。

功能描述：该系列函数封装提供了对称加密算法的功能。

相关文件：evp_enc.c、p_enc.c、p_dec.c、e_*.c。

4. 信息摘要算法

函数名称：EVPDigest*...*。

功能描述：该系列函数封装实现了多种信息摘要算法。

相关文件：digest.c、m_*.c。

5. 信息编码算法

函数名称：EVPEncode*...*。

功能描述：该系列函数封装实现了 ASCII 码与二进制码之间的转换函数的功能。

2.2.10 关于版本和操作系统

本书既要照顾老项目维护者，又要照顾新项目开发者。因此，笔者会选择目前新的版本和较老但使用较多且稳定的版本同时介绍，两个版本各有千秋，新版本会引进不少新技术和新算法，比如在新版本中加入了国密算法 SM2/3/4，老版本主要用来兼容老项目，建议开发新项目还是用新版的 OpenSSL。目前新的版本是 OpenSSL 1.1.1b，它是在 2019 年 2 月 26 日发布的。我们选择的老版本是 OpenSSL-1.0.2m。另外要注意的是，OpenSSL 官方现在已停止对 0.9.8和 1.0.0 两个版本的升级维护，所以大家选择的老版本也别太老了。

至于操作系统的选择，当前密码应用开发在 Linux 和 Windows 下都开展得如火如荼，因此也会介绍在这两个系统下的安装和使用。笔者选择的操作系统是 Windows 7 和 CentOS 7。

2.2.11 在 Windows 下编译 OpenSSL 1.1.1

OpenSSL 是一个开源的第三方库，它实现了 SSL（Secure Socket Layer，安全套接层）和TLS（Transport Layer Security，安全传输层）协议，被企业应用广泛采用。对于一般的开发人员而言，在 Win32 OpenSSL 上下载已经编译好的 OpenSSL 库是省力省事的好办法。对于高级的开发用户，可能需要适当地修改或者裁剪 OpenSSL，那么编译它就成为一个关键问题。考虑到我们早晚要成为高级开发用户，所以掌握 OpenSSL 的编译是早晚的事。下面主要讲述如何在 Windows 上编译 OpenSSL 库。

前面讲了不少理论知识，虽然枯燥，但可以从宏观层面上对 OpenSSL 进行高屋建瓴地了解，这样以后走迷宫时不至于迷路。下面即将进入实战环节。废话不多说，打开官网下载源码。OpenSSL 的官网地址是 https://www.openssl.org。这里使用的是新版本 OpenSSL 1.1.1，在学习的时候我们要勇于尝试新版本。另外要注意的是，OpenSSL 官方现在已停止对 0.9.8 和 1.0.0两个版本的升级维护，还在维护老代码的同志要注意了，升级是早晚的事情。这里会下载两个版本进行演示，为了照顾喜欢尝鲜的读者，先下载目前新的版本 1.1.1，下载下来的压缩文件是 openssl-1.1.1.tar.gz。后面会下载一个推荐用于实际开发的版本，即 1.0.2m，下载下来的压缩文件是 openssl-1.0.2m.tar.gz，不求最新，但求稳定，这是一线开发的原则。另外，本书也涉及一些 CentOS 7 下 OpenSSL 的使用，使用的版本是 CentOS 7 自带的，也是为了稳定。

1. 安装 ActivePerl 解释器

因为编译 OpenSSL 源码的过程中会用到 Perl 解释器，所以在编译 OpenSSL 库之前，还需要下载一个 Perl 脚本解释器，这里选用大名鼎鼎的 ActivePerl，我们可以从其官方网站（https://www.activestate.com/）下载。这里下载后的文件为 ActivePerl-5.26.1.2601-MSWin32-x64-404865.exe。

下载完毕后，就可以开始安装了。直接双击即可开始安装，安装时间有点长，要有点耐心，最终会提示安装成功。安装完成的界面如图 2-2 所示。

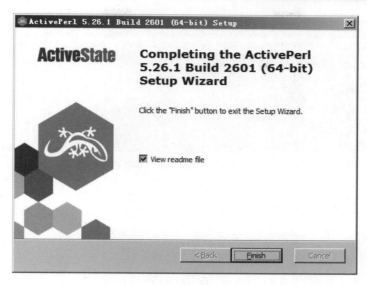

图 2-2

2. 下载 OpenSSL 1.1.1

目前，OpenSSL 1.1.1b 是新的版本，我们可以去官方网站下载，下载地址为 https://www.openssl.org/source/。下载下来的文件名是 openssl-1.1.1b.tar.gz。

下面开始我们的编译之旅。为什么要编译？因为编译后会生成库，这个库可以放到工程环境中使用。

3. 安装 VC

在 Windows 平台上，用微软 Visual Studio 中的 C 编译器生成 OpenSSL 的静态库或动态库。我们要在 VC 命令行下编译，所以需要先安装 VC，至少要 VC 2008，本书采用的是 VC 2017，建议大家使用这个版本，以后看书的过程中有问题方便联合作者一起排查。

4. 编译出 32 位的 Debug 版本的静态库

安装完 ActivePerl 后，就可以正式编译安装 OpenSSL 了。我们下载下来的 openssl-1.1.1.tar.gz 是一个源码压缩包，需要对其进行解压，然后编译出开发所需的静态库或动态库。

具体安装步骤如下：

（1）解压源码目录。把 openssl-1.1.1b.tar.gz 复制到某个目录下，比如 D:，然后解压缩，解压后的目录为 D:\openssl-1.1.1b，进入 D:\openssl-1.1.1b，就可以看到各个子文件夹了。

（2）配置 OpenSSL。打开 VC 2017 的开发者命令行提示窗口，单击"开始"→"Visual Studio 2017"→"Visual Studio Tools"→"VS 2017 的开发人员命令提示符"，即可出现如图 2-3 所示的窗口。

图 2-3

然后在图 2-3 所示的命令行窗口中输入 cd d:\openssl-1.1.1b，然后输入命令：

perl Configure debug-VC-WIN32 no-shared no-asm --prefix="d:/openssl-1.1.1b/win32-debug" --openssldir="d:/openssl-1.1.1b/win32-debug/ssl"

其中，debug-VC-WIN32 表示 32 位调试模式，no-asm 表示不用汇编。

接着按回车键，然后开始自动配置，如图 2-4 所示。

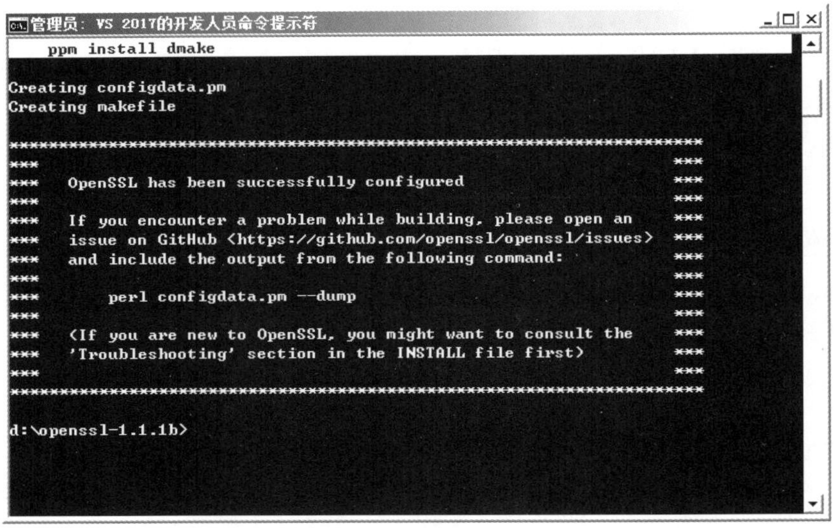

图 2-4

其中，VC-WIN32 表示我们要编译出 32 位的版本，若要编译出 Debug 版本，则使用 debug-VC-WIN32，若要使用 Release 版本的 OpenSSL 库，则不要加 debug-。no-shared 表示我们要编译出静态库，若要编译出动态库，则不要加 no，用-shared 即可，这个很好理解，静态库是不共享的，动态库是用来共享的。参数--prefix 是 OpenSSL 编译完后所生成的命令程序、库、头文件等的存放路径。--openssldir 是 OpenSSL 编译完后生成的配置文件的存放路径。

（3）编译 OpenSSL。配置完成后，我们可以继续用 nmake 命令开始编译，在命令行窗口中输入 nmake 后按回车键即可开始编译，nmake 程序是 VC 自带的命令行编译工具。这一步时间稍长，大家可以喝杯茶。编译成功后如图 2-5 所示。

图 2-5

（4）测试编译。这一步不是必需的，但最好检查一下上一步的编译是否正确。在命令行窗口中输入命令：

nmake test

这一步时间也稍长，其实可以不用做，但笔者做了，测试全部成功，如图 2-6 所示。

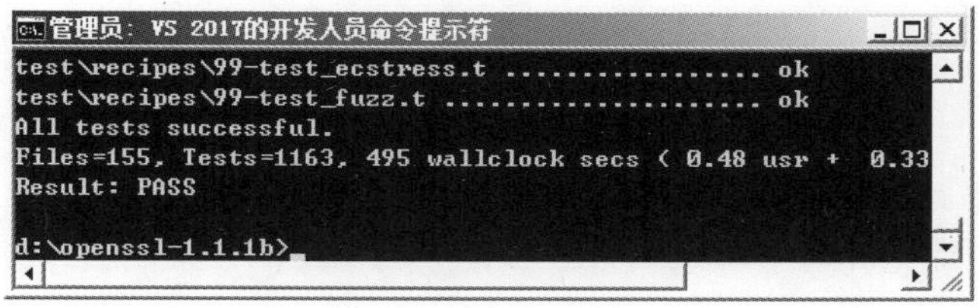

图 2-6

（5）安装。继续输入命令 nmake install，执行成功后如图 2-7 所示。

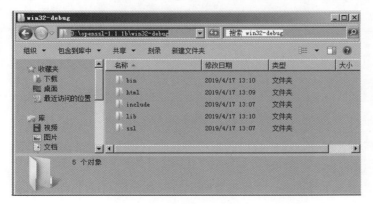

图 2-7

（6）清理。主要是删除一些中间文件。继续输入命令 nmake clean。

此时，进入 D:\openssl-1.1.1b\win32-debug，可以看到一些子文件夹，如图 2-8 所示。

图 2-8

其中，bin 目录下存放 OpenSSL 的命令行程序，利用该程序我们可以在命令行下执行一些加解密任务、证书操作任务。在 lib 目录下存放的就是我们编译出来的 32 位的静态库 libcrypto.lib 和 libssl.lib，一般的加解密程序使用 libcrypto.lib 即可。include 目录就是我们开发所需要的 OpenSSL 头文件。

现在，趁热打铁，马上来开发一个使用 OpenSSL 静态库的程序，以此检验我们生成的静态库是否正确。

【例 2.1】使用 32 位 OpenSSL 1.1.1 的 Debug 静态库

（1）打开 VC 2017，新建一个控制面板程序 test。

（2）在 test.cpp 中输入代码如下：

```cpp
#include "pch.h"
#include "openssl/evp.h"

int main()
{
    openssl_add_all_algorithms();  //使用 openssl 库前，必须调用该函数
    printf("openssl ok\n");
    return 0;
}
```

（3）包含 include 目录。打开"test 属性页"对话框，在界面左边选择"C/C++"→"常规"，在右边的"附加包含目录"旁输入 OpenSSL 头文件所在的路径 D:\openssl-1.1.1b\win32-debug\include，如图 2-9 所示。

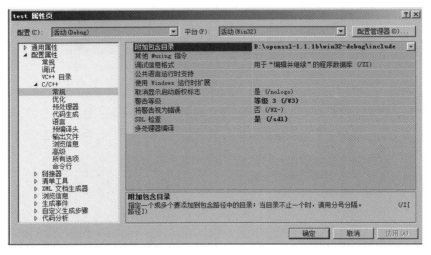

图 2-9

然后单击"确定"按钮。这样我们的程序中包含 openssl/evp.h 的时候就不会出错了，因为 include 目录下有 OpenSSL 子目录。

顺便说一句，其实把 include 文件夹复制到自己的工程目录下也可以，但考虑到很多程序都要用到头文件，所以没必要每个工程都去复制一份 include 文件夹，建议放在一个公共路径

下（比如 D:\openssl-1.1.1b\win64-debug\include），各个开发者自己包含这个公共路径即可。

（4）添加静态库。在"test 属性页"对话框中，在界面左边选择"链接器"→"常规"，在右边的"附加库目录"旁输入 OpenSSL 静态库所在的路径 D:\openssl-1.1.1b\win32-debug\lib，如图 2-10 所示。

图 2-10

然后单击"应用"按钮。接着展开界面左边的"链接器"→"输入"，在右边第一行"附加依赖项"右边的开头输入 ws2_32.lib;Crypt32.lib;libcrypto.lib;，其中 ws2_32.lib 和 Crypt32.lib 是 VC 自带的库，分别实现网络功能和微软提供的加解密功能，加入这两个库的原因是 libcrypto.lib 依赖于它们。最后单击"确定"按钮。

（5）保存工程并运行，运行结果如图 2-11 所示。

图 2-11

至此，说明 32 位的 Debug 版本的 OpenSSL 1.1.1b 静态库使用起来了。

5. 编译出 32 位的 Release 版本的静态库

（1）解压源码目录（若已经存在源码目录 openssl-1.1.1b，则可以不必再解压）。把 openssl-1.1.1b.tar.gz 复制到某个目录下，比如 D:，然后解压缩，解压后的目录为 D:\openssl-1.1.1b，进入 D:\openssl-1.1.1b，就可以看到各个子文件夹了。

（2）配置 OpenSSL。打开 VC 2017 的开发者命令行提示窗口，单击"开始"→"Visual Studio 2017"→"Visual Studio Tools"→"VS 2017 的开发人员命令提示符"，输入命令 cd d:\openssl-1.1.1b，然后输入 Perl 命令如下：

```
perl Configure VC-WIN32 no-shared no-asm --prefix="d:/openssl-1.1.1b/win32-release"
```

--openssldir="d:/openssl-1.1.1b/win32-release/ssl"

其实就是把 no-shard 改为 shared，后面的步骤都一样，分别是：

```
nmake
nmake test
nmake install
nmake clean
```

完毕后，我们到 D:\openssl-1.1.1b\win32-release 下去看，可以看到生成的各个子目录。

【例 2.2】测试 32 位 Release 版本的库

（1）把例子 2.1 的工程复制一份，然后使用 VC 2017 打开工程。

（2）在工具栏选择解决方案配置为 Release，如图 2-12 所示。

图 2-12

（3）打开"test 属性页"对话框，确保界面左上角的"配置"是 Release，意思是我们要生成的程序是 Release 版本的程序，即程序中不带调试信息了。然后在界面左边选择"C/C++"→"常规"，在右边添加附加包含目录为 D:\openssl-1.1.1b\win32-release\include。

（4）添加静态库。在"test 属性页"对话框中，在界面左边选择"链接器"→"常规"，在右边的"附加库目录"旁输入 OpenSSL 静态库所在路径 D:\openssl-1.1.1b\win32-release\lib，然后单击"应用"按钮。接着展开左边的"链接器"→"输入"，在右边第一行"附加依赖项"右边的开头输入 ws2_32.lib;Crypt32.lib;libcrypto.lib;，其中 ws2_32.lib 和 Crypt32.lib 是 VC 自带的库，分别实现网络功能和微软提供的加解密功能，加入这两个库的原因是 libcrypto.lib 依赖于它们。最后单击"确定"按钮。

（5）保存工程并运行，运行结果如图 2-13 所示。

图 2-13

至此，说明 32 位的 Release 版本的静态库使用起来了。

6. 编译出 32 位的 Debug 版本的动态库

（1）解压源码目录（如果前面解压过了，就不必再解压）。把 openssl-1.1.1b.tar.gz 复制到某个目录下，比如 D:，然后解压缩，解压后的目录为 D:\openssl-1.1.1b，进入 D:\openssl-1.1.1b，就可以看到各个子文件夹了。

（2）配置 OpenSSL。打开 VC 2017 的开发者命令行提示窗口，单击"开始"→"Visual Studio 2017"→"Visual Studio Tools"→"VS 2017 的开发人员命令提示符"，输入命令 cd d:\openssl-1.1.1b，然后输入 Perl 命令如下：

```
perl Configure debug-VC-WIN32 shared no-asm --prefix="d:/openssl-1.1.1b/win32-shared-debug"
--openssldir="d:/openssl-1.1.1b/win32-shared-debug/ssl"
```

后面的步骤都一样，分别是：

```
nmake
nmake test
nmake install
nmake clean
```

完毕后，我们到 D:\openssl-1.1.1b\win32-shared-debug 下查看，可以看到生成的各个子目录。

【例 2.3】使用 32 位的 Debug 版本的动态库

（1）打开 VC 2017，新建一个控制面板程序 test。

（2）在 test.cpp 中输入代码如下：

```
#include "pch.h"
#include "openssl/evp.h"
int main()
{
    openssl_add_all_algorithms();
    printf("openssl win32-debug-shard-lib ok\n");
    return 0;
}
```

（3）包含 include 目录。打开"test 属性页"对话框，在界面左边选择"C/C++"→"常规"，在右边的"附加包含目录"旁输入 OpenSSL 头文件所在的路径 D:\openssl-1.1.1b\win32-shared-debug\include。

（4）添加链接符号库。在"test 属性页"对话框中，在界面左边选择"链接器"→"常规"，在右边的"附加库目录"旁输入 OpenSSL 引用库（注意虽然名字和静态库一样，但动态库中叫引用库，用于编译时的符号引用）所在的路径 D:\openssl-1.1.1b\win32-shared-debug\lib，然后单击"应用"按钮。接着展开界面左边的"链接器"→"输入"，在右边第一行"附加依赖项"右边的开头输入 ws2_32.lib;Crypt32.lib;libcrypto.lib;，其中 ws2_32.lib 和 Crypt32.lib 是 VC 自带的库，分别实现网络功能和微软提供的加解密功能，加入这两个库的原因是 libcrypto.lib 依赖于它们。最后单击"确定"按钮。

（5）把 D:\openssl-1.1.1b\win32-shared-debug\bin 下的 libcrypto-1_1.dll 复制到我们的解决方案的 debug 目录下，即和 test.exe 同一个目录下。

（6）保存工程并运行，运行结果如图 2-14 所示。

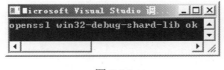

图 2-14

7. 编译出 32 位的 Release 版本的动态库

（1）解压源码目录。把 openssl-1.1.1b.tar.gz 复制到某个目录下，比如 D:，然后解压缩，解压后的目录为 D:\openssl-1.1.1b，进入 D:\openssl-1.1.1b，就可以看到各个子文件夹了。

（2）配置 OpenSSL。打开 VC 2017 的开发者命令行提示窗口，单击"开始"→"Visual Studio 2017"→"Visual Studio Tools"→"VS 2017 开发人员命令提示符"，输入命令 cd d:\openssl-1.1.1b，然后输入 Perl 命令如下：

```
perl Configure VC-WIN32 shared no-asm --prefix="d:/openssl-1.1.1b/win32-shared-release"
--opensssldir="d:/openssl-1.1.1b/win32-shared-release/ssl"
```

其实就是把 no-shard 改为 shared，后面的步骤都一样，分别是：

```
nmake
nmake test
nmake install
nmake clean
```

完毕后，我们到 D:\openssl-1.1.1b\win32-shared-release 下去看，可以看到生成的各个子目录。

【例 2.4】使用 32 位的 release 版本的动态库

（1）打开 VC 2017，新建一个控制面板程序 test。

（2）在 test.cpp 中输入代码如下：

```cpp
#include "pch.h"
#include "openssl/evp.h"
int main()
{
    openssl_add_all_algorithms();
    printf("openssl win32-release-shard-lib ok\n");
    return 0;
}
```

（3）将界面左上角工具栏上的选择解决方案配置为 Release，意思是我们要生成的程序是 Release 版本的程序，即程序中不带调试信息了。在界面左边选择"C/C++"→"常规"，在右边的"附加包含目录"旁输入 OpenSSL 头文件所在的路径 D:\openssl-1.1.1b\win32-shared-release\include。

（4）添加链接符号库。在"test 属性页"对话框中，在界面左边选择"链接器"→"常规"，在右边的"附加库目录"旁输入 OpenSSL 引用库所在的路径 D:\openssl-1.1.1b\win32-shared-release\lib，然后单击"应用"按钮。接着展开左边的"链接器"→"输入"，在右边第一行"附加依赖项"右边的开头输入 ws2_32.lib;Crypt32.lib;libcrypto.lib;，其中 ws2_32.lib 和 Crypt32.lib 是 VC 自带的库，分别实现网络功能和微软提供的加解密功能，加入这两个库的原因是 libcrypto.lib 依赖于它们。最后单击"确定"按钮。

（5）把 D:\openssl-1.1.1b\win32-shared-release\bin 下的 libcrypto-1_1.dll 复制到解决方案的 release 目录下，即和 test.exe 同一个目录下。

（6）在工具栏切换解决方案配置为 Release，保存工程并运行，运行结果如图 2-15 所示。

图 2-15

8. 编译出 64 位的 Debug 版本的静态库

（1）解压源码目录。把 openssl-1.1.1b.tar.gz 复制到某个目录下，比如 D:，然后解压缩，解压后的目录为 D:\openssl-1.1.1b，进入 D:\openssl-1.1.1b，就可以看到各个子文件夹了。

（2）配置 OpenSSL。打开 VC 2017 的开发者命令行提示窗口，单击"开始"→"Visual Studio 2017"→"Visual Studio Tools"→"VS 2017 的开发人员命令提示符"，输入命令 cd d:\openssl-1.1.1b，然后输入 Perl 命令如下：

```
perl Configure debug-VC-WIN64A    no-shared no-asm --prefix="d:/openssl-1.1.1b/win64-debug"
--openssldir="d:/openssl-1.1.1b/win64-debug/ssl"
```

debug-VC-WIN64A 表示 64 位调试模式。

后面的步骤都一样，分别是：

```
nmake
nmake test
nmake install
nmake clean
```

完毕后，我们到 D:\openssl-1.1.1b\win64-debug 下去看，可以看到生成的各个子目录，如果我们进入 lib 子目录下去看，可以发现 libcrypto.lib 的文件尺寸比 32 位的版本大了 2MB 多，如图 2-16 所示。

| libcrypto.lib | 2019/8/22 16:49 | Object File Li... | 15,631 KB |

图 2-16

【例 2.5】验证 64 位 Debug 版本的 OpenSSL 静态库

（1）打开 VC 2017，新建一个控制面板程序 test。

（2）在 test.cpp 中输入代码如下：

```
#include "pch.h"
#include "openssl/evp.h"
int main()
{
    openssl_add_all_algorithms();
 printf("openssl win64-debug-staticlib ok\n");
    return 0;
}
```

（3）在工具栏上的解决方案平台选择"x64"，意思是我们要生成的程序是 64 位的程序，如图 2-17 所示。

图 2-17

打开"test 属性页"对话框，在左边选择"C/C++"→"常规"，在右边的"附加包含目录"旁输入 OpenSSL 头文件所在的路径 D:\openssl-1.1.1b\win64-debug\include。

（4）添加链接符号库。在"test 属性页"对话框中，在左边选择"链接器"→"常规"，在右边的"附加库目录"旁输入 OpenSSL 静态库所在的路径 D:\openssl-1.1.1b\win64-debug\lib，然后单击"应用"按钮。接着展开左边的"链接器"→"输入"，在右边第一行"附加依赖项"右边的开头输入 ws2_32.lib;Crypt32.lib;libcrypto.lib;，其中 ws2_32.lib 和 Crypt32.lib 是 VC 自带的库，分别实现网络功能和微软提供的加解密功能，加入这两个库的原因是 libcrypto.lib 依赖于它们。最后单击"确定"按钮。

（5）保存工程并运行，运行结果如图 2-18 所示。

图 2-18

9. 编译出 64 位的 Release 版本的静态库

（1）解压源码目录。把 openssl-1.1.1b.tar.gz 复制到某个目录下，比如 D:，然后解压缩，解压后的目录为 D:\openssl-1.1.1b，进入 D:\openssl-1.1.1b，就可以看到各个子文件夹了。

（2）配置 OpenSSL。打开 VC 2017 的开发者命令行提示窗口，单击"开始"→"Visual Studio 2017"→"Visual Studio Tools"→"VS 2017 的开发人员命令提示符"，输入命令 cd d:\openssl-1.1.1b，然后输入 Perl 命令如下：

```
perl Configure VC-WIN64A    no-shared no-asm --prefix="d:/openssl-1.1.1b/win64-release"
--openssldir="d:/openssl-1.1.1b/win64-release/ssl"
```

后面的步骤都一样，分别是：

```
nmake
nmake test
nmake install
nmake clean
```

完毕后，我们到 D:\openssl-1.1.1b\win64-release 下去看，可以看到生成的各个子目录。

【例 2.6】验证 64 位 Release 版本的 OpenSSL 静态库

（1）打开 VC 2017，新建一个控制面板程序 test。

（2）在 test.cpp 中输入代码如下：

```
#include "stdafx.h"
#include "openssl/evp.h"
```

```
#pragma comment(lib, "libcrypto.lib")
#pragma comment(lib, "ws2_32.lib")
#pragma comment(lib, "crypt32.lib")

int main()
{
    openssl_add_all_algorithms();
    printf("openssl win64-release-staticlib ok\n");
    return 0;
}
```

#pragma comment 表示以代码方式引用库。这样就不用在工程属性中设置了。

（3）打开"test 属性页"对话框，新建一个 x64 平台，在工程属性中切换到 Release 模式，然后添加头文件包含路径：D:\openssl-1.1.1b\win64-release\include，以及静态库路径：D:\openssl-1.1.1b\win64-release\lib。这里讲的简略了，路径具体在哪个位置添加，前面已经介绍过了。

（4）保存工程，然后在工具栏上选择解决方案平台为 x64，解决方案配置为 Release，然后运行工程，运行结果如图 2-19 所示。

图 2-19

10. 编译出 64 位的 Debug 版本的动态库

（1）解压源码目录。把 openssl-1.1.1b.tar.gz 复制到某个目录下，比如 D:，然后解压缩，解压后的目录为 D:\openssl-1.1.1b，进入 D:\openssl-1.1.1b，就可以看到各个子文件夹了。

（2）配置 OpenSSL。打开 VC 2017 的开发者命令行提示窗口，单击"开始"→"Visual Studio 2017"→"Visual Studio Tools"→"VS 2017 的开发人员命令提示符"（注意是 x64 本机工具命令提示，不要选择其他的），输入命令 cd d:\openssl-1.1.1b，然后输入 Perl 命令如下：

```
perl Configure debug-VC-WIN64A    shared no-asm --prefix="d:/openssl-1.1.1b/win64-shared-debug"
--openssldir="d:/openssl-1.1.1b/win64-shared-debug/ssl"
```

后面的步骤都一样，分别是：

```
nmake
nmake test
nmake install
nmake clean
```

完毕后，我们到 D:\openssl-1.1.1b\win64-shared-debug 下去看，可以看到生成的各个子目录。

【例 2.7】验证 64 位 Debug 版本的 OpenSSL 动态库

（1）打开 VC 2017，新建一个控制面板程序 test。

（2）在 test.cpp 中输入代码如下：

```
#include "stdafx.h"
#include "openssl/evp.h"

#pragma comment(lib, "libcrypto.lib")
#pragma comment(lib, "ws2_32.lib")
#pragma comment(lib, "crypt32.lib")

int main()
{
    openssl_add_all_algorithms();
    printf("openssl win64-debug-shared-lib ok\n");
    return 0;
}
```

#pragma comment 表示以代码方式引用符号库。这样就不用在工程属性中设置了。

（3）打开"test 属性页"对话框，新建一个 x64 平台，然后添加头文件包含路径：D:\openssl-1.1.1b\win64-shared-debug\include，以及符号库路径：D:\openssl-1.1.1b\win64-shared-debug\lib。这里讲的简略了，路径具体在哪个位置添加，前面已经介绍过了。

把 D:\openssl-1.1.1b\win64-shared-debug\bin 下的 libcrypto-1_1-x64.dll 复制到解决方案路径下的 x64 文件夹下的 Debug 子目录下。

（4）保存工程，然后在工具栏上选择解决方案平台为 x64，然后运行工程，运行结果如图 2-20 所示。

图 2-20

11. 编译出 64 位的 Release 版本的动态库

（1）解压源码目录。把 openssl-1.1.1b.tar.gz 复制到某个目录下，比如 D:，然后解压缩，解压后的目录为 D:\openssl-1.1.1b，进入 D:\openssl-1.1.1b，就可以看到各个子文件夹了。

（2）配置 OpenSSL。打开 VC 2017 的开发者命令行提示窗口，单击"开始"→"Visual Studio 2017"→"Visual Studio Tools"→"VS 2017 的开发人员命令提示符"（注意是 x64 本机工具命令提示，不要选择其他的），输入命令 cd d:\openssl-1.1.1b，然后输入 Perl 命令如下：

```
    perl Configure VC-WIN64A    shared no-asm --prefix="d:/openssl-1.1.1b/win64-shared-release"
--openssldir="d:/openssl-1.1.1b/win64-shared-release/ssl"
```

后面的步骤都一样，分别是：

```
nmake
nmake test
nmake install
nmake clean
```

完毕后，我们到 D:\openssl-1.1.1b\win64-shared-release 下去看，可以看到生成的各个子目录。

【例 2.8】验证 64 位 Release 版本的 OpenSSL 动态库

（1）打开 VC 2017，新建一个控制面板程序 test。

（2）在 test.cpp 中输入代码如下：

```
#include "stdafx.h"
#include "openssl/evp.h"

#pragma comment(lib, "libcrypto.lib")
#pragma comment(lib, "ws2_32.lib")
#pragma comment(lib, "crypt32.lib")

int main()
{
    openssl_add_all_algorithms();
    printf("openssl win64-release-shared-lib ok\n");
    return 0;
}
```

#pragma comment 表示以代码方式引用符号库。这样就不用在工程属性中设置了。

（3）打开"test 属性页"对话框，新建一个 x64 平台，在工程属性中切换到 Release 模式，然后添加头文件包含路径：D:\openssl-1.1.1b\win64-shared-release\include，以及静态库路径：D:\openssl-1.1.1b\win64-shared-release\lib。这里讲的简略了，路径具体在哪个位置添加，前面已经介绍过了。

（4）保存工程，然后在工具栏上选择解决方案平台为 x64，解决方案配置为 Release，并把 D:\openssl-1.1.1b\win64-shared-release\bin 下的 libcrypto-1_1-x64.dll 复制到解决方案的 x64 文件夹下的 Release 文件夹下，然后运行工程，运行结果如图 2-21 所示。

图 2-21

以上我们对新版本的 OpenSSL 的各种库都进行了编译和测试，虽然略显烦琐，但也是必要的，尤其是在实际项目中使用之前，建议大家都测试一下，库好才用。

2.2.12 在 Windows 下编译 OpenSSL 1.0.2m

这个 1.0.2 版本属于当前主流使用的版本，无论是维护老项目，还是开发新项目，这个版本都用得比较多，因为其成熟、稳定。尤其对于信息安全相关的项目，建议大家不要直接使用很新的算法库，因为可能有潜在的 Bug 没有被发现。该版本下载地址：https://www.openssl.org/source/old/。

这里我们下载 openssl-1.0.2m.tar.gz，把它复制到 C:（也可以是其他目录），然后按照下面的步骤开始编译和安装。这里我们编译 32 位的 Debug 版本的动态库。

（1）安装 ActivePerl。这个软件我们前面已经介绍过了，这里不再赘述。

（2）安装 NASM。可以到 https://www.nasm.us/ 下载新版安装包，这里下载的是 nasm-2.14-installer-x64.exe，下载下来后直接双击安装。安装完毕后，要在系统变量 Path 中配置 NASM 程序所在路径，这里采用默认安装路径，所以 NASM 的路径是：C:\Program Files\NASM，把它添加到 Path 系统变量中，如图 2-22 所示。

图 2-22

单击"确定"按钮。然后打开一个命令行窗口，输入命令 nasm，此时界面显示如图 2-23 所示。

图 2-23

这说明 NASM 安装并配置成功了。好了，准备工作完成，可以正式开始编译 OpenSSL 了。为了让大家知道不指定目录 OpenSSL 会把生成的文件放在哪里，我们先在不指定路径的情况下进行编译。

1. 不指定生成目录的 32 位 Release 版本动态库的编译

（1）解压 OpenSSL 源码目录。把 openssl-1.0.2m.tar.gz 复制到某个目录下，比如 C:，然后解压缩，解压后的目录为 C:\openssl-1.0.2m，进入 C:\openssl-1.0.2m，就可以看到各个子文件夹了。

（2）配置 OpenSSL。打开 VC 2017 的"VS 2017 的开发人员命令提示符"提示窗口，单击"开始"→"所有程序"→"Visual Studio 2017"→"Visual Studio Tools"→"VS 2017 的开发人员命令提示符"，输入命令如下：

```
cd C:\openssl-1.0.2m
perl Configure VC-WIN32
ms\do_nasm
nmake -f ms\ntdll.mak
```

VC-WIN32 表示生成 Release 版本的 32 位的库，如果需要 Debug 版本，就使用 debug-VC-WIN32。ntdll.mak 表示即将生成动态链接库。执行完毕后，我们可以在 C:\openssl-1.0.2m\out32dll\下看到生成的动态链接库，比如 libeay32.dll，如图 2-24 所示。

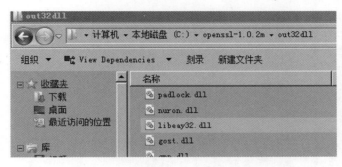

图 2-24

该文件夹除了包括动态库外，相关的导入库文件（比如 libeay32.lib 和 ssleay32.lib）和一些可执行的工具（.exe）程序也在该目录下。导入库文件在开发中需要引用，所以我们需要知道它的路径。

头文件文件夹所在的路径是 C:\openssl-1.0.2m\inc32\，开发的时候我们可以把 inc32 下的 OpenSSL 文件夹复制到工程目录，再在 VC 工程设置中添加引用，就可以使用头文件了。当然，不复制到工程目录也可以，只要在 VC 中引用到这里的路径即可。稍后我们会通过实例来演示如何使用这里编译出来的动态库。如果大家觉得在 OpenSSL 目录下去找这个子目录很麻烦，也可以执行安装命令：nmake -f ms\ntdll.mak install，执行该命令后，将会把 include 文件夹、lib 文件夹、和 bin 文件夹复制到在 C:\usr\local\ssl 下，有兴趣的读者可以试试。

重要提示：如果编译过程中出错，建议把 C:\openssl-1.0.2m 这个文件夹删除，然后重新解压，再按上面的步骤执行。

好了，下面我们进行指定生成目录下的编译。一般这种方式用得多，这样可以和 OpenSSL 源码目录分离开来。

2. 指定生成目录的 32 位 Release 版本动态库的编译

（1）如果 C 盘已经有 openssl-1.0.2m 文件夹，就解压 OpenSSL 源码目录。把 openssl-1.0.2m.tar.gz 复制到 C:，然后解压缩，解压后的目录为 C:\openssl-1.0.2m，进入 C:\openssl-1.0.2m，就可以看到各个子文件夹了。如果 C 盘已经有 openssl-1.0.2m 文件夹，可

以不用再解压。

（2）配置 OpenSSL。打开 VC 2017 的"VS 2017 的开发人员命令提示符"提示窗口，单击"开始"→"所有程序"→"Visual Studio 2017"→"Visual Studio Tools"→"VS 2017 的开发人员命令提示符"，输入命令如下：

```
cd C:\openssl-1.0.2m
perl Configure VC-WIN32 --prefix=c:/myOpensllout
ms\do_nasm
nmake -f ms\ntdll.mak
```

--prefix 用于指定安装目录，就是生成的文件存放的目录；VC-WIN32 表示生成 Release 版本的 32 位的库，如果需要 Debug 版本，就使用 debug-VC-WIN32。稍等片刻，编译完成，如图 2-25 所示。

图 2-25

此时可以看到 C 盘下并没有 myOpensslout，因为我们还没有执行安装命令，但可以在 C:\openssl-1.0.2m\out32dll\下看到生成的动态链接库，比如 libeay32.dll。头文件文件夹 OpenSSL 所在的路径为 C:\openssl-1.0.2m\inc32\。下面执行安装命令：

```
nmake -f ms\ntdll.mak install
```

执行完毕后，我们看到 C 盘下有 myOpensslout 了，如图 2-26 所示。

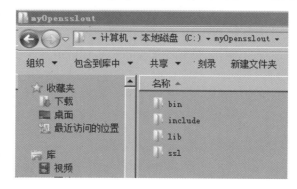

图 2-26

如果喜欢干净，可以用 nmake -f ms\ntdll.mak clean 命令清理一下。

至此，32 位动态库编译安装完成。下面进入验证环节。

【例 2.9】验证 32 位动态库

（1）新建一个控制面板工程 test。

（2）打开 test.cpp，输入代码如下：

```
#include "stdafx.h"

#include "openssl/evp.h"
#pragma comment(lib, "libeay32.lib")
int _tmain(int argc, _TCHAR* argv[])
{
    openssl_add_all_algorithms();    //载入所有 SSL 算法, 这个函数是 OpenSSL 库中的函数
    printf("win32 openssl1.0.2m-shared-lib ok\n");
    return 0;
}
```

（3）打开工程属性对话框，然后添加头文件包含路径：C:\myopensslout\include，以及导入库路径：C:\myopensslout\lib。如果此时运行程序，系统干净的朋友是无法运行的，会提示缺少动态库，如图 2-27 所示。

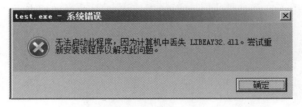

图 2-27

但有些朋友发现可以直接运行，难道上面生成的 lib 文件是静态库，而不是导入库。其实是导入库，我们可以验证一下。打开 VC 2017 的"VS 2017 的开发人员命令提示符"提示窗口，即单击"开始"→"所有程序"→"Visual Studio 2017"→"Visual Studio Tools"→"VS 2017 的开发人员命令提示符"，输入命令如下：

```
lib /list C:\myopensslout\lib\libeay32.lib
```

如果输出的是 LIBEAY32.dll，就说明 libeay32.lib 是一个导入库，如果输出的是.obj，就说明是静态库。既然不是静态库，为何能运行起来呢？说明系统路径肯定存在 libeay32.dll。大家可以去 C:\Windows\SysWOW64 或 C:\Windows\System32 等常见系统路径下搜索，如果删掉或重命名后还能运行 test.exe，就说明安装了某些软件导致 test.exe 依然能找到 libeay32.dll，比如安装了 ice3.7.2 这个通信库。或许有朋友到这里有点怀疑 test.exe 是否真的依赖 libeay32.dll，大家可以验证一下，如果有 Dependency Walker 工具就查看一下依赖项，如图 2-28 所示。

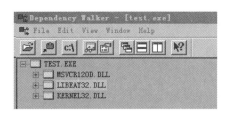

图 2-28

如果没有 Dependency Walker 工具，也可以使用 VC 2017 的 dumpbin 程序，把 test.exe 复制到 C 盘下，然后 VC 2017 的 "VS 2017 的开发人员命令提示符" 提示窗口，然后输入命令 dumpbin /dependents c:\test.exe，如图 2-29 所示。

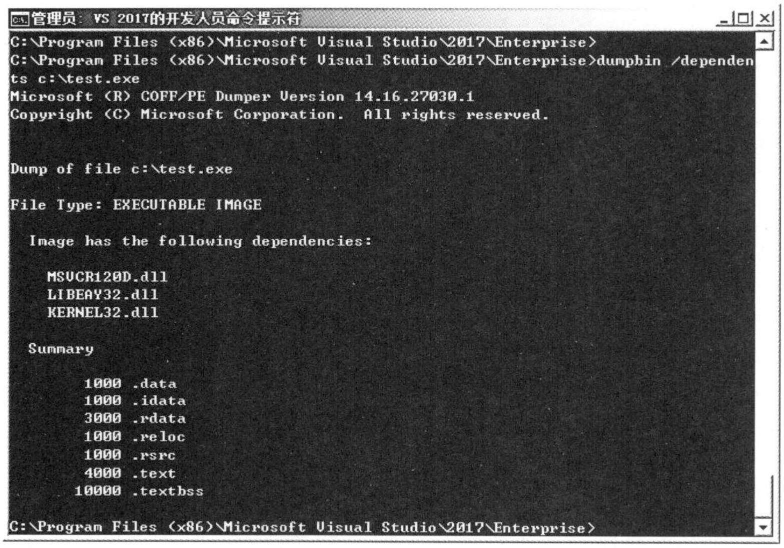

图 2-29

可以看到的确依赖 libeay32.dll。另外，可以发现把 test.exe 放到一个干净的操作系统上，就运行不起来了。如果一定要知道 libeay32.dll 在哪里，也不是没有可能。大招就是使用 Dependency Walker，这个依赖项查看工具自 VC 6 开始就自带了，后来高版本的 VC 虽然不带它了，但可以从官网（www.dependencywalker.com）上下载。这里还是使用 VC 6 自带的 1.0 版。我们把 test.exe 拖进 Dependency walker 工具，然后单击工具栏上的 c:\按钮，它用于显示全路径，如图 2-30 所示。

图 2-30

可以看到，test.exe 依赖的 libeay32.dll 位于 system32 下，终于找到元凶了，把它删除再运行 test.exe 会发现无法运行。

绕了一大圈，让系统干净的朋友久等了，继续把 C:\myopensslout\bin 下的 libeay32.dll 复制到解决方案路径下的 Debug 子目录下，即和 test.exe 同一文件夹下。

（4）保存工程并运行，运行结果如图 2-31 所示。

图 2-31

这里测试工程 test 用了 Debug 模式，而库 libeay32.dll 是 Release 版本的，这是没问题的。

3. 编译 64 位 Release 版本的动态库

首先把 C 盘下的 openssl-1.0.2m 文件夹删除（如果有的话），然后按照下面的步骤进行：

（1）解压 OpenSSL 源码目录。把 openssl-1.0.2m.tar.gz 复制到某个目录下，比如 C:，然后解压缩，解压后的目录为 C:\openssl-1.0.2m，进入 C:\openssl-1.0.2m，就可以看到各个子文件夹了。

（2）配置 OpenSSL。单击"开始"→"Visual Studio 2017"→"Visual Studio Tools"→"VS 2017 的开发人员命令提示符"，打开 VC 2017 的"VS 2017 的开发人员命令提示符"窗口，输入命令如下：

```
cd C:\openssl-1.0.2m
perl Configure VC-WIN64A no-asm --prefix=c:/myopensslstout64
ms\do_win64A
nmake -f ms\ntdll.mak
```

--prefix 用于指定安装目录，就是生成的文件存放的目录。VC-WIN64A 表示生成 Release 版本的 64 位的库，如果需要 Debug 版本，就使用 debug-VC-WIN64A。稍等片刻，编译完成，如图 2-32 所示。

openssl.c
　　　　link /nologo /subsystem:console /opt:ref /debug /out:out32dll\openss
e @C:\Users\ADMINI~1\AppData\Local\Temp\nm3690.tmp
　　正在创建库 tmp32dll\junk.lib 和对象 tmp32dll\junk.exp
　　　　IF EXIST out32dll\openssl.exe.manifest mt -nologo -manifest out32dl
nssl.exe.manifest -outputresource:out32dll\openssl.exe;1

C:\openssl-1.0.2m>

图 2-32

此时我们看到 C 盘下并没有文件夹 myopensslout64，这是因为还没有执行安装命令，但可以在 C:\openssl-1.0.2m\out32dll 下看到生成的动态链接库，比如 libeay32.dll。头文件文件夹 OpenSSL 所在的路径为 C:\openssl-1.0.2m\inc32\，有些多疑的读者可能会疑惑，为何 64 位的.dll 文件会生成在名字是 out32dll 的文件夹下，看名字 out32dll 像是存放 32 位的库。笔者认为这是 OpenSSL 官方偷懒的地方，这样的文件夹名字的确容易引起歧义，为了消除读者的疑惑，我们可以验证一下生成的 libeay32.dll 到底是 32 位还是 64 位的，方法有多种：

（1）在"VS 2017 的开发人员命令提示符"窗口的提示符下输入命令：

```
dumpbin /headers c:\openssl-1.0.2m\out32dll\libeay32.dll
```

如果出现 machine（x64）字样，就说明该库是 64 位库，如图 2-33 所示。

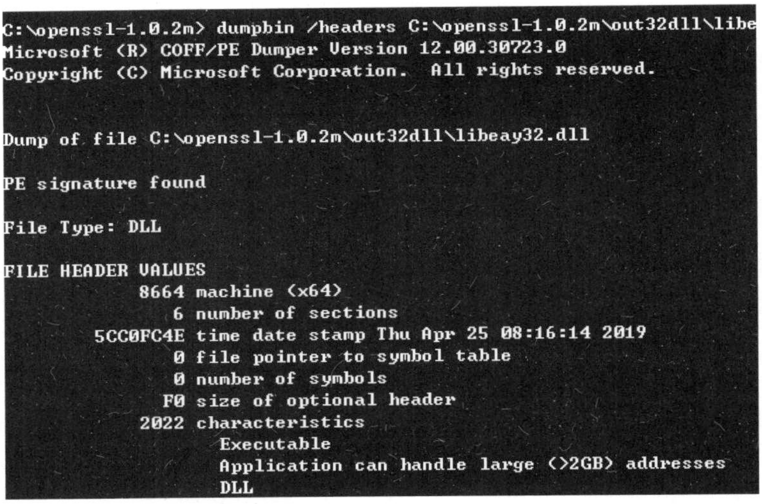

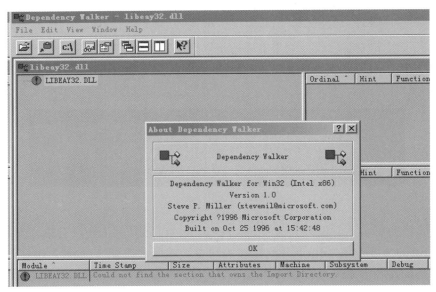

图 2-33

（2）如果安装的是 VC 6，可以用 VC 6 自带的 Dependency Walker 工具来查看，因为 VC 6 自带的该工具（版本是 1.0）只能查看 32 位的动态库，所以 64 位的库拖进去是看不到信息的，如图 2-34 所示。

图 2-34

当然，现在高版本的 Dependency Walker 工具已经可以同时查看 32 位和 64 位的库了。不过，VC 2017 不自带这个小工具，如果读者需要的话可以去官网（http://www.dependencywalker.com/）下载。

只有执行了安装命令才会把生成的库、头文件等放到我们指定的目录 myOpenSSLout64 下。下面执行安装命令：

```
nmake -f ms\ntdll.mak install
```

执行完毕后，如图 2-35 所示。

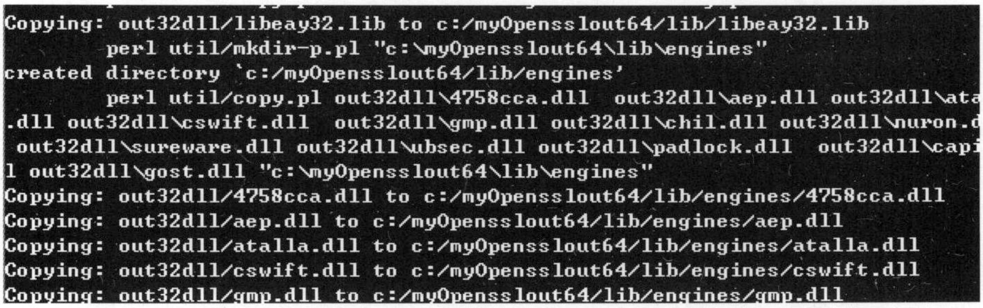

图 2-35

仔细看图 2-35，我们发现其实就是把 out32dll 下的内容复制到 C:/myopensslout64 下。此时我们看到 C 盘下有 myopensslout64 了。至此，64 位的动态库编译安装完成。下面进入验证阶段。

【例 2.10】验证 64 位动态库

（1）新建一个控制面板工程 test。

（2）打开 test.cpp，输入代码如下：

```
#include "stdafx.h"
#include "openssl/evp.h"
#pragma comment(lib, "libeay32.lib")
int _tmain(int argc, _TCHAR* argv[])
{
    openssl_add_all_algorithms();   //载入所有 SSL 算法，这个函数是 OpenSSL 库中的函数
    printf("win64 openssl1.0.2m-release-shared-lib ok\n");
    return 0;
}
```

（3）打开工程属性对话框，新建一个 x64 平台，在工程属性中切换到 Release 模式，然后添加头文件包含路径：C:\myopensslout64\include，以及导入库路径：C:\myopensslout64\lib。

（4）保存工程，然后在工具栏上选择解决方案平台为 x64，解决方案配置为 Release，并把 C:\myopensslout64\bin 下的 libeay32.dll 复制到解决方案的 x64 文件夹下的 Release 文件夹下，然后运行工程，运行结果如图 2-36 所示。

图 2-36

4. 编译 64 位 Debug 版本的静态库

本来编译完动态库想结束本节的讲解，但考虑有朋友喜欢静态库，所以笔者再演示一下静态库的编译过程。首先把 C 盘下的 openssl-1.0.2m 文件夹删除（如果有的话），然后按下面的步骤进行：

（1）解压 OpenSSL 源码目录。把 openssl-1.0.2m.tar.gz 复制到某个目录下，比如 C:，然后解压缩，解压后的目录为 C:\openssl-1.0.2m，进入 C:\openssl-1.0.2m，就可以看到各个子文件夹了。

（2）配置 OpenSSL。单击"开始"→"所有程序"→"Visual Studio 2017"→"Visual Studio Tools"→"VS 2017 的开发人员命令提示符"，打开 VC 2017 的"VS 2017 的开发人员命令提示符"窗口，输入命令如下：

```
cd C:\openssl-1.0.2m
perl Configure debug-VC-WIN64A --prefix=c:/myopensslout64
ms\do_win64A
nmake -f ms\ntdll.mak
```

--prefix 用于指定安装目录，就是生成的文件存放的目录。VC-WIN64A 表示生成 Release 版本的 64 位的库，如果需要 Debug 版本，就使用 debug-VC-WIN64A。稍等片刻，编译完成。

2.2.13　在 Linux 下编译安装 OpenSSL 1.0.2

打开官网下载源码。OpenSSL 的官网地址是 https://www.openssl.org。这里使用的版本是 1.0.2m，不求最新，但求稳定，这是一线开发者的原则。另外要注意的是，OpenSSL 官方现在已停止对 0.9.8 和 1.0.0 两个版本的升级维护。这里下载下来的是一个压缩文件：openssl-1.0.2m.tar。

1. 卸载当前已有的版本

刚下载下来不能马上安装，先要看看现在的操作系统是否已经安装 OpenSSL 了，可以用以下命令进行查看：

```
[root@localhost ~]# rpm -ql openssl
```

或者直接查询 OpenSSL 版本：

```
[root@localhost ~]# openssl version
openssl 1.0.1e-fips 11 feb 2013
```

可以看出，在笔者的 CentOS 7 上已经预先安装了 OpenSSL 1.0.1e 版本，如果要查看这个版本更为详细的信息，可以输入命令：

```
[root@localhost ~]# openssl version -a
openssl 1.0.1e-fips 11 Feb 2013
built on: Mon Jun 29 12:45:07 UTC 2015
platform: linux-x86_64
options:    bn(64,64) md2(int) rc4(16x,int) des(idx,cisc,16,int) idea(int) blowfish(idx)
compiler: gcc -fPIC -DOPENSSL_PIC -DZLIB -DOPENSSL_THREADS -D_REENTRANT -DDSO_DLFCN
-DHAVE_DLFCN_H -DKRB5_MIT -m64 -DL_ENDIAN -DTERMIO -Wall -O2 -g -pipe -Wall
-Wp,-D_FORTIFY_SOURCE=2 -fexceptions -fstack-protector-strong --param=ssp-buffer-size=4
-grecord-gcc-switches    -m64 -mtune=generic -Wa,--noexecstack -DPURIFY -DOPENSSL_IA32_SSE2
-DOPENSSL_BN_ASM_MONT -DOPENSSL_BN_ASM_MONT5 -DOPENSSL_BN_ASM_GF2m
-DSHA1_ASM -DSHA256_ASM -DSHA512_ASM -DMD5_ASM -DAES_ASM -DVPAES_ASM
-DBSAES_ASM -DWHIRLPOOL_ASM -DGHASH_ASM
OPENSSLDIR: "/etc/pki/tls"
engines:    rdrand dynamic
```

其实，也就是加了-a 选项。如果要查看 OpenSSL 所在的路径，可以使用 whereis openssl
命令，比如：

```
[root@localhost bin]# whereis openssl
openssl: /usr/bin/openssl /usr/lib64/openssl /usr/include/openssl /usr/share/man/man1/openssl.1ssl.gz
```

其中，/usr/bin/下的 openssl 是一个程序；/usr/lib64/openssl 是一个目录；/usr/include/openssl
也是一个目录，里面存放的是开发所用的头文件。

因为我们要用 OpenSSL 1.0.2m，所以要先卸载这个自带的旧版本，卸载命令如下：

```
[root@localhost soft]# rpm -e --nodeps openssl
```

然后再次查看：

```
[root@localhost soft]# rpm -qa openssl
[root@localhost soft]#
```

或者再次查看其版本：

```
[root@localhost 桌面]# openssl version
bash: /usr/bin/openssl: 没有那个文件或目录
```

可以看到/usr/bin 下的程序 OpenSSL 没有了，说明卸载成功了。但要注意，有些目录并没
有删除，我们可以用 whereis 查看一下：

```
[root@localhost openssl-1.0.2m]# whereis openssl
openssl: /usr/lib64/openssl /usr/include/openssl
```

我们可以进入/usr/include/openssl/下查看，头文件依旧存在，当我们用 ll 命令查看时，可
以发现是 2015 年生成的：

```
[root@localhost openssl]# cd /usr/include/openssl
[root@localhost openssl]# ll
总用量  1580
-rw-r--r--. 1 root root    5507 6 月    29 2015 aes.h
-rw-r--r--. 1 root root   52252 6 月    29 2015 asn1.h
```

```
-rw-r--r--. 1 root root    19143 6 月    29 2015 asn1_mac.h
-rw-r--r--. 1 root root    30092 6 月    29 2015 asn1t.h
-rw-r--r--. 1 root root    32987 6 月    29 2015 bio.h
...
```

注意，我们后面装新版的 OpenSSL 时，是不会覆盖这些文件的。另外，/usr/lib64 下的共享库依旧存在 libcrypto.so.1.0.1e：

```
[root@localhost lib64]# cd /usr/lib64/
[root@localhost lib64]# ll libcry*
-rwxr-xr-x. 1 root root     40816 11 月  20 2015 libcrypt-2.17.so
lrwxrwxrwx. 1 root root          19 10 月  16 2018 libcrypto.so -> libcrypto.so.1.0.1e
lrwxrwxrwx. 1 root root          19 10 月  16 2018 libcrypto.so.10 -> libcrypto.so.1.0.1e
-rwxr-xr-x. 1 root root 2012880 6 月    29 2015 libcrypto.so.1.0.1e
lrwxrwxrwx. 1 root root          22 10 月  16 2018 libcryptsetup.so.4 -> libcryptsetup.so.4.7.0
-rwxr-xr-x. 1 root root   166640 11 月  21 2015 libcryptsetup.so.4.7.0
lrwxrwxrwx. 1 root root          25 10 月  16 2018 libcrypt.so -> ../../lib64/libcrypt.so.1
lrwxrwxrwx. 1 root root          16 10 月  16 2018 libcrypt.so.1 -> libcrypt-2.17.so
```

这里，我们可以直接把目录/usr/include/openssl、动态库文件/usr/lib64/libcrypto.so.1.0.1e 和符号链接文件/usr/lib64/libcrypto.so 删除。当然，以后这 3 样都要在安装新版本 OpenSSL 时手工恢复成新版本 OpenSSL 对应的内容。为了怕大家遗忘，这里先不删，在下一节安装后再删除也可以。

当然，用到 1.0.2m 的例子，其实用 1.0.1e 也是可以的。这里主要是为了让大家学会卸载和重新安装。

2. 不指定安装目录安装 OpenSSL

假设旧版本已经卸载。把下载下来的压缩文件放到 Linux 中，这里存放的路径是/root/soft，大家可以自定义路径，然后进入这个路径后解压缩：

```
[root@localhost ~]# cd /root/soft
[root@localhost soft]# tar zxf openssl-1.0.2m.tar.gz
```

进入解压后的文件夹，开始配置、编译和安装：

```
[root@localhost soft]# cd openssl-1.0.2m/
[root@localhost openssl-1.0.2m]# ./config shared zlib
```

shared 表示除了生成静态库外，还要生成共享库，如果仅仅想生成静态库，可以不用这个选项，或者使用 no-shared；zlib 表示编译时使用 zlib 这个压缩库。更多配置选项可以参考源码目录下的 configure 文件。

下面开始编译：

```
[root@localhost openssl-1.0.2m]# make
```

稍等片刻，编译结束。编译完成并不会复制新的文件到默认目录，我们可以使用 whereis 看一下：

```
[root@localhost openssl-1.0.2m]# whereis openssl
```

openssl: /usr/lib64/openssl /usr/include/openssl

依旧是这两个目录，我们进入/usr/include/openssl/看看里面的文件有没有被更新：

```
[root@localhost openssl-1.0.2m]# cd /usr/include/openssl/
[root@localhost openssl]# ll
总用量 1580
-rw-r--r--. 1 root root    5507 6 月   29 2015 aes.h
-rw-r--r--. 1 root root   52252 6 月   29 2015 asn1.h
-rw-r--r--. 1 root root   19143 6 月   29 2015 asn1_mac.h
```

可以看出，没有被更新。而且我们用 make install 安装新版本的 OpenSSL 后，也不会被更新。这一点要注意，开发时不要去引用这个目录下的头文件。

```
[root@localhost openssl-1.0.2m]# make install
```

稍等片刻，安装完成。通过查看 make install 的过程可以发现新建了几个目录，如图 2-37 所示。

```
make[1]: 对 "all"无需做任何事。
make[1]: 离开目录"/root/soft/openssl-1.0.2m/tools"
created directory `/usr/local/ssl'
created directory `/usr/local/ssl/man'
created directory `/usr/local/ssl/man/man1'
created directory `/usr/local/ssl/man/man3'
created directory `/usr/local/ssl/man/man5'
created directory `/usr/local/ssl/man/man7'
installing man1/asn1parse.1
openssl-asn1parse.1 => asn1parse.1
installing man1/CA.pl.1
```

图 2-37

从图 2-37 可以看出，安装程序创建了目录/usr/local/ssl，这个目录就是不指定安装目录时安装程序所采用的默认安装目录。我们可以进入这个目录下查看：

```
[root@localhost openssl]# cd /usr/local/ssl
[root@localhost ssl]# ls
bin  certs  include  lib  man  misc  openssl.cnf  private
```

其中，子目录 bin 存放 OpenSSL 程序，该程序可以在命令行下使用 OpenSSL 功能；include 子目录存放开发所需的头文件；lib 子目录存放开发所需的静态库和共享库。值得注意的是，/usr/include/openssl/下的头文件依然是旧的，如图 2-38 所示。

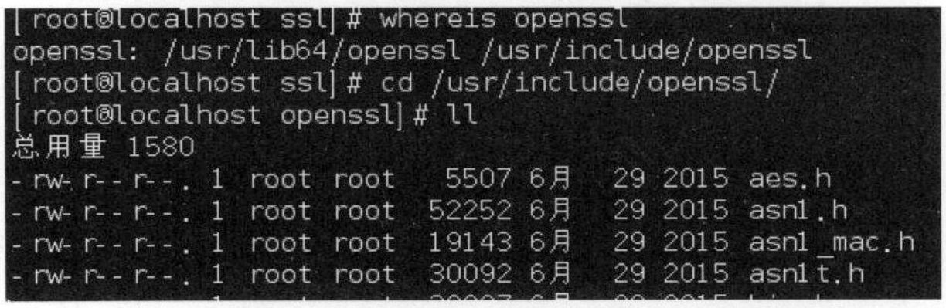

```
[root@localhost ssl]# whereis openssl
openssl: /usr/lib64/openssl /usr/include/openssl
[root@localhost ssl]# cd /usr/include/openssl/
[root@localhost openssl]# ll
总用量 1580
-rw-r--r--. 1 root root    5507 6月   29 2015 aes.h
-rw-r--r--. 1 root root   52252 6月   29 2015 asn1.h
-rw-r--r--. 1 root root   19143 6月   29 2015 asn1_mac.h
-rw-r--r--. 1 root root   30092 6月   29 2015 asn1t.h
```

图 2-38

但要注意的是，/usr/lib64/下依然有 libcrypto.so.1.0.1e：

```
[root@localhost openssl-1.0.2m]# find / -name  libcrypto.so.1.0.1e
```

/usr/lib64/libcrypto.so.1.0.1e

我们开发时不需要引用这个目录下的头文件，而要引用/usr/local/ssl/include 下的头文件。为了防止以后误用，我们可以直接删除旧的头文件，包含目录/usr/include/openssl/：

[root@localhost include]# rm -rf /usr/include/openssl

再创建新的头文件，包含目录的软链接：

ln -s /usr/local/ssl/include/openssl /usr/include/openssl

下面再创建可执行文件的软链接，这样就可以在命令行下使用 openssl 命令了：

ln -s /usr/local/ssl/bin/openssl /usr/bin/openssl

这样执行/usr/bin 下的 OpenSSL 实际就是执行/usr/local/ssl/bin 下的 OpenSSL 程序。引用/usr/include/openssl 下的头文件就是引用/usr/local/ssl/include/openssl 下的头文件。不放心的话，我们可以到/usr/include/openssl 下查看一下：

```
[root@localhost include]# cd openssl/
[root@localhost openssl]# ll
总用量 1856
-rw-r--r--. 1 root root     6146 5 月     15 10:14 aes.h
-rw-r--r--. 1 root root    63142 5 月     15 10:14 asn1.h
-rw-r--r--. 1 root root    24435 5 月     15 10:14 asn1_mac.h
-rw-r--r--. 1 root root    34475 5 月     15 10:14 asn1t.h
-rw-r--r--. 1 root root    38742 5 月     15 10:14 bio.h
...
```

终于不是 2015 年的了。最后添加动态库路径到动态库配置文件并更新：

```
echo "/usr/local/ssl/lib" >> /etc/ld.so.conf
ldconfig -v
```

至此，升级安装工作完成了。我们可以看一下现在 OpenSSL 的版本号：

```
[root@localhost bin]# openssl version
openssl 1.0.2m   2 nov 2017
```

版本升级成功了。如果要以命令方式使用 OpenSSL，可以在终端下输入 openssl，然后就会出现 OpenSSL 提示，如图 2-39 所示。

图 2-39

具体的 OpenSSL 命令我们会在后面的章节讲述，这里暂且不表。

值得注意的是，/usr/local/ssl/bin/下的程序 OpenSSL 依赖于共享库 libcrypto.so.1.0.0。例如把/usr/local/ssl/lib 目录改个名字，再运行 OpenSSL，可以发现出错了：

```
[root@localhost libbk]# openssl
openssl: error while loading shared libraries: libssl.so.1.0.0: cannot open shared object file: No such file or directory
```

这也说明，openssl 程序和/usr/lib64/libcrypto.so.1.0.1e 没什么关系。但我们依旧需要删除/usr/lib64/libcrypto.so.1.0.1e，因为编译自己写的 C/C++程序的时候，需要到/usr/lib64 下找 libcrypto.so，而/usr/lib64/下有一个 libcrypto.so 是一个软链接，它测试指向的是/usr/lib64/libcrypto.so.1.0.1e 这个共享库，如果此时编译我们的程序，那么使用的共享库是/usr/lib64/libcrypto.so.1.0.1e，而不是新版的 OpenSSL 的共享库。

为了让自己的 C/C++程序能链接到新版 OpenSSL 的共享库 libcrypto.so.1.0.0，我们需要重新做一个软链接。先删除旧的共享库/usr/lib64/libcrypto.so.1.0.1e：

```
rm -f /usr/lib/libcrypto.so.1.0.1e
```

如果此时我们写一个 C++程序，比如例 2.11，然后在命令行下编译：

```
g++ test.cpp -o test   -lcrypto
```

就会发现报错了：

```
[root@localhost ex]#   g++ test.cpp -o test   -lcrypto
/usr/bin/ld: cannot find -lcrypto
collect2: 错误：ld 返回 1
```

这说明我们把旧版共享库删除后，虽然软链接依旧存在，但还是无法编译成功。下面我们需要把/usr/lib64/下的软链接 libcrypto.so 指向新版 OpenSSL 的共享库/usr/local/ssl/lib/libcrypto.so.1.0.0。因为原来已经有软链接，需要先删除才能再创建：

```
[root@localhost lib64]# ln -s /usr/local/ssl/lib/libcrypto.so.1.0.0 /usr/lib64/libcrypto.so
ln: 无法创建符号链接"/usr/lib64/libcrypto.so"：文件已存在
[root@localhost lib64]# rm /usr/lib64/libcrypto.so
rm: 是否删除符号链接  "/usr/lib64/libcrypto.so"？ y
[root@localhost lib64]# ln -s /usr/local/ssl/lib/libcrypto.so.1.0.0 /usr/lib64/libcrypto.so
```

此时如果编译我们的程序，会发现可以编译，但运行报错：

```
[root@localhost ex]# g++ test.cpp -o test   -lcrypto
[root@localhost ex]# ./test
./test: error while loading shared libraries: libcrypto.so.1.0.0: cannot open shared object file: No such file or
directory
```

我们需要把 libcrypto.so.1.0.0 复制一份到/usr/lib64/。

```
[root@localhost ex]# cp /usr/local/ssl/lib/libcrypto.so.1.0.0 /usr/lib64
```

此时如果运行 test，会发现可以运行了：

```
[root@localhost ex]# ./test
Hello, OpenSSL!
```

有朋友说了，既然/usr/lib64 下有 libcrypto.so.1.0.0 了，那么是否可以让符号链接 libcrypto.so 指向同目录下的 libcrypto.so.1.0.0？这样完全可以，而且做法和原来旧版本的情况是一样的，旧版本时的 libcrypto.so 就是指向同目录下的 libcrypto.so.1.0.1e。下面先删除符号链接，再新建：

```
[root@localhost ex]# cd /usr/lib64
```

```
[root@localhost lib64]# rm -f libcrypto.so
[root@localhost lib64]#   ln -s libcrypto.so.1.0.0 libcrypto.so
```

此时，我们编译 test.cpp，然后运行：

```
[root@localhost ex]#   g++ test.cpp -o test   -lcrypto
[root@localhost ex]# ./test
Hello, OpenSSL!
```

一气呵成！而且此时链接的动态库是新的 OpenSSL 的动态库，不信可以用 ldd 命令查看一下：

```
[root@localhost ex]# ldd test
    linux-vdso.so.1 =>   (0x00007ffdaa7b8000)
    libcrypto.so.1.0.0 => /lib64/libcrypto.so.1.0.0 (0x00007f3862796000)
    libstdc++.so.6 => /lib64/libstdc++.so.6 (0x00007f386248e000)
    libm.so.6 => /lib64/libm.so.6 (0x00007f386218b000)
    libgcc_s.so.1 => /lib64/libgcc_s.so.1 (0x00007f3861f75000)
    libc.so.6 => /lib64/libc.so.6 (0x00007f3861bb4000)
    libdl.so.2 => /lib64/libdl.so.2 (0x00007f38619af000)
    libz.so.1 => /lib64/libz.so.1 (0x00007f3861799000)
    /lib64/ld-linux-x86-64.so.2 (0x00007f3862c0d000)
```

我们可以看到粗体部分就是新的共享库。

是不是感觉有点麻烦？升级就是这样的，不彻底把旧的删除，那以后用了许久，说不定使用的还是旧版的共享库。

顺便说一句，如果不想复制共享库也可以，只要在/usr/lib64 下做一个符号链接，指向/usr/local/ssl/lib/libcrypto.so.1.0.0，比如：

```
ln -s /usr/local/ssl/lib/libcrypto.so.1.0.0 /usr/lib64/
```

这样也可以运行 test。反正一句话，/usr/lib64 下要有 libcrypto.so 和 libcrypto.so.1.0.0，无论是符号链接还是真正的共享库。

之所以讲这些，就是为了让大家知道运行下面的例子时背后的故事，别编译运行了半天，链接的还是旧版的共享库。下面我们详细说明自己的 OpenSSL 程序的建立过程。

【例 2.11】第一个 OpenSSL 的 C++程序

（1）在 Windows 下打开 UltraEdit 或其他编辑软件，输入代码如下：

```
#include <iostream>
using namespace std;
#include "openssl/evp.h"   //包含相关 Openssl 头文件，实际位于/usr/local/ssl/include/openssl/evp.h
int main(int argc, char *argv[])
{
    char sz[] = "Hello, openssl!";
    cout << sz << endl;
    openssl_add_all_algorithms();   //载入所有 SSL 算法，这个函数是 OpenSSL 库中的函数
    return 0;
}
```

代码很简单，就调用了一个 OpenSSL 的库函数 openssl_add_all_algorithms，该函数的作用

是载入所有 SSL 算法，我们这里调用就是看看能否调用得起来。

evp.h 的路径是/usr/local/ssl/include/openssl/evp.h，它包含常用密码算法的声明。

（2）保存为 test.cpp，上传到 Linux，在命令行下编译运行：

```
[root@localhost test]# g++ test.cpp -o test   -lcrypto
[root@localhost test]# ./test
Hello, OpenSSL!
```

运行成功了。编译的时候要注意链接 OpenSSL 的动态库 crypto，这个库文件位于/usr/lib64/libcrypto.so，是一个符号链接，我们前面让它指向了/usr/local/ssl/lib 下的共享库/usr/local/ssl/lib/libcrypto.so.1.0.0。

有读者或许会问，evp.h 的存放路径是/usr/local/ssl/include/openssl/evp.h，编译的时候为何不用-I 包含头文件的路径呢？答案是双引号包含头文件时，如果当前工作目录没有找到所需的头文件，就到-I 所包含的路径下去找；如果编译时没有用-I 指定包含目录，就去/usr/local/include下找；如果/usr/local/include 下也没有，再到/usr/include 下去找，再找不到就报错了。而/usr/include 下是有 OpenSSL 的，因为前面我们做了软链接，软链接指向的实际目录是/usr/local/ssl/include/openssl/，因此我们使用的 evp.h 就是/usr/local/ssl/include/openssl/evp.h。

3. 在指定安装目录安装 OpenSSL

前面因为要讲不少原理，所以比较啰唆，这里将进行简化，直接用步骤阐述。

（1）卸载旧版 OpenSSL
这一步前面的章节已经讲过，这里不再赘述。

（2）解压和编译
把下载下来的压缩文件放到 Linux 中，这里存放的路径是/root/soft，大家可以自定义路径，然后进入这个路径后解压缩：

```
[root@localhost ~]# cd /root/soft
[root@localhost soft]# tar zxf openssl-1.0.2m.tar.gz
```

进入解压后的文件夹，开始配置、编译和安装：

```
[root@localhost soft]# cd openssl-1.0.2m/
[root@localhost openssl-1.0.2m]#./config --prefix=/usr/local/openssl shared
```

其中，--prefix 表示安装到指定的目录中，这里的指定目录是/usr/local/openssl，这个目录不必手工预先建立，安装（make install）的过程会自动新建；shared 表示除了生成静态库外，还要生成共享库，如果仅仅想生成静态库，可以不用这个选项，或者用 no-shared。

下面开始编译：

```
[root@localhost openssl-1.0.2m]# make
```

此时，如果到/usr/local 下查看，发现并没有 openssl 文件夹，这说明还没建立。而且/usr/include/openssl 下的头文件依旧是老版本 OpenSSL 遗留下来的。

（3）安装 OpenSSL

```
[root@localhost openssl-1.0.2m]# make install
```

细心的朋友可以看到，安装过程中有如图 2-40 所示的这几步。

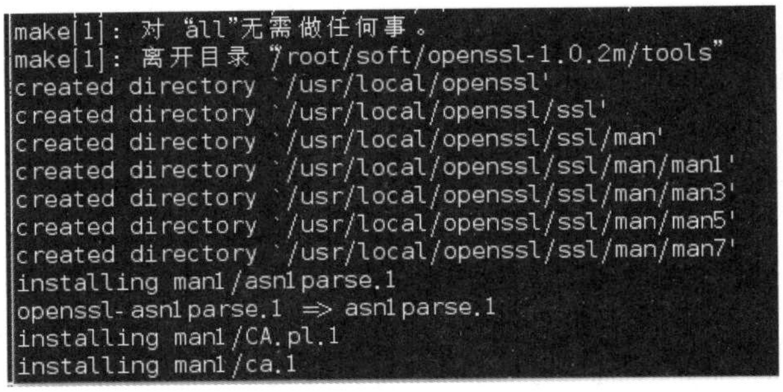

```
make[1]: 对 "all"无需做任何事。
make[1]: 离开目录 "/root/soft/openssl-1.0.2m/tools"
created directory `/usr/local/openssl'
created directory `/usr/local/openssl/ssl'
created directory `/usr/local/openssl/ssl/man'
created directory `/usr/local/openssl/ssl/man/man1'
created directory `/usr/local/openssl/ssl/man/man3'
created directory `/usr/local/openssl/ssl/man/man5'
created directory `/usr/local/openssl/ssl/man/man7'
installing man1/asn1parse.1
openssl-asn1parse.1 => asn1parse.1
installing man1/CA.pl.1
installing man1/ca.1
```

图 2-40

created directory 表示目录创建完成，所以/usr/local/openssl 建立了。

稍等片刻，安装完成。此时如果到/usr/local 下查看，发现有 openssl 文件夹了，而且在该目录下可以看到其子文件夹，如图 2-41 所示。

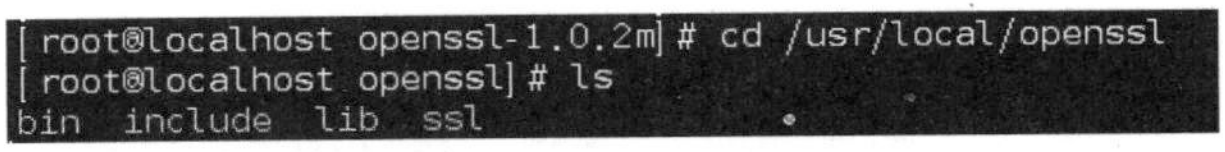

```
[root@localhost openssl-1.0.2m]# cd /usr/local/openssl
[root@localhost openssl]# ls
bin  include  lib  ssl
```

图 2-41

其中，bin 里面存放 OpenSSL 命令程序，include 存放开发所需要的头文件，lib 存放静态库文件，ssl 存放配置文件等。

（4）更新头文件包含的目录和命令程序

删除旧的头文件包含的目录/usr/include/openssl/：

```
[root@localhost include]# rm -rf /usr/include/openssl/openssl
```

再创建新的头文件包含目录的软链接：

```
ln -s /usr/local/openssl/include/openssl /usr/include/openssl
```

下面再创建可执行文件的软链接，这样就可以在命令行下使用 openssl 命令：

```
ln -s /usr/local/openssl/bin/openssl /usr/bin/openssl
```

这样执行/usr/bin 下的 openssl 实际就是执行/usr/local/openssl/bin 下的 openssl 程序。引用/usr/include/openssl 下的头文件就是引用/usr/local/openssl/include/openssl 下的头文件。此时，我们可以在任意目录下运行 openssl 命令。我们可以看一下现在 openssl 的版本号：

```
[root@localhost bin]# openssl version
openssl 1.0.2m    2 nov 2017
```

如果要以命令方式使用 OpenSSL，可以在终端下输入 openssl，然后就会出现 OpenSSL 提示，如图 2-42 所示。

图 2-42

（5）更新共享库

删除旧的共享库/usr/lib64/libcrypto.so.1.0.1e：

rm -f /usr/lib64/libcrypto.so.1.0.1e

我们需要把 libcrypto.so.1.0.0 复制一份到/usr/lib64/：

[root@localhost ex]# cp /usr/local/openssl/lib/libcrypto.so.1.0.0 /usr/lib64

（6）更新符号链接

删除旧的符号链接才能再创建新的：

[root@localhost lib64]# rm -f /usr/lib64/libcrypto.so
[root@localhost lib64]# ln -s /usr/local/openssl/lib/libcrypto.so.1.0.0 /usr/lib64/libcrypto.so

（7）验证

我们对上例的 test.cpp 进行编译，然后运行：

[root@localhost ex]#　g++ test.cpp -o test　 -lcrypto
[root@localhost ex]# ./test
Hello, OpenSSL!

一气呵成！而且此时连接的动态库是新的 OpenSSL 的动态库，不信可以用 ldd 命令查看一下：

[root@localhost ex]# ldd test
    linux-vdso.so.1 =>　(0x00007ffdaa7b8000)
    libcrypto.so.1.0.0 => /lib64/libcrypto.so.1.0.0 (0x00007f3862796000)
    libstdc++.so.6 => /lib64/libstdc++.so.6 (0x00007f386248e000)
    libm.so.6 => /lib64/libm.so.6 (0x00007f386218b000)
    libgcc_s.so.1 => /lib64/libgcc_s.so.1 (0x00007f3861f75000)
    libc.so.6 => /lib64/libc.so.6 (0x00007f3861bb4000)
    libdl.so.2 => /lib64/libdl.so.2 (0x00007f38619af000)
    libz.so.1 => /lib64/libz.so.1 (0x00007f3861799000)
    /lib64/ld-linux-x86-64.so.2 (0x00007f3862c0d000)

我们可以看到粗体部分就是新的共享库。

2.2.14　测试使用 openssl 命令

OpenSSL 的命令行程序为 openssl.exe。本节的命令用 32 位的 1.1.1b 版本的 openssl.exe 来阐述。其他版本的 openssl.exe 的用法类似。openssl 命令程序位于 apps 目录下，编译这些源码最终会生成一个可执行程序，在 Linux 下为 opessl，在 Windows 下为 openssl.exe，生成的 openssl.exe 位于 D:\openssl-1.1.1b\win32-debug\bin。用户可运行 openssl 命令来进行各种操作。

打开操作系统的命令行窗口，然后进入 D:\openssl-1.1.1b\win32-debug\bin\，输入 openssl.exe，

按回车键运行。虽然也可以在 Windows 资源管理器中双击 openssl.exe，但此时出现的 OpenSSL 命令行窗口中居然不能粘贴，这对于懒惰的"码农"来说是不可接受的。但很幸运，可以从操作系统的命令行窗口中启动 openssl.exe。

1. 查看版本号

在 OpenSSL 命令行提示符后输入 version 可以查看版本号，如图 2-43 所示。

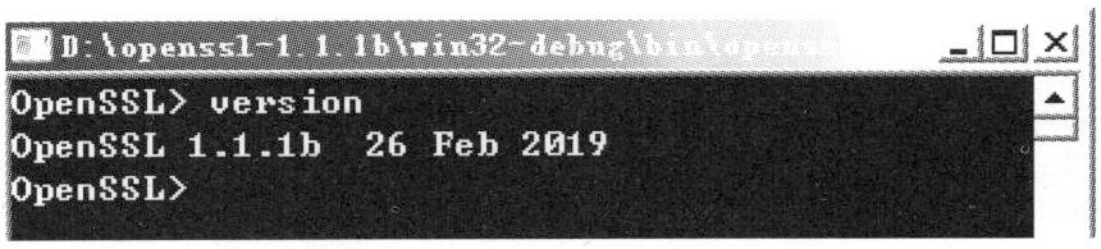

图 2-43

这是我们学到的 OpenSSL 的第一个命令。如果要查看详细的版本信息，可以加-a，如图 2-44 所示。

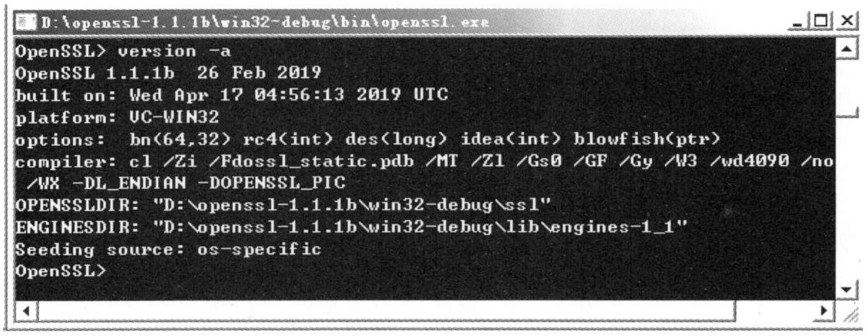

图 2-44

2. 查看支持的加解密算法

定位到 bin 文件夹路径，然后输入命令：openssl enc –ciphers，如图 2-45 所示。

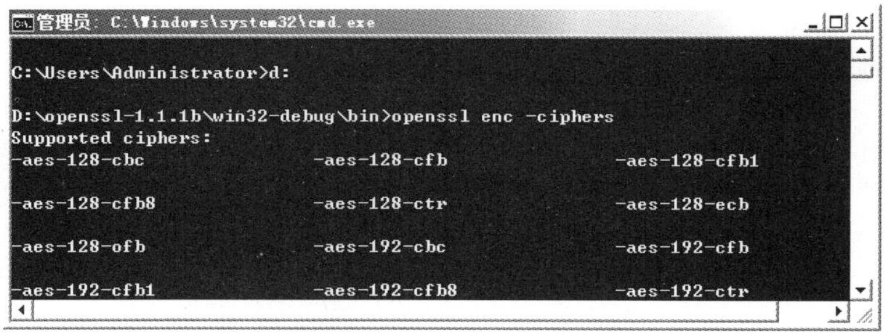

图 2-45

支持好多算法，最激动的是支持我们国产算法了，比如 SM4。我们可以往下拖曳滚动条，可以看到 SM4 了，如图 2-46 所示。

图 2-46

3. 查看某个命令的帮助信息

查看某个命令的帮助信息使用命令-help。比如我们要查看 version 命令的帮助信息，如图 2-47 所示。

```
D:\openssl-1.1.1b\win32-debug\bin\openssl
OpenSSL> version -help
Usage: version [options]
Valid options are:
 -help  Display this summary
 -a     Show all data
 -b     Show build date
 -d     Show configuration directory
 -e     Show engines directory
 -f     Show compiler flags used
 -o     Show some internal datatype options
 -p     Show target build platform
 -r     Show random seeding options
 -v     Show library version
OpenSSL>
```

图 2-47

通过几个简单命令的使用，我们知道安装成功了。

2.3　纯 C++密码开发 Crypto++库

每种强大的语言都有相应的密码安全方面的库，比如 Java 自带了加解密库。那么 C++有没有这样的库呢？答案是肯定的，那就是 Crypto++。

Crypto++是一个 C++编写的密码学类库。读过《过河卒》的朋友还记得作者的那个不愿意去微软工作的儿子吗？就是 Crypto++的作者 WeiDai。Crypto++是一个非常强大的密码学库，在密码学界也很受欢迎。虽然网络上有很多密码学相关的代码和库，但是 Crypto++有其明显的优点。主要是功能全、统一性好，例如椭圆曲线加密算法和 AES 在 OpenSSL 的 Crypto 库中就还没最终完成，而在 Crypto++中就支持得比较好。

基本上密码学中需要的主要功能都可以在里面找得到。Crypto++是由标准的 C++写成的，学习 C++、密码学、网络安全都可以通过阅读 Crypto++的源代码得到启发和提高。

Crypto++是一个开源库，其官方网站是 www.cryptopp.com。

2.3.1　Crypto++的编译

我们可以从其官网上下载最新源码，这里下载下来的文件名是 cryptopp610.zip，是一个 ZIP 压缩文件，我们可以把它放到 Linux 下解压缩：

```
[root@localhost soft]# unzip cryptopp610.zip -d cryptopp610
```

加-d 是解压到目录 cryptopp610 下，这个目录会自动建立。

解压完毕后，进入目录 cryptopp610，然后用 make 进行编译：

```
[root@localhost soft]# cd cryptocpp610/
[root@localhost cryptocpp610]# make
```

稍等片刻，编译完成，此时会在文件夹 cryptocpp610 下生成一个静态库 libcryptopp.a。有了这个静态库，我们就可以在应用程序中使用 Crypto++提供的加解密函数了。

2.3.2　使用 Cypto++进行 AES 加解密

前面我们通过 Crypto++源码编译出来了一个静态库 libcryptopp.a，现在开始使用它。

首先看一个例子，这个例子是直接用 AES 加密一个块，AES 的数据块（分组）大小为 128 位，密钥长度可选择 128 位、192 位或 256 位。直接用 AES 加密一个块很少用，因为我们平时都是加密任意长度的数据，需要选择 CFB 等加密模式。但是直接的块加密是对称加密的基础。

【例 2.12】一个使用 Crypto++库的例子

（1）在 Windows 下打开 UE（或其他编辑器），然后输入代码如下：

```
#include <iostream>
using namespace std;

#include <aes.h>
using namespace CryptoPP;

int main()
{
    //AES 中使用的固定参数是以类 AES 中定义的 Enum 数据类型出现的，而不是成员函数或变量
    //因此需要用::符号来索引
    cout << "AES Parameters: " << endl;
    cout << "Algorithm name : " << AES::StaticAlgorithmName() << endl;
    //Crypto++库中一般用字节数来表示长度，而不是常用的字节数
    cout << "Block size      : " << AES::BLOCKSIZE * 8 << endl;
    cout << "Min key length : " << AES::MIN_KEYLENGTH * 8 << endl;
    cout << "Max key length : " << AES::MAX_KEYLENGTH * 8 << endl;
    //AES 中只包含一些固定的数据，而加密解密功能由 AESEncryption 和 AESDecryption 来完成
    //加密过程
```

```
    AESEncryption aesEncryptor;                              //加密器
    unsigned char aesKey[AES::DEFAULT_KEYLENGTH];            //密钥
    unsigned char inBlock[AES::BLOCKSIZE] = "123456789";     //要加密的数据块
    unsigned char outBlock[AES::BLOCKSIZE];                  //加密后的密文块
    unsigned char xorBlock[AES::BLOCKSIZE];                  //必须设定为全零
    memset( xorBlock, 0, AES::BLOCKSIZE );                   //置零


    aesEncryptor.SetKey( aesKey, AES::DEFAULT_KEYLENGTH );       //设定加密密钥
    aesEncryptor.ProcessAndXorBlock( inBlock, xorBlock, outBlock ); //加密
    //以 16 进制显示加密后的数据
    for( int i=0; i<16; i++ ) {
        cout << hex << (int)outBlock[i] << " ";
    }
    cout << endl;
    //解密
    AESDecryption aesDecryptor;
    unsigned char plainText[AES::BLOCKSIZE];
    aesDecryptor.SetKey( aesKey, AES::DEFAULT_KEYLENGTH );
    aesDecryptor.ProcessAndXorBlock( outBlock, xorBlock, plainText );
    for( int i=0; i<16; i++ )
        cout << plainText[i];
    cout << endl;
    return 0;
}
```

代码中有几个地方需要注意一下：

AES 并不是一个类，而是类 Rijndael 的一个 typedef。

Rijndael 虽然是一个类，但是其用法和 Namespace 很像，本身没有什么成员函数和成员变量，只是在类体里面定义了一系列的类和数据类型，真正能够进行加密解密的 AESEncryption 和 AESDecryption 都是定义在这个类内部的类。

AESEncryption 和 AESDecryption 除了可以用 SetKey()这个函数设置密钥外，在构造函数中也能设置密钥，参数和 SetKey()是一样的。

ProcessAndXorBlock()可能会让人比较疑惑，函数名的意思是 ProcessBlock 和 XorBlock，ProcessBlock 就是对块进行加密或解密，XorBlock 在各种加密模式中使用，这里我们不需要使用加密模式，因此把用来 Xor 操作的 XorBlock 设置为 0，那么 Xor 操作就不起作用了。

（2）保存代码为 test.cpp，上传到 Linux，在命令行下编译并运行：

```
[root@localhost test]# g++ test.cpp -o test -I/root/soft/cryptopp610 -L/root/soft/cryptopp610 -lcryptopp
[root@localhost test]# ./test
AES Parameters:
Algorithm name : AES
Block size     : 128
Min key length : 128
Max key length : 256
77 6e 2c a5 2 17 7a 5b 19 e4 28 65 26 f3 7e 14
```

123456789

注意：目录名 cryptopp610 不要写成 cryptoapp610。

2.4 国产密码开发库 GmSSL

长城永不倒，国货当自强。随着我国科技的发展，现在我们自己也拥有了包含多种国内标准算法的密码开发库，那就是功能强大的 GmSSL。作为后起之秀，GmSSL 丝毫不逊于国际密码算法库，而且更加适用于开发国产密码应用系统，因为它对于国密算法的支持更完善。如果以后要在国内开发密码应用系统，建议学习 GmSSL。

GmSSL 是一个开源的密码工具箱，支持 SM2/SM3/SM4/SM9/ZUC 等国密（国家商用密码）算法、SM2 国密数字证书及基于 SM2 证书的 SSL/TLS 安全通信协议，支持国密硬件密码设备，提供符合国密规范的编程接口与命令行工具，可以用于构建 PKI/CA、安全通信、数据加密等符合国密标准的安全应用。GmSSL 项目是 OpenSSL 项目的分支，并与 OpenSSL 保持接口兼容。因此，GmSSL 可以替代应用中的 OpenSSL 组件，并使应用自动具备基于国密的安全能力。GmSSL 项目采用对商业应用友好的类 BSD 开源许可证，开源且可以用于闭源的商业应用。

GmSSL 项目由北京大学关志副研究员的密码学研究组开发维护，项目源码托管于 GitHub。自 2014 年发布以来，GmSSL 已经在多个项目和产品中获得部署与应用，并获得 2015 年度"一铭杯"中国 Linux 软件大赛二等奖（年度最高奖项）与开源中国密码类推荐项目。GmSSL 项目的核心目标是通过开源的密码技术推动国内网络空间的安全建设。

2.4.1 GmSSL 的特点

GmSSL 作为我国自主研发的密码算法库，在功能和性能上有着自己的特点：

（1）支持 SM2/SM3/SM4/SM9/ZUC 等已公开的国密算法。

（2）支持国密 SM2 双证书 SSL 套件和国密 SM9 标识密码套件。

（3）高效实现，在主流处理器上可完成 4.5 万次 SM2 签名。

（4）支持动态接入具备 SKF/SDF 接口的硬件密码模块（SKF 是 USBKEY/TF 卡的应用接口规范，SDF 是密码设备的应用接口规范）。

（5）支持门限签名、秘密共享和白盒密码等高级安全特性。

（6）支持 Java、Go、PHP 等多语言接口绑定和 REST 服务接口。

2.4.2 GmSSL 的一些历史

2018 年 12 月 18 日，GmSSL 已部署 Travis 和 AppVeyor 持续集成工具，用以测试 Linux 和 Windows 环境下的编译和安装。

2018 年 10 月 13 日，GmSSL-2.4.0 发布，支持国密 256 位 Barreto-Naehrig 曲线参数

（sm9bn256v1）上的 SM9 算法。

2018 年 6 月 27 日，密码行业标准化技术委员会公布了所有密码行业的标准文本。

2018 年 5 月 27 日，GmSSL 增加 SM4 算法的 Bitslice 实现。

2018 年 3 月 21 日，IESG 工作组批准 TLS1.3 协议作为建议标准。

2018 年 3 月 13 日，增加 GmSSL PHP 语言 API。

2017 年 11 月 11 日，中国可信云计算社区暨中国开源云联盟安全论坛在北京大学举办。

2017 年 5 月 15 日，发布 GmSSL-1.3.0 二进制包下载（5.4MB）。

2017 年 4 月 30 日，增加 GmSSL Go 语言 API。

2017 年 3 月 2 日，GmSSL 项目注册了 OID {iso(1) identified-organization(3) dod(6) internet(1) private(4) enterprise(1) GmSSL(49549)}。

2017 年 2 月 12 日，支持完整的密码库 Java 语言封装 GmSSL-Java-Wrapper。

2017 年 1 月 18 日，更新了项目主页。

2.4.3 什么是国密算法

GmSSL 最大的特点是对国密算法的强大支持，可以说，它就是为国密算法而生的。那什么是国密算法呢？国密算法是国家商用密码算法的简称。自 2012 年以来，国家密码管理局以《中华人民共和国密码行业标准》的方式陆续公布了 SM2/SM3/SM4 等密码算法标准及其应用规范。其中，SM 代表"商密"，即商用的、不涉及国家秘密的密码技术。SM2 为基于椭圆曲线密码的公钥密码算法标准，包含数字签名、密钥交换和公钥加密，用于替换 RSA/Diffie-Hellman/ECDSA/ECDH 等国际算法；SM3 为密码哈希算法，用于替代 MD5/SHA-1/SHA-256 等国际算法；SM4 为分组密码算法，用于替代 DES/AES 等国际算法；SM9 为基于身份的密码算法，可以替代基于数字证书的 PKI/CA 体系。通过部署国密算法，可以降低由弱密码和错误实现带来的安全风险和部署 PKI/CA 带来的开销。

由于密码在国民经济中的敏感性，因此涉密的系统采用国密算法是大势所趋。学习和使用国密算法也是每个密码行业开发者的基本功。

2.4.4 GmSSL 的下载

我们可以到 GitHub 网站上下载源码，网址是 https://github.com/guanzhi/GmSSL。打开网页后，单击右方的 Code 下拉按钮，然后在下拉框中单击 Download ZIP 按钮，就可以下载了，如图 2-48 所示。

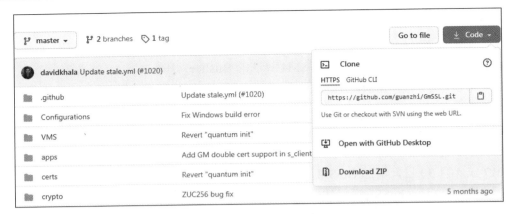

图 2-48

下载下来后是一个 ZIP 文件，文件名是 GmSSL-master.zip。当前下载的新版本是 2.5.4。

2.4.5　在 Windows 下编译安装 GmSSL

我们把下载下来的 GmSSL-master.zip 放到 D 盘（也可以放到其他盘）并解压。

在 Windows 下编译 GmSSL 需要先安装 ActivePerl 和 Visual Studio 2017，相信读者编译 OpenSSL 的时候已经安装过这两个工具了，这里不再赘述。然后以管理员身份打开 Visual Studio Tools 下的"VS 2017 的开发人员命令提示符"，并定位到 D:\GmSSL-master，接着运行：perl Configure VC-WIN32，运行后如图 2-49 所示。

然后输入编译命令：nmake，稍等片刻，编译完毕，如图 2-50 所示。

图 2-49　　　　　　　　　　　　　　　　　图 2-50

接着输入安装命令：nmake install，再次稍等片刻，安装完毕，如图 2-51 所示。

安装成功，可在 C:\Program Files (x86)\GmSSL 下找到 bin、html、include、lib 等文件夹，如图 2-52 所示。

图 2-51

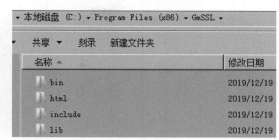

图 2-52

其中，目录 bin 存放 GmSSL 命令行工具程序，目录 html 存放一些帮助文件，目录 include 存放开发所需要的头文件，目录 lib 存放开发所需的库文件，这些都和 OpenSSL 类似。

下面是一些常见的编译错误及原因。

（1）安装的 Visual C++版本较低，比如使用 Visual C++ 6、Visual Studio 2008。

（2）源码不干净或并非最新，建议从一份干净的（没有已经编译出来的对象文件或汇编文件）最新的 Master 分支源代码开始编译。

（3）编译系统没有找到 nmake。实际上 nmake 是 Visual Studio 自带的工具，不需要单独安装。编译系统无法找到 nmake 的原因是没有在 Visual Studio 的命令行环境下执行编译指令。

（4）无法执行 nmake install。这个命令需要以管理员身份执行。

（5）对象文件（.obj）和目标平台不一致，通常是由于在 Visual Studio 的 32 位控制台下执行 Perl Configure VC-WIN64A，或者在 Visual Studio 的 64 位控制台下执行 Perl Configure VC-WIN32 导致的。

1. 验证命令行工具

为了方便在命令行下使用 gmssl 命令，可以把命令程序所在的路径加入系统的 Path 变量中，在桌面上对"计算机"右击，选择"属性"→"高级系统设置"→"高级"→"环境变量"，选中系统变量下的 Path，然后单击"编辑"按钮，并在其末尾加入路径"C:\Program Files (x86)\GmSSL\bin"，注意前面要用分号隔开，如图 2-53 所示。

图 2-53

单击"确定"按钮关闭对话框。然后重新打开一个新的命令行窗口，并输入命令 gmssl，可以发现出现提示符>了，此时可以输入 gmssl 的子命令，比如 help，如图 2-54 所示。

也可以输入 version 查看版本号，如图 2-55 所示。

图 2-54   图 2-55

如果要退出 GmSSL 命令行，可以输入 quit。

下面我们用 SM3 命令来计算一个 Hash 值。首先在 D 盘下新建一个文本文件，文件名是 my.txt，并输入 3 个字符 abc，然后保存。接着在命令行下输入命令：sm3 D:\my.txt，运算结果如下：

```
GmSSL> sm3 d:\my.txt
SM3(d:\my.txt)= 66c7f0f462eeedd9d1f2d46bdc10e4e24167c4875cf2f7a2297da02b8f4ba8e0
```

其实，GmSSL 的命令行操作和 OpenSSL 大同小异。至此，命令行验证正确。下面开始程序验证。

2. 程序验证 GmSSL

GmSSL 提供了 EVP （Envelop 的简称）系列 API 供开发者使用。EVP API 是 GmSSL 的密码服务接口，它屏蔽了具体算法的细节，为上层应用提供统一、抽象的接口。该接口的头文件为 openssl/evp.h，所对应的函数库为 libcrypto。

【例 2.13】用代码验证 GmSSL

（1）打开 VC 2017，新建一个控制面板工程，工程名是 test。

（2）在 test.cpp 中输入代码如下：

```
#include "pch.h"
#include <openssl/conf.h>
#include <openssl/evp.h>
#include <openssl/err.h>

int main(int arc, char *argv[])
{
    /* Load the human readable error strings for libcrypto */
    ERR_load_crypto_strings();

    /* Load all digest and cipher algorithms */
    OpenSSL_add_all_algorithms();


    /* Load config file, and other important initialisation */
    OPENSSL_config(NULL);
```

```
        /* ... Do some crypto stuff here ... */
        printf("call GmSSL lib ok\n");
        /* Clean up */

        /* Removes all digests and ciphers */
        EVP_cleanup();

        /* if you omit the next, a small leak may be left when you make use of the BIO (low level API) for e.g.
base64 transformations */
        CRYPTO_cleanup_all_ex_data();

        /* Remove error strings */
        ERR_free_strings();

        return 0;
    }
```

代码很简单，我们只是加载了所有密码函数并释放空间，并没有做实际的运算，但用来测试 GmSSL 库已经够用了。

然后，打开工程属性，在左边选中"C/C++"，然后在右边的"附加包含目录"旁输入"D:\gmssl-master\include"。接着，在右边选中"连接器"→"常规"，在右边的"附加库目录"旁输入"D:\gmssl-master"，在右边选中"输入"，在左边的"附加依赖性"旁边输入"libcrypto.lib;"，最后单击"确定"按钮。这样头文件路径、库路径和库名称都设置好了。

D:\gmssl-master 下的 libcrypto.lib 是我们编译生成的静态库。

（3）保存工程并按 Ctrl+F5 键运行，运行结果如图 2-56 所示。

图 2-56

2.4.6　在 Linux 下编译安装 GmSSL

这里使用的是 CentOS 7（也可以使用其他版本的 Linux）。以 root 账户登录 Linux，把下载下来的 GmSSL 压缩包 GmSSL-master.zip 放到 Linux 下，然后解压：

```
unzip GmSSL-master.zip
```

接着进入文件夹 GmSSL-master，开始配置：

```
[root@localhost soft]# cd GmSSL-master/
[root@localhost GmSSL-master]# ./config --prefix=/usr/local/mygmssl
```

其中，--prefix 用来指定安装目录。也可以不用--prefix，那么将采用默认路径，即命令程序会安装在/usr/local/bin 下，头文件会安装到/usr/local/include 下，库文件会存放到/usr/local/lib 下。这里为了安装后简洁，我们采用--prefix，这样安装后的可执行程序、头文件和库文件分别会放到 mygmssl 目录下的 bin、include 和 lib 中。目录 mygmssl 会自动建立,不需要预先手工建好。

配置完毕后,开始漫长的编译:

```
[root@localhost GmSSL-master]# make
```

这个过程有点长,读者可以去泡壶茶。编译完毕,开始安装:

```
[root@localhost GmSSL-master]# make install
```

这个过程也稍长,可以喝会茶。安装完毕后,我们可以进入/usr/local/mygmssl,使用 ls 查看可以发现所有东西都在:

```
[root@localhost local]# cd mygmssl/
[root@localhost mygmssl]# ls
bin  include  lib  share  ssl
[root@localhost mygmssl]#
```

其中,bin 存放命令工具程序,include 存放头文件,lib 存放库文件,这都是开发所需要的。而/usr/local/bin、/usr/local/include 和/usr/local/lib 依旧为空:

```
[root@localhost /]# cd /usr/local/lib
[root@localhost lib]# ls
[root@localhost lib]# cd ../include
[root@localhost include]# ls
[root@localhost include]# cd ../bin
[root@localhost bin]# ls
[root@localhost bin]#
```

如果我们不指定安装目录,采用默认安装目录,这 3 个文件夹下都会有东西,多疑的读者可以尝试一下。

1. 验证命令行工具

安装完毕后,验证是否能正常工作。前面我们通过指定安装目录的方式来安装,其实这样也有不便的地方,就是运行命令程序 gmssl 的时候,要到/usr/local/mygmssl/bin 下执行。如果默认安装,存放到/usr/locl/bin 下,那么可以在任意目录运行 gmssl。怎么办呢?可以做一个链接:

```
[root@localhost bin]# ln -s /usr/local/mygmssl/bin/gmssl /usr/local/bin/gmssl
```

这样,/usr/local/bin/下有一个软链接 gmssl 指向/usr/local/mygmssl/bin 下的程序 gmssl。此时,可以在任意目录下执行 gmssl,操作后却失败了:

```
[root@localhost ~]# gmssl
gmssl: error while loading shared libraries: libssl.so.1.1: cannot open shared object file: No such file or directory
```

gmssl 运行需要动态库 libssl.so.1.1,但是没找到。通过搜索发现,该库位于/usr/local/mygmssl/lib/下:

```
[root@localhost GmSSL-master]# find / -name libssl.so.1.1
```

```
/usr/local/mygmssl/lib/libssl.so.1.1
```

再查看其大小：

```
[root@localhost GmSSL-master]# du /usr/local/mygmssl/lib/libssl.so.1.1
548        /usr/local/mygmssl/lib/libssl.so.1.1
```

可以看到有 548 字节，确实是一个文件，而不是链接。du 用于查看文件大小的命令。

如何让 gmssl 找到 libssl.so.1.1 呢？我们知道，在 CentOS 7 下，可执行程序会自动到系统路径（比如/usr/lib64/下）去搜索所需的库。那 libssl.so.1.1 放到/usr/lib64 下，不就可以了。其实不需要实际复制库文件过去，只需要做一个软链接，即在/usr/lib64/下新建一个软链接，使其指向/usr/local/mygmssl/lib/libssl.so.1.1 即可，这样可以节省磁盘空间。在命令行下输入：

```
[root@localhost GmSSL-master]# ln -s /usr/local/mygmssl/lib/libssl.so.1.1    /usr/lib64/libssl.so.1.1
```

再次运行 gmssl：

```
[root@localhost GmSSL-master]# gmssl
gmssl: error while loading shared libraries: libcrypto.so.1.1: cannot open shared object file: No such file or
directory
```

可以发现错误提示变了，找不到另一个共享库 libcrypto.so.1.1 了，这说明 libssl.so.1.1 找到了。我们继续搜索 libcrypto.so.1.1，凭经验应该也在/usr/local/mygmssl/lib/下。果然：

```
[root@localhost GmSSL-master]# cd /usr/local/mygmssl/lib/
[root@localhost lib]# ls
engines-1.1   libcrypto.a   libcrypto.so   libcrypto.so.1.1   libssl.a   libssl.so   libssl.so.1.1   pkgconfig
```

找到就好办了，继续在/usr/lib64/下建立软链接指向/usr/local/mygmssl/lib/libcrypto.so.1.1：

```
[root@localhost lib]# ln -s /usr/local/mygmssl/lib/libcrypto.so.1.1    /usr/lib64/libcrypto.so.1.1
```

再次运行 gmssl，发现出现提示符了，说明终于成功了：

```
[root@localhost lib]# gmssl
GmSSL>
```

我们可以输入 version 和 help 命令来测试一下：

```
GmSSL> version
GmSSL 2.5.4 - OpenSSL 1.1.0d   3 Sep 2019
GmSSL> help

Standard commands
asn1parse           ca                  ciphers             cms
crl                 crl2pkcs7           dgst                dhparam
dsa                 dsaparam            ec                  ecparam
...
```

发现都成功了。下面准备运算 abc 的 SM3 哈希值，我们在/root 下用 vi 新建一个文件 my.txt，输入 abc 三个字符，然后保存。再回到 GmSSL>下，再输入一个 SM3 运算命令：

```
GmSSL> sm3 /root/my.txt
```

SM3(/root/my.txt)= 12d4e804e1fcfdc181ed383aa07ba76cc69d8aedcbb7742d6e28ff4fb7776c34

可以发现，正确输出 SM3 哈希值了。细心的读者可能会发现，怎么同样是内容为 abc 的文本文件，结果却和 Windows 下的不同？这是因为，所有的 linux 会自动加上一个文件结束符 0a（即 LF），这样导致 my.txt 的实际内容（16 进制）是 6162630a，我们可以用 xxd 命令查看一下：

```
[root@localhost ~]# xxd my.txt
0000000: 6162 630a                                abc.
```

xxd 命令以 16 进制显示文件内容。因此，这里的 SM3 其实是对 4 个字符进行 SM3 运算，而 Windows 下的 SM3 是对 3 个字符进行运算，结果自然不同了。

此外，也可以不在 GmSSL 提示符下测试 SM3，可以在普通 Linux 命令行下直接测试 sm3：

```
[root@localhost test]# echo -n "abc" | gmssl sm3
(stdin)= 66c7f0f462eeedd9d1f2d46bdc10e4e24167c4875cf2f7a2297da02b8f4ba8e0
```

至此，SM3 命令测试成功。下面进入代码程序测试验证阶段。

2. 程序验证 GmSSL

GmSSL 提供了 EVP （Envelop 的简称）系列 API 供开发者使用。EVP API 是 GmSSL 密码服务接口，它屏蔽了具体算法的细节，为上层应用提供统一、抽象的接口。该接口的头文件为 openssl/evp.h。所对应的函数库为 libcrypto。

【例 2.14】在 CentOS 7 下用代码验证 GmSSL

（1）在 Windows 下打开 UE（或其他编辑器），然后输入代码如下：

```c
#include <openssl/conf.h>
#include <openssl/evp.h>
#include <openssl/err.h>

int main(int arc, char *argv[])
{
    /* Load the human readable error strings for libcrypto */
    ERR_load_crypto_strings();

    /* Load all digest and cipher algorithms */
    OpenSSL_add_all_algorithms();

    /* Load config file, and other important initialisation */
    OPENSSL_config(NULL);

    /* ... Do some crypto stuff here ... */
    printf("Under Linux,call GmSSL lib ok\n");
    /* Clean up */

    /* Removes all digests and ciphers */
    EVP_cleanup();
```

```
        /* if you omit the next, a small leak may be left when you make use of the BIO (low level API) for e.g.
base64 transformations */
        CRYPTO_cleanup_all_ex_data();

        /* Remove error strings */
        ERR_free_strings();

        return 0;
}
```

（2）保存代码为 test.cpp，上传到 CentOS 7 下，在命令行下编译并运行：

```
[root@localhost test]# g++ test.cpp -o test -I/usr/local/mygmssl/include -L/usr/local/mygmssl/lib -lcrypto
[root@localhost test]# ./test
Under Linux,call GmSSL lib ok
```

至此，在 Linux 下用代码验证 GmSSL 成功。

2.4.7　默认编译安装 GmSSL

考虑到不少朋友或许更喜欢在默认路径下安装 GmSSL，因此我们进行默认配置、编译和安装。这里使用的是 CentOS 7（也可以使用其他版本的 Linux）。以 root 账户登录 Linux，把下载下来的 GmSSL 压缩包 GmSSL-master.zip 放到 Linux 下，然后解压：

```
unzip GmSSL-master.zip
```

接着进入文件夹 GmSSL-master，开始配置：

```
[root@localhost soft]# cd GmSSL-master/
[root@localhost GmSSL-master]# ./config
Operating system: x86_64-whatever-linux2
Configuring for linux-x86_64
Configuring GmSSL version 2.5.4 (0x1010004fL)
    no-asan              [default]   OPENSSL_NO_ASAN
    no-crypto-mdebug [default]   OPENSSL_NO_CRYPTO_MDEBUG
    no-crypto-mdebug-backtrace [default]   OPENSSL_NO_CRYPTO_MDEBUG_BACKTRACE
    no-ec_nistp_64_gcc_128 [default]   OPENSSL_NO_EC_NISTP_64_GCC_128
    no-egd               [default]   OPENSSL_NO_EGD
    no-fuzz-afl          [default]   OPENSSL_NO_FUZZ_AFL
    no-fuzz-libfuzzer [default]   OPENSSL_NO_FUZZ_LIBFUZZER
    no-gmieng            [default]   OPENSSL_NO_GMIENG
    no-heartbeats        [default]   OPENSSL_NO_HEARTBEATS
    no-md2               [default]   OPENSSL_NO_MD2 (skip dir)
    no-msan              [default]   OPENSSL_NO_MSAN
    no-rc5               [default]   OPENSSL_NO_RC5 (skip dir)
    no-sctp              [default]   OPENSSL_NO_SCTP
    no-sdfeng            [default]   OPENSSL_NO_SDFENG
    no-skfeng            [default]   OPENSSL_NO_SKFENG
    no-ssl-trace         [default]   OPENSSL_NO_SSL_TRACE
    no-ssl3              [default]   OPENSSL_NO_SSL3
    no-ssl3-method       [default]   OPENSSL_NO_SSL3_METHOD
```

```
            no-ubsan         [default]   OPENSSL_NO_UBSAN
            no-unit-test     [default]   OPENSSL_NO_UNIT_TEST
            no-weak-ssl-ciphers [default]   OPENSSL_NO_WEAK_SSL_CIPHERS
            no-zlib          [default]
            no-zlib-dynamic [default]
    Configuring for linux-x86_64
    CC              =gcc
    CFLAG           =-Wall -O3 -pthread -m64 -DL_ENDIAN    -Wa,--noexecstack
    SHARED_CFLAG    =-fPIC -DOPENSSL_USE_NODELETE
    DEFINES         =DSO_DLFCN HAVE_DLFCN_H NDEBUG OPENSSL_THREADS
OPENSSL_NO_STATIC_ENGINE OPENSSL_PIC OPENSSL_IA32_SSE2 OPENSSL_BN_ASM_MONT
OPENSSL_BN_ASM_MONT5 OPENSSL_BN_ASM_GF2m SHA1_ASM SHA256_ASM SHA512_ASM
RC4_ASM MD5_ASM AES_ASM VPAES_ASM BSAES_ASM GHASH_ASM ECP_NISTZ256_ASM
PADLOCK_ASM GMI_ASM POLY1305_ASM
    LFLAG           =
    PLIB_LFLAG      =
    EX_LIBS         =-ldl
    APPS_OBJ        =
    CPUID_OBJ       =x86_64cpuid.o
    UPLINK_OBJ      =
    BN_ASM          =asm/x86_64-gcc.o x86_64-mont.o x86_64-mont5.o x86_64-gf2m.o rsaz_exp.o
rsaz-x86_64.o rsaz-avx2.o
    EC_ASM          =ecp_nistz256.o ecp_nistz256-x86_64.o ecp_sm2z256.o ecp_sm2z256-x86_64.o
    DES_ENC         =des_enc.o fcrypt_b.o
    AES_ENC         =aes-x86_64.o vpaes-x86_64.o bsaes-x86_64.o aesni-x86_64.o aesni-sha1-x86_64.o
aesni-sha256-x86_64.o aesni-mb-x86_64.o
    BF_ENC          =bf_enc.o
    CAST_ENC        =c_enc.o
    RC4_ENC         =rc4-x86_64.o rc4-md5-x86_64.o
    RC5_ENC         =rc5_enc.o
    MD5_OBJ_ASM     =md5-x86_64.o
    SHA1_OBJ_ASM    =sha1-x86_64.o sha256-x86_64.o sha512-x86_64.o sha1-mb-x86_64.o
sha256-mb-x86_64.o
    RMD160_OBJ_ASM=
    CMLL_ENC        =cmll-x86_64.o cmll_misc.o
    MODES_OBJ       =ghash-x86_64.o aesni-gcm-x86_64.o
    PADLOCK_OBJ     =e_padlock-x86_64.o
    GMI_OBJ         =e_gmi-x86_64.o
    CHACHA_ENC      =chacha-x86_64.o
    POLY1305_OBJ    =poly1305-x86_64.o
    BLAKE2_OBJ      =
    PROCESSOR       =
    RANLIB          =ranlib
    ARFLAGS         =
    PERL            =/usr/bin/perl

    SIXTY_FOUR_BIT_LONG mode
```

配置完毕后，开始漫长的编译：

```
[root@localhost GmSSL-master]# make
```

这个过程有点长，读者可以去泡壶茶。编译完毕，开始安装：

```
[root@localhost GmSSL-master]# make install
```

这个过程也稍长，可以喝会茶。安装完毕后，我们可以进入/usr/local/include，使用 ls 查看可以发现多了 openssl 目录。在/usr/local/lib64/下也多了静态库（libcrypto.a 和 libssl.a）和共享库（libcrypto.soh 和 libssl.so），如图 2-57 所示。

```
[root@localhost lib64]# pwd
/usr/local/lib64
[root@localhost lib64]# ll
总用量 11148
drwxr-xr-x. 2 root root       37 12月 25 14:55 engines-1.1
-rw-r--r--. 1 root root 6210904 12月 25 14:55 libcrypto.a
lrwxrwxrwx. 1 root root      16 12月 25 14:55 libcrypto.so -> libcrypto.so.1.1
-rwxr-xr-x. 1 root root 3812003 12月 25 14:55 libcrypto.so.1.1
-rw-r--r--. 1 root root  827356 12月 25 14:55 libssl.a
lrwxrwxrwx. 1 root root      13 12月 25 14:55 libssl.so -> libssl.so.1.1
-rwxr-xr-x. 1 root root  558846 12月 25 14:55 libssl.so.1.1
drwxr-xr-x. 2 root root      58 12月 25 14:55 pkgconfig
[root@localhost lib64]#
```

图 2-57

下面做两个软链接，让 gmssl 程序可以找到 libcrypto.so.1.1.和 libssl.so.1.1：

```
[root@localhost local]#   ln -s /usr/local/lib64/libcrypto.so.1.1   /usr/lib64/libcrypto.so.1.1
[root@localhost local]#   ln -s /usr/local/lib64/libssl.so.1.1   /usr/lib64/libssl.so.1.1
```

ln 是建立软链接的命令，用法为"ln -s 源文件 目标文件"。源：实际存放文件的位置。再执行 gmssl，发现可以运行了：

```
[root@localhost local]# gmssl
GmSSL> version
GmSSL 2.5.4 - OpenSSL 1.1.0d    3 Sep 2019
GmSSL> quit
[root@localhost local]#
```

下面在普通 Linux 命令行下直接测试 SM3：

```
[root@localhost test]# echo -n "abc" | gmssl sm3
(stdin)= 66c7f0f462eeedd9d1f2d46bdc10e4e24167c4875cf2f7a2297da02b8f4ba8e0
```

命令行验证结束，下面再用程序来验证。

【例 2.15】在 CentOS 7 下用代码验证默认安装的 GmSSL

（1）在 Windows 下打开 UE（或其他编辑器），然后输入代码如下：

```
#include <openssl/conf.h>
#include <openssl/evp.h>
#include <openssl/err.h>

int main(int arc, char *argv[])
{
    /* Load the human readable error strings for libcrypto */
    ERR_load_crypto_strings();

    /* Load all digest and cipher algorithms */
```

```
        OpenSSL_add_all_algorithms();

        /* Load config file, and other important initialisation */
        OPENSSL_config(NULL);

        /* ... Do some crypto stuff here ... */
        printf("Under Linux,call GmSSL lib ok\n");
        /* Clean up */

        /* Removes all digests and ciphers */
        EVP_cleanup();

        /* if you omit the next, a small leak may be left when you make use of the BIO (low level API) for e.g.
base64 transformations */
        CRYPTO_cleanup_all_ex_data();

        /* Remove error strings */
        ERR_free_strings();

        return 0;
    }
```

（2）保存代码为 test.cpp，上传到 CentOS 7 下，在命令行下编译并运行：

```
[root@localhost test]# g++ test.cpp -o test -I/usr/local/include -L/usr/local/lib64/ -lcrypto
[root@localhost test]# ./test
Under Linux,call GmSSL lib ok
```

至此，在 Linux 下用代码验证默认安装的 GmSSL 成功。

2.4.8　在老版本的 Linux 下编译安装 GmSSL

考虑到一些老项目所在的平台是老内核版本的 Linux，但也想用一下 GmSSL，因此我们在 Linux 内核 2.6 的一些操作系统下编译、安装和测试 GmSSL。

1. 编译、安装 Perl

这里采用内核是 2.6 的老版本 Linux，通常会提示少了 Perl：

```
[root@localhost GmSSL-master]# ./config
Operating system: x86_64-whatever-linux2
Perl v5.10.0 required--this is only v5.8.8, stopped at ./Configure line 13.
Perl v5.10.0 required--this is only v5.8.8, stopped at ./Configure line 13.
This system (linux-x86_64) is not supported. See file INSTALL for details.
```

提示现在系统中只有版本为 5.8.8 的 Perl，而 GmSSL 需要 5.10.0 版本。所以需要先装 5.10.0 版本的 Perl。

我们也可以通过 perl -v 来查看现有版本：

```
[root@localhost perl-5.10.0]# perl -v
```

This is perl, v5.8.8 built for x86_64-linux-thread-multi

Copyright 1987-2006, Larry Wall

Perl may be copied only under the terms of either the Artistic License or the
GNU General Public License, which may be found in the Perl 5 source kit.

Complete documentation for Perl, including FAQ lists, should be found on
this system using "man perl" or "perldoc perl".　　If you have access to the
Internet, point your browser at http://www.perl.org/, the Perl Home Page.

并且系统自带的 Perl 程序位于/usr/bin/下，我们可以用命令 ll 查看：

```
[root@localhost perl-5.10.0]# ll /usr/bin/perl
-rwxr-xr-x 2 root root 19360 2007-10-19 01:35 /usr/bin/perl
```

下面开始编译安装 Perl 5.10，并将老版本替换掉。首先是配置：

```
[root@localhost perl-5.10.0]# ./Configure -des -Dprefix=/usr/local/perl
```

参数-Dprefix 指定安装目录为/usr/local/perl。

然后就是 make 和 make install：

```
[root@localhost perl-5.10.0]#make
```

稍等片刻，编译完毕，开始安装：

```
[root@localhost perl-5.10.0]#make install
```

如果这个过程没有错误的话，那么恭喜你安装完成了，是不是很简单？接下来替换系统原
有的 Perl，有新的就使用新的。

```
#mv /usr/bin/perl /usr/bin/perl.bak
#ln -s /usr/local/perl/bin/perl /usr/bin/perl
```

此时，如果使用 perl -v 查看版本，对于有些老系统会提示没有这个文件，必须重启操作
系统，然后就可以看到新版本提示了：

```
[root@localhost ~]# perl -v
```

This is perl, v5.10.0 built for x86_64-linux

Copyright 1987-2007, Larry Wall

Perl may be copied only under the terms of either the Artistic License or the
GNU General Public License, which may be found in the Perl 5 source kit.

Complete documentation for Perl, including FAQ lists, should be found on
this system using "man perl" or "perldoc perl".　　If you have access to the
Internet, point your browser at http://www.perl.org/, the Perl Home Page.

2. 编译安装 GmSSL

Perl 5.10.0 安装升级成功后，就开始安装 GmSSL。安装 GmSSL 的步骤和前面一样。最好

先设置目录下所有的文件为最高权限：

```
chmod -R 777 GmSSL-master
```

其中，-R 表示级联应用到目录里的所有子目录和文件，777 表示所有用户都拥有最高权限（可自定权限码）。

然后进入 GmSSL-master，开始三部曲：config、make 和 make install：

```
[root@localhost GmSSL-master]# ./config
[root@localhost GmSSL-master]# ./make
[root@localhost GmSSL-master]# ./make install
```

稍等片刻，安装完毕后，将在/usr/local/lib64/下生成库文件：

```
[root@localhost lib64]# ls
engines-1.1  libcrypto.a  libcrypto.so  libcrypto.so.1.1  libssl.a  libssl.so  libssl.so.1.1  pkgconfig
[root@localhost lib64]# pwd
/usr/local/lib64
```

并且，将在/usr/local/include/下生成头文件所在的目录 openssl：

```
[root@localhost include]# ls
ansidecl.h  bfd.h  bfdlink.h  dis-asm.h  gdb  openssl  plugin-api.h  symcat.h
[root@localhost include]# pwd
/usr/local/include
```

此时若执行 gmssl 程序，则会发现是执行不了的，提示少了库。下面做两个软链接，让 gmssl 程序可以找到 libcrypto.so.1.1.和 libssl.so.1.1：

```
[root@localhost local]#   ln -s /usr/local/lib64/libcrypto.so.1.1   /usr/lib64/libcrypto.so.1.1
[root@localhost local]#   ln -s /usr/local/lib64/libssl.so.1.1   /usr/lib64/libssl.so.1.1
```

ln 是建立软链接的命令，用法为"ln -s 源文件 目标文件"。源：实际存放文件的位置。

再执行 gmssl，发现可以运行了：

```
[root@localhost include]# gmssl
GmSSL> version
GmSSL 2.5.4 - OpenSSL 1.1.0d   3 Sep 2019
GmSSL>
```

最后用代码验证一下。

【例 2.16】在 CentOS 7 下用代码验证默认安装的 GmSSL

（1）在 Windows 下打开 UE（或其他编辑器），然后输入代码如下：

```
#include <openssl/conf.h>
#include <openssl/evp.h>
#include <openssl/err.h>

int main(int arc, char *argv[])
{
    /* Load the human readable error strings for libcrypto */
```

```
    ERR_load_crypto_strings();

    /* Load all digest and cipher algorithms */
    OpenSSL_add_all_algorithms();

    /* Load config file, and other important initialisation */
    OPENSSL_config(NULL);

    /* ... Do some crypto stuff here ... */
    printf("Under Linux,call GmSSL lib ok\n");
    /* Clean up */

    /* Removes all digests and ciphers */
    EVP_cleanup();

    /* if you omit the next, a small leak may be left when you make use of the BIO (low level API) for e.g.
base64 transformations */
    CRYPTO_cleanup_all_ex_data();

    /* Remove error strings */
    ERR_free_strings();

    return 0;
}
```

（2）保存代码为 test.cpp，上传到 CentOS 7 下，在命令行下编译并运行：

```
[root@localhost test]# g++ test.cpp -o test -I/usr/local/include -L/usr/local/lib64/ -lcrypto
[root@localhost test]# ./test
Under Linux,call GmSSL lib ok
```

至此，在老版本的 Linux 下用代码验证默认安装的 GmSSL 成功。

第 3 章
◀ 对称密码算法 ▶

按照现代密码学的观点，可将密码体制分为两大类：对称密码体制和非对称密码体制。本章将讲述对称密码算法，简称对称算法。

3.1　基本概念

加密和解密使用相同密钥的密码算法叫对称加解密算法，简称对称算法。由于其速度快，对称算法通常在需要加密大量数据时使用。所谓对称，就是采用这种密码方法的双方使用同样的密钥进行加密和解密。

对称算法的优点是算法公开、计算量小、加密速度快、加密效率高。对称算法的缺点是产生的密钥过多和密钥分发困难。

常用的对称算法有 DES、3DES、TDEA、Blowfish、RC2、RC4、RC5、IDEA、SKIPJACK、AES 以及国家密码局颁布的 SM1 和 SM4 算法。这些算法我们不必每个都精通，有些只需了解即可，但国密的两个算法建议详细掌握，因为使用场合较多。

对称算法概念简单，我们用一张图来演示一下，如图 3-1 所示。

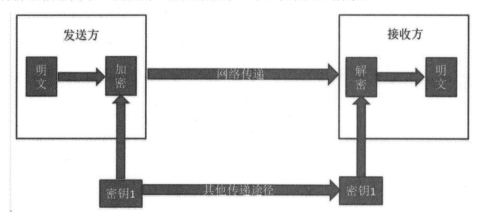

图 3-1

图 3-1 中，发送方也就是加密的一方，接收方也就是解密的一方，双方使用的密钥是相同的，都是图 3-1 中所示的"密钥 1"。发送方用密钥 1 对明文进行加密后形成密文，然后通过

网络传递到接收方，接收方通过密钥 1 解开密文得到明文。这就是对称算法的一个基本使用过程。

从图 3-1 中可以发现，双方使用相同的密钥（密钥 1），那么这个密钥如何安全高效地传递给对方，这是一个很重要的问题，规模小或许问题不大，一旦规模大了，那对称算法的密钥分发可是一个大问题了。

3.2　对称加解密算法的分类

对称加解密算法可以分为流加解密算法和分组加解密算法。对于流加密，加密和解密双方使用相同的伪随机加密数据流，一般都是逐位异或或者随机置换数据内容，常见的流加密算法如 RC4。分组加密也叫块加密，将明文分成多个等长的模块，使用确定的算法和对称密钥对每组分别加密解密，常见的分组加密算法有 DES、3DES、SM4、AES 等。相对来讲，分组加密算法用得比较多。

3.3　流加密算法

3.3.1　基本概念

流加密又称序列加密，是对称加密算法的一种，加密和解密双方使用相同伪随机数据流（Pseudo-Randomstream）作为密钥（因此这个密钥也称为伪随机密钥流，简称密钥流），明文数据每次与密钥数据流顺次对应加密，得到密文数据流。实践中，数据通常是一个位（Bit）并用异或（XOR）操作加密。

最早出现的类流密码形式是 Veram 密码。直到 1949 年，信息论创始人 Shannon 发表的两篇划时代论文《通信的数学理论》和《保密系统的信息理论》证明了只有"一次一密"的密码体制才是理论上不可破译的、绝对安全的，由此奠定了流密码技术的发展基石。流密码长度可灵活变化，且具有运算速度快、密文传输中没有差错或只有有限的错误传播等优点。目前，流密码成为国际密码应用的主流，而基于伪随机序列的流密码成为当今通用的密码系统，流密码的算法也成为各种系统广泛采用的加密算法。目前，比较常见的流密码加密算法包括 RC4 算法、B-M 算法、A5 算法、SEAL 算法等。

在流加密中，密钥的长度和明文的长度是一致的。假设明文的长度是 n 比特，那么密钥也为 n 比特。流密码的关键技术在于设计一个良好的密钥流生成器，即由种子密钥通过密钥流生成器生成伪随机流，通信双方交换种子密钥即可（已拥有相同的密钥流生成器），具体如图 3-2 所示。

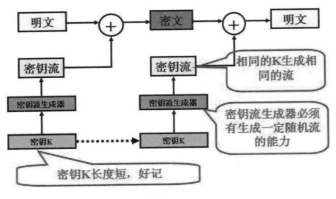

图 3-2

伪随机密钥流（Pseudo-Random-Keystream）由一个随机的种子（Seed）通过算法 PRG（Pseudo-Random Generator）得到，若 k 作为种子，则 G(k)作为实际使用的密钥进行加密解密工作。为了保证流加密的安全性，PRG 必须是不可预测的。

设计流密码的一个重要目标就是设计密钥流生成器，使得密钥流生成器输出的密钥流具有类似"掷骰子"一样的完全随机特性。但实际上密钥流不可能是完全随机的，通常从周期性、随机统计性和不可预测性等角度来衡量一个密钥流的安全性。

鉴于流密码在军事和外交保密通信中有重要价值，因此流密码算法多关系到国家的安全，而作为各国核心部门使用的流密码，都是在各国封闭地进行算法的标准化的，规范化情况都不公开，所以各国政府基本都把流密码算法的出口作为军事产品的出口加以限制。允许出口的加密产品对其他国家来说已不再安全。这使得学术界对于流密码的研究成果远远落后于各个政府的密码机构，从而限制了流密码技术的发展速度。幸运的是，虽然目前还没有制定流密码的标准，但是流密码的标准化、规范化、芯片化问题已经引起政府和密码学家的高度重视，并开始着手改善这个问题，以便能为赢得高技术条件下的竞争提供信息安全保障。像目前公开的对称算法更多的是分组算法，比如 SM1 和 SM4 等。

3.3.2　流密码和分组密码的比较

在通常的流密码中，解密用的密钥序列是由密钥流生成器用确定性算法产生的，因而密钥流序列可认为是伪随机序列。

流密码算法的优点主要有：

（1）流密码的加密和解密每次都是以 Bit 或 Byte 为单位进行处理的，更符合硬件上的实现。

（2）流密码较难受到密码分析的影响，因为它每一个单位加密时使用的密钥都是不同的。

（3）流密码所用密钥的产生独立于信息流。

（4）硬件实现电路更简单。

（5）对于字符数据的处理都是实时的。

（6）转换速度快，低错误传播。

流密码算法的缺点主要有：

（1）某一比特发生错误时会影响到其他比特。

（2）不太适用于软件。

（3）低扩散、插入、删除的不敏感性。

分组密码算法的优点主要有：

（1）可以重复使用密钥。

（2）在某些工作模式下，如果某个块的处理发生了错误，并不会影响之后的块的运算。

（3）分组密码在软件上更容易实现，即容易被移植，成本也较低。

（4）在现实生活中，分组密码更常见，它有 4 种工作模式，包括 ECB 模式、CBC 模式、OFB 模式、CFB 模式。

（5）易于标准化，当今信息大多是按块进行传输处理的。

（6）扩散性好，插入敏感。

分组密码算法的缺点主要有：

（1）相同的明文产生相同的密文。

（2）加解密处理速度慢。

（3）分组加密更容易受到密码分析的影响。

（4）存在错误传播。

3.3.3 RC4 算法

1. RC4 算法概述

RC4 算法是著名的流加密算法。RC4 算法是大名鼎鼎的 RSA 三人组中的头号人物 Ron Rivest 在 1987 年设计的一种流密码。当时，该算法作为 RSA 公司的商业机密并没有公开，直到 1994 年 9 月，RC4 算法才通过 Cypherpunks 匿名邮件列表匿名地公开在 Internet 上。泄露出来的 RC4 算法通常称为 ARC4（Assumed RC4），虽然它的功能经证实等价于 RC4，但 RSA 从未正式承认泄露的算法就是 RC4。目前，真正的 RC4 要求从 RSA 购买许可证，但基于开放源代码的 RC4 产品使用的是当初泄露的 ARC4 算法。它是以字节流的方式依次加密明文中的每个字节。解密的时候也是依次对密文中的每个字节进行解密。

RC4 算法的特点是算法简单、执行速度快。RC4 算法的密钥长度是可变的，可变范围为 1~256 字节（8~2048 比特），在现在技术支持的前提下，当密钥长度为 128 比特时，用暴力法搜索密钥已经比较吃力了，所以能够预见 RC4 的密钥范围依然能够在今后相当长的时间里抵御暴力搜索密钥的攻击。实际上，现在也没有找到对于 128 比特密钥长度的 RC4 加密算法的有效攻击方法。

由于 RC4 算法具有良好的随机性和抵抗各种分析的能力，该算法在众多领域的安全模块得到了广泛的应用。在国际著名的安全协议标准 SSL/TLS（安全套接字协议/传输层安全协议）

中，利用 RC4 算法保护互联网传输中的保密性。在作为 IEEE802.11 无线局域网标准的 WEP 协议中，利用 RC4 算法进行数据间的加密。同时，RC4 算法也被集成于 Microsoft Windows、Lotus Notes、Apple AOCE、Oracle Secure SQL、Adobe Acrobat 等应用软件中，还包括 TLS（传输层协议），其他很多应用领域也使用该算法。

2. RC4 算法的特点

RC4 算法主要有两个特点：

（1）算法简洁，易于软件实现，加密速度快，安全性比较高。

（2）密钥流长度可变，一般用 256 个字节。

3. RC4 算法的原理

前面提过，流密码就是使用较短的一串数字（称为密钥）来生成无限长的伪随机密钥流（事实上只需要生成和明文长度一样的密码流就够了），然后将密钥流和明文异或就得到密文了，解密就是将这个密钥流和密文进行异或。

用较短的密钥产生无限长的密码流的方法非常多，其中有一种就叫作 RC4。RC4 是面向字节的序列密码算法，一个明文的字节（8 比特）与一个密钥的字节进行异或就生成了一个密文的字节。

RC4 算法中的密钥长度为 1~256 字节。注意，密钥的长度与明文长度、密钥流的长度没有必然关系。通常密钥的长度取 16 字节（128 比特）。

RC4 算法的关键是依据密钥生成相应的密钥流，密钥流的长度和明文的长度是相应的。也就是说，假如明文的长度是 500 字节，那么密钥流也是 500 字节。当然，加密生成的密文也是 500 字节。密文第 i 字节=明文第 i 字节^密钥流第 i 字节，^是异或的意思。RC4 用三步来生成密钥流：

第一步，初始化向量 S，S 也称 S 盒，也就是一个数组 S[256]。指定一个短的密钥，存储在 key[MAX]数组里，令 S[i]=i。

```
for i from 0 to 255    //初始化
    S[i] := i
endfor
```

第二步，排列 S 盒。利用密钥数组 key 来对数组 S 进行置换，也就是对 S 数组里的数重新排列，排列算法的伪代码为：

```
j := 0
for i from 0 to 255    //排列 S
    j := (j + S[i] + key[i mod keylength]) mod 256        // keylength 是密钥长度
    swap values of S[i] and S[j]
endfor
```

第三步，产生密钥流。利用上面重新排列的数组 S 来产生任意长度的密钥流，算法为：

```
for r=0 to plainlen do    // plainlen 为明文长度
{
```

```
        i=(i+1) mod 256;
        j=(j+S[i])mod 256;
        swap(S[i],S[j]);
        t=(S[i]+S[j])mod 256;
        k[r]=S[t];
}
```

一次产生一字符长度（8 Bit）的密钥流数据，一直循环，直到密码流和明文长度一样为止。数组 S 通常称为状态向量，长度为 256，其每一个单元都是一个字节。元论算法执行到什么时候，S 都包含 0~255 的 8 比特数的排列组合，仅仅只是值的位置发生了变换。

产生密钥流之后，对信息进行加密和解密就只是做一个异或运算。

4. 实现 RC4 算法

我们将分别用 C 语言、C++语言和 OpenSSL 库来实现 RC4 算法。

【例 3.1】RC4 算法的实现（C 语言版）

（1）打开 VC 2017，新建一个控制面板工程，工程名是 test。

（2）在工程中打开 test.cpp，并输入代码如下：

```
#include "pch.h"
#include <iostream>

//RC4 算法对数据的加密和解密

#include <stdio.h>
#define MAX_CHAR_LEN 10000

void produceKeystream(int textlength, unsigned char key[],
    int keylength, unsigned char keystream[])
{
    unsigned int S[256];
    int i, j = 0, k;
    unsigned char tmp;

    for (i = 0; i < 256; i++)
        S[i] = i;
    for (i = 0; i < 256; i++) {
        j = (j + S[i] + key[i % keylength]) % 256;
        tmp = S[i];
        S[i] = S[j];
        S[j] = tmp;
    }

    i = j = k = 0;
    while (k < textlength) {
        i = (i + 1) % 256;
        j = (j + S[i]) % 256;
        tmp = S[i];
        S[i] = S[j];
```

```
            S[j] = tmp;
            keystream[k++] = S[(S[i] + S[j]) % 256];
        }
}
//该函数既可以进行加密又可以进行解密
void rc4encdec(int textlength, unsigned char plaintext[],
        unsigned char keystream[],
        unsigned char ciphertext[])
{
        int i;
        for (i = 0; i < textlength; i++)
            ciphertext[i] = keystream[i] ^ plaintext[i];
}


int main(int argc, char *argv[])
{
        unsigned char plaintext[MAX_CHAR_LEN];      //存放源明文
        unsigned char chktext[MAX_CHAR_LEN];        //存放解密后的明文，用于验证
        unsigned char key[32];                      //存放用户输入的密钥
        unsigned char keystream[MAX_CHAR_LEN];      //存放生成的密钥流
        unsigned char ciphertext[MAX_CHAR_LEN];     //存放加密后的密文
        unsigned c;
        int i = 0, textlength, keylength;
        FILE *fp;

        if ((fp = fopen("明文.txt", "r")) == NULL) {
            printf("file \"%s\" not found!\n", *argv);
            return 0;
        }

        while ((c = getc(fp)) != EOF)
            plaintext[i++] = c;
        textlength = i;
        fclose(fp);

        /* input a key */
        printf("passwd: ");
        for (i = 0; (c = getchar()) != '\n'; i++)
            key[i] = c;
        key[i] = '\0';
        keylength = i;

        /*使用 key 生成一个 keystream */
        produceKeystream(textlength, key, keylength, keystream);

        /*使用密钥流和明文生成密文*/
        rc4encdec(textlength, plaintext, keystream, ciphertext);

        fp = fopen("密文.txt", "w");
        for (int i = 0; i < textlength; i++)
```

```
        putc(ciphertext[i], fp);
    fclose(fp);


    rc4encdec(textlength, ciphertext, keystream, chktext);
    if (memcmp(chktext, plaintext, textlength) == 0)
        puts("源明文和解密后的明文内容相同！加解密成功！！\n");

    fp = fopen("解密后的明文.txt", "w");
    for (int i = 0; i < textlength; i++)
        putc(chktext[i], fp);
    fclose(fp);

    return 0;
}
```

（3）保存工程，如果在 VC 中直接运行工程，就要把"明文.txt"新建在工程目录下，如果是在解决方案的 Debug 目录下直接运行可执行程序，就要在解决方案的 Debug 目录下新建一个"明文.txt"文件。运行结果如图 3-3 所示。

图 3-3

下面再来看一个 C++版本的，稍微不同的是密钥 key 是程序随机生成的，然后把生成的密钥流保存在文件中，以供解密时使用，这样加密和解密就可以使用同一个密钥流了。

【例 3.2】RC4 算法的实现（C++版）

（1）打开 VC 2017，新建一个控制面板工程，工程名是 test。

（2）在工程中新建一个 rc4.h 文件，该文件定义 RC4 算法的加密类和解密类，输入代码如下：

```
#pragma once

#include <time.h>
#include <iostream>
#include <fstream>
#include<vector>
using namespace std;

//加密类
class RC4Enc{
public:
    //构造函数，参数为密钥长度
    RC4Enc(int kl) :keylen(kl) {
        srand((unsigned)time(NULL));
        for (int i = 0; i < kl; ++i) {   //随机生成长度为 keylen 字节的密钥
```

```
            int tmp = rand() % 256;
            K.push_back(char(tmp));
        }
    }
    //由明文产生密文
    int encryption(const string &, const string &, const string &);

private:
    unsigned char S[256];      //状态向量，共 256 字节
    unsigned char T[256];      //临时向量，共 256 字节
    int keylen;                //密钥长度，keylen 字节，取值范围为 1~256
    vector<char> K;            //可变长度密钥
    vector<char> k;            //密钥流


    //初始化状态向量 S 和临时向量 T，供 keyStream 方法调用
    void initial() {
        for (int i = 0; i < 256; ++i) {
            S[i] = i;
            T[i] = K[i%keylen];    //为了让代码更整洁，我们把 K[i%keylen]存在 T[i]中
        }
    }

    //初始排列状态向量 S，供 keyStream 方法调用
    void rangeS() {
        int j = 0;
        for (int i = 0; i < 256; ++i) {
            j = (j + S[i] + T[i]) % 256;
            S[i] = S[i] + S[j];
            S[j] = S[i] - S[j];
            S[i] = S[i] - S[j];
        }
    }
    /*
        生成密钥流
        len:明文为 len 字节
    */
    void keyStream(int len);

};


//解密类
class RC4Dec {
public:
    //构造函数，参数为密钥流文件和密文文件
    RC4Dec(const string ks, const string ct) :keystream(ks), ciphertext(ct) {}

    //解密方法，参数为解密文件名
    void decryption(const string &);
```

```
private:
    string ciphertext, keystream;//
};
```

　　再在工程中新建一个 rc4.cpp 文件，然后输入代码如下：

```
#include "pch.h"
#include "rc4.h"
#include <time.h>
#include <iostream>
#include <string>


void RC4Enc::keyStream(int len) {
    initial();
    rangeS();

    int i = 0, j = 0, t;
    while (len--) {
        i = (i + 1) % 256;
        j = (j + S[i]) % 256;

        S[i] = S[i] + S[j];
        S[j] = S[i] - S[j];
        S[i] = S[i] - S[j];

        t = (S[i] + S[j]) % 256;
        k.push_back(S[t]);
    }
}
int RC4Enc::encryption(const string &plaintext, const string &ks, const string &ciphertext) {
    ifstream in;
    ofstream out, outks;

    in.open(plaintext);
    if (!in)
    {
        cout<<plaintext<<"   没有被创建\n";
        return -1;
    }

    //获取输入流的长度
    in.seekg(0, ios::end);
    int lenFile = in.tellg();
    in.seekg(0, ios::beg);

    //生产密钥流
    keyStream(lenFile);
    outks.open(ks);
    for (int i = 0; i < lenFile; ++i) {
        outks << (k[i]);
```

```
    }
    outks.close();

    //明文内容读入 bits 中
    unsigned char *bits = new unsigned char[lenFile];
    in.read((char *)bits, lenFile);
    in.close();


    out.open(ciphertext);
    //将明文按字节依次与密钥流异或后输出到密文文件中
    for (int i = 0; i < lenFile; ++i) {
        out << (unsigned char)(bits[i] ^ k[i]);
    }
    out.close();

    delete[]bits;
    return 0;
}


void RC4Dec::decryption(const string &res) //res 是保存解密后的明文所存文件的文件名
{
    ifstream inks, incp;
    ofstream out;

    inks.open(keystream);
    incp.open(ciphertext);

    //计算密文长度
    inks.seekg(0, ios::end);
    const int lenFile = inks.tellg();
    inks.seekg(0, ios::beg);
    //读入密钥流
    unsigned char *bitKey = new unsigned char[lenFile];
    inks.read((char *)bitKey, lenFile);
    inks.close();
    //读入密文
    unsigned char *bitCip = new unsigned char[lenFile];
    incp.read((char *)bitCip, lenFile);
    incp.close();

    //解密后结果输出到解密文件中
    out.open(res);
    for (int i = 0; i < lenFile; ++i)
        out << (unsigned char)(bitKey[i] ^ bitCip[i]);

    out.close();
}
```

类 RC4Enc 的成员函数 encryption 用于 RC4 的加密,加密时需要一个文本文件作为数据源

的输入，生成的密钥流和密文都会存放在文件中。类 RC4Dec 的成员函数 decryption 用于 RC4
的解密，解密时会把生成的解密后的明文保存在文件中。

至此，RC4 算法的加密和解密类实现完毕。下面开始使用该类。

（3）在文件 test.cpp 输入代码如下：

```cpp
#include "pch.h"
#include "rc4.h"

int main()
{
    RC4Enc rc4enc(16); //密钥长 16 字节
    if (rc4enc.encryption("明文.txt", "密钥流.txt", "密文.txt"))
        return -1;

    RC4Dec   rc4dec("密钥流.txt", "密文.txt");
    rc4dec.decryption("解密文件.txt");

    cout << "rc4 加解密成功\n";
}
```

注意要在文件开头包含头文件 rc4.h。在 main 函数中，我们定义了加密类 RC4Enc 的对象
rc4enc，解密类 RC4Dec 的对象 rc4dec。另外，运行程序前，需要在工程目录下新建文本文件
"明文.txt"，可以随便输入一些文本数据。

（4）保存工程，如果在 VC 中直接运行工程，就要把"明文.txt"新建在工程目录下，如
果是在解决方案的 Debug 目录下直接运行可执行程序，就要在解决方案的 Debug 目录下新建
一个"明文.txt"文件。运行结果如图 3-4 所示。

图 3-4

值得注意的是，密钥流.txt 和密文.txt 都是二进制文件，直接打开都是乱码的，如果要查
看详细数据，可以使用 UltraEdit 等专业文本工具查看，这类工具有二进制查看方式。比如明
文的内容是："伟大的中国！"，密文的内容如图 3-5 所示。

图 3-5

上面我们亲自实现了 RC4 算法，但在实际开发中，有时候没必要重复造轮子，因为已经
有现成的轮子可供使用，比如 OpenSSL 库里提供了 RC4 算法的调用。通过 OpenSSL 来使用
RC4 算法非常简单，通常有以下几步：

（1）定义密钥流结构体 RC4_KEY。

（2）生成密钥流。

通过函数 RC4_set_key 来生成密钥流，函数 RC4_set_key 声明如下：

```
void RC4_set_key(RC4_KEY *key, int len, const unsigned char *data);
```

其中，key 是输出参数，用来保存生成的密钥流；len 是输入参数，表示 data 的长度；data 是输入参数，表示用户设置的密钥。

（3）加密或解密。

通过函数 RC4 来实现加密或解密，该函数声明如下：

```
void RC4(RC4_KEY *key, unsigned long len, const unsigned char *indata,unsigned char *outdata);
```

其中，输入参数 key 表示密钥流；输入参数 len 表示 indata 的长度；输入参数 indata 表示输入的数据，当加密时，表示明文数据，当解密时，表示密文数据；输出参数 outdata 存放加密或解密的结果。

【例 3.3】RC4 算法的实现（OpenSSL 版）

（1）打开 VC 2017，新建一个控制面板工程，工程名是 test。

（2）打开工程属性，在"C/C++"→"附加包含目录"旁输入头文件路径：D:\openssl-1.1.1b\win32-debug\include，然后在"链接器"→"常规"→"附加库目录"旁输入静态库路径：D:\openssl-1.1.1b\win32-debug\lib，再在"链接器"→"输入"→"附加依赖项"旁增加 3 个库名：ws2_32.lib;Crypt32.lib;libcrypto.lib;，注意每个库名之间用英文分号隔开。单击"确定"按钮关闭对话框。

（3）下面开始添加代码，在工程中打开 test.cpp，输入代码如下：

```cpp
#include "pch.h"
#include <stdlib.h>
#include <stdio.h>
#include <string.h>
#include <openssl/rc4.h>
int main(int argc, char* argv[])
{
    RC4_KEY key;    //定义密钥流结构体
    const char *data = "Hello,World!!";                    //用户指定的密钥
    int length = strlen(data);
    RC4_set_key(&key, length, (unsigned char*)data);    //通过密钥生成密钥流
    const char *indata = "This is plain text !!!!";
    int len = strlen(indata);
    printf("strlen(indata)=%d\n",len);
    char *outdata;                                        //分配密文空间
    outdata = (    char *)malloc(sizeof(unsigned char)*(len + 1));
    memset(outdata, 0, len + 1);                          //初始化为 0
    printf("\tindata=%s\n", indata);
    RC4(&key, strlen(indata), (unsigned char*)indata, (unsigned char*)outdata);    //加密明文
    printf("\toutdata=%s\n", outdata);
    printf("strlen(outdata)=%d\n",strlen(outdata));
```

```
    char *plain;                                                        //分配明文空间
    plain = ( char *)malloc(sizeof(unsigned char)*(len + 1));
    memset(plain, 0, len + 1);                                          //初始化为 0
    RC4_set_key(&key, length, (unsigned char*)data);                    //重新设置密钥
    RC4(&key, strlen(outdata), (unsigned char*)outdata, (unsigned char*)plain);   //解密密文
    printf("\tplain=%s\n", plain);
    printf("strlen(plain)=%d\n",strlen(plain));
    return 0;
}
```

（4）保存工程并运行，运行结果如图 3-6 所示。

图 3-6

3.4 分组加密算法

分组加密算法又称块加密算法，顾名思义，是一组一组进行加解密的。它将明文分成多个等长的块（Block，或称分组），使用确定的算法和对称密钥对每组分别加解密。通俗地讲，就是一组一组地进行加解密，而且每组数据长度相同。

3.4.1 工作模式

有人或许会想，既然是一组一组地进行加解密的，那程序是否可以设计成并行加解密呢？比如多核计算机上开 n 个线程同时对 n 个分组进行加解密。这个想法不完全正确。因为分组和分组之间可能存在关联。这就引出了分组算法的工作模式概念。分组算法的工作模式就是用来确定分组之间是否有关联以及如何关联的。不同的工作模式（也称加密模式）使得每个加密区块（分组）之间的关系不同。

通常，分组算法有 5 种工作模式，如表 3-1 所示。

表 3-1　分组算法的 5 种工作模式

加密模式	特　点
ECB（Electronic Code Book，电子密码本模式）	分组之间没关联，简单快速，可并行计算
CBC（Cipher Block Chaining，密码分组链接模式）	仅解密支持并行计算
CFB（Cipher Feedback Mode，加密反馈模式）	仅解密支持并行计算
OFB（Output Feedback Mode，输出反馈模式）	不支持并行运算
CTR（Counter，计算器模式）	支持并行计算

1. ECB 模式

ECB 模式是最早采用的简单模式，它将加密的数据分成若干组，每组的大小跟加密密钥长度相同，然后每组都用相同的密钥进行加密。相同的明文会产生相同的密文。其缺点是：电子密码本模式用一个密钥加密消息的所有块，如果原消息中重复明文块，那么加密消息中的相应密文块也会重复。因此，电子密码本模式适合加密小消息。ECB 模式的具体过程如图 3-7 所示。

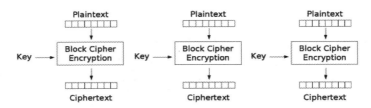

Electronic Codebook (ECB) mode encryption 加密

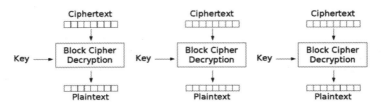

Electronic Codebook (ECB) mode decryption 解密

图 3-7

图 3-7 中，每个分组的运算（加密或解密）都是独立的，每个分组加密只需要密钥和明文分组即可，每个分组解密也只需要密钥和密文分组即可。这就产生了一个问题，即加密时相同内容的明文块将得到相同的密文块（密钥是相同的，输入也是相同的，得到的结果也就相同），这样就难以抵抗统计分析攻击了。当然，ECB 每组没关系也是其优点，比如有利于并行计算，误差不会被传送，运算简单，不需要初始向量（Initialization Vector，IV）。

该模式的特点：简单、快速，加密和解密过程支持并行计算；明文中的重复排列会反映在密文中；通过删除、替换密文分组可以对明文进行操作（可攻击），无法抵御重放攻击；对包含某些比特错误的密文进行解密时，对应的分组会出错。

2. CBC 模式

首先认识一下初始向量。初始向量（或称初向量）是一个固定长度的比特串。一般使用时会要求它是随机数或伪随机数。使用随机数产生的初始向量，使得同一个密钥加密的结果每次都不同，这样攻击者难以对同一把密钥的密文进行破解。

CBC 模式由 IBM 于 1976 年发明。加密时，第一个明文块和初始向量进行异或后，再用 key 进行加密，以后每个明文块与前一个分组结果（密文）块进行异或后，再用 key 进行加密。解密时，第一个密文块先用 key 解密，得到的中间结果再与初始向量进行异或后得到第一个明文分组（第一个分组的最终明文结果），后面每个密文块也是先用 key 解密，得到的中间结果再与前一个密文分组（注意是解密之前的密文分组）进行异或后得到本次明文分组。在这种方法中，每个分组的结果都依赖于它前面的分组。同时，第一个分组也依赖于初始向量，初始向量的长度和分组相同。但要注意的是，加密时的初始向量和解密时的初始向量必须相同。

CBC 模式需要初始向量（长度与分组大小相同）参与计算第一组密文，第一组密文当作向量与第二组数据一起计算后再进行加密，产生第二组密文，后面以此类推，如图 3-8 所示。

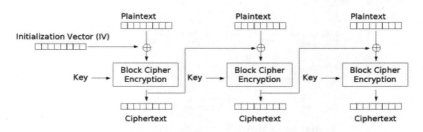

Cipher Block Chaining (CBC) mode encryption 加密

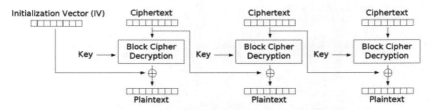

Cipher Block Chaining (CBC) mode decryption 解密

图 3-8

CBC 是常用的工作模式。它的主要缺点在于加密过程是串行的，无法被并行化（因为后一个运算要等到前一个运算的结束后才能开始）。另外，明文中的微小改变会导致其后的全部密文块发生改变，这是其又一个缺点：加密时可能会有误差传递。

而在解密时，因为是把前一个密文分组作为当前向量，因此不必等前一个分组运算完毕，所以解密时可以并行化，解密时密文中一位的改变只会导致其对应的明文块发生改变以及下一个明文块中的对应位（因为是异或运算）发生改变，不会影响其他明文的内容，所以解密时不会产生误差传递。

该模式的特点：明文的重复排列不会反映在密文中；只有解密过程可以并行计算，加密过程由于需要前一个密文组，因此无法进行并行计算；能够解密任意密文分组；对包含某些错误比特的密文进行解密，第一个分组的全部比特（"全部"是由于密文参与了解密算法）和后一个分组的相应比特会出错（"相应"是由于出错的密文在后一组中只参与了 XOR 运算）；填充提示攻击。

3. CFB 模式

CFB（Cipher Feedback，密文反馈）模式和 CBC 模式类似，也需要初始向量。加密第一个分组时，先对初始向量进行加密，得到的中间结果再与第一个明文分组进行异或得到第一个密文分组；加密后面的分组时，把前一个密文分组作为向量先加密，得到的中间结果再与当前明文分组进行异或得到密文分组。解密第一个分组时，先对初始向量进行加密运算（注意，用的是加密算法），得到的中间结果再与第一个密文分组进行异或得到明文分组；解密后面的分组时，把上一个密文分组当作向量进行加密运算（注意，用的还是加密算法），得到的中间结果再与本次的密文分组进行异或得到本次的明文分组。过程如图 3-9 所示。

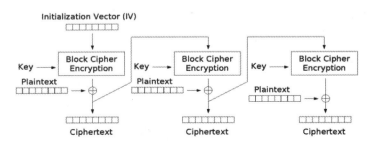

Cipher Feedback (CFB) mode encryption

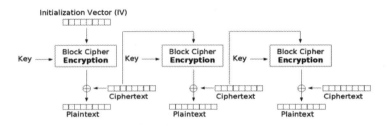

Cipher Feedback (CFB) mode decryption

图 3-9

同 CBC 模式一样，加密时因为要等前一次的结果，所以只能串行，无法并行计算。解密时因为不用等前一次的结果，所以可以并行计算。

该模式的特点：不需要填充；仅解密过程支持并行计算，加密过程由于需要前一个密文组参与，无法进行并行计算；能够解密任意密文分组；对包含某些错误比特的密文进行解密，第一个分组的部分比特和后一个分组的全部比特会出错；不能抵御重放攻击。

4. OFB 模式

OFB（Output Feedback，输出反馈）模式也需要初始向量。加密第一个分组时，先对初始向量进行加密，得到的中间结果再与第一个明文分组进行异或得到第一个密文分组；加密后面的分组时，把前一个中间结果（前一个分组的向量的密文）作为向量先加密，得到的中间结果再与当前明文分组进行异或得到密文分组。解密第一个分组时，先对初始向量进行加密运算（注意用的是加密算法），得到的中间结果再与第一个密文分组进行异或得到明文分组；解密后面的分组时，把上一个中间结果（前一个分组的向量的密文，因为用的依然是加密算法）当作向量进行加密运算（注意用的是加密算法），得到的中间结果再与本次的密文分组进行异或得到本次的明文分组。过程如图 3-10 和图 3-11 所示。

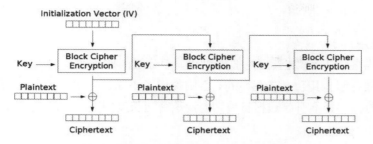

图 3-10

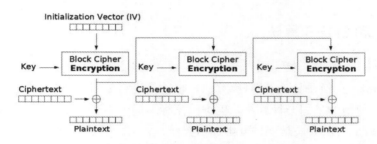

图 3-11

该模式的特点：不需要填充；可事先进行加密、解密准备；加密、解密使用相同的结构（加密和解密算法过程相同）；对包含某些错误比特的密文进行解密时，只有明文中相应比特会出错；不支持并行计算。

3.4.2　短块加密

分组密码一次只能对一个固定长度的明文（密文）块进行加（解）密。当最后一次要处理的数据小于分组长度时，我们就要进行特殊处理。这里把长度小于分组长度的数据称为短块。短块因为不足一个分组，因此不能直接进行加解密，必须采用合适的技术手段解决短块加解密问题。比如，要加密 33 个字节，前面 32 个字节是 16 的整数倍，可以直接加密，剩下的 1 个字节就不能直接加密了，因为不足一个分组长度了。

对于短块的处理，通常有 3 种技术方法：

（1）填充技术

填充技术就是用无用的数据填充短块，使之成为标准块（长度为一个分组的数据块）。填充的方式可以自定义，比如填充 0、填充数据的长度值和随机数等。严格来讲，为了确保加密强度，填充的数据应是随机数。但是收信者如何知道哪些数字是填充的呢？这就需要增加指示信息，通常用最后 8 位作为填充指示符，比如最后一个字节存放填充的数据的长度。

值得注意的是，填充可能引起存储器溢出，因而可能不适合文件和数据块加密。填充加密后，密文长度跟明文长度不一样。

（2）密文挪用技术

这种技术不需要引入新数据，只需把短块和前面分组的部分密文组成一个分组后进行加密。密文挪用法也需要指示挪用位数的指示符，否则收信者不知道挪用了多少位，从而不能正确解密。密文挪用法的优点是不引起数据扩展，也就是密文长度同明文长度是一致的。缺点是控制稍复杂。

（3）序列加密

对于最后一块短块数据，直接使用密钥 K 与短块数据模 2 相加。序列加密技术的优点是简单，但若短块太短，则加密强度不高。

3.4.3 DES 和 3DES 算法

1. DES 概述

DES 是 IBM 公司研制的一种对称算法，也就是说它使用同一个密钥来加密和解密数据，并且加密和解密使用的是同一种算法。美国国家标准局于 1977 年公布把它作为非机要部门使用的数据加密标准。DES 还是一种分组加密算法，该算法每次处理固定长度的数据段，称之为分组。DES 分组的大小是 64 位（8 字节），如果加密的数据长度不是 64 位的倍数，可以按照某种具体的规则来填充位。DES 算法的保密性依赖于密钥，保护密钥非常重要。

DES 加密技术是一种常用的对称加密技术，该技术算法公开，加密强度大，运算速度快，在各行业甚至军事领域得到了广泛的应用。DES 算法从 1977 年公布到现在已有 40 多年的历史，虽然有些人对它的加密强度持怀疑态度，但现在还没有发现实用的破译 DES 算法的方法。并且人们在应用中不断提出新的方法增强 DES 算法的加密强度，如 3 重 DES 算法、带有交换 S 盒的 DES 算法等。因此，DES 算法在信息安全领域仍广泛地应用。

2. DES 算法的密钥

严格来讲，DES 算法的密钥长度为 56 位，但通常用一个 64 位的数来表示密钥，然后经过转换得到 56 位的密钥，而第 8、16、24、32、40、48、56、64 位是校验位，不参与 DES 加解密运算，所以这些位上的数值不能算密钥。为了方便区分，我们把 64 位的数称为从用户处取得的用户密钥，而 56 位的数称为初始密钥、工作密钥或有效输入密钥。

DES 算法的安全性首先取决于密钥的长度。密钥越长，破译者利用穷举法搜索密钥的难度就越大。目前，根据当今计算机的处理速度和能力，56 位长度的密钥已经能够被破解，而 128 位的密钥则被认为是安全的，但随着时间的推移，这个数字也迟早会被突破。

具体加解密运算前，DES 算法的密钥还要通过等分、移位、选取、迭代形成 16 个子密钥，分别供每一轮运算使用，每个长 48 比特。计算出子密钥是进行 DES 加密的前提条件。生成子密钥的基本步骤如下：

（1）等分

等分密钥就是从用户处取得一个 64 位长的初始密钥变为 56 位的工作密钥。方法很简单，根据一个固定"站位表"让 64 位初始密钥中的对应位置的值出列，并"站"到表中去。图 3-12 所示的表格中的数字表示初始密钥的每一位的位置，比如 57 表示初始密钥中第 57 位的比特值要站到该表的第 1 个位置上（初始密钥的第 57 位成为新密钥的第 1 位），49 表示初始密钥中第 49 位的比特值要站到该表的第 2 个位置上（初始密钥的第 49 位成为新密钥的第 2 位），从左到右、从上到下依次进行，直到初始密钥的第 4 位成为新密钥的最后一位。

57	49	41	33	25	17	9
1	58	50	42	34	26	18
10	2	59	51	43	35	27
19	11	3	60	50	44	36
65	55	47	39	31	23	15
7	62	54	46	38	30	22
14	6	61	53	45	37	29
21	13	5	28	20	12	4

图 3-12

比如，我们现在有一个 64 位的初始密钥：K=133457799BBCDFF1，转化成二进制：

K = 00010011 00110100 01010111 01111001 10011011 10111100 11011111 11110001

根据图 3-12，我们将得到 56 位的工作密钥：

K_w = 1111000 0110011 0010101 0101111 0101010 1011001 1001111 0001111

K_w 一共 56 位。细心的朋友会发现，图 3-12 中没有数字 8、16、24、32、40、48、56、64。的确如此，这些位置去掉了，所以工作密钥 K_w 是 56 位。等分工作结束，进入下一步。

（2）移位

我们通过上一步的等分工作得到了一个工作密钥：

K_w = 1111000 0110011 0010101 0101111 0101010 1011001 1001111 0001111

将这个密钥拆分为左右两部分：C_0 和 D_0，每半边都有 28 位。

比如，对于 K_w，我们得到：

C_0 = 1111000 0110011 0010101 0101111
D_0 = 0101010 1011001 1001111 0001111

对相同定义的 C_0 和 D_0，我们现在创建 16 个块 C_n 和 D_n，$1 \leqslant n \leqslant 16$。每一对 C_n 和 D_n 都是由前一对 C_{n-1} 和 D_{n-1} 移位而来的。具体来说，对于 n = 1, 2, …, 16，在前一轮移位的结果上，使用表 3-2 进行一些次数的左移操作。什么叫左移？左移指的是将除第一位外的所有位往左移一位，将第一位移动至最后一位。

表 3-2　进行左移操作

迭代序号 n（1≤n≤16）	左移次数
1	1
2	1
3	2
4	2
5	2
6	2
7	2
8	2
9	1
10	2
11	2
12	2
13	2
14	2
15	2
16	1

也就是说，C_3 和 D_3 是 C_2 和 D_2 移位而来的；C_{16} 和 D_{16} 则是由 C_{15} 和 D_{15} 通过一次左移得到的。在所有情况下，一次左移就是将所有比特往左移动一位，使得移位后的比特的位置相较于变换前成为 2, 3, …, 28, 1。比如，对于原始子密钥 C_0 和 D_0，我们得到：

```
C₀ = 1111000011001100101010101111
D₀ = 0101010101100110011110001111
C₁ = 1110000110011001010101011111
D₁ = 1010101011001100111100011110
C₂ = 1100001100110010101010111111
D₂ = 0101010110011001111000111101
C₃ = 0000110011001010101011111111
D₃ = 0101011001100111100011110101
C₄ = 0011001100101010101111111100
D₄ = 0101100110011110001111010101
C₅ = 1100110010101010111111110000
D₅ = 0110011001111000111101010101
C₆ = 0011001010101011111111000011
D₆ = 1001100111100011110101010101
C₇ = 1100101010101111111100001100
D₇ = 0110011110001111010101010110
C₈ = 0010101010111111110000110011
D₈ = 1001111000111101010101011001
C₉ = 0101010101111111000011001100
D₉ = 0011110001111010101010110011
C₁₀ = 0101010111111110000110011001
D₁₀ = 1111000111101010101011001100
C₁₁ = 0101011111111000011001100101
D₁₁ = 1100011110101010101100110011
C₁₂ = 0101111111100001100110010101
D₁₂ = 0001111010101010110011001111
C₁₃ = 0111111110000110011001010101
D₁₃ = 0111101010101011001100111100
C₁₄ = 1111111100001100110010101010101
```

$D_{14} = 1110101010101100110011110001$
$C_{15} = 1111100001100110010101010111$
$D_{15} = 1010101010110011001111000111$
$C_{16} = 1111000011001100101010101111$
$D_{16} = 0101010101100110011110001111$

现在就可以得到第 n 轮的新密钥 K_n（1≤n≤16）了。具体做法是，对每对拼合后的临时子密钥 C_nD_n 按表 3-3 执行变换。

表 3-3　对每对拼合后的临时子密钥 C_nD_n 执行变换顺序

14	17	11	24	1	5
3	28	15	6	21	10
23	19	12	4	26	8
16	7	27	20	13	2
41	52	31	37	47	55
30	40	51	45	33	48

每对临时子密钥有 56 位，但表 3-2 仅仅使用其中的 48 位。该表格的数字同样表示位置，让每对临时子密钥相应位置上的比特值站到该表格中去，从而形成新的子密钥。于是，第 n 轮的新子密钥 K_n 的第 1 位来自组合的临时子密钥 C_nD_n 的第 14 位，第 2 位来自第 17 位，以此类推，直到新密钥的第 48 位来自组合密钥的第 32 位。比如，对于第 1 轮的组合的临时子密钥，我们有：

$C_1D_1 = 1110000\ 1100110\ 0101010\ 1011111\ 1010101\ 0110011\ 0011110\ 0011110$

通过表 3-3 的变换后，得到：

$K_1 = 000110\ 110000\ 001011\ 101111\ 111111\ 000111\ 000001\ 110010$

通过表 3-3，我们可以让 56 位的长度变为 48 位。同理，对于其他密钥得到：

$K_2 = 011110\ 011010\ 111011\ 011001\ 110110\ 111100\ 100111\ 100101$
$K_3 = 010101\ 011111\ 110010\ 001010\ 010000\ 101100\ 111110\ 011001$
$K_4 = 011100\ 101010\ 110111\ 010110\ 110110\ 110011\ 010100\ 011101$
$K_5 = 011111\ 001110\ 110000\ 000111\ 111010\ 110101\ 001110\ 101000$
$K_6 = 011000\ 111010\ 010100\ 111110\ 010100\ 000111\ 101100\ 101111$
$K_7 = 111011\ 001000\ 010010\ 110111\ 111101\ 100001\ 100010\ 111100$
$K_8 = 111101\ 111000\ 101000\ 111010\ 110000\ 010011\ 101111\ 111011$
$K_9 = 111000\ 001101\ 101111\ 101011\ 111011\ 011110\ 011110\ 000001$
$K_{10} = 101100\ 011111\ 001101\ 000111\ 101110\ 100100\ 011001\ 001111$
$K_{11} = 001000\ 010101\ 111111\ 010011\ 110111\ 101101\ 001110\ 000110$
$K_{12} = 011101\ 010111\ 000111\ 110101\ 100101\ 000110\ 011111\ 101001$
$K_{13} = 100101\ 111100\ 010111\ 010001\ 111110\ 101011\ 101001\ 000001$
$K_{14} = 010111\ 110100\ 001110\ 110111\ 110100\ 101110\ 011100\ 111010$
$K_{15} = 101111\ 111001\ 000110\ 001101\ 001111\ 010011\ 111100\ 001010$
$K_{16} = 110010\ 110011\ 110110\ 001011\ 000011\ 100001\ 011111\ 110101$

16 组子密钥全部生成完毕，它们整装待发，可以进入实际加解密运算了。为了更形象地展示上述子密钥的生成过程，我们画了一张图来帮助大家理解，如图 3-13 所示。

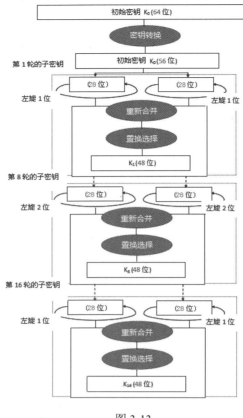

图 3-13

左旋 1 位的意思就是循环左移 1 位。

3. DES 算法的原理

16 个子密钥已经全部生成完毕，下面正式进行加解密。DES 算法是分组算法，每组 8 字节，加密时一组一组进行加密，解密时也是一组一组进行解密。

要加密一组明文，每个子密钥按照顺序（1~16）以一系列的位操作施加于数据上，每个子密钥一次，一共重复 16 次。每一次迭代称为一轮。要对密文进行解密可以采用同样的步骤，只是子密钥是按照逆向的顺序（16~1）对密文进行处理的。

我们先来看加密，首先要对某个明文分组 M 进行初始变换（Initial Permutation，IP），变换依然是通过一张表格，让明文出列站到表格上去，如表 3-4 所示。

表 3-4　对某个明文分组 M 进行初始变换顺序

58	50	42	34	26	18	10	2
60	52	44	36	28	20	12	4
62	54	46	38	30	22	14	6
64	56	48	40	32	24	16	8
57	49	41	33	25	17	9	1
59	51	43	35	27	19	11	3
61	53	45	37	29	21	13	5
63	55	47	39	31	23	15	7

表格的下标对应新数据的下标，表格的数值 x 表示新数据的这一位来自旧数据的第 x 位。参照表 3-3，M 的第 58 位成为 IP 的第 1 位，M 的第 50 位成为 IP 的第 2 位，M 的第 7 位成为 IP 的最后一位。比如，假设明文分组 M 数据为：

M = 0000 0001 0010 0011 0100 0101 0110 0111 1000 1001 1010 1011 1100 1101 1110 1111

对 M 的区块执行初始变换，得到新数据：

IP = 1100 1100 0000 0000 1100 1100 1111 1111 1111 0000 1010 1010 1111 0000 1010 1010

这里 M 的第 58 位是 1，变成了 IP 的第 1 位。M 的第 50 位是 1，变成了 IP 的第 2 位。M 的第 7 位是 0，变成了 IP 的最后一位。初始变换完成。

接着把初始变换后的新数据 IP 分为 32 位的左半边 L_0 和 32 位的右半边 R_0：

L_0 = 1100 1100 0000 0000 1100 1100 1111 1111
R_0 = 1111 0000 1010 1010 1111 0000 1010 1010

我们接着执行 16 个迭代，迭代过程就是：对于 $1 \leqslant n \leqslant 16$，使用函数 f，函数 f 输入两个区块，一个 32 位的数据区块和一个 48 位的密钥区块 K_n，输出一个 32 位的区块。定义符号 $\oplus$ 表示异或运算。那么让 n 从 1 循环到 16，我们计算：

$L_n = R_{n-1}$
$R_n = L_{n-1} \oplus f(R_{n-1}, K_n)$

这样就得到了最终区块，也就是 n=16 的 $L_{16}R_{16}$。这个过程就是拿前一个迭代结果的右边 32 位作为当前迭代左边 32 位。对于当前迭代的右边 32 位，将它和上一个迭代的 f 函数的输出执行 XOR 运算。

比如，对于 n=1，我们有：

K_1 = 000110 110000 001011 101111 111111 000111 000001 110010
$L_1 = R_0$ = 1111 0000 1010 1010 1111 0000 1010 1010
$R_1 = L_0 \oplus f(R_0, K_1)$

剩下的就是 f 函数的工作了。为了计算 f，我们首先拓展每个 R_{n-1}，将其从 32 位拓展到 48 位。这是通过一张表来重复 R_{n-1} 中的一些位来实现的。这张表如图 3-14 所示。

32	1	2	3	4	5
4	5	6	7	8	9
8	9	10	11	12	13
12	13	14	15	16	17
16	17	18	19	20	21
20	21	22	23	24	25
24	25	26	27	28	29
28	29	30	31	32	1

图 3-14

我们用一个函数 E 来表示这个过程。也就是说，函数 $E(R_{n-1})$ 输入 32 位，输出 48 位。比如，给定 R_0，我们可以计算出 $E(R_0)$：

R_0 = 1111 0000 1010 1010 1111 0000 1010 1010

E(R$_0$) = 011110 100001 010101 010101 011110 100001 010101 010101

注意，输入的每4位一个分组被拓展为输出的每6位一个分组。接着在f函数中，对输出的E(R$_{n-1}$)和密钥K$_n$执行XOR运算：

K$_n$ ⊕ E(R$_{n-1}$)

比如，对于K$_1$ ⊕ E(R$_0$)，我们有：

K$_1$ = 000110 110000 001011 101111 111111 000111 000001 110010
E(R$_0$) = 011110 100001 010101 010101 011110 100001 010101 010101
K$_1$ ⊕ E(R$_0$) = 011000 010001 011110 111010 100001 100110 010100 100111

到这里，还没有完成f函数的运算，我们仅仅使用一张表将R$_{n-1}$从32位拓展为48位，并且对这个结果和密钥K$_n$执行了异或运算。现在有了48位的结果，或者说8组6比特数据。我们现在要对每组的6比特执行一些奇怪的操作：将它作为一张被称为"S盒"的表格的地址。每组6比特都将给我们一个位于不同S盒中的地址,在那个地址里存放着一个4比特的数据，这个4比特的数据将会替换掉原来的6比特。最终结果就是，8组6比特的数据被转换为8组4比特（一共32位）的数据。

将上一步的48位的结果写成如下形式：

K$_n$ ⊕ E(R$_{n-1}$) = B$_1$B$_2$B$_3$B$_4$B$_5$B$_6$B$_7$B$_8$

每个B$_i$都是一个6比特的分组，我们现在计算S$_1$(B$_1$)S$_2$(B$_2$)S$_3$(B$_3$)S$_4$(B$_4$)S$_5$(B$_5$)S$_6$(B$_6$)S$_7$(B$_7$)S$_8$(B$_8$)，其中，S$_i$(B$_i$)指的是第i个S盒的输出。为了计算每个S函数S$_1$,S$_2$,⋯,S$_8$，取一个6位的区块作为输入，输出一个4位的区块。决定S$_1$的表格如图3-15所示。

行＼列	0	1	2	3	4	5	6	7	8	9	10	11	12	13	14	15
0	14	4	13	1	2	15	11	8	3	10	6	12	5	9	0	7
1	0	15	7	4	14	2	13	1	10	6	12	11	9	5	3	8
2	4	1	14	8	13	6	2	11	15	12	9	7	3	10	5	0
3	15	12	8	2	4	9	1	7	5	11	3	14	10	0	6	13

（左侧表头标注 S$_1$）

图3-15

如果S$_1$是定义在这张表上的函数，B是一个6位的块，那么计算S$_1$(B)的方法是：B的第一位和最后一位组合起来的二进制数决定一个介于0和3之间的十进制数（或者二进制数00到11之间），设这个数为i。B的中间4位二进制数代表一个介于0到15之间的十进制数（二进制数0000到1111），设这个数为j。查表找到第i行第j列的那个数，这是一个介于0和15之间的数，并且它能由一个唯一的4位区块表示。这个区块就是函数S$_1$输入B得到的输出S$_1$(B)。比如，输入B=011011，第一位是0，最后一位是1，决定了行号是01，也就是十进制的1。中间4位是1101，也就是十进制的13，所以列号是13。查表第1行第13列得到数字5。这决定了输出，5是二进制0101，所以输出就是0101，即S1(011011) = 0101。

同理，定义这8个函数S$_1$,⋯,S$_8$的表格如图3-16所示。

行\列	0	1	2	3	4	5	6	7	8	9	10	11	12	13	14	15
S_1 0	14	4	13	1	2	15	11	8	3	10	6	12	5	9	0	7
1	0	15	7	4	14	2	13	1	10	6	12	11	9	5	3	8
2	4	1	14	8	13	6	2	11	15	12	9	7	3	10	5	0
3	15	12	8	2	4	9	1	7	5	11	3	14	10	0	6	13
S_2 0	15	1	8	14	6	11	3	4	9	7	2	13	12	0	5	10
1	3	13	4	7	15	2	8	14	12	0	1	10	6	9	11	5
2	0	14	7	11	10	4	13	1	5	8	12	6	9	3	2	15
3	13	8	10	1	3	15	4	2	11	6	7	12	0	5	14	9
S_3 0	10	0	9	14	6	3	15	5	1	13	12	7	11	4	2	8
1	13	7	0	9	3	4	6	10	2	8	5	14	12	11	15	1
2	13	6	4	9	8	15	3	0	11	1	2	12	5	10	14	7
3	1	10	13	0	6	9	8	7	4	15	14	3	11	5	2	12
S_4 0	7	13	14	3	0	6	9	10	1	2	8	5	11	12	4	15
1	13	8	11	5	6	15	0	3	4	7	2	12	1	10	14	9
2	10	6	9	0	12	11	7	13	15	1	3	14	5	2	8	4
3	3	15	0	6	10	1	13	8	9	4	5	11	12	7	2	14
S_5 0	2	12	4	1	7	10	11	6	8	5	3	15	13	0	14	9
1	14	11	2	12	4	7	13	1	5	0	15	10	3	9	8	6
2	4	2	1	11	10	13	7	8	15	9	12	5	6	3	0	14
3	11	8	12	7	1	14	2	13	6	15	0	9	10	4	5	3
S_6 0	12	1	10	15	9	2	6	8	0	13	3	4	14	7	5	11
1	10	15	4	2	7	12	9	5	6	1	13	14	0	11	3	8
2	9	14	15	5	2	8	12	3	7	0	4	10	1	13	11	6
3	4	3	2	12	9	5	15	10	11	14	1	7	6	0	8	13
S_7 0	4	11	2	14	15	0	8	13	3	12	9	7	5	10	6	1
1	13	0	11	7	4	9	1	10	14	3	5	12	2	15	8	6
2	1	4	11	13	12	3	7	14	10	15	6	8	0	5	9	2
3	6	11	13	8	1	4	10	7	9	5	0	15	14	2	3	12
S_8 0	13	2	8	4	6	15	11	1	10	9	3	14	5	0	12	7
1	1	15	13	8	10	3	7	4	12	5	6	11	0	14	9	2
2	7	11	4	1	9	12	14	2	0	6	10	13	15	3	5	8
3	2	1	14	7	4	10	8	13	15	12	9	0	3	5	6	11

图 3-16

对于第一轮，我们得到这 8 个 S 盒的输出：

$K_1 + E(R_0)$ = 011000 010001 011110 111010 100001 100110 010100 100111

$S_1(B_1)S_2(B_2)S_3(B_3)S_4(B_4)S_5(B_5)S_6(B_6)S_7(B_7)S_8(B_8)$ = 0101 1100 1000 0010 1011 0101 1001 0111

函数 f 的最后一步就是对 S 盒的输出进行一个变换来产生最终值：

$f = P(S_1(B_1)S_2(B_2)\ldots S_8(B_8))$

其中，变换 P 由表 3-5 定义。P 输入 32 位数据，通过下标产生 32 位输出。

表 3-5　变换 P 的定义

	位置	位置	位置	位置
第 1 组 4 比特位置	16	7	20	21
第 2 组 4 比特位置	29	12	28	17
第 3 组 4 比特位置	1	15	23	26
第 4 组 4 比特位置	5	18	31	10
第 5 组 4 比特位置	2	8	24	14
第 6 组 4 比特位置	32	27	3	9
第 7 组 4 比特位置	19	13	30	6
第 8 组 4 比特位置	22	11	4	25

比如，对于 8 个 S 盒的输出：

$S_1(B_1)S_2(B_2)S_3(B_3)S_4(B_4)S_5(B_5)S_6(B_6)S_7(B_7)S_8(B_8)$ = 0101 1100 1000 0010 1011 0101 1001 0111

我们得到：

f = 0010 0011 0100 1010 1010 1001 1011 1011

那么：

$R_1 = L_0 \oplus f(R_0 , K_1)$
　　= 1100 1100 0000 0000 1100 1100 1111 1111　$\oplus$　0010 0011 0100 1010 1010 1001 1011 1011
　　= 1110 1111 0100 1010 0110 0101 0100 0100

在下一轮迭代中，$L_2 = R_1$，这就是我们刚刚计算的结果。之后必须计算 $R_2 = L_1 + f(R_1, K_2)$，一直完成 16 个迭代。在第 16 个迭代之后，我们有了区块 L_{16} 和 R_{16}。接着逆转两个区块的顺序得到一个 64 位的区块：$R_{16}L_{16}$，然后对其执行一个最终的变换 IP-1，其定义如表 3-6 所示。

表 3-6　最终的变换定义表

40	8	48	16	56	24	64	32
39	7	47	15	55	23	63	31
38	6	46	14	54	22	62	30
37	5	45	13	53	21	61	29
36	4	44	12	52	20	60	28
35	3	43	11	51	19	59	27
34	2	42	10	50	18	58	26
33	1	41	9	49	17	57	25

也就是说，该变换输出的第 1 位是输入的第 40 位，输出的第 2 位是输入的第 8 位，一直到将输入的第 25 位作为输出的最后一位。

比如，如果使用上述方法得到了第 16 轮的左右两个区块：

L_{16} = 0100 0011 0100 0010 0011 0010 0011 0100
R_{16} = 0000 1010 0100 1100 1101 1001 1001 0101

我们将这两个区块调换位置，然后执行最终变换：

$R_{16}L_{16}$ = 00001010 01001100 11011001 10010101 01000011 01000010 00110010 00110100
IP-1 = 10000101 11101000 00010011 01010100 00001111 00001010 10110100 00000101

写成 16 进制得到：85E813540F0AB405。

这就是明文 M = 0123456789ABCDEF 的加密形式 C = 85E813540F0AB405。

解密就是加密的反过程。执行上述步骤，只不过在 16 轮迭代中，调转左右子密钥的位置而已。

4. 3DES

DES 是一个经典的对称加密算法，但缺陷也很明显，即 56 位的密钥安全性不足，已被证实可以在短时间内破解。为了解决此问题，出现了 3DES（也称 Triple DES）。3DES 为 DES 向 AES 过渡的加密算法，它使用 3 条 56 位的密钥对数据进行三次加解密。为了兼容普通的 DES，3DES 加密并没有直接使用"加密→加密→加密"的方式，而是采用了"加密→解密→加密"的方式。当三重密钥均相同时，前两步相互抵消，相当于仅实现了一次加密，因此可实现对普通 DES 加密算法的兼容。

3DES 解密过程与加密过程相反，即逆序使用密钥，以密钥 3、密钥 2、密钥 1 的顺序执行"解密→加密→解密"。

设 $E_k()$ 和 $D_k()$ 代表 DES 算法的加密和解密过程，k_1、k_2、k_3 代表 DES 算法使用的密钥，P 代表明文，C 代表密文。这样，3DES 加密过程为：$C=Ek_3(Dk_2(Ek_1(P)))$，即先用密钥 k_1 做 DES 加密，再用 k_2 做 DES 解密，再用 k_3 做 DES 加密。3DES 解密过程为：$P=Dk_1((Ek_2(Dk_3(C)))$，即先用 k_3 加密，再用 k_2 做 DES 加密，再用 k_1 做 DES 解密。这里可以 $k_1=k_3$，但不能 $k_1=k_2=k_3$（如果相等的话就成了 DES 算法，因为三次里面有两次 DES 使用相同的密钥进行加解密，从而抵消掉了，等于没做，只有最后一次 DES 起了作用）。3DES 算法如图 3-17 所示。

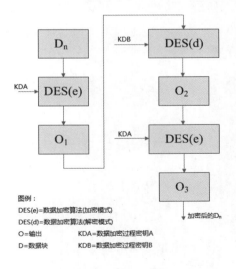

图例：
DES(e)=数据加密算法(加密模式)
DES(d)=数据加密算法(解密模式)
O=输出　　　　　　　KDA=数据加密过程密钥A
D=数据块　　　　　　KDB=数据加密过程密钥B

图 3-17

这里，我们给出 3DES 加密的伪代码：

```
void 3DES_ENCRYPT()
{
        DES(Out, In, &SubKey[0], ENCRYPT);        //DES 加密
        DES(Out, Out, &SubKey[1], DECRYPT);       //DES 解密
        DES(Out, Out, &SubKey[0], ENCRYPT);       //DES 加密
}
```

其中，SubKey 是 16 圈子密钥，全局定义如下：

```
bool SubKey[2][16][48];
```

3DES 的解密伪代码如下：

```
void 3DES_DECRYPT ()
{
        DES(Out, In, &SubKey[0], DECRYPT);        //DES 解密
        DES(Out, Out, &SubKey[1], ENCRYPT);       //DES 加密
        DES(Out, Out, &SubKey[0], DECRYPT);       //DES 解密
}
```

具体实现稍后会给出实例。相比 DES，3DES 因密钥长度变长，安全性有所提高，但其处理速度不高。因此又出现了 AES 加密算法，AES 相较于 3DES 速度更快、安全性更高。

至此，我们对 DES 和 3DES 算法的原理阐述完毕，下面进入实战。

5. DES 和 3DES 算法实现

纸上得来终觉浅，绝知此事要躬行。前面讲了不少 DES 算法的原理，现在我们将在 VC 2017 下进行实现。代码稍微有点长，但笔者对关键代码都做了注释，结合前面的原理来看，相信大家能看得懂。

【例 3.4】实现 DES 算法（C 语言版）

（1）打开 VC 2017，新建一个控制面板工程，工程名是 test。

（2）打开 test.cpp，输入代码如下：

```
#include <pch.h>
#include <stdio.h>
#include <memory.h>
#include <string.h>

typedef bool(*PSubKey)[16][48];
enum { ENCRYPT, DECRYPT };                        //选择：加密、解密
static bool SubKey[2][16][48];                     //16 圈子密钥
static bool Is3DES;                                //3 次 DES 标志
static char Tmp[256], deskey[16];                  //暂存字符串、密钥串

static void DES(char Out[8], char In[8], const PSubKey pSubKey, bool Type);   //标准 DES 加/解密
static void SetKey(const char* Key, int len);      //设置密钥
static void SetSubKey(PSubKey pSubKey, const char Key[8]);   //设置子密钥
static void F_func(bool In[32], const bool Ki[48]);  //f 函数
```

```
static void S_func(bool Out[32], const bool In[48]);                    //S 盒代替
static void Transform(bool *Out, bool *In, const char *Table, int len); //变换
static void Xor(bool *InA, const bool *InB, int len);                   //异或
static void RotateL(bool *In, int len, int loop);                      //循环左移
static void ByteToBit(bool *Out, const char *In, int bits);            //字节组转换成位组
static void BitToByte(char *Out, const bool *In, int bits);            //位组转换成字节组

// Type（选择）——ENCRYPT：加密，DECRYPT：解密
// 输出缓冲区（Out）的长度≥((datalen+7)/8)*8，即比 datalen 大且是 8 的倍数的最小正整数
// In = Out 时，加/解密后将覆盖输入缓冲区（In）的内容
// 当 keylen>8 时，系统自动使用 3 次 DES 加/解密，否则使用标准 DES 加/解密，超过 16 字节后只取前
16 字节

//加密解密函数
bool DES_Act(char *Out, char *In, long datalen, const char *Key, int keylen, bool Type = ENCRYPT);
int main()
{
    char plain_text[100] = { 0 };                    // 设置明文

    char key[100] = { 0 };                           // 密钥设置
    printf("请输入明文：\n");
    gets_s(plain_text);
    printf("\n 请输入密钥：\n");
    gets_s(key);
    char encrypt_text[255];                          // 密文
    char decrypt_text[255];                          // 解密文
    //memset(a,b,c)函数，从 a 的地址开始到 c 的长度的字节都初始化为 b
    memset(encrypt_text, 0, sizeof(encrypt_text));
    memset(decrypt_text, 0, sizeof(decrypt_text));
    // 进行 DES 加密
    DES_Act(encrypt_text, plain_text, sizeof(plain_text), key, sizeof(key), ENCRYPT);
    printf("\nDES 加密后的密文:\n");
    printf("%s\n\n", encrypt_text);
    // 进行 DES 解密
    DES_Act(decrypt_text, encrypt_text, sizeof(plain_text), key, sizeof(key), DECRYPT);
    printf("\n 解密后的输出:\n");
    printf("%s", decrypt_text);
    printf("\n\n");
    getchar();
    return 0;
}
//下面是 DES 算法中用到的各种表
// 初始置换 IP 表
const static char IP_Table[64] =
{
    58, 50, 42, 34, 26, 18, 10, 2, 60, 52, 44, 36, 28, 20, 12, 4,
    62, 54, 46, 38, 30, 22, 14, 6, 64, 56, 48, 40, 32, 24, 16, 8,
    57, 49, 41, 33, 25, 17,  9, 1, 59, 51, 43, 35, 27, 19, 11, 3,
    61, 53, 45, 37, 29, 21, 13, 5, 63, 55, 47, 39, 31, 23, 15, 7
};
// 逆初始置换 IP1 表
```

```
const static char IP1_Table[64] =
{
    40, 8, 48, 16, 56, 24, 64, 32, 39, 7, 47, 15, 55, 23, 63, 31,
    38, 6, 46, 14, 54, 22, 62, 30, 37, 5, 45, 13, 53, 21, 61, 29,
    36, 4, 44, 12, 52, 20, 60, 28, 35, 3, 43, 11, 51, 19, 59, 27,
    34, 2, 42, 10, 50, 18, 58, 26, 33, 1, 41,  9, 49, 17, 57, 25
};
// 扩展置换 E 表
static const char Extension_Table[48] =
{
    32,  1,  2,  3,  4,  5,  4,  5,  6,  7,  8,  9,
     8,  9, 10, 11, 12, 13, 12, 13, 14, 15, 16, 17,
    16, 17, 18, 19, 20, 21, 20, 21, 22, 23, 24, 25,
    24, 25, 26, 27, 28, 29, 28, 29, 30, 31, 32,  1
};
// P 盒置换表
const static char P_Table[32] =
{
    16, 7, 20, 21, 29, 12, 28, 17, 1,  15, 23, 26, 5,  18, 31, 10,
    2,  8, 24, 14, 32, 27, 3,  9,  19, 13, 30, 6,  22, 11, 4,  25
};
// 密钥置换表
const static char PC1_Table[56] =
{
    57, 49, 41, 33, 25, 17,  9,  1, 58, 50, 42, 34, 26, 18,
    10,  2, 59, 51, 43, 35, 27, 19, 11,  3, 60, 52, 44, 36,
    63, 55, 47, 39, 31, 23, 15,  7, 62, 54, 46, 38, 30, 22,
    14,  6, 61, 53, 45, 37, 29, 21, 13,  5, 28, 20, 12,  4
};
// 压缩置换表
const static char PC2_Table[48] =
{
    14, 17, 11, 24,  1,  5,  3, 28, 15,  6, 21, 10,
    23, 19, 12,  4, 26,  8, 16,  7, 27, 20, 13,  2,
    41, 52, 31, 37, 47, 55, 30, 40, 51, 45, 33, 48,
    44, 49, 39, 56, 34, 53, 46, 42, 50, 36, 29, 32
};
// 每轮移动的位数
const static char LOOP_Table[16] =
{
    1,1,2,2,2,2,2,2,1,2,2,2,2,2,2,1
};
//S 盒设计
const static char S_Box[8][4][16] =
{
    //S 盒 1
    14,  4, 13,  1,  2, 15, 11,  8,  3, 10,  6, 12,  5,  9,  0,  7,
     0, 15,  7,  4, 14,  2, 13,  1, 10,  6, 12, 11,  9,  5,  3,  8,
     4,  1, 14,  8, 13,  6,  2, 11, 15, 12,  9,  7,  3, 10,  5,  0,
    15, 12,  8,  2,  4,  9,  1,  7,  5, 11,  3, 14, 10,  0,  6, 13,
    //S 盒 2
```

```
   15,  1,  8, 14,  6, 11,  3,  4,  9,  7,  2, 13, 12,  0,  5, 10,
    3, 13,  4,  7, 15,  2,  8, 14, 12,  0,  1, 10,  6,  9, 11,  5,
    0, 14,  7, 11, 10,  4, 13,  1,  5,  8, 12,  6,  9,  3,  2, 15,
   13,  8, 10,  1,  3, 15,  4,  2, 11,  6,  7, 12,  0,  5, 14,  9,
   // S 盒 3
   10,  0,  9, 14,  6,  3, 15,  5,  1, 13, 12,  7, 11,  4,  2,  8,
   13,  7,  0,  9,  3,  4,  6, 10,  2,  8,  5, 14, 12, 11, 15,  1,
   13,  6,  4,  9,  8, 15,  3,  0, 11,  1,  2, 12,  5, 10, 14,  7,
    1, 10, 13,  0,  6,  9,  8,  7,  4, 15, 14,  3, 11,  5,  2, 12,
   // S 盒 4
    7, 13, 14,  3,  0,  6,  9, 10,  1,  2,  8,  5, 11, 12,  4, 15,
   13,  8, 11,  5,  6, 15,  0,  3,  4,  7,  2, 12,  1, 10, 14,  9,
   10,  6,  9,  0, 12, 11,  7, 13, 15,  1,  3, 14,  5,  2,  8,  4,
    3, 15,  0,  6, 10,  1, 13,  8,  9,  4,  5, 11, 12,  7,  2, 14,
   // S 盒 5
    2, 12,  4,  1,  7, 10, 11,  6,  8,  5,  3, 15, 13,  0, 14,  9,
   14, 11,  2, 12,  4,  7, 13,  1,  5,  0, 15, 10,  3,  9,  8,  6,
    4,  2,  1, 11, 10, 13,  7,  8, 15,  9, 12,  5,  6,  3,  0, 14,
   11,  8, 12,  7,  1, 14,  2, 13,  6, 15,  0,  9, 10,  4,  5,  3,
   // S 盒 6
   12,  1, 10, 15,  9,  2,  6,  8,  0, 13,  3,  4, 14,  7,  5, 11,
   10, 15,  4,  2,  7, 12,  9,  5,  6,  1, 13, 14,  0, 11,  3,  8,
    9, 14, 15,  5,  2,  8, 12,  3,  7,  0,  4, 10,  1, 13, 11,  6,
    4,  3,  2, 12,  9,  5, 15, 10, 11, 14,  1,  7,  6,  0,  8, 13,
   // S 盒 7
    4, 11,  2, 14, 15,  0,  8, 13,  3, 12,  9,  7,  5, 10,  6,  1,
   13,  0, 11,  7,  4,  9,  1, 10, 14,  3,  5, 12,  2, 15,  8,  6,
    1,  4, 11, 13, 12,  3,  7, 14, 10, 15,  6,  8,  0,  5,  9,  2,
    6, 11, 13,  8,  1,  4, 10,  7,  9,  5,  0, 15, 14,  2,  3, 12,
   // S 盒 8
   13,  2,  8,  4,  6, 15, 11,  1, 10,  9,  3, 14,  5,  0, 12,  7,
    1, 15, 13,  8, 10,  3,  7,  4, 12,  5,  6, 11,  0, 14,  9,  2,
    7, 11,  4,  1,  9, 12, 14,  2,  0,  6, 10, 13, 15,  3,  5,  8,
    2,  1, 14,  7,  4, 10,  8, 13, 15, 12,  9,  0,  3,  5,  6, 11
};
```

```
//下面是 DES 算法中调用的函数
// 字节转换函数
void ByteToBit(bool *Out, const char *In, int bits)
{
     for (int i = 0; i < bits; ++i)
          Out[i] = (In[i >> 3] >> (i & 7)) & 1;     //In[i>>3]的作用是取出 1 个字节：i=0~7 的时候就取出 In[0]，
i=8~15 的时候就取出 In[1]，…
//In[i>>3]>> (&7)是把取出来的 1 字节右移 0~7 位，也就是依次取出那个字节的每一个 Bit
//整个函数的作用是：把 In 里面的每字节依次转换为 8 个 Bit，最后的结果存到 Out 里
}

// 比特转换函数
void BitToByte(char *Out, const bool *In, int bits)
{
     memset(Out, 0, bits >> 3);          //把每个字节都初始化为 0
```

```
        for (int i = 0; i < bits; ++i)
            Out[i >> 3] |= In[i] << (i & 7);   //i>>3 位运算，按位右移三位等于 i 除以 8，i&7 按位与运算等于 i
求余 8
    }

    // 变换函数
    void Transform(bool *Out, bool *In, const char *Table, int len)
    {
        for (int i = 0; i < len; ++i)
            Tmp[i] = In[Table[i] - 1];
        memcpy(Out, Tmp, len);
    }

    // 异或函数的实现
    void Xor(bool *InA, const bool *InB, int len)
    {
        for (int i = 0; i < len; ++i)
            InA[i] ^= InB[i];                     //异或运算，相同为 0，不同为 1
    }

    // 轮转函数
    void RotateL(bool *In, int len, int loop)
    {
        memcpy(Tmp, In, loop);                    //Tmp 接受左移除的 loop 个字节
        memcpy(In, In + loop, len - loop);        //In 更新，即剩下的字节向前移动 loop 个字节
        memcpy(In + len - loop, Tmp, loop);       //左移除的字节添加到 In 的 len-loop 的位置
    }

    // S 函数的实现
    void S_func(bool Out[32], const bool In[48])  //将 8 组、每组 6 bits 的串转化为 8 组、每组 4 bits 的串
    {
        for (char i = 0, j, k; i < 8; ++i, In += 6, Out += 4)
        {
            j = (In[0] << 1) + In[5];             //取第一位和第六位组成的二进制数为 S 盒的纵坐标
            k = (In[1] << 3) + (In[2] << 2) + (In[3] << 1) + In[4];   //取第二、三、四、五位组成的二进制数为 S
盒的横坐标
            ByteToBit(Out, &S_Box[i][j][k], 4);
        }
    }

    // F 函数的实现
    void F_func(bool In[32], const bool Ki[48])
    {
        static bool MR[48];
        Transform(MR, In, Extension_Table, 48);   //先进行 E 扩展
        Xor(MR, Ki, 48);                          //再异或
        S_func(In, MR);                           //各组字符串分别经过各自的 S 盒
        Transform(In, In, P_Table, 32);           //最后 P 变换
    }

    // 设置子密钥
```

```
void SetSubKey(PSubKey pSubKey, const char Key[8])
{
    static bool K[64], *KL = &K[0], *KR = &K[28];          //将 64 位密钥串去掉 8 位奇偶位后，分成两份
    ByteToBit(K, Key, 64);                                  //转换格式
    Transform(K, K, PC1_Table, 56);

    for (int i = 0; i < 16; ++i)                            //由 56 位密钥产生 48 位子密钥
    {
        RotateL(KL, 28, LOOP_Table[i]);                    //两份子密钥分别进行左移转换
        RotateL(KR, 28, LOOP_Table[i]);
        Transform((*pSubKey)[i], K, PC2_Table, 48);
    }
}

// 设置密钥
void SetKey(const char* Key, int len)
{
    memset(deskey, 0, 16);
    memcpy(deskey, Key, len > 16 ? 16 : len);//memcpy(a,b,c)函数，将从 b 地址开始到 c 长度的字节的内容
复制到 a
    SetSubKey(&SubKey[0], &deskey[0]);      //设置子密钥
    Is3DES = len > 8 ? (SetSubKey(&SubKey[1], &deskey[8]), true) : false;
}

// DES 加解密函数
void DES(char Out[8], char In[8], const PSubKey pSubKey, bool Type)
{
    static bool M[64], tmp[32], *Li = &M[0], *Ri = &M[32];   //64 bits 明文经过 IP 置换后，分成左右两份
    ByteToBit(M, In, 64);
    Transform(M, M, IP_Table, 64);
    if (Type == ENCRYPT)                                     //加密
    {
        for (int i = 0; i < 16; ++i)                         //加密时，子密钥 K0~K15
        {
            memcpy(tmp, Ri, 32);
            F_func(Ri, (*pSubKey)[i]);                       //调用 F 函数
            Xor(Ri, Li, 32);                                 //Li 与 Ri 异或
            memcpy(Li, tmp, 32);
        }
    }
    else                    //解密
    {
        for (int i = 15; i >= 0; --i)                        //解密时：Ki 的顺序与加密相反
        {
            memcpy(tmp, Li, 32);
            F_func(Li, (*pSubKey)[i]);
            Xor(Li, Ri, 32);
            memcpy(Ri, tmp, 32);
        }
    }
    Transform(M, M, IP1_Table, 64);                          //最后经过逆初始置换 IP-1，得到密文/明文
```

```
        BitToByte(Out, M, 64);
}

// DES 和 3DES 加解密函数（可以对长明文分段加密，并且支持 DES 和 3DES）
bool DES_Act(char *Out, char *In, long datalen, const char *Key, int keylen, bool Type)
{
    if (!(Out && In && Key && (datalen = (datalen + 7) & 0xfffffff8)))
        return false;
    SetKey(Key, keylen);
    if (!Is3DES)          // 全局 Bool 类型的变量，用于标记是否进行 3DES 算法
    {                                                           // 1 次 DES
        for (long i = 0, j = datalen >> 3; i < j; ++i, Out += 8, In += 8)
            DES(Out, In, &SubKey[0], Type);
    }
    else
    {   // 3 次 DES 加密：加(key0)-解(key1)-加(key0)，解密：解(key0)-加(key1)-解(key0)
        for (long i = 0, j = datalen >> 3; i < j; ++i, Out += 8, In += 8) {
            DES(Out, In, &SubKey[0], Type);
            DES(Out, Out, &SubKey[1], !Type);
            DES(Out, Out, &SubKey[0], Type);
        }
    }
    return true;
}
```

（3）保存工程并运行，运行结果如图 3-18 所示。

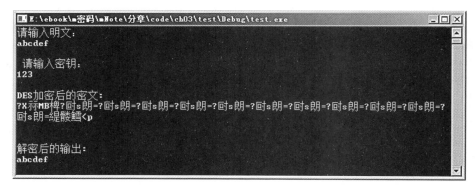

图 3-18

以上是我们从零开始实现的 DES 算法，这对学习理解来讲是非常重要的过程。但一线工作中，很多时候是不需要重复造轮子的，比如可以使用现成的库。下面我们用 OpenSSL 来实现 DES 算法。该例子中，我们用 ECB 工作模式，所以不需要初始向量。OpenSSL 中提供了函数 DES_ecb_encrypt 来实现 ECB 模式的 DES 算法，该函数声明如下：

```
void DES_ecb_encrypt(const_DES_cblock *input, DES_cblock *output,
                     DES_key_schedule *ks, int enc);
```

其中，参数 input 指向输入缓冲区，加密时表示明文，解密时表示密文；output 表示输出缓冲区，加密时表示密文，解密时表示明文；ks 指向密钥缓冲区；enc 表示加密还是解密。

这个密钥结构 ks 看起来有点怪，其实它是通过其他函数转换而来的，比如下面的代码片段：

```
DES_cblock key;                        //DES 密钥结构体
DES_random_key(&key);                  //生成随机密钥
DES_key_schedule schedule;
DES_set_key_checked(&key, &schedule);  //转换成 schedule
```

下面我们来看具体例子。

【例 3.5】实现 DES 算法（OpenSSL 版）

（1）打开 VC 2017，新建一个控制面板工程，工程名是 test。

（2）打开工程属性，在" C/C++ "→"附加包含目录"旁输入头文件路径：D:\openssl-1.1.1b\win32-debug\include，然后在"链接器"→"常规"→"附加库目录"旁输入静态库路径：D:\openssl-1.1.1b\win32-debug\lib，再在"链接器"→"输入"→"附加依赖项"旁增加三个库名：ws2_32.lib;Crypt32.lib;libcrypto.lib;，注意每个库名之间用英文分号隔开。单击"确定"按钮关闭对话框。

（3）下面开始添加代码，在工程中打开 test.cpp，输入代码如下：

```cpp
#include "pch.h"
#include <stdio.h>
#include <openssl/des.h>

int main(int argc, char **argv)
{
    DES_cblock key;
    //随机密钥
    DES_random_key(&key);

    DES_key_schedule schedule;
    //转换成 schedule
    DES_set_key_checked(&key, &schedule);

    const DES_cblock input = "abc";
    DES_cblock output;

    printf("cleartext: %s\n", input);

    //加密
    DES_ecb_encrypt(&input, &output, &schedule, DES_ENCRYPT);
    printf("Encrypted!\n");

    printf("ciphertext: ");
    int i;
    for (i = 0; i < sizeof(input); i++)
        printf("%02x", output[i]);
    printf("\n");
```

```
//解密
DES_ecb_encrypt(&output, &input, &schedule, DES_DECRYPT);
printf("Decrypted!\n");
printf("cleartext:%s\n", input);

return 0;
}
```

（4）保存工程并运行，运行结果如图 3-19 所示。

图 3-19

3.4.4　SM4 算法

1. 概述

随着密码标准的制定活动在国际上热烈开展,我国对密码算法的设计与分析也越来越关注,因此国家密码管理局公布了国密算法 SM4。SM4 算法的全称为 SM4 分组密码算法,是国家密码管理局于 2012 年 3 月发布的第 23 号公告中公布的密码行业标准。该算法适用于无线局域网的安全领域。SM4 算法的优点是软件和硬件实现容易,运算速度快。

SM4 分组密码算法是一个迭代分组密码算法,由加解密算法和密钥扩展算法组成。SM4 分组密码算法采用非平衡 Feistel 结构,明文分组长度为 128 比特,密钥长度为 128 比特。加密算法与密钥扩展算法都采用 32 轮非线性迭代结构。解密算法与加密算法的结构相同,只是轮密钥的使用顺序相反,解密轮密钥是加密轮密钥的逆序。

与 DES 类似,SM4 算法是一种分组密码算法。其分组长度为 128 比特,密钥长度也为 128 比特。这里要解释一下分组长度和密钥长度。所谓分组长度,就是一个信息分组的比特位数。而密钥长度是密钥的比特位数。可以看出,这两个长度都是比特位数。当然,我们平时说 16 字节也可以。但如果看到分组长度是 128,没有带单位,那么应该默认是比特。

SM4 加密算法与密钥扩展算法均采用 32 轮非线性迭代结构,以字（32 位）为单位进行加密运算,每一次迭代运算均为一轮变换函数 F。

SM4 分组密码算法在使用上表现出了安全高效的特点,与其他分组密码相比较有以下优势:

（1）算法资源利用率高,表现为密钥扩展算法与加密算法可共享。

（2）加密算法流程和解密算法流程一样,只是轮密钥顺序相反,因此无论是软件实现还是硬件实现都非常方便。

（3）算法中包含异或运算、数据的输入输出、线性置换等模块,这些模块都是按 8 位来进行运算的,现有的处理器完全能处理。

SM4 分组密码算法主要包括加密算法、解密算法以及密钥的扩展算法三部分。其基本算法结构如图 3-20 所示。

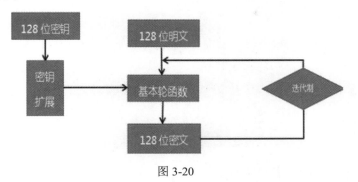

图 3-20

可见，其最初输入的 128 位密钥还要进行密钥扩展，变成轮密钥后才能用于算法（轮函数）。

2. 密钥

SM4 算法中的加密密钥和解密密钥长度相同，一般定为 128 比特，即 16 字节，在算法中表示为 MK=(MK$_0$,MK$_1$,MK$_2$,MK$_3$)，其中 MK$_i$(i=0,1,2,3) 为 32 比特。而算法中的轮密钥是由加密算法的密钥生成的，主要表示为(rk$_0$,rk$_1$,…,rk$_{31}$)，其中 rk$_i$(i=0,1,…,31) 为 32 比特。

FK=(FK$_1$,FK$_2$,FK$_3$,FK$_4$) 为系统参数，CK=(CK$_0$,CK$_1$,…,CK$_{31}$) 为固定参数，这两个参数主要在密钥扩展算法中使用，其中 FK$_i$(i=0,1,…,31)，CK$_i$(i=0,1,…,31)，均为 32 比特，也就是说一个 FK$_i$ 和一个 CK$_i$ 都是 4 字节。

3. 密钥扩展算法

SM4 分组密码算法使用 128 位的加密密钥，加密算法与密钥扩展算法都采用 32 轮非线性迭代结构，每一轮加密使用一个 32 位的轮密钥，共使用 32 个轮密钥。因此，需要使用密钥扩展算法从加密密钥中产生出 32 个轮密钥。轮密钥由加密密钥通过密钥扩展算法生成。轮密钥生成方法为：

设输入加密密钥为 MK= (MK$_0$, MK$_1$, MK$_2$, MK$_3$)，其中 MK$_i$(i=0,1,2,3) 为 32 位，也就是一个 MK$_i$ 有 4 字节。输出轮密钥为(rk$_0$,rk$_1$,…,rk$_{31}$)，其中 rk$_i$(i=0,1,…,31) 为 32 位，也就是一个 rk$_i$ 有 4 字节。中间数据为 K$_i$(i=0,1,…,34,35)。密钥扩展算法可描述如下：

第一步，计算 K$_0$、K$_1$、K$_2$、K$_3$：

```
K₀=MK₀⊕FK₀
K₁= MK₁⊕FK₁
K₂= MK₂⊕FK₂
K₃= MK₃⊕FK₃
```

也就是加密密钥分量和固定参数分量进行异或。

第二步，计算后续 K$_i$ 和每个轮密钥 rk$_i$：

```
for(i=0;i<31;i++)
{
```

```
    K_{i+4}= K_i ⊕ T'(K_{i+1} ⊕ K_{i+2} ⊕ K_{i+3} ⊕ K_i);     //计算后续 K_i
    rk_i = K_{i+4};   //得到轮密钥
}
```

说明：

（1）T'变换与加密算法轮函数（后面会讲到）中的 T 基本相同，只是将其中的线性变换 L 修改为以下的 L'；

L'(B)=B⊕(B<<13)⊕(B<<23)

（2）系统参数 FK 的取值为：

FK_0=(A3B1BAC6)，FK_1=(56AA3350)，FK_2=(677D9197)，FK_3=(B27022DC)

（3）固定参数 CK 的取值方法为：

设 $ck_{i,j}$ 为 CK_i 的第 j 字节（i=0,1,…,31,j=0,1,2,3），即 CK_i=($ck_{i,0}$,$ck_{i,1}$,$ck_{i,2}$,$ck_{i,3}$)，则 $ck_{i,j}$=(4i+j)×7(mod 256)。

固定参数 CK_i(i=0,1,2,…,31)的具体值为：

```
00070E15, 1C232A31, 383F464D, 545B6269,
70777E85, 8C939AA1, A8AFB6BD, C4CBD2D9,
E0E7EEF5, FC030A11, 181F262D, 343B4249,
50575E65, 6C737A81, 888F969D, A4ABB2B9,
C0C7CED5, DCE3EAF1, F8FF060D, 141B2229,
30373E45,, 4C535A61, 686F767D, 848B9299,
A0A7AEB5, BCC3CAD1, D8DFE6ED, F4FB0209,
10171E25, 2C333A41, 484F565D, 646B7279。
```

4. 轮函数

在具体介绍 SM4 加密算法之前，要先介绍一下轮函数，也就是加密算法中每轮所使用的函数。

设输入为$(X_0, X_1, X_2, X_3)∈(Z_2^{32})^4$，$(Z_2^{32})^4$表示所属数据是二进制形式的，每部分是 32 位，一共 4 部分。轮密钥为$rk∈Z_2^{32}$，则轮函数 F 为：

F(X_0, X_1, X_2, X_3,rk)= X_0 ⊕ T(X_1 ⊕ X_2 ⊕ X_3 ⊕ rk)

这就是轮函数的结构，其中 T 叫作合成置换，它是可逆变换（T：$Z_2^{32} → Z_2^{32}$），由非线性变换 τ 和线性变换 L 复合而成，即 T(·)=L(τ(·))。我们分别来看一下 τ 和 L。

（1）非线性变换 τ

非线性变换 τ 由 4 个 S 盒并行组成。假设输入的内容为$A=(a_0,a_1,a_2,a_3)∈(Z_2^8)^4$，通过进行非线性变换，最后算法的输出结果为$B=(b_0,b_1,b_2,b_3)∈(Z_2^8)^4$，即：

B=(b_0,b_1,b_2,b_3)= τ(A)= （Sbox(a_0),Sbox(a_1),Sbox(a_2),Sbox(a_3))

其中，Sbox 数据定义如下：

```
unsigned int Sbox[16][16] =
```

```
{
    0xd6, 0x90, 0xe9, 0xfe, 0xcc, 0xe1, 0x3d, 0xb7, 0x16, 0xb6, 0x14, 0xc2, 0x28, 0xfb, 0x2c, 0x05,
    0x2b, 0x67, 0x9a, 0x76, 0x2a, 0xbe, 0x04, 0xc3, 0xaa, 0x44, 0x13, 0x26, 0x49, 0x86, 0x06, 0x99,
    0x9c, 0x42, 0x50, 0xf4, 0x91, 0xef, 0x98, 0x7a, 0x33, 0x54, 0x0b, 0x43, 0xed, 0xcf, 0xac, 0x62,
    0xe4, 0xb3, 0x1c, 0xa9, 0xc9, 0x08, 0xe8, 0x95, 0x80, 0xdf, 0x94, 0xfa, 0x75, 0x8f, 0x3f, 0xa6,
    0x47, 0x07, 0xa7, 0xfc, 0xf3, 0x73, 0x17, 0xba, 0x83, 0x59, 0x3c, 0x19, 0xe6, 0x85, 0x4f, 0xa8,
    0x68, 0x6b, 0x81, 0xb2, 0x71, 0x64, 0xda, 0x8b, 0xf8, 0xeb, 0x0f, 0x4b, 0x70, 0x56, 0x9d, 0x35,
    0x1e, 0x24, 0x0e, 0x5e, 0x63, 0x58, 0xd1, 0xa2, 0x25, 0x22, 0x7c, 0x3b, 0x01, 0x21, 0x78, 0x87,
    0xd4, 0x00, 0x46, 0x57, 0x9f, 0xd3, 0x27, 0x52, 0x4c, 0x36, 0x02, 0xe7, 0xa0, 0xc4, 0xc8, 0x9e,
    0xea, 0xbf, 0x8a, 0xd2, 0x40, 0xc7, 0x38, 0xb5, 0xa3, 0xf7, 0xf2, 0xce, 0xf9, 0x61, 0x15, 0xa1,
    0xe0, 0xae, 0x5d, 0xa4, 0x9b, 0x34, 0x1a, 0x55, 0xad, 0x93, 0x32, 0x30, 0xf5, 0x8c, 0xb1, 0xe3,
    0x1d, 0xf6, 0xe2, 0x2e, 0x82, 0x66, 0xca, 0x60, 0xc0, 0x29, 0x23, 0xab, 0x0d, 0x53, 0x4e, 0x6f,
    0xd5, 0xdb, 0x37, 0x45, 0xde, 0xfd, 0x8e, 0x2f, 0x03, 0xff, 0x6a, 0x72, 0x6d, 0x6c, 0x5b, 0x51,
    0x8d, 0x1b, 0xaf, 0x92, 0xbb, 0xdd, 0xbc, 0x7f, 0x11, 0xd9, 0x5c, 0x41, 0x1f, 0x10, 0x5a, 0xd8,
    0x0a, 0xc1, 0x31, 0x88, 0xa5, 0xcd, 0x7b, 0xbd, 0x2d, 0x74, 0xd0, 0x12, 0xb8, 0xe5, 0xb4, 0xb0,
    0x89, 0x69, 0x97, 0x4a, 0x0c, 0x96, 0x77, 0x7e, 0x65, 0xb9, 0xf1, 0x09, 0xc5, 0x6e, 0xc6, 0x84,
    0x18, 0xf0, 0x7d, 0xec, 0x3a, 0xdc, 0x4d, 0x20, 0x79, 0xee, 0x5f, 0x3e, 0xd7, 0xcb, 0x39, 0x48
};
```

一共 256 个数据，也可以定义为 int s[256];。若输 EF，则经 S 盒后的值为第 E 行和第 F 列的值，Sbox[0xE][0xF]=84。

（2）线性变换 L

非线性变换 τ 的输出是线性变换 L 的输入。设输入为 $B \in z^2$（这里的 B 就是上面（1）中的 B），输出为 $C \in Z2$，则定义 L 的计算如下：

$$C=L(B)=B \oplus (B<<<2) \oplus (B<<<10) \oplus (B<<<18) \oplus (B<<<24)$$

⊕表示异或，<<<表示循环左移。至此，轮函数 F 已经计算成功。

5. 加密算法

SM4 分组密码算法的加密算法流程包含 32 次迭代运算以及一次反序变换，用 R 来表示反序变换。

假设明文输入为 $(X_0,X_1,X_2,X_3) \in (Z_2^{32})^4$，$(Z_2^{32})^4$ 表示所属数据是二进制形式的，每部分是 32 位，一共 4 部分。密文输出为 $(Y_0,Y_1,Y_2,Y_3) \in (Z_2^{32})^4$，轮密钥为 $rk_i \in (Z_2^{32})^4$，$i=0,1,\cdots,31$。加密算法的运算过程如下：

（1）32 次迭代运算：$X_{i+4}=F(X_i,X_{i+1},X_{i+2},X_{i+3},rk_i),i=0,1,\cdots,31$。其中，F 是轮函数，前面介绍过了。

（2）反序变换：$(Y_0,Y_1,Y_2,Y_3)=R(X_{32},X_{33},X_{34},X_{35})=(X_{35},X_{34},X_{33},X_{32})$。对最后一轮数据进行反序变换并得到密文输出。

SM4 算法的整体结构如图 3-21 所示。

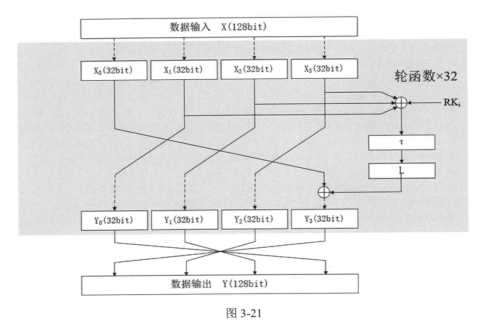

图 3-21

6. 解密算法

SM4 分组密码算法的解密算法和加密算法一致，不同的仅是轮密钥的使用顺序。在解密算法中所使用的轮密钥为$(rk_{31}, rk_{30}, \cdots, rk_0)$。

7. SM4 算法的实现

前面讲述了 SM4 算法的理论知识，现在我们要上机实现了。

【例 3.6】实现 SM4 算法（16 字节版）

（1）为什么叫 16 字节版呢？这是因为本例只能对 16 字节数据进行加解密。为什么不直接给出能对任意长度数据进行加解密的版本呢？这是因为任意长度加解密的版本也是以 16 字节版为基础的。别忘记了，SM4 的分组长度是 16 字节，SM4 是分组加解密的，任何长度的明文都会划分为 16 字节一组，然后一组一组地进行加解密。下例将演示任意长度的版本。

打开 VC 2017，新建一个控制面板工程，工程名是 test。

（2）首先来声明几个函数。在工程中添加一个 sm4.h，输入代码如下：

```
#pragma once

void SM4_KeySchedule(unsigned char MK[], unsigned int rk[]);        //生成轮密钥
void SM4_Encrypt(unsigned char MK[], unsigned char PlainText[], unsigned char CipherText[]);
void SM4_Decrypt(unsigned char MK[], unsigned char CipherText[], unsigned char PlainText[]);
int SM4_SelfCheck();
```

其中，#pragma once 是一个比较常用的 C/C++预处理指令，只要在头文件的最开始加入这个预处理指令，就能够保证头文件只被编译一次。

函数 SM4_KeySchedule 用来生成轮密钥，参数 MK 是输入参数，存放主密钥（也就是加

密密钥）；rk 是输出参数，存放生成的轮密钥。

　　函数 SM4_Encrypt 是 SM4 加密函数，输入参数 MK 存放主密钥；输入参数 PlainText 存放要加密的明文；输出参数 CipherText 存放加密的结果，即密文。

　　函数 SM4_Decrypt 是 SM4 解密函数，输入参数 MK 存放主密钥，这个密钥和加密时的主密钥必须一样；输入参数 CipherText 存放要解密的密文；输出参数 PlainText 存放解密的结果，即明文。

　　函数 SM4_SelfCheck 是 SM4 自检函数，它用标准数据作为输入，那么输出也是一个标准结果，如果输出和标准结果不同，就说明发生错误了。若函数返回 0，则表示自检成功，否则失败。

　　（3）开始实现这几个函数。首先定义一些固定数据。在工程中新建文件 sm4.cpp，并定义两个全局数组 SM4_CK 和 SM4_FK：

```
unsigned int SM4_CK[32] = { 0x00070e15, 0x1c232a31, 0x383f464d, 0x545b6269,
0x70777e85, 0x8c939aa1, 0xa8afb6bd, 0xc4cbd2d9,
0xe0e7eef5, 0xfc030a11, 0x181f262d, 0x343b4249,
0x50575e65, 0x6c737a81, 0x888f969d, 0xa4abb2b9,
0xc0c7ced5, 0xdce3eaf1, 0xf8ff060d, 0x141b2229,
0x30373e45, 0x4c535a61, 0x686f767d, 0x848b9299,
0xa0a7aeb5, 0xbcc3cad1, 0xd8dfe6ed, 0xf4fb0209,
0x10171e25, 0x2c333a41, 0x484f565d, 0x646b7279 };

unsigned int SM4_FK[4] = { 0xA3B1BAC6, 0x56AA3350, 0x677D9197, 0xB27022DC };
```

　　其中，SM4_CK 用来存放固定参数，SM4_FK 用来存放系统参数，这两个参数都用于密钥扩展算法，也就是在 SM4_KeySchedule 中会用到。

　　然后添加一个全局数组作为 S 盒：

```
unsigned char SM4_Sbox[256] =
{ 0xd6,0x90,0xe9,0xfe,0xcc,0xe1,0x3d,0xb7,0x16,0xb6,0x14,0xc2,0x28,0xfb,0x2c,0x05,
0x2b,0x67,0x9a,0x76,0x2a,0xbe,0x04,0xc3,0xaa,0x44,0x13,0x26,0x49,0x86,0x06,0x99,
0x9c,0x42,0x50,0xf4,0x91,0xef,0x98,0x7a,0x33,0x54,0x0b,0x43,0xed,0xcf,0xac,0x62,
0xe4,0xb3,0x1c,0xa9,0xc9,0x08,0xe8,0x95,0x80,0xdf,0x94,0xfa,0x75,0x8f,0x3f,0xa6,
0x47,0x07,0xa7,0xfc,0xf3,0x73,0x17,0xba,0x83,0x59,0x3c,0x19,0xe6,0x85,0x4f,0xa8,
0x68,0x6b,0x81,0xb2,0x71,0x64,0xda,0x8b,0xf8,0xeb,0x0f,0x4b,0x70,0x56,0x9d,0x35,
0x1e,0x24,0x0e,0x5e,0x63,0x58,0xd1,0xa2,0x25,0x22,0x7c,0x3b,0x01,0x21,0x78,0x87,
0xd4,0x00,0x46,0x57,0x9f,0xd3,0x27,0x52,0x4c,0x36,0x02,0xe7,0xa0,0xc4,0xc8,0x9e,
0xea,0xbf,0x8a,0xd2,0x40,0xc7,0x38,0xb5,0xa3,0xf7,0xf2,0xce,0xf9,0x61,0x15,0xa1,
0xe0,0xae,0x5d,0xa4,0x9b,0x34,0x1a,0x55,0xad,0x93,0x32,0x30,0xf5,0x8c,0xb1,0xe3,
0x1d,0xf6,0xe2,0x2e,0x82,0x66,0xca,0x60,0xc0,0x29,0x23,0xab,0x0d,0x53,0x4e,0x6f,
0xd5,0xdb,0x37,0x45,0xde,0xfd,0x8e,0x2f,0x03,0xff,0x6a,0x72,0x6d,0x6c,0x5b,0x51,
0x8d,0x1b,0xaf,0x92,0xbb,0xdd,0xbc,0x7f,0x11,0xd9,0x5c,0x41,0x1f,0x10,0x5a,0xd8,
0x0a,0xc1,0x31,0x88,0xa5,0xcd,0x7b,0xbd,0x2d,0x74,0xd0,0x12,0xb8,0xe5,0xb4,0xb0,
0x89,0x69,0x97,0x4a,0x0c,0x96,0x77,0x7e,0x65,0xb9,0xf1,0x09,0xc5,0x6e,0xc6,0x84,
0x18,0xf0,0x7d,0xec,0x3a,0xdc,0x4d,0x20,0x79,0xee,0x5f,0x3e,0xd7,0xcb,0x39,0x48 };
```

　　至此，全局变量添加完毕。下面添加函数定义，首先添加生成轮密钥的函数：

```
void SM4_KeySchedule(unsigned char MK[], unsigned int rk[])
```

```
{
    unsigned int tmp, buf, K[36];
    int i;

//第一步，计算 K₀、K₁、K₂、K₃
    for (i = 0; i < 4; i++)
    {
        K[i] = SM4_FK[i] ^ ((MK[4 * i] << 24) | (MK[4 * i + 1] << 16)
            | (MK[4 * i + 2] << 8) | (MK[4 * i + 3]));
    }

//第二步，计算后续 Kᵢ 和每个轮密钥 rkᵢ
    for (i = 0; i < 32; i++)
    {
        tmp = K[i + 1] ^ K[i + 2] ^ K[i + 3] ^ SM4_CK[i];
        //nonlinear operation
        buf = (SM4_Sbox[(tmp >> 24) & 0xFF]) << 24
            | (SM4_Sbox[(tmp >> 16) & 0xFF]) << 16
            | (SM4_Sbox[(tmp >> 8) & 0xFF]) << 8
            | (SM4_Sbox[tmp & 0xFF]);
        //linear operation
        K[i + 4] = K[i] ^ ((buf) ^ (SM4_Rotl32((buf), 13)) ^ (SM4_Rotl32((buf), 23)));
        rk[i] = K[i + 4];
    }
}
```

该函数输入加密密钥，输出轮密钥。函数实现过程和前面的密钥扩展算法描述完全一致，对照着看完全能看懂。其实就是两步，第一步，计算 K_0、K_1、K_2、K_3；第二步，计算后续 K_i 和每个轮密钥 rk_i。

下面再添加 SM4 加密函数：

```
void SM4_Encrypt(unsigned char MK[], unsigned char PlainText[], unsigned char CipherText[])
{
    unsigned int rk[32], X[36], tmp, buf;
    int i, j;
    SM4_KeySchedule(MK, rk);          //通过加密密钥计算轮密钥
    for (j = 0; j < 4; j++)                    //把明文字节数组转成字形式
    {
        X[j] = (PlainText[j * 4] << 24) | (PlainText[j * 4 + 1] << 16)
            | (PlainText[j * 4 + 2] << 8) | (PlainText[j * 4 + 3]);
    }
    for (i = 0; i < 32; i++)              //32 次迭代运算
    {
        tmp = X[i + 1] ^ X[i + 2] ^ X[i + 3] ^ rk[i];
        //nonlinear operation
        buf = (SM4_Sbox[(tmp >> 24) & 0xFF]) << 24
            | (SM4_Sbox[(tmp >> 16) & 0xFF]) << 16
            | (SM4_Sbox[(tmp >> 8) & 0xFF]) << 8
            | (SM4_Sbox[tmp & 0xFF]);
        //linear operation
```

```
        X[i + 4] = X[i] ^ (buf^SM4_Rotl32((buf), 2) ^ SM4_Rotl32((buf), 10)
            ^ SM4_Rotl32((buf), 18) ^ SM4_Rotl32((buf), 24));
    }
    for (j = 0; j < 4; j++)              //对最后一轮数据进行反序变换并得到密文输出
    {
        CipherText[4 * j] = (X[35 - j] >> 24) & 0xFF;
        CipherText[4 * j + 1] = (X[35 - j] >> 16) & 0xFF;
        CipherText[4 * j + 2] = (X[35 - j] >> 8) & 0xFF;
        CipherText[4 * j + 3] = (X[35 - j]) & 0xFF;
    }
}
```

该函数传入 16 字节的加密密钥 MK 和 16 字节的明文 PlainText，得到 16 字节的密文
CipherText。在函数中，首先调用 SM4_KeySchedule 来生成轮密钥，然后做 32 次迭代运算，
最后一个 for 循环就是对最后一轮数据进行反序变换并得到密文输出。

下面再添加 SM4 解密函数：

```
void SM4_Decrypt(unsigned char MK[], unsigned char CipherText[], unsigned char PlainText[])
{
    unsigned int rk[32], X[36], tmp, buf;
    int i, j;
    SM4_KeySchedule(MK, rk);        //通过加密密钥计算轮密钥
    for (j = 0; j < 4; j++)         //把密文字节数组存入 int 变量，大端模式
    {
        X[j] = (CipherText[j * 4] << 24) | (CipherText[j * 4 + 1] << 16) |
            (CipherText[j * 4 + 2] << 8) | (CipherText[j * 4 + 3]);
    }
    for (i = 0; i < 32; i++)        //32 次迭代运算
    {
        tmp = X[i + 1] ^ X[i + 2] ^ X[i + 3] ^ rk[31 - i];   //这里和加密不同，轮密钥倒着开始用
        //nonlinear operation
        buf = (SM4_Sbox[(tmp >> 24) & 0xFF]) << 24
            | (SM4_Sbox[(tmp >> 16) & 0xFF]) << 16
            | (SM4_Sbox[(tmp >> 8) & 0xFF]) << 8
            | (SM4_Sbox[tmp & 0xFF]);
        //linear operation
        X[i + 4] = X[i] ^ (buf^SM4_Rotl32((buf), 2) ^ SM4_Rotl32((buf), 10)
            ^ SM4_Rotl32((buf), 18) ^ SM4_Rotl32((buf), 24));
    }
    for (j = 0; j < 4; j++)         //对最后一轮数据进行反序变换并得到明文输出
    {
        PlainText[4 * j] = (X[35 - j] >> 24) & 0xFF;
        PlainText[4 * j + 1] = (X[35 - j] >> 16) & 0xFF;
        PlainText[4 * j + 2] = (X[35 - j] >> 8) & 0xFF;
        PlainText[4 * j + 3] = (X[35 - j]) & 0xFF;
    }
}
```

该函数传入 16 字节的加密密钥 MK 和 16 字节的密文 CipherText，得到 16 字节的明文
PlainText。我们可以看出，解密过程和加密过程几乎一样，区别就在于在 32 次迭代运算中，

轮密钥倒着开始用。

下面再添加 SM4 自检函数：

```
int SM4_SelfCheck()
{
    int i;
    //Standard data
    unsigned char key[16] = { 0x01,0x23,0x45,0x67,0x89,0xab,0xcd,0xef,0xfe,0xdc,0xba,0x98,0x76,0x54,0x32,0x10 };
    unsigned char plain[16] = { 0x01,0x23,0x45,0x67,0x89,0xab,0xcd,0xef,0xfe,0xdc,0xba,0x98,0x76,0x54,0x32,0x10 };
    unsigned char cipher[16] = { 0x68,0x1e,0xdf,0x34,0xd2,0x06,0x96,0x5e,0x86,0xb3,0xe9,0x4f,0x53,0x6e,0x42,0x46 };
    unsigned char En_output[16];
    unsigned char De_output[16];
    SM4_Encrypt(key, plain, En_output);
    SM4_Decrypt(key, cipher, De_output);
//进行判断
    for (i = 0; i < 16; i++)
    {
//第一个判断是判断加密结果是否和标准密文数据相同，第二个判断是判断解密结果是否和明文相同
        if ((En_output[i] != cipher[i]) | (De_output[i] != plain[i]))
        {
            printf("Self-check error");
            return 1;
        }
    }
    printf("Self-check success");
    return 0;
}
```

自检函数通常用标准明文数据、标准加密密钥数据作为输入，然后看运算结果是否和标准密文数据一致，如果一致就说明算法过程是正确的，否则表示出错。

最后打开 test.cpp，添加 main 函数代码如下：

```
#include "pch.h"
#include "sm4.h"
int main()
{
    SM4_SelfCheck();
}
```

（4）保存工程并运行，运行结果如图 3-22 所示。

图 3-22

至此，16 字节的 SM4 加解密函数实现成功了。但该例子无法用于一线开发，因为一线开发中，不可能只有 16 字节数据需要处理。所以下面来实现一个支持任意长度的 SM4 加解密函数，并且实现 4 个分组模式（ECB、CBC、CFB 和 OFB），分组模式的概念在 3.4 节已经介

绍过了，这里不再赘述。

【例 3.7】实现 SM4-ECB/CBC/CFB/OFB 算法（大数据版）

（1）我们将在上例的基础上增加内容，使得本例能支持大数据的加解密。把上例复制一份，用 VC 2017 打开。

（2）在工程中打开 sm4.h，添加 3 个宏定义：

```
#define SM4_ENCRYPT     1     //表示要进行加密运算的标记
#define SM4_DECRYPT     0     //表示要进行解密运算的标记
#define SM4_BLOCK_SIZE 16     //表示每个分组的字节大小
```

再打开 sm4.cpp，添加 ECB 模式的 SM4 算法如下：

```
void sm4ecb(   unsigned char *in, unsigned char *out,   unsigned int length,   unsigned char *key,   unsigned int enc)
    {
        unsigned int n,len = length;

        //判断参数是否为空，以及判断长度是否为 16 的倍数
        if ((in == NULL) || (out == NULL) || (key == NULL)||(length% SM4_BLOCK_SIZE!=0))
        return;

        if ((SM4_ENCRYPT != enc) && (SM4_DECRYPT != enc))    //判断要进行加密还是解密
            return;

        //判断数据长度是否大于分组大小（16 字节），如果是就一组一组运算
        while (len >= SM4_BLOCK_SIZE)
    {
        if (SM4_ENCRYPT == enc)
            SM4_Encrypt(key,in, out);
        else
            SM4_Decrypt(key,in, out);

        len -= SM4_BLOCK_SIZE;     //每处理完一个分组，长度就要减去 16
        in += SM4_BLOCK_SIZE;      //原文数据指针偏移 16 字节，即指向新的未处理的数据
        out += SM4_BLOCK_SIZE;      //结果数据指针也要偏移 16 字节
    }
}
```

SM4 加解密的分组大小为 128Bit，故对消息进行加解密时，若消息长度过长，则需要进行循环分组加解密。代码清楚明了，而且对代码进行了注释，相信能看懂。

再在 sm4.cpp 中添加 CBC 模式的 SM4 算法如下：

```
void sm4cbc(unsigned char *in, unsigned char *out,unsigned int length,    unsigned char *key,unsigned char *ivec,   unsigned int enc)
    {
        unsigned int n;
        unsigned int len = length;
        unsigned char tmp[SM4_BLOCK_SIZE];
        const unsigned char *iv = ivec;
```

```
            unsigned char iv_tmp[SM4_BLOCK_SIZE];

            //判断参数是否为空以及长度是否为 16 的倍数
            if ((in == NULL) || (out == NULL) || (key == NULL) || (ivec == NULL)||(length%
SM4_BLOCK_SIZE!=0))
                return;

            if ((SM4_ENCRYPT != enc) && (SM4_DECRYPT != enc)) //判断要进行加密还是解密
                return;

            if (SM4_ENCRYPT == enc) //如果是加密
            {
                while (len >= SM4_BLOCK_SIZE) //对大于 16 字节的数据进行循环分组运算
                {
                    //加密时，第一个明文块和初始向量（IV）进行异或后，再用 key 进行加密
                    //以后每个明文块与前一个分组结果（密文）块进行异或后，再用 key 进行加密
                    //前一个分组结果（密文）块当作本次 iv
                    for (n = 0; n < SM4_BLOCK_SIZE; ++n)
                        out[n] = in[n] ^ iv[n];
                    SM4_Encrypt(key,out, out);      //用 key 进行加密
                    iv = out; //保存当前结果，以便下一次循环中和明文进行异或运算
                    len -= SM4_BLOCK_SIZE;      //减去已经完成的字节数
                    in += SM4_BLOCK_SIZE;       //偏移明文数据指针，指向还未加密的数据开头
                    out += SM4_BLOCK_SIZE;      //偏移密文数据指针，以便存放新的结果
                }
            }
            else if (in != out)         //in 和 out 指向不同的缓冲区
            {
                while (len >= SM4_BLOCK_SIZE)           //开始循环分组处理
                {
                    SM4_Decrypt(key,in, out);
                    for (n = 0; n < SM4_BLOCK_SIZE; ++n)
                        out[n] ^= iv[n];
                    iv = in;
                    len -= SM4_BLOCK_SIZE; //减去已经完成的字节数
                    in += SM4_BLOCK_SIZE; //偏移原文（密文）数据指针，指向还未解密的数据开头
                    out += SM4_BLOCK_SIZE; //偏移结果（明文）数据指针，以便存放新的结果
                }
            }
            else        //当 in 和 out 指向同一缓冲区时
            {
                memcpy(iv_tmp, ivec, SM4_BLOCK_SIZE);
                while (len >= SM4_BLOCK_SIZE)
                {
                    memcpy(tmp, in, SM4_BLOCK_SIZE);//暂存本次分组密文，因为 in 要存放结果明文
                    SM4_Decrypt(key,in, out);
                    for (n = 0; n < SM4_BLOCK_SIZE; ++n)
                        out[n] ^= iv_tmp[n];
                    memcpy(iv_tmp, tmp, SM4_BLOCK_SIZE);
                    len -= SM4_BLOCK_SIZE;
                    in += SM4_BLOCK_SIZE;
```

```
            out += SM4_BLOCK_SIZE;
        }
    }
}
```

我们这个算法支持 in 和 out 指向同一个缓冲区（称为原地加解密），根据 CBC 模式的原理，加密时不必区分 in 和 out 是否相同，而解密时需要区分。

再在 sm4.cpp 中添加 CFB 模式的 SM4 算法如下：

```
void sm4cfb(const unsigned char *in, unsigned char *out,const unsigned int length,     unsigned char *key,
        const unsigned char *ivec, const unsigned int enc)
{
    unsigned int n = 0;
    unsigned int l = length;
    unsigned char c;
    unsigned char iv[SM4_BLOCK_SIZE];

    if ((in == NULL) || (out == NULL) || (key == NULL) || (ivec == NULL))
        return;

    if ((SM4_ENCRYPT != enc) && (SM4_DECRYPT != enc))
        return;

    memcpy(iv, ivec, SM4_BLOCK_SIZE);

    if (enc == SM4_ENCRYPT)
    {
        while (l--)
        {
            if (n == 0)
            {
                SM4_Encrypt(key,iv, iv);
            }
            iv[n] = *(out++) = *(in++) ^ iv[n];
            n = (n + 1) % SM4_BLOCK_SIZE;
        }
    }
    else
    {
        while (l--)
        {
            if (n == 0)
            {
                SM4_Encrypt(key,iv, iv);
            }
            c = *(in);
            *(out++) = *(in++) ^ iv[n];
            iv[n] = c;
            n = (n + 1) % SM4_BLOCK_SIZE;
        }
```

115

```
        }
    }
```

注意，CFB 模式和 CBC 类似，也需要 IV。

再在 sm4.cpp 中添加 OFB 模式的 SM4 算法如下：

```
    void sm4ofb(const unsigned char *in, unsigned char *out,const unsigned int length,        unsigned char *key,const
unsigned char *ivec)
    {
        unsigned int n = 0;
        unsigned int l = length;
        unsigned char iv[SM4_BLOCK_SIZE];

        if ((in == NULL) || (out == NULL) || (key == NULL) || (ivec == NULL))
            return;
        memcpy(iv, ivec, SM4_BLOCK_SIZE);

        while (l--)
        {
            if (n == 0)
            {
                SM4_Encrypt(key,iv, iv);
            }
            *(out++) = *(in++) ^ iv[n];
            n = (n + 1) % SM4_BLOCK_SIZE;
        }
    }
```

OFB 模式的加密和解密是一致的。

4 个工作模式的 SM4 算法实现完毕。为了让其他函数调用，我们在 sm4.h 中添加这 4 个函数的声明：

```
    void sm4ecb(unsigned char *in, unsigned char *out, unsigned int length, unsigned char *key, unsigned int enc);
    void sm4cbc(unsigned char *in, unsigned char *out, unsigned int length, unsigned char *key, unsigned char
*ivec, unsigned int enc);
    void sm4cfb(const unsigned char *in, unsigned char *out, const unsigned int length, unsigned char *key, const
unsigned char *ivec, const unsigned int enc);
    void sm4ofb(const unsigned char *in, unsigned char *out, const unsigned int length, unsigned char *key, const
unsigned char *ivec);
```

（3）在工程中新建一个 C++源文件 sm4check.cpp，我们将在该文件中添加 SM4 的检测函数，也就是调用前面实现的 SM4 加解密函数。首先添加 sm4ecbcheck 函数，代码如下：

```
    int sm4ecbcheck()
    {
        int i,len,ret = 0;
        unsigned char key[16] = { 0x01,0x23,0x45,0x67,0x89,0xab,0xcd,0xef,0xfe,0xdc,0xba,0x98,0x76,0x54,0x32,0x10 };
        unsigned char plain[16] = { 0x01,0x23,0x45,0x67,0x89,0xab,0xcd,0xef,0xfe,0xdc,0xba,0x98,0x76,0x54,0x32,0x10 };
        unsigned char cipher[16] = { 0x68,0x1e,0xdf,0x34,0xd2,0x06,0x96,0x5e,0x86,0xb3,0xe9,0x4f,0x53,0x6e,0x42,0x46 };
        unsigned char En_output[16];
        unsigned char De_output[16];
```

```
    unsigned char in[4096], out[4096], chk[4096];

    sm4ecb(plain, En_output, 16, key, SM4_ENCRYPT);
    if (memcmp(En_output, cipher, 16)) puts("ecb enc(len=16) memcmp failed");
    else puts("ecb enc(len=16) memcmp ok");

    sm4ecb(cipher, De_output, SM4_BLOCK_SIZE, key, SM4_DECRYPT);
    if (memcmp(De_output, plain, SM4_BLOCK_SIZE)) puts("ecb dec(len=16) memcmp failed");
    else puts("ecb dec(len=16) memcmp ok");

    len = 32;
    for (i = 0; i < 8; i++)
    {
        memset(in, i, len);
        sm4ecb(in, out, len, key, SM4_ENCRYPT);
        sm4ecb(out, chk, len, key, SM4_DECRYPT);
        if (memcmp(in, chk, len))    printf("ecb enc/dec(len=%d) memcmp failed\n", len);
        else printf("ecb enc/dec(len=%d) memcmp ok\n", len);
        len = 2 * len;
    }
    return 0;
}
```

代码中，我们首先用 16 字节的标准数据来测试 sm4ecb，标准数据分别定义在 key、plain 和 cipher 中，key 表示输入的加解密密钥，plain 表示要加密的明文，cipher 表示加密后的密文。我们通过调用 sm4ecb 加密后，把输出的加密结果地标准数据 cipher 进行比较，如果一致，就说明加密正确。在 16 字节验证无误后，我们又用长度为 32、64、128、256、512、1024、2048 和 4096 的数据进行了加解密测试，先加密，再解密，然后比较解密结果和明文是否一致。

再在 sm4check.cpp 中添加 CBC 模式的检测函数，代码如下：

```
    int sm4cbccheck()
    {
        int i, len, ret = 0;
        unsigned char key[16] =
    { 0x01,0x23,0x45,0x67,0x89,0xab,0xcd,0xef,0xfe,0xdc,0xba,0x98,0x76,0x54,0x32,0x10 };//密钥
        unsigned char iv[16] =
    { 0xeb,0xee,0xc5,0x68,0x58,0xe6,0x04,0xd8,0x32,0x7b,0x9b,0x3c,0x10,0xc9,0x0c,0xa7 }; //初始化向量
        unsigned char plain[32] =
    { 0x01,0x23,0x45,0x67,0x89,0xab,0xcd,0xef,0xfe,0xdc,0xba,0x98,0x76,0x54,0x32,0x10,0x29,0xbe,0xe1,0xd6,0x52,
    0x49,0xf1,0xe9,0xb3,0xdb,0x87,0x3e,0x24,0x0d,0x06,0x47 }; //明文
        unsigned char cipher[32] =
    { 0x3f,0x1e,0x73,0xc3,0xdf,0xd5,0xa1,0x32,0x88,0x2f,0xe6,0x9d,0x99,0x6c,0xde,0x93,0x54,0x99,0x09,0x5d,0xde,
    0x68,0x99,0x5b,0x4d,0x70,0xf2,0x30,0x9f,0x2e,0xf1,0xb7 }; //密文

        unsigned char En_output[32];
        unsigned char De_output[32];
        unsigned char in[4096], out[4096], chk[4096];

        sm4cbc(plain, En_output, sizeof(plain), key,iv, SM4_ENCRYPT);
```

```
        if (memcmp(En_output, cipher, 16)) puts("cbc enc(len=32) memcmp failed");
        else puts("cbc enc(len=32) memcmp ok");

        sm4cbc(cipher, De_output, SM4_BLOCK_SIZE, key,iv, SM4_DECRYPT);
        if (memcmp(De_output, plain, SM4_BLOCK_SIZE)) puts("cbc dec(len=32) memcmp failed");
        else puts("cbc dec(len=32) memcmp ok");


        len = 32;
        for (i = 0; i < 8; i++)
        {
            memset(in, i, len);
            sm4cbc(in, out, len, key,iv, SM4_ENCRYPT);
            sm4cbc(out, chk, len, key,iv, SM4_DECRYPT);
            if (memcmp(in, chk, len))    printf("cbc enc/dec(len=%d) memcmp failed\n", len);
            else printf("cbc enc/dec(len=%d) memcmp ok\n", len);
            len = 2 * len;
        }
        return 0;
    }
```

在代码中，先用 32 字节的标准数据进行测试，标准数据分别定义在 key、plain 和 cipher 中，key 表示输入的加解密密钥，plain 表示要加密的明文，cipher 表示加密后的密文。我们通过调用 sm4cbc 加密后，把输出的加密结果与标准数据 cipher 进行比较，如果一致，就说明加密正确。在 32 字节的标准数据验证无误后，我们又用长度为 32、64、128、256、512、1024、2048 和 4096 的数据进行了加解密测试，先加密，再解密，然后比较解密结果和明文是否一致。

再在 sm4check.cpp 中添加 CFC 模式的检测函数，代码如下：

```
    int sm4cfbcheck()
    {
        int i, len, ret = 0;
        unsigned char key[16] = { 0x01,0x23,0x45,0x67,0x89,0xab,0xcd,0xef,0xfe,0xdc,0xba,0x98,0x76,0x54,
0x32,0x10 };//密钥
        unsigned char iv[16] = { 0xeb,0xee,0xc5,0x68,0x58,0xe6,0x04,0xd8,0x32,0x7b,0x9b,0x3c,0x10,0xc9,
0x0c,0xa7 }; //初始化向量
        unsigned char in[4096], out[4096], chk[4096];
        len = 16;
        for (i = 0; i < 9; i++)
        {
            memset(in, i, len);
            sm4cfb(in, out, len, key, iv, SM4_ENCRYPT);
            sm4cfb(out, chk, len, key, iv, SM4_DECRYPT);
            if (memcmp(in, chk, len))    printf("cfb enc/dec(len=%d) memcmp failed\n", len);
            else printf("cfb enc/dec(len=%d) memcmp ok\n", len);
            len = 2 * len;
        }
        return 0;
    }
```

我们用长度为 16、32、64、128、256、512、1024、2048 和 4096 的数据进行了 CFB 模式的加解密测试，先加密，再解密，然后比较解密结果和明文是否一致。

再在 sm4check.cpp 中添加 OFB 模式的检测函数，代码如下：

```
int sm4ofbcheck()
{
    int i, len, ret = 0;
    unsigned char key[16] =
{ 0x01,0x23,0x45,0x67,0x89,0xab,0xcd,0xef,0xfe,0xdc,0xba,0x98,0x76,0x54,0x32,0x10 };//密钥
    unsigned char iv[16] =
{ 0xeb,0xee,0xc5,0x68,0x58,0xe6,0x04,0xd8,0x32,0x7b,0x9b,0x3c,0x10,0xc9,0x0c,0xa7 }; //初始化向量
    unsigned char in[4096], out[4096], chk[4096];
    len = 16;
    for (i = 0; i < 9; i++)
    {
        memset(in, i, len);
        sm4ofb(in, out, len, key, iv);
        sm4ofb(out, chk, len, key, iv);
        if (memcmp(in, chk, len))    printf("ofb enc/dec(len=%d) memcmp failed\n", len);
        else printf("ofb enc/dec(len=%d) memcmp ok\n", len);
        len = 2 * len;
    }
    return 0;
}
```

我们用长度为 16、32、64、128、256、512、1024、2048 和 4096 的数据进行了 OFB 模式的加解密测试，先加密，再解密，然后比较解密结果和明文是否一致。

至此，加解密的检测函数添加完毕。我们可以在 main 函数中直接调用它们了。

（4）在工程中打开 test.cpp，添加检测函数声明：

```
extern int sm4ecbcheck();
extern int sm4cbccheck();
extern int sm4cfbcheck();
extern int sm4ofbcheck();
```

然后在 main 函数中添加调用代码如下：

```
int main()
{
    sm4ecbcheck();
    sm4cbccheck();
    sm4cfbcheck();
    sm4ofbcheck();
}
```

（5）保存工程并运行，运行结果如图 3-23 所示。

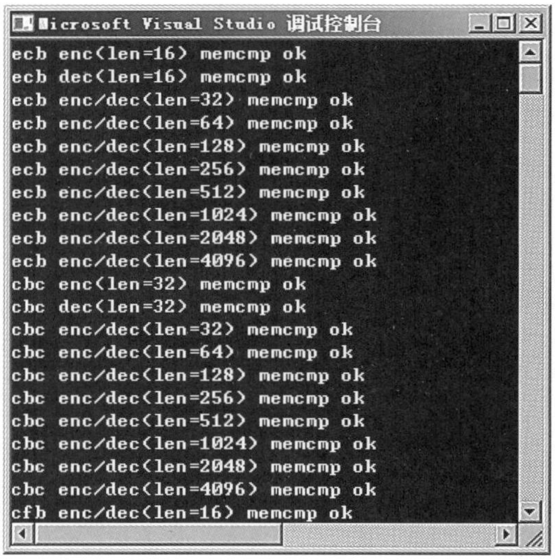

图 3-23

有没有发现上面的 SM4 加解密函数输入的数据长度要求是 16 的倍数，那如果不是 16 的倍数该如何处理呢？这涉及短块加密的问题，短块加密的话题我们前面介绍过了，限于篇幅这里就不再实现了。

3.5 利用 OpenSSL 进行对称加解密

加密技术是常用的安全保密手段，利用技术手段把重要的数据变为乱码（加密）传送，到达目的地后再用相同或不同的手段还原（解密）。

加密技术可以分为两类，即对称加密和非对称加密。对称加密的加密密钥和解密密钥相同，常见的对称加密算法有 DES、AES、SM1、SM4 等。非对称加密又称为公开密钥加密，它使用一对密钥分别进行加密和解密操作，其中一个是公开密钥（Public-Key），另一个是由用户自己保存（不能公开）的私有密钥（Private-Key），通常以 RSA、ECC 算法为代表。OpenSSL对这两种加密技术都支持。这里先介绍对称加解密。

3.5.1 基本概念

加密技术是常用的安全保密手段，利用技术手段把重要的数据变为乱码（加密）传送，到达目的地后再用相同或不同的手段还原（解密）。

加密技术可以分为两类，即对称加密技术和非对称加密技术。对称加密的加密密钥和解密密钥相同，常见的对称加密算法有 DES、AES、SM1、SM4 等；非对称加密又称为公开密钥加密，它使用一对密钥分别进行加密和解密操作，其中一个是公开密钥（Public-Key），另一个是由用户自己保存（不能公开）的私有密钥（Private-Key），通常以 RSA、ECC 算法为代表。OpenSSL 对这两种加密技术都支持。这里先介绍对称加解密。

3.5.2 对称加解密相关函数

1. 上下文初始化函数 EVP_CLPHER_CTX_init

该函数用于初始化密码算法上下文结构体，即 EVP_CIPHER_CTX 结构体，只有经过初始化的 EVP_CIPHER_CTX 结构体才能在后续函数中使用。该函数声明如下：

```
void EVP_CIPHER_CTX_init(EVP_CIPHER_CTX *a);
```

其中，参数 a 是要初始化的密码算法上下文结构体指针，该结构体定义如下：

```
struct evp_cipher_ctx_st {
    const EVP_CIPHER *cipher;                      //密码算法上下文结构体指针
    ENGINE *engine;                                //密码算法引擎
    int encrypt;                                   //标记加密或解密
    int buf_len;                                   //运算剩余的数据长度
    unsigned char oiv[EVP_MAX_IV_LENGTH];          //初始 iv
    unsigned char iv[EVP_MAX_IV_LENGTH];           //运算中的 iv，即当前 iv
    unsigned char buf[EVP_MAX_BLOCK_LENGTH]; //*保存的部分块*/
    int num;                        //* cfb/ofb/ctr 模式的使用*/
    void *app_data;                 //*应用数据*/
    int key_len;                    //*可能会更改为可变长度密码*/
    unsigned long flags;            //*各种标记*/
    void *cipher_data;              //* EVP 数据*/
    int final_used;
    int block_mask;
    unsigned char final[EVP_MAX_BLOCK_LENGTH]; /* possible final block */
} /* EVP_CIPHER_CTX */ ;
```

2. 加密初始化函数 EVP_EncryptInit_ex

该函数用于加密初始化，设置具体加密算法、加密引擎、密钥、初始向量等参数。该函数声明如下：

```
int EVP_EncryptInit_ex(EVP_CIPHER_CTX *ctx, const EVP_CIPHER *cipher, ENGINE *impl,
    const unsigned char *key, const unsigned char *iv)
```

参数说明：

- ctx[in]是已经被函数 EVP_CIPHER_CTX_init 初始化过的算法上下文结构体指针。
- cipher[in]表示具体的加密函数，它是一个指向 EVP_CIPHER 结构体的指针，指向一个 EVP_CIPHER*类型的函数。在 OpenSSL 中，对称加密算法的格式都以函数形式提供，其实该函数返回一个该算法的结构体，其形式一般如下：

```
EVP_CIPHER*    EVP_*(void)
```

常用的加密算法如表 3-7 所示。

表 3-7　常用的加密算法

函　　数	说　　明
NULL 算法函数	
const EVP_CIPHER *　EVP_enc_null(void);	该算法不做任何事情，也就是没有进行加密处理
DES 算法函数	
const EVP_CIPHER *　EVP_des_cbc(void);	CBC 方式的 DES 算法
const EVP_CIPHER *　EVP_des_ecb(void);	ECB 方式的 DES 算法
const EVP_CIPHER *　EVP_des_cfb(void);	CFB 方式的 DES 算法
const EVP_CIPHER *　EVP_des_ofb(void);	OFB 方式的 DES 算法
使用两个密钥的 3DES 算法	
const EVP_CIPHER　*EVP_des_ede_cbc(void);	CBC 方式的 3DES 算法，算法的第一个密钥和最后一个密钥相同，这样实际上就只需要两个密钥
const EVP_CIPHER　*EVP_des_ede_ecb(void);	ECB 方式的 3DES 算法，算法的第一个密钥和最后一个密钥相同，这样实际上就只需要两个密钥
const EVP_CIPHER　*EVP_des_ede_ofb(void);	OFB 方式的 3DES 算法，算法的第一个密钥和最后一个密钥相同，这样实际上就只需要两个密钥
const EVP_CIPHER *　EVP_des_ede_cfb(void);	CFB 方式的 3DES 算法，算法的第一个密钥和最后一个密钥相同，这样实际上就只需要两个密钥
使用三个密钥的 3DES 算法	
const EVP_CIPHER *　EVP_des_ede3_cbc(void);	CBC 方式的 3DES 算法，算法的三个密钥都不相同
const EVP_CIPHER *　　EVP_des_ede3_ecb(void);	ECB 方式的 3DES 算法，算法的三个密钥都不相同
const EVP_CIPHER *　EVP_des_ede3_ofb(void);	OFB 方式的 3DES 算法，算法的三个密钥都不相同
const EVP_CIPHER *　EVP_des_ede3_cfb(void);	CFB 方式的 3DES 算法，算法的三个密钥都不相同
DESX 算法	
const EVP_CIPHER *　EVP_desx_cbc(void);	CBC 方式的 DESX 算法
RC4 算法	
const EVP_CIPHER *　EVP_rc4(void);	RC4 流加密算法。该算法的密钥长度可以改变，默认是 128 位
40 位 RC4 算法	
const EVP_CIPHER *　EVP_rc4_40(void);	密钥长度 40 位的 RC4 流加密算法。该函数可以使用 EVP_rc4 和 EVP_CIPHER_CTX_set_key_length 函数代替
IDEA 算法	
const EVP_CIPHER *　EVP_idea_cbc(void);	CBC 方式的 IDEA 算法
const EVP_CIPHER *　EVP_idea_ecb(void);	ECB 方式的 IDEA 算法
const EVP_CIPHER *　　EVP_idea_cfb(void);	CFB 方式的 IDEA 算法
const EVP_CIPHER *　EVP_idea_ofb(void);	OFB 方式的 IDEA 算法
RC2 算法	
const EVP_CIPHER *　EVP_rc2_cbc(void);	CBC 方式的 RC2 算法，该算法的密钥长度是可变的，可以通过有效密钥长度或有效密钥位设置参数来改变，默认缺省的是 128 位

（续表）

函　数	说　明
const EVP_CIPHER * EVP_rc2_ecb(void);	ECB 方式的 RC2 算法，该算法的密钥长度是可变的，可以通过有效密钥长度或有效密钥位设置参数来改变，默认的是 128 位
const EVP_CIPHER * EVP_rc2_cfb(void);	CFB 方式的 RC2 算法，该算法的密钥长度是可变的，可以通过有效密钥长度或有效密钥位设置参数来改变，默认的是 128 位
const EVP_CIPHER * EVP_rc2_ofb(void);	OFB 方式的 RC2 算法，该算法的密钥长度是可变的，可以通过有效密钥长度或有效密钥位设置参数来改变，默认的是 128 位
定长的两种 RC2 算法	
const EVP_CIPHER *　EVP_rc2_40_cbc(void);	40 位 CBC 模式的 RC2 算法
const EVP_CIPHER *　EVP_rc2_64_cbc(void);	64 位 CBC 模式的 RC2 算法
Blowfish 算法	
const EVP_CIPHER * EVP_bf_cbc(void);	CBC 方式的 Blowfish 算法，该算法的密钥长度是可变的
const EVP_CIPHER * EVP_bf_ecb(void);	ECB 方式的 Blowfish 算法，该算法的密钥长度是可变的
const EVP_CIPHER * EVP_bf_cfb(void);	CFB 方式的 Blowfish 算法，该算法的密钥长度是可变的
const EVP_CIPHER * EVP_bf_ofb(void);	OFB 方式的 Blowfish 算法，该算法的密钥长度是可变的
CAST 算法	
const EVP_CIPHER *EVP_cast5_cbc(void);	CBC 方式的 CAST 算法，该算法的密钥长度是可变的
const EVP_CIPHER *EVP_cast5_ecb(void);	ECB 方式的 CAST 算法，该算法的密钥长度是可变的
const EVP_CIPHER *EVP_cast5_cfb(void);	CFB 方式的 CAST 算法，该算法的密钥长度是可变的
const EVP_CIPHER *EVP_cast5_ofb(void);	OFB 方式的 CAST 算法，该算法的密钥长度是可变的
RC5 算法	
const EVP_CIPHER * EVP_rc5_32_12_16_cbc(void);	CBC 方式的 RC5 算法，该算法的密钥长度可以根据参数 number of rounds（算法中一个数据块被加密的次数）来设置，默认的是 128 位密钥，加密次数为 12 次。目前来说，由于 RC5 算法本身实现代码的限制，加密次数只能设置为 8、12 或 16
const EVP_CIPHER * EVP_rc5_32_12_16_ecb(void);	ECB 方式的 RC5 算法，该算法的密钥长度可以根据参数 number of rounds（算法中一个数据块被加密的次数）来设置，默认的是 128 位密钥，加密次数为 12 次。目前来说，由于 RC5 算法本身实现代码的限制，加密次数只能设置为 8、12 或 16
const EVP_CIPHER * EVP_rc5_32_12_16_cfb(void);	CFB 方式的 RC5 算法，该算法的密钥长度可以根据参数 number of rounds（算法中一个数据块被加密的次数）来设置，默认的是 128 位密钥，加密次数为 12 次。目前来说，由于 RC5 算法本身实现代码的限制，加密次数只能设置为 8、12 或 16

（续表）

函 数	说 明
const EVP_CIPHER * EVP_rc5_32_12_16_ofb(void);	OFB 方式的 RC5 算法，该算法的密钥长度可以根据参数 number of rounds（算法中一个数据块被加密的次数）来设置，默认的是 128 位密钥，加密次数为 12 次。目前来说，由于 RC5 算法本身实现代码的限制，加密次数只能设置为 8、12 或 16
128 位 AES 算法	
const EVP_CIPHER *EVP_aes_128_cbc(void);	CBC 方式的 128 位 AES 算法
const EVP_CIPHER *EVP_aes_128_ecb(void);	ECB 方式的 128 位 AES 算法
const EVP_CIPHER *EVP_aes_128_cfb(void);	CFB 方式的 128 位 AES 算法
const EVP_CIPHER *EVP_aes_128_ofb(void);	OFB 方式的 128 位 AES 算法
192 位 AES 算法	
const EVP_CIPHER *EVP_aes_192_cbc(void);	CBC 方式的 192 位 AES 算法
const EVP_CIPHER *EVP_aes_192_ecb(void);	ECB 方式的 192 位 AES 算法
const EVP_CIPHER *EVP_aes_192_cfb(void);	CFB 方式的 192 位 AES 算法
const EVP_CIPHER *EVP_aes_192_ofb(void);	OFB 方式的 192 位 AES 算法
256 位 AES 算法	
const EVP_CIPHER *EVP_aes_256_cbc(void);	CBC 方式的 256 位 AES 算法
const EVP_CIPHER *EVP_aes_256_ecb(void);	ECB 方式的 256 位 AES 算法
const EVP_CIPHER *EVP_aes_256_cfb(void);	CFB 方式的 256 位 AES 算法
const EVP_CIPHER *EVP_aes_256_ofb(void);	OFB 方式的 256 位 AES 算法

cipher 可以取值上面的函数名。

- impl: [in] 指向 ENGINE 结构体的指针，表示加密算法的引擎，可以理解为加密算法的提供者，比如是硬件加密卡提供者、软件算法提供者等，如果取值为 NULL，就使用默认引擎。
- key: 表示加密密钥，长度根据不同的加密算法而定。
- iv: 初始向量，当 cipher 所指的算法为 CBC 模式的算法才有效，因为 CBC 模式需要初始向量的输入，长度是对称算法分组长度。
- 返回值: 如果函数执行成功就返回 1，否则返回 0。

值得注意的是，key 和 iv 的长度都是根据不同算法而有默认值的，比如 DES 算法的 key 和 iv 都是 8 字节长度；3DES 算法的 key 的长度是 24 字节，iv 是 8 字节；128 位的 AES 算法的 key 和 iv 都是 16 字节。使用时要先根据算法分配好 key 和 iv 的长度空间。

3. 加密 update 函数 EVP_EncryptUpdate

该函数执行对数据的加密。该函数加密从参数 in 输入的长度为 inl 的数据，并将加密好的数据写入参数 out 中。可以通过反复调用该函数来处理一个连续的数据块（也就是所谓的分组加密，一组一组地加密）。写入 out 的数据数量是由已经加密的数据的对齐关系决定的，理论上来说，从 0 到(inl+cipher_block_size-1)的任何一个数字都有可能（单位是字节），所以输出的参数 out 要有足够的空间存储数据。函数声明如下:

```
int EVP_EncryptUpdate(EVP_CIPHER_CTX *ctx, unsigned char *out, int *outl, const unsigned char *in, int
inl);
```

参数说明：

- ctx: [in] 指向 EVP_CIPHER_CTX 的指针，应该已经初始化过了。
- outm: [out] 指向存放输出密文的缓冲区指针。
- outl: [out] 输出密文的长度。
- in: [in] 指向存放明文的缓冲区指针。
- inl: [in] 要加密的明文长度。
- 返回值：如果函数执行成功就返回 1，否则返回 0。

4. 加密结束函数 EVP_EncryptFinal_ex

函数 EVP_EncryptFinal_ex 用于结束数据加密，并输出最后剩余的密文。由于分组对称算法是对数据块（分组）操作的，原文数据（明文）的长度不一定为分组长度的倍数，因此存在数据补齐（就是在原文数据的基础上进行填充，填充到整个数据长度为分组的倍数），那么最后输出的密文就是补齐后的分组密文。比如使用 DES 算法加密 10 字节长度的数据，由于 DES 算法的分组长度是 8 字节，因此原文将补齐到 16 字节。当调用 EVP_EncryptUpdate 函数时返回 8 字节密文，EVP_EncryptFinal_ex 函数返回最后剩余的 8 字节密文。函数 EVP_EncryptFinal_ex 声明如下：

```
int EVP_EncryptFinal_ex(EVP_CIPHER_CTX *ctx, unsigned char *out, int *outl);
```

参数说明：

- ctx: [in] EVP_CIPHER_CTX 结构体。
- out: [out] 指向输出密文缓冲区的指针。
- outl: [out] 指向一个整型变量，该变量存储输出的密文数据长度。
- 返回值：如果函数执行成功就返回 1，否则返回 0。

5. 解密初始化函数 EVP_DecryptInit_ex

和加密一样，解密时也要先初始化，用于设置密码算法、加密引擎、密钥、初始向量等参数。函数 EVP_DecryptInit_ex 声明如下：

```
int EVP_DecryptInit_ex(EVP_CIPHER_CTX *ctx,const EVP_CIPHER *cipher,ENGINE *impl,const unsigned
char *key,const unsigned char *iv);
```

参数说明：

- ctx: [in] EVP_CIPHER_CTX 结构体。
- cipher: [in] 指向 EVP_CIPHER，表示要使用的解密算法。
- impl: [in] 指向 ENGINE，表示解密算法使用的加密引擎。应用程序可以使用自定义的加密引擎，如硬件加密算法等。如果取值为 NULL，就使用默认引擎。
- key: [in] 解密密钥，其长度根据解密算法的不同而不同。

- iv: 初始向量，根据算法的模式而确定是否需要，比如 CBC 模式是需要 iv 的。长度同分组长度。
- 返回值：如果函数执行成功就返回 1，否则返回 0。

6. 解密 update 函数 EVP_DecryptUpdate

该函数执行对数据的解密。函数声明如下：

```
int EVP_DecryptUpdate(EVP_CIPHER_CTX *ctx,unsigned char *out,int *outl,const unsigned char *in,int inl);
```

参数说明：

- ctx: [in] EVP_CIPHER_CTX 结构体。
- out: [out] 指向解密后存放明文的缓冲区。
- outl: [out] 指向存放明文长度的整型变量。
- in: [in] 指向存放密文的缓冲区的指针。
- inl: [in] 指向存放密文的整型变量。
- 返回值：如果函数执行成功就返回 1，否则返回 0。

7. 解密结束函数 EVP_DecryptFinal_ex

该函数用于结束解密，输出最后剩余的明文。函数声明如下：

```
int EVP_DecryptFinal_ex(EVP_CIPHER_CTX *ctx,unsigned char *outm,int *outl);
```

参数说明：

- ctx: [in] EVP_CIPHER_CTX 结构体。
- outm: [out] 指向输出的明文缓冲区指针。
- outl: [out] 指向存储明文长度的整型变量。

这些函数都可以在 evp.h 中看到原型，另外还有一套没有_ex 结尾的加解密函数，如 EVP_EncryptInit、EVP_DecryptInit 等函数，它们是旧版本 OpenSSL 的函数，现在已经不推荐使用了，而使用上述带有_ex 结尾的函数。旧版的函数不支持外部加密引擎，使用的都是默认的算法。EVP_EncryptInit 相当于 EVP_EncryptInit_ex 第 3 个参数为 NULL。

上面我们讲述了 EVP 的加解密函数。具体使用时，一般按照以下流程进行：

（1）EVP_CIPHER_CTX_init：初始化对称计算上下文。

（2）EVP_des_ede3_ecb：返回一个 EVP_CIPHER，假设现在使用 DES 算法。

（3）EVP_EncryptInit_ex：加密初始化函数，本函数调用具体算法的 init 回调函数，将外送密钥 key 转换为内部密钥形式，将初始化向量 iv 复制到 CTX 结构中。

（4）EVP_EncryptUpdate：加密函数，用于多次计算，它调用了具体算法的 do_cipher 回调函数。

（5）EVP_EncryptFinal_ex：获取加密结果，函数可能涉及填充，它调用了具体算法的 do_cipher 回调函数。

（6）EVP_DecryptInit_ex：解密初始化函数。

（7）EVP_DecryptUpdate：解密函数，用于多次计算，它调用了具体算法的 do_cipher 回调函数。

（8）EVP_DecryptFinal 和 EVP_DecryptFinal_ex：获取解密结果，函数可能涉及填充，它调用了具体算法的 do_cipher 回调函数。

（9）EVP_CIPHER_CTX_cleanup：清除对称算法上下文数据，它调用用户提供的销毁函数清除内存中的内部密钥以及其他数据。

下面我们来看一个加解密实例。

【例 3.8】对称加解密的综合例子

（1）打开 VC 2017，新建一个控制面板工程 test。

（2）打开 test.cpp，输入代码如下：

```cpp
#include <openssl/evp.h>
#include <string.h>
#define FAILURE -1
#define SUCCESS 0


int do_encrypt(const EVP_CIPHER *type, const char *ctype)
{
    unsigned char outbuf[1024];
    int outlen, tmplen;
    unsigned char key[] = { 0, 1, 2, 3, 4, 5, 6, 7, 8, 9, 10, 11, 12, 13, 14, 15, 16, 17, 18, 19, 20, 21, 22, 23 };
    unsigned char iv[] = { 1, 2, 3, 4, 5, 6, 7, 8 };
    char intext[] = "Helloworld";
    EVP_CIPHER_CTX ctx;
    FILE *out;
    EVP_CIPHER_CTX_init(&ctx);
    EVP_EncryptInit_ex(&ctx, type, NULL, key, iv);

    if (!EVP_EncryptUpdate(&ctx, outbuf, &outlen, (unsigned char*)intext, (int)strlen(intext))) {
        printf("EVP_EncryptUpdate\n");
        return FAILURE;
    }

    if (!EVP_EncryptFinal_ex(&ctx, outbuf + outlen, &tmplen)) {
        printf("EVP_EncryptFinal_ex\n");
        return FAILURE;
    }

    outlen += tmplen;
    EVP_CIPHER_CTX_cleanup(&ctx);

    out = fopen("./cipher.dat", "wb+");
    fwrite(outbuf, 1, outlen, out);
    fflush(out);
    fclose(out);
    return SUCCESS;
}

int do_decrypt(const EVP_CIPHER *type, const char *ctype)
{
    unsigned char inbuf[1024] = { 0 };
```

```
    unsigned char outbuf[1024] = { 0 };
    int outlen, inlen, tmplen;
    unsigned char key[] = { 0, 1, 2, 3, 4, 5, 6, 7, 8, 9, 10, 11, 12, 13, 14, 15, 16, 17, 18, 19, 20, 21, 22, 23 };
    unsigned char iv[] = { 1, 2, 3, 4, 5, 6, 7, 8 };

    EVP_CIPHER_CTX ctx;
    FILE *in = NULL;
    EVP_CIPHER_CTX_init(&ctx);
    EVP_DecryptInit_ex(&ctx, type, NULL, key, iv);

    in = fopen("cipher.dat", "r");
    inlen = fread(inbuf, 1, sizeof(inbuf), in);
    fclose(in);

    printf("Readlen: %d\n", inlen);
    if (!EVP_DecryptUpdate(&ctx, outbuf, &outlen, inbuf, inlen)) {
        printf("EVP_DecryptUpdate\n");
        return FAILURE;
    }

    if (!EVP_DecryptFinal_ex(&ctx, outbuf + outlen, &tmplen)) {
        printf("EVP_DecryptFinal_ex\n");
        return FAILURE;
    }

    outlen += tmplen;
    EVP_CIPHER_CTX_cleanup(&ctx);

    printf("Result: \n%s\n", outbuf);

    return SUCCESS;
}
int main(int argc, char *argv[])
{
    do_encrypt(EVP_des_cbc(), "des-cbc");
    do_decrypt(EVP_des_cbc(), "des-cbc");

    do_encrypt(EVP_des_ede_cbc(), "des-ede-cbc");
    do_decrypt(EVP_des_ede_cbc(), "des-ede-cbc");

    do_encrypt(EVP_des_ede3_cbc(), "des-ede3-cbc");
    do_decrypt(EVP_des_ede3_cbc(), "des-ede3-cbc");

    return 0;
}
```

在代码中，我们使用 DES 和 3DES 算法的 CBC 模式来进行加密和解密。我们对字符串 "Helloworld" 进行加密后存入文件 cifpher.dat，解密时从该文件中读取密文并解密，然后输出明文。

打开 C:\openssl-1.0.2m，然后把文件夹 inc32 复制到工程目录下，并把 C:\openssl-1.0.2m\out32dll\下的 libeay32.lib 放到工程目录下。接着，打开 VC 工程设置，添加头文件包含目录 inc32，如图 3-24 所示。

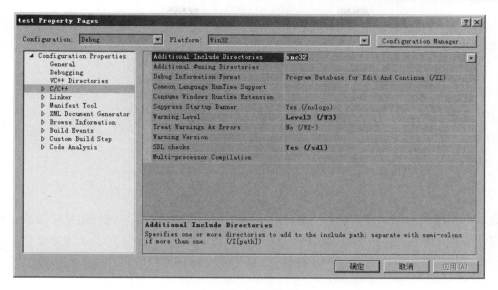

图 3-24

再添加 lib 依赖库 libeay32.lib 和 Ws2_32.lib，Ws2_32.lib 是系统关于 winsock 的库，我们要用到里面的函数，因此也需要添加进去（注意库名之间要用分号隔开），如图 3-25 所示。

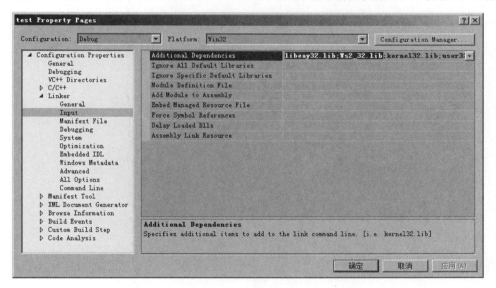

图 3-25

再把 C:\openssl-1.0.2m\out32dll\下的动态库 libeay32.dll 复制到解决方案的 Debug 目录下。

（3）保存工程并运行，运行结果如图 3-26 所示。

图 3-26

这个例子使用 DES 算法实现，对于其他算法，使用步骤类似，这就是使用现成密码算法库的方便之处。而且，本例和前面例 3.5 直接使用 DES 算法不同，本例的调用方法更加通用，相当于在具体算法上面又封装了一层接口，这也是 OpenSSL 的优秀之处，通用性更好。

第 4 章
◀ 杂凑函数和HMAC ▶

4.1 杂凑函数概述

4.1.1 什么是杂凑函数

杂凑函数（又叫哈希（Hash）函数、消息摘要函数、散列函数）就是把任意长的输入消息串变化成固定长的输出串的一种函数。杂凑函数是信息安全中一个非常重要的工具，它对一个任意长度的消息 m 施加运算，返回一个固定长度的杂凑值 h(m)，杂凑函数 h 是公开的，对处理过程不用保密。杂凑值被称为哈希值、散列值、消息摘要等。

杂凑函数的过程是单向的，逆向操作难以完成，而且碰撞（两个不同的输入产生相同的杂凑值）发生的概率非常小。杂凑函数的消息输入中，单个比特的变化将会导致输出比特串中大约一半的比特发生变化。

一个安全的杂凑函数应该至少满足以下几个条件：

（1）输入长度是任意的。

（2）输出长度是固定的，根据目前的计算技术应至少取 128 比特长，以便抵抗生日攻击。

（3）对每一个给定的输入，计算输出（杂凑值）是很容易的。

（4）给定杂凑函数的描述，找到两个不同的输入消息杂凑到同一个值在计算上是不可行的，或给定杂凑函数的描述和一个随机选择的消息，找到另一个与该消息不同的消息使得它们杂凑到同一个值在计算上是不可行的。

Hash 函数主要用于完整性校验和提高数字签名的有效性，目前已有很多方案。杂凑函数最初是为了消息的认证性。但是在合理的假设下，杂凑函数还有很多其他的应用，比如保护口令的安全、构造有效的数字签名方案、构造更加安全高效的加密算法等。

4.1.2 密码学和杂凑函数

随着信息化的发展，信息技术在社会发展的各个领域发挥着越来越重要的作用，不断推动着人类文明的进步。然而，当信息技术的不断发展使人们的日常生活越来越方便的时候，信息安全问题却变得日益突出，各种针对消息保密性和数据完整性的攻击日益频繁。特别在开放式的网络环境中，保障消息的完整性和不可否认性已逐渐成为网络通信不可或缺的一部分，如何防止消息篡改和身份假冒是信息安全的重要研究内容。

密码技术是一门古老的技术，早期的密码技术主要用于军事、政治、外交等重要领域，使得在密码领域的研究成果难以公开发表。

1949 年，Shannon 发表了"保密系统的信息理论"，为现代密码学研究与发展奠定了理论基础，把已有数千年历史的密码技术推向了科学的轨道，使密码学成为一门真正的学科。

1977 年，美国国家标准局正式公布实施了美国的数据加密标准（DES），标志着密码学理论与技术划时代的革命性变革，同时也宣告了近代密码学的开始。更具有意义的是 DES 密码算法开创了公开全部密码算法的先例，大大推动了分组密码理论的发展和技术的应用。

另一个具有里程碑意义的事件是 20 世纪 70 年代中期公钥密码体制的出现。1976 年，著名密码学家 Diffie 和 Hellman 在《密码学的新方向》中首次提出了公钥密码体制的概念和设计思想。1978 年，Rivest、Shamir 和 Adleman 提出了第一个较完善的公钥密码体制——RSA 算法，成为公钥密码的杰出代表。公钥密码体制为信息认证提供了一种解决途径。但由于 RSA 算法使用的是模幂运算，对文件签名的执行效率难以恭维，必须提出一种有效的方案来提高签名的效率。杂凑函数在这个方面的优越特性为这一问题提供了很好的解决方案。

杂凑函数于 20 世纪 70 年代末被引入密码学，早期的杂凑函数主要被用于消息认证。杂凑函数具有压缩性、简易性、单向性、抗原根、抗第二原根、抗碰撞等性质，在信息安全和密码学领域应用得非常广泛。它是数据完整性检测、构造数字签名和认证方案等不可缺少的工具。比如，杂凑函数的重要用途之一是用于数字签名，通常用公钥密码算法进行数字签名时，不是直接对消息进行签名，而是对消息的杂凑值进行签名，这样既可以减少计算量、提高效率，又可以不破坏数字签名算法的某些代数结构。因此，杂凑函数在现代信息安全领域具有非常高的使用价值和研究价值。

常见的杂凑函数有 MD4、MD5、SHA-1、SHA-256 和国产 SM1/SM3 等。近些年出现了对于这些标准的杂凑算法的许多攻击方法，因此总结杂凑函数的攻击方法、设计新型的杂凑函数已成为当前密码学研究的热点课题。

4.1.3　杂凑函数的发展

杂凑函数是现代密码学中相对较新的研究领域。最初的杂凑函数并非用于密码学，直到 20 世纪 70 年代末，杂凑函数才被引入密码学。从这个时期开始，杂凑函数的研究就成了密码学一个十分重要的部分。

4.1.4　杂凑函数的设计

目前，杂凑函数主要有基于分组密码算法的杂凑函数和直接构造的杂凑函数，并且都是迭代型的杂凑函数。其中，基于分组密码算法的杂凑函数是 Rabin 提出的，它是通过对分组密码输入输出模式进行组合构造杂凑函数。这里主要介绍基于分组密码算法的杂凑函数，也就是分组迭代单向杂凑算法。

要想将不限定长度的输入数据压缩成定长输出的杂凑值不可能设计一种逻辑电路使其一次到位。实际使用时，总是先将输入的数字符串划分成固定长的段，如 m 比特段，而后将此 m 比特映射成 n 比特，将完成此映射的函数称为迭代函数。我们采用类似于分组密文反馈的模式对一段 m bit 输入进行类似映射，以此类推，直到输入的全部数字符串完全映像完，以最后的输出值作为整个输入的杂凑值。类似于分组密码，当输入的数字符串不是 m 的整数倍时，可采用填充等方法处理。

目前很多杂凑算法都是迭代型杂凑算法，比如 SM3。

4.1.5　杂凑函数的分类

杂凑函数可以按其是否有密钥参与运算分为两大类：不带密钥的杂凑函数和带密钥的杂凑函数。

（1）不带密钥的杂凑函数

不带密钥的杂凑函数在运算过程中没有密钥参与。不带密钥的杂凑函数的杂凑值只是消息输入的函数，无须密钥就可以计算。因此，这种类型的杂凑函数不具有身份认证功能，它仅提供数据完整性检验，如篡改检测码（MDC）。按照所具有的性质，MDC 又可分为弱单向杂凑函数（OWHF）和强单向杂凑函数（CRHF）。SM3 就是不带密钥的杂凑函数。

（2）带密钥的杂凑函数

带密钥的杂凑函数在消息运算过程中有密钥参与。这类杂凑函数需要满足各种安全性要求，其杂凑值同时与密钥和消息输入相关，只有拥有密钥的人才能计算出相应的杂凑值。不带密钥的杂凑函数不仅能够检验数据完整性，还能提供身份认证功能，被称为消息认证码（MAC）。消息认证码的性质保证了只有拥有秘密密钥杂凑函数才能产生正确的消息：MAC 对。后面 4.3 节将重点阐述。

4.1.6　杂凑函数的碰撞

杂凑算法的一个重要功能是产生独特的散列，当两个不同的值或文件产生相同的散列时，就称为碰撞。保证数字签名的安全性，在不发生碰撞时才行。碰撞对于哈希算法来说是极其危险的，因为碰撞允许两个文件产生相同的签名。当计算机检查签名时，即使该文件未真正签署，也会被计算机识别为有效。

一个哈希位有 0 和 1 两个可能值，则对于 SHA-256，有 2 的 256 次方种组合，这是一个庞大的数值。哈希值越大，碰撞的概率就越小。每个散列算法（包括安全算法）都会发生碰撞。而 SHA-1 的大小结构发生碰撞的概率比较大，所以 SHA-1 被认为是不安全的。

4.2 SM3 杂凑算法

SM3 密码杂凑算法是中国国家密码管理局 2010 年公布的中国商用密码杂凑算法标准。该算法由王小云等人设计，消息分组 512 比特，输出杂凑值 256 比特（32 字节），采用 Merkle-Damgard 结构。SM3 密码杂凑算法的压缩函数与 SHA-256 的压缩函数具有相似的结构，但是 SM3 密码杂凑算法的压缩函数的结构和消息拓展过程的设计都更加复杂，比如压缩函数的每一轮都使用两个消息字，消息拓展过程的每一轮都使用 5 个消息字等。

对长度为 l（l<264）比特的消息 m，SM3 杂凑算法经过填充和迭代压缩生成杂凑值，杂凑值长度为 256 比特（32 字节）。

4.2.1 常量和函数

常量和函数都是算法中要用到的，我们统一在此定义。

1. 初始值

IV =7380166f 4914b2b9 172442d7 da8a0600 a96f30bc 163138aa e38dee4d b0fb0e4e

2. 常量（见图 4-1）

$$T_j = \begin{cases} 79cc4519 & 0 \le j \le 15 \\ 7a879d8a & 16 \le j \le 63 \end{cases}$$

图 4-1

3. 布尔函数（见图 4-2）

$$FF_j(X,Y,Z) = \begin{cases} X \oplus Y \oplus Z & 0 \le j \le 15 \\ (X \wedge Y) \vee (X \wedge Z) \vee (Y \wedge Z) & 16 \le j \le 63 \end{cases}$$

$$GG_j(X,Y,Z) = \begin{cases} X \oplus Y \oplus Z & 0 \le j \le 15 \\ (X \wedge Y) \vee (\neg X \wedge Z) & 16 \le j \le 63 \end{cases}$$

图 4-2

其中，X、Y、Z 为字。字就是长度为 32 字节的比特串。

4. 置换函数（见图 4-3）

$$P_0(X) = X \oplus (X <<< 9) \oplus (X <<< 17)$$
$$P_1(X) = X \oplus (X <<< 15) \oplus (X <<< 23)$$

图 4-3

其中，X 为字。

4.2.2 填充

假设消息 m 的长度为 1 比特。首先将比特"1"添加到消息的末尾，再添加 k 个"0"，k 是满足 l+1+k≡448 mod 512 的最小非负整数。然后添加一个 64 位的比特串，该比特串以长度为 1 的二进制表示。填充后的消息 m′的比特长度为 512 的倍数。其中，l+1+k≡448mod512 中的≡表示同余的意思，表示（l+1+k）mod 512=448，相当于（l+1+k）被 512 整除，余数为 448。

例如，对于消息 01100001 01100010 01100011，其长度 l=24，经填充得到的比特串如图 4-4 所示。

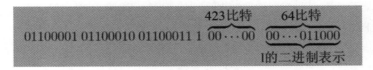

图 4-4

4.2.3 迭代压缩

1. 迭代过程

将填充后的消息 m 按 512 比特进行分组：m′=B$^{(0)}$B$^{(1)}$ ... B$^{(n-1)}$。

其中，n=(l+k+65)/512。

对 m 按下列方式迭代：

```
FOR i=0 TO n-1
        V^(i+1) = CF(V^(i), B^(i))
ENDFOR
```

其中，CF 是压缩函数，V$^{(0)}$为 256 比特的初始值 IV，B$^{(i)}$为填充后的消息分组，迭代压缩的结果为 V$^{(n)}$。

初始值 IV 是一个常数，其值为：

IV =7380166f 4914b2b9 172442d7 da8a0600 a96f30bc 163138aa e38dee4d b0fb0e4e

2. 消息扩展

将消息分组 B$^{(i)}$按以下方法扩展生成 132 个字 W_0、W_1、...、W_{67}、W_0'、W_1'、...、W_{63}'，用于压缩函数 CF：

（1）将消息分组 B$^{(i)}$划分为 16 个字 W_0、W_1、...、W_{15}。

（2）计算（见图 4-5）：

$$FOR\ j = 16\ TO\ 67$$
$$W_j \leftarrow P_1(W_{j-16} \oplus W_{j-9} \oplus (W_{j-3} <<< 15)) \oplus (W_{j-13} <<< 7) \oplus W_{j-6}$$
$$ENDFOR$$

图 4-5

（3）计算（见图 4-6）：

$$
\begin{aligned}
&\text{FOR } j = 0 \text{ TO } 63 \\
&\quad W_j' = W_j \oplus W_{j+4} \\
&\text{ENDFOR}
\end{aligned}
$$

图 4-6

注意：字的意思是长度为 32 字节的比特串。

3. 压缩函数

令 A、B、C、D、E、F、G、H 为字寄存器，SS1、SS2、TT1、TT2 为中间变量，压缩函数 $V^{i+1} = CF(V^{(i)};B^{(i)})$，$0 \leqslant i \leqslant n-1$。计算过程如图 4-7 所示。

$$
\begin{aligned}
&\text{ABCDEFGH} \leftarrow V^{(i)} \\
&\text{FOP } j = 0 \text{ TO } 63 \\
&\quad SS1 \leftarrow ((A <<< 12) + E + (T_j <<< j)) \ll 7 \\
&\quad SS2 \leftarrow SS1 \oplus (A <<< 12) \\
&\quad TT1 \leftarrow FF_j(A,B,C) + D + SS2 + W_j' \\
&\quad TT2 \leftarrow GG_j(E,F,G) + H + SS1W_j \\
&\quad D \leftarrow C \\
&\quad C \leftarrow B <<< 9 \\
&\quad B \leftarrow A \\
&\quad A \leftarrow TT1 \\
&\quad H \leftarrow G \\
&\quad G \leftarrow F <<< 19 \\
&\quad F \leftarrow E \\
&\quad E \leftarrow P_0(TT2) \\
&\text{ENDFOR} \\
&V^{(i+1)} \leftarrow \text{ABCDEFGH} \oplus V^{(i)}
\end{aligned}
$$

图 4-7

其中，字的存储为大端（Big-Endian）格式。所谓大端，就是数据在内存中的一种表示格式，规定左边为高有效位，右边为低有效位，数的高阶字节放在存储器的低地址，数的低阶字节放在存储器的高地址。

4.2.4 杂凑值

$$\text{ABCDEFGH} \leftarrow V^{(n)}$$

输出 256 比特的杂凑值 $y = \text{ABCDEFGH}$。

4.2.5　一段式 SM3 算法的实现

算法的原理阐述完毕后,相信大家已经有了一定的理解,但真正掌握算法还需要上机实践。现在我们将按照前面的算法描述过程用代码实现算法。笔者尽可能原汁原味地实现 SM3 密码杂凑算法。代码里的函数、变量名称都尽量使用算法描述中的名称,尽量遵循算法描述的原始步骤,不使用算法技巧进行处理,以利于初学者的理解。

一段式 SM3 算法只向外提供一个函数,输入全部消息,得到全部消息的哈希值。

【例 4.1】实现 SM3 算法

（1）打开 VC 2017,新建一个控制面板工程,工程名是 test。

（2）打开 test.cpp,输入代码如下:

```cpp
#include "pch.h"
#include <stdio.h>
#include <memory>
//定义初始值 IV
unsigned char IV[256 / 8] =
{ 0x73,0x80,0x16,0x6f,0x49,0x14,0xb2,0xb9,0x17,0x24,0x42,0xd7,0xda,0x8a,0x06,0x00,0xa9,0x6f,0x30,0xbc,
0x16,0x31,0x38,0xaa,0xe3,0x8d,0xee,0x4d,0xb0,0xfb,0x0e,0x4e };

// 循环左移
unsigned long SL(unsigned long X, int n)
{
    unsigned __int64 x = X;
    x = x << (n % 32);
    unsigned long l = (unsigned long)(x >> 32);
    return x | l;
}

//常量
unsigned long Tj(int j)
{
    if (j <= 15)
    {
        return 0x79cc4519;
    }
    else
    {
        return 0x7a879d8a;
    }
}

//布尔函数
unsigned long FFj(int j, unsigned long X, unsigned long Y, unsigned long Z)
{
    if (j <= 15)
    {
        return X ^ Y ^ Z;
    }
    else
    {
```

```
        return (X & Y) | (X & Z) | (Y & Z);
    }
}

//置换函数
unsigned long GGj(int j, unsigned long X, unsigned long Y, unsigned long Z)
{
    if (j <= 15)
    {
        return X ^ Y ^ Z;
    }
    else
    {
        return (X & Y) | (~X & Z);
    }
}

unsigned long P0(unsigned long X)
{
    return X ^ SL(X, 9) ^ SL(X, 17);
}

unsigned long P1(unsigned long X)
{
    return X ^ SL(X, 15) ^ SL(X, 23);
}

// 扩展
void EB(unsigned char Bi[512 / 8], unsigned long W[68], unsigned long W1[64])
{
    // Bi 分为 W0~W15
    for (int i = 0; i < 16; ++i)
    {
        W[i] = Bi[i * 4] << 24 | Bi[i * 4 + 1] << 16 | Bi[i * 4 + 2] << 8 | Bi[i * 4 + 3];
    }

    for (int j = 16; j <= 67; ++j)
    {
        W[j] = P1(W[j - 16] ^ W[j - 9] ^ SL(W[j - 3], 15)) ^ SL(W[j - 13], 7) ^ W[j - 6];
    }

    for (int j = 0; j <= 63; ++j)
    {
        W1[j] = W[j] ^ W[j + 4];
    }
}

// 压缩函数
void CF(unsigned char Vi[256 / 8], unsigned char Bi[512 / 8], unsigned char Vi1[256 / 8])
{
    // Bi 扩展为 132 个字
    unsigned long W[68] = { 0 };
    unsigned long W1[64] = { 0 };

    EB(Bi, W, W1);
```

```
    // 串联  ABCDEFGH = Vi
    unsigned long R[8] = { 0 };
    for (int i = 0; i < 8; ++i)
    {
        R[i] = ((unsigned long)Vi[i * 4]) << 24 | ((unsigned long)Vi[i * 4 + 1]) << 16 | ((unsigned long)Vi[i * 4
+ 2]) << 8 | ((unsigned long)Vi[i * 4 + 3]);
    }

    unsigned long A = R[0], B = R[1], C = R[2], D = R[3], E = R[4], F = R[5], G = R[6], H = R[7];

    unsigned long SS1, SS2, TT1, TT2;
    for (int j = 0; j <= 63; ++j)
    {
        SS1 = SL(SL(A, 12) + E + SL(Tj(j), j), 7);
        SS2 = SS1 ^ SL(A, 12);
        TT1 = FFj(j, A, B, C) + D + SS2 + W1[j];
        TT2 = GGj(j, E, F, G) + H + SS1 + W[j];
        D = C;
        C = SL(B, 9);
        B = A;
        A = TT1;
        H = G;
        G = SL(F, 19);
        F = E;
        E = P0(TT2);
    }

    // Vi1 = ABCDEFGH  串联
    R[0] = A, R[1] = B, R[2] = C, R[3] = D, R[4] = E, R[5] = F, R[6] = G, R[7] = H;
    for (int i = 0; i < 8; ++i)
    {
        Vi1[i * 4] = (R[i] >> 24) & 0xFF;
        Vi1[i * 4 + 1] = (R[i] >> 16) & 0xFF;
        Vi1[i * 4 + 2] = (R[i] >> 8) & 0xFF;
        Vi1[i * 4 + 3] = (R[i]) & 0xFF;
    }
    // Vi1 = ABCDEFGH ^ Vi
    for (int i = 0; i < 256 / 8; ++i)
    {
        Vi1[i] ^= Vi[i];
    }
}

//计算 SM3 哈希值的函数，参数 m 是原始数据，ml 是数据长度，r 是输出参数，存放哈希结果
void SM3Hash(unsigned char* m, int ml, unsigned char r[32])
{
    int l = ml * 8;
    int k = 448 - 1 - l % 512;    //添加 k 个 0，k 是满足 l+1+k≡448mod512 的最小非负整数
    if (k <= 0)
    {
        k += 512;
    }

    int n = (l + k + 65) / 512;
```

```
        int m1l = n * 512 / 8;          //填充后的长度，512 位的倍数
        unsigned char* m1 = new unsigned char[m1l];
        memset(m1, 0, m1l);
        memcpy(m1, m, l / 8);

        m1[l / 8] = 0x80;               //消息后补 1

        //再添加一个 64 位比特串，该比特串是长度 l 的二进制表示
        unsigned long ll = l;
        for (int i = 0; i < 64 / 8 && ll > 0; ++i)
        {
            m1[m1l - 1 - i] = ll & 0xFF;
            ll = ll >> 8;
        }

        //将填充后的消息 m'按 512 比特进行分组：m'= B(0)B(1)···B(n-1)，其中 n=(l+k+65)/512
        unsigned char** B = new unsigned char*[n];
        for (int i = 0; i < n; ++i)
        {
            B[i] = new unsigned char[512 / 8];
            memcpy(B[i], m1 + (512 / 8)*i, 512 / 8);
        }

        delete[] m1;

        unsigned char** V = new unsigned char*[n + 1];
        for (int i = 0; i <= n; ++i)
        {
            V[i] = new unsigned char[256 / 8];
            memset(V[i], 0, 256 / 8);
        }

        // 初始化 V[0]
        memcpy(V[0], IV, 256 / 8);

        // 压缩函数，V 与扩展的 B
        for (int i = 0; i < n; ++i)
        {
            CF(V[i], B[i], V[i + 1]);
        }

        for (int i = 0; i < n; ++i)
        {
            delete[] B[i];
        }
        delete[] B;

        // V[n]是结果
        memcpy(r, V[n], 32);

        for (int i = 0; i < n + 1; ++i)
        {
            delete[] V[i];
        }
```

```
        delete[] V;
}
void dumpbuf(unsigned char* buf, int len)    //打印字节数组
{
        int i, line = 32;
        printf("len=%d\n", len);
        for (i = 0; i < len; i++) {
                printf("%02x ", buf[i]);
                if (i>0&&(1+i) % 16 == 0)
                        putchar('\n');
        }
        return;
}

void main()
{
        unsigned char     data[] = "abc",r[32];
        printf("消息：%s\nHash 结果：\n", data);
        SM3Hash(data, 3, r);

        dumpbuf(r, 32);
}
```

（3）保存工程并运行，运行结果如图 4-8 所示。

图 4-8

4.2.6　三段式 SM3 杂凑的实现

在实际应用中，比如 Linux 内核的 IPsec 处理中，有时进行杂凑运算的消息原文不会全部得到，通常会先给一部分，再给一部分，而实际场合也没有那么大的存储空间存储所有消息原文，等到全部凑齐再进行杂凑运算，所以通常需要先对部分消息原文进行杂凑运算，但这个结果是一个中间值，等到下一次消息原文到来后，再和上一次运算的中间值一起参与运算，如此反复，一直到最后消息原文到来后，再进行最后一次运算。再比如，A、B、C 三方通信，A 通过 B 这个中转站向 C 发送大文件，如果 B 要计算整个文件的哈希值，只能分段进行，因为 B 无法缓存全部文件数据后再调用哈希函数。针对这些场景，人们又设计了三步式杂凑函数，即提供 3 个函数，一个初始化函数（Init），一个中间函数（Update），还有一个结束函数（Final），其中，第二个函数可以多次调用。三段式杂凑形式也可以实现单包的效果，因此实用性更好。

【例 4.2】手工实现三段式 SM3 算法

（1）打开 VC 2017，新建一个控制面板工程，工程名是 test。

（2）在工程中添加文件 sm3.h，该文件用来声明 SM3 算法，输入代码如下：

```c
#pragma once

typedef struct
{
    unsigned long total[2];     /*!< number of bytes processed   */
    unsigned long state[8];     /*!< intermediate digest state   */
    unsigned char buffer[64];   /*!< data block being processed  */

    unsigned char ipad[64];     /*!< HMAC: inner padding         */
    unsigned char opad[64];     /*!< HMAC: outer padding         */

}
sm3_context;

#ifdef __cplusplus
extern "C" {
#endif

    /**
     * \brief          SM3 context setup
     *
     * \param ctx      context to be initialized
     */
    void sm3_starts(sm3_context *ctx);

    /**
     * \brief          SM3 process buffer
     *
     * \param ctx      SM3 context
     * \param input    buffer holding the   data
     * \param ilen     length of the input data
     */
    void sm3_update(sm3_context *ctx, unsigned char *input, int ilen);

    /**
     * \brief          SM3 final digest
     *
     * \param ctx      SM3 context
     */
    void sm3_finish(sm3_context *ctx, unsigned char output[32]);

    /**
     * \brief          Output = SM3( input buffer )
     *
     * \param input    buffer holding the   data
     * \param ilen     length of the input data
     * \param output   SM3 checksum result
     */
    void sm3(unsigned char *input, int ilen,
        unsigned char output[32]);
```

```
    /**
     * \brief           Output = SM3( file contents )
     *
     * \param path      input file name
     * \param output    SM3 checksum result
     *
     * \return          0 if successful, 1 if fopen failed,
     *                      or 2 if fread failed
     */
    int sm3_file(char *path, unsigned char output[32]);
#ifdef __cplusplus
}
#endif
```

除了三段式的 3 个函数外，我们还声明了对磁盘文件进行哈希运算的函数 sm3_file，方便读者今后在工程中直接使用。

接着在工程中添加文件 sm3.cpp，该文件用来实现 SM3 算法，输入代码如下：

```
#include "pch.h"
#include "sm3.h"
#include <string.h>
#include <stdio.h>

/*
 * 32-bit integer manipulation macros (big endian)
 */
#ifndef GET_ULONG_BE
#define GET_ULONG_BE(n,b,i)                     \
    {                                               \
        (n) = ( (unsigned long) (b)[(i)      ] << 24 )      \
            | ( (unsigned long) (b)[(i) + 1] << 16 )      \
            | ( (unsigned long) (b)[(i) + 2] <<  8 )      \
            | ( (unsigned long) (b)[(i) + 3]       );      \
    }
#endif

#ifndef PUT_ULONG_BE
#define PUT_ULONG_BE(n,b,i)                     \
    {                                               \
        (b)[(i)      ] = (unsigned char) ( (n) >> 24 );      \
        (b)[(i) + 1] = (unsigned char) ( (n) >> 16 );      \
        (b)[(i) + 2] = (unsigned char) ( (n) >>  8 );      \
        (b)[(i) + 3] = (unsigned char) ( (n)        );      \
    }
#endif

 /*
  * SM3 context setup
  */
```

143

```
void sm3_starts(sm3_context *ctx)
{
    ctx->total[0] = 0;
    ctx->total[1] = 0;

    ctx->state[0] = 0x7380166F;
    ctx->state[1] = 0x4914B2B9;
    ctx->state[2] = 0x172442D7;
    ctx->state[3] = 0xDA8A0600;
    ctx->state[4] = 0xA96F30BC;
    ctx->state[5] = 0x163138AA;
    ctx->state[6] = 0xE38DEE4D;
    ctx->state[7] = 0xB0FB0E4E;

}

static void sm3_process(sm3_context *ctx, unsigned char data[64])
{
    unsigned long SS1, SS2, TT1, TT2, W[68], W1[64];
    unsigned long A, B, C, D, E, F, G, H;
    unsigned long T[64];
    unsigned long Temp1, Temp2, Temp3, Temp4, Temp5;
    int j;
#ifdef _DEBUG
    int i;
#endif

//      for(j=0; j < 68; j++)
//          W[j] = 0;
//      for(j=0; j < 64; j++)
//          W1[j] = 0;

    for (j = 0; j < 16; j++)
        T[j] = 0x79CC4519;
    for (j = 16; j < 64; j++)
        T[j] = 0x7A879D8A;

    GET_ULONG_BE(W[0], data, 0);
    GET_ULONG_BE(W[1], data, 4);
    GET_ULONG_BE(W[2], data, 8);
    GET_ULONG_BE(W[3], data, 12);
    GET_ULONG_BE(W[4], data, 16);
    GET_ULONG_BE(W[5], data, 20);
    GET_ULONG_BE(W[6], data, 24);
    GET_ULONG_BE(W[7], data, 28);
    GET_ULONG_BE(W[8], data, 32);
    GET_ULONG_BE(W[9], data, 36);
    GET_ULONG_BE(W[10], data, 40);
    GET_ULONG_BE(W[11], data, 44);
    GET_ULONG_BE(W[12], data, 48);
    GET_ULONG_BE(W[13], data, 52);
```

```
        GET_ULONG_BE(W[14], data, 56);
        GET_ULONG_BE(W[15], data, 60);

#ifdef _DEBUG
        printf("Message with padding:\n");
        for (i = 0; i < 8; i++)
            printf("%08x ", W[i]);
        printf("\n");
        for (i = 8; i < 16; i++)
            printf("%08x ", W[i]);
        printf("\n");
#endif

#define FF0(x,y,z) ( (x) ^ (y) ^ (z))
#define FF1(x,y,z) (((x) & (y)) | ( (x) & (z)) | ( (y) & (z)))

#define GG0(x,y,z) ( (x) ^ (y) ^ (z))
#define GG1(x,y,z) (((x) & (y)) | ( (~(x)) & (z)) )


#define   SHL(x,n) (((x) & 0xFFFFFFFF) << n)
#define ROTL(x,n) (SHL((x),n) | ((x) >> (32 - n)))

#define P0(x) ((x) ^   ROTL((x),9) ^ ROTL((x),17))
#define P1(x) ((x) ^   ROTL((x),15) ^ ROTL((x),23))

        for (j = 16; j < 68; j++)
        {
            //W[j] = P1( W[j-16] ^ W[j-9] ^ ROTL(W[j-3],15)) ^ ROTL(W[j - 13],7 ) ^ W[j-6];
            //Why thd release's result is different with the debug's ?
            //Below is okay. Interesting, Perhaps VC6 has a bug of Optimizaiton.

            Temp1 = W[j - 16] ^ W[j - 9];
            Temp2 = ROTL(W[j - 3], 15);
            Temp3 = Temp1 ^ Temp2;
            Temp4 = P1(Temp3);
            Temp5 = ROTL(W[j - 13], 7) ^ W[j - 6];
            W[j] = Temp4 ^ Temp5;
        }

#ifdef _DEBUG
        printf("Expanding message W0-67:\n");
        for (i = 0; i < 68; i++)
        {
            printf("%08x ", W[i]);
            if (((i + 1) % 8) == 0) printf("\n");
        }
        printf("\n");
#endif

        for (j = 0; j < 64; j++)
```

```
        {
            W1[j] = W[j] ^ W[j + 4];
        }

#ifdef _DEBUG
        printf("Expanding message W'0-63:\n");
        for (i = 0; i < 64; i++)
        {
            printf("%08x ", W1[i]);
            if (((i + 1) % 8) == 0) printf("\n");
        }
        printf("\n");
#endif

        A = ctx->state[0];
        B = ctx->state[1];
        C = ctx->state[2];
        D = ctx->state[3];
        E = ctx->state[4];
        F = ctx->state[5];
        G = ctx->state[6];
        H = ctx->state[7];
#ifdef _DEBUG
        printf("j       A        B        C        D        E        F        G        H\n");
        printf("   %08x %08x %08x %08x %08x %08x %08x %08x\n", A, B, C, D, E, F, G, H);
#endif

        for (j = 0; j < 16; j++)
        {
            SS1 = ROTL((ROTL(A, 12) + E + ROTL(T[j], j)), 7);
            SS2 = SS1 ^ ROTL(A, 12);
            TT1 = FF0(A, B, C) + D + SS2 + W1[j];
            TT2 = GG0(E, F, G) + H + SS1 + W[j];
            D = C;
            C = ROTL(B, 9);
            B = A;
            A = TT1;
            H = G;
            G = ROTL(F, 19);
            F = E;
            E = P0(TT2);
#ifdef _DEBUG
            printf("%02d %08x %08x %08x %08x %08x %08x %08x %08x\n", j, A, B, C, D, E, F, G, H);
#endif
        }

        for (j = 16; j < 64; j++)
        {
            SS1 = ROTL((ROTL(A, 12) + E + ROTL(T[j], j)), 7);
            SS2 = SS1 ^ ROTL(A, 12);
            TT1 = FF1(A, B, C) + D + SS2 + W1[j];
```

```
        TT2 = GG1(E, F, G) + H + SS1 + W[j];
        D = C;
        C = ROTL(B, 9);
        B = A;
        A = TT1;
        H = G;
        G = ROTL(F, 19);
        F = E;
        E = P0(TT2);
#ifdef _DEBUG
        printf("%02d %08x %08x %08x %08x %08x %08x %08x %08x\n", j, A, B, C, D, E, F, G, H);
#endif
    }

    ctx->state[0] ^= A;
    ctx->state[1] ^= B;
    ctx->state[2] ^= C;
    ctx->state[3] ^= D;
    ctx->state[4] ^= E;
    ctx->state[5] ^= F;
    ctx->state[6] ^= G;
    ctx->state[7] ^= H;
#ifdef _DEBUG
    printf("  %08x %08x %08x %08x %08x %08x %08x %08x\n", ctx->state[0], ctx->state[1], ctx->state[2],
        ctx->state[3], ctx->state[4], ctx->state[5], ctx->state[6], ctx->state[7]);
#endif
}

/*
 * SM3 process buffer
 */
void sm3_update(sm3_context *ctx, unsigned char *input, int ilen)
{
    int fill;
    unsigned long left;

    if (ilen <= 0)
        return;

    left = ctx->total[0] & 0x3F;
    fill = 64 - left;

    ctx->total[0] += ilen;
    ctx->total[0] &= 0xFFFFFFFF;

    if (ctx->total[0] < (unsigned long)ilen)
        ctx->total[1]++;

    if (left && ilen >= fill)
    {
        memcpy((void *)(ctx->buffer + left),
```

```c
                (void *)input, fill);
            sm3_process(ctx, ctx->buffer);
            input += fill;
            ilen -= fill;
            left = 0;
        }

        while (ilen >= 64)
        {
            sm3_process(ctx, input);
            input += 64;
            ilen -= 64;
        }

        if (ilen > 0)
        {
            memcpy((void *)(ctx->buffer + left),
                (void *)input, ilen);
        }
}

static const unsigned char sm3_padding[64] =
{
 0x80, 0, 0, 0, 0, 0, 0, 0, 0, 0, 0, 0, 0, 0, 0, 0,
    0, 0, 0, 0, 0, 0, 0, 0, 0, 0, 0, 0, 0, 0, 0, 0,
    0, 0, 0, 0, 0, 0, 0, 0, 0, 0, 0, 0, 0, 0, 0, 0,
    0, 0, 0, 0, 0, 0, 0, 0, 0, 0, 0, 0, 0, 0, 0, 0
};

/*
 * SM3 final digest
 */
void sm3_finish(sm3_context *ctx, unsigned char output[32])
{
    unsigned long last, padn;
    unsigned long high, low;
    unsigned char msglen[8];

    high = (ctx->total[0] >> 29)
        | (ctx->total[1] << 3);
    low = (ctx->total[0] << 3);

    PUT_ULONG_BE(high, msglen, 0);
    PUT_ULONG_BE(low, msglen, 4);

    last = ctx->total[0] & 0x3F;
    padn = (last < 56) ? (56 - last) : (120 - last);

    sm3_update(ctx, (unsigned char *)sm3_padding, padn);
    sm3_update(ctx, msglen, 8);
```

```c
    PUT_ULONG_BE(ctx->state[0], output, 0);
    PUT_ULONG_BE(ctx->state[1], output, 4);
    PUT_ULONG_BE(ctx->state[2], output, 8);
    PUT_ULONG_BE(ctx->state[3], output, 12);
    PUT_ULONG_BE(ctx->state[4], output, 16);
    PUT_ULONG_BE(ctx->state[5], output, 20);
    PUT_ULONG_BE(ctx->state[6], output, 24);
    PUT_ULONG_BE(ctx->state[7], output, 28);
}

/*
 * output = SM3( input buffer )
 */
void sm3(unsigned char *input, int ilen,
    unsigned char output[32])
{
    sm3_context ctx;

    sm3_starts(&ctx);
    sm3_update(&ctx, input, ilen);
    sm3_finish(&ctx, output);

    memset(&ctx, 0, sizeof(sm3_context));
}

/*
 * output = SM3( file contents )
 */
int sm3_file(char *path, unsigned char output[32])
{
    FILE *f;
    size_t n;
    sm3_context ctx;
    unsigned char buf[1024];

    if ((f = fopen(path, "rb")) == NULL)
        return(1);

    sm3_starts(&ctx);

    while ((n = fread(buf, 1, sizeof(buf), f)) > 0)
        sm3_update(&ctx, buf, (int)n);

    sm3_finish(&ctx, output);

    memset(&ctx, 0, sizeof(sm3_context));

    if (ferror(f) != 0)
    {
        fclose(f);
        return(2);
```

```
    }

    fclose(f);
    return(0);
}
```

三段式 SM3 算法完成了。下面加入测试代码，打开 test.cpp，输入代码如下：

```
#include "pch.h"
#include <string.h>
#include <stdio.h>
#include "sm3.h"

int main(int argc, char *argv[])
{
    unsigned char *input = (unsigned char*)"abc";
    int ilen = 3;
    unsigned char output[32];
    int i;
    sm3_context ctx;

    printf("Message: ");
    printf("%s\n", input);

    sm3(input, ilen, output);
    printf("Hash:    ");
    for (i = 0; i < 32; i++)
    {
        printf("%02x", output[i]);
        if (((i + 1) % 4) == 0) printf(" ");
    }
    printf("\n");

    printf("Message: ");
    for (i = 0; i < 16; i++)
        printf("abcd");
    printf("\n");

    sm3_starts(&ctx);
    for (i = 0; i < 16; i++)
        sm3_update(&ctx, (unsigned char*)"abcd", 4);
    sm3_finish(&ctx, output);
    memset(&ctx, 0, sizeof(sm3_context));

    printf("Hash:    ");
    for (i = 0; i < 32; i++)
    {
        printf("%02x", output[i]);
        if (((i + 1) % 4) == 0) printf(" ");
    }
    printf("\n");
```

```
//getch();
}
```

（3）保存工程并运行，运行结果如图 4-9 所示。

图 4-9

为了方便读者对照算法原理逐步理解，特意把中间过程打印出来。

4.2.7 OpenSSL 实现 SM3 算法

前面我们从零开始实现了 SM3 算法，在实际开发中也可以基于现有的密码算法库来实现，这样可以避免重复造轮子。目前，新版的 OpenSSL 库已经提供了 SM3 算法，因此我们可以通过调用 OpenSSL 库函数来实现 SM3，过程简单得多。

【例 4.3】OpenSSL 实现 SM3

（1）打开 VC 2017，新建一个控制面板工程 test。

（2）在工程中新建一个 C++文件，文件名是 sm3hash.cpp，然后输入代码如下：

```cpp
#include <pch.h>
#include "openssl/evp.h"
#include "sm3hash.h"

int sm3_hash(const unsigned char *message, size_t len, unsigned char *hash, unsigned int *hash_len)
{
    EVP_MD_CTX *md_ctx;
    const EVP_MD *md;

    md = EVP_sm3();    //使用的哈希算法是 SM3
    md_ctx = EVP_MD_CTX_new();//开辟摘要上下文结构需要的空间
    EVP_DigestInit_ex(md_ctx, md, NULL);  //初始化摘要结构上下文结构
    EVP_DigestUpdate(md_ctx, message, len);    //对数据进行摘要计算
    EVP_DigestFinal_ex(md_ctx, hash, hash_len); //结尾工作，输出摘要结果
    EVP_MD_CTX_free(md_ctx);  //释放空间
    return 0;
}
```

我们定义了一个函数 sm3_hash，其中参数 message 是要做哈希的源数据，len 是源数据的长度，这两个参数都是输入参数。参数 hash 是输出参数，存放哈希的结果，对于 SM3，哈希的结果是 32 字节，因此参数 hash 要指向一个 32 字节的缓冲区。hash_len 也是输出参数，存

放哈希的结果长度。

OpenSSL 1.1.1 并没有对外部提供单独计算SM3 杂凑值的函数。如果要计算各种杂凑函数，就需要通过调用 EVP 相关函数来完成。如此看来，OpenSSL 封装得不错。最后，调用函数 EVP_MD_CTX_free 释放空间。

接着，在工程中新建一个头文件，文件名是 sm3hash.h，然后输入代码如下：

```
#ifndef HEADER_C_FILE_SM3_HASH_H
#define HEADER_C_FILE_SM3_HASH_H
#ifdef    __cplusplus
extern "C" {
#endif

    int sm3_hash(const unsigned char *message, size_t len, unsigned char *hash, unsigned int *hash_len);

#ifdef    __cplusplus
}
#endif

#endif
```

该文件中就声明了一个函数 sm3_hash，以方便其他程序调用。

在 VC 中打开"test 属性页"对话框，然后设置"附加包含目录"为 D:\openssl-1.1.1b\win32 -debug\include，如图 4-10 所示。

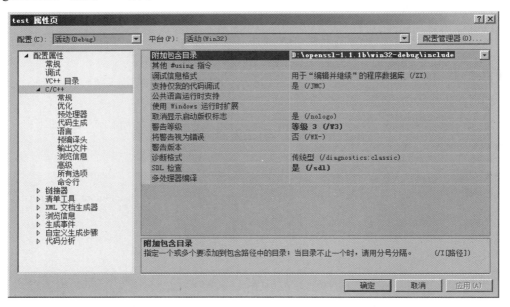

图 4-10

这个例子的程序是 32 位的，所以使用 32 位的头文件和库。

再设置"附加库目录"为 D:\openssl-1.1.1b\win32-debug\lib，如图 4-11 所示。

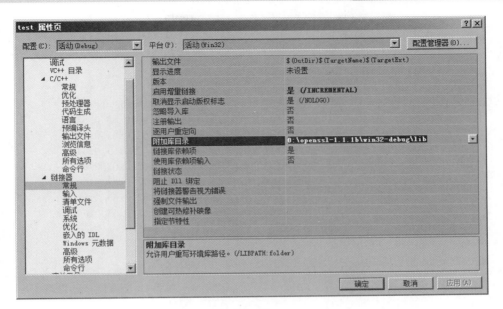

图 4-11

最后添加三个库（ws2_32.lib;Crypt32.lib;libcrypto.lib;）到"附加依赖项"，注意用分号隔开，如图 4-12 所示。

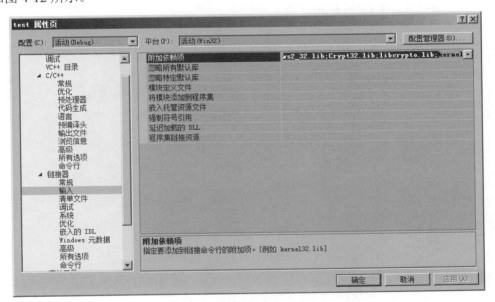

图 4-12

（3）现在可以编写测试代码了，具体调用 sm3_hash 函数。打开 test.cpp，在其中输入代码如下：

```
#include "pch.h"
#include <stdio.h>
#include <string.h>
#include "sm3hash.h"
```

```
int main(void)
{
    const unsigned char sample1[] = { 'a', 'b', 'c', 0 };
    unsigned int sample1_len = strlen((char *)sample1);
    const unsigned char sample2[] = { 0x61, 0x62, 0x63, 0x64, 0x61, 0x62, 0x63, 0x64,
                                      0x61, 0x62, 0x63, 0x64, 0x61, 0x62, 0x63, 0x64,
                                      0x61, 0x62, 0x63, 0x64, 0x61, 0x62, 0x63, 0x64,
                                      0x61, 0x62, 0x63, 0x64, 0x61, 0x62, 0x63, 0x64,
                                      0x61, 0x62, 0x63, 0x64, 0x61, 0x62, 0x63, 0x64,
                                      0x61, 0x62, 0x63, 0x64, 0x61, 0x62, 0x63, 0x64,
                                      0x61, 0x62, 0x63, 0x64, 0x61, 0x62, 0x63, 0x64,
                                      0x61, 0x62, 0x63, 0x64, 0x61, 0x62, 0x63, 0x64 };
    unsigned int sample2_len = sizeof(sample2);
    unsigned char hash_value[64];
    unsigned int i, hash_len;

    sm3_hash(sample1, sample1_len, hash_value, &hash_len);
    printf("raw data: %s\n", sample1);
    printf("hash length: %d bytes.\n", hash_len);
    printf("hash value:\n");
    for (i = 0; i < hash_len; i++)
    {
        printf("0x%x    ", hash_value[i]);
    }
    printf("\n\n");

    sm3_hash(sample2, sample2_len, hash_value, &hash_len);
    printf("raw data:\n");
    for (i = 0; i < sample2_len; i++)
    {
        printf("0x%x    ", sample2[i]);
    }
    printf("\n");
    printf("hash length: %d bytes.\n", hash_len);
    printf("hash value:\n");
    for (i = 0; i < hash_len; i++)
    {
        printf("0x%x    ", hash_value[i]);
    }
    printf("\n");
    return 0;
}
```

在代码中，我们分别对字节数组 sample1 和 sample2 进行了 sm3_hash 运算。最后把结果都打印出来了。

（4）保存工程并运行，运行结果如图 4-13 所示。

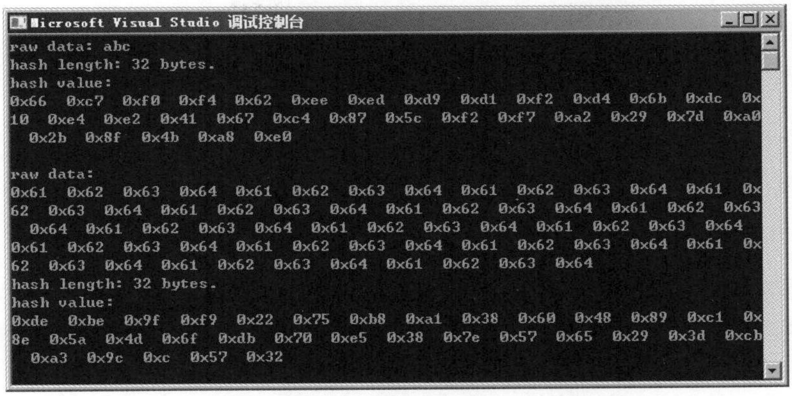

图 4-13

4.3　HMAC

4.3.1　什么是 HMAC

HMAC（Hash-Based Message Authentication Code，密钥相关的哈希运算消息认证码）是由 H.Krawezyk、M.Bellare、R.Canetti 三人于 1996 年提出的一种基于哈希函数和密钥进行消息认证的方法，于 1997 年作为 RFC2104 被公布，并在 IPSec 和其他网络协议（如 SSL）中得到了广泛应用，现在已经成为事实上的 Internet 安全标准。它可以与任何迭代型散列函数捆绑使用。

HMAC 是一种使用单向散列函数来构造消息认证码的方法，其中 HMAC 中的 H 就是 Hash 的意思。

HMAC 中所使用的单向散列函数并不仅限于一种，任何高强度的单向散列函数都可以被用于 HMAC，将来设计出的新的单向散列函数同样可以使用。使用 SM3-HMAC、SHA-1、SHA-224、SHA-256、SHA-384、SHA-512 所构造的 HMAC 分别称为 HMAC-SM3、HMAC-SHA1、HMAC-SHA-224、HMAC-SHA-256、HMAC-SHA-384、HMAC-SHA-512。

4.3.2　产生背景

随着 Internet 的不断发展，网络安全问题日益突出。为了确保接收方所接收到的报文数据的完整性，人们采用消息认证来验证上述性质。目前，用来对消息进行认证的主要方式有三种：消息认证码、散列函数和消息加密。

- 消息认证码：它是一个需要密钥的算法，可以对可变长度的消息进行认证，把输出的结果作为认证符。
- 散列函数：它是将任意长度的消息映像成为定长的散列值的函数，以该散列值消息摘要作为认证符。
- 消息加密：它将整个消息的密文作为认证符。

近年来，人们对利用散列函数来设计 MAC 越来越感兴趣，原因有两个：

（1）一般的散列函数的软件执行速度比分组密码要快。

（2）密码散列函数的库代码来源广泛。

因此，HMAC 应运而生，HMAC 是一种利用密码学中的散列函数来进行消息认证的机制，所能提供的消息认证包括两方面内容：

（1）消息完整性认证：能够证明消息内容在传送过程中没有被修改。

（2）信源身份认证：因为通信双方共享了认证的密钥，接收方能够认证发送该数据的信源与所宣称的一致，即能够可靠地确认接收的消息与发送的一致。

HMAC 是当前许多安全协议所选用的提供认证服务的方式，应用十分广泛，并且经受住了多种形式攻击的考验。

4.3.3　设计目标

在 HMAC 规划之初，就有以下设计目标：

（1）不必修改而直接套用已知的散列函数，并且很容易得到软件上执行速度较快的散列函数及其代码。

（2）若找到或需要更快或更安全的散列函数，则能够很容易地代替原来嵌入的散列函数。

（3）应保持散列函数原来的性能，不能因为嵌入在 HMAC 中而过分降低其性能。

（4）对密钥的使用和处理比较简单。

（5）如果已知嵌入的散列函数的强度，就完全可以推断出认证机制抵抗密码分析的强度。

4.3.4　算法描述

HMAC 算法本身并不复杂，其需要有一个哈希函数，我们记为 H。同时还需要有一个密钥，我们记为 K。每种信息摘要函数都对信息进行分组，每个信息块的长度是固定的，我们记为 B（如 SHA1 为 512 位，即 64 字节；SM3 也是以 64 字节为分组大小）。每种信息摘要算法都会输出一个固定长度的信息摘要，我们将信息摘要的长度记为 L（如 MD5 为 16 字节，SHA-1 为 20 字节）。正如前面所述，K 的长度理论上是任意的，一般为了安全强度考虑，选取不小于 L 的长度。

HMAC 算法其实就是利用密钥和明文进行两轮哈希运算，以公式可以表示如下：

$$HMAC(K,M)=H(K \oplus opad \mid H(K \oplus ipad \mid M))$$

其中，ipad 为 0x36 重复 B 次，opad 为 0x5c 重复 B 次，m 代表一个消息输入。

根据上面的算法表示公式，我们可以描述 HMAC 算法的运算步骤：

（1）检查密钥 K 的长度。如果 K 的长度大于 B，就先使用摘要算法计算出一个长度为 L 的新密钥。如果 K 的长度小于 B，就在其后面追加 0 来使其长度达到 B。

（2）将上一步生成的 B 字长的密钥字符串与 ipad 做异或运算。

（3）将需要处理的数据流 text 填充至第二步的结果字符串中。

（4）使用哈希函数 H 计算上一步中生成的数据流的信息摘要值。

（5）将第一步生成的 B 字长密钥字符串与 opad 做异或运算。

（6）再将第四步得到的结果填充到第五步的结果之后。

（7）使用哈希函数 H 计算上一步中生成的数据流的信息摘要值，输出结果就是最终的 HMAC 值。

由上述描述过程，我们知道 HMAC 算法的计算过程实际是对原文做了两次类似于加盐处理的哈希过程（关于盐，在应用中，出于安全的考虑和数据的保密，需要使用到加密算法，有时为了让加密的结果更加扑朔迷离一些，常常会给被加密的数据加点"盐"。说白了，盐就是一串数字，完全是自己定义的）。

4.3.5　独立自主实现 HMAC-SM3

在了解了 HMAC 的算法描述后，相信大家有些云里雾里。下面我们通过代码实现来加深理解 HMAC 算法。这是一种非天才式的学习方法（天才一般是看到算法描述直接得出代码实现）。

【例 4.4】实现 HMAC-SM3 算法

（1）把例 4.2 的工程复制一份，然后用 VC 2017 打开工程。

（2）在工程中打开 sm3.cpp，在文件末尾处添加函数代码如下：

```
// SM3 HMAC context setup
void sm3_hmac_starts(sm3_context *ctx, unsigned char *key, int keylen)
{
    int i;
    unsigned char sum[32];

    if (keylen > 64)
    {
        sm3(key, keylen, sum);
        keylen = 32;
        //keylen = ( is224 ) ? 28 : 32;
        key = sum;
    }

     memset(ctx->ipad, 0x36, 64);
    memset(ctx->opad, 0x5C, 64);

    for (i = 0; i < keylen; i++)
    {
        ctx->ipad[i] = (unsigned char)(ctx->ipad[i] ^ key[i]);
        ctx->opad[i] = (unsigned char)(ctx->opad[i] ^ key[i]);
    }
```

```
        sm3_starts(ctx);
        sm3_update(ctx, ctx->ipad, 64);

        memset(sum, 0, sizeof(sum));
}

/*
 * SM3 HMAC process buffer
 */
void sm3_hmac_update(sm3_context *ctx, unsigned char *input, int ilen)
{
        sm3_update(ctx, input, ilen);
}

/*
 * SM3 HMAC final digest
 */
void sm3_hmac_finish(sm3_context *ctx, unsigned char output[32])
{
    int hlen;
    unsigned char tmpbuf[32];

    //is224 = ctx->is224;
    hlen = 32;

    sm3_finish(ctx, tmpbuf);
    sm3_starts(ctx);
    sm3_update(ctx, ctx->opad, 64);
    sm3_update(ctx, tmpbuf, hlen);
    sm3_finish(ctx, output);

    memset(tmpbuf, 0, sizeof(tmpbuf));
}

/*
 * output = HMAC-SM#( hmac key, input buffer )
 */
void sm3_hmac(unsigned char *key, int keylen,unsigned char *input, int ilen, unsigned char output[32])
{
    sm3_context ctx;

    sm3_hmac_starts(&ctx, key, keylen);
    sm3_hmac_update(&ctx, input, ilen);
    sm3_hmac_finish(&ctx, output);

    memset(&ctx, 0, sizeof(sm3_context));
}
```

和 SM3 哈希函数一样，我们也提供了三段式 HMAC-SM3，这样可以适用于更多的应用场合，而且提供了仅通过一个函数就可以得到 HMAC 值的函数 sm3_hmac，它其实是三段式函数的组合。

然后在 sm3.h 中添加函数声明：

```
/**
 * \brief           SM3 HMAC context setup
 *
 * \param ctx       HMAC context to be initialized
 * \param key        HMAC secret key
 * \param keylen    length of the HMAC key
 */
void sm3_hmac_starts(sm3_context *ctx, unsigned char *key, int keylen);

/**
 * \brief           SM3 HMAC process buffer
 *
 * \param ctx       HMAC context
 * \param input     buffer holding the    data
 * \param ilen      length of the input data
 */
void sm3_hmac_update(sm3_context *ctx, unsigned char *input, int ilen);

/**
 * \brief           SM3 HMAC final digest
 *
 * \param ctx       HMAC context
 * \param output    SM3 HMAC checksum result
 */
void sm3_hmac_finish(sm3_context *ctx, unsigned char output[32]);

/**
 * \brief           Output = HMAC-SM3( hmac key, input buffer )
 *
 * \param key        HMAC secret key
 * \param keylen    length of the HMAC key
 * \param input     buffer holding the    data
 * \param ilen      length of the input data
 * \param output    HMAC-SM3 result
 */
void sm3_hmac(unsigned char *key, int keylen,unsigned char *input, int ilen,unsigned char output[32]);
```

每个函数的参数都添加了英文注释，读者可以参考。

最后，在 test.cpp 中替换代码如下：

```
#include "pch.h"
#include <string.h>
#include <stdio.h>
#include "sm3.h"

int main(int argc, char *argv[])
```

```
{
    unsigned char *input = (unsigned char*)"abc";
    unsigned char *key = (unsigned char*)"123456";
    int ilen = 3;
    unsigned char output[32];
    int i;
    sm3_context ctx;

    printf("Message: ");
    printf("%s\n", input);

    sm3_hmac(key, 6, input, 3, output);
    printf("HMAC:      ");
    for (i = 0; i < 32; i++)
    {
        printf("%02x", output[i]);
        if (((i + 1) % 4) == 0) printf(" ");
    }
    printf("\n");
}
```

（3）保存工程并运行，运行结果如图 4-14 所示。

图 4-14

4.4 SHA 系列杂凑算法

4.4.1 SHA 算法概述

SHA 算法即安全哈希算法（Security Hash Algorithm），是美国的 NIST（National Institute of Standards and Technology，美国国家标准与技术研究院）和 NSA（National Security Agency，美国国家安全局）设计的一种标准哈希算法，是安全性很高的一种哈希算法。SHA 算法经过密码学专家多年来的改进已日益完善，现在已成为公认安全的散列算法之一，并被广泛使用。

SHA 是一系列的哈希算法，有 SHA-1、SHA-2、SHA-3 三大类，而 SHA-1 已经被破解，SHA-3 应用得较少。SHA-1 是第一代 SHA 算法标准，后来的 SHA-224、SHA-256、SHA-384 和 SHA-512 被统称为 SHA-2。目前应用广泛且相对安全的是 SHA-2 算法。

SHA 算法是 FIPS（Federal Information Processing Standards，联邦信息处理标准）所认证的安全散列算法。同 SM3 一样，SHA 算法能对输入的消息计算出长度固定的字符串（又称为消息摘要）。各种 SHA 算法的数据比较如图 4-15 所示，其中的长度单位均为比特位。

类别	SHA-1	SHA-224	SHA-256	SHA-384	SHA-512
消息摘要长度	160	224	256	384	512
消息长度	小于2^{64}位	小于2^{64}位	小于2^{64}位	小于2^{128}位	小于2^{128}位
分组长度	512	512	512	1024	1024
计算字长度	32	32	32	64	64
计算步骤数	80	64	64	80	80

图 4-15

从图 4-15 中不难发现，SHA-224 和 SHA-256、SHA-384 和 SHA-512 在消息长度、分组长度、计算字长以及计算步骤方面都是一致的。事实上，通常认为 SHA-224 是 SHA-256 的缩减版，而 SHA-384 是 SHA-512 的缩减版。

4.4.2　SHA 的发展史

SHA 由 NIST 设计并于 1993 年发表，该版本称为 SHA-0，由于很快被发现存在安全隐患，1995 年又发布了 SHA-1。

2002 年，NIST 分别发布了 SHA-256、SHA-384、SHA-512，这些算法统称为 SHA-2。2008 年又新增了 SHA-224。

由于 SHA-1 已经不太安全，目前 SHA-2 各版本已经成为主流。

4.4.3　SHA 系列算法的核心思想和特点

该算法的思想是接收一段明文，然后以一种不可逆的方式将它转换成一段密文，也可以简单地理解为取一串输入码，并把它们转化为长度较短、位数固定的输出序列（散列值）。

4.4.4　单向性

单向散列函数的安全性在于其产生散列值的操作过程具有较强的单向性。如果在输入序列中嵌入密码，那么任何人在不知道密码的情况下都不能产生正确的散列值，从而保证了其安全性。

4.4.5　主要用途

通过散列算法可以实现数字签名，数字签名的原理是将要传送的明文通过一种函数运算（Hash）转换成报文摘要，报文摘要加密后与明文一起传送给接受方，接受方将接受的明文产生新的报文摘要与发送方发来的报文摘要比较，如果比较结果一致就表示明文未被改动，如果不一致就表示明文已被篡改。

4.4.6　SHA256 算法原理解析

为了更好地理解 SHA256 的原理，这里首先分别介绍算法中可以单独抽出的模块，包括常量的初始化、信息预处理、使用到的逻辑运算，然后一起来探索 SHA256 算法的主体部分，即消息摘要是如何计算的。

1. 常量的初始化

常量的作用是和数据源进行计算，增加数据的加密性。那么可以想一下，如果常量是一些如1、2、3之类的整数，是不是就没什么加密性可言了？所以需要这些常量很复杂，生成的规则是：对自然数中前8个（或64个）质数（2、3、5、7、11、13、17、19）的平方根的小数部分取前32比特（在后面的映射过程中会用到这些常量）。

SHA256中用到两种常量：8个哈希初值和64个哈希常量。

（1）8个哈希初值

SHA256算法的8个哈希初值如下：

```
h0 := 0x6a09e667
h1 := 0xbb67ae85
h2 := 0x3c6ef372
h3 := 0xa54ff53a
h4 := 0x510e527f
h5 := 0x9b05688c
h6 := 0x1f83d9ab
h7 := 0x5be0cd19
```

这些初值是对自然数中前8个质数（2、3、5、7、11、13、17、19）的平方根的小数部分取前32比特而来的。举一个例子，2的平方根的小数部分约为0.414213562373095048，然后$0.414213562373095048 \approx 6*16^{-1}+a*16^{-2}+0*16^{-3}+...$。

所以质数2的平方根的小数部分取前32比特就得到0x6a09e667。

（2）64个哈希常量

在SHA256算法中，用到的64个常量如下：

```
428a2f98 71374491 b5c0fbcf e9b5dba5
3956c25b 59f111f1 923f82a4 ab1c5ed5
d807aa98 12835b01 243185be 550c7dc3
72be5d74 80deb1fe 9bdc06a7 c19bf174
e49b69c1 efbe4786 0fc19dc6 240ca1cc
2de92c6f 4a7484aa 5cb0a9dc 76f988da
983e5152 a831c66d b00327c8 bf597fc7
c6e00bf3 d5a79147 06ca6351 14292967
27b70a85 2e1b2138 4d2c6dfc 53380d13
650a7354 766a0abb 81c2c92e 92722c85
a2bfe8a1 a81a664b c24b8b70 c76c51a3
d192e819 d6990624 f40e3585 106aa070
19a4c116 1e376c08 2748774c 34b0bcb5
391c0cb3 4ed8aa4a 5b9cca4f 682e6ff3
748f82ee 78a5636f 84c87814 8cc70208
90befffa a4506ceb bef9a3f7 c67178f2
```

与8个哈希初值类似，这些常量是对自然数中前64个质数（2、3、5、7、11、13、17、

19、23、29、31、37、41、43、47、53、59、61、67、71、73、79、83、89、97、…）的立方根的小数部分取前 32 比特而来的。

2. 信息预处理

预处理分为两部分，第一部分是附加填充比特，第二部分是附加长度，目的是让整个消息满足指定的结构，从而处理起来可以统一化、格式化。这是计算机的基本思维方式，就是把复杂的数据转化为特定的格式，化繁为简，"去伪存真"。

（1）附加填充比特

在报文末尾进行填充，使报文长度在对 512 取模以后的余数是 448。具体是：先补第一个比特为 1，然后都补 0，直到长度满足对 512 取模后余数是 448。需要注意的是，即使长度已经满足对 512 取模后余数是 448，补位也必须进行，这时要填充 512 比特。所以，填充时至少补一位，最多补 512 位。例如 abc 补位的过程如下：

① a、b、c 对应的 ASCII 码分别是 97、98、99。

② 对应的二进制编码为 01100001 01100010 01100011。

③ 首先补一个 1，即 0110000101100010 01100011 1。

④ 然后补 423 个 0，即 01100001 01100010 01100011 10000000 00000000 … 00000000。

补位完成后的数据如下：

```
61626380 00000000 00000000 00000000
00000000 00000000 00000000 00000000
00000000 00000000 00000000 00000000
00000000 00000000
```

为什么是 448？

因为在第一步的预处理后，第二步会再附加上一个 64Bit 的数据，用来表示原始报文的长度信息。而 448+64=512 正好拼成了一个完整的结构。

（2）附加长度

是将原始数据的长度信息补到已经进行了填充操作的消息后面（就是第一步预处理后的信息），SHA256 用一个 64 位的数据来表示原始消息的长度。所以 SHA256 加密的原始信息长度最大是 2^{64}。

用上面的消息 abc 来操作，3 个字符占用 24Bit，在进行了补长度的操作以后，整个消息就变成：

```
61626380 00000000 00000000 00000000 00000000 00000000 00000000 00000000 00000000 00000000
00000000 00000000 00000000 00000000 00000000 00000018
```

3. 逻辑运算

SHA256 散列函数中涉及的操作全部是逻辑的位运算，包括如下的逻辑函数：

$$Ch(x,y,z)=(x \wedge y) \oplus (\neg x \wedge z)$$
$$Ma(x,y,z)=(x \wedge y) \oplus (x \wedge z) \oplus (y \wedge z) Ma(x,y,z)=(x \wedge y) \oplus (x \wedge z) \oplus (y \wedge z)$$

$\Sigma 0(x)=S2(x) \oplus S13(x) \oplus S22(x)\Sigma 0(x)=S2(x) \oplus S13(x) \oplus S22(x)$
$\Sigma 1(x)=S6(x) \oplus S11(x) \oplus S25(x)\Sigma 1(x)=S6(x) \oplus S11(x) \oplus S25(x)$
$\sigma 0(x)=S7(x) \oplus S18(x) \oplus R3(x)\sigma 0(x)=S7(x) \oplus S18(x) \oplus R3(x)$
$\sigma 1(x)=S17(x) \oplus S19(x) \oplus R10(x)\sigma 1(x)=S17(x) \oplus S19(x) \oplus R10(x)$

其中，∧表示按位"与"；¬ 表示按位"补"；⊕表示按位"异或"；S_n表示循环右移 nBit；R_n表示右移 nBit。

4. SHA256 算法的核心思想

现在来介绍 SHA256 算法的主体部分，即消息摘要是如何计算的。

首先将消息分解成 n 个大小为 512Bit 的块，如图 4-16 所示。

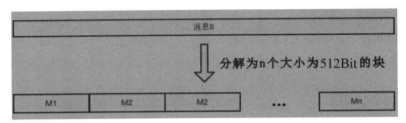

图 4-16

假设消息 M 可以被分解为 n 个块，于是整个算法需要完成 n 次迭代，n 次迭代的结果就是最终的哈希值，即 256Bit 的数字摘要。

一个 256Bit 的摘要的初始值 H0，经过第一个数据块进行运算得到 H1，即完成了第一次迭代。H1 经过第二个数据块得到 H2，以此类推，最后得到 Hn，Hn 即为最终的 256Bit 消息摘要。将每次迭代进行的映射用$ Map(H_{i-1}) = H_{i} $表示，于是迭代可以更形象地展示出来，如图 4-17 所示。

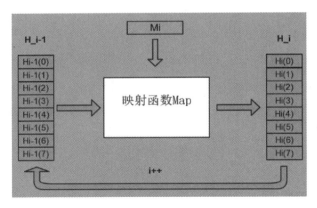

图 4-17

图 4-17 中 256Bit 的 Hi 被描述为 8 个小块，这是因为 SHA256 算法中的最小运算单元称为"字"（Word），一个字是 32 位。

此外，第一次迭代中，映射的初值设置为前面介绍的 8 个哈希初值，如图 4-18 所示。

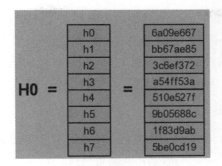

图 4-18

下面开始介绍每一次迭代的内容，即映射$ Map(H_{i-1}) = H_{i} $的具体算法。

（1）构造 64 个字

对于每一块，将块分解为 16 个 32Bit 的大端的字，记为 w[0],…,w[15]。也就是说，前 16 个字直接由消息的第 i 个块分解得到。其余的字由如下迭代公式得到：

$$W_t = \sigma1(W_t-2) + W_t-7 + \sigma0(W_t-15) + W_t-16$$
$$W_t = \sigma1(W_t-2) + W_t-7 + \sigma0(W_t-15) + W_t-16$$

（2）进行 64 次循环

映射$ Map(H_{i-1}) = H_{i} $包含 64 次加密循环，即进行 64 次加密循环即可完成一次迭代。每次加密循环可以由图 4-19 描述。

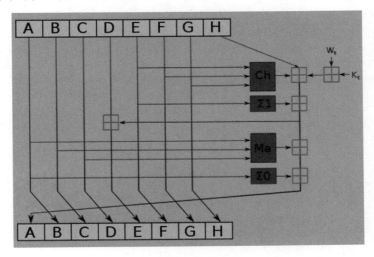

图 4-19

图 4-19 中，A、B、C、D、E、F、G、H 这 8 个字按照一定的规则进行更新，其中深色方块是事先定义好的非线性逻辑函数，上文已经做过铺垫。田字方块代表 mod $ 2^{32} $ addition，即将两个数字加在一起，如果结果大于2^{32}，就必须除以 2^{32} 并找到余数。

A、B、C、D、E、F、G、H 一开始的初始值分别为$ H_{i-1}(0), H_{i-1}(1),…,H_{i-1}(7) $。

K_t 是第 t 个密钥，对应上文提到的 64 个常量。

W$_t$ 是本区块产生的第 t 个字。原消息被切成固定长度 512Bit 的区块，对每一个区块产生 64 个字，通过重复运行循环 n 次对 ABCDEFGH 这 8 个字循环加密。

最后一次循环所产生的 8 个字合起来就是第 i 个块对应的散列字符串 H_{i}。

由此便完成了 SHA256 算法的所有介绍。

5. SHA256 算法的伪代码

现在我们可以结合 SHA256 算法的伪代码，对上述所有步骤进行梳理整合：

```
Note: All variables are unsigned 32 bits and wrap modulo 232 when calculating
Initialize variables
(first 32 bits of the fractional parts of the square roots of the first 8 primes 2..19):
h0 := 0x6a09e667
h1 := 0xbb67ae85
h2 := 0x3c6ef372
h3 := 0xa54ff53a
h4 := 0x510e527f
h5 := 0x9b05688c
h6 := 0x1f83d9ab
h7 := 0x5be0cd19


Initialize table of round constants
(first 32 bits of the fractional parts of the cube roots of the first 64 primes 2..311):
k[0..63] :=
    0x428a2f98, 0x71374491, 0xb5c0fbcf, 0xe9b5dba5, 0x3956c25b, 0x59f111f1, 0x923f82a4, 0xab1c5ed5,
    0xd807aa98, 0x12835b01, 0x243185be, 0x550c7dc3, 0x72be5d74, 0x80deb1fe, 0x9bdc06a7, 0xc19bf174,
    0xe49b69c1, 0xefbe4786, 0x0fc19dc6, 0x240ca1cc, 0x2de92c6f, 0x4a7484aa, 0x5cb0a9dc, 0x76f988da,
    0x983e5152, 0xa831c66d, 0xb00327c8, 0xbf597fc7, 0xc6e00bf3, 0xd5a79147, 0x06ca6351, 0x14292967,
    0x27b70a85, 0x2e1b2138, 0x4d2c6dfc, 0x53380d13, 0x650a7354, 0x766a0abb, 0x81c2c92e, 0x92722c85,
    0xa2bfe8a1, 0xa81a664b, 0xc24b8b70, 0xc76c51a3, 0xd192e819, 0xd6990624, 0xf40e3585, 0x106aa070,
    0x19a4c116, 0x1e376c08, 0x2748774c, 0x34b0bcb5, 0x391c0cb3, 0x4ed8aa4a, 0x5b9cca4f, 0x682e6ff3,
    0x748f82ee, 0x78a5636f, 0x84c87814, 0x8cc70208, 0x90befffa, 0xa4506ceb, 0xbef9a3f7, 0xc67178f2


Pre-processing:
append the bit '1' to the message
append k bits '0', where k is the minimum number >= 0 such that the resulting message
    length (in bits) is congruent to 448(mod 512)
append length of message (before pre-processing), in bits, as 64-bit big-endian integer


Process the message in successive 512-bit chunks:
break message into 512-bit chunks
for each chunk
    break chunk into sixteen 32-bit big-endian words w[0..15]

    Extend the sixteen 32-bit words into sixty-four 32-bit words:
    for i from 16 to 63
        s0 := (w[i-15] rightrotate 7) xor (w[i-15] rightrotate 18) xor(w[i-15] rightshift 3)
```

```
        s1 := (w[i-2] rightrotate 17) xor (w[i-2] rightrotate 19) xor(w[i-2] rightshift 10)
        w[i] := w[i-16] + s0 + w[i-7] + s1

    Initialize hash value for this chunk:
    a := h0
    b := h1
    c := h2
    d := h3
    e := h4
    f := h5
    g := h6
    h := h7


    Main loop:
    for i from 0 to 63
        s0 := (a rightrotate 2) xor (a rightrotate 13) xor(a rightrotate 22)
        maj := (a and b) xor (a and c) xor(b and c)
        t2 := s0 + maj
        s1 := (e rightrotate 6) xor (e rightrotate 11) xor(e rightrotate 25)
        ch := (e and f) xor ((not e) and g)
        t1 := h + s1 + ch + k[i] + w[i]
        h := g
        g := f
        f := e
        e := d + t1
        d := c
        c := b
        b := a
        a := t1 + t2


    Add this chunk's hash to result so far:
    h0 := h0 + a
    h1 := h1 + b
    h2 := h2 + c
    h3 := h3 + d
    h4 := h4 + e
    h5 := h5 + f
    h6 := h6 + g
    h7 := h7 + h

Produce the final hash value (big-endian):
digest = hash = h0 append h1 append h2 append h3 append h4 append h5 append h6 append h7
```

6. 温故知新：大端和小端

对于整型、长整型等数据类型，都存在字节排列的高低位顺序问题。

大端认为第一个字节是最高位字节（按照从低地址到高地址的顺序存放数据的高位字节到低位字节）。而小端相反，认为第一个字节是最低位字节（按照从低地址到高地址的顺序存放数据的低位字节到高位字节）。

例如，假设从内存地址 0x0000 开始有表 4-1 所示的数据。

表 4-1　从内存地址 0x0000 开始存放的数据

地　　址	数　　据
…	…
0x0000	0x12
0x0001	0x34
0x0002	0xab
0x0003	0xcd
…	…

假设我们要读取一个地址为 0x0000 的 4 字节变量，若字节序为大端，则读出的结果为 0x1234abcd；若字节序为小端，则读出的结果为 0xcdab3412。

如果我们将 0x1234abcd 写入以 0x0000 开始的内存中，则大端和小端模式的存放结果如表 4-2 所示。

表 4-2　大端和小端模式的存放结果

地　　址	0x0000	0x0001	0x0002
大端	0x12	0x34	0xab
小端	0xcd	0xab	0x34

7. SHA256 算法的实现

算法的原理阐述完毕后，相信读者已经有了一定的理解，但真正掌握算法还需要上机实践。现在我们将按照前面的算法描述过程用代码实现算法。笔者尽可能原汁原味地实现 SM3 密码杂凑算法。代码里的函数、变量名称都尽量使用算法描述中的名称，尽量遵循算法描述的原始步骤，不使用算法技巧进行处理，以利于初学者的理解。

老规矩，这里的实现既有基于原来的从零开始的"手工蛋糕"，又有基于算法库（OpenSSL）的"机器蛋糕"。

【例 4.5】手工实现 SHA256 算法

（1）打开 VC 2017，新建一个控制面板工程 test。

（2）在工程中新建一个头文件 sha256.h，并输入代码如下：

```
#ifndef SHA256_H
#define SHA256_H

/*********************** HEADER FILES **************************/
#include <stddef.h>

/*********************** MACROS **************************/
#define SHA256_BLOCK_SIZE 32          // SHA256 输出 32 字节的摘要

/*********************** DATA TYPES **************************/
```

```
typedef unsigned char BYTE;              // 定义字节类型
typedef unsigned int   WORD;             // 定义 32 位的字类型

typedef struct {
    BYTE data[64];          // 定义 64 字节的消息数据块缓冲区
    WORD datalen;              // 签名当前块的数据长度
    unsigned long long bitlen;     // 总消息的位长度
    WORD state[8];          // 存储哈希摘要的中间状态
} SHA256_CTX;

/********************* FUNCTION DECLARATIONS *********************/
void sha256_init(SHA256_CTX *ctx);
void sha256_update(SHA256_CTX *ctx, const BYTE data[], size_t len);
void sha256_final(SHA256_CTX *ctx, BYTE hash[]);

#endif    // SHA256_H
```

同 SM3 一样，SHA256 也有一个上下文结构体 SHA256_CTX，这样可以支持三段式的函数接口，分别是 sha256_init、sha256_update 和 sha256_final。其中 sha256_init 必须首先调用，而且只能调用一次，其实是调用 sha256_update，该函数可以调用一次或多次，sha256_update 全部调用完毕后，最后还需要调用一次 sha256_final，该函数也只能调用一次，其输出参数 hash 存放最终得到的结果，为 32 字节。

（3）在工程中新建一个源文件 sha256.cpp，并输入代码如下：

```
/********************** HEADER FILES **********************/
#include <pch.h>
#include <stdlib.h>
#include <memory.h>
#include "sha256.h"

/************************ MACROS ************************/
#define ROTLEFT(a,b) (((a) << (b)) | ((a) >> (32-(b))))
#define ROTRIGHT(a,b) (((a) >> (b)) | ((a) << (32-(b))))

#define CH(x,y,z) (((x) & (y)) ^ (~(x) & (z)))
#define MAJ(x,y,z) (((x) & (y)) ^ ((x) & (z)) ^ ((y) & (z)))
#define EP0(x) (ROTRIGHT(x,2) ^ ROTRIGHT(x,13) ^ ROTRIGHT(x,22))
#define EP1(x) (ROTRIGHT(x,6) ^ ROTRIGHT(x,11) ^ ROTRIGHT(x,25))
#define SIG0(x) (ROTRIGHT(x,7) ^ ROTRIGHT(x,18) ^ ((x) >> 3))
#define SIG1(x) (ROTRIGHT(x,17) ^ ROTRIGHT(x,19) ^ ((x) >> 10))

/*********************** VARIABLES ***********************/
static const WORD k[64] = {
    0x428a2f98,0x71374491,0xb5c0fbcf,0xe9b5dba5,0x3956c25b,0x59f111f1,0x923f82a4,0xab1c5ed5,
    0xd807aa98,0x12835b01,0x243185be,0x550c7dc3,0x72be5d74,0x80deb1fe,0x9bdc06a7,0xc19bf174,
    0xe49b69c1,0xefbe4786,0x0fc19dc6,0x240ca1cc,0x2de92c6f,0x4a7484aa,0x5cb0a9dc,0x76f988da,
    0x983e5152,0xa831c66d,0xb00327c8,0xbf597fc7,0xc6e00bf3,0xd5a79147,0x06ca6351,0x14292967,
    0x27b70a85,0x2e1b2138,0x4d2c6dfc,0x53380d13,0x650a7354,0x766a0abb,0x81c2c92e,0x92722c85,
```

```
        0xa2bfe8a1,0xa81a664b,0xc24b8b70,0xc76c51a3,0xd192e819,0xd6990624,0xf40e3585,0x106aa070,
        0x19a4c116,0x1e376c08,0x2748774c,0x34b0bcb5,0x391c0cb3,0x4ed8aa4a,0x5b9cca4f,0x682e6ff3,
        0x748f82ee,0x78a5636f,0x84c87814,0x8cc70208,0x90befffa,0xa4506ceb,0xbef9a3f7,0xc67178f2
};

/********************** FUNCTION DEFINITIONS **********************/
void sha256_transform(SHA256_CTX *ctx, const BYTE data[])
{
    WORD a, b, c, d, e, f, g, h, i, j, t1, t2, m[64];

    // 初始化
    for (i = 0, j = 0; i < 16; ++i, j += 4)
        m[i] = (data[j] << 24) | (data[j + 1] << 16) | (data[j + 2] << 8) | (data[j + 3]);
    for (; i < 64; ++i)
            m[i] = SIG1(m[i - 2]) + m[i - 7] + SIG0(m[i - 15]) + m[i - 16];

    a = ctx->state[0];
    b = ctx->state[1];
    c = ctx->state[2];
    d = ctx->state[3];
    e = ctx->state[4];
    f = ctx->state[5];
    g = ctx->state[6];
    h = ctx->state[7];

    for (i = 0; i < 64; ++i) {
        t1 = h + EP1(e) + CH(e, f, g) + k[i] + m[i];
        t2 = EP0(a) + MAJ(a, b, c);
        h = g;
        g = f;
        f = e;
        e = d + t1;
        d = c;
        c = b;
        b = a;
        a = t1 + t2;
    }

    ctx->state[0] += a;
    ctx->state[1] += b;
    ctx->state[2] += c;
    ctx->state[3] += d;
    ctx->state[4] += e;
    ctx->state[5] += f;
    ctx->state[6] += g;
    ctx->state[7] += h;
}

void sha256_init(SHA256_CTX *ctx)
{
    ctx->datalen = 0;
```

```
        ctx->bitlen = 0;
        ctx->state[0] = 0x6a09e667;
        ctx->state[1] = 0xbb67ae85;
        ctx->state[2] = 0x3c6ef372;
        ctx->state[3] = 0xa54ff53a;
        ctx->state[4] = 0x510e527f;
        ctx->state[5] = 0x9b05688c;
        ctx->state[6] = 0x1f83d9ab;
        ctx->state[7] = 0x5be0cd19;
}

void sha256_update(SHA256_CTX *ctx, const BYTE data[], size_t len)
{
        WORD i;

        for (i = 0; i < len; ++i) {
            ctx->data[ctx->datalen] = data[i];
            ctx->datalen++;
            if (ctx->datalen == 64) {
                    // 64 字节为 512 比特
                    // 对当前块执行 SHA256 哈希映射
                    sha256_transform(ctx, ctx->data);
                    ctx->bitlen += 512;
                    ctx->datalen = 0;
            }
        }
}

void sha256_final(SHA256_CTX *ctx, BYTE hash[])
{
        WORD i;

        i = ctx->datalen;

        // 填充缓冲区中剩余的任何数据
        if (ctx->datalen < 56) {
            ctx->data[i++] = 0x80;   // pad 10000000 = 0x80
            while (i < 56)
                    ctx->data[i++] = 0x00;
        }
        else {
            ctx->data[i++] = 0x80;
            while (i < 64)
                    ctx->data[i++] = 0x00;
            sha256_transform(ctx, ctx->data);
            memset(ctx->data, 0, 56);
        }

        // 将消息的总长度（以位为单位）附加到填充中，然后进行转换
        ctx->bitlen += ctx->datalen * 8;
        ctx->data[63] = ctx->bitlen;
```

```
        ctx->data[62] = ctx->bitlen >> 8;
        ctx->data[61] = ctx->bitlen >> 16;
        ctx->data[60] = ctx->bitlen >> 24;
        ctx->data[59] = ctx->bitlen >> 32;
        ctx->data[58] = ctx->bitlen >> 40;
        ctx->data[57] = ctx->bitlen >> 48;
        ctx->data[56] = ctx->bitlen >> 56;
        sha256_transform(ctx, ctx->data);

        // 将最终状态复制到输出哈希（使用大端）
        for (i = 0; i < 4; ++i) {
            hash[i] = (ctx->state[0] >> (24 - i * 8)) & 0x000000ff;
            hash[i + 4] = (ctx->state[1] >> (24 - i * 8)) & 0x000000ff;
            hash[i + 8] = (ctx->state[2] >> (24 - i * 8)) & 0x000000ff;
            hash[i + 12] = (ctx->state[3] >> (24 - i * 8)) & 0x000000ff;
            hash[i + 16] = (ctx->state[4] >> (24 - i * 8)) & 0x000000ff;
            hash[i + 20] = (ctx->state[5] >> (24 - i * 8)) & 0x000000ff;
            hash[i + 24] = (ctx->state[6] >> (24 - i * 8)) & 0x000000ff;
            hash[i + 28] = (ctx->state[7] >> (24 - i * 8)) & 0x000000ff;
        }
}
```

代码完全按照算法的原理进行实现，和算法的原理对照着一起看，应该能看懂。

（4）下面开始写测试代码。在工程中打开 test.cpp，并输入代码如下：

```
#include "pch.h"
/********************** HEADER FILES **************************/
#include <stdio.h>
#include <memory.h>
#include <string.h>
#include "sha256.h"

/********************** FUNCTION DEFINITIONS **********************/
int sha256_test()
{
    //定义测试数据
    BYTE text2[] = { "abcdbcdecdefdefgefghfghighijhijkijkljklmklmnlmnomnopnopq" };
    BYTE text3[] = { "aaaaaaaaaa" };
    //定义测试数据的 SHA256 的正确结果，用以结果对比

    BYTE hash2[SHA256_BLOCK_SIZE] = { 0x24,0x8d,0x6a,0x61,0xd2,0x06,0x38,0xb8,0xe5,0xc0,0x26,
0x93,0x0c,0x3e,0x60,0x39,0xa3,0x3c,0xe4,0x59,0x64,0xff,0x21,0x67,0xf6,0xec,0xed,0xd4,0x19,0xdb,0x06,0xc1 };
    BYTE hash3[SHA256_BLOCK_SIZE] = { 0xcd,0xc7,0x6e,0x5c,0x99,0x14,0xfb,0x92,0x81,0xa1,0xc7,
0xe2,0x84,0xd7,0x3e,0x67,0xf1,0x80,0x9a,0x48,0xa4,0x97,0x20,0x0e,0x04,0x6d,0x39,0xcc,0xc7,0x11,0x2c,0xd0};
    BYTE buf[SHA256_BLOCK_SIZE];
    SHA256_CTX ctx;
    int idx,len;
    int pass = 1;

;
```

```
        sha256_init(&ctx);
        sha256_update(&ctx, text2, strlen((char*)text2));
        sha256_final(&ctx, buf);
        pass = pass && !memcmp(hash2, buf, SHA256_BLOCK_SIZE);

        sha256_init(&ctx);
        for (idx = 0; idx < 100000; ++idx)
            sha256_update(&ctx, text3, strlen((char*)text3));
        sha256_final(&ctx, buf);
        pass = pass && !memcmp(hash3, buf, SHA256_BLOCK_SIZE);

        return(pass);
    }

    int main()
    {
        printf("SHA-256 tests: %s\n", sha256_test() ? "SUCCEEDED" : "FAILED");

        return(0);
    }
```

在测试函数 sha256_test 中，我们对字节数组 text2 和 text3 进行了 SHA256 运算，比较生成的结果和理论结果（hash2 和 hash3），如果一致，就说明运算正确。最后在 main 中打印出信息。

（5）保存工程并运行，运行结果如图 4-20 所示。

图 4-20

SHA256 的"手工蛋糕"做完了。下面尝试"机器蛋糕"的制作。我们依旧基于 OpenSSL 库来实现 SHA256 算法，并且使用 EVP 编程方式。

【例 4.6】基于 OpenSSL 1.1.1b 实现 SHA256

（1）打开 VC 2017，新建一个控制面板工程 test。

（2）在工程中新建一个 C++文件，文件名是 sha256.cpp，然后输入代码如下：

```
#include <pch.h>
#include "openssl/evp.h"
#include "sha256.h"

int sha256_hash(const unsigned char *message, size_t len, unsigned char *hash, unsigned int *hash_len)
{
    EVP_MD_CTX *md_ctx;
    const EVP_MD *md;

    md = EVP_sha256();    //使用的哈希算法是 SHA256
```

```
        md_ctx = EVP_MD_CTX_new();      //开辟摘要上下文结构需要的空间
        EVP_DigestInit_ex(md_ctx, md, NULL);    //初始化摘要结构上下文结构
        EVP_DigestUpdate(md_ctx, message, len);    //对数据进行摘要计算
        EVP_DigestFinal_ex(md_ctx, hash, hash_len);    //结尾工作，输出摘要结果
        EVP_MD_CTX_free(md_ctx);    //释放空间
        return 0;
    }
```

我们定义了一个函数 sha256_hash，其中参数 message 是要做哈希的源数据，len 是源数据的长度，这两个参数都是输入参数。参数 hash 是输出参数，存放哈希的结果，对于 SHA256，哈希结果是 32 字节，因此参数 hash 要指向一个 32 字节的缓冲区。hash_len 也是输出参数，存放哈希结果的长度。

接着，在工程中新建一个头文件，文件名是 sha256.h，然后输入代码如下：

```
#ifndef HEADER_C_FILE_SHA256_HASH_H
#define HEADER_C_FILE_SHA256_HASH_H

#ifdef    __cplusplus
extern "C" {
#endif

    int sha256_hash(const unsigned char *message, size_t len, unsigned char *hash, unsigned int *hash_len);

#ifdef    __cplusplus
}
#endif
#endif
```

在该文件中，我们声明了一个函数 sha256_hash，以方便其他程序调用。

在 VC 中打开"test 属性页"对话框，然后设置"附加包含目录"为 D:\openssl-1.1.1b\win32-debug\include。我们这个例子的程序是 32 位的，所以使用 32 位的头文件和库。接着设置"附加库目录"为 D:\openssl-1.1.1b\win32-debug\lib。最后，添加三个库（ws2_32.lib;Crypt32.lib;libcrypto.lib;)到"附加依赖项"，注意用分号隔开。这些设置和 OpenSSL 实现 SM3 的设置一样，这里就不再赘述了。

（3）现在可以编写测试代码了，来具体调用 SHA256 函数。打开 test.cpp，在其中输入代码如下：

```
#include "pch.h"
#include <stdio.h>
#include <string.h>
#include "sha256.h"

int main(void)
{
    const unsigned char sample1[] = { 'a', 'b', 'c', 0 };
    unsigned int sample1_len = strlen((char *)sample1);
    const unsigned char sample2[] = {0x61, 0x62, 0x63, 0x64, 0x61, 0x62, 0x63, 0x64,
```

```
                                        0x61, 0x62, 0x63, 0x64, 0x61, 0x62, 0x63, 0x64,
                                        0x61, 0x62, 0x63, 0x64, 0x61, 0x62, 0x63, 0x64,
                                        0x61, 0x62, 0x63, 0x64, 0x61, 0x62, 0x63, 0x64,
                                        0x61, 0x62, 0x63, 0x64, 0x61, 0x62, 0x63, 0x64,
                                        0x61, 0x62, 0x63, 0x64, 0x61, 0x62, 0x63, 0x64,
                                        0x61, 0x62, 0x63, 0x64, 0x61, 0x62, 0x63, 0x64,
                                        0x61, 0x62, 0x63, 0x64, 0x61, 0x62, 0x63, 0x64 };
    unsigned int sample2_len = sizeof(sample2);
    unsigned char hash_value[64];
    unsigned int i, hash_len;

    sha256_hash(sample1, sample1_len, hash_value, &hash_len);
    printf("raw data: %s\n", sample1);
    printf("hash length: %d bytes.\n", hash_len);
    printf("hash value:\n");
    for (i = 0; i < hash_len; i++)
    {
        printf("0x%x    ", hash_value[i]);
    }
    printf("\n\n");

    sha256_hash(sample2, sample2_len, hash_value, &hash_len);
    printf("raw data:\n");
    for (i = 0; i < sample2_len; i++)
    {
        printf("0x%x    ", sample2[i]);
    }
    printf("\n");
    printf("hash length: %d bytes.\n", hash_len);
    printf("hash value:\n");
    for (i = 0; i < hash_len; i++)
    {
        printf("0x%x    ", hash_value[i]);
    }
    printf("\n");

    return 0;
}
```

我们分别对字节数组 sample1 和 sample2 进行了 SHA256 计算，最后打印出了结果。

（4）保存工程并运行，运行结果如图 4-21 所示。

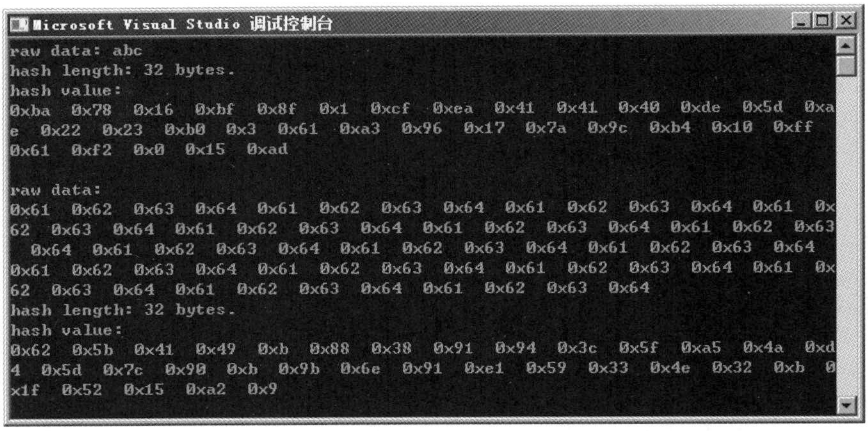

图 4-21

【例 4.7】基于 OpenSSL 1.0.2m 实现 SHA256

（1）打开 VC 2017，新建一个控制面板工程 test。

（2）在工程中新建一个 C++文件，文件名是 sha256.cpp，然后输入代码如下：

```cpp
#include <pch.h>
#include "openssl/evp.h"
#include "sha256.h"

int sha256_hash(const unsigned char *message, size_t len, unsigned char *hash, unsigned int *hash_len)
{
    EVP_MD_CTX *md_ctx;
    const EVP_MD *md;

    md = EVP_sha256();//表明要使用的哈希算法是 SHA256
    md_ctx = EVP_MD_CTX_create();   //开辟 SHA256 所需的上下文数据结构的空间
    EVP_DigestInit_ex(md_ctx, md, NULL);   //初始化摘要结构上下文结构
    EVP_DigestUpdate(md_ctx, message, len);   //对数据进行摘要计算
    EVP_DigestFinal_ex(md_ctx, hash, hash_len);   //结尾工作，输出摘要结果
    EVP_MD_CTX_destroy(md_ctx); //释放空间
    return 0;
}
```

我们定义了一个函数 sha256_hash，其中参数 message 是要做哈希的源数据，len 是源数据的长度，这两个参数都是输入参数。参数 hash 是输出参数，存放哈希的结果，对于 SHA256，哈希结果的长度是 32 字节，因此参数 hash 要指向一个 32 字节的缓冲区。hash_len 也是输出参数，存放哈希结果的长度。

接着，在工程中新建一个头文件，文件名是 sha256.h，然后输入代码如下：

```c
#ifndef HEADER_C_FILE_SHA256_HASH_H
#define HEADER_C_FILE_SHA256_HASH_H
#ifdef __cplusplus
extern "C" {
#endif
```

```
    int sha256_hash(const unsigned char *message, size_t len, unsigned char *hash, unsigned int *hash_len);
#ifdef    __cplusplus
}
#endif
#endif
```

在该文件中，我们声明了一个函数 sha256_hash，以方便其他程序调用。

在 VC 中打开"test 属性页"对话框，然后设置"附加包含目录"为 C:\openssl-1.0.2m\inc32。我们这个例子的程序是 32 位的，所以使用 32 位的头文件和库。接着设置"附加库目录"为 C:\openssl-1.0.2m\out32dll。最后，添加一个库（libeay32.lib）到"附加依赖项"的开头，注意用分号隔开。这些设置和上例的设置一样，这里就不再赘述了。

（3）现在可以编写测试代码了。测试代码和上例一样，把上例 test.cpp 中的内容复制到本例的 test.cpp 中即可。最后运行工程，运行结果也和上例一样，如图 4-22 所示。

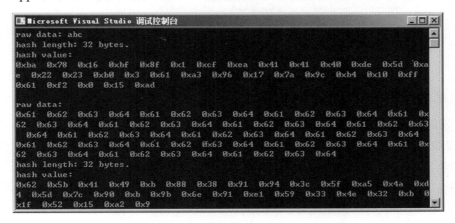

图 4-22

4.4.7　SHA384 和 SHA512 算法

SHA384 和 SHA512 这两者的原理及实现是一样的，只是输出和初始化的向量不一样。这里我们仅介绍 SHA512。SHA512 的输出是长度为 512 比特（64 字节）的哈希值，SHA384 的输出长度为 384 比特（48 字节）的哈希值。它们输入的消息长度范围是 $0\sim2^{128}$ 比特，即消息最长不超过 2^{128} 比特。

1. 基本原理

SHA512 首先会填充 message 到 1024 比特的整数倍。然后将 message 分成若干个 1024 比特的块（Block）。循环对每一个块（Block）进行处理，最终得到哈希值。在算法开始有一个 512 比特的初始向量 IV=H0，然后与一个块进行运算得到 H1，接着 H1 会与第二个块进行运算得到 H2，经过 len(message) / 1024 次的迭代运算后，最终得到 512 比特的哈希码。SHA512 生成消息摘要如图 4-23 所示。

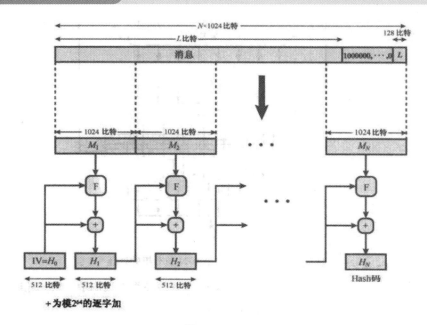

图 4-23

2. 填充消息

填充分两步：填充附加位和填充附加长度。

填充附加位即对原始消息进行填充，使填充后的长度与 896 模 1024 同余。填充内容为一个 1 加后续全部为 0。若用 unsigned char 读取数据，则为添加一个 128 和若干个 0。填充数位数为 1~1024。这里需要注意的是，即使 message 已经是 1024 比特的整数倍，比如一个 message 的长度正好是 1024 比特，还是需要继续填充的。

填充附加长度即添加消息长度信息，在填充后的消息后添加一个 128 比特的块，用来说明填充前消息的长度。这步填充是以大端模式，即最高有效字节在前。至此，产生了一个长度为 1024 整数倍的扩展消息，比如第一步填充后的新消息长度是 896 比特，再加上第二步填充的 128 比特，一共是 896+128=1024 比特，即两步填充后的扩展消息长度变为 1024 比特了，是 1024 的一倍。

下面举三个例子，如表 4-3 所示。

表 4-3　三个填充消息的例子

message	原始长度	第一步填充后的长度	第二步填充后的长度
123456	48 比特	896 比特	1024 比特
0123456789abcdef0123456789abcdef 0123456789abcdef0123456789abcdef 0123456789abcdef0123456789abcdef 0123456789abcdef0123456789abcdef	1024 比特	1920 比特	2048 比特

（续表）

message	原始长度	第一步填充后的长度	第二步填充后的长度
0123456789abcdef0123456789abcdef 0123456789abcdef0123456789abcdef 0123456789abcdef0123456789abcdef 0123456789abcdef0123456789abcdef 123456	1030 比特	1920 比特	2048 比特

前两步的结果是产生了一个长度为 1024 整数倍的消息，以便分组。

3. 设置初始值

SHA512/SHA 以 1024 比特作为一个块，SHA512 和 SHA384 的初始向量不同，其他的流程都是一样的，这里只看 SHA512 的初始向量，一共是 512 比特，这个是固定不变的。

```
A = 0x6a09e667f3bcc908ULL;
B = 0xbb67ae8584caa73bULL;
C = 0x3c6ef372fe94f82bULL;
D = 0xa54ff53a5f1d36f1ULL;
E = 0x510e527fade682d1ULL;
F = 0x9b05688c2b3e6c1fULL;
G = 0x1f83d9abfb41bd6bULL;
H = 0x5be0cd19137e2179ULL;
```

4. 循环运算

每次运算的中间结果 H[n]都由 H[n-1] 和 block[n]进行运算得到。每一次迭代运算都要经过 80 轮的加工。假设现在进行第一轮运算，那么 ABCDEFGH 就是 H[n-1]，经过一轮运算后得到 temp1[ABCDEFGH]，然后 temp1 进行第二轮加工得到 temp2，如此进行 80 轮之后，最终 ABCDEFGH 就是我们要得到的 H[n]。注意，最终的 ABCDEFGH 的具体值和开始的 ABCDEFGH 的具体值是不同的。图 4-24 所示是一轮加工的过程。

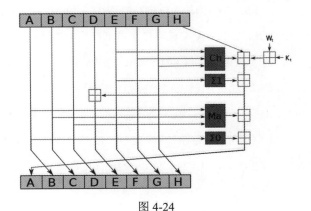

图 4-24

从图 4-24 可以看出，轮函数有两个特点：

（1）轮函数输出的 8 个字中的 6 个是通过简单的轮置换实现的，如图 4-24 的田字格所示。

（2）输出中只有两个字是通过替代操作产生的。字母 E 是将输入变量(d,e,f,g,h)以及轮常数 K_t 和轮消息 W_t 作为输入的函数。字母 A 是将除 D 之外的输入变量以及轮常数 K_t 和轮消息 Wt 作为输入的函数。

图 4-24 中，+为模 2^{64} 位加。图 4-24 中的 W_t 和 K_t，t 代表该轮的轮数。K_t 是轮常数，每一轮的轮常数均不相同，用来使每轮的计算不同。这些常数获得的方法为：对前 80 个素数开立方根，取小数部分前 64 位。这些常数提供了 64 位随机串集合，可以初步消除输入数据中的统计规律。我们可以把 K 定义为一个固定的 5120 比特的数组，定义如下：

```
static const uint64_t    K[80] =
{
    0x428A2F98D728AE22ULL,  0x7137449123EF65CDULL, 0xB5C0FBCFEC4D3B2FULL,
0xE9B5DBA58189DBBCULL,
    0x3956C25BF348B538ULL,  0x59F111F1B605D019ULL, 0x923F82A4AF194F9BULL,
0xAB1C5ED5DA6D8118ULL,
    0xD807AA98A3030242ULL,  0x12835B0145706FBEULL, 0x243185BE4EE4B28CULL,
0x550C7DC3D5FFB4E2ULL,
    0x72BE5D74F27B896FULL,  0x80DEB1FE3B1696B1ULL, 0x9BDC06A725C71235ULL,
0xC19BF174CF692694ULL,
    0xE49B69C19EF14AD2ULL,  0xEFBE4786384F25E3ULL, 0x0FC19DC68B8CD5B5ULL,
0x240CA1CC77AC9C65ULL,
    0x2DE92C6F592B0275ULL,  0x4A7484AA6EA6E483ULL, 0x5CB0A9DCBD41FBD4ULL,
0x76F988DA831153B5ULL,
    0x983E5152EE66DFABULL,  0xA831C66D2DB43210ULL, 0xB00327C898FB213FULL,
0xBF597FC7BEEF0EE4ULL,
    0xC6E00BF33DA88FC2ULL,  0xD5A79147930AA725ULL, 0x06CA6351E003826FULL,
0x142929670A0E6E70ULL,
    0x27B70A8546D22FFCULL,  0x2E1B21385C26C926ULL, 0x4D2C6DFC5AC42AEDULL,
0x53380D139D95B3DFULL,
    0x650A73548BAF63DEULL,  0x766A0ABB3C77B2A8ULL, 0x81C2C92E47EDAEE6ULL,
0x92722C851482353BULL,
    0xA2BFE8A14CF10364ULL,  0xA81A664BBC423001ULL, 0xC24B8B70D0F89791ULL,
0xC76C51A30654BE30ULL,
    0xD192E819D6EF5218ULL,  0xD69906245565A910ULL, 0xF40E35855771202AULL,
0x106AA07032BBD1B8ULL,
    0x19A4C116B8D2D0C8ULL,  0x1E376C085141AB53ULL, 0x2748774CDF8EEB99ULL,
0x34B0BCB5E19B48A8ULL,
    0x391C0CB3C5C95A63ULL,  0x4ED8AA4AE3418ACBULL, 0x5B9CCA4F7763E373ULL,
0x682E6FF3D6B2B8A3ULL,
    0x748F82EE5DEFB2FCULL,  0x78A5636F43172F60ULL, 0x84C87814A1F0AB72ULL,
0x8CC702081A6439ECULL,
    0x90BEFFFA23631E28ULL,  0xA4506CEBDE82BDE9ULL, 0xBEF9A3F7B2C67915ULL,
0xC67178F2E372532BULL,
    0xCA273ECEEA26619CULL,  0xD186B8C721C0C207ULL, 0xEADA7DD6CDE0EB1EULL,
0xF57D4F7FEE6ED178ULL,
    0x06F067AA72176FBAULL,  0x0A637DC5A2C898A6ULL, 0x113F9804BEF90DAEULL,
0x1B710B35131C471BULL,
    0x28DB77F523047D84ULL,  0x32CAAB7B40C72493ULL, 0x3C9EBE0A15C9BEBCULL,
0x431D67C49C100D4CULL,
    0x4CC5D4BECB3E42B6ULL,  0x597F299CFC657E2AULL, 0x5FCB6FAB3AD6FAECULL,
0x6C44198C4A475817ULL
};
```

W 是一个 5120 比特的向量，它的值是由每一个块（1024 比特）计算而来的，这个计算关系是固定的，示例代码如下：

```
uint64_t W[80];
/* 1. Calculate the W[80] */
for(i = 0; i < 16; i++) {
    sha512_decode(&W[i], block, i << 3 );
}

for(; i < 80; i++) {
    W[i] = GAMMA1(W[i -  2]) + W[i -  7] + GAMMA0(W[i - 15]) + W[i - 16];
}
```

知道了 W 和 K 之后，我们来看一下图 4-24 中的 Ch、Ma、$\Sigma 0$ 和 $\Sigma 1$ 的定义。折合成 C 语言，代码如下：

```
#define LSR(x,n) (x >> n)
#define ROR(x,n) (LSR(x,n) | (x << (64 - n)))

#define MA(x,y,z) ((x & y) | (z & (x | y)))
#define CH(x,y,z) (z ^ (x & (y ^ z)))
#define GAMMA0(x) (ROR(x, 1) ^ ROR(x, 8) ^  LSR(x, 7))
#define GAMMA1(x) (ROR(x,19) ^ ROR(x,61) ^  LSR(x, 6))
#define SIGMA0(x) (ROR(x,28) ^ ROR(x,34) ^ ROR(x,39))
#define SIGMA1(x) (ROR(x,14) ^ ROR(x,18) ^ ROR(x,41))
```

知道这些之后再来看每一轮运算的代码就非常简单了。

```
#define COMPRESS( a,   b,   c,d,  e,  f,  g,  h,x,  k)    \
tmp0 = h + SIGMA1(e) + CH(e,f,g) + k + x;                \
tmp1 = SIGMA0(a) + MA(a,b,c); d += tmp0; h = tmp0 + tmp1;
```

5. 保存运算结果

完成迭代运算后，哈希码保存到了最终的 ABCDEFGH 中，然后将这些向量按照大端模式输出。

6. SHA512 算法的实现

下面我们先对手工代码实现 SHA384 和 SHA512 算法，然后基于算法库实现。在使用代码实现算法之前，我们先看一个手算的例子。

假设原始输入消息为 abc，填充后的消息如下：

0x61	0x62	0x63	0x80	0x00	0x00	0x00	0x00
0x00	0x00	0x00	0x00	0x00	0x00	0x00	0x00
0x00	0x00	0x00	0x00	0x00	0x00	0x00	0x00
0x00	0x00	0x00	0x00	0x00	0x00	0x00	0x00
0x00	0x00	0x00	0x00	0x00	0x00	0x00	0x00
0x00	0x00	0x00	0x00	0x00	0x00	0x00	0x00
0x00	0x00	0x00	0x00	0x00	0x00	0x00	0x00
0x00	0x00	0x00	0x00	0x00	0x00	0x00	0x00
0x00	0x00	0x00	0x00	0x00	0x00	0x00	0x00
0x00	0x00	0x00	0x00	0x00	0x00	0x00	0x00
0x00	0x00	0x00	0x00	0x00	0x00	0x00	0x00
0x00	0x00	0x00	0x00	0x00	0x00	0x00	0x00
0x00	0x00	0x00	0x00	0x00	0x00	0x00	0x00
0x00	0x00	0x00	0x00	0x00	0x00	0x00	0x00
0x00	0x00	0x00	0x00	0x00	0x00	0x00	0x00
0x00	0x00	0x00	0x00	0x00	0x00	0x00	0x18

80 个扩展双字（十六进制）如图 4-25 所示。

w[0]~w[3] :	6162638000000000	0000000000000000	0000000000000000	0000000000000000
w[4]~w[7] :	0000000000000000	0000000000000000	0000000000000000	0000000000000000
w[8]~w[11] :	0000000000000000	0000000000000000	0000000000000000	0000000000000000
w[12]~w[15] :	0000000000000000	0000000000000000	0000000000000000	0000000000000018
w[16]~w[19] :	6162638000000000	00030000000000c0	0a9699a24c700003	00000c0060000603
w[20]~w[23] :	549ef62639858996	00c0003300003c00	1497007a8a0e9dbc	62e56500cc0780f0
w[24]~w[27] :	7760dd475a538797	f1554b711c1c0003	ca2993a4345d9ff2	5e0e66b5c783dd32
w[28]~w[31] :	e25a625d00494b62	9f44486fb1e4fbd2	b31b8c2b06085f2f	0e987660934142f6
w[32]~w[35] :	a4af2cfd09fbb924	ad289e2e0bd53186	3c74563aa2f9673e	6ccdcd14cc14b53f
w[36]~w[39] :	c3f925b337f22bde	5bcc77a75ad95b54	3ec2257adca09a52	28246960001fc5eb
w[40]~w[43] :	04e33a75ce2be88a	7d5314b3c359e0e7	aef7a285ff251266	0b8472581deea04f
w[44]~w[47] :	b174e26eddc7b033	5d63bae58ddd88de	4c044007b744ccbb	e6a9aa4d74dc7d43
w[48]~w[51] :	ebeaf1237248019c	361e80b2d00f3193	2e9839125df3b175	3319629293ad5363
w[52]~w[55] :	9cbc5d89ac1b89d5	275e23ffeeca50b7	3b80d680bf69ef58	0d0696933945a125
w[56]~w[59] :	7533eabcb786ff00	b89826cee6fbf0e5	249b4fbcad623e9f	4aea9df2b02d6f1e
w[60]~w[63] :	2cc57475a55e8d8f	b2574ae938d8be89	c1b35a57b16d6aea	cc4918b5949206bb
w[64]~w[67] :	5099c3add79f90ec	5ea81d78e7660bf1	ebee6267405ac2a9	b01f21926108a4ab
w[68]~w[71] :	786433dd2fe65556	c54a6eaa24a0552c	b3c8f1530bdbaa9e	bb8abfe56f469338
w[72]~w[75] :	f63d4265cc1c5a78	be8355ea73129afb	49e2db8ebdcfbeb5	82269d4a883a3d99
w[76]~w[79] :	fdf53df3011f362b	464af5671d71c12e	e449b68198ec611c	92aeeed1a7bcf7d2

图 4-25

64 轮迭代（十六进制）如表 4-4 所示。

表 4-4 64 轮迭代（十六进制）

轮	a	b	c	d	e	f	g	h
00	6a09e667 f3bcc908	bb67ae858 4caa73b	3c6ef372fe 94f82b	a54ff53a5f 1d36f1	510e527fa de682d1	9b05688c2 b3e6c1f	1f83d9abf b41bd6b	5be0cd191 37e2179
11	f6afceb8b cfcddf5	6a09e667f 3bcc908	bb67ae858 4caa73b	3c6ef372fe 94f82b	58cb02347 ab51f91	510e527fa de682d1	9b05688c2 b3e6c1f	1f83d9abf b41bd6b
22	1320f8c9f b872cc0	f6afceb8bc fcddf5	6a09e667f 3bcc908	bb67ae858 4caa73b	c3d4ebfd4 8650ffa	58cb02347 ab51f91	510e527fa de682d1	9b05688c2 b3e6c1f
33	ebcffc072 03d91f3	1320f8c9f b872cc0	f6afceb8bc fcddf5	6a09e667f 3bcc908	dfa9b239f 2697812	c3d4ebfd4 8650ffa	58cb02347 ab51f91	510e527fa de682d1
44	5a83cb3e 80050e82	ebcffc0720 3d91f3	1320f8c9f b872cc0	f6afceb8bc fcddf5	0b47b4bb1 928990e	dfa9b239f 2697812	c3d4ebfd4 8650ffa	58cb02347 ab51f91

（续表）

轮	a	b	c	d	e	f	g	h
55	b6809539 51604860	5a83cb3e8 0050e82	ebcffc0720 3d91f3	1320f8c9f b872cc0	745aca4a3 42ed2e2	0b47b4bb1 928990e	dfa9b239f 2697812	c3d4ebfd4 8650ffa
66	af573b02 403e89cd	b68095395 1604860	5a83cb3e8 0050e82	ebcffc0720 3d91f3	96f60209b 6dc35ba	745aca4a3 42ed2e2	0b47b4bb1 928990e	dfa9b239f 2697812
77	c4875b0c 7abc076b	af573b024 03e89cd	b68095395 1604860	5a83cb3e8 0050e82	5a6c781f5 4dcc00c	96f60209b 6dc35ba	745aca4a3 42ed2e2	0b47b4bb1 928990e
88	8093d195 e0054fa3	c4875b0c7 abc076b	af573b024 03e89cd	b68095395 1604860	86f67263a 0f0ec0a	5a6c781f5 4dcc00c	96f60209b 6dc35ba	745aca4a3 42ed2e2
99	f1eca5544 cb89225	8093d195e 0054fa3	c4875b0c7 abc076b	af573b024 03e89cd	d0403c398 fc40002	86f67263a 0f0ec0a	5a6c781f5 4dcc00c	96f60209b 6dc35ba
110	81782d4a 5db48f03	f1eca5544 cb89225	8093d195e 0054fa3	c4875b0c7 abc076b	00091f460 be46c52	d0403c398 fc40002	86f67263a 0f0ec0a	5a6c781f5 4dcc00c
111	69854c4a a0f25b59	81782d4a5 db48f03	f1eca5544 cb89225	8093d195e 0054fa3	d375471bd e1ba3f4	00091f460 be46c52	d0403c398 fc40002	86f67263a 0f0ec0a
112	db0a9963 f80c2eaa	69854c4aa 0f25b59	81782d4a5 db48f03	f1eca5544 cb89225	475975b91 a7a462c	d375471bd e1ba3f4	00091f460 be46c52	d0403c398 fc40002
113	5e412143 88186c14	db0a9963f 80c2eaa	69854c4aa 0f25b59	81782d4a5 db48f03	cdf3bff288 3fc9d9	475975b91 a7a462c	d375471bd e1ba3f4	00091f460 be46c52
114	44249631 255d2ca0	5e4121438 8186c14	db0a9963f 80c2eaa	69854c4aa 0f25b59	860acf9eff ba6f61	cdf3bff288 3fc9d9	475975b91 a7a462c	d375471bd e1ba3f4
115	fa967eed8 5a08028	442496312 55d2ca0	5e4121438 8186c14	db0a9963f 80c2eaa	874bfe5f6a ae9f2f	860acf9eff ba6f61	cdf3bff288 3fc9d9	475975b91 a7a462c
116	0ae07c86 b1181c75	fa967eed8 5a08028	442496312 55d2ca0	5e4121438 8186c14	a77b7c035 dd4c161	874bfe5f6a ae9f2f	860acf9eff ba6f61	cdf3bff288 3fc9d9
117	caf81a425 d800537	0ae07c86b 1181c75	fa967eed8 5a08028	442496312 55d2ca0	2deecc6b3 9d64d78	a77b7c035 dd4c161	874bfe5f6a ae9f2f	860acf9eff ba6f61
118	4725be24 9ad19e6b	caf81a425 d800537	0ae07c86b 1181c75	fa967eed8 5a08028	f47e8353f 8047455	2deecc6b3 9d64d78	a77b7c035 dd4c161	874bfe5f6a ae9f2f
119	3c4b4104 168e3edb	4725be249 ad19e6b	caf81a425 d800537	0ae07c86b 1181c75	29695fd88 d81dbd0	f47e8353f 8047455	2deecc6b3 9d64d78	a77b7c035 dd4c161
220	9a3fb4d3 8ab6cf06	3c4b41041 68e3edb	4725be249 ad19e6b	caf81a425 d800537	f14998dd5 f70767e	29695fd88 d81dbd0	f47e8353f 8047455	2deecc6b3 9d64d78
221	8dc5ae65 569d3855	9a3fb4d38 ab6cf06	3c4b41041 68e3edb	4725be249 ad19e6b	4bb9e66d1 145bfdc	f14998dd5 f70767e	29695fd88 d81dbd0	f47e8353f 8047455
222	da34d667 3d452dcf	8dc5ae655 69d3855	9a3fb4d38 ab6cf06	3c4b41041 68e3edb	8e30ff09ad 488753	4bb9e66d1 145bfdc	f14998dd5 f70767e	29695fd88 d81dbd0
223	3e264456 7b709a78	da34d6673 d452dcf	8dc5ae655 69d3855	9a3fb4d38 ab6cf06	0ac2b11da 8f571c6	8e30ff09ad 488753	4bb9e66d1 145bfdc	f14998dd5 f70767e
224	4f6877b5 8fe55484	3e2644567 b709a78	da34d6673 d452dcf	8dc5ae655 69d3855	c66005f87 db55233	0ac2b11da 8f571c6	8e30ff09ad 488753	4bb9e66d1 145bfdc

（续表）

轮	a	b	c	d	e	f	g	h
225	9aff71163 fa3a940	4f6877b58 fe55484	3e2644567 b709a78	da34d6673 d452dcf	d3ecf1376 9180e6f	c66005f87 db55233	0ac2b11da 8f571c6	8e30ff09ad 488753
226	0bc5f791f 8e6816b	9aff71163f a3a940	4f6877b58 fe55484	3e2644567 b709a78	6ddf1fd7e dcce336	d3ecf1376 9180e6f	c66005f87 db55233	0ac2b11da 8f571c6
227	884c3bc2 7bc4f941	0bc5f791f 8e6816b	9aff71163f a3a940	4f6877b58 fe55484	e6e48c9a8 e948365	6ddf1fd7e dcce336	d3ecf1376 9180e6f	c66005f87 db55233
228	eab4a9e5 771b8d09	884c3bc27 bc4f941	0bc5f791f 8e6816b	9aff71163f a3a940	09068a4e2 55a0dac	e6e48c9a8 e948365	6ddf1fd7e dcce336	d3ecf1376 9180e6f
229	e6234909 0f47d30a	eab4a9e57 71b8d09	884c3bc27 bc4f941	0bc5f791f 8e6816b	0fcdf9971 0f21584	09068a4e2 55a0dac	e6e48c9a8 e948365	6ddf1fd7e dcce336
330	74bf40f86 9094c63	e62349090 f47d30a	eab4a9e57 71b8d09	884c3bc27 bc4f941	f0aec2fe14 37f085	0fcdf9971 0f21584	09068a4e2 55a0dac	e6e48c9a8 e948365
331	4c4fbbb7 5f1873a6	74bf40f86 9094c63	e62349090 f47d30a	eab4a9e57 71b8d09	73e025d91 b9efea3	f0aec2fe14 37f085	0fcdf9971 0f21584	09068a4e2 55a0dac
332	ff4d3f1f0 d46a736	4c4fbbb75 f1873a6	74bf40f86 9094c63	e62349090 f47d30a	3cd388e11 9e8162e	73e025d91 b9efea3	f0aec2fe14 37f085	0fcdf9971 0f21584
333	a0509015 ca08c8d4	ff4d3f1f0d 46a736	4c4fbbb75 f1873a6	74bf40f86 9094c63	e10345736 54a106f	3cd388e11 9e8162e	73e025d91 b9efea3	f0aec2fe14 37f085
334	60d4e699 5ed91fe6	a0509015c a08c8d4	ff4d3f1f0d 46a736	4c4fbbb75 f1873a6	efabbd8bf4 7c041a	e10345736 54a106f	3cd388e11 9e8162e	73e025d91 b9efea3
335	2c59ec77 43632621	60d4e6995 ed91fe6	a0509015c a08c8d4	ff4d3f1f0d 46a736	0fbae670fa 780fd3	efabbd8bf4 7c041a	e10345736 54a106f	3cd388e11 9e8162e
336	1a081afc5 9fdbc2c	2c59ec774 3632621	60d4e6995 ed91fe6	a0509015c a08c8d4	f098082f5 02b44cd	0fbae670fa 780fd3	efabbd8bf4 7c041a	e10345736 54a106f
337	88df85b0 bbe77514	1a081afc5 9fdbc2c	2c59ec774 3632621	60d4e6995 ed91fe6	8fbfd0162 bbf4675	f098082f5 02b44cd	0fbae670fa 780fd3	efabbd8bf4 7c041a
338	002bb8e4 cd989567	88df85b0b be77514	1a081afc5 9fdbc2c	2c59ec774 3632621	66adcfa24 9ac7bbd	8fbfd0162 bbf4675	f098082f5 02b44cd	0fbae670fa 780fd3
339	b3bb8542 b3376de5	002bb8e4c d989567	88df85b0b be77514	1a081afc5 9fdbc2c	b49596c20 feba7de	66adcfa24 9ac7bbd	8fbfd0162 bbf4675	f098082f5 02b44cd
440	8e01e125 b855d225	b3bb8542b 3376de5	002bb8e4c d989567	88df85b0b be77514	0c710a47b a6a567b	b49596c20 feba7de	66adcfa24 9ac7bbd	8fbfd0162 bbf4675
441	b01521dd 6a6be12c	8e01e125b 855d225	b3bb8542b 3376de5	002bb8e4c d989567	169008b3a 4bb170b	0c710a47b a6a567b	b49596c20 feba7de	66adcfa24 9ac7bbd
442	e96f89dd 48cbd851	b01521dd6 a6be12c	8e01e125b 855d225	b3bb8542b 3376de5	f0996439e 7b50cb1	169008b3a 4bb170b	0c710a47b a6a567b	b49596c20 feba7de
443	bc05ba8d e5d3c480	e96f89dd4 8cbd851	b01521dd6 a6be12c	8e01e125b 855d225	639cb938e 14dc190	f0996439e 7b50cb1	169008b3a 4bb170b	0c710a47b a6a567b
444	35d7e7f4 1defcbd5	bc05ba8de 5d3c480	e96f89dd4 8cbd851	b01521dd6 a6be12c	cc5100997 f5710f2	639cb938e 14dc190	f0996439e 7b50cb1	169008b3a 4bb170b

（续表）

轮	a	b	c	d	e	f	g	h
445	c47c9d5c7ea8a234	35d7e7f41defcbd5	bc05ba8de5d3c480	e96f89dd48cbd851	858d832ae0e8911c	cc5100997f5710f2	639cb938e14dc190	f0996439e7b50cb1
446	021fbadbabab5ac6	c47c9d5c7ea8a234	35d7e7f41defcbd5	bc05ba8de5d3c480	e95c2a57572d64d9	858d832ae0e8911c	cc5100997f5710f2	639cb938e14dc190
447	f61e672694de2d67	021fbadbabab5ac6	c47c9d5c7ea8a234	35d7e7f41defcbd5	c6bc35740d8daa9a	e95c2a57572d64d9	858d832ae0e8911c	cc5100997f5710f2
448	6b69fc1bb482feac	f61e672694de2d67	021fbadbabab5ac6	c47c9d5c7ea8a234	35264334c03ac8ad	c6bc35740d8daa9a	e95c2a57572d64d9	858d832ae0e8911c
449	571f323d96b3a047	6b69fc1bb482feac	f61e672694de2d67	021fbadbabab5ac6	271580ed6c3e5650	35264334c03ac8ad	c6bc35740d8daa9a	e95c2a57572d64d9
550	ca9bd862c5050918	571f323d96b3a047	6b69fc1bb482feac	f61e672694de2d67	dfe091dab182e645	271580ed6c3e5650	35264334c03ac8ad	c6bc35740d8daa9a
551	813a43dd2c502043	ca9bd862c5050918	571f323d96b3a047	6b69fc1bb482feac	07a0d8ef821c5e1a	dfe091dab182e645	271580ed6c3e5650	35264334c03ac8ad
552	d43f83727325dd77	813a43dd2c502043	ca9bd862c5050918	571f323d96b3a047	483f80a82eaee23e	07a0d8ef821c5e1a	dfe091dab182e645	271580ed6c3e5650
553	03df11b32d42e203	d43f83727325dd77	813a43dd2c502043	ca9bd862c5050918	504f94e40591cffa	483f80a82eaee23e	07a0d8ef821c5e1a	dfe091dab182e645
554	d63f68037ddf06aa	03df11b32d42e203	d43f83727325dd77	813a43dd2c502043	a6781efe1aa1ce02	504f94e40591cffa	483f80a82eaee23e	07a0d8ef821c5e1a
555	f650857b5babda4d	d63f68037ddf06aa	03df11b32d42e203	d43f83727325dd77	9ccfb31a86df0f86	a6781efe1aa1ce02	504f94e40591cffa	483f80a82eaee23e
556	63b460e42748817e	f650857b5babda4d	d63f68037ddf06aa	03df11b32d42e203	c6b4dd2a9931c509	9ccfb31a86df0f86	a6781efe1aa1ce02	504f94e40591cffa
557	7a52912943d52b05	63b460e42748817e	f650857b5babda4d	d63f68037ddf06aa	d2e89bbd91e00be0	c6b4dd2a9931c509	9ccfb31a86df0f86	a6781efe1aa1ce02
558	4b81c3aec976ea4b	7a52912943d52b05	63b460e42748817e	f650857b5babda4d	70505988124351ac	d2e89bbd91e00be0	c6b4dd2a9931c509	9ccfb31a86df0f86
559	581ecb3355dcd9b8	4b81c3aec976ea4b	7a52912943d52b05	63b460e42748817e	6a3c9b0f71c8bf36	70505988124351ac	d2e89bbd91e00be0	c6b4dd2a9931c509
660	2c074484ef1eac8c	581ecb3355dcd9b8	4b81c3aec976ea4b	7a52912943d52b05	4797cde4ed370692	6a3c9b0f71c8bf36	70505988124351ac	d2e89bbd91e00be0
661	3857dfd2fc37d3ba	2c074484ef1eac8c	581ecb3355dcd9b8	4b81c3aec976ea4b	a6af4e9c9f807e51	4797cde4ed370692	6a3c9b0f71c8bf36	70505988124351ac
662	cfcd928c5424e2b6	3857dfd2fc37d3ba	2c074484ef1eac8c	581ecb3355dcd9b8	09aee5bda1644de5	a6af4e9c9f807e51	4797cde4ed370692	6a3c9b0f71c8bf36
663	a81dedbb9f19e643	cfcd928c5424e2b6	3857dfd2fc37d3ba	2c074484ef1eac8c	84058865d60a05fa	09aee5bda1644de5	a6af4e9c9f807e51	4797cde4ed370692
664	ab44e86276478d85	a81dedbb9f19e643	cfcd928c5424e2b6	3857dfd2fc37d3ba	cd881ee59ca6bc53	84058865d60a05fa	09aee5bda1644de5	a6af4e9c9f807e51

（续表）

轮	a	b	c	d	e	f	g	h
665	5a806d7e 9821a501	ab44e8627 6478d85	a81dedbb9 f19e643	cfcd928c5 424e2b6	aa84b0866 88a5c45	cd881ee59 ca6bc53	84058865d 60a05fa	09aee5bda 1644de5
666	eeb9c21b b0102598	5a806d7e9 821a501	ab44e8627 6478d85	a81dedbb9 f19e643	3b5fed0d6 a1f96e1	aa84b0866 88a5c45	cd881ee59 ca6bc53	84058865d 60a05fa
667	46c4210a b2cc155d	eeb9c21bb 0102598	5a806d7e9 821a501	ab44e8627 6478d85	29fab5a7bf f53366	3b5fed0d6 a1f96e1	aa84b0866 88a5c45	cd881ee59 ca6bc53
668	54ba35cf 56a0340e	46c4210ab 2cc155d	eeb9c21bb 0102598	5a806d7e9 821a501	1c66f46d9 5690bcf	29fab5a7bf f53366	3b5fed0d6 a1f96e1	aa84b0866 88a5c45
669	181839d6 09c79748	54ba35cf5 6a0340e	46c4210ab 2cc155d	eeb9c21bb 0102598	0ada78ba2 d446140	1c66f46d9 5690bcf	29fab5a7bf f53366	3b5fed0d6 a1f96e1
770	fb6aaae5d 0b6a447	181839d60 9c79748	54ba35cf5 6a0340e	46c4210ab 2cc155d	e3711cb65 64d112d	0ada78ba2 d446140	1c66f46d9 5690bcf	29fab5a7bf f53366
771	7652c579 cb60f19c	fb6aaae5d 0b6a447	181839d60 9c79748	54ba35cf5 6a0340e	aff62c9665 ff80fa	e3711cb65 64d112d	0ada78ba2 d446140	1c66f46d9 5690bcf
772	f15e9664 b2803575	7652c579c b60f19c	fb6aaae5d 0b6a447	181839d60 9c79748	947c3dfafe e570ef	aff62c9665 ff80fa	e3711cb65 64d112d	0ada78ba2 d446140
773	358406d1 65aee9ab	f15e9664b 2803575	7652c579c b60f19c	fb6aaae5d 0b6a447	8c7b5fd91 a794ca0	947c3dfafe e570ef	aff62c9665 ff80fa	e3711cb65 64d112d
774	20878dcd 29cdfaf5	358406d16 5aee9ab	f15e9664b 2803575	7652c579c b60f19c	054d35365 39948d0	8c7b5fd91 a794ca0	947c3dfafe e570ef	aff62c9665 ff80fa
775	33d48dab b5521de2	20878dcd2 9cdfaf5	358406d16 5aee9ab	f15e9664b 2803575	2ba18245b 50de4cf	054d35365 39948d0	8c7b5fd91 a794ca0	947c3dfafe e570ef
776	c8960e6b e864b916	33d48dabb 5521de2	20878dcd2 9cdfaf5	358406d16 5aee9ab	995019a6f f3ba3de	2ba18245b 50de4cf	054d35365 39948d0	8c7b5fd91 a794ca0
777	654ef9abe c389ca9	c8960e6be 864b916	33d48dabb 5521de2	20878dcd2 9cdfaf5	ceb9fc369 1ce8326	995019a6f f3ba3de	2ba18245b 50de4cf	054d35365 39948d0
778	d67806db 8b148677	654ef9abe c389ca9	c8960e6be 864b916	33d48dabb 5521de2	25c96a776 8fb2aa3	ceb9fc369 1ce8326	995019a6f f3ba3de	2ba18245b 50de4cf
779	10d9c4c4 295599f6	d67806db8 b148677	654ef9abe c389ca9	c8960e6be 864b916	9bb4d3977 8c07f9e	25c96a776 8fb2aa3	ceb9fc369 1ce8326	995019a6f f3ba3de
880	73a54f39 9fa4b1b2	10d9c4c42 95599f6	d67806db8 b148677	654ef9abe c389ca9	d08446aa7 9693ed7	9bb4d3977 8c07f9e	25c96a776 8fb2aa3	ceb9fc369 1ce8326

最终得到的杂凑值 h0~h7 如下：

```
h0：0xddaf35a193617aba
h1：0xcc417349ae204131
h2：0x12e6fa4e89a97ea2
h3：0x0a9eeee64b55d39a
h4：0x2192992a274fc1a8
h5：0x36ba3c23a3feebbd
h6：0x454d4423643ce80e
h7：0x2a9ac94fa54ca49f
```

理论推导的例子结束。下面正式进入代码实现。

【例 4.8】手工实现 SHA384 和 SHA512 算法

（1）打开 VC 2017，新建一个控制面板工程 test。

（2）在工程中新建一个头文件 mycrypto.h，并输入代码如下：

```c
#ifndef MY_CRYPTO_H
#define MY_CRYPTO_H

#include <stdint.h>

#ifdef CRYPTO_DEBUG_SUPPORT
#include <stdio.h>
#endif

typedef uint32_t crypto_status_t;
#define CRYPTO_FAIL                 0x5A5A5A5AUL
#define CRYPTO_SUCCESS              0xA5A5A5A5UL

extern crypto_status_t easy_sha512(uint8_t *payload, uint64_t payaload_len, uint8_t hash[64]);
extern crypto_status_t easy_sha384(uint8_t *payload, uint64_t payaload_len, uint8_t hash[64]);

#endif
```

该头文件是调用者所需要包含的头文件，它声明了两个供对外使用的函数接口 easy_sha512 和 easy_sha384，前者可以用来实现 SHA512 算法，后者用来实现 SHA384 算法。其中参数 payload 是输入的消息，payaload_len 是消息长度，最后一个参数 hash 存放得到的哈希结果。

在工程中再新建一个头文件 sha512.h，并输入代码如下：

```c
#ifndef _SHA512_H
#define _SHA512_H

#include "mycrypto.h"
#ifdef CRYPTO_DEBUG_SUPPORT
#define SHA512_DEBUG printf
#else
#define SHA512_DEBUG(fmt, ...)
#endif

 /**
  * @brief    Convert uint64_t to big endian byte array.
  * @param    input          input uint64_t data
  * @param    output         output big endian byte array
  * @param    idx            idx of the byte array.
  * @retval   void
  */
static void inline sha512_encode(uint64_t input, uint8_t *output, uint32_t idx)
{
output[idx + 0] = (uint8_t)(input >> 56);
```

```
    output[idx + 1] = (uint8_t)(input >> 48);
    output[idx + 2] = (uint8_t)(input >> 40);
    output[idx + 3] = (uint8_t)(input >> 32);
        output[idx + 4] = (uint8_t)(input >> 24);
        output[idx + 5] = (uint8_t)(input >> 16);
        output[idx + 6] = (uint8_t)(input >> 8);
        output[idx + 7] = (uint8_t)(input >> 0);
}

/**
 * @brief      Convert big endian byte array to uint64_t data
 * @param      output          output uint64_t data
 * @param      input           input big endian byte array
 * @param      idx              idx of the byte array.
 * @retval     void
 */
static inline void sha512_decode(uint64_t *output, uint8_t *input, uint32_t idx)
{
    *output = ((uint64_t)input[idx + 0] << 56)
        | ((uint64_t)input[idx + 1] << 48)
        | ((uint64_t)input[idx + 2] << 40)
        | ((uint64_t)input[idx + 3] << 32)
        | ((uint64_t)input[idx + 4] << 24)
        | ((uint64_t)input[idx + 5] << 16)
        | ((uint64_t)input[idx + 6] << 8)
        | ((uint64_t)input[idx + 7] << 0);
}

typedef struct sha512_ctx_tag {

    uint32_t is_sha384;
    /*SHA512 逐个处理数据块*/
    uint8_t block[128];
    uint64_t len[2];
    uint64_t val[8];
    /*存放哈希结果*/
    uint8_t *payload_addr;   //哈希的负载地址
    uint64_t payload_len;       //有效载荷长度
} sha512_ctx_t;


#define LSR(x,n) (x >> n)
#define ROR(x,n) (LSR(x,n) | (x << (64 - n)))

#define MA(x,y,z) ((x & y) | (z & (x | y)))
#define CH(x,y,z) (z ^ (x & (y ^ z)))
#define GAMMA0(x) (ROR(x, 1) ^ ROR(x, 8) ^  LSR(x, 7))
#define GAMMA1(x) (ROR(x,19) ^ ROR(x,61) ^   LSR(x, 6))
#define SIGMA0(x) (ROR(x,28) ^ ROR(x,34) ^ ROR(x,39))
#define SIGMA1(x) (ROR(x,14) ^ ROR(x,18) ^ ROR(x,41))
```

```
#define INIT_COMPRESSOR() uint64_t tmp0 = 0, tmp1 = 0
#define COMPRESS( a,   b,   c, d,   e,   f,   g,   h, x,   k)   \
    tmp0 = h + SIGMA1(e) + CH(e,f,g) + k + x;                  \
    tmp1 = SIGMA0(a) + MA(a,b,c); d += tmp0; h = tmp0 + tmp1;

#endif
```

该头文件不需要暴露给调用者。该头文件定义了 SHA512 运算所需的宏，这样在算法实现时可以简洁一些。另外，还定义了编解码函数和哈希运算一般都有的上下文结构体 sha512_ctx_tag，这一点和 SM3 类似，这样的结构体的存在主要是为了支持多包哈希运算。

（3）在工程中新建一个.cpp 文件 sha512.cpp，并输入代码如下：

```
#include "pch.h"
#include "sha512.h"
#include <stdio.h>

/*
 * 预定义 SHA512 填充字节
 */
static const uint8_t sha512_padding[128] =
{
 0x80, 0, 0, 0, 0, 0, 0, 0, 0, 0, 0, 0, 0, 0, 0, 0,
 0, 0, 0, 0, 0, 0, 0, 0, 0, 0, 0, 0, 0, 0, 0, 0,
 0, 0, 0, 0, 0, 0, 0, 0, 0, 0, 0, 0, 0, 0, 0, 0,
 0, 0, 0, 0, 0, 0, 0, 0, 0, 0, 0, 0, 0, 0, 0, 0,
 0, 0, 0, 0, 0, 0, 0, 0, 0, 0, 0, 0, 0, 0, 0, 0,
 0, 0, 0, 0, 0, 0, 0, 0, 0, 0, 0, 0, 0, 0, 0, 0,
 0, 0, 0, 0, 0, 0, 0, 0, 0, 0, 0, 0, 0, 0, 0, 0,
 0, 0, 0, 0, 0, 0, 0, 0, 0, 0, 0, 0, 0, 0, 0, 0
};

/*
 * 用于迭代的 K 字节数组
 */
static const uint64_t K[80] =
{
        0x428A2F98D728AE22ULL,   0x7137449123EF65CDULL, 0xB5C0FBCFEC4D3B2FULL,
0xE9B5DBA58189DBBCULL,
        0x3956C25BF348B538ULL,   0x59F111F1B605D019ULL, 0x923F82A4AF194F9BULL,
0xAB1C5ED5DA6D8118ULL,
        0xD807AA98A3030242ULL,   0x12835B0145706FBEULL, 0x243185BE4EE4B28CULL,
0x550C7DC3D5FFB4E2ULL,
        0x72BE5D74F27B896FULL,   0x80DEB1FE3B1696B1ULL, 0x9BDC06A725C71235ULL,
0xC19BF174CF692694ULL,
        0xE49B69C19EF14AD2ULL,   0xEFBE4786384F25E3ULL, 0x0FC19DC68B8CD5B5ULL,
0x240CA1CC77AC9C65ULL,
        0x2DE92C6F592B0275ULL,   0x4A7484AA6EA6E483ULL, 0x5CB0A9DCBD41FBD4ULL,
0x76F988DA831153B5ULL,
        0x983E5152EE66DFABULL,   0xA831C66D2DB43210ULL, 0xB00327C898FB213FULL,
0xBF597FC7BEEF0EE4ULL,
```

```
        0xC6E00BF33DA88FC2ULL,    0xD5A79147930AA725ULL, 0x06CA6351E003826FULL,
0x142929670A0E6E70ULL,
        0x27B70A8546D22FFCULL,    0x2E1B21385C26C926ULL, 0x4D2C6DFC5AC42AEDULL,
0x53380D139D95B3DFULL,
        0x650A73548BAF63DEULL,    0x766A0ABB3C77B2A8ULL, 0x81C2C92E47EDAEE6ULL,
0x92722C851482353BULL,
        0xA2BFE8A14CF10364ULL,    0xA81A664BBC423001ULL, 0xC24B8B70D0F89791ULL,
0xC76C51A30654BE30ULL,
        0xD192E819D6EF5218ULL,    0xD69906245565A910ULL, 0xF40E35855771202AULL,
0x106AA07032BBD1B8ULL,
        0x19A4C116B8D2D0C8ULL,    0x1E376C085141AB53ULL, 0x2748774CDF8EEB99ULL,
0x34B0BCB5E19B48A8ULL,
        0x391C0CB3C5C95A63ULL,    0x4ED8AA4AE3418ACBULL, 0x5B9CCA4F7763E373ULL,
0x682E6FF3D6B2B8A3ULL,
        0x748F82EE5DEFB2FCULL,    0x78A5636F43172F60ULL, 0x84C87814A1F0AB72ULL,
0x8CC702081A6439ECULL,
        0x90BEFFFA23631E28ULL,    0xA4506CEBDE82BDE9ULL, 0xBEF9A3F7B2C67915ULL,
0xC67178F2E372532BULL,
        0xCA273ECEEA26619CULL,    0xD186B8C721C0C207ULL, 0xEADA7DD6CDE0EB1EULL,
0xF57D4F7FEE6ED178ULL,
        0x06F067AA72176FBAULL,    0x0A637DC5A2C898A6ULL, 0x113F9804BEF90DAEULL,
0x1B710B35131C471BULL,
        0x28DB77F523047D84ULL,    0x32CAAB7B40C72493ULL, 0x3C9EBE0A15C9BEBCULL,
0x431D67C49C100D4CULL,
        0x4CC5D4BECB3E42B6ULL,    0x597F299CFC657E2AULL, 0x5FCB6FAB3AD6FAECULL,
0x6C44198C4A475817ULL
    };

    static inline void sha512_memcpy(uint8_t *src, uint8_t *dst, uint32_t size)
    {
        uint32_t i = 0;
        for (; i < size; i++) {
            *dst++ = *src++;
        }
    }

    static inline void sha512_memclr(uint8_t *dst, uint32_t size)
    {
        uint32_t i = 0;
        for (; i < size; i++) {
            *dst++ = 0;
        }
    }

    /**
     * @brief    Init the SHA384/SHA512 Context
     * @param    sha512_ctx       SHA384/512 context
     * @param    payload          address of the hash payload
     * @param    payload_len      length of the hash payload
     * @param    is_sha384        0:SHA512, 1:SHA384
     * @retval   crypto_status_t
```

```
 * @return   CRYPTO_FAIL if hash failed
 *           CRYPTO_SUCCESS if hash successed
 */
static crypto_status_t sha512_init(sha512_ctx_t *sha512_ctx, uint8_t *payload_addr, uint64_t payload_len,
uint32_t is_sha384)
{
    crypto_status_t ret = CRYPTO_FAIL;

    SHA512_DEBUG("%s\n", __func__);
    if (payload_len == 0 || payload_addr == NULL) {
        SHA512_DEBUG("%s parameter illegal\n", __func__);
        goto cleanup;
    }

    sha512_memclr((uint8_t *)sha512_ctx, sizeof(sha512_ctx_t));
    if (1 == is_sha384) {
        SHA512_DEBUG("%s SHA384\n", __func__);
        sha512_ctx->val[0] = 0xCBBB9D5DC1059ED8ULL;
        sha512_ctx->val[1] = 0x629A292A367CD507ULL;
        sha512_ctx->val[2] = 0x9159015A3070DD17ULL;
        sha512_ctx->val[3] = 0x152FECD8F70E5939ULL;
        sha512_ctx->val[4] = 0x67332667FFC00B31ULL;
        sha512_ctx->val[5] = 0x8EB44A8768581511ULL;
        sha512_ctx->val[6] = 0xDB0C2E0D64F98FA7ULL;
        sha512_ctx->val[7] = 0x47B5481DBEFA4FA4ULL;
    }
    else {
        SHA512_DEBUG("%s SHA512\n", __func__);
        sha512_ctx->val[0] = 0x6A09E667F3BCC908ULL;
        sha512_ctx->val[1] = 0xBB67AE8584CAA73BULL;
        sha512_ctx->val[2] = 0x3C6EF372FE94F82BULL;
        sha512_ctx->val[3] = 0xA54FF53A5F1D36F1ULL;
        sha512_ctx->val[4] = 0x510E527FADE682D1ULL;
        sha512_ctx->val[5] = 0x9B05688C2B3E6C1FULL;
        sha512_ctx->val[6] = 0x1F83D9ABFB41BD6BULL;
        sha512_ctx->val[7] = 0x5BE0CD19137E2179ULL;
    }

    sha512_ctx->is_sha384 = is_sha384;
    sha512_ctx->payload_addr = payload_addr;
    sha512_ctx->payload_len = (uint64_t)payload_len;
    sha512_ctx->len[0] = payload_len << 3;
    sha512_ctx->len[1] = payload_len >> 61;
    ret = CRYPTO_SUCCESS;

cleanup:
    return ret;
}

/**
 * @brief    SHA384/512 iteration compression
```

191

```
 * @param      sha512_ctx              context of the sha384/512
 * @param      data                    hash block data, 1024 bits
 * @retval     crypto_status_t
 * @return     CRYPTO_FAIL if failed
 *              CRYPTO_SUCCESS if successed
 */
static crypto_status_t sha512_hash_factory(sha512_ctx_t *ctx, uint8_t data[128])
{
    uint32_t i = 0;
    uint64_t W[80];
    /* One iteration vectors
    * v[0] --> A
    * ...
    * v[7] --> H
    * */
    uint64_t v[8];

    INIT_COMPRESSOR();
    SHA512_DEBUG("%s\n", __func__);

    /* 1. 计算  W[80] */
    for (i = 0; i < 16; i++) {
        sha512_decode(&W[i], data, i << 3);
    }

    for (; i < 80; i++) {
        W[i] = GAMMA1(W[i - 2]) + W[i - 7] + GAMMA0(W[i - 15]) + W[i - 16];
    }

    /* 2. 初始化向量*/
    for (i = 0; i < 8; i++) {
        v[i] = ctx->val[i];
    }

    /* 3. 进行  SHA-2  族压缩的迭代*/
    for (i = 0; i < 80;) {
        COMPRESS(v[0], v[1], v[2], v[3], v[4], v[5], v[6], v[7], W[i], K[i]); i++;
        COMPRESS(v[7], v[0], v[1], v[2], v[3], v[4], v[5], v[6], W[i], K[i]); i++;
        COMPRESS(v[6], v[7], v[0], v[1], v[2], v[3], v[4], v[5], W[i], K[i]); i++;
        COMPRESS(v[5], v[6], v[7], v[0], v[1], v[2], v[3], v[4], W[i], K[i]); i++;
        COMPRESS(v[4], v[5], v[6], v[7], v[0], v[1], v[2], v[3], W[i], K[i]); i++;
        COMPRESS(v[3], v[4], v[5], v[6], v[7], v[0], v[1], v[2], W[i], K[i]); i++;
        COMPRESS(v[2], v[3], v[4], v[5], v[6], v[7], v[0], v[1], W[i], K[i]); i++;
        COMPRESS(v[1], v[2], v[3], v[4], v[5], v[6], v[7], v[0], W[i], K[i]); i++;

    }

    /* 4. 将向量移动到哈希输出  */
    for (i = 0; i < 8; i++) {
        ctx->val[i] += v[i];
    }
```

```
    return CRYPTO_SUCCESS;
}

/**
 * @brief    SHA384/512 stage1
 * @param    sha512_ctx          context of the sha384/512
 * @param    output              output of hash value
 * @retval   crypto_status_t
 * @return   CRYPTO_FAIL if failed
 *           CRYPTO_SUCCESS if successed
 */
static crypto_status_t sha512_stage1(sha512_ctx_t *sha512_ctx)
{
    SHA512_DEBUG("%s\n", __func__);

    while (sha512_ctx->payload_len >= 128) {
        sha512_hash_factory(sha512_ctx, sha512_ctx->payload_addr);
        sha512_ctx->payload_addr += 128;
        sha512_ctx->payload_len -= 128;
        SHA512_DEBUG("%x, %x\n", (uint32_t)sha512_ctx->payload_addr,
(uint32_t)sha512_ctx->payload_len);
    }

    return CRYPTO_SUCCESS;
}


/**
 * @brief    SHA384/512 stage2:Do padding and digest the fianl bytes
 * @param    sha512_ctx          context of the sha384/512
 * @param    output              output of hash value
 * @retval   crypto_status_t
 * @return   CRYPTO_FAIL if failed
 *           CRYPTO_SUCCESS if successed
 */
static crypto_status_t sha512_stage2(sha512_ctx_t *sha512_ctx,
    uint8_t output[64])
{

    uint32_t block_pos = sha512_ctx->payload_len;
    uint32_t padding_bytes = 0;
    uint8_t temp_data[128] = { 0 };
    uint8_t *temp_data_p = (uint8_t *)&temp_data[0];
    uint8_t len_be[16] = { 0 };
    uint8_t i = 0;

    SHA512_DEBUG("%s\n", __func__);

    /*将最后 1 字节复制到临时缓冲区*/
    sha512_memcpy(sha512_ctx->payload_addr, temp_data_p, sha512_ctx->payload_len);
```

```
    padding_bytes = 112 - block_pos;
    temp_data_p += block_pos;

    /*将填充字节复制到临时缓冲区*/
    sha512_memcpy((uint8_t *)sha512_padding, temp_data_p, padding_bytes);
    temp_data_p += padding_bytes;

    /*追加长度*/
    sha512_encode(sha512_ctx->len[1], len_be, 0);
    sha512_encode(sha512_ctx->len[0], len_be, 8);
    sha512_memcpy(len_be, temp_data_p, 16);
    sha512_hash_factory(sha512_ctx, temp_data);

    /*将哈希值编码为大端字节数组*/
    for (i = 0; i < 6; i++) {
        sha512_encode(sha512_ctx->val[i], output, i * 8);
    }

    /*不需要对 SHA384 的最后 16 字节进行编码*/
    for (; (i < 8) && (sha512_ctx->is_sha384 == 0); i++) {
        sha512_encode(sha512_ctx->val[i], output, i * 8);
    }

    return CRYPTO_SUCCESS;
}

/**
 * @brief    SHA384/512 implementation function
 * @param    payload              address of the hash payload
 * @param    payload_len          length of the hash payload
 * @param    hash                  output of hash value
 * @param    is_sha384            0:SHA512, 1:SHA384
 * @retval   crypto_status_t
 * @return   CRYPTO_FAIL if hash failed
 *           CRYPTO_SUCCESS if hash successed
 */
crypto_status_t easy_sha512_impl(uint8_t *payload, uint64_t payload_len,
    uint8_t output[64], uint32_t is_sha384)
{

    crypto_status_t ret = CRYPTO_FAIL;

    sha512_ctx_t g_sha512_ctx;
    ret = sha512_init(&g_sha512_ctx, payload, payload_len, is_sha384);
    if (ret != CRYPTO_SUCCESS) {
        goto cleanup;
    }

    ret = sha512_stage1(&g_sha512_ctx);
    if (ret != CRYPTO_SUCCESS) {
        goto cleanup;
```

```
        }

        ret = sha512_stage2(&g_sha512_ctx, output);

cleanup:
        return ret;
}

/**
 * @brief     API for SHA512
 * @param     payload          address of the hash payload
 * @param     payload_len      length of the hash payload
 * @param     hash             output of hash value
 * @retval    crypto_status_t
 * @return    CRYPTO_FAIL if hash failed
 *            CRYPTO_SUCCESS if hash successed
 */
crypto_status_t easy_sha512(uint8_t *payload, uint64_t payload_len, uint8_t hash[64])
{
        return easy_sha512_impl(payload, payload_len, hash, 0);
}

/**
 * @brief     API for SHA384
 * @param     payload          address of the hash payload
 * @param     payload_len      length of the hash payload
 * @param     hash             output of hash value
 * @retval    crypto_status_t
 * @return    CRYPTO_FAIL if hash failed
 *            CRYPTO_SUCCESS if hash successed
 */
crypto_status_t easy_sha384(uint8_t *payload, uint64_t payload_len, uint8_t hash[64])
{
        return easy_sha512_impl(payload, payload_len, hash, 1);
}
```

这是算法实现的主要过程，原理和前面的理论描述相符。其实实现代码很简单，easy_sha512_impl 是主流程，分为三步：

（1）sha512_init 初始化上下文。

（2）sha512_stage1 处理数据直到倒数第二个块，将其中间哈希值保存在 sha512_ctx_t 的 val 向量中。如果消息的原始长度小于 1024 比特，那么这个函数将不处理，因为倒数第二个块不存在，只存在一个 1024 比特的块。从代码实现中可以看到，在消息的字节数小于 128 时，不做任何处理，否则循环处理每一个块。

（3）sha512_stage2 处理填充后的 message 的最后一个块，将上一次的哈希中间结果和该块进行运算，得到最终的哈希值并且保存到 output 中。

sha512_hash_factory 就是处理每一个块得到其中间结果的函数，里面的逻辑很简单，首先初始化 W 向量，然后计算 80 轮加工，最终将得到的中间结果保存到 sha512_ctx_t 的 val 中。

（4）下面开始添加测试代码，打开 test.cpp，并输入代码如下：

```
#include "pch.h"
#include "sha512.h"
#include <stdio.h>
#include <stdint.h>
#include "mycrypto.h"

#define TEST_VEC_NUM 3
static const uint8_t sha384_res0[TEST_VEC_NUM][48] = {
        {0x0a,0x98,0x9e,0xbc,0x4a,0x77,0xb5,0x6a,0x6e,0x2b,0xb7,0xb1,
        0x9d,0x99,0x5d,0x18,0x5c,0xe4,0x40,0x90,0xc1,0x3e,0x29,0x84,
        0xb7,0xec,0xc6,0xd4,0x46,0xd4,0xb6,0x1e,0xa9,0x99,0x1b,0x76,
        0xa4,0xc2,0xf0,0x4b,0x1b,0x4d,0x24,0x48,0x41,0x44,0x94,0x54,},
        {0xf9,0x32,0xb8,0x9b,0x67,0x8d,0xbd,0xdd,0xb5,0x55,0x80,0x77,
        0x03,0xb3,0xe4,0xff,0x99,0xd7,0x08,0x2c,0xc4,0x00,0x8d,0x3a,
        0x62,0x3f,0x40,0x36,0x1c,0xaa,0x24,0xf8,0xb5,0x3f,0x7b,0x11,
        0x2e,0xd4,0x6f,0x02,0x7f,0xf6,0x6e,0xf8,0x42,0xd2,0xd0,0x8c,},
        {0x4e,0x72,0xf4,0x07,0x66,0xcd,0x1b,0x2f,0x23,0x1b,0x9c,0x14,
        0x9a,0x40,0x04,0x6e,0xcc,0xc7,0x2d,0xa9,0x1d,0x5a,0x02,0x42,
        0xf6,0xab,0x49,0xfe,0xea,0x4e,0xfd,0x55,0x43,0x9b,0x7e,0xd7,
        0x82,0xe0,0x3d,0x69,0x0f,0xb9,0x78,0xc3,0xdb,0xce,0x91,0xc1},
};

static const uint8_t sha512_res0[TEST_VEC_NUM][64] = {
        {0xba,0x32,0x53,0x87,0x6a,0xed,0x6b,0xc2,0x2d,0x4a,0x6f,0xf5,
        0x3d,0x84,0x06,0xc6,0xad,0x86,0x41,0x95,0xed,0x14,0x4a,0xb5,
        0xc8,0x76,0x21,0xb6,0xc2,0x33,0xb5,0x48,0xba,0xea,0xe6,0x95,
        0x6d,0xf3,0x46,0xec,0x8c,0x17,0xf5,0xea,0x10,0xf3,0x5e,0xe3,
        0xcb,0xc5,0x14,0x79,0x7e,0xd7,0xdd,0xd3,0x14,0x54,0x64,0xe2,
        0xa0,0xba,0xb4,0x13},
        {0x45,0x1e,0x75,0x99,0x6b,0x89,0x39,0xbc,0x54,0x0b,0xe7,0x80,
        0xb3,0x3d,0x2e,0x5a,0xb2,0x0d,0x6e,0x2a,0x2b,0x89,0x44,0x2c,
        0x9b,0xfe,0x6b,0x47,0x97,0xf6,0x44,0x0d,0xac,0x65,0xc5,0x8b,
        0x6a,0xff,0x10,0xa2,0xca,0x34,0xc3,0x77,0x35,0x00,0x8d,0x67,
        0x10,0x37,0xfa,0x40,0x81,0xbf,0x56,0xb4,0xee,0x24,0x37,0x29,
        0xfa,0x5e,0x76,0x8e},
        {0x51,0x33,0x35,0xc0,0x7d,0x10,0xed,0x85,0xe7,0xdc,0x3c,0xa9,
        0xb9,0xf1,0x1a,0xe7,0x59,0x1e,0x5b,0x36,0xf9,0xb3,0x71,0xfb,
        0x66,0x21,0xb4,0xec,0x6f,0xc8,0x05,0x57,0xfe,0x1e,0x7b,0x9e,
        0x1c,0xc1,0x12,0x32,0xb0,0xb2,0xdd,0x92,0x1d,0x80,0x56,0xbf,
        0x09,0x7a,0x91,0xc3,0x6d,0xd7,0x28,0x46,0x71,0xfc,0x46,0x8e,
        0x06,0x17,0x49,0xf4},
};

static const char *test_vectors[TEST_VEC_NUM] = {
    "123456",
        "0123456789abcdef0123456789abcdef0123456789abcdef0123456789abcdef0123456789abcdef
0123456789abcdef0123456789abcdef0123456789abcdef",
```

```
        "0123456789abcdef0123456789abcdef0123456789abcdef0123456789abcdef0123456789abcdef
0123456789abcdef0123456789abcdef0123456789abcdef123456",
    };

    static uint32_t vector_len[TEST_VEC_NUM] = { 6, 128, 134 };

    int main()
    {
        uint8_t output[64];
        uint32_t i = 0, j = 0;

        for (i = 0; i < TEST_VEC_NUM; i++) {
            easy_sha384((uint8_t*)test_vectors[i], vector_len[i], output);
            for (j = 0; j < 48; j++) {
                if (output[j] != sha384_res0[i][j]) {
                    printf("SHA384 Test %d Failed\n", i);
                    printf("hash should be %x, calu:%x\n", sha384_res0[i][j], output[j]);
                    break;
                }
            }
            if (j == 48) {
                printf("SHA384 Test %d Passed\n", i);
            }
        }

        for (i = 0; i < TEST_VEC_NUM; i++) {
            easy_sha512((uint8_t*)test_vectors[i], vector_len[i], output);
            for (j = 0; j < 64; j++) {
                if (output[j] != sha512_res0[i][j]) {
                    printf("SHA512 Test %d Failed\n", i);
                    printf("hash should be %x, calu:%x\n", sha512_res0[i][j], output[j]);
                    break;
                }
            }
            if (j == 64) {
                printf("SHA512 Test %d Passed\n", i);
            }
        }
    }
```

我们把要进行运算的原始消息存放在 test_vectors 中，一共存放三组消息。把这三组消息理论的 SHA384/SHA512 结果值存放在 sha384_res0 和 sha512_res0 中，这样方便最后比较生成的结果值，以此来确定是否正确。保存工程并运行，运行结果如图 4-26 所示。

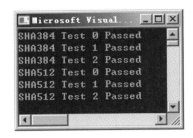

图 4-26

全部通过，"手工蛋糕"制作完毕。下面基于 OpenSSL 来实现 SHA512 和 SHA384。

【例 4.9】基于 OpenSSL 1.1.1b 实现 SHA384

（1）打开 VC 2017，新建一个控制面板工程 test。

（2）在工程中新建一个 C++文件，文件名是 sha384.cpp，然后输入代码如下：

```cpp
#include <pch.h>
#include "openssl/evp.h"
#include "sha384.h"

int sha384_hash(const unsigned char *message, size_t len, unsigned char *hash, unsigned int *hash_len)
{
    EVP_MD_CTX *md_ctx;
    const EVP_MD *md;

    md = EVP_sha384(); //使用的哈希算法是 SHA384
    md_ctx = EVP_MD_CTX_new();   //开辟摘要上下文结构需要的空间
    EVP_DigestInit_ex(md_ctx, md, NULL);   //初始化摘要结构上下文
    EVP_DigestUpdate(md_ctx, message, len);   //对数据进行摘要计算
    EVP_DigestFinal_ex(md_ctx, hash, hash_len); //结尾工作，输出摘要结果
    EVP_MD_CTX_free(md_ctx); //释放空间
    return 0;
}
```

我们定义了一个函数 sha384_hash，其中参数 message 是要做哈希的源数据，len 是源数据的长度，这两个参数都是输入参数。参数 hash 是输出参数，存放哈希的结果，对于 SHA384，哈希结果是 48 字节，因此参数 hash 要指向一个 48 字节的缓冲区。hash_len 也是输出参数，存放哈希结果的长度。

接着，在工程中新建一个头文件，文件名是 sha384.h，然后输入代码如下：

```cpp
#ifndef HEADER_C_FILE_SHA384_HASH_H
#define HEADER_C_FILE_SHA384_HASH_H

#ifdef __cplusplus
extern "C" {
#endif

    int sha384_hash(const unsigned char *message, size_t len, unsigned char *hash, unsigned int *hash_len);
```

```
#ifdef __cplusplus
}
#endif

#endif
```

在该文件中，我们声明了一个函数 sha384_hash，以方便其他程序调用。

在 VC 中 打 开 " test 属 性 页 " 对 话 框 ， 然 后 设 置 " 附 加 包 含 目 录 " 为 D:\openssl-1.1.1b\win32-debug\include。我们这个例子的程序是 32 位的，所以使用 32 位的头文件和库。接着设置"附加库目录"为 D:\openssl-1.1.1b\win32-debug\lib。最后，添加三个库（ws2_32.lib;Crypt32.lib;libcrypto.lib;)到"附加依赖项"，注意用分号隔开。这些设置和 OpenSSL 实现 SM3 的设置一样，这里就不再赘述了。

（3）现在我们可以编写测试代码，来具体调用 SHA384 函数。打开 test.cpp，在其中输入代码如下：

```
#include "pch.h"
#include <stdio.h>
#include <string.h>
#include "sha384.h"
#include <stdint.h>

#define TEST_VEC_NUM 3
static const unsigned char sha384_res0[TEST_VEC_NUM][48] = {
        {0x0a,0x98,0x9e,0xbc,0x4a,0x77,0xb5,0x6a,0x6e,0x2b,0xb7,0xb1,
        0x9d,0x99,0x5d,0x18,0x5c,0xe4,0x40,0x90,0xc1,0x3e,0x29,0x84,
        0xb7,0xec,0xc6,0xd4,0x46,0xd4,0xb6,0x1e,0xa9,0x99,0x1b,0x76,
        0xa4,0xc2,0xf0,0x4b,0x1b,0x4d,0x24,0x48,0x41,0x44,0x94,0x54,},
        {0xf9,0x32,0xb8,0x9b,0x67,0x8d,0xbd,0xdd,0xb5,0x55,0x80,0x77,
        0x03,0xb3,0xe4,0xff,0x99,0xd7,0x08,0x2c,0xc4,0x00,0x8d,0x3a,
        0x62,0x3f,0x40,0x36,0x1c,0xaa,0x24,0xf8,0xb5,0x3f,0x7b,0x11,
        0x2e,0xd4,0x6f,0x02,0x7f,0xf6,0x6e,0xf8,0x42,0xd2,0xd0,0x8c,},
        {0x4e,0x72,0xf4,0x07,0x66,0xcd,0x1b,0x2f,0x23,0x1b,0x9c,0x14,
        0x9a,0x40,0x04,0x6e,0xcc,0xc7,0x2d,0xa9,0x1d,0x5a,0x02,0x42,
        0xf6,0xab,0x49,0xfe,0xea,0x4e,0xfd,0x55,0x43,0x9b,0x7e,0xd7,
        0x82,0xe0,0x3d,0x69,0x0f,0xb9,0x78,0xc3,0xdb,0xce,0x91,0xc1},
};

static const char *test_vectors[TEST_VEC_NUM] = {
    "123456",
    "0123456789abcdef0123456789abcdef0123456789abcdef0123456789abcdef0123456789abcdef
0123456789abcdef0123456789abcdef0123456789abcdef","0123456789abcdef0123456789abcdef0123456789abcdef
0123456789abcdef0123456789abcdef0123456789abcdef0123456789abcdef0123456789abcdef123456",
};

static uint32_t vector_len[TEST_VEC_NUM] = { 6, 128, 134 };

int main()
{
```

```
        uint8_t output[64];
        unsigned int hashlen;
        uint32_t i = 0, j = 0;

        for (i = 0; i < TEST_VEC_NUM; i++) {
            sha384_hash((uint8_t*)test_vectors[i], vector_len[i], output,&hashlen);
            if (hashlen != 48)
            {
                printf("sha384_hash failed\n");
                return -1;
            }
            for (j = 0; j < 48; j++) {
                if (output[j] != sha384_res0[i][j]) {
                    printf("SHA384 Test %d Failed\n", i);
                    printf("hash should be %x, calu:%x\n", sha384_res0[i][j], output[j]);
                    break;
                }
            }
            if (j == 48) {
                printf("SHA384 Test %d Passed\n", i);
            }
        }
    }
```

我们把要进行运算的原始消息存放在 test_vectors 中，一共存放三组消息。把这三组消息理论的 SHA384 结果值存放在 sha384_res0 中，这样方便最后比较生成的结果值，以此来比较是否正确。保存工程并运行，运行结果如图 4-27 所示。

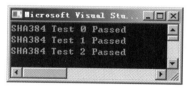

图 4-27

【例 4.10】基于 OpenSSL 1.1.1b 实现 SHA512

（1）打开 VC 2017，新建一个控制面板工程 test。

（2）在工程中新建一个 C++文件，文件名是 sha512.cpp，然后输入代码如下：

```
#include <pch.h>
#include "openssl/evp.h"
#include "sha512.h"

int sha512_hash(const unsigned char *message, size_t len, unsigned char *hash, unsigned int *hash_len)
{
    EVP_MD_CTX *md_ctx;
    const EVP_MD *md;
```

```
    md = EVP_sha512();//表明要使用的哈希算法是 SHA512
    md_ctx = EVP_MD_CTX_new();//开辟摘要上下文结构需要的空间
    EVP_DigestInit_ex(md_ctx, md, NULL); //初始化摘要结构上下文结构
    EVP_DigestUpdate(md_ctx, message, len); //对数据进行摘要计算
    EVP_DigestFinal_ex(md_ctx, hash, hash_len);   //结尾工作，输出摘要结果
    EVP_MD_CTX_free(md_ctx);   //释放空间
    return 0;
}
```

我们定义了一个函数 sha512_hash，其中参数 message 是要做哈希的源数据，len 是源数据的长度，这两个参数都是输入参数。参数 hash 是输出参数，存放哈希的结果，对于 SHA512，哈希的结果是 64 字节，因此参数 hash 要指向一个 64 字节的缓冲区。hash_len 也是输出参数，存放哈希结果的长度。

接着，在工程中新建一个头文件，文件名是 sha512.h，然后输入代码如下：

```
#ifndef HEADER_C_FILE_SHA512_HASH_H
#define HEADER_C_FILE_SHA512_HASH_H

#ifdef    __cplusplus
extern "C" {
#endif

 int sha512_hash(const unsigned char *message, size_t len, unsigned char *hash, unsigned int *hash_len);

#ifdef    __cplusplus
}
#endif

#endif
```

在该文件中，我们声明了一个函数 sha512_hash，以方便其他程序调用。

在 VC 中打开"test 属性页"对话框，然后设置"附加包含目录"为 D:\openssl-1.1.1b\win32-debug\include。我们这个例子的程序是 32 位的，所以使用 32 位的头文件和库。接着设置"附加库目录"为 D:\openssl-1.1.1b\win32-debug\lib。最后，添加三个库（ws2_32.lib;Crypt32.lib; libcrypto.lib;）到"附加依赖项"，注意用分号隔开。这些设置和 OpenSSL 实现 SM3 的设置一样，这里就不再赘述。

（3）现在编写测试代码，来具体调用 SHA512 函数。打开 test.cpp，在其中输入代码如下：

```
#include "pch.h"
#include "sha512.h"
#include <stdio.h>
#include <stdint.h>

#define TEST_VEC_NUM 3

static const uint8_t sha512_res0[TEST_VEC_NUM][64] = {
```

```
            {0xba,0x32,0x53,0x87,0x6a,0xed,0x6b,0xc2,0x2d,0x4a,0x6f,0xf5,
            0x3d,0x84,0x06,0xc6,0xad,0x86,0x41,0x95,0xed,0x14,0x4a,0xb5,
            0xc8,0x76,0x21,0xb6,0xc2,0x33,0xb5,0x48,0xba,0xea,0xe6,0x95,
            0x6d,0xf3,0x46,0xec,0x8c,0x17,0xf5,0xea,0x10,0xf3,0x5e,0xe3,
            0xcb,0xc5,0x14,0x79,0x7e,0xd7,0xdd,0xd3,0x14,0x54,0x64,0xe2,
            0xa0,0xba,0xb4,0x13},
            {0x45,0x1e,0x75,0x99,0x6b,0x89,0x39,0xbc,0x54,0x0b,0xe7,0x80,
            0xb3,0x3d,0x2e,0x5a,0xb2,0x0d,0x6e,0x2a,0x2b,0x89,0x44,0x2c,
            0x9b,0xfe,0x6b,0x47,0x97,0xf6,0x44,0x0d,0xac,0x65,0xc5,0x8b,
            0x6a,0xff,0x10,0xa2,0xca,0x34,0xc3,0x77,0x35,0x00,0x8d,0x67,
            0x10,0x37,0xfa,0x40,0x81,0xbf,0x56,0xb4,0xee,0x24,0x37,0x29,
            0xfa,0x5e,0x76,0x8e},
            {0x51,0x33,0x35,0xc0,0x7d,0x10,0xed,0x85,0xe7,0xdc,0x3c,0xa9,
            0xb9,0xf1,0x1a,0xe7,0x59,0x1e,0x5b,0x36,0xf9,0xb3,0x71,0xfb,
            0x66,0x21,0xb4,0xec,0x6f,0xc8,0x05,0x57,0xfe,0x1e,0x7b,0x9e,
            0x1c,0xc1,0x12,0x32,0xb0,0xb2,0xdd,0x92,0x1d,0x80,0x56,0xbf,
            0x09,0x7a,0x91,0xc3,0x6d,0xd7,0x28,0x46,0x71,0xfc,0x46,0x8e,
            0x06,0x17,0x49,0xf4},
    };

    static const char *test_vectors[TEST_VEC_NUM] = {
        "123456",
         "0123456789abcdef0123456789abcdef0123456789abcdef0123456789abcdef0123456789abcdef0123456789
abcdef0123456789abcdef0123456789abcdef","0123456789abcdef0123456789abcdef0123456789abcdef0123456789
abcdef0123456789abcdef0123456789abcdef0123456789abcdef0123456789abcdef123456",
    };

    static uint32_t vector_len[TEST_VEC_NUM] = { 6, 128, 134 };

    int main()
    {
        uint8_t output[64];
        uint32_t i = 0, j = 0;
        unsigned int hashlen;

        for (i = 0; i < TEST_VEC_NUM; i++) {
            sha512_hash((uint8_t*)test_vectors[i], vector_len[i], output,&hashlen);
            if (hashlen != 64)
            {
                puts("sha512_hash failed");
                return   -1;
            }
            for (j = 0; j < 64; j++) {
                if (output[j] != sha512_res0[i][j]) {
                    printf("SHA512 Test %d Failed\n", i);
                    printf("hash should be %x, calu:%x\n", sha512_res0[i][j], output[j]);
                    break;
                }
            }
            if (j == 64) {
                printf("SHA512 Test %d Passed\n", i);
```

```
        }
    }
}
```

我们把要进行运算的原始消息存放在 test_vectors 中，一共存放三组消息。把这三组消息理论的 SHA512 结果值存放在 sha512_res0 中，这样方便最后比较生成的结果值，以此来确定是否正确。保存工程并运行，运行结果如图 4-28 所示。

图 4-28

为了照顾喜欢 OpenSSL 1.0.2m 的朋友，下面我们利用 OpenSSL 1.0.2m 版本实现 SHA512。因为主要过程和上例类似，所以有些重复的地方就不再详述了。

【例 4.11】基于 OpenSSL 1.0.2m 实现 SHA512

（1）打开 VC 2017，新建一个控制面板工程 test。

（2）在工程中新建一个 C++文件，文件名是 sha512.cpp，然后输入代码如下：

```
#include <pch.h>
#include "openssl/evp.h"
#include "sha256.h"

int sha256_hash(const unsigned char *message, size_t len, unsigned char *hash, unsigned int *hash_len)
{
    EVP_MD_CTX *md_ctx;
    const EVP_MD *md;

    md = EVP_sha512();//表明要使用的哈希算法是 SHA512
    md_ctx = EVP_MD_CTX_create();   //开辟摘要上下文结构需要的空间
    EVP_DigestInit_ex(md_ctx, md, NULL);   //初始化摘要结构上下文结构
    EVP_DigestUpdate(md_ctx, message, len); //对数据进行摘要计算
    EVP_DigestFinal_ex(md_ctx, hash, hash_len); //结尾工作，输出摘要结果
    EVP_MD_CTX_destroy(md_ctx);    //释放空间
    return 0;
}
```

我们定义了一个函数 sha512_hash，其中参数 message 是要做哈希的源数据，len 是源数据的长度，这两个参数都是输入参数。参数 hash 是输出参数，存放哈希的结果，对于 SHA512，哈希结果的长度是 64 字节，因此参数 hash 要指向一个 64 字节的缓冲区。hash_len 也是输出参数，存放 HASH 结果的长度。

接着，在工程中新建一个头文件，文件名是 sha512.h，然后输入代码如下：

```
#ifndef HEADER_C_FILE_SHA512_HASH_H
#define HEADER_C_FILE_SHA512_HASH_H
```

```
#ifdef    __cplusplus
extern "C" {
#endif
    int sha512_hash(const unsigned char *message, size_t len, unsigned char *hash, unsigned int *hash_len);
#ifdef    __cplusplus
}
#endif
#endif
```

在该文件中，我们声明了一个函数 sha256_hash，以方便其他程序调用。

在 VC 中打开"test 属性页"对话框，然后设置"附加包含目录"为 C:\openssl-1.0.2m\inc32。我们这个例子的程序是 32 位的，所以使用 32 位的头文件和库。接着设置"附加库目录"为 C:\openssl-1.0.2m\out32dll。最后，添加一个库（libeay32.lib）到"附加依赖项"的开头，注意用分号隔开。这些设置和上例的设置一样，这里就不再赘述了。

（3）现在编写测试代码，测试代码和上例一样，把上例 test.cpp 中的内容复制到本例的 test.cpp 中即可。最后运行工程，运行结果也和上例一样，如图 4-29 所示。

图 4-29

如果需要基于 OpenSSL 1.0.2m 实现 SHA384 算法，只需要把 sha256_hash 函数中的 EVP_sha512();改为 EVP_sha384();，然后修改 test.cpp（利用例 4.9 的 test.cpp 复制一份）即可，限于篇幅，这里不再赘述。相信读者参考本例能自己实现，毕竟大体过程类似。

4.5　更通用的基于 OpenSSL 的哈希运算

使用 OpenSSL 算法库进行哈希运算是实际应用开发中经常会碰到的，前面我们介绍哈希算法的时候也用到了 OpenSSL 提供的哈希运算函数，但基本流程都是针对某种特定的哈希算法。除此之外，OpenSSL 还提供了更加通用的哈希函数接口，也是就是 OpenSSL 的 EVP 封装。

OpenSSL EVP 提供了密码学中丰富的函数。OpenSSL 中实现了各种对称算法、摘要算法以及签名/验签算法。EVP 函数将这些具体的算法进行了封装。EVP 系列的函数的声明包含在 evp.h 里面，这是一系列封装了 OpenSSL 加密库里面所有算法的函数。通过这样统一的封装，使得只需要在初始化参数的时候做很少的改变，就可以使用相同的代码但采用不同的加密算法进行数据的加密和解密。

EVP 系列函数主要封装了加密、摘要、编码三大类型的算法，使用算法前需要调用 OpenSSL_add_all_algorithms 函数。其中，以加密算法与摘要算法为基本，公开密钥算法是对数据加密采用对称加密算法，对密钥采用非对称加密算法（公钥加密，私钥解密）。数字签名是非对称加密算法（私钥签名，公钥认证）。

在 OpenSSL 1.0.2m 中，常用的哈希函数包括 EVP_MD_CTX_create、EVP_MD_CTX_destroy、EVP_DigestInit_ex、 EVP_DigestUpdate、EVP_Digest_Final_ex 和 EVP_Digest。其中，函数 EVP_MD_CTX_create 用于创建摘要上下文结构体并进行初始化，当不再需要使用摘要上下文结构体时，需要用 EVP_MD_CTX_destroy 来销毁。EVP_DigestInit_ex、EVP_DigestUpdate 和 EVP_Digest_Final_ex 用于计算不定长消息摘要（也就是可以用来实现多包哈希运算）。EVP_Digest 用于计算长度比较短的消息摘要（也就是用于单包哈希运算）。

值得注意的是，这些函数使用时都需要包含头文件#include <openssl/evp.h>。

4.5.1　获取摘要算法函数 EVP_get_digestbyname

根据字符串获取摘要算法（EVP_MD），本函数查询摘要算法哈希表。其返回值可以传给其他哈希函数使用。该函数声明如下：

```
const EVP_MD *EVP_get_digestbyname(const char *name);
```

其中，name 指向一个字符串，表示哈希算法名称，如 sha256、sha384、sha512 等。如果函数执行成功，就返回哈希算法的 EVP_MD 结构体指针，以供后续函数使用；如果函数执行失败，就返回 NULL。

4.5.2　创建结构体并初始化函数 EVP_MD_CTX_create

这个函数内部会分配结构体所需的内存空间，然后进行初始化，并返回摘要上下文结构体指针。而 EVP_MD_CTX_init 只初始化，结构体需要在函数外面定义好。

函数 EVP_MD_CTX_create 声明如下：

```
EVP_MD_CTX *EVP_MD_CTX_create();
```

返回已经初始化了的摘要上下文结构体指针。摘要上下文结构体 EVP_MD_CTX 定义如下：

```
struct env_md_ctx_st {
    const EVP_MD *digest;
    ENGINE *engine;                 /* 摘要引擎 */
    unsigned long flags;
    void *md_data;
    /* Public key context for sign/verify */
    EVP_PKEY_CTX *pctx;
    /* 更新功能：通常从 EVP_MD 复制 */
    int (*update) (EVP_MD_CTX *ctx, const void *data, size_t count);
} /* EVP_MD_CTX */ ;
```

该结构体是在 openssl1.0.2m\crypto\evp.h 中定义的，然后在 openssl1.0.2m\crypto\ossl_typ.h 中定义以下宏：

```
typedef struct env_md_ctx_st EVP_MD_CTX;
```

值得注意的是，因为结构体是在函数内部创建的，所以不再需要使用摘要上下文结构体时，需要调用函数 EVP_MD_CTX_destroy 来销毁。

4.5.3　销毁摘要上下文结构体 EVP_MD_CTX_destroy

当不再需要使用摘要上下文结构体时，需要调用函数 EVP_MD_CTX_destroy 来销毁。该函数声明如下：

```
void EVP_MD_CTX_destroy(EVP_MD_CTX *ctx);
```

其中，参数 ctx 是指向摘要上下文结构体的指针，它必须是已经分配空间并初始化过了的，即必须已经调用 EVP_MD_CTX_create。EVP_MD_CTX_destroy 和 EVP_MD_CTX_create 通常是成对使用的。

4.5.4　摘要初始化函数 EVP_DigestInit_ex

该函数用来设置摘要算法、算法引擎等。它要在 EVP_DigestUpdate 前调用。该函数声明如下：

```
int EVP_DigestInit_ex(EVP_MD_CTX *ctx, const EVP_MD *type, ENGINE *impl);
```

其中，参数 ctx[in]指向摘要上下文结构体，该结构体必须是已经初始化过了的；type 表示所使用的摘要算法，算法用 EVP_MD 结构体来表示，type 指向这个结构体，该结构体地址可以用表 4-5 所示的函数返回来获得。

表 4-5　摘要算法函数

摘要算法函数	说　明
const EVP_MD *EVP_md2(void);	返回 MD2 摘要算法
const EVP_MD *EVP_md4(void);	返回 MD4 摘要算法
const EVP_MD *EVP_sha1(void);	返回 SHA1 摘要算法
const EVP_MD *EVP_sha256(void);	返回 SHA256 摘要算法
const EVP_MD *EVP_sha384(void);	返回 SHA384 摘要算法
const EVP_MD *EVP_sha512(void);	返回 SHA512 摘要算法

也可以使用函数 EVP_get_digestbyname 来获得。参数 impl 是指向 ENGINE*类型的指针，它表示摘要算法所使用的引擎。应用程序可以使用自定义的算法引擎，如硬件摘要算法等。如果参数 impl 为 NULL，就使用默认引擎。如果函数执行成功就返回 1，否则返回 0。

4.5.5　摘要更新函数 EVP_DigestUpdate

这是摘要算法第二步调用的函数，可以被多次调用，这样就可以处理大数据了。该函数声明如下：

```
int EVP_DigestUpdate(EVP_MD_CTX *ctx, const void *d, size_t cnt);
```

其中，参数 ctx[in]指向摘要上下文结构体，该结构体必须是已经初始化过了的；d[in]指向要进行摘要计算的源数据的缓冲区；cnt[in]表示要进行摘要计算的源数据的长度，单位是字节。如果函数执行成功就返回 1，否则返回 0。

4.5.6　摘要结束函数 EVP_Digest_Final_ex

这是摘要算法第三步要调用的函数，也是最后一步调用的函数，该函数只能调用一次，而且是最后调用，调用完该函数，哈希结果也就出来了。该函数声明如下：

```
int EVP_DigestFinal_ex(EVP_MD_CTX *ctx, unsigned char *md, unsigned int *s);
```

其中，参数 ctx[in]指向摘要上下文结构体，该结构体必须是已经初始化过了的；md[out]存放输出的哈希结果，对于不同的哈希算法，哈希结果的长度不同，因此 md 所指向的缓冲区长度要注意不要开辟小了；s[out]指向整型变量的地址，该变量存放输出的哈希结果的长度。如果函数执行成功就返回 1，否则返回 0。

4.5.7　单包摘要计算函数 EVP_Digest

该函数独立使用，输入要进行摘要计算的源数据，直接输出哈希结果。该函数适用于小长度的数据，函数声明如下：

```
int EVP_Digest(const void *data, size_t count,unsigned char *md, unsigned int *size, const EVP_MD *type,ENGINE *impl);
```

其中，参数 data[in]指向要进行摘要计算的源数据的缓冲区；count[in]表示要进行摘要计算的源数据的长度，单位是字节；md[out]存放输出的哈希结果，对于不同的哈希算法，哈希结果的长度不同，因此 md 所指向的缓冲区长度要注意不要开辟小了；size[out]指向整型变量的地址，该变量存放输出的哈希结果的长度；type 表示所使用的摘要算法，算法用 EVP_MD 结构体来表示，type 指向这个结构体，该结构体地址可以用表 4-6 所示的函数返回来获得。

表 4-6　常用摘要算法函数

常用摘要算法函数	说　明
const EVP_MD *EVP_md2(void);	返回 MD2 摘要算法
const EVP_MD *EVP_md4(void);	返回 MD4 摘要算法
const EVP_MD *EVP_sha1(void);	返回 SHA1 摘要算法
const EVP_MD *EVP_sha256(void);	返回 SHA256 摘要算法
const EVP_MD *EVP_sha384(void);	返回 SHA384 摘要算法
const EVP_MD *EVP_sha512(void);	返回 SHA512 摘要算法

参数 impl 是指向 ENGINE*类型的指针，它表示摘要算法所使用的引擎。应用程序可以使用自定义的算法引擎，如硬件摘要算法等。如果参数 impl 为 NULL，就使用默认引擎。如果函数执行成功就返回 1，否则返回 0。

【例 4.12】基于 OpenSSL EVP 的多更新的哈希运算

（1）新建一个控制面板工程，工程名是 test。

（2）打开 test.cpp，并输入代码如下：

```
#include "pch.h"
#include <stdio.h>
#include <openssl/evp.h>
#include <string.h>

int main(int argc, char *argv[])
{
    EVP_MD_CTX mdctx;
    const EVP_MD *md;
    char mess1[] = "Test Message\n";          //第 1 次更新的消息
    char mess2[] = "Hello World\n";           //第 2 次更新的消息
    unsigned char md_value[EVP_MAX_MD_SIZE];
    unsigned int md_len, i;

    OpenSSL_add_all_digests();    //加载所有函数，这个函数要第一个调用
    md = EVP_get_digestbyname("sha512"); //如果要改用其他哈希算法，只需要替换字符串

    if (!md) {
        printf("Unknown message digest %s\n", argv[1]);
        exit(1);
    }
    //开始哈希运算
    EVP_MD_CTX_init(&mdctx);
    EVP_DigestInit_ex(&mdctx, md, NULL);
    EVP_DigestUpdate(&mdctx, mess1, strlen(mess1)); //更新连续两次调用
    EVP_DigestUpdate(&mdctx, mess2, strlen(mess2));
    EVP_DigestFinal_ex(&mdctx, md_value, &md_len);
    EVP_MD_CTX_cleanup(&mdctx);
    //输出结果
    printf("Digest is(len=%d): ",md_len);
    for (i = 0; i < md_len; i++)
    {
        if (i % 16 == 0) printf("\n");
        else printf("%02x", md_value[i]);
    }
    printf("\n");
    return 0;
}
```

在代码中，我们计算了 SHA512 算法，如果要更换其他哈希算法，只需要更改函数 EVP_get_digestbyname 的参数即可。此外，我们还演示了多包哈希的调用（调用了两次 EVP_DigestUpdate）。多包哈希在很多场合都会用到，比单包哈希使用得更加广泛。最后输出哈希结果，输出时每 16 字节进行换行，这样看起来整齐一些。

最后在"test 属性页"对话框的"附加包含目录"旁添加 C:\openssl-1.0.2m\inc32，在"附

加库目录"旁添加 C:\openssl-1.0.2m\out32dll。

（3）保存工程并运行，运行结果如图 4-30 所示。

图 4-30

第 5 章
◄ 密码学中常见的编码格式 ►

证书及密钥管理系统在网络应用中有着广泛的前景,是解决网络应用和电子商务安全问题的核心技术。编解码是证书及密钥管理系统中的一个底层模块,主要用来为系统提供编解码接口,即对证书及各种消息类型提供一个收发转换的接口。它是整个系统的核心和基础,在整个系统的设计与实现中起着非常重要的作用。

5.1 Base64 编码

由于历史原因,Email 只被允许传送 ASCII 字符,即一个 8 位字节的低 7 位。因此,如果你发送了一封带有非 ASCII 字符(字节的最高位是 1)的 Email,通过有"历史问题"的网关时就可能会出现问题。所以 Base64 位编码才会存在。Base64 内容传送编码被设计用来把任意序列的 8 位字节描述为一种不易被人直接识别的形式。Base64 编解码就是对二进制数据和 64 个可打印字符的相互转化。

5.1.1 Base64 编码的由来

为什么会有 Base64 编码呢?因为有些网络传送渠道并不支持所有的字节,例如传统的邮件只支持可见字符的传送,像 ASCII 码的控制字符就不能通过邮件传送。这样用途就受到了很大的限制,比如图片二进制流的每个字节不可能全部是可见字符,所以就传送不了。最好的方法是在不改变传统协议的情况下,做一种扩展方案来支持二进制文件的传送。使不可打印的字符也能用可打印字符来表示,问题就解决了。Base64 编码应运而生,Base64 就是一种基于 64 个可打印字符来表示二进制数据的表示方法。

5.1.2 Base64 的索引表

前面讲到 Base64 就是一种基于 64 个可打印字符来表示二进制数据的表示方法。我们来看一下这 64 个可打印字符。图 5-1 所示是 Base64 的索引表,也称码表。

数值	字符	数值	字符	数值	字符	数值	字符
0	A	16	Q	32	g	48	w
1	B	17	R	33	h	49	x
2	C	18	S	34	i	50	y
3	D	19	T	35	j	51	z
4	E	20	U	36	k	52	0
5	F	21	V	37	l	53	1
6	G	22	W	38	m	54	2
7	H	23	X	39	n	55	3
8	I	24	Y	40	o	56	4
9	J	25	Z	41	p	57	5
10	K	26	a	42	q	58	6
11	L	27	b	43	r	59	7
12	M	28	c	44	s	60	8
13	N	29	d	45	t	61	9
14	O	30	e	46	u	62	+
15	P	31	f	47	v	63	/

图 5-1

可以看出，字符选用了"A-Z、a-z、0-9、+、/"这 64 个可打印字符。数值代表字符的索引，这个是标准 Base64 协议规定的，不能更改。

5.1.3　Base64 的转化原理

Base64 的码表只有 64 个字符，如果要表达 64 个字符的话，使用 6 比特即可完全表示（2 的 6 次方为 64）。因为 Base64 的编码只有 6 比特即可表示，而正常的字符是使用 8 比特表示的，8 和 6 的最小公倍数是 24，所以 4 个 Base64 字符（4×6=24）可以表示三个标准的 ASCII 字符（3×8=24）。

如果是字符串转换为 Base64 码，会先把对应的字符串转换为 ASCII 码表对应的数字，再把数字转换为二进制，比如 a 的 ASCII 码是 97，97 的二进制是 01100001，把 8 个二进制提取成 6 个，剩下的两个二进制和后面的二进制继续拼接，最后把前面 6 个二进制码转换为 Base64 对应的编码。实际转换过程如下：

（1）将二进制数据每三个字节分为一组，每个字节占 8 比特，那么共有 24 个二进制位。

（2）将上面的 24 个二进制位每 6 个一组，共分为 4 组。

（3）在每组前添加两个 0，每组由 6 个变为 8 个二进制位，总共 32 个二进制位，也就是 4 个字节。

（4）根据 Base64 编码对照表将每个字节转化成对应的可打印字符。

为什么每 6 位分为一组？因为 6 个二进制位就是 2 的 6 次方，也就是 64 种变化，正好对应 64 个可打印字符。举一反三，如果是 5 位一组，就对应 32 种可打印字符，就可以设计 Base32 了。

另外，分成 4 组后为什么每组添加两个 0 变成 4 字节？这是因为计算机存储的最小单位就是字节，也就是 8 位。所以每组 6 位前添加两个 0 凑成 8 位的一个字节才能存储。转换实例如图 5-2 所示。

文本	M		a		n	
ASCII编码	77		97		110	
二进制位	0 1 0 0 1 1 0 1	0 1 1 0 0 0 1	0 1 1 0 1 1 1 0			
索引	19	22	5	46		
Base64编码	T	W	F	u		

图 5-2

下面再看几个案例。

把 a、b、c 这三个字符转换为 Base64 的过程如表 5-1 所示。

表 5-1　把 a、b、c 这三个字符转换为 Base64 的过程

字 符 串	a		b		c	
ASCII	97		98		99	
二进制位（8 位）	01100001		01100010		01100011	
二进制位（6 位）	011000	010110	001001	100011		
十进制	24	22	9	35		
对应编码	Y	W	J	j		

我们再来看一下把 man 这三个字符转换为 Base64 的过程，如表 5-2 所示。

表 5-2　man 三个字符转换为 Base64 的过程

字 符 串	m		a		n	
ASCII	109		97		110	
二进制位（8 位）	01101101		01100001		01101110	
二进制位（6 位）	011011	010110	000101	101110		
十进制	27	22	5	46		
对应编码	b	W	F	u		

Base64 是将二进制每 3 字节转换为 4 字节，再根据 Base64 编码对照表进行转化。那如果不足 3 个字节该怎么办？

当转换到最后，最后的字符不足 3 字节的时候，就要看最后是剩下 2 字节还是 1 字节。

如果最后剩下两个字节：两个字节共 16 个二进制位，依旧按照规则进行分组。此时总共 16 个二进制位，每 6 个一组，则第三组缺少两位（每组一个 6 位），用 0 补齐，得到三个 Base64 编码，第四组完全没有数据，则用 "=" 补上。因此，图 5-3 中 "BC" 转换之后为 "QKM="。

如果剩下一个字节：一个字节共 8 个二进制位，依旧按照规则进行分组。此时总共 8 个二进制位，每 6 个一组，则第二组缺少 4 位，用 0 补齐，得到两个 Base64 编码，而后面两组没有对应数据，都用 "=" 补上。因此，图 5-3 中 "A" 转换之后为 "QQ=="。

文本（1 Byte）	A										
二进制位	0	1	0	0	0	0	0	1			
二进制位（补0）	0	1	0	0	0	0	0	1	0	0	0	0
Base64编码	Q			Q			=			=		
文本（2 Byte）	B						C				
二进制位	0	1	0	0	0	0	1	0	0	1	0	0	0	0	1	1
二进制位（补0）	0	1	0	0	0	0	1	0	0	1	0	0	0	0	1	1	0	0
Base64编码	Q			k			M			=		

图 5-3

至此，我们了解了 Base64 的编码过程。下面进入实战。首先利用 OpenSSL 自带的命令行工具转换 Base64 码，然后编程实战。

5.1.4　使用 OpenSSL 的 base64 命令

OpenSSL 的命令行工具提供了一个名为 base64 的命令，我们可以利用该命令对文本文件中的字符串进行 Base64 编码，同样，也可以将文本文件中的 Base64 码反编译为原来的字符串。

首先，在硬盘上的某个路径（比如 D 盘）新建一个文本文件（比如 zcb.txt），并输入一个字符 A，然后保存关闭。接着，打开操作系统的命令行窗口，输入 cd 进入 D:\openssl-1.1.1b\win32-debug\bin\，输入 openssl.exe，按回车键开始运行。虽然也可以双击 openssl.exe，但此时出现的 OpenSSL 命令行窗口中居然不能粘贴，这对于懒惰的"码农"来说是不可接受的。但很幸运，可以从操作系统的命令行窗口中启动 openssl.exe。在 OpenSSL 命令提示符下输入：base64 -in d:\zcb.txt，其中-in 表示要输入文件，后面加文件名。执行后会出现 A 的 Base64 编码结果"QQ=="，如图 5-4 所示。

图 5-4

一些命令行爱好者要注意，DOS 命令 echo 是可以在命令行中把字符串输出到硬盘文件中的，但会在文件末尾自动加上回车换行，所以我们再用 Base64 命令解析该文件的时候，实际上把回车换行也进行编码了。这一点要注意，如果要准备编码时的源文件，建议不要用 echo 命令。当初笔者还以为 Base64 命令不标准，差点冤枉了 OpenSSL。但是，如果要准备解码时的源文件，建议用 echo 命令，因为解码的时候，读取源文件时需要在文件末尾加回车换行。

下面进行解码。在 D 盘下新建一个文本文件 zcb2.txt，输入内容"QQ=="后按回车键，然后保存并关闭文件。接着在 OpenSSL 命令提示符后输入：base64 -d -in d:\zcb2.txt，其中 d 表示解码的意思，如图 5-5 所示。

图 5-5

我们看到 OpenSSL 前面有了一个 A。

再来看一个例子，在 D 盘下准备文本文件 zcb.txt，并输入内容 hello，然后用 Base64 命令进行编码，并输出到 D:\zcb2.txt 中，得到的结果如图 5-6 所示。

图 5-6

命令参数-out 表示把编码结果输出到文件中，而且会自动建立文件。打开 D:\zcb2.txt，可以看到里面的内容：aGVsbG8=，而且第一行末尾是有回车换行的。

下面再进行解码，如图 5-7 所示。

图 5-7

至此，工具 Base64 编解码阐述完毕。下面进入 Base64 的编程实战。

5.1.5　编程实现 Base64 编解码

前面我们通过现成的命令工具实现了 Base64 的编解码，下面要准备用代码实现了。方法是基于 OpenSSL 算法库提供的函数，主要涉及函数 BIO_new、BIO_f_base64 等。

函数 BIO_new 主要把其参数 type 中的各个变量赋值给 BIO 结构中的 method 成员，该函数声明如下：

```
BIO* BIO_new(BIO_METHOD *type);
```

其中，参数 type 是以一个返回值为 BIO_METHOD 类型的函数提供的。结构体 BIO_METHOD 声明如下：

```
typedef struct bio_method_st
{
    int type;                                    //具体 BIO 类型
    const char *name;                            //具体 BIO 的名字
```

```
    int (*bwrite)(BIO *, const char *, int);          //具体 BIO 二进制写操作回调函数
    int (*bread)(BIO *, char *, int);                 //具体 BIO 二进制写操作回调函数
    int (*bputs)(BIO *, const char *);                //具体 BIO 中文本写回调函数
    int (*bgets)(BIO *, char *, int);                 //具体 BIO 中文本读回调函数
    long (*ctrl)(BIO *, int, long, void *);           //具体 BIO 的控制回调函数
    int (*create)(BIO *);                             //生成具体 BIO 回调函数
    int (*destroy)(BIO *);                            //销毁具体 BIO 回调函数
    /*具体 BIO 控制回调函数,与 Ctrl 回调函数不一样,该函数可由调用者(而不是实现者)来实现,
然后通过 BIO_set_callback 等函数来设置*/
    long (*callback_ctrl)(BIO *, int, bio_info_cb *);
} BIO_METHOD;
```

函数 BIO_f_base64 封装 Base64 编码方法的 BIO,写的时候进行编码,读的时候进行解码。该函数声明如下:

```
BIO_METHOD* BIO_f_base64()
```

该函数的返回值将作为 BIO_new 的参数。

【例 5.1】实现 Base64 编解码

(1)打开 VC 2017,新建一个控制面板工程,工程名是 test。

(2)在工程中打开 test.cpp,并输入代码如下:

```cpp
#include "pch.h"
#include <iostream>
#include <stdio.h>
#include <string.h>
#include <openssl/pem.h>
#include <openssl/bio.h>
#include <openssl/evp.h>
#pragma comment(lib, "libcrypto.lib")
#pragma comment(lib, "ws2_32.lib")
#pragma comment(lib, "crypt32.lib")

int base64_encode(char *in_str, int in_len, char *out_str)    //编码
{
    BIO *b64, *bio;
    BUF_MEM *bptr = NULL;
    size_t size = 0;

    if (in_str == NULL || out_str == NULL)
        return -1;

    b64 = BIO_new(BIO_f_base64());
    bio = BIO_new(BIO_s_mem());
    bio = BIO_push(b64, bio);

    BIO_write(bio, in_str, in_len);
    BIO_flush(bio);

    BIO_get_mem_ptr(bio, &bptr);
```

```
            memcpy(out_str, bptr->data, bptr->length);
            out_str[bptr->length] = '\0';
            size = bptr->length;

            BIO_free_all(bio);
            return size;
        }

int base64_decode(char *in_str, int in_len, char *out_str) //解码
{
            BIO *b64, *bio;
            BUF_MEM *bptr = NULL;
            int counts;
            int size = 0;

            if (in_str == NULL || out_str == NULL)
                return -1;

            b64 = BIO_new(BIO_f_base64());
            BIO_set_flags(b64, BIO_FLAGS_BASE64_NO_NL);

            bio = BIO_new_mem_buf(in_str, in_len);
            bio = BIO_push(b64, bio);

            size = BIO_read(bio, out_str, in_len);
            out_str[size] = '\0';

            BIO_free_all(bio);
            return size;
        }

int main()
{
            char instr[512]="";
            char outstr1[1024] = { 0 };
            puts("enter plain text:");
            scanf_s("%s", instr,512);
            base64_encode(instr, strlen(instr), outstr1);
            printf("base64:%s", outstr1);    //末尾并没有\n，但实际输出回车换行了

            char outstr2[1024] = { 0 };
            base64_decode(outstr1, strlen(outstr1), outstr2);
            printf("base64 -d:%s\n", outstr2);
            return 0;
        }
```

在 main 函数中，我们对"A"进行了 Base64 编解码。base64_encode 函数用于编码，base64_decode 函数用于解码。值得注意的是，在 base64_encode 函数中，编码结果存放在 bptr->data 中，而且是带"\n"的。这一点从 main 函数的输出结果中可以看到，第二个 printf 输出内容的末尾并没有"\n"，但实际输出回车换行了。

216

打开"test 属性页"对话框,添加"附加包含目录"为 D:\openssl-1.1.1b\win32-debug\include,再添加"附加库目录"为 D:\openssl-1.1.1b\win32-debug\lib。

(3)保存工程并运行,运行结果如图 5-8 所示。

图 5-8

完全和工具命令的结果一致,说明编程成功。

5.2　PEM 文件

5.2.1　什么是 PEM 文件

后缀名为.pem 的文件是常见的密钥、证书存储信息的文件,它是一个文本文件,实际内容进行了编码(比如 Base64),然后在内容首尾添加一些标记信息。PEM(Privacy Enhanced Mail)标准定义了加密一个准备要发送的邮件的标准,主要用来将各种对象保存成 PEM 格式,并将 PEM 格式的各种对象读取到相应的结构中。它的基本流程是这样的:

(1)把信息转换为 ASCII 码或其他编码方式(比如 Base64)。

(2)使用对称算法加密转换了的邮件信息。

(3)使用 Base64 对加密后的邮件信息进行编码。

(4)使用一些信息头对信息进行封装,这些头信息格式如下(不一定都需要,可选的):

```
Proc-Type,4:ENCRYPTED
DEK-Info: cipher-name, ivec
```

其中,第一个头信息标注该文件进行了加密,该信息头可能的值包括 ENCRYPTED(信息已经加密和签名)、MIC-ONLY(信息经过数字签名,但是没有加密)、MIC-CLEAR(信息经过数字签名,但是没有加密,也没有进行编码,可使用非 PEM 格式阅读)以及 CLEAR(信息没有签名和加密,并且没有进行编码,该项是 OpenSSL 自身的扩展);第二个头信息标注加密的算法以及使用的 ivec 参量,ivec 其实在这里提供的应该是一个随机产生的数据序列,与块加密算法中要使用的初始化变量不一样。

(5)在实际信息的前后加上如下形式的标注信息(标注信息根据实际内容的不同而不同)。

比如 RSA 私钥文件的标注信息如下:

```
-----BEGIN RSA PRIVATE KEY-----
```

实际私钥信息
-----END RSA PRIVATE KEY-----

再比如证书请求文件的标注信息如下：

-----BEGIN CERTIFICATE REQUEST-----
实际证书请求信息
-----END CERTIFICATE REQUEST-----

以上是 OpenSSL 的 PEM 文件的基本结构，需要注意的是，OpenSSL 并没有实现 PEM 的全部标准，它只是对 OpenSSL 中需要使用的一些选项做了实现，详细的 PEM 格式可参考 RFC1421-1424。下面是一个 PEM 编码经过加密的 DSA 私钥的例子：

-----BEGIN DSA PRIVATE KEY-----
Proc-Type: 4,ENCRYPTED
DEK-Info: DES-EDE3-CBC,F80EEEBEEA7386C4

GZ9zgFcHOlnhPoiSbVi/yXc9mGoj44A6IveD4UlpSEUt6Xbse3Fr0KHIUyQ3oGnS
mClKoAp/eOTb5Frhto85SzdsxYtac+X1v5XwdzAMy2KowHVk1N8A5jmE2OlkNPNt
of132MNlo2cyIRYaa35PPYBGNCmUm7YcYS8O90YtkrQZZTf4+2C4kllhMcdkQwkr
FWSWC8YOQ7w0LHb4cX1FejHHom9Nd/0PN3vn3UyySvfOqoR7nbXkrpHXmPIr0hxX
RcF0aXcV/CzZ1/nfXWQf4o3+oD0T22SDoVcZY60IzI0oIc3pNCbDV3uKNmgekrFd
qOUJ+QW8oWp7oefRx62iBfIeC8DZunohMXaWAQCU0sLQOR4yEdeUCnzCSywe0bG1
diD0KYaEe+Yub1BQH4aLsBgDjardgpJRTQLq0DUvw0/QGO1irKTJzegEDNVBKrVn
V4AHOKT1CUKqvGNRP1UnccUDTF6miOAtaj/qpzra7sSk7dkGBvIEeFoAg84kfh9h
hVvF1YyzC9bwZepruoqoUwke/WdNIR5ymOVZ/4Liw0JdIOcq+atbdRX08niqIRkf
dsZrUj4leo3zdefYUQ7w4N2Ns37yDFq7
-----END DSA PRIVATE KEY-----

有时 PEM 编码的东西并没有经过加密，只是简单地进行了 Base64 编码。下面是一个没有加密的证书请求的例子：

-----BEGIN CERTIFICATE REQUEST-----
MIICVTCCAhMCAQAwUzELMAkGA1UEBhMCQVUxEzARBgNVBAgTClNvbWUtU3RhdGUx
ITAfBgNVBAoTGEludGVybmV0IFdpZGdpdHMgUHR5IEx0ZDEMMAoGA1UEAxMDUENB
MIIBtTCCASkGBSsOAwIMMIIBHgKBgKBgQcnP26Fv0FqKX3wn0cZMJCaCR3aajMexT2G
lrMV4FMuj+BZgnOQPnUxmUd6UvuF5NmmezibaIqEm4fGHrV+hktTW1nPcWUZiG7O
Zq5riDb77Cjcwtelu+UsOSZL2ppwGJU3lRBWI/YV7boEXt45T/23Qx+1pGVvzYAR
5HCVW1DNSQIVAPcHMe36bAYD1YWKHKycZedQZmVvAoGATd9MA6aRivUZb1BGJZnl
aG8w42nh5bNdmLsohkj83pkEP1+IDJxzJA0gXbkqmj8YlifkYofBe3RiU/xhJ6h6
kQmdtvFNnFQPWAbuSXQHzlV+I84W9srcWmEBfslxtU323DQph2j2XiCTs9v15Als
QReVkusBtXOlan7YMu0OArgDgYUAAoGBAKbtuR5AdW+ICjCFe2ixjUiJJzM2IKwe
6NZEMXg39+HQ1UTPTmfLZLps+rZfolHDXuRKMXbGFdSF0nXYzotPCzi7GauwEJTZ
yr27ZZjA1C6apGSQ9GzuwNvZ4rCXystVEagAS8OQ4H3D4dWS17Zg31ICb5o4E5r0
z09o/Uz46u0VoAAwCQYFKw4DAhsFAAMxADAuAhUArRubTxsbIXy3AhtjQ943AbNB
nSICFQCu+g1iW3jwF+gOcbroD4S/ZcvB3w==
-----END CERTIFICATE REQUEST-----

可以看到，该文件没有了前面两个头信息。如果经常使用 OpenSSL 的应用程序，应该对这些文件格式很熟悉。

PEM 是 OpenSSL 和许多其他 SSL 工具的存储信息的标准格式，OpenSSL 使用 PEM 文件格式存储证书和密钥。这种格式被设计用来安全地包含在 ASCII 甚至富文本文档中，如电子邮件，所以.PEM 文件其实是一个文本文件，可以用记事本查看，这意味着我们可以简单地复制和粘贴.PEM 文件的内容到另一个文件中。

5.2.2　生成一个 PEM 文件

下面我们用 OpenSSL 命令来生成一个 RSA 私钥（RSA 私钥的内容将在后面的章节详述，现在主要熟悉 PEM 的格式）。打开操作系统的命令行窗口，然后输入 cd 进入 D:\openssl-1.1.1b\win32-debug\bin\，再输入 openssl.exe，并按回车键开始运行。

我们输入生成密钥的命令：

```
genrsa -out rsa_private_key.pem 1024
```

其中，genrsa 生成密钥的命令，-out 表示输出到文件中，rsa_private_key.pem 表示存放私钥的文件名，1024 表示密钥长度。稍等片刻生成完成，如图 5-9 所示。

图 5-9

此时，会在同目录 D:\openssl-1.1.1b\win32-debug\bin\下生成一个文件 rsa_private_key.pem，它里面就是私钥内容，并且是 PEM 编码的。用记事本打开，可以发现内容如下（注意 RSA 私钥每次生成的内容不同，所以笔者的文件内容和读者是不同的）：

```
-----BEGIN RSA PRIVATE KEY-----
MIICXAIBAAKBgQCzdq65Nr5HVuwQasrVA1EsDB2aOTwfWZ/da43ftS5rmJHA6YVN
U5hb9ueQofhSTWj8CRDaWFrZwqjXFDrJv/2bXqSPK/gCgA4vNEjTVF56ccASd4Q+
HHtEsbJYMv5uvqhSrU7VB9SkLW1Fa80hXjJ5TUkOoOxyCeYLjFkarSwezwIDAQAB
AoGAVXpO6FrhsHr/PyaOa30D+ZXft6hRMaFvmnfzAD182bS2n4raeiU56Xuleecb
rp++RGVRCJ6Szyt/Xcn94kA22y/7vLHRTrLfw32nDe4d7C0OC+P67y1RzFUUDglk
qhWn3kPWsmglmzql+WLnaspa88gGce2L8o35Ln1WaLWKbskCQQDprh/gsofr91KW
iPoyc9Z6rP7fN70LyRaWiTXOB8iC893qo5yzU0n/tkv7Px3MqivOcGgwg8XUL+nP
oTDhBJerAkEAxJrfA6RpWKbKIrHA9lH9SunVToOjsl2+WXyMM9Dz6YeH2NQoiTCI
4dokCaGohVKup7YAIrIKJ7CI52G+N3+hbQJADEmBl5kLmJa6mvu83CZHItAx3p7Z
q+L48xVn5Nt36ZrVEl9j//HjNDTrrdxVvss73nD+qX5kSpHyY16AaXSKXQJBALIJ
GNkAgpFQAI3ob7ffSUMUeyAtXwh/kYcRnRizKJ2aKK92d/q748i6NJYwOR36YMTo
sDi7By0n1OHLBmjVgAUCQCJL9IpV69Ra9aYa4ojxDXWAR8wtOw5R0axfrdOqXRbm
twXoAR11BkUGmaOggc6OOLbar9f+lkglwZgxT3WEJOc=
-----END RSA PRIVATE KEY-----
```

至此，我们基本了解了 PEM 文件的格式。OpenSSL 中大量应用了 PEM 文件，也提供了一套 PEM 编程接口。

5.3 ASN.1 和 BER、DER

随着计算机与网络技术的日益发展，数据通信和数据传输在各个领域得到了广泛的应用。不论是在广域网、局域网，还是简单的客户机与服务器之间的数据传输，不同的操作系统对有些数据类型的解释不同，单纯的结构或文件传输就会不可避免地造成数据丢失或数据出错的问题，从而导致十分严重的后果。为了保证在网络中进行有效无误的数据传输，国际上专门为七层网络协议中应用层的通信数据制定了一种数据类型描述语言，称为抽象语法描述（Abstract Syntax Notation.1，ASN.1）。同时，还为 ASN.1 中定义的各种数据类型制定了一系列的编码规则（如 BER、DER 等），将 ASN.1 描述的数据转换成二进制数据流，通信双方在交互信息之前，对要传输的数据进行 ASN.1 数据类型的抽象描述，按照编码规则将数据转换成字节流，接收方将接收到的数据按照相应的解码规则转换成原始数据，由于编码规则可以保证数据的正确解释，这样尽管双方是不同的操作系统，但只要按照相同的规则和同一种语法描述进行数据解析就可以保证数据的正确性。

众所周知，网络发展的最大潜力是发展电子商务，目前有越来越多的商家和企业都开始意识到市场网络化的重要意义。在国内，由于中国公众多媒体通信网的建设应用，使国内上网人数急剧上升，消费者对消费、购物网络化的需求也越来越强烈。由于电子商务是建立在网络平台上的应用系统，是一个动态的、在线的、实时的全电子化交易过程，涉及用户、商家和银行等多个单位信息，因此网络安全问题成为电子商务的核心问题。为了保证电子商务涉及的实体（如商家、用户和银行等）在交易过程中的数据安全，目前国际公认使用非对称加密技术来保证三方（或双方）交易的信息安全和不可抵赖。非对称加密技术中的加密密钥中，公钥的发放是通过证书的形式，证书由国家认可的机构签发。用户、商家和银行在交易的过程中使用非对称加密技术来保证交易安全。在整个交易和公私钥加解密的过程中，不可避免地带来大量不同类型的数据传输。由于在交易过程中，参加交易的实体使用的操作系统不同，对不同类型数据的解释不同，文件传输或结构传输都会带来数据丢失和破坏的危险。同时，数据加解密函数要求加密和解密的信息必须是字节流。因此，将复杂的数据结构唯一转换成相应的字节流成为电子商务实现的基础技术。事实上，对复杂结构与字节流之间的转换不仅仅是电子商务实现的基础，也是其他所有涉及网络数据结构传输的应用系统实现的基础。

国际标准化组织制定了一系列的数据结构与字节流之间的编码规则（如 BER、DER 等）。其中，只有 DER 编码是数据结构与字节流一一对应的编码方法。因此，在包括电子商务以内的许多领域中都使用 DER 编码方法解决复杂数据和字节流之间的转换。

5.3.1 ASN.1 的历史

ASN.1 在国际上应用得十分广泛。最初，它被用于 X400（Email 系统）。在 1989 年，CCIT（International Consultative Telegraph and Telephone Committee，国际电报咨询委员会）针对 ASN.1 制定了两个标准：X208（ASN.1）和 X209（BER）。后来，广泛用于电话用户的 ISDN

中的一些增补服务（如 Call Back to Busy Subscriber）就是运用 ASN.1 及其 BER 来描述并实现的。PKCS、PKX、SNMP、SET 以及其他一些与安全保密有关的协议也都采用 ASN.1 语法进行规范及编码。另外，它还用于 ITU-T 和多媒体领域。欧洲和美国的一些标准组织，如 ETSI（European Telecommunications Standards Institute，欧洲电信标准化协会）也在采用 ASN1 及其编码规则制定有关的协议规范。ICAO（International Civil Aviation Organization）将 ASN.1 及其 PER 编码用于它们的 ATN（Aeronautical Telecommunication Network，航空电信网）中。

在产品方面，早在 80 年代中期，就有一些"语法检查工具"出现。到了 80 年代末期和 90 年代，大量的 ASN.1 工具面世。因为此时 ASN.1 已经被认为是一种计算机语言，所以许多生产厂商都出台了具有特色的 ASN.1 编译器，比较优秀的编译器产品（如 OSS ASN.1）被许多客户所青睐。该产品几乎支持所有的 ASN.1 定义及多种常用的 ASN.1 应用编程接口（如 C、C++及 Java 等），有较好的内存分配机制，且提供较多的用户选择，特别用于较复杂的应用协议的实现（如 SNMP 等）。

5.3.2　ASN.1 的基本概念

在网络通信中，大多数网络都采用多个制造商的设备，这些设备所采用的"局部语法"都是不一样的。这些差异就决定了同一数据对象在不同的计算机上被表示为不同的符号串。为了使不同制造商的设备之间能够实现互通，就必须引入一种数据串行化的方法，它是一种标准的、与具体的网络环境无关的语法格式，目前出现的数据串行化方法有 ASN.1、XML、JSON 等。其中，ASN.1 愈发流行，尤其在密码学领域。

ASN.1 是一种 ISO/ITU-T 标准，描述了一种对数据进行表示、编码、传输和解码的数据格式。它提供了一整套正规的格式用于描述对象的结构，而不管语言上如何执行及这些数据的具体指代，也不用去管到底是什么样的应用程序。

在任何需要以数字方式发送信息的地方，ASN.1 都可以发送各种形式的信息（如声频、视频、数据等）。ASN.1 和特定的 ASN.1 编码规则推进了结构化数据传输，尤其是网络中应用程序之间的结构化数据传输，它以一种独立于计算机架构和语言的方式来描述数据结构。

ASN.1 本身只定义了表示信息的抽象句法，但是没有限定其编码的方法，它与语言实现和物理标识无关。即使用 ASN.1 描述的数据结构需要具象化，也就是编码。标准的 ASN.1 编码规则有基本编码规则（Basic Encoding Rules，BER）、规范编码规则（Canonical Encoding Rules，CER）、唯一编码规则（Distinguished Encoding Rules，DER）、压缩编码规则（Packed Encoding Rules，PER）和 XML 编码规则（XML Encoding Rules，XER）。其中，DER 是常见的一种。

ASN.1 可以与 C 语言进行类比，ASN.1 的主要用途是描述数据结构，而 C 语言的主要用途是控制程序走向。使用 ASN.1 可以描述复杂的数据对象。比如，一块数据中，哪里是长度，哪里是内容，哪里是标志等（类似于 C 语言的 struct）。ASN.1 可以转换为 C、Java 等的数据结构。

1984 年，ASN.1 就已经成为一种国际标准。它的编码规则已经成熟并且经受住了可靠性和兼容性考验。

在电信和计算机网络领域，ASN.1 是一套标准，是描述数据的表示、编码、传输、解码的灵活的记法。它提供了一套正式、无歧义和精确的规则，以描述独立于特定计算机硬件的对象结构。ASN.1 本身只定义了表示信息的抽象句法，但是没有限定其编码的方法。

ASN.1 作为一门抽象的计算机语言，有自己的语法，其语法遵循传统的巴科斯范式（BNF）风格。基本的表达式如 Name ::= type，表示定义某个名称为 Name 的元素，它的类型为 type。例如，MyName ::= IA5String，表示定义一个名为 MyName 的元素或变量，其类型为 ASN.1 类型的 IA5String（类似于 ASCII 字符串）。

目前 ASN.1 的标准化编码规则有：BER、DER、PER 和 CER 等，CER 和 DER 是从 BER 派生出来的。BER 是 80 年代初制订的，被广泛用于应用系统中，如用于网络管理的简单网络管理协议（Simple Network Management Protocal，SNMP），用于互传电子邮件的消息处理服务（Message Handling Service，MIS），以及用于控制计算机和电话交互信息使用的 TSAPI 等。DER 是 BER 编码的一种特殊形式，它专门用于具有安全特性的应用系统，如涉及加密技术和要求编解码信息唯一性的系统电子商务系统。CER 与 DER 类似，是 BER 编码的另一种特殊形式，CER 的最大特点是对大数据实现编码，而且在数据还未完全获得之前就可以开始编码，但是由于业界认定在安全传输中最好的编码方法是 DER，因此 CER 未得到广泛使用。PER 是最近制订的系列编码规则，它显着的特点是使用有效的算法对数据编码，获得比 DER 更快、更紧凑的数据，PER 与 BER 相比在大小上至少有 40%到 60%的改进，因而在 VoIP、视频电话、多媒体以及 3G 等需要高速数据传输的领域有广泛应用。

5.3.3　ASN.1 和 ASN.1 编码规则在 OSI 中的应用

OSI 网络参考模型中的表示层实现对应用层的数据格式化功能。然而过去，表示层对应用层的数据格式化的规则有限，开发人员通常受到表示层提供的数据描述方法的限制，应用层无法对许多应用系统提供网络接入。而且大多数数据结构都是通过网络介质实现字节流转换的，当进行大量数据传输时，底层数据转换将成为数据传输的瓶颈。

现在通过使用 ASN.1 对应用层中的应用系统消息协议进行文法描述，就可以将 ASN.1 的编码规则应用在表示层，将应用层组织的数据在表示层使用规定的编码规则完成向字节流的转换（转换成 0、1 的字节流），以减轻网络底层对数据的字节流转换工作。同时，由于使用 ASN.1 对应用系统消息协议进行文法描述，使应用系统在消息构造和解析中编程人员不必关心与自己无关的信息，将其抽象成固定的数据，传给相应的构造或解析程序处理。由于 ASN.1 和 ASN.1 编码规则的这些优越性，使得它们在 OSL 中得到了广泛应用。使用 ASN.1 对 OSI 中的应用系统消息协议进行描述和编码的过程如下：

（1）应用系统消息协议中的数据类型使用 ASN.1 文法描述。

（2）对 ASN.1 描述的数据结构赋值。

（3）应用相应的编码规则对赋值后的数据结构编码成 0、1 字节流。

（4）使用传输机制实现编码后的字节流的传输。

5.3.4　电子商务中 ASN.1 和 DER 编码的应用

电子商务体系是目前互联网上最大的应用系统，从电子商务的安全基础体系、电子商务的支付体系到电子商务的应用系统所有消息协议都是使用 ASN.1 抽象文法描述的。由于电子商务涉及大量安全加密技术并且要求对数据实现唯一的 0、1 字节流转换，因此电子商务中对数据结构采用 DER 编码方法。

CA 体系作为证书安全认证体系，是电子商务实现的安全基础，它在电子商务中处于基础网络之上、支付体系之下，主要进行证书的授权和签发。CA 体系中的证书、公钥、私钥、以及各种加密后的信息在 PKCS（Public Key Cryptographic Standard）、X.509 等系列标准中采用 ASN.1 描述数据结构。同时，在 CA 体系的实现过程中，证书申请、证书制作和证书发放分别分布在不同的服务器上，这些服务器的操作系统平台可能不同，各个服务器之间的消息协议用 ASN.1 描述，在表示层使用 DER 编码方法。每个服务器在向其他实体（包括服务器或 CA 体系中的证书申请的客户端）发送消息时，对 ASN.1 描述的数据结构赋值，并进行 DER 编码，接收方接收到消息后，使用 DER 解码器对消息解码，获得相应的数据信息。同样，在电子商务中，支付体系和应用系统都是通过采用 ASN.1 和 DER 编码保证电子商务有效、安全地在公网上实现的。

在电子商务的安全基础中使用到的安全技术（如数字摘要、数字签名、数字信封等）都是对字节流进行加密的相关技术，同时经过加密的内容必须是唯一的。而要加密的数据可能是很复杂的数据结构，对所有加密的数据结构使用 ASN.1 进行抽象描述，用 DER 编码将其转换成 0、1 字节流。由于 ASN.1 和 DER 编码在网络应用系统中应用的优越性和电子商务的实现需求，使得 ASN.1 和 DER 编码成为电子商务实现的基础。

5.3.5　ASN 的优点

简单地说，ASN 有三大主要优点：

（1）独立于机器。
（2）独立于程序语言。
（3）独立于应用程序的内部表示，用一种统一的方式来描述数据结构。

有了这三大优点，ASN 就能解决如下几个问题：

（1）程序语言之间的数据类型不同。
（2）不同机器平台之间数据的存储方式不同。
（3）不同种类的计算机内部数据的表示不同。

比如，IBM 公司采用的字符编码表是 EBCDIC（Extended Binary Coded Decimal Interchange Code），而美国国家标准学会制定的字符编码表是 ASCII。又比如，Intel 的芯片从右到左计数字节数，而 Motorola 的芯片则从左到右计数字节数。

在任何需要以数字方式发送信息的地方，都可使用 ASN.1 发送各种形式的信息，包括音频、视频、图片、数据等。由于各种系统对数据的定义并不完全相同，这自然给利用其他系统的数据造成了障碍。表示层就担负了消除这种障碍的任务。表示层如同应用程序和网络之间的翻译官，主要解决用户信息的语法表示问题，即提供统一的、格式化的表示和转换数据服务。数据的压缩、解压、加密、解密都在该层完成。

5.3.6 ASN.1 的文法描述

ASN.1 作为抽象描述文法，它将现有的数据类型抽象描述成近 20 种数据类型。这些数据类型主要分为两大类：基本类型和结构类型。基本类型又称为原子类型，是构成其他结构类型的成员类型，主要包含：布尔类型（Boolean）、整型（Integer）、比特串（Bit String）、字节串（Octet String）、空（NULL）、对象标识符（Object Identifier）、可打印字符串（Printable String）、IA5 字符串（Astring）、数字字符串（Numeric String）、BMP 字符串（BMP String）、枚举类型（Enumerated）、UTC 时间类型（UTC Time）、Generalized 时间类型（Generalized Time）、任意类型（Any）。

其中，布尔类型是任意取值只为 0 或者 1 的数据类型；整型是任意的整数数据类型；比特串是以比特为单位的任意字符串（0、1 串）；字节串是以字节为单位的任意字符串；空类型是 NULL；对象标识是使用一串数字标识一个实体，例如一种算法或一种属性；可打印字符串是任意可打印字符组成的字符串；IA5 字符串是任意 ASCII 字符组成的字符串；数字字符串是字符 0~9 任意组成的字符串；BMP 字符串是使用两个字节表示一个字节数据的字符串；枚举类型与编程语言中描述的枚举类型一样；UTC 时间类型是表示格林尼治时间的数据类型；Generalized 时间类型是表示本地时间的数据类型；任意类型是对使用编码规则编码生成的信息定义的数据类型。

结构类型又称为复合类型，主要包含：

（1）有序成员固定结构：SEQUENCE。
（2）无序成员固定结构：SET。
（3）有序成员待定结构：SEQUENCE OF。
（4）无序成员待定结构：SET OF。
（5）CHOICE 类型：CHOICE。

其中，有序成员固定结构是指使用前已确定数据成员的个数和顺序的结构体类型；无序成员固定结构是指使用前已确定数据成员的个数，但未确定数据成员顺序的结构体类型；有序成员待定结构是指使用前已确定数据成员的数据，使用时才确定数据成员的个数的结构体链表类型；无序成员待定结构是指使用时才确定数据成员的个数和顺序的结构体链表类型；CHOICE 类型是几种数据类型的数据成员构成的共同体类型。

通过 ASN.1 抽象定义后的数据类型几乎概括了现实世界中存在的所有数据类型，具有相当的通用性。在制订应用系统消息协议时就使用这些数据类型描述消息结构，屏蔽了各种编程语言的数据类型，提高了消息结构的通用性。同时，由于使用了这些抽象数据类型描述消息协议，还克服了原来用编程语言描述消息结构的许多弊病。例如，在使用编程语言描述的消息协议中，协议设计人员为了使协议具有一定的扩展性，需要在一些数据结构中定义保留字段，由于定义保留字段的时候无法确定以后要扩展的数据类型,在使用编程语言描述协议时都将保留字段定义成字符串类型。然而,在后来的使用过程中,可能需要扩展的数据类型是结构体,或者扩展的数据项增多,原来定义的保留字段的个数不足时,造成一个保留字段中存放多个数据甚至多个数据结构的组合。为消息双方实现消息处理增加了大量的代码,用于对保留字段中的数据成员进行解析,同时还可能修改消息协议的描述。如果使用 ASN.1 抽象文法描述这些消息协议,即使用 ASN.1 中定义的数据类型代替编程语言中的数据类型描述消息协议中的结构,我们可以将保留字段定义成一个有序成员待定结构类型的数据,称为扩展项集。扩展项集的成员是扩展项,扩展项是有序成员固定结构类型,扩展项可以简单包含两个成员:扩展项标识(对象标识类型)和扩展项信息(任意类型,是具体扩展数据的 0、1 编码)。在消息协议使用过程中没有扩展项时,该扩展项集无须赋值。需要加入扩展项时,给扩展项集中的一个扩展项赋值,即填充扩展项类型标识(表示是哪种扩展)和扩展项信息。有多个扩展项时,由于扩展项集有序成员待定结构类型的数据可以在使用时随意加入数据成员(加入多个扩展项),这样无须增加对扩展项信息组合和解析的代码,双方也不必协商扩展项在保留字段中如何组合,也不受扩展项数据类型和个数的限制。同时,根据扩展项标识可以轻松获得接受方所需的扩展项。

ASN.1 抽象文法描述的优势在应用系统消息协议中,特别是大型系统的消息协议(如电子商务体系的证书认证系统和支付系统协议等)中得到了充分的发挥,使得 ASN.1 文法描述越来越得到系统设计和软件开发人员的一致认可,并且被更为广泛地应用。

5.3.7　编码规则

ASN.1 文法描述得以广泛应用的另一个主要原因是它与几种标准的编码规则联系在一起。标准的编码规则如 BER、DER、CER 和 PER 等,这些编码规则是对 ASN.1 文法描述的数据进行 0、1 编码,实现应用系统数据在非传输介质下的比特流的转换。使用编码规则对 ASN.1 文法描述的数据进行编码还有另一个重要意义:在分布式计算机系统中,不同操作系统之间的数据,使用编码规则实现对 ASN.1 描述数据的编码,在不同操作系统上,通过相同编码规则的解码器的解码,根据需要解释成任何编程语言的数据结构,不会造成数据成员的丢失和破坏。DER 就是这些标准编码规则中的一种,使用 DER 编码的数据与原始数据是一一对应的,对于使用安全技术的应用系统非常合适。因此,业界广泛认为 DER 是电子商务系统开发中编码规则的较佳选择。

1. 数据类型标识

ASN.1 文法描述的数据类型有原子类型和结构类型两种,在使用过程中根据需要还可以将原有的数据类型派生成新的类型,称为派生类型。在 ASN.1 定义的数据类型中,除了 Choice和 Any 两种类型以外,其他每种类型都有一个唯一的类型标识(Tag),用于标识一种数据类型。由于 Choice 是在几种数据类型中任意选择一种数据类型的数据,因此 Choice 的标识可以是被选择的数据的数据类型。Any 是某一类型数据编码后的信息,因此无法定义其标识。ASN.1中数据类型的标识分为 4 类:

(1)通用类(Universal 类),此类标识的值在所有应用中的定义相同。

（2）应用类（Application 类），此类标识的值只为某一种应用定义。

（3）私有类（Private 类），此类标识的值是为某些企业或公司定义的。

（4）上下文说明类（Context Specific 类），此类标识的值是为某个特定的类型定义的，由于上下文中使用了相同的数据类型的数据，并且其中有可选项，为了区别上下文中相同的数据类型的具体赋值，将其中的一个数据类型通过派生的方式改变类型标识，改变后的类型标识的类型就是上下文说明类。

类型标识是对数据类型的唯一标识，事实上唯一标识就是通用类型标识。表 5-3 给出了一些数据类型的通用类标识的数值。

表 5-3　一些数据类型的通用类标识的数值

Type	Tag Number（Decimal）	Tag Number（Hexadecimal）
INTEGER	2	02
BIT STRING	3	03
OCTET STRING	4	04
NULL	5	05
OBJECT IDENTIFIER	6	06
SEQUENCE and SEQUENCE OF	16	10
SET and SET OF	17	11
PrintalbeString	19	13
T6lString	20	14
IA5String	22	16
UTCTime	23	17

2. 派生数据类型标识

在类型标识的上下文说明类中，我们介绍了在消息协议中，如果某个结构类型的成员的若干相邻的可选项成员中，有两项成员的数据相同，由于解码时无法区别是哪一个成员的类型标识，因此需要采用派生的方法改变其中一个数据成员的类型标识。派生的数据类型标识的类型是除了通用类标识以外的三种标识类型，一般情况是上下文说明类。派生数据类型标识的方法有两种：显式派生法和隐式派生法。

显式派生法在 ASN.1 描述中使用[[Class] Number] Explicit 作为关键字，用它声明的类型表示使用了显式派生法，派生后生成的 Class 类型的数据类型标识的值为 Number 的数值。Class 的类型可以是通用类、应用类和私有类，但未进行声明时表示是上下文说明类，通常情况下 Class 空缺。显式派生法派生的数据类型在编码过程中与原始类型数据的编码不同。显式派生数据类型的编码，首先使用原数据的通用类标识对数据进行编码，再使用派生数据类型的标识对原数据获得的编码信息进行二次编码。

隐式派生法在 ASN.1 描述中使用[Class] Number] Implicit 作为关键字，用它声明的类型表示使用了隐式派生法，派生后生成的 C1ass 类型的数据类型标识的值为 Number 的数值。 Class 的类型可以是通用类、应用类和私有类，但未进行声明时表示是上下文说明类，通常情况下 Class

空缺。隐式派生法派生的数据类型在编码过程中与原始类型数据的编码不同。隐式派生数据类型的编码使用派生获得的数据类型标识，代替原数据的通用类标识对数据进行编码，但编码规则还是原数据类型的编码规则。显式派生法和隐式派生法与原数据编码的比较如图 5-10 所示。

图 5-10

显式派生法用于任何数据类型的派生，特别适用于 Choice 和 Any 类型，因为这两种类型没有自己的类型表示，使用隐式派生法无法替换原有的数据类型标识。隐式派生法用于除了 Any 类型和 Choice 类型以外的所有类型的派生。

3. BER

由于 DER 是 BER 的子集，我们先介绍 BER 的基本规则，在这个规则的基础上再介绍 DER。

BER 是 ASN.1 中最早定义的编码规则，其他编码规则是在 BER 的基础上添加新的规则构成的。BER 的优点是提供了一套规则，使得任何按该规则编码的一段数据（八位组流）都能够按照此规则被解析，这种规则使得一段数据自包含自身的结构信息。

BER 传输语法的格式一直是 TLV 三元组< Tag,Length,Value>，其中 T 是 Tag，L 是整个类型的长度，V 是类型的 Value。TLV 每个域都是一系列八位组，对于组合结构，其中 V 还可以是 TLV 三元组，因而形成嵌套结构。BER 采取大端编码，其八位组的高位比特在左手边。

BER 中的 Tag（通常是一个八位组）指明了值的类型，其中一个比特表征是基本类型还是组合类型。当 Tag 不大于 30 时，Tag 只在一个八位组中编码；当 Tag 大于 30 时，则 Tag 在多个八位组中编码。在多个八位组中编码时，第一个八位组后五位全部为 1，其余的八位组最高位为 1 表示后续还有，为 0 表示 Tag 结束。

BER 中的 Length 表示 Value 部分所占八位组的个数，有两大类：定长方式（Definite Form）和不定长方式（Indefinite Form）。在定长方式中，按照 Length 所占的八位组个数又分为短、长两种形式。采用定长方式，当长度不大于 127 个八位组时，Length 只在一个八位组中编码；当长度大于 127 时，在多个八位组中编码，此时第一个八位组低七位表示的是 Length 所占的长度，后续八位组表示 Value 的长度。采用不定长方式时，Length 所在八位组固定编码为 0x80，但在 Value 编码结束后以两个 0x00 结尾。这种方式使得可以在编码没有完全结束的情况下，先发送部分消息给对方。

4. DER

DER 是 ASN.1 数据类型唯一编码的编码规则。DER 是 BER 的子集，是将每一个 ASN.1 抽象对象类型表示成唯一 1、0 码字符串的编码规则。这种编码规则是为需要编码成唯一比特串的应用系统而制订的，特别是在应用安全技术的应用系统中，由于安全加密技术要求输入数据是字节流的形式，并且是与原数据唯一对应的字节流，因此需要使用 DER 来实现数据结构的编码。DER 成为有关安全技术的应用系统的较佳选择。它基本上继承了 BER，同样，也有三种编码方法。但为了保证编码结果的唯一性，DER 在 BER 的基础上又附加了一些规则：

（1）对于内容长度小于 127 的类型值，长度串编码必须采用短型。

（2）对于内容长度大于 128 的类型值，长度串编码必须采用长型，同时长度编码的比特串个数必须是最少的。

（3）对于简单字符串类型和从简单字符串类型通过隐式派生得到的派生类型，必须使用定长模式基本类型编码方法。

（4）对于结构类型、从结构类型通过隐式标识得到的类型以及从任何类型通过显式标识得到的类型，必须使用定长模式结构类型编码方法。

5. 有关数据类型的 ASN.1 描述和 DER

（1）隐式派生类

隐式派生类型是对已有的数据类型改变其类型标识值获得的数据类型。在应用消息协议中不可避免会遇到上下文中相邻的几项可选项成员中，有任意两项数据类型相同，为了在这类数据结构解码时区别出其中的一项或几项，将这些可选项成员定义成隐式派生类型。隐式派生适用的数据类型是除了 ANY 和 CHOICE 以外的所有类型。

① 隐式派生类型的 ASN.1 描述

在 PKCS8 的私钥信息结构类型中，属性类型和相邻的私钥类型的类型标识都是 17（十六进制），同时，属性类型是可选项，因此采用隐式派生法将属性类型派生成类型标识为 0 的派生类型，由于说明隐式派生的关键字中 Class 为空，表明该派生标识是上下文说明类。

```
Privatekey Info:: =SEQUENC{
version Version,
privateKeyAlgorithm    PrivateKeyAlgorithmIdentifier,
privateKey PrivateKey,
attributes [0] IMPLICIT Attributes OPTIONAL}
```

② 隐式派生类型的 DER

隐式派生类型的 DER 编码与其原数据的 DER 编码的各个部分的规则基本相同。只是在标识串中第一个字节的第 8 位和第 7 位根据需要置为相应的类型，在第 5 位到第 1 位填充"[]"中标注的 Tag 值。例如，私钥信息结构中属性的 DER 编码的标识串为 80。

（2）显式派生类型

显式派生类型是不改变已有的数据类型，将原有数据类型数据编码的结果作为派生类型的内容，冠以新的类型标识，成为新的数据类型。该数据类型与隐式派生类型类似，在上下文中相邻的几项可选项成员中，有任意两项数据类型相同，解码时为了区别其中的一项或几项，将这些数据成员定义成显式派生类型。显式派生适用的数据类型是所有类型，特别是 ANY 和 CHOICE 类型。

① 显式派生类型的 ASN.1 描述

在 PKCS7 的内容信息结构类型中，contenttype 是 OBJECT IDENTIFIER 类型，而 ANY 是任意类型的编码（也可能是 OBJECT IDENTIFIER 类型数据的 DER 编码结果），同时，ANY 是可选项。因此，采用显式派生法将属性类型派生成类型标识为 0 的派生类型，由于说明显式派生的关键字中 Class 为空，表明该派生标识是上下文说明类。

```
Contentinfo ::= SEQLENCE {
OcontentType ContentType,
content [O] EXPLICIT ANY DEFINED BY contentType OPTIONAL}
```

② 显式派生类型的 DER

显式派生类型的 DER 编码使用定长模式结构类型编码规则。该类型的编码是在原数据的编码结果前再加派生的 Tag 的标识串和以原数据编码结果为内容的长度串，并在标识串中第一个字节的第 8 位和第 7 位根据需要置为相应的类型。由显式派生得到的数据使用结构类型编码方式，第 6 位为 1。将第 5 位到第 1 位填充"[ ]"中标注的 Tag 值。例如 content 的值为 04 08 01 23 45 67 89 AB CD EF，其编码结果如下：

```
A0 0A 04 08 01 23 45 67 89 AB CD EF
```

其中，ANY 类型的编码结果就是 ANY 类型值本身。

（3）BIT STRING（比特串）类型

BIT STRING 类型是任意比特的字符串（0，1）。BIT STRING 类型的数据长度可以为任意长度（包含 0）。BIT STRING 类型通常用于定义数字签名结果，或者证书中的公钥等。下面以证书中的公钥信息结构为例，详细讨论 BIT STRING 的 ASN.1 描述和 DER：

① BIT STRING 的 ASN.1 描述

```
SubjectPublicKeyInfo ::=SEQUENCE{
    algorithm    AlgorithmIdentifier,
    publicKey    BIT STRING }
```

该结构是 X.509 的证书信息结构中的公钥信息结构。其中，algorithm 是公钥算法；publicKey 是公钥信息，其类型是 BIT STRING。由 algorithm 和 publicKey 作为成员构成公钥信息的结构类型。

② BIT STRING 的 DER

在 DER 编码中，BIT STRING 编码各个部分遵循定长模式基本类型编码规则。内容串的编码规则如下：

● 内容串的第一个字节填充要编码数据的比特位对 8 取模的余数，即编码数据总位数补足 8 的倍数所需的位数。

● 内容串的第二个字节以后填充 BIT STING 数据转换成字节流的内容。

● 将 BIT STRING 数据转换成字节流时，DER 要求在数据最后不足 8 位的字节中，不足位填充 0。例如，需要编码的公钥的值为"011011100101110111"，共有 18 位，编码时要在数据的末尾填充6位0。编码结果如下：

03 04 06 6E 5D C0

其中，03是标识串，该标识是通用类第8位和第7位为0，基本类型第6位为0，BIT STRING的标识值为03，因此标识串为03；04是长度串，内容串长度为4个字节；06 6E 5D C0是内容串，06表示该 BIT STRING 数据要补充的位数，其余表示内容数据，最后6位填充0。

（4）IA5STRING（IA5 字符串）类型

IA5STRING 类型是任意由 IA5 字符组成的字符串，IA5 是国际字符标准规则5，与 ASCII 码字符相同。IA5STRING 类型编码长度允许为0。IA5STRING 用于定义可以用 ASCII 码描述的字符串。下面我们来看 IA5STRING 的 DER，在 DER 编码中，IA5STRING 编码各个部分遵循定长模式基本类型编码规则。内容串的编码规则如下：

内容串的编码是编码的 IA5STRING 数据转换成其在 ASCII 码中对应的十六进制数据。例如，需要编码的 IA5STRING 数据是 testi@rsa.com，编码为：16 0D 74 65 73 74 31 40 72 73 61 2E 63 6F 6D。其中，16是标识串，该标识是通用类第8位和第7位为0，基本类型第6位为0，因此标识串为16（十六进制）；0D是长度串，内容串长度为13个字节；其余数据是内容串，是 testl@rsa.com 数据的 ASCII 码对应的数值。

（5）INTEGER（整数）类型

INTEGER 是任意整数。整数的值可以是正数、负数或零，同时大小任意的 INTEGER 用于定义协议中整数类型的数据。

① INTEGER 的 ASN.1 描述

在 X.509 的证书信息中版本号类型是 INTEGER。

Versions ::=INTEGER

② INTEGER 的 DER

在 DER 编码中，INTEGER 编码各个部分遵循定长模式基本类型编码规则。内容串的编码规则为：内容串填充编码整数的数值，以256为基数，负数填充其补码。表5-4给出了正数、负数和零三种情况的 DER 编码。

表5-4 正数、负数和零三种情况的 DER 编码

Integer Value	DER Encoding
0	02 01 00
127	02 01 7F
128	02 02 00 80
256	02 02 01 00
-128	02 01 80
-129	02 02 FF 7F

其中，标识串和长度串编码与其他基本类型相似，不再赘述。

（6）OBJECT IDENTIFIER（对象标识）类型

OBJECT IDENTIFIER 类型表示对象标识，由一组有序的整数组成，用于标识一种算法或一种属性的类型。OBJECT IDENTIFIER 类型可以由任意个非负整数构成，是非字符串类型。OBJECT IDENTIFIER 的值应当是由权威注册机构依据一定的规则制订发放的。国际标准规定 OBJECT IDENTIFIER 数据的第一个值只能是 0、1 和 2，当第一个值为 0 或 1 时，第二个值只能是 0~39。OBJECT IDENTIFIER 的值是十进制数字表示的。表 5-5 给出了一些 OBJECTIDENTIFIER 的值及其含义。

表 5-5　一些 OBJECTIDENTIFIER 的值及其含义

Object Identifier Value	Meaning
{1 2}	IS0 member bodies
{1 2 840}	IUS (ANSI)
{1 2 840 113549}	RSA Data Security , Inc.
{1 2 840 113549 1}	RSA Data Security , Inc. PKCS
{2 5}	directory services (X 500)
{2 5 8}	directory services -- algorithms

① OBJECT IDENTIFIER 类型的 ASN.1 描述

在算法标识结构中，使用 OBJECT IDENTIFIER 类型定义使用的算法如下：

```
AlgorithmIdentifier ::=SEQUENCE{
algorithm   OBJECT IDENTIFIER,
parameters   ANY    DEFINED BY algorithm OPTIONAL}
```

② OBJECT IDENTIPIER 类型的 DER

在 DER 编码中，OBJECT IDENTIFIER 编码各个部分遵循定长模式基本类型编码规则。内容串的编码规则如下：

● 令第一个字节是 40 乘以 OBJECT IDENTIFIER 的第一个数值加上第二个数值（40 × valuel+ value2）。

● 令 OBJECT IDENTIFIER 的第三个到第 n 个数值，以 128 为基数分别编码，每一个数值编码后的字节串中，除了最后一个字节以外，其他字节的最高位都置 1。

例如，OBJECT DENTIFTER 的值是{1 2 840 113549}，编码后内容串的第一个字节是 1× 40+2=42=2A（十六进制）；840 的编码，840=6×128+72，编码为 86 48；13549 的编码，113549=6 ×128+112×128+13，编码为 86 F7 0D。最后该 OBJECT IDENTIFIER 的编码结果如下：

```
06 06 2A 86 48 86 F7 0D
```

（7）OCTET STRING（字节串）类型

OCTET STRING 类型是任意字节组成的字符串，OCTET STRING 的内容长度可以为 0，该类型是字符串类型。OCTET STRING 数据类型用于定义摘要数据或加密密文数据等。下面我们来看 OCTET STRING 类型的 DER，在 DER 编码中，OCTET STRING 编码各个部分遵循定长模式基本类型编码规则。内容串的编码规则为：将 OCTET STRING 类型要编码的数据直接作为内容串的信息，无须进行其他改动。例如，对 OCTET STRING 类型的数据值 01 23 45 67 89 AB CD EF 进行 DER 编码，结果为：

```
04 08 01 23 45 67 89 AB CD EF
```

（8）SEQUENCE（有序成员固定结构）类型

SEQUENCE 是指使用前结构成员的顺序与个数是已确定的，SEQUENCE 结构类型贯穿几乎所有的消息协议中。在 SEQUENCE 结构中的成员可以是可选项或者有默认值。

① SEQUENCE 类型的 ASN.1 描述

例如，PKCS7 中内容信息结构的类型定义如下：

```
ContentInfo ::=SEQUENCE{
    contentType OBJECT IDENTIFIER,
    content [0] EXPLICIT ANY DEFINED BY contenttype OPTIONAL}
```

② SEQUENCE 类型的 DER

在 DER 编码中，SEQUENCE 类型编码的各个部分遵循定长模式结构类型编码规则。内容串编码规则如下：

● 如果 SEQUENCE 中可选成员或有默认值的成员没有赋值，该 SEQUENCE 的内容串编码中没有这些成员的编码信息。
● 如果标识是有默认值的成员的数值与其默认值相同，该 SEQUENCE 的内容串编码中没有这些成员的编码信息。

例如，对内容信息结构赋值，contenttype 的值是{1 2 840 113549}，content 的值是 OCTET STRING 例子编码的结果 04 08 01 23 45 67 89 AB CD EF，该内容信息结构的 DER 编码如下：

```
30 12     --SEQUENCE 的标识串和长度串
06 06 2A 86 48 86 F7 0D        --contenttype 的 DER 编码
A0 0A 04 08 01 23 45 67 89 AB CD EF            --content 的 DER 编码
```

其中，contenttype 的 DER 编码和 content 的 DER 编码一起构成了 SEQUENCE 编码的内容串。

上面给出了 8 种典型的数据类型的 ASN.1 描述和具体 DER，每种数据类型的编码规则是实现 DER 编码系统的基础，只有在这个基础上才能完成整个系统的设计实现。

5.3.8 ASN.1 实例

有了 ASN.1 和相关编码的概念之后，接下来介绍如何用编程语言实现 ASN.1 的编解码。下面结合开源编译器 ASN1C 对这部分内容进行详细介绍。通过这个开源编译器，我们可以避免重复造轮子，直接站在巨人的肩膀上实现我们的业务功能。

首先下载 ASN.1 编译器 ASN1C，下载地址：http://lionet.info/asn1c/download.html。这里选择 Windows 下的安装包文件 asn1c-0.9.21.exe。下载后双击安装即可。安装很简单，这瑞安装位置保持默认，即 C:\Program Files\asn1c。

下面创建 ASN.1 抽象模型并利用 ASN1C 编译器生成 C 语言类型文件，步骤如下：

第一步，建立.asn 文件。打开记事本，输入内容如下：

```
RetangleTest DEFINITIONS ::=BEGIN
    Rectangle ::= SEQUENCE{
    height INTEGER, -- Height of the rectangle
    width INTEGER -- Width of the rectangle
    }
    END
```

我们定义了一个名为 Rectangle 的结构体，成员分别为 height 和 width，类型是 INTEGER。顺便讲一下，ASN 的整型类型都用 INTEGER（C 语言里的 long 类型），要表示浮点型可以用 REAL。--后面是注释。然后保存文件为 C:\Program Files\asn1c\try.asn1，注意保存时候，保存类型选择"所有文件（*.*）"。

第二步，利用 ASN1C 工具生成 try.asn1 的 C 语言类型文件。

假设 ASN1C 安装在 C:\Program Files\asn1c 路径下，可以按如下步骤生成 C 语言类型文件：

（1）打开控制台，依次单击"开始"→"运行"→cmd。

（2）进入软件目录下：cd"C:\Program Files\asn1c"；

（3）执行生成指令：输入 asn1c -S skeletons -fskeletons-copy -fnative-types try.asn1，然后按回车键，其中-S-fskeletons-copy-fnative-types 参数可以在 C:\Program Files\asn1c\Help\asn1c-usage.pdf 使用手册查到相关说明。若执行成功，则有如下信息输出到控制台，如图 5-11 所示。

图 5-11

可以看到在 C:\Program Files\asn1c 目录下增加了许多文件，这些文件都是后面要用到的，如图 5-12 所示。

好了，现在我们利用 ASN1C 编译器生成了 ASN.1 抽象模型的 C 语言类型文件，下面可以在 VC 工程中使用这些 C 语言文件了。

【例 5.2】实战 ASN.1 编解码

（1）打开 VC 2017，新建一个控制面板工程（工程路径最好不要有中文字符），工程名是 ansdemo。打开属性页对话框，在左边展开"配置属性"→"C/C++"→"预编译头"，然后在右边"预编译头"旁边选择"不使用预编译头"，如图 5-13 所示。

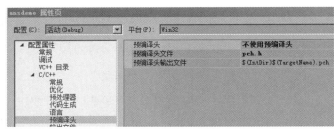

图 5-12   图 5-13

再在左边选择"预处理器"，然后在右边"预处理器定义"旁边添加"_CRT_SECURE_NO_WARNINGS;"，这是为了使用传统函数，而不让 VC 报错。两个都设置好后，单击"确定"按钮，关闭属性页对话框。

（2）在工程目录下新建一个 inc 文件夹，将前面第二步生成的所有.h 文件（也就是 C:\Program Files\asn1c\下的.h 文件）复制到 inc 文件夹下，再把前面第二步生成的所有.c 文件复制到工程目录下，接着把工程目录下的这些 C 文件复制到 VC 工程中，并移除 converter-sample.c。最后打开属性页对话框，左边展开"配置属性"→"C/C++"→"常规"，在右边"附加包含目录"旁添加 inc，这是为了包含头文件所在的路径。单击"确定"按钮，关闭对话框。

（3）打开 ansdemo.cpp，在里面添加代码如下：

```
#include "pch.h"
#include <iostream>
#include <stdio.h>
#include <sys/types.h>
#include <Rectangle.h>

char tab[8];
/*
* This is a custom function which writes the
* encoded output into a global test table
*/
static int decode_callback(const void *buffer, size_t size, void *app_key)
{
    static int i = 0;
```

```
        memcpy(&tab[i], buffer, size);

        i += size;
        return 0;
}

int main()
{
    Rectangle_t *rectangle; /* Type to encode */
    asn_enc_rval_t ec; /* Encoder return value */

    /* Allocate the Rectangle_t */
    rectangle = (Rectangle_t*)calloc(1, sizeof(Rectangle_t)); /* not */

    if (!rectangle) {
        perror("calloc() failed");
        exit(71); /* better, EX_OSERR */
    }
    /* Initialize the Rectangle members */
    rectangle->height = 42; /* any random value */
    rectangle->width = 23; /* any random value */
    /* Encode the Rectangle type as BER (DER) */
    ec = der_encode(&asn_DEF_Rectangle,
    rectangle, decode_callback, tab);

    if (ec.encoded == -1) {
        fprintf(stderr,
            "Could not encode Rectangle (at %s)\n",
            ec.failed_type ? ec.failed_type->name : "unknown");
        exit(65); /* better, EX_DATAERR */
    }
    else {
        fprintf(stderr, "Created %s with BER encoded Rectangle\n",
            "");
    }

    /* Also print the constructed Rectangle XER encoded (XML) */
    xer_fprint(stdout, &asn_DEF_Rectangle, rectangle);
    return 0;
}
```

代码很简单，我们做了详细的注释，相信读者能看懂。

（4）保存工程并运行，运行结果如图 5-14 所示。

如果将断点设于最后一句"return 0;"处，此时观察全局数组 table，可以看到里面的内容即为 Rectangle 编码后的十六进制数据：30 06 02 01 2a 02 01 17，如图 5-15 所示。

图 5-14

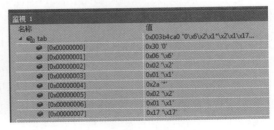

图 5-15

至此，编解码成功。

第 6 章
◀ 非对称算法RSA的加解密 ▶

6.1 非对称密码体制概述

根据加密密钥和解密密钥是否相同或者本质上等同，可将现有的加密体制分为两种：一种是单钥加密体制（也叫对称加密密码体制），即从其中一个容易推出另一个，其典型代表是中国的 SM4 算法，美国的数据加密标准 DES（Data Encryption Standard）；另一种是公钥密码体制（也叫非对称加密密码体制），其典型代表是 RSA 密码体制，其他比较重要的还有 Mceliece 算法、Merkle-Hellman 背包算法、椭圆曲线密码算法和 Elgamal 算法等。

对称密码体制的特点是加密密钥与解密密钥相同或者很容易从加密密钥导出解密密钥。在对称密码体制中，加密密钥的暴露会使系统变得不安全。对称密码系统的一个严重缺陷是在任何密文传输之前，发送者和接收者必须使用安全信道预先商定和传送密钥。而在实际的通信网中，通信双方则很难确定一条合理的安全信道。

由 Diffie 和 Hellman 首先引入的公钥密码体制克服了对称密码体制的缺点。它的出现是密码学研究中的一项重大突破，也是现代密码学诞生的标志之一。在公钥密码体制中，解密密钥和加密密钥不同，从一个难以计算出另一个，解密运算和加密运算可以分离。通信双方无须事先交换密钥就可以建立起保密通信。公钥密码体制克服了对称密码体制的缺点，特别适用于计算机网络中的多用户通信，它大大减少了多用户通信所需的密钥量，节省了系统资源，也便于密钥管理。1978 年，Rivest、Shamir 和 Adleman 提出了第一个比较完善的公钥密码算法，就是著名的 RSA 算法。自从那时起，人们基于不同的计算问题提出了大量的公钥密码算法。比较重要的有 RSA 算法、Merkle-Hellman 背包算法、Mceliece 算法、Elgamal 算法、ECC 算法和国产 SM2 算法等。

非对称加密为数据的加密与解密提供了一个非常安全的方法，它使用了一对密钥，公钥（Public Key）和私钥（Private Key）。私钥只能由一方安全保管，不能外泄，而公钥则可以发给任何请求它的人。非对称加密使用这对密钥中的一个进行加密，而解密则需要另一个密钥。比如，你向银行请求公钥，银行将公钥发给你，你使用公钥对消息加密，那么只有私钥的持有人——银行才能对你的消息解密。与对称加密不同的是，银行不需要将私钥通过网络发送出去，因此安全性大大提高。

非对称加密算法的优点：安全性更高，公钥是公开的，私钥是自己保存的，不需要将私钥给别人。非对称加密算法的缺点：加密和解密花费时间长、速度慢，只适合对少量数据进行加密。对称加密算法相比非对称加密算法来说，加解密的效率要高得多。但是缺陷在于对于密钥的管理上，以及在非安全信道中通信时，密钥交换的安全性不能保障。所以在实际的网络环境中，会将两者混合使用。

设计公钥密码体制的关键是先要寻找一个合适的单向函数，大多数的公钥密码体制都是基于计算单向函数的求逆的困难性建立的。例如，RSA 体制就是典型的基于单向函数模型的实现。这类密码的强度取决于它所依据的问题的计算复杂性。值得注意的是，公钥密码体制的安全性是指计算安全性，而绝不是无条件安全性，这是由它的安全性理论基础（复杂性理论）决定的。

单向函数在密码学中起一个中心作用。它对公钥密码体制的构造的研究是非常重要的。虽然目前许多函数（包括 RSA 算法的加密函数）被认为或被相信是单向的，但目前还没有一个函数能被证明是单向的。

目前已经问世的公钥密码算法主要有三大类：

（1）第一类是基于有限域范围内计算离散对数的难度而提出的算法。比如，世界上第一个公钥算法 Diffie-Hellman 算法就属此类，但是，它只可用于密钥分发，不能用于加密解密信息。此外，比较著名的还有 ElGamal 算法和 1991 年 NIST 提出的数字签名算法（Digital Signature AlgoTIRhm，DSA）。

（2）第二类是 20 世纪 90 年代后期才得到重视的椭圆曲线密码体制。该公钥密码算法基于椭圆曲线数学。椭圆曲线在密码学中的使用是在 1985 年由 Neal Koblitz 和 Victor Miller 分别独立提出的。

（3）第三类就是本章讲解的 RSA 公钥密码算法。RSA 是 1977 年由 Ron Rivest、Adi Shamir 和 Adleman 一起提出的，当时他们三个都在麻省理工学院工作，RSA 就是他们三人姓氏开头字母拼在一起组成的。

公钥密码学的数学基础是很狭窄的，设计出全新的公钥密码算法的难度相当大，而且无论是数学上对因子分解还是计算离散对数问题的突破，都会使现在看起来安全的所有公钥算法变得不安全。

6.2　RSA 概述

RSA 是具有代表性的公钥密码体制，是一种使用不同的加密密钥与解密密钥，"由已知加密密钥推导出解密密钥在计算上是不可行的"密码体制。

在公开密钥密码体制中，加密密钥（公开密钥）PK 是公开信息，而解密密钥（秘密密钥）SK 是需要保密的。加密算法 E 和解密算法 D 也都是公开的。虽然解密密钥 SK 是由公开密钥 PK 决定的，但却不能根据 PK 计算出 SK。正是基于这种理论，1978 年出现了著名的 RSA 算法，它通常是先生成一对 RSA 密钥，其中之一是保密密钥，由用户保存；另一个为公开密钥，可对外公开，甚至可在网络服务器中注册。为了提高保密强度，RSA 密钥至少为 500 位长，一般推荐使用 1024 位。这就使加密的计算量很大。为了减少计算量，在传送信息时，常采用传统加密方法与公开密钥加密方法相结合的方式，即信息采用改进的 DES 或其他对称算法的对称密钥加密，然后使用 RSA 密钥加密对称密钥和信息摘要。对方收到信息后，用不同的密钥解密并可核对信息摘要。

RSA 是被研究得最广泛的公钥算法，从提出到现在已近三十年，经历了各种攻击的考验，逐渐为人们所接受，是目前最优秀的公钥方案之一。1983 年，麻省理工学院在美国为 RSA 算法申请了专利。

RSA 允许选择公钥的大小。512 位的密钥被视为不安全的；768 位的密钥不用担心受到除了国家安全管理（NSA）外的其他事物的危害；1024 位的密钥几乎是安全的。RSA 既能用于加密，又能用于数字签名。这个算法经受住了多年深入的密码分析，虽然密码分析者既不能证明又不能否定 RSA 的安全性，但这恰恰说明该算法有一定的可信性，目前它已经成为流行的公开密钥算法。

RSA 的安全基于大数分解的难度。其公钥和私钥是一对大素数（100~200 位十进制数或更大）的函数。从一个公钥和密文恢复出明文的难度等价于分解两个大素数之积（这是公认的数学难题）。

RSA 实现在密钥长度较小的情况下运算速度是很快的，但是基于网络安全的需要，RSA 都是基于大整数运算的。由于进行的都是大数计算，使得 RSA 最快的情况也比 DES 慢上 100 倍，无论是软件还是硬件实现，速度一直是 RSA 的缺陷。一般来说只用于少量数据加密。

6.3　RSA 的数学基础

直接理解 RSA 算法并不十分容易，它涉及很多基础数学概念，因此我们需要先打好基础，熟悉这些数学概念，当然数学好的同学可以略过本节。

6.3.1　素数（质数）

素数又称"质数"，指在大于 1 的自然数中，只能被 1 和本身整除的整数。例如，2 是一个素数，它只能被 1 和 2 整除；3 也是素数，8 不是素数，它还可以被 2 或 4 整除；13 是素数，它只能被 1 和 13 整除。以此类推，5、7、11、13、17、23、…是素数；4、6、8、10、12、14、16、…不是素数。可以发现，2 以上的素数必定是奇数，因为 2 以上所有的偶数都可以被 2 整除，所以不是素数。

质数的个数是无限的。顺便提一下，大于 1 的整数中，不是素数的整数叫合数。

素数具有许多特殊性质，在数论中举足轻重。按顺序，下列为一个小素数序列：

2，3，5，6，11，13，17，19，23，29，31，37，41，43，47，53，59，…

不是素数且大于 1 的整数称为合数。例如，因为有 39，所以 39 是合数。整数 1 被称为基数，它既不是质数又不是合数。类似地，整数 0 和所有负整数既不是素数又不是合数。

亚里士多德和欧拉已经用反证法非常漂亮地证明了"素数有无穷多个"。

6.3.2　素性检测

常用的素数表通常只有几千个素数，这显然无法满足密码学的要求，因为密码体制往往建立在极大的素数基础上。所以我们要为特定的密码体制临时计算符合要求的素数。这就牵涉到素性检测的问题。

判断一个整数是不是素数的过程叫素性检测。目前还没有一个简单有效的办法来确定一个大数是不是素数。理论上常用的方法有：

（1）Wilson 定理：若$(n-1)! = -1 \pmod{n}$，则 n 为素数。

（2）穷举检测：若根号 n 不为整数，且 n 不能被任何小于根号 n 的正整数整除，则 n 为素数。

但是这些理论上的方法在 n 很大时，计算量太大，不适合在密码学中使用。现在常用的素性检测的方法是数学家 Solovay 和 Strassen 提出的概率算法，即在某个区间上能经受住某个概率检测的整数，就认为它是素数。

6.3.3　倍数

一个整数能够被另一个整数整除，这个整数就是另一个整数的倍数。例如 15 能够被 3 或 5 整除，因此 15 是 3 的倍数，也是 5 的倍数。

注意，倍数不是商，商只能说是多少倍。例如 a、b、c 都是整数且 $a \div b = c$，可以说，a 是 b 的倍数，a 是 b 的 c 倍。

一个数的倍数有无数个，也就是说一个数的倍数的集合为无限集。注意，不能把一个数单独叫作倍数，只能说谁是谁的倍数。

6.3.4　约数

约数又称因数。整数 a 除以整数 b（$b \neq 0$），除得的商正好是整数且没有余数，我们就说 a 能被 b 整除，或 b 能整除 a。a 称为 b 的倍数，b 称为 a 的约数。

6.3.5　互质数

如果两个整数 a 与 b 仅有公因数 1，即若 $\gcd(a, b) = 1$，则 a 与 b 称为互质数。例如，8 和 25 是互质数，因为 8 的约数为 1、2、4、8，而 15 的约数为 1、3、5、15。

对任意整数 a、b 和 p，若 $\gcd(a, p) = 1$ 且 $\gcd(b, p) = 1$，则 $\gcd(ab, p) = 1$。这说明若两个整数中每一个数都与一个整数 p 互为质数，则它们的积与 p 互为质数。

若两个正整数都分别表示为素数的乘积，则很容易确定它们的最大公约数。例如，$300 = 2^2 \times$

3×5^2，$15 = 2 \times 3^2$，$\gcd(18,300) = 2 \times 3 \times 5^0 = 6$。

确定一个大数的素数因子很不容易，实践中通常采用 Euclidena 和扩展的 Euclidena 算法来寻找最大公约数和各自的乘法逆元。

对于整数 $n_1, n_2, \cdots, n_k$，若对任何 $i \neq j$，都有 $\gcd(n_i, n_j) = 1$，则说整数 $n_1, n_2, \cdots, n_j$ 两两互质。

6.3.6　质因数

质因数就是一个数的约数，并且是质数。比如 $8 = 2 \times 2 \times 2$，2 就是 8 的质因数；$12 = 2 \times 2 \times 3$，2 和 3 就是 12 的质因数。

6.3.7　强素数

在密码学中，一个素数在满足下列条件时被称为强素数：

（1）p 必须是很大的数。

（2）p-1 有很大的质因数，或者说，p-1 有一个大素数因子。我们把这个大素数因子记为 r，那么存在某个整数 a，且有 p-1=a×r。

（3）有很大的质因数。也就是说，对于某个整数 a2 以及大素数 q2，我们有 q1=a2q2+1。

（4）p+1 有很大的质因数。也就是说，对于某个整数 a3 以及大素数 q3，我们有 p=a3q3-1。

有时，当一个素数只满足上面一部分条件的时候，我们也称它是强素数。而有的时候，我们则要求加入更多的条件。

或者也可以这样判定：

一个十进制形式的 n 位的素数，若最左边一位为素数、最左边两位为素数、……、最左边 n-1 位也为素数，则称该素数为强素数。

例如，3119 为强素数，因为 3119 是素数，3、31、311 也是素数。

6.3.8　因子

假如整数 a 除以 b，结果是无余数的整数，那么我们称 b 是 a 的因子。需要注意的是，唯有被除数、除数、商皆为整数，余数为零时，此关系才成立。因子不限正负，包括 1，但不包括本身。比如 10 的因子是 1、2、5，因为 10 可以整除 1，可以整除 2 或 5；7 只有一个因子 1；4 有两个因子：1 和 2。

6.3.9　模运算

模运算也称取模运算。有两个整数 a、b，让 a 去被 b 整除，只取所得的余数作为结果，就叫作模运算，记为 a%b 或 a mod b。例如，10 mod 3=1，26 mod 6=2，28 mod 2 =0，等等。

已知一个整数 n，所有整数都可以划分为：是 n 的倍数的整数与不是 n 的倍数的整数。对于不是 n 的倍数的那些整数，我们又可以根据它们除以 n 所得的余数来进行分类，数论的大部分理论都是基于上述划分的。

模算术运算也称为"时钟算术"。比如某人 10 点到达，但他迟到 13 个小时，则(10+13) mod 12=11 或者写成 10+13=11(mod 12)。

对任意整数 a 和任意正整数 n，存在唯一的整数 q 和 r，满足 0<r≤n，并且 a=n*q+r，值 q=⌊a/n⌋称为除法的商，其中向下取整的运算称为 Floor，用数学符号⌊⌋表示，比如⌊x⌋表示小于等于 x 的最大整数。值 r=a mod n 称为除法的余数，因此，对于任一整数，可表示为：

a=⌊a/n⌋*n+(a mod n)　或者　a mod n = a-⌊a/n⌋*n

比如：a=1，n=7，11=1*7+4，r=4，11 mod 7=4。

若(a mod n)=(b mod n)，则称整数 a 和 b 模 n 同余，记作 a≡b mod n。比如，73≡4 mod 23。模运算符具有如下性质：

（1）若 n|ab，则 a≡b mod n。

（2）(a mod n)=(b mod n)等价于 a≡b mod n。

（3）a≡b mod n 等价于 b≡a mod n。

（4）若 a≡b mod n 且 b≡c mod n，则 a≡b mod n。

6.3.10　模运算的操作与性质

从模运算的基本概念可以看出，模 n 运算将所有整数映像到整数集合{0,1,…,(n-1)}，那么，在这个集合内进行的算术运算就是所谓的模运算。模算术类似于普通算术，它也满足交换律、结合律和分配律：

（1）[(a mod n)+(b mod n)] mod n=(a+b) mod n。

（2）[(a mod n)-(b mod n)]mod n=(a-b)mod n。

（3）[(a mod n)×(b mod n)]mod n=(a×b)mod n。

指数运算可以看作是多次重复的乘法运算。例如，为了计算 11^7 mod 13，可按如下方法进行：

11^2≡121≡4 mod 13
11^4≡4^2≡3 mod 13
11^7≡11×4×3≡132≡2 mod 13

所以说，化简每一个模 n 的中间结果与整个运算求模再化简模 n 的结果是一样的。

6.3.11　单向函数

单向函数（One-Way Function）的概念是公开密钥密码学的核心之一。尽管其本身并非一个协议，但它是重要的理论基础，对于很多协议来说，它是一个重要的基本结构模块。单向函数顺向计算起来非常容易，但求逆却非常困难。也就是说，已知 x，我们很容易计算出 f(x)。但已知 f(x)，却很难计算出 x。这里的"难"定义为，即使世界上所有的计算机都用来参与计算，从 f(x)计算出 x 也要花费数百万年的时间。

举一个现实生活中的例子帮助大家理解，打碎碗碟是一个很好的单向函数的例子，我们将碗碟打碎成数十片的碎片是一件很容易的事情,但要把这些碎片再拼成一个完整无缺的碗碟却是一件非常困难的事情。

如果按照严格的数学定义,目前为止其实并不能完美地证明单向函数的存在性,同时也没有实际证据能够构造出单向函数。即使如此,还是有很多函数看起来像单向函数:我们可以有效地计算它们,但迄今为止我们还不知道有什么有效的方法能够容易地求出它们的逆。比如,在有限域中计算 x 的平方很容易,但计算 x 的根则难得多。

我们现在想想,单向函数有什么好处,单向函数可以用于加密吗?结论是单向函数一般是不用于加密的,因为用单向函数进行加密往往是不行的(因为没有人能破解它)。

还是用上述例子进行说明,你要给朋友传递一个信息,你将信息写在了盘子上,然后你将盘子摔成无数的碎片,并将这些碎片寄给你的朋友,要求朋友读取你在盘子上写的信息。这是不是一件十分滑稽的事情。

那么单向函数是不是就没有意义了呢?事实当然不是这样的,单向函数在密码学领域里发挥着非常重要的作用,其更是很多应用的理论基础。

令函数 f 是集合 A 到集合 B 的映像,用 f: A→B 表示。若对任意 $x1 \neq x2$、$x1, x2 \in A$,有 $f(x1) \neq f(x2)$,则称 f 为可逆的函数。f 为可逆的充要条件是,存在函数 g: B→A,使得对所有 $x \in A$ 有 g[f(x)]=x。

一个可逆函数 f: A→B,若它满足:

(1)对所有 $x \in A$,易于计算 f(x)。

(2)对"几乎所有 $x \in A$"由 f(x)求 x"极为困难",以至于实际上不可能做到。

则称 f 为单向函数。

定义中的"极为困难"是对现有的计算资源和算法而言的。Massey 称此为视在困难性(Apparent Difficulty),相应的函数称为视在单向函数。以此来和本质上(Essentially)的困难性相区分。单向函数是贯穿整个公钥密码体制的一个核心概念。单向函数的在密码学上的常见应用如下:

(1)一个简单的应用就是口令保护。我们熟知的口令保护方法是用对称加密算法进行加密。然而,对称算法加密一是必须有密钥,二是该密钥对验证口令的系统必须是可知的,因此意味着验证口令的系统总是可以获取口令的明文。这样在口令的使用者与验证口令的系统之间存在严重的信息不对称。我们可以使用单向函数对口令进行保护来解决这一问题。比如,系统方只存放口令经单向函数运算过的函数值,而验证则是将用户口令重新计算函数值,然后和系统中存放的值进行比对。如果比对成功,就验证通过。动态口令认证机制很多都是基于单向函数的原理进行设计的。

(2)另一个单向函数的应用是大家熟知的、用于数字签名时产生信息摘要的单向散列函数。由于公钥密码体制的运算量往往较大,为了避免对待签文件进行全文签名,一般在签名运算前使用单向散列算法对签名文件进行摘要处理,将待签文件压缩成一个分组之内的定长位串,以提高签名的效率。MD5 和 SHA-1 就是两个曾被广泛使用的、具有单向函数性质的摘要算法。

6.3.12　费马定理和欧拉定理

费马定理和欧拉定理在公钥密码学中有着重要的作用。费马定理：

若 p 是素数，a 是不能被 p 整除的正整数，则：

$$a^{p-1} \equiv 1 \bmod p$$

费马定理还有另一种等价形式：若 P 是素数，a 是任意正整数，则：

$$a^p = a \bmod p$$

欧拉定理：对于任何互质的整数 a 和 n，有：

$$a^{\phi(n)} \equiv 1 \ (\bmod \ n)$$

欧拉定理也有一种等价形式：

$$a^{\phi(n)+1} \equiv a \bmod n$$

费马定理和欧拉定理及其推论在证明 RSA 算法的有效性时是非常有用的。给定两个素数 p 和 q，以及整数 n=pq 和 m，其中 0<m<n，则：

$$a^{\phi(n)+1} \equiv m^{(p-1)(q-1)} \equiv m \bmod n$$

6.3.13　幂

幂（Power）指乘方运算的结果。a^b 表示 b 个 a 相乘。把 a^b 看作乘方的结果，叫作 a 的 b 次幂。a 称为底数，b 称为指数。在编程语言或电子邮件中，通常写成 n^m 或 n**m。

6.3.14　模幂运算

模幂运算就是先进行求幂的运算，取其结果后再进行模运算。

6.3.15　同余符号"≡"

≡是数论中表示同余的符号（注意，这个不是恒等号）。在公式中，≡符号的左边必须和符号右边同余，也就是两边的模运算结果相同。

同余的定义是这样的：

给定一个正整数 n，如果两个整数 a 和 b 满足 a-b 能被 n 整除，即(a-b)modn=0，就称整数 a 与 b 对模 n 同余，记作 a≡b(modn)，同时可成立 a mod n=b。也就是相当于 a 被 n 整除，余数等于 b。比如，d×e≡1 mod 96，其中 e=11，求 d 的值。

解答：96=3×32。

观察可知：3×11=1(mod32)，2×11=1(mod 3)，所以 d=3(mod 32)，d=2(mod 3)。设 d=32n+3，则 32n+3=2n (mod 3)，n=1，d=35。所以 d=35 mod 96。

再次提醒，同余与模运算是不同的，a≡b(mod m)仅可推出 b=a mod m。

6.3.16 欧拉函数

欧拉函数本身需要一系列复杂的推导，这里仅介绍对认识 RSA 算法有帮助的部分。任意给定正整数 n，计算在小于等于 n 的正整数中，有多少个与 n 构成互质关系。计算这个值的方法就叫作欧拉函数，以 $\phi(n)$ 表示。例如，在 1~8 中，与 8 形成互质关系的是 1、3、5、7，所以 $\phi(n)=4$。

在 RSA 算法中，我们需要明白欧拉函数对以下定理成立：

若 n 可以分解成两个互质的整数之积，即 n=p×q，则有：ϕ 则有：成两个互质的整数之积，即下定理。

根据"大数是质数的两个数一定是互质数"可以知道：

若一个数是质数，则小于它的所有正整数与它都是互质数。

所以若一个数 p 是质数，则有：$\phi(p)=p-1$。

由以上得，若我们知道一个数 n 可以分解为两个质数 p 和 q 的乘积，则有：$\phi(n)=(p-1)(q-1)$。

6.3.17 最大公约数

所谓求整数 a、b 的最大公约数，就是求同时满足 a%c=0、b%c=0 的最大正整数 c，即求能够同时整除a和b的最大正整数c。最大公约数表示成gcd(a,b)。例如，gcd(24,30)=6，gcd(5,7)=1。注意：如果 a、b 为负数，先要求出 a 和 b 绝对值，再求最大公约数。

gcd 函数有以下基本性质：

gcd(a,b)=gcd(b,a)	gcd(a,b)=gcd(-a,b)	gcd(a,b)=gcd(|a|,|b|)
gcd(a,0)=|a|	gcd(a,ka)=|a|	

求最大公约数通常有两种解法：暴力枚举和欧几里得算法（又称辗转相除法）。

（1）暴力枚举

若 a、b 均不为 0，则依次遍历不大于 a（或 b）的所有正整数，依次试验它是否同时满足两式，并在所有满足两式的正整数中挑选最大的那个即为所求。

若 a、b 其中有一个为 0，则最大公约数即为 a、b 中非零的那个。

若 a、b 均为 0，则最大公约数不存在（任意数均可同时整除它们）。

说明：当 a 和 b 数值较大时（如 100000000），该算法耗时较多。

（2）欧几里得算法

可以分两步：

第一步，令 r 为 a/b 所得余数（$0 \le r < b$），若 r= 0，则算法结束，b 即为答案。
第二步，互换，即置 a←b，b←r，并返回第一步。

6.3.18 欧几里得算法

欧几里得算法是用来求解两个不全为 0 的非负整数 a 和 b 的最大公约数，该算法高效且简单，来自于欧几里得的《几何原本》。其数学公式表达如下：

对两个不全为 0 的非负整数 a 和 b，不断应用此式：gcd(a,b)=gcd(b,a mod b)，直到 a mod b 为 0 时，a 就是最大公约数。

下面我们来简单证明欧几里得算法。假设有 a、b 两个不全为 0 的正整数，令 a % b = r，即 r 是余数，那么有 a = kb + r。假设 a、b 的公约数是 d。记作 d|a,d|b，表示 d 整除 a 和 b。r = a - kb；给这个式子两边同除以 d，有 r/d=a/d-kb/d。由于 d 是 a、b 的公约数，那么 r/d 必将能整除，即 b 和 a%b 的公约数也是 d，故 gcd(a,b) = gcd(b, a % b)。到此为止，已经证明了 a 和 b 的公约数与 b 和 a % b 的公约数相等。直到 a mod b 为 0 的时候（因为即使 b > a，经过 a % b 后，就变成计算 gcd(b,a)，所以 a mod b 的值会一直变小，最终会变成 0），此时 gcd(a,0) = a。因为 0 除以任何数都是 0，所以 a 是 gcd(a,0) 的最大公约数。根据上面已经证明的等式 gcd(a,b) = gcd(b, a % b) 可得：a 就是最大公约数。定理得证。

欧几里得算法用较大数除以较小数，再用出现的余数（第一余数）去除除数，再用出现的余数（第二余数）去除第一余数，如此反复，直到最后的余数是 0 为止。如果是求两个数的最大公约数，那么最后的除数就是这两个数的最大公约数。用一句话来表达，就是两个整数的最大公约数等于其中较小的那个数和两数相除余数的最大公约数。我们来看一个欧几里得算法的例子，求 10、25 的最大公约数：

25 / 10 = 2 ……5
10 / 5 = 2 ……0

所以 10、25 的最大公约数为 5。下面用代码实现欧几里得算法。

【例 6.1】实现欧几里得算法

（1）打开 VC 2017，新建一个控制面板工程 test。

（2）在 test.cpp 中输入代码如下：

```
#include "pch.h"
#include <iostream>
using namespace std;
int gcd(int a, int b);
int    gcd_dg(int a, int b);

int main()
{
    int a, b;
    cout << "请输入要计算的两个数，用空格隔开:\n";
    cin >> a >> b;
    cout << "归纳法得到最大公约数是： " << gcd(a, b)<<endl;

    cout << "请输入要计算的两个数，用空格隔开:\n";
    cin >> a >> b;
    cout << "递归法得到最大公约数是： " << gcd_dg(a, b);

    return 0;
```

```
    }

//递归法实现欧几里得算法
int    gcd_dg(int a, int b)      //a、b 为两个正整数
{
    if (0 == b)    return a;
    else
    {
        int r = gcd_dg(b, a%b);
        return r;
    }
}

int gcd(int a, int b)
{
    int r;
    while (0 != b)
    {
        r = a % b;
        a = b;
        b = r;
    }
    return a;
}
```

我们分别用递归法和非递归法实现了欧几里得算法，原理就是欧几里得的数学公式。

（3）保存工程并运行，运行结果如图 6-1 所示。

图 6-1

6.3.19　扩展欧几里得算法

1. 实现扩展欧几里得算法

为了介绍扩展欧几里得算法，我们先介绍贝祖定理（裴蜀定理）。

对于任意两个正整数 a、b，一定存在 x、y，使得 ax+by=gcd(a,b) 成立。

其中，gcd(a,b)表示 a 和 b 的最大公约数，x 和 y 可以为负数，注意 a 和 b 是正整数，最大公约数和最小公倍数是在自然数范围内讨论的。比如，假设 a=17、b=3120，它们的 gcd(17,3120)=1，则一定存在 x 和 y，使得 17x+3120y=1。由这条定理可以知道，如果 ax+by=m 有解，那么 m 一定是 gcd(a,b)的若干倍。如果 ax+by=1 有解，那么 gcd(a,b)=1。

值得注意的是，如果出现 ax-by=gcd(a,b)，应该先假设 y' = -y，使得算式变为 ax+by'=gcd(a,b)，

计算出 y′后再得到 y。

　　这里是重点，也是求 RSA 私钥的关键，务必重视。首先复习一下二元一次方程的定义。含有两个未知数，并且含有未知数的项的次数都是 1 的整式方程叫作二元一次方程。所有二元一次方程都可化为 ax+by+c=0（a、b≠0）的一般式与 ax+by=c（a、b≠0）的标准式，否则不为二元一次方程。

　　如何解二元一次方程呢？众所周知，解一个单一的二元一次方程是十分困难的。有人或许会想到枚举法（暴力出奇迹），但是这对于 CPU 来说是不人道的，因为时间复杂度很高，所以需要一种时间复杂度低的算法来解决这种困难。天资聪慧的欧几里得给我们指明了方向，即扩展的欧几里得算法。

　　观察上面的欧几里得算法的代码，当到达递归边界（b==0）的时候，gcd(a,b)=a，因此有 ax+0×y=a，从而得到 x=1，此时 x=1、y=0 可以是方程的一组解。注意，这时的 a 和 b 已经不是最开始的那个 a 和 b 了，所以如果想要求出 x 和 y 的解，就要回到最开始的模样。

　　欧几里得算法提供了一种快速计算最大公约数的方法，而扩展欧几里得算法不仅能够求出其最大公约数，而且能够求出 a、b 和其最大公约数构成的二元一次方程 ax+by=d 的两个整数解 x、y（这里 x 和 y 不一定为正整数）。

　　在欧几里得算法中，终止状态是 b == 0 时，这时其实就是 gcd(a,0)，我们想从这个最终状态反推出刚开始的状态。由欧几里得算法可知，gcd(a,b) = gcd(b,a mod b)，那么有如下表达式：

```
gcd(a,b) = a*x₁+b*y₁;                                                    （1）
gcd(b,a mod b) = b*x₂+(a mod b)*y₂ = b*x₂+(a – a/b*b)*y₂                  （2）
```

　　其中，(x_1,y_1) 和 (x_2,y_2) 是两组解（此处的 a/b 表示整除，例如 6/4 = 1，所以 a mod b=a % b=a−a/b*b）。

　　我们对式（2）进行化简，有：

```
gcd(b,a mod b) = b*x₂+(a – a/b*b)*y₂ = b*x₂ + a * y₂ – a/b*b*y₂ = a*y₂ + b*(x₂ – a/b*y₂)
```

　　与式（1）gcd(a,b) = a*x₁+b*y₁ 对比，容易得出：

```
x₁ = y₂;
y₁ = x₂ – a/b*y₂
```

　　根据上面的递归式和欧几里得算法的终止条件 b == 0，我们可以很容易地知道最终状态是 a * x₁ + 0 * y₁ = a，故 x₁=1。根据上述递推公式和最终状态，下面我们来实现这个过程。

　　【例 6.2】实现扩展欧几里得算法

　　（1）打开 VC 2017，新建一个控制面板工程 test。
　　（2）在 test.cpp 中输入代码如下：

```
#include "pch.h"
#include <stdio.h>
#include <math.h>
#include<iostream>

using namespace std;
```

```
int exgcd(unsigned int a,unsigned int b, int &x, int &y);

int main()
{
    int x, y;
    unsigned int a,b;
    int gcd;
    cout << "准备求解 ax+by=gcd(a,b)，\n 请输入两个数字 a,b(用空格隔开)：\n";
    cin >> a >> b;              //可以输入 596 或者 17 3120
    cout << "满足贝祖等式" << a << "*x + " << b << "*y = " << (gcd = exgcd(a, b, x, y)) << endl;
    cout << "最大公约数是： " << gcd << endl;
    cout << "其中一组解是： x = " << x << ", y = " << y << endl;

    system("pause");
    return 0;
}

int exgcd(unsigned int a, unsigned int b, int &x, int &y)
{
    if (0 == b)            //递归终止条件
    {
        x = 1;
        y = 0;
        return a;
    }
    int gcd = exgcd(b, a%b, x, y);         //递归求解最大公约数
    int temp = x;
    x = y;                                 //回溯表达式 1：x_1 = y_2
    y = temp - a / b * y;                  //回溯表达式 2：y_1 = x_1 −m/n * y_2
    return gcd;
}
```

函数 exgcd 实现了扩展欧几里得算法，能求出 ax+by=gcd(a,b)的一组解，并且返回 a 和 b 的最大公约数。

（3）保存工程并按 Ctrl+F5 键运行，运行结果如图 6-2 所示。

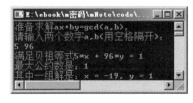

图 6-2

上述方程 a*x+b*y=gcd(a,b)，这个方程也被称为"贝祖等式"。它说明了对 a、b 和它们的最大公约数 gcd 组成的二元一次方程，一定存在整数 x 和 y（不一定为正）使得 a*x+b*y=gcd(a,b)成立。

从这里也可以得出一个重要推论：a 和 b 互质的充要条件是方程 ax+by = 1 必有整数解，

即 ax+by=1 有解的时候，该等式成立，则 gcd(a,b)=1，因此 a 和 b 互质。而 a 和 b 互质时，gcd(a,b)=1，则根据贝祖定理，一定存在 x 和 y，使得 ax+by=1 成立。

2. 求解 ax+by=gcd(a,b)

上面我们求出了 ax+by=gcd(a,b) 的一组解，下面继续探讨如何得出 ax+by=gcd(a,b) 的所有解。先说结论，设 (x_0, y_0) 是 a*x+b*y=gcd(a,b) 的一组解（通过上例的函数 exgcd 求得），则该方程的通解为：

$$x_1 = x_0 + kB$$
$$y_1 = y_0 - kA$$

其中，B=b/gcd(a,b)，A=a/gcd(a,b)，k 是任意的整数。

下面来看求解过程。设新的解为 x_0+s_1 和 y_0-s_2，则有：

$$a(x_0+s_1)+b(y_0-s_2)=ax_0+by_0$$
$$as_1 - bs_2 = 0$$
$$\frac{s_1}{s_2} = \frac{b}{a} = \frac{b/gcd(a,b)}{a/gcd(a,b)}$$

显然，B 和 A 是互质的（没有大于 1 的公约数），所以取：

$$s_1 = B*k$$
$$s_2 = A*k$$

因此，通解为 $x = x_0 + kB$，$y = y_0 - kA$。

那么问题又来了，方程中的 x 的最小非负整数解是什么呢？从通解 $x_1 = x_0 + kB$ 上看，应当是 $x_1 \% B = x_0 \% B$。但是由于在递归边界时，y 可以取任意值，所得的特解 x_0 可能为负，不能保证 $x_0 \% B$ 是非负的。如果 $x_0 \% B$ 是负数，那么其取值范围是 $(-B, 0)$，所以 x 的最小正整数解 x_{min} 为：

$$x_0\%B+B \qquad if\ x_0 < 0$$
$$x_0\%B \qquad if\ x_0 \geq 0$$

综合一下就是：$x_{min} = (x_0\%B+B)\%B$，对应的 $y_{min} = (g - a*x_{min})/b$。下面上机实现。

【例 6.3】求 a*x+b*y=gcd(a,b) 的最小正整数解和任意解

（1）打开 VC 2017，新建一个控制面板工程 test。

（2）在 test.cpp 中输入代码如下：

```
#include "pch.h"
#include <stdio.h>
#include <math.h>

#include<iostream>

using namespace std;
int exgcd(unsigned int a, unsigned int b, int &x, int &y);
int gcdmin(unsigned int a, unsigned int b);
void gcdany(unsigned int a, unsigned int b, int k, int &x, int &y);
```

```cpp
int main()
{
    int x, y,xmin,ymin,k,tmp;
    unsigned int a, b,gcd;
    cout << "准备求解 ax+by=gcd(a,b)，请输入两个正整数 a,b(用空格隔开)：\n";
    cin >> a >> b;          //可以输入 596 或 17 3120
    cout << "满足贝祖等式" << a << "*x + " << b << "*y = " << (gcd = exgcd(a, b, x, y)) << endl;
    cout << "最大公约数是：" << gcd << endl;
    cout << "其中一组解是：x = " << x << ", y = " << y << endl;

    xmin=gcdmin(a, b);
    tmp = (gcd - a * xmin);
    if (tmp < 0)
    {
        tmp = -tmp;
        ymin = tmp / b;
        ymin = -ymin;
    }
    else ymin = tmp / b;

    cout << "x 为最小正整数解是：x = " << xmin << ", y = " << ymin << endl;
    cout << "再求任意一组解，请输入一个整数 k 的值："; cin >> k;
    gcdany(a, b, k, x, y);
    cout << "对应 k 的一组解是：x = " << x << ", y = " << y << endl;


    system("pause");
    return 0;
}

int exgcd(unsigned int a, unsigned int b, int &x, int &y)
{
    if (0 == b)            //递归终止条件
    {
        x = 1;
        y = 0;
        return a;
    }
    int gcd = exgcd(b, a%b, x, y);          //递归求解最大公约数
    int temp = x;
    x = y;                                   //回溯表达式 1：x₁ = y₂
    y = temp - a / b * y;                    //回溯表达式 2：y₁ = x₁ - m/n * y₂
    return gcd;
}


int gcdmin(unsigned int a, unsigned int b)
{
    int x0, y0,x_min,B;
    int gcd = exgcd(a, b, x0, y0);
```

```
        B = b /gcd;

        if (x0 < 0)    x_min = x0 % B + B;
        else    x_min = x0 % B;

        return x_min;

}

void gcdany(unsigned int a, unsigned int b, int k, int &x, int &y)
{
        int x0, y0, B,A;
        int gcd = exgcd(a, b, x0, y0);

        B = b / gcd;
        A = a / gcd;

        x = x0 + k * B;
        y = y0 - k * A;
}
```

在代码中，函数 gcd_{min} 用来求方程 a*x+b*y=gcd(a,b)的最小正整数解，函数 gcd_{any} 用来求任意一组解。值得注意的是，计算 y_{min} 的时候有可能出现负数除法，要先化为正数后再除，最后取负数。

（3）保存工程并运行，运行结果如图 6-3 所示。

图 6-3

3. 求解 ax+by=c

现在来讨论一个更一般的方程：ax + by = c（a、b、c、x、y 都是整数）。这个方程想要有整数解，那么根据扩展欧几里得算法我们知道，c 一定是 gcd(a,b)的倍数，否则无解，而且可以有无穷多组整数解，即 ax+by=c 有解的充要条件是 c%gcd(a,b)==0。如果 ax+by=gcd(a,b) 有一组解为(x_0,y_0)，即：

$$ax_0+by_0=gcd(a,b)$$

两边同时乘以 $\dfrac{c}{gcd(a,b)}$：

$$a \frac{cx_0}{gcd(a,b)} + b \frac{cy_0}{gcd(a,b)} = c$$

所以 ($\frac{cx_0}{gcd(a,b)}$, $\frac{cy_0}{gcd(a,b)}$) 是 ax+by=c 的一个特解。同理可得：

$$a(x'+s_1)+b(y'-s_2)=c$$
$$ax'+by'=c$$
$$\frac{s_1}{s_2} = \frac{b}{a} = \frac{b/gcd(a,b)}{a/gcd(a,b)}$$

所以通解为：

$$x = x_0 * \frac{c}{gcd(a,b)} + \frac{b}{gcd(a,b)} * k$$
$$y = y_0 * \frac{c}{gcd(a,b)} - \frac{a}{gcd(a,b)} * k$$

其中，k 取整数即可。令 C=c/gcd(a,b)，B=b/gcd(a,b)，x 的最小正整数解 x_{min}=(x_0*C% B + B) % B，对应的 y_{min} = (c − a*x_{min})/ b。

【例 6.4】 求 ax+by=c 的最小正解和任意解

（1）打开 VC 2017，新建一个控制面板工程 test。

（2）在 test.cpp 中输入代码如下：

```
#include "pch.h"
#include <stdio.h>
#include <math.h>

#include<iostream>

using namespace std;
int exgcd(unsigned int a, unsigned int b, int &x, int &y);
int c_min(unsigned int a, unsigned int b, unsigned int c, int &xmin, int &ymin);
int c_any(unsigned int a, unsigned int b, unsigned int c, int k, int &x, int &y);
int main()
{
    int x, y, xmin, ymin, k;
    unsigned int a, b, c,gcd;
    cout << "准备求解 ax+by=c，请输入三个正整数 a,b,c(用空格隔开)：\n";//比如求 5 96 200
    cin >> a >> b>>c;
    cout << "满足贝祖等式" << a << "*x + " << b << "*y = " << (gcd = exgcd(a, b, x, y)) << endl;
    cout << "最大公约数是：" << gcd << endl;

    if(0==c_min(a, b,c,xmin,ymin))
        cout << "最小正整数解是：x = " << xmin << ", y = " << ymin << endl;
    else
    {
        cout << "本方程无解" << endl;
```

```cpp
            return -1;
    }

    cout << "再求任意一组解，请输入一个整数 k 的值： "; cin >> k;
    if (0 == c_any(a, b,c, k, x, y))
        cout << "对应 k 的一组解是： x = " << x << ", y = " << y << endl;
    else
        cout << "本方程无解" << endl;


    system("pause");
    return 0;
}

int exgcd(unsigned int a, unsigned int b, int &x, int &y)
{
    if (0 == b)                          //递归终止条件
    {
        x = 1;
        y = 0;
        return a;
    }
    int gcd = exgcd(b, a%b, x, y);       //递归求解最大公约数
    int temp = x;
    x = y;                               //回溯表达式 1： x₁ = y₂
    y = temp - a / b * y;                //回溯表达式 2： y₁ = x₁ - m/n * y₂
    return gcd;
}


int c_min(unsigned int a, unsigned int b, unsigned int c,int &xmin,int &ymin)
{
    int x0, y0, B,C, tmp;
    int gcd = exgcd(a, b, x0, y0);

    if (c % gcd != 0)                    //判断是否有解
        return -1;

    B = b / gcd;
    C = c / gcd;

    xmin = (x0*C % B + B)%B;

    tmp = (c - a * xmin);
    if (tmp < 0)
    {
        tmp = -tmp;
        ymin = tmp / b;
        ymin = -ymin;
    }
    else ymin = tmp / b;
```

```
        return 0;
    }

int c_any(unsigned int a, unsigned int b, unsigned int c,int k, int &x, int &y)
{
    int x0, y0, B, A,C;
    int gcd = exgcd(a, b, x0, y0);

    if (c % gcd != 0)                        //判断是否有解
        return -1;

    C = c / gcd;
    B = b / gcd;
    A = a / gcd;

    x = x0*C + k * B;
    y = y0*C - k * A;
    return 0;
}
```

在代码中，函数 c_min 用来求方程 a*x+b*y=c 的最小正整数解，函数 c_any 用来求任意一组解。值得注意的是，计算 y_{min} 的时候有可能出现负数除法，要先化为正数后再除，最后取负数。

（3）保存工程并运行，运行结果如图 6-4 所示。

图 6-4

6.4 RSA 算法描述

RSA 的理论基础是数论中的欧拉定理，它的安全性依赖于大数的因子分解，但并没有从理论上证明破译 RSA 的难度与大数分解难度等价。

RSA 算法的理论基础是一种特殊的可逆模指数运算。它的安全性是基于数论和计算复杂性理论中的下述论断：求两个大素数的乘积在计算上是容易的，但要分解两个大素数的积，求出它的素因子在计算上是困难的。大整数因子分解问题是数学上的著名难题，至今没有有效的方法予以解决，因此可以确保 RSA 算法的安全性。

下面给出 RSA 算法的描述。

（1）选择两个保密的大素数 p 和 q，实际实现时通常需要大素数，这样才能保证安全性，通常是随机生成大素数 p，直到 gcd(e,p-1)=1，再随机生成不同于 p 的大素数 q，直到 gcd(e,q-1)=1，e 就是第三步的公钥指数。

（2）计算 N=p×q，N 通常称为模值，模值的位长度就是密钥长度。RSA 密钥是（公钥+模值、私钥+模值）分组分发的，单独给对方一个公钥或私钥没有任何用处。所以我们说的"密钥"其实是它们两者中的其中一组，但是"密钥长度"一般只是指模值的位长度。目前主流的可选值有 1024、2048、3072、4096 等。

（3）选择一个整数 e（公钥指数，把 e 和 N 称为公钥，但有时不正规场合也直接把 e 简称公钥），使其满足 1<e<(p-1)×(q-1)，且 e 与(p-1)×(q-1)互质，即 e 不是(p-1)和(q-1)的因子。

（4）计算私钥 d，使其满足：(e×d)mod ((p-1)×(q-1))=1。

（5）加密时，先将明文数字化（编码），然后判断明文的十进制数大于 N（或明文位长大于 N 的位长，即密钥的长度），则首先要对明文进行分组（可以把明文转为二进制流，然后截取每组位数相等的明文块），使得每个明文分组对应的十进制数小于 N。比如，如果 N=209，要选择的分组大小可以是 7 个二进制位，因为 2^7=128，比 209 小，但 2^8 = 256 又大于 209。分组后，再对每个明文分组 M 进行加密运算：

C=M^e mod N

这个式子做了模幂运算，因为最后做了模运算，根据小学数学知识，密文的位数一定小于、等于 N 的位数。其中，C 为得到的密文，e 是公钥，公钥用于加密。要让别人能加密，必须把自己的公钥公布给对方，也就是必须公开 e 和 N，才能对明文 M 进行加密，所以 e 和 N 是公开的，人们也把(e,N)称为公钥。

（6）解密时，对每个密文分组做如下运算：

M=C^d mod N

也是一个模幂运算，其中，d 是私钥，用于解密。d 是不能公开的，自己要妥善保管好。

如果第三者进行窃听，他会得到这几个数：密文 C、公钥 e、N。他如果要解密的话，必须想办法得到 d，而 d 又满足(d×e)mod((p-1)×(q-1))=1，所以，他只要知道 p 和 q 就能计算出 d，虽然 N=pq，但对大素数 N（比如 2048 位）进行素因子分解却是非常困难的，这就是 RSA 的安全性所在。

值得注意的是，e 与 n 应公开，两个素数 p 和 q 不再需要，可销毁，但绝不可泄露。此外，RSA 是一种分组密码，其中的明文和密文都是对于某个 N（模数）从 0 到 N-1 之间的整数，一定要确保每次参与运算的明文分组所对应的十进制整数小于模数 N。

如果明文给出的是字符，那么第一步需将明文数字化，也就是对字符取对应的数字码，比如英文字母顺序表、ASCII 码、Base64 码等。然后对每一段明文进行模幂运算，得到密文段，最后把密文组合起来形成密文。

为了安全性，实际商用软件所使用的 RSA 算法，在运算时需要将数据填充至分组长度（与

RSA 密钥模长相等）。而且对于 RSA 加密来讲，填充（Padding）也是参与加密的。后面会详述，现在我们先不要管填充，先掌握其基本的运算。

6.5 RSA 算法实例

纸上得来终觉浅，绝知此事要躬行。前面讲了理论，但真正要掌握还是要自己实践操作一番。这里我们来看几个小例子，说它小，就是取的 p 和 q 都比较小，这样方便演示，实际运用 RSA 算法时都要取大素数作为 p 和 q。这些例子的描述中，大部分内容都一样，区别在于我们对私钥 d 的运算采用不同的方式，计算私钥 d 是实现 RSA 算法的关键步骤，这里采用查找法、简便法和扩展欧几里得法来实现。

6.5.1 查找法计算私钥 d

前面我们描述了 RSA 算法的原理，现在用实际数字来进行具体的运算。当然，为了便于理解算法的原理，数字都比较简单。

（1）选择两个大素数 p 和 q。

为了方便演示，我们选择两个小素数，这里假设 p=13、q=17。

（2）计算 N=p×q。

这里 N=13×17=221，写成二进制为 11011101，一共有 8 位二进制位，那么本例的密钥长度就是 8 位，即 N 的长度是 8。在实际应用中，RSA 密钥一般是 1024 位，重要场合则为 2048 位。

（3）选择一个整数 e（公钥）。

选择一个整数 e 作为公钥，使其满足 $1<e<(p-1)×(q-1)$，且 e 与 $(p-1)×(q-1)$ 互质，即 e 不是 $(p-1)$ 和 $(q-1)$ 的因子。计算 $(p-1)×(q-1)=(13-1)×(17-1)=12×16=192$，因为 $192=2×2×2×2×2×2×3$，所以 192 的因子是 2、2、2、2、2、2 和 3，由此可得 e 不能有因子 2 和 3。比如，不能选 4（2 是 4 的因子）、不能选 15（3 是 15 的因子）或 6（2 和 3 都是 6 的因子）。这里我们选 e=7，当然也可以选其他数值，只要所选的数值没有因子 2 和 3 即可。这样，公钥就是 $(7,221)$。

（4）计算私钥 d。

计算私钥 d，使其满足：$(d×e)\bmod((p-1)×(q-1))=1$。这里将 e、p 和 q 代入公式，得：$(d×5)\bmod((7-1)×(17-1))=1$。这里我们可以用查找（试探）法，让 d 从 1 开始递增，不停地测试是否满足上面的公式。最终可以得到私钥 d=55。

（5）加密时，对每个明文分组 M 做如下运算：

$C=M^e \bmod N$

其中，C 为得到的密文；e 是公钥指数，公钥用于加密。

这里假设要加密的明文为 20，20<N=221，所以不需要分组，则密文 C=20^7 mod 221 = 45，45 这个数字就是密文。

（6）解密时，对每个密文分组做如下运算：

M=C^d mod N

其中，d 是私钥，用于解密。

这里，C 是 45，d 是 55，N 是 221，因此得到明文 M=45^{55} mod 221 = 20，解密出来的结果和第（5）步中的原明文一致，说明加解密成功。

下面用小程序来实现以上加解密过程。

【例 6.5】RSA 加密单个数字

（1）打开 VC 2017，新建一个控制面板工程 test。

（2）在 test.cpp 中输入代码如下：

```cpp
#include "pch.h"
#include<iostream>
#include<cmath>
using namespace std;

void main()
{

    int p, q;

    cout << "输入 p、q （p、q 为质数，不支持过大）" << endl;
    cin >> p >> q;

    int n = p * q;
    int n1 = (p - 1) * (q - 1);
    int e;

    cout << "输入 e （e 与" << n1 << "互质） 且  1<e<" << n1 << endl;
    cin >> e;

    int d;
    for (d = 1;; d++)
    {
        if (d * e % n1 == 1)
            break;
    }

    cout << "{ " << e << "," << n << " }" << "为公钥" << endl;
    cout << "{ " << d << "," << n << " }" << "为私钥" << endl;

    int before;
    cout << "输入明文，且明文小于" << n << endl;
```

```
    cin >> before;

    cout << endl;
    int i;

    cout << "密文为" << endl;
    int after;
    after = before % n;
    for (i = 1; i < e; i++)    //实现 Mᵉ mod N 运算
    {
        after = (after * before) % n;
    }
    cout << after << endl;

    cout << "明文为" << endl;
    int real;
    real = after % n;
    for (i = 1; i < d; i++)      //实现 M=Cᵈ mod N 运算
    {
        real = (real * after) % n;
    }
    cout << real << endl;
}
```

以上代码过程和我们前面推演的步骤一致，可读性非常好。要注意的是模幂运算，公式虽然只有一行 M^e mod N，看似很简单，先做幂运算，再做模运算，但编程时却要变通一下，因为如果直接做 M^e 运算，那么中间结果会很大，导致无法存储，尤其是数据大的时候。我们可以利用 mod 的分配律：

(a×b) mod c=(a mod c * b mod c) mod c

把 M^e mod N 拆开来运算，M^e mod N=(M*M*⋯*M)mod N=(M mod N * M mod N*⋯*M mod N) mod N，从而可以使用 for 循环。

另外，我们实现这个算法使用了 int 类型，最大值为 21 亿。可能出现的最大值是 n*n，所以 n 要小于根号 21 亿，大致是 45000。

（3）保存工程并运行，运行结果如图 6-5 所示。

图 6-5

258

6.5.2　简便法计算私钥 d

前面我们描述了 RSA 算法的原理，也用查找法计算了私钥 d，现在用简便法来计算 d。当然，为了便于理解算法的原理，数字都比较简单。简便法是手工方式推算 d 的一个不错的方法。

（1）选择两个大素数 p 和 q。

为了方便演示，我们选择两个小素数，这里假设 p=7、q=17。

（2）计算 N=p×q。

这里 N=7×17=119，写成二进制为 1110111，一共有 7 位二进制位，那么本例的密钥长度就是 7 位，即 N 的长度是 7。在实际应用中，RSA 密钥一般是 1024 位，重要场合则为 2048 位。

（3）选择一个整数 e（公钥）。

选择一个整数 e 作为公钥，使其满足 1<e<(p-1)×(q-1)，且 e 与(p-1)×(q-1)互质，即 e 不是(p-1)和(q-1)的因子。计算(p-1)×(q-1)=(7-1)×(17-1)=6×16=96，因为 96=2×2×2×2×2×3，所以 96 的因子是 2、2、2、2 和 3，由此可得 e 不能有因子 2 和 3。比如，不能选 4（2 是 4 的因子）、不能选 15（3 是 15 的因子）或 6（2 和 3 都是 6 的因子）。这里我们选 e=5，当然也可以选其他数值，只要所选的数值没有因子 2 和 3 即可。

（4）计算私钥 d。

计算私钥 d，使其满足：(d×e)mod ((p-1)×(q-1))=1。这里将 e、p 和 q 代入公式，得：(d×5) mod ((7-1)×(17-1))=1，即(d×5) mod (6×16)=1，即(d×5) mod 96 =1。

d 的取值可用扩展欧几里得算法求出。然而，手工用此方法求 d 有些麻烦。笔者有一个简易的办法可以快速求出大部分的 d 值。

利用 e×d mod ((p-1)×(q-1))=1，我们可以知道：e×d=((p-1×(q-1))的倍数+1。所以只要使用((p-1)×(q-1))的倍数+1 除以 e，能整除时，商便是 d 值。这个倍数如何求呢？可以用试探法从 1 开始测试，如表 6-1 所示。

表 6-1　用试探法从 1 开始测试

倍　　数	((p-1)×(q-1))的倍数+1	能否整除 e（本例 e=5）
1	96×1+1=97	97 无法整除 5
2	96×2+1=193	193 无法整除 5
3	96×3+1=289	289 无法整除 5
4	96×4+1=385	385 可以整除 5，得 77

我们试算到倍数为 4 的时候，就可以得到 d=77 了。使用试探法比扩展欧几里得算法快得多，但不是正规解法，偶尔用用就行。至此，我们把私钥 d 计算出来了。公私钥都到位后，就可以开始加解密了。

（5）加密时，对每个明文分组 M 做如下运算：

$C=M^e \bmod N$

其中，C 为得到的密文，e 是公钥（或称公钥指数），公钥用于加密。

这里假设要加密的明文为 10，则 C=10^5 mod 119 = 40，40 这个数字就是密文。

（6）解密时，对每个密文分组做如下运算：

M=C^d mod N

其中，d 是私钥，用于解密。

这里，C 是 40，d 是 77，N 是 119，因此得到明文 M=40^{77} mod 119 = 10，解密出来的结果和第（5）步中假设的明文一致，说明加解密成功。

最后，我们再来演示一下简便法计算 d。假设 p=43、q=59，则 N=pq=34×59=2537，(p−1)×(q−1)=42×58=2436。选 e=13（13 不是 42 和 58 的因子），我们知道 d 满足 e×d mod ((p−1)×(q−1))=1，用试探法来计算 d，如表 6-2 所示。

表 6-2　用试探法来计算 d

倍　　数	((p−1)×(q−1))的倍数+1	能否整除 e（本例 e=13）
1	2436×1+1=2437	2437 无法整除 13
2	2436×2+1=4873	4873 无法整除 13
3	2436×3+1=7309	7309 无法整除 13
4	2436×4+1=9745	9745 无法整除 13
5	2436×5+1=12181	12181 可以整除 13，得 937

得到 d=937。

6.5.3　扩展欧几里得算法计算私钥 d

扩展欧几里得算法计算私钥 d 是专业的做法，该算法我们前面讲解数学基础知识的时候实现过了，直接调用即可。实际上，我们用到的是求二元一次方程的最小正整数解的函数 c_min，该函数在例 6.4 中有代码实现。

（1）选择两个大素数 p 和 q。

为了方便演示，我们选择两个小素数，这里假设 p=7、q=17。

（2）计算 N=p×q。

这里 N=7×17=119，写成二进制为 1110111，一共有 7 位二进制位，那么本例的密钥长度就是 7 位。在实际应用中，RSA 密钥一般是 1024 位，重要场合则为 2048 位。

（3）选择一个整数 e（公钥）。

选择一个整数 e 作为公钥，使其满足 1<e<(p−1)×(q−1)，且 e 与(p−1)×(q−1)互质，即 e 不是(p−1)和(q−1)的因子。计算(p−1)×(q−1)=(7−1)×(17−1)=6×16=96，因为 96=2×2×2×2×2×3，所以 96 的因子是 2、2、2、2、2 和 3，由此可得 e 不能有因子 2 和 3。比如，不能选 4（2 是 4 的因子）、不能选 15（3 是 15 的因子）或 6（2 和 3 都是 6 的因子）。这里我们选 e=5，当然也可以选其他数值，只要所选的数值没有因子 2 和 3 即可。

（4）计算私钥 d。

计算私钥 d，使其满足：$(d \times e) \bmod ((p-1) \times (q-1)) = 1$。这里将 e、p 和 q 代入公式，得：$(d \times 5) \bmod ((7-1) \times (17-1)) = 1$，即：$(d \times 5) \bmod (6 \times 16) = 1$，即 $(d \times 5) \bmod 96 = 1$。

下面我们用扩展欧几里得算法计算 d。我们设商为 k，则 $(d \times 5) \bmod 96 = 1$ 可以化为：$5d - 96k = 1$。原理是，学过小学数学的朋友都知道：商×除数＋余数=被除数。现在，被除数等于 5d，除数等于 96，余数等于 1，我们设商为 k，那么就有：$96k + 1 = 5d$，即 $5d - 96k = 1$。我们令 $y = -k$，则方程可以转为 $5d + 96y = 1$，这不就是一个二元一次方程吗？这里的 d 取满足该方程的最小正整数解即可，我们可以用扩展欧几里得算法来计算（前面例子的代码已经给出）。此时，可以把 5、96 和 1 分别作为 a、b 和 c 代入例 6.4 的函数 c_min 中，得到 d=77。至此，我们把私钥 d 计算出来了。公私钥都到位后，就可以开始加解密了。

（5）加密时，对每个明文分组 M 做如下运算：

$C = M^e \bmod N$

其中，C 为得到的密文，e 是公钥，公钥用于加密。

这里假设要加密的明文为 10，则 $C = 10^5 \bmod 119 = 40$，40 这个数字就是密文。

（6）解密时，对每个密文分组做如下运算：

$M = C^d \bmod N$

其中，d 是私钥，用于解密。

这里，C 是 40，d 是 77，N 是 119，因此得到明文 $M = 40^{77} \bmod 119 = 10$，解密出来的结果和第（5）步中假设的明文一致，说明加解密成功。

6.5.4　加密字母

前面我们假设的明文是数字 10，所以参加解密运算非常自然，代入公式即可。那如果明文是字母 F 呢？不用怕，对字母进行数字化编码，即可参加运算。编码的方法有多种，比如英文字母顺序表、ASCII 码、Base64 码等。下面对明文（字母 F）进行加解密，编码方式按照英文字母顺序表。假设公钥是(6,119)，私钥 d=77，发送方需要对字母 F 进行加密后发送给接收方，发送方手头有公钥(5,119)和明文 F，加密步骤如下：

（1）按照英文字母顺序（A:1,B:2,C:3,D:4,E:5,F:6,…,Z:26），可把 F 编码为 6。

（2）根据 $C = M^e \bmod N$，求得密文 $C = 6^5 \bmod 119 = 41$，因此密文是 41，这个密文就可以发送给对方了。

对方收到密文后，需要解密，解密步骤如下：

（1）根据 $M = C^d \bmod N$，求得明文 $M = 41^{77} \bmod 119 = 6$。

（2）查找字母顺序表，把 6 译码为 F，这就是初始明文。

6.5.5 分组加密字符串

前面的例子加密的是单个数字或字母，现在我们开始加密一个字符串。假设明文为一个字符串"helloworld123"，然后开始加密，加密步骤如下：

（1）选择两个保密的大素数 p 和 q，这里选择 p=13、q=23。

（2）计算 N=p×q，其中 N 的长度就是密钥长度，则 N=13×23=299。

（3）选择一个整数 e，这里选择 e=5，则公钥为(5,299)。

（4）计算私钥 d，使其满足：(e×d)mod ((p-1)×(q-1))=1，即要满足 5d mod((13-1)*(23-1))=5d mod 264=1。利用小学知识，可以转为二元一次方程 5d-264k=1，令 y=-k，方程变为 5d+264y=1.我们利用例子 6.4 的 c_min 函数，把 a=5、b=264 和 c=1 代入函数，求得最小正整数解作为私钥：d=53。

（5）加密时，先将明文数字化（编码），然后判断明文的十进制数是否大于 N，如果大于 N，就要对明文进行分组，使得每个分组对应的十进制数小于 N，然后对每个明文分组，进行模幂运算。

我们首先要对明文编码，明文为 helloworld123，这里按照 ASCII 码表来进行编码，就是取每个字符的 ASCII 码值，这个值最大是 127，小于 N（299），因此我们可以把单个字符作为一组明文，进行模幂运算，如果是两个字符，那么合在一起的数值可能会大于 299，比如'h'和'e'，它们的值合在一起就是 104101，大于 299 了，所以两个字符一组是不行的。编码很简单，查每个字符的 ASCII 码值即可。接着将每个 ASCII 码值投入模幂运算。比如'h'的 ASCII 码值为 104，我们计算 104^5 mod 299=12166529024 mod 299=156，其他字符类似，最终得到完整密文：156 238 75 75 11 58 11 160 75 16 82 150 181。

（6）解密也一样，一字节一组，对每个密文值进行解密的模幂运算。

接下来上机实现上述过程。

【例 6.6】RSA 分组加密字符串

（1）打开 VC 2017，新建一个控制面板工程 test。

（2）在 test.cpp 中输入代码如下：

```cpp
#include "pch.h"
#include <iostream>
#include <stdlib.h>
#include <time.h>
#include <stdio.h>
using namespace std;
inline int gcd(int a, int b) {
    int t;
    while (b) {
        t = a;
        a = b;
        b = t % b;
    }
```

```
            return a;
    }
    bool prime_w(int a, int b) {
        if (gcd(a, b) == 1)
            return true;
        else
            return false;
    }
    inline int mod_inverse(int a, int r) {
        int b = 1;
        while (((a*b) % r) != 1) {
            b++;
            if (b < 0) {
                printf("error ,function can't find b ,and now b is negative number");
                return -1;
            }
        }
        return b;
    }
    inline bool prime(int i) {
        if (i <= 1)
            return false;
        for (int j = 2; j < i; j++) {
            if (i%j == 0)return false;
        }
        return true;
    }
    void secret_key(int* p, int *q) {
        int s = time(0);
        srand(s);
        do {
            *p = rand() % 50 + 1;
        } while (!prime(*p));
        do {
            *q = rand() % 50 + 1;
        } while (p == q || !prime(*q));
    }
    int getRand_e(int r) {
        int e = 2;
        while (e<1 || e>r || !prime_w(e, r)) {
            e++;
            if (e < 0) {
                printf("error ,function can't find e ,and now e is negative number");
                return -1;
            }
        }
        return e;
    }
    int rsa(int a, int b, int c) {
        int aa = a, r = 1;
        b = b + 1;
```

```
        while (b != 1) {          //运用模运算的分配律
            r = r * aa;
            r = r % c;
            b--;
        }
        return r;
    }
    int getlen(char *str) {
        int i = 0;
        while (str[i] != '\0') {
            i++;
            if (i < 0)return -1;
        }
        return i;
    }
    int main(int argc, char** argv) {
        FILE *fp;
        fp = fopen("prime.dat", "w");
        for (int i = 2; i <= 65535; i++)
            if (prime(i))
                fprintf(fp, "%d ", i);
        fclose(fp);
        int p, q, N, r, e, d;
        p = 0, q = 0, N = 0, e = 0, d = 0;
        secret_key(&p, &q);
        N = p * q;                //计算模数
        r = (p - 1)*(q - 1);      //计算欧拉函数值
        e = getRand_e(r);         //随机获取公钥指数
        d = mod_inverse(e, r);    //计算私钥
        cout << "N:" << N << '\n' << "p:" << p << '\n' << "q:" << q << '\n' << "r:" << r << '\n' << "e:" << e << '\n'
<< "d:" << d << '\n';            //打印各个参数
        char mingwen, jiemi;
        int miwen;
        char mingwenStr[1024], jiemiStr[1024];
        int mingwenStrlen;
        int *miwenBuff;
        cout << "\n\n 输入明文：";
        cin>>mingwenStr;          //用户输入字符串作为明文
        mingwenStrlen = getlen(mingwenStr);
        miwenBuff = (int*)malloc(sizeof(int)*mingwenStrlen);
        for (int i = 0; i < mingwenStrlen; i++) {
            miwenBuff[i] = rsa((int)mingwenStr[i], e, N);    //对每个字符进行加密的模幂运算
        }
        for (int i = 0; i < mingwenStrlen; i++) {
            jiemiStr[i] = rsa(miwenBuff[i], d, N);            //对每个字符进行解密的模幂运算
        }
        jiemiStr[mingwenStrlen] = '\0';
        cout << "明文：" << mingwenStr << '\n' << "明文长度：" << mingwenStrlen << '\n';   //输出结果
        cout << "密文：";
        for (int i = 0; i < mingwenStrlen; i++)
            cout << miwenBuff[i] << " ";
```

```
    cout << '\n';
    cout << "解密: " << jiemiStr << '\n';
    system("pause");
    return 0;
}
```

在代码中，首先把小于 65535 的素数全部存放在文件 prime.dat 中，其部分内容如图 6-6 所示。

图 6-6

然后用随机数的方式来生成 p 和 q，所用的函数是 secret_key。要注意的是，如果 p 和 q 过小，导致 N 是小于 127 的某个值，那可能某些字符的 ASCII 码大于 N，这样就无法正确加密了，这个例子也是为了让大家体会明文分组（本例是一个字符是一组明文）必须小于 N。接着，程序随机计算了公钥指数 e，再计算私钥 d，然后让用户输入一段字符串作为明文，等到所有参数都准备好后，就开始调用 rsa 函数进行加密的模幂运算，该函数以每个字符作为一个明文分组参与模幂运算，字符的编码采用该字符的 ASCII 码。加密完成后，同样再解密。

另外值得注意的是，在 rsa 函数中，依然用了模运算的分配律来计算模幂运算，和上例一样。

（3）保存工程并运行，运行结果如图 6-7 所示。

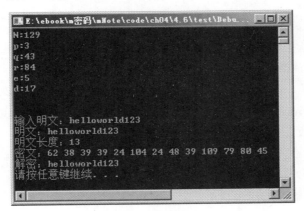

图 6-7

运气比较好，N 大于 129。每个 ASCII 字符都可以进行加解密了。

6.6 熟悉 PKCS#1

前面我们讲的是 RSA 基本的原理和简单的实现。现在要慢慢向商用环境进军了。在实际使用之前，同样要了解一些商用环境中使用 RSA 相关的背景知识，尤其是相关标准协议。标准协议能告诉我们该如何规范地用某个算法。

首先要知道，商用环境所使用的 RSA 算法都是遵循标准规范的，这个标准规范就是 PKCS#1。那么什么是 PKCS 呢？公钥密码学标准（The Public-Key Cryptography Standards，PKCS）是由美国 RSA 数据安全公司及其合作伙伴制定的一组公钥密码学标准，其中包括证书申请、证书更新、证书作废表发布、扩展证书内容以及数字签名、数字信封的格式等方面的一系列相关协议。已经发布的标准有 PKCS #1、#3、#5、#7、#8、#9、#10、#11、#12、#15，PKCS #13、#14 正在开发中。以下是各个系列的公钥加密标准（PKCS）：

- PKCS #1：RSA 密码编译标准，定义 RSA 算法的数理基础、公/私钥格式，以及加/解密、签/验章的流程加密和签名机制，主要用于 PKCS#7 中所描述的数字签名和数字信封。

- PKCS #2：已经撤销。

- PKCS #3：DH 密钥协议标准，定义了 Diffie-Hellman 密钥协商协议。

- PKCS #4：已经撤销。

- PKCS #5：密码基植加密标准，描述了一种通过从密码衍生出密钥来加密字符串的方法。

- PKCS #6：证书扩展语法标准，将原本 X.509 的证书格式标准加以扩充。

- PKCS #7：密码消息语法标准，为信息定义了大体语法，包括加密增强功能产生的信息，如数字签名和加密。

- PKCS #8：私钥消息表示标准，描述了私钥信息的格式，这个信息包括某些公钥算法的私钥和一些可选的属性。

- PKCS #9：选择属性格式，定义了在其他的 PKCS 标准中可使用的选定的属性类型。

- PKCS #10：证书申请标准，描述了认证请求的语法。

- PKCS #11：密码设备标准接口，为加密设备定义了一个技术独立（Technology-Independent）的编程接口，称之为 Cryptoki，比如智能卡、PCMCIA 卡这种加密设备。

- PKCS #12：个人消息交换标准，定义了包含私钥与公钥证书的文件格式。私钥采用密码保护。常见的 PFX 就履行了 PKCS #12。

- PKCS #13：椭圆曲线密码学标准，目的是为了定义使用椭圆曲线加密和签名数据加密机制。

- PKCS #14：拟随机数产生器标准，涵盖伪随机数生成。

- PKCS #15：密码设备消息格式标准，是 PKCS #11 的补充，给出了一个存储在加密令牌上的加密证书的格式的标准。

RSA 实验室的意图就是要时不时地修改 PKCS 文档以跟得上密码学和数据安全领域的新发展。

建议大家在网上下载一份 PKCS#1v2.1 RSA 密码学规范，工作中使用 RSA 的时候方便随时查询相关知识。限于篇幅，不可能把规范全部叙述一遍。规范的理解需要在工作实践中去学。这里挑选一些重点知识进行阐述。

6.6.1　PKCS#1 填充

跟 DES、AES 一样，RSA 也是一个块加密算法，总是在一个固定长度的块上进行操作。但跟 AES 等不同的是，块长度（分组长度）是跟密钥长度有关的。在实际使用中，每次 RSA 加密的实际明文的长度是受 RSA 填充模式限制的，但是 RSA 每次参与运算的加密的块（填充后的块）的长度就是密钥长度。

填充模式多种多样，RSA 默认采用的是 PKCS#1 填充方式。RSA 加密时，需要将原文填充至密钥大小，填充的格式为：EB = 00 + BT + PS + 00 + D。各字段说明如下：

- EB：转化后十六进制表示的数据块，这个数据块所对应的整数会参与模幂运算。比如密钥为 1024 位的情况下，EB 的长度为 128 字节（要填充到与密码长度一样）。
- 00：开头固定为 00。
- BT：处理模式。公钥操作时为 02，私钥操作时为 00 或 01。
- PS：填充字节，填充数量为 k-3-len(D)，k 表示密钥的字节长度，比如我们用 1024 比特的 RSA 密钥，这个长度就是 1024/8=128。len(D)表示明文的字节长度，PS 的最小长度为 8 字节。填充的值根据 BT 值的不同而不同：BT=00 时，填充全是 00；BT=01 时，填充全是 FF；BT =02 时，随机填充，但不能为 00。
- 00：在源数据 D 前一个字节用 00 表示。
- D：实际源数据。

对于 BT 为 00 的，数据 D 中的数据就不能以 00 字节开头，要不然会有歧义，因为这时候 PS 填充的也是 00，就分不清哪些是填充数据，哪些是明文数据了。但如果明文数据就是以 00 字节开头，怎么办呢？对于私钥操作，可以把 BT 的值设为 01，这时 PS 填充的是 FF，那么用 00 字节就可以区分填充数据和明文数据。对于公钥的操作，填充的都是非 00 字节，也能够用 00 字节区分开。如果你使用私钥加密，建议 BT 使用 01，以保证安全性。

对于 BT 为 02 和 01 的，PS 至少要有 8 字节长（这是 RSA 操作的一种安全措施）。BT 为 02 肯定是公钥加密，BT 为 01 肯定是私钥加密，要保证 PS 有 8 字节长，因为 EB=00+BT+PS+00+D，设密钥长度是 k 字节，则 D 的长度≤k-11，所以当我们使用 128 字节密钥（1024 位密钥）对数据进行加密时，明文数据的长度不能超过 128-11=117 字节。当 RSA 要加密数据大于 k-11 字节时怎么办呢？把明文数据按照 D 的最大长度分块，然后逐块加密，最后把密文拼起来就行。

1. 自己实现 PKCS#1 加密填充

下面我们来看一个公钥加密的填充例子。因为加密肯定用到的是公钥，所以 BT=02。

【例 6.7】公钥加密时的 PKCS#1 填充

（1）打开 VC 2017，新建一个控制面板工程 test。

（2）在 test.cpp 中输入代码如下：

```cpp
#include "pch.h"
#include <iostream>
#include <stdlib.h>
#include <time.h>

int rsaEncDataPaddingPkcs1(unsigned char *in, int ilen, unsigned char *eb, int olen)
{
    int i;
    unsigned char byteRand;

    if (ilen > (olen - 11))
        return -1;
    srand(time(NULL));


    eb[0] = 0x0;
    eb[1] = 0x2;    //加密用的是公钥

    for (i = 2; i < (olen - ilen - 1); i++)
    {
        do
        {
            byteRand = rand();
        } while (byteRand == 0);        //BT = 02 时，随机填充，但不能为 00

        eb[i] = byteRand;
    }

    eb[i++] = 0x0;                  //明文前是 00
    memcpy(eb + i, in, ilen);           //实际明文

    return 0;
}

void PrintBuf(unsigned char* buf, int len)              //打印字节缓冲区函数
{
    int i;

    for (i = 0; i < len; i++) {
        printf("%02x ", (unsigned char)buf[i]);
        if (i % 16 == 15)
                putchar('\n');
```

```
    }
        putchar('\n');
}


int main()
{
    int i, lenN = 1024 / 8;
    //根据 1024 位的密钥长度来分配空间
    unsigned char *pRsaPaddingBuf =(unsigned char*) new      char[lenN];
    unsigned char plain[] = "abc";
    int ret = rsaEncDataPaddingPkcs1(plain, sizeof(plain), pRsaPaddingBuf, lenN);
    if (ret != 0)
        std::cout << "rsaEncDataPaddingPkcs1 failed:" << ret;

    PrintBuf(pRsaPaddingBuf, lenN);
}
```

我们定义了加密时的明文填充函数 rsaEncDataPaddingPkcs1，填充规则完全按照 PKCS#1 进行，即前面的 EB = 00 + BT + PS + 00 + D，相信一目了然。在 main 函数中，先根据密钥长度 1024 来分配一个填充后所需要的缓冲区，并假设明文是 abc，然后就可以调用填充函数了。填充完毕后，调用函数 PrintBuf 来打印 pRsaPaddingBuf 所指的缓冲区内容。这个填充函数读者可以直接在工作中使用，毕竟它久经沙场，也算是笔者送给读者的小礼物。

（3）保存工程并运行，运行结果如图 6-8 所示。

图 6-8

大家想想，开头固定为 00 有什么好处？可以确保填充后的数据块所对应的数值小于 N。

2. OpenSSL 中的 RSA 填充

如果使用 OpenSSL 进行 RSA 加解密，填充函数自然帮我们准备好了，而且源码开放。路径位于：C:\openssl-1.0.2m\crypto\rsa\ rsa_pk1.c，该文件中的 RSA_padding_add_PKCS1_type_1 函数用于私钥加密填充，标志：0x01，填充：0xFF，源码如下：

```
int RSA_padding_add_PKCS1_type_1(unsigned char *to, int tlen,
                                 const unsigned char *from, int flen)
{
    int j;
    unsigned char *p;
```

```
        if (flen > (tlen - RSA_PKCS1_PADDING_SIZE)) {
            RSAerr(RSA_F_RSA_PADDING_ADD_PKCS1_TYPE_1,
                    RSA_R_DATA_TOO_LARGE_FOR_KEY_SIZE);
            return (0);
        }

        p = (unsigned char *)to;

        *(p++) = 0;
        *(p++) = 1;                     /* 私钥 BT（块型）*/

        /* 用 0xff 数据填充 */
        j = tlen - 3 - flen;
        memset(p, 0xff, j);
        p += j;
        *(p++) = '\0';
        memcpy(p, from, (unsigned int)flen);
        return (1);
}
```

函数 RSA_padding_add_PKCS1_type_2 用于公钥加密填充，标志：0x02，填充：非零随机数，源码如下：

```
int RSA_padding_add_PKCS1_type_2(unsigned char *to, int tlen,
                                 const unsigned char *from, int flen)
{
    int i, j;
    unsigned char *p;
    // 填充条件：数据长度必须小于模数长度-11 字节
    if (flen > (tlen - 11)) {
        RSAerr(RSA_F_RSA_PADDING_ADD_PKCS1_TYPE_2,
                RSA_R_DATA_TOO_LARGE_FOR_KEY_SIZE);
        return (0);
    }

    p = (unsigned char *)to;

    *(p++) = 0;
    *(p++) = 2;                     /*公钥 BT（块型）*/

    /* 用非零随机数填充 */
    j = tlen - 3 - flen;

    if (RAND_bytes(p, j) <= 0)
        return (0);
    for (i = 0; i < j; i++) {
        if (*p == '\0')
            do {
                if (RAND_bytes(p, 1) <= 0)
                    return (0);
```

```
            } while (*p == '\0');
        p++;
    }

    *(p++) = '\0';

    memcpy(p, from, (unsigned int)flen);
    return (1);
}
```

6.6.2　PKCS#1 中的 RSA 私钥语法

在 PKCS#1 中，RSA 私钥 DER 结构语法如下：

```
RSAPrivateKey ::= SEQUENCE {
version Version,                    //版本
modulus INTEGER,                    // RSA 合数模 n
publicExponent INTEGER,             //RSA 公开幂 e
privateExponent INTEGER,            //RSA 私有幂 d
prime1 INTEGER,                     //n 的素数因子 p
prime2 INTEGER,                     //n 的素数因子 q
exponent1 INTEGER,                  //值 d mod (p-1)
exponent2 INTEGER,                  //值 d mod (q-1)
coefficient INTEGER,                //CRT 系数 (inverse of q) mod p
otherPrimeInfos OtherPrimeInfos OPTIONAL
}
```

OtherPrimeInfos 按顺序包含其他素数 r3,…, ru 的信息。如果 Version 是 0，它应该被忽略；如果 Version 是 1，它应该至少包含 OtherPrimeInfo 的一个实例。

```
OtherPrimeInfos ::= SEQUENCE SIZE(1..MAX) OF OtherPrimeInfo
OtherPrimeInfo ::= SEQUENCE {
prime INTEGER,          //ri - n 的一个素数因子 ri，其中 i≥3
exponent INTEGER,
coefficient INTEGER   //ti - CRT 系数 ti = (r1 · r2 · … · ri - 1) - 1 mod ri
}
```

RSAPrivateKey 和 OtherPrimeInfo 各域的意义如注释所示。

商用的 RSA 密钥通常有两种格式，一种为 PKCS#1，另一种为 PKCS#8。在 OpenSSL 中，通过命令生成公私钥都是 Base64 编码的，通过 PEM 文件的内容可以进行区分。PKCS#1 首尾分别为：

```
# 公钥
-----BEGIN RSA PUBLIC KEY-----
-----END RSA PUBLIC KEY-----
# 私钥
-----BEGIN RSA PRIVATE KEY-----
-----END RSA PRIVATE KEY-----
```

另一种为 PKCS#8，首位分别为：

```
# 公钥
-----BEGIN PUBLIC KEY-----
-----END PUBLIC KEY-----
# 私钥
-----BEGIN PRIVATE KEY-----
-----END PRIVATE KEY-----
```

OpenSSL 工具生成的公私钥均为 PKCS#1 格式，而接口请求数据加密用的 RSA 库使用的格式为 PKCS#8 格式，于是 PKCS#1 格式的公私钥与 PKCS#8 格式的公私钥的转换成为必须解决的问题，但不用担心，OpenSSL 提供了转换命令。

6.7 在 OpenSSL 命令中使用 RSA

6.7.1 生成 RSA 公私钥

下面我们上机，先生成 1024 位的 RSA 私钥，再转为 PKCS#8 格式。

打开操作系统的命令行窗口，输入 cd 进入 D:\openssl-1.1.1b\win32-debug\bin\，然后输入 openssl.exe，并按回车键开始运行。

我们输入生成私钥的命令：

```
genrsa -out rsa_private_key.pem 1024
```

其中，genrsa 生成密钥的命令，-out 表示输出到文件，rsa_private_key.pem 表示存放私钥的文件名，1024 表示密钥长度。稍等片刻生成完成，如图 6-9 所示。

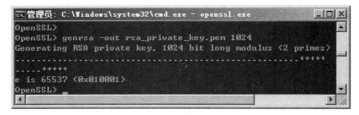

图 6-9

此时，会在同目录 D:\openssl-1.1.1b\win32-debug\bin\下生成一个文件 rsa_private_key.pem，它里面就是私钥内容，并且是 Base64 编码的。内容如下：

```
-----BEGIN RSA PRIVATE KEY-----
MIICXAIBAAKBgQCzdq65Nr5HVuwQasrVA1EsDB2aOTwfWZ/da43ftS5rmJHA6YVN
U5hb9ueQofhSTWj8CRDaWFrZwqjXFDrJv/2bXqSPK/gCgA4vNEjTVF56ccASd4Q+
HHtEsbJYMv5uvqhSrU7VB9SkLW1Fa80hXjJ5TUkOoOxyCeYLjFkarSwezwIDAQAB
AoGAVXpO6FrhsHr/PyaOa30D+ZXft6hRMaFvmnfzAD182bS2n4raeiU56Xuleecb
rp++RGVRCJ6Szyt/Xcn94kA22y/7vLHRTrLfw32nDe4d7C0OC+P67y1RzFUUDglk
qhWn3kPWsmglmzql+WLnaspa88gGce2L8o35Ln1WaLWKbskCQQDprh/gsofr91KW
iPoyc9Z6rP7fN70LyRaWiTXOB8iC893qo5yzU0n/tkv7Px3MqivOcGgwg8XUL+nP
```

oTDhBJerAkEAxJrfA6RpWKbKIrHA9lH9SunVToOjsl2+WXyMM9Dz6YeH2NQoiTCI
4dokCaGohVKup7YAIrIKJ7CI52G+N3+hbQJADEmBl5kLmJa6mvu83CZHItAx3p7Z
q+L48xVn5Nt36ZrVEl9j//HjNDTrrdxVvss73nD+qX5kSpHyY16AaXSKXQJBALIJ
GNkAgpFQAI3ob7ffSUMUeyAtXwh/kYcRnRizKJ2aKK92d/q748i6NJYwOR36YMTo
sDi7By0n1OHLBmjVgAUCQCJL9IpV69Ra9aYa4ojxDXWAR8wtOw5R0axfrdOqXRbm
twXoAR11BkUGmaOggc6OOLbar9f+lkglwZgxT3WEJOc=
-----END RSA PRIVATE KEY-----

如果要把该文件转换为 PKCS#8 格式的，可以输入命令：

pkcs8 -topk8 -inform PEM -in rsa_private_key.pem -outform pem -nocrypt -out rsa_private_pkcs8.pem

其中，rsa_private_key.pem 文件是上一步生成的密钥文件，必须存在，否则会报错。该命令执行后，会在同目录下生成另一个文件 rsa_private_pkcs8.pem，其内容如下：

-----BEGIN PRIVATE KEY-----
MIICdgIBADANBgkqhkiG9w0BAQEFAASCAmAwggJcAgEAAoGBALN2rrk2vkdW7BBq
ytUDUSwMHZo5PB9Zn91rjd+1LmuYkcDphU1TmFv255Ch+FJNaPwJENpYWtnCqNcU
Osm//ZtepI8r+AKADi80SNNUXnpxwBJ3hD4ce0Sxslgy/m6+qFKtTtUH1KQtbUVr
zSFeMnlNSQ6g7HIJ5guMWRqtLB7PAgMBAAECgYBVek7oWuGwev8/Jo5rfQP5ld+3
qFExoW+ad/MAPXzZtLafitp6JTnpe6V55xuun75EZVEInpLPK39dyf3iQDbbL/u8
sdFOst/DfacN7h3sLQ4L4/rvLVHMVRQOCWSqFafeQ9ayaCWbOqX5YudqylrzyAZx
7Yvyjfkuf VZotYpuyQJBAOmuH+Cyh+v3Upal+jJz1nqs/t83vQvJFpaJNc4HyILz
3eqjnLNTSf+2S/s/HcyqK85waDCDxdQv6c+hMOEEl6sCQQDEmt8DpGlYpsoiscD2
Uf1K6dVOg6OyXb5ZfIwz0PPph4fY1CiJMIjh2iQJoaiFUq6ntgAisgonsIjnYb43
f6FtAkAMSYGXmQuYlrqa+7zcJkci0DHentmr4vjzFWfk23fpmtUSX2P/8eM0NOut
3FW+yzvecP6pfmRKkfJjXoBpdIpdAkEAsgkY2QCCkVAAjehvt99JQxR7IC1fCH+R
hxGdGLMonZoor3Z3+rvjyLo0ljA5HfpgxOiwOLsHLSfU4csGaNWABQJAIkv0ilXr
1Fr1phriiPENdYBHzC07DlHRrF+t06pdFua3BegBHXUGRQaZo6CBzo44ttqv1/6W
SCXBmDFPdYQk5w==
-----END PRIVATE KEY-----

注意，每次生成的公私钥不同（因为每次生成私钥时 p1 和 p2 是不同的）。下面再生成公钥，公钥可以从私钥中提取，在 OpenSSL 命令行提示符后输入命令：

rsa -in rsa_private_key.pem -pubout -out rsa_public_key.pem

其中，rsa 表示提取公钥的命令，-in 表示从文件中读入，rsa_private_key.pem 表示文件名；-pubout 表示输出公钥，-out 指定输出文件，rsa_public_key.pem 表示输出的公钥文件名。

执行后，在同目录下生成公钥文件 rsa_public_key.pem，内容如下：

-----BEGIN PUBLIC KEY-----
MIGfMA0GCSqGSIb3DQEBAQUAA4GNADCBiQKBgQCzdq65Nr5HVuwQasrVA1EsDB2a
OTwfWZ/da43ftS5rmJHA6YVNU5hb9ueQofhSTWj8CRDaWFrZwqjXFDrJv/2bXqSP
K/gCgA4vNEjTVF56ccASd4Q+HHtEsbJYMv5uvqhSrU7VB9SkLW1Fa80hXjJ5TUkO
oOxyCeYLjFkarSwezwIDAQAB
-----END PUBLIC KEY-----

6.7.2　提取私钥各参数

通过 OpenSSL 命令可以从私钥的 PEM 文件中获得 RSA 私钥中各个参数的值。在 OpenSSL

命令行提示符后输入命令：

```
rsa -in rsa_private_key.pem -text -out private.txt
```

执行后，会在同目录下生成文件 private.txt。内容如下：

```
RSA Private-Key: (1024 bit, 2 primes)
modulus:
    00:b3:76:ae:b9:36:be:47:56:ec:10:6a:ca:d5:03:
    51:2c:0c:1d:9a:39:3c:1f:59:9f:dd:6b:8d:df:b5:
    2e:6b:98:91:c0:e9:85:4d:53:98:5b:f6:e7:90:a1:
    f8:52:4d:68:fc:09:10:da:58:5a:d9:c2:a8:d7:14:
    3a:c9:bf:fd:9b:5e:a4:8f:2b:f8:02:80:0e:2f:34:
    48:d3:54:5e:7a:71:c0:12:77:84:3e:1c:7b:44:b1:
    b2:58:32:fe:6e:be:a8:52:ad:4e:d5:07:d4:a4:2d:
    6d:45:6b:cd:21:5e:32:79:4d:49:0e:a0:ec:72:09:
    e6:0b:8c:59:1a:ad:2c:1e:cf
publicExponent: 65537 (0x10001)
privateExponent:
    55:7a:4e:e8:5a:e1:b0:7a:ff:3f:26:8e:6b:7d:03:
    f9:95:df:b7:a8:51:31:a1:6f:9a:77:f3:00:3d:7c:
    d9:b4:b6:9f:8a:da:7a:25:39:e9:7b:a5:79:e7:1b:
    ae:9f:be:44:65:51:08:9e:92:cf:2b:7f:5d:c9:fd:
    e2:40:36:db:2f:fb:bc:b1:d1:4e:b2:df:c3:7d:a7:
    0d:ee:1d:ec:2d:0e:0b:e3:fa:ef:2d:51:cc:55:14:
    0e:09:64:aa:15:a7:de:43:d6:b2:68:25:9b:3a:a5:
    f9:62:e7:6a:ca:5a:f3:c8:06:71:ed:8b:f2:8d:f9:
    2e:7d:56:68:b5:8a:6e:c9
prime1:
    00:e9:ae:1f:e0:b2:87:eb:f7:52:96:88:fa:32:73:
    d6:7a:ac:fe:df:37:bd:0b:c9:16:96:89:35:ce:07:
    c8:82:f3:dd:ea:a3:9c:b3:53:49:ff:b6:4b:fb:3f:
    1d:cc:aa:2b:ce:70:68:30:83:c5:d4:2f:e9:cf:a1:
    30:e1:04:97:ab
prime2:
    00:c4:9a:df:03:a4:69:58:a6:ca:22:b1:c0:f6:51:
    fd:4a:e9:d5:4e:83:a3:b2:5d:be:59:7c:8c:33:d0:
    f3:e9:87:87:d8:d4:28:89:30:88:e1:da:24:09:a1:
    a8:85:52:ae:a7:b6:00:22:b2:0a:27:b0:88:e7:61:
    be:37:7f:a1:6d
exponent1:
    0c:49:81:97:99:0b:98:96:ba:9a:fb:bc:dc:26:47:
    22:d0:31:de:9e:d9:ab:e2:f8:f3:15:67:e4:db:77:
    e9:9a:d5:12:5f:63:ff:f1:e3:34:34:eb:ad:dc:55:
    be:cb:3b:de:70:fe:a9:7e:64:4a:91:f2:63:5e:80:
    69:74:8a:5d
exponent2:
    00:b2:09:18:d9:00:82:91:50:00:8d:e8:6f:b7:df:
    49:43:14:7b:20:2d:5f:08:7f:91:87:11:9d:18:b3:
    28:9d:9a:28:af:76:77:fa:bb:e3:c8:ba:34:96:30:
    39:1d:fa:60:c4:e8:b0:38:bb:07:2d:27:d4:e1:cb:
```

```
        06:68:d5:80:05
coefficient:
        22:4b:f4:8a:55:eb:d4:5a:f5:a6:1a:e2:88:f1:0d:
        75:80:47:cc:2d:3b:0e:51:d1:ac:5f:ad:d3:aa:5d:
        16:e6:b7:05:e8:01:1d:75:06:45:06:99:a3:a0:81:
        ce:8e:38:b6:da:af:d7:fe:96:48:25:c1:98:31:4f:
        75:84:24:e7
-----BEGIN RSA PRIVATE KEY-----
MIICXAIBAAKBgQCzdq65Nr5HVuwQasrVA1EsDB2aOTwfWZ/da43ftS5rmJHA6YVN
U5hb9ueQofhSTWj8CRDaWFrZwqjXFDrJv/2bXqSPK/gCgA4vNEjTVF56ccASd4Q+
HHtEsbJYMv5uvqhSrU7VB9SkLW1Fa80hXjJ5TUkOoOxyCeYLjFkarSwezwIDAQAB
AoGAVXpO6FrhsHr/PyaOa30D+ZXft6hRMaFvmnfzAD182bS2n4raeiU56Xuleecb
rp++RGVRCJ6Szyt/Xcn94kA22y/7vLHRTrLfw32nDe4d7C0OC+P67y1RzFUUDglk
qhWn3kPWsmglmzql+WLnaspa88gGce2L8o35Ln1WaLWKbskCQQDprh/gsofr91KW
iPoyc9Z6rP7fN70LyRaWiTXOB8iC893qo5yzU0n/tkv7Px3MqivOcGgwg8XUL+nP
oTDhBJerAkEAxJrfA6RpWKbKIrHA9lH9SunVToOjsl2+WXyMM9Dz6YeH2NQoiTCI
4dokCaGohVKup7YAIrIKJ7CI52G+N3+hbQJADEmBl5kLmJa6mvu83CZHItAx3p7Z
q+L48xVn5Nt36ZrVEl9j//HjNDTrrdxVvss73nD+qX5kSpHyY16AaXSKXQJBALIJ
GNkAgpFQAI3ob7ffSUMUeyAtXwh/kYcRnRizKJ2aKK92d/q748i6NJYwOR36YMTo
sDi7By0n1OHLBmjVgAUCQCJL9IpV69Ra9aYa4ojxDXWAR8wtOw5R0axfrdOqXRbm
twXoAR11BkUGmaOggc6OOLbar9f+lkglwZgxT3WEJOc=
-----END RSA PRIVATE KEY-----
```

其中，prime1 和 prime2 就是前面算法描述中的两个素数 p1 和 p2，每次生成私钥的时候，prime1 和 prime2 都是不同的。modulus 就是模数。现在看，一目了然，符合 PKCS#1 的私钥格式了。

6.7.3 RSA 公钥加密一个文件

要用 RSA 公钥加密文件，可以使用命令 rsautl，该命令能够使用 RSA 算法加密/解密数据、签名/验签身份，功能异常强大。该命令语法格式如下：

```
rsautl [-in file] [-out file] [-inkey file] [-passin arg] [-keyform PEM|DER|NET] [-pubin] [-certin]
[-asn1parse] [-hexdump] [-raw] [-oaep] [-ssl] [-pkcs] [-x931] [-sign] [-verify][-encrypt] [-decrypt] [-rev]
[-engine e]
```

选项说明：

- -in file: 需要处理的文件，默认为标准输入。
- -out file: 指定输出文件名，默认为标准输出。
- -inkey file: 指定私有密钥文件，格式必须是 RSA 私有密钥文件。
- -passin arg: 指定私钥，包含口令存放方式。比如用户将私钥的保护口令写入一个文件，采用此选项指定此文件，可以免去用户输入口令的操作。比如用户将口令写入文件 pwd.txt，输入的参数为：-passin file:pwd.txt。
- -keyform PEM|DER|NET: 证书私钥的格式。
- -pubin: 表明输入的是一个公钥文件，默认输入为私钥文件。
- -certin: 表明输入的是一个证书文件。

- -asn1parse：对输出的数据进行 ASN1 分析。该指令一般和-verify 一起用的时候威力大。
- -hexdump：用十六进制输出数据。
- -raw、-oaep、-ssl、-pkcs、-x931：采用的填充模式，上述 5 个值分别代表：PKCS#1.5（默认值）、PKCS#1 OAEP、SSLv2、X931 里面特定的填充模式，或者不填充。如果要签名，只有-pkcs 和-raw 可以使用。
- -sign：给输入的数据签名，需要私有密钥文件。
- -verify：对输入的数据进行验证。
- -encrypt：用公共密钥对输入的数据进行加密。
- -decrypt：用 RSA 的私有密钥对输入的数据进行解密。
- -rev：数据是否倒序。
- -engine e：硬件引擎。

在某个目录（比如 D:\test\下）新建一个文本文件，文件名为 plain.txt，然后输入三个字符"abc"，利用此前生成的公钥加密文件（注意，加密是利用公钥，解密是利用私钥）。在 OpenSSL 提示符后输入如下命令：

```
rsautl -encrypt -in D:\test\plain.txt -inkey rsa_public_key.pem -pubin-out D:\test\enfile.dat
```

其中，rsa_public_key.pem 公钥文件就是前面生成的公钥文件；D:\test\enfile.dat 就是加密后生成的密文文件。

注意，每次加密的结果是不同的，因为明文填充时加入的是随机数。

6.7.4 RSA 私钥解密一个文件

在 OpenSSL 中，RSA 私钥解密所用的命令依然是 rsautl。我们在前面的目录（比如 D:\test\下）生成了一个密文文件 enfile.dat，现在在 OpenSSL 提示符后输入如下命令开始解密：

```
rsautl -decrypt -inkey rsa_private_key.pem -in  D:\test\enfile.dat
```

执行后，直接在终端显示明文：abc。如果要指定输出到文件，可以这样：

```
rsautl -decrypt -inkey rsa_private_key.pem -in  D:\test\enfile.dat -out D:\test\plainheck.txt
```

其中，-in 指定被加密的文件，-inkey 指定私钥文件，-out 为解密后的文件。通过-out 选项输出解密结果到文件（D:\test\plainheck.txt）即可。

6.8 基于 OpenSSL 库的 RSA 编程

RSA 命令不是万能的，我们在一线开发中需要自己编程实现某些特定功能，让加解密功能融入应用系统中，这就需要基于 OpenSSL 算法库进行 RSA 加解密编程。

使用 OpenSSL 的 RSA 加解密编程有两种方式，一种是使用 EVP 系列函数，这些函数提供了对底层加解密函数的封装；另一种是直接使用 RSA 相关的函数进行加解密操作。如果是标准应用，如使用 RSA 公钥加密、私钥解密，那么使用 EVP 函数比较方便，如果有特殊应用，如私钥签名、公钥验签，那么使用 EVP 函数会有问题，可以直接使用 RSA 提供的函数。

值得注意的是，使用 EVP 方式只能采取公钥加密、私钥解密的方式，否则运行会出错。

6.8.1　OpenSSL 的 RSA 实现

OpenSSL 的 RSA 实现源码在 crypto/rsa 目录下。它实现了 RSA PKCS#1 标准。主要源码说明如下：

（1）rsa.h：定义 RSA 数据结构以及 RSA_METHOD，定义了 RSA 的各种函数。

（2）rsa_asn1.c：实现了 RSA 密钥的 DER 编码和解码，包括公钥和私钥。

（3）rsa_chk.c：RSA 密钥检查。

（4）rsa_eay.c：OpenSSL 实现的是一种 RSA_METHOD，作为其默认的一种 RSA 计算实现方式。此文件未实现 rsa_sign、rsa_verify 和 rsa_keygen 回调函数。

（5）rsa_err.c：RSA 错误处理。

（6）rsa_gen.c：RSA 密钥生成，如果 RSA_METHOD 中的 rsa_keygen 回调函数不为空，就调用它，否则调用其内部实现。

（7）rsa_lib.c：主要实现了 RSA 运算的 4 个函数（公钥/私钥、加密/解密），它们都调用了 RSA_METHOD 中相应的回调函数。

（8）rsa_none.c：实现了一种填充和去填充。

（9）rsa_null.c：实现了一种空的 RSA_METHOD。

（10）rsa_oaep.c：实现了 oaep 填充与去填充。

（11）rsa_pk1.c：实现了 PKCS#1 填充与去填充。

（12）rsa_sign.c：实现了 RSA 的签名和验签。

（13）rsa_ssl.c：实现了 SSL 填充。

（14）rsa_x931.c：实现了一种填充和去填充。

6.8.2　主要数据结构

结构体 rsa_st 封装了公私钥信息，它们各自会在不同的函数中被用到。rsa_st 结构体定义在 crypto/rsa/rsa.h 中。rsa_st 结构中包含公/私钥信息（如果仅有 n 和 e，就表明是公钥），定义如下：

```
struct rsa_st {
    /*
     *第一个参数用于在传递错误时拾取错误
      它不是 aEVP_PKEY，而是设置为 0
     */
    int pad;
    long version;
```

```
    const RSA_METHOD *meth;
    ENGINE *engine;
    BIGNUM *n;
    BIGNUM *e;
    BIGNUM *d;
    BIGNUM *p;
    BIGNUM *q;
    BIGNUM *dmp1;
    BIGNUM *dmq1;
    BIGNUM *iqmp;
    /*如果 RSA 结构是共享的，请小心使用它*/
    CRYPTO_EX_DATA ex_data;
    int references;
    int flags;
    /* Used to cache montgomery values */
    BN_MONT_CTX *_method_mod_n;
    BN_MONT_CTX *_method_mod_p;
    BN_MONT_CTX *_method_mod_q;
    /* 所有 BIGNUM 值实际上都在以下数据中，如果不是 NULL 的话       */
    char *bignum_data;
    BN_BLINDING *blinding;
    BN_BLINDING *mt_blinding;
};
```

在\include\openssl\ossl_type.h 中又定义了：

```
typedef struct rsa_st RSA;
```

6.8.3 主要函数

1. 初始化和释放函数

初始化函数是 rsa_new，初始化一个 RSA 结构，声明如下：

```
rsa * rsa_new(void);
```

释放函数是 rsa_free，用于释放一个 RSA 结构，声明如下：

```
void rsa_free(rsa *rsa);
```

2. 公私钥产生函数 RSA_generate_key

函数 RSA_generate_key 用于产生一个模为 num 位的密钥对。该函数声明如下：

```
#include    <openssl/rsa.h>
RSA *RSA_generate_key(int num, unsigned long e,void (*callback)(int,int,void *), void *cb_arg);
```

其中，参数 num 是模数的比特数；e 为公开的公钥指数，一般为 65537（0x10001）；callback 是回调函数，由用户实现，用于干预密钥生成过程中的一些运算，可为空；cb_arg 是回调函数的参数，可为空。

3. 公钥加密函数 RSA_public_encrypt

函数 RSA_public_encrypt 用于公钥加密，声明如下：

```
#include <openssl/rsa.h>
int RSA_public_encrypt(int flen, const unsigned char *from,unsigned char *to, RSA *rsa, int padding);
```

其中，flen 是要加密的明文长度；from 指向要加密的明文缓冲区；to 指向存放密文结果的缓冲区；rsa 指向 RSA 结构体；padding 用于指定填充模式，取值如下：

- RSA_PKCS1_PADDING：使用 PKCS #1 v1.5 规定的填充模式，这是目前使用广泛的模式。但是强烈建议在新的应用程序中使用 RSA_PKCS1_OAEP_PADDING。
- RSA_PKCS1_OAEP_PADDING：PKCS#1 v2.0 中定义的填充模式。对于所有新的应用程序，建议使用此模式。
- RSA_SSLV23_PADDING：PKCS#1 v1.5 填充，专门用于支持 SSL，表示服务器支持 SSL3。
- RSA_NO_PADDING：不填充，用 RSA 直接加密用户数据是不安全的。

如果函数执行成功，就返回密文的长度，即 RSA_size(rsa)，如果出错就返回-1，此时可以通过函数 ERR_get_error 获得错误码。

对于基于 PKCS#1 v1.5 的填充模式，flen 不能大于 RSA_size(rsa)-11；对于 RSA_PKCS1_OAEP_PADDING 填充模式，flen 不能大于 RSA_size(rsa)-42；对于 RSA_NO_PADDING 填充模式，flen 不能大于 RSA_size(rsa)。当使用 RSA_NO_PADDING 以外的填充模式时，RSA_public_encrypt 函数将在密文中包含一些随机字节，因此密文每次都不同，即使明文和公钥完全相同。to 中返回的密文将始终被零填充到 RSA_size(rsa)。

4. 私钥解密函数 RSA_private_decrypt

函数 RSA_private_decrypt 用于私钥加密，声明如下：

```
#include <openssl/rsa.h>
int RSA_private_decrypt(int flen, const unsigned char *from,unsigned char *to, RSA *rsa, int padding);
```

其中，flen 是要解密的密文长度；from 指向要解密的密文缓冲区；to 指向存放明文结果的缓冲区；rsa 指向 RSA 结构体；padding 用于指定填充模式，取值同 RSA_public_encrypt 中的 padding 参数。

如果函数执行成功，就返回解密出来的明文长度，如果出错就返回-1，此时可以通过函数 ERR_get_error 获得错误码。

在解密时，flen 应该等于 RSA_size(rsa)，但当前导零字节在密文中时，它可能更小。to 必须指向一个足够大的内存段，以容纳可能的最大解密数据，对于 RSA_NO_PADDING 填充，to 的大小等于 RSA_size(rsa)，对于 PKCS#1 v1.5 的填充模式，to 的大小等于 RSA_size(rsa)-11；对于 RSA_PKCS1_OAEP_PADDING 填充，to 的大小等于 RSA_size(rsa)-42。

【例 6.8】EVP 和非 EVP 两种方式实现 RSA 加解密

（1）打开 VC 2017，新建一个控制面板工程，工程名是 test。

（2）在工程中打开 test.cpp，输入代码如下：

```
#include "pch.h"
#include <stdio.h>
#include <stdlib.h>
#include <openssl/rand.h>    //为了使用随机数
#include <openssl/rsa.h>
#include<openssl/pem.h>
#include<openssl/err.h>
#include <openssl/bio.h>
#include <fstream>
#include <iostream>
#include <string>
using namespace std;

#ifdef WIN32
#pragma comment(lib, "libcrypto.lib")
#pragma comment(lib, "ws2_32.lib")
#pragma comment(lib, "crypt32.lib")
#endif
#define RSA_KEY_LENGTH 1024
static const char rnd_seed[] = "string to make the random number generator initialized";

#ifdef WIN32
#define PRIVATE_KEY_FILE "d:\\test\\rsapriv.key"
#define PUBLIC_KEY_FILE "d:\\test\\rsapub.key"
#else      // non-win32 system
#define PRIVATE_KEY_FILE "/tmp/avit.data.tmp1"
#define PUBLIC_KEY_FILE    "/tmp/avit.data.tmp2"
#endif

#define RSA_PRIKEY_PSW "123"     //私钥的密码，通常为了私钥授权使用，都是要带口令的

// 生成公钥文件和私钥文件，私钥文件带密码
int generate_key_files(const char *pub_keyfile, const char *pri_keyfile,
 const unsigned char *passwd, int passwd_len)
{
    RSA *rsa = NULL;
    RAND_seed(rnd_seed, sizeof(rnd_seed));
    rsa = RSA_generate_key(RSA_KEY_LENGTH, RSA_F4, NULL, NULL);
    if (rsa == NULL)
    {
        printf("RSA_generate_key error!\n");
        return -1;
    }

    // 开始生成公钥文件
    BIO *bp = BIO_new(BIO_s_file());
```

```c
    if (NULL == bp)
    {
        printf("generate_key bio file new error!\n");
        return -1;
    }

    if (BIO_write_filename(bp, (void *)pub_keyfile) <= 0)
    {
        printf("BIO_write_filename error!\n");
        return -1;
    }

    if (PEM_write_bio_RSAPublicKey(bp, rsa) != 1)
    {
        printf("PEM_write_bio_RSAPublicKey error!\n");
        return -1;
    }

    // 公钥文件生成成功，释放资源
    //printf("Create public key ok!\n");
    BIO_free_all(bp);

    // 生成私钥文件
    bp = BIO_new_file(pri_keyfile, "w+");
    if (NULL == bp)
    {
        printf("generate_key bio file new error2!\n");
        return -1;
    }

    if (PEM_write_bio_RSAPrivateKey(bp, rsa,
        EVP_des_ede3_ofb(), (unsigned char *)passwd,
        passwd_len, NULL, NULL) != 1)
    {
        printf("PEM_write_bio_RSAPublicKey error!\n");
        return -1;
    }

    // 释放资源
    //printf("Create private key ok!\n");
    BIO_free_all(bp);
    RSA_free(rsa);

    return 0;
}

// 打开私钥文件，返回 EVP_PKEY 结构的指针
EVP_PKEY* open_private_key(const char *keyfile, const unsigned char *passwd)
{
    EVP_PKEY* key = NULL;
    RSA *rsa = RSA_new();
```

```
        OpenSSL_add_all_algorithms();
        BIO *bp = NULL;
        bp = BIO_new_file(keyfile, "rb");
        if (NULL == bp)
        {
            printf("open_private_key bio file new error!\n");

            return NULL;
        }

        rsa = PEM_read_bio_RSAPrivateKey(bp, &rsa, NULL, (void *)passwd);
        if (rsa == NULL)
        {
            printf("open_private_key failed to PEM_read_bio_RSAPrivateKey!\n");
            BIO_free(bp);
            RSA_free(rsa);

            return NULL;
        }

        //printf("open_private_key success to PEM_read_bio_RSAPrivateKey!\n");
        key = EVP_PKEY_new();
        if (NULL == key)
        {
            printf("open_private_key EVP_PKEY_new failed\n");
            RSA_free(rsa);

            return NULL;
        }

        EVP_PKEY_assign_RSA(key, rsa);
        return key;
    }


// 打开公钥文件，返回 EVP_PKEY 结构的指针
EVP_PKEY* open_public_key(const char *keyfile)
{
    EVP_PKEY* key = NULL;
    RSA *rsa = NULL;

    OpenSSL_add_all_algorithms();
    BIO *bp = BIO_new(BIO_s_file());;
    BIO_read_filename(bp, keyfile);
    if (NULL == bp)
    {
        printf("open_public_key bio file new error!\n");
        return NULL;
    }
```

```
    rsa = PEM_read_bio_RSAPublicKey(bp, NULL, NULL, NULL);//读取 PKCS#1 的公钥
    if (rsa == NULL)
    {
        printf("open_public_key failed to PEM_read_bio_RSAPublicKey!\n");
        BIO_free(bp);
        RSA_free(rsa);

        return NULL;
    }

    //printf("open_public_key success to PEM_read_bio_RSAPublicKey!\n");
    key = EVP_PKEY_new();
    if (NULL == key)
    {
        printf("open_public_key EVP_PKEY_new failed\n");
        RSA_free(rsa);

        return NULL;
    }

    EVP_PKEY_assign_RSA(key, rsa);
    return key;
}


// 使用密钥加密，这种封装格式只适用于公钥加密、私钥解密，这里 key 必须是公钥
int rsa_key_encrypt(EVP_PKEY *key, const unsigned char *orig_data, size_t orig_data_len,
    unsigned char *enc_data, size_t &enc_data_len)
{
    EVP_PKEY_CTX *ctx = NULL;
    OpenSSL_add_all_ciphers();

    ctx = EVP_PKEY_CTX_new(key, NULL);
    if (NULL == ctx)
    {
        printf("ras_pubkey_encryptfailed to open ctx.\n");
        EVP_PKEY_free(key);
        return -1;
    }

    if (EVP_PKEY_encrypt_init(ctx) <= 0)
    {
        printf("ras_pubkey_encryptfailed to EVP_PKEY_encrypt_init.\n");
        EVP_PKEY_free(key);
        return -1;
    }

    if (EVP_PKEY_encrypt(ctx,
        enc_data,
        &enc_data_len,
        orig_data,
```

```
        orig_data_len) <= 0)
    {
        printf("ras_pubkey_encryptfailed to EVP_PKEY_encrypt.\n");
        EVP_PKEY_CTX_free(ctx);
        EVP_PKEY_free(key);

        return -1;
    }

    EVP_PKEY_CTX_free(ctx);
    EVP_PKEY_free(key);

    return 0;
}

// 使用密钥解密，这种封装格式只适用于公钥加密、私钥解密，这里 key 必须是私钥
int rsa_key_decrypt(EVP_PKEY *key, const unsigned char *enc_data, size_t enc_data_len,
    unsigned char *orig_data, size_t &orig_data_len, const unsigned char *passwd)
{
    EVP_PKEY_CTX *ctx = NULL;
    OpenSSL_add_all_ciphers();

    ctx = EVP_PKEY_CTX_new(key, NULL);
    if (NULL == ctx)
    {
        printf("ras_prikey_decryptfailed to open ctx.\n");
        EVP_PKEY_free(key);
        return -1;
    }

    if (EVP_PKEY_decrypt_init(ctx) <= 0)
    {
        printf("ras_prikey_decryptfailed to EVP_PKEY_decrypt_init.\n");
        EVP_PKEY_free(key);
        return -1;
    }

    if (EVP_PKEY_decrypt(ctx,
        orig_data,
        &orig_data_len,
        enc_data,
        enc_data_len) <= 0)
    {
        printf("ras_prikey_decryptfailed to EVP_PKEY_decrypt.\n");
        EVP_PKEY_CTX_free(ctx);
        EVP_PKEY_free(key);

        return -1;
    }

    EVP_PKEY_CTX_free(ctx);
```

```
            EVP_PKEY_free(key);
            return 0;
        }


    void PrintBuf(unsigned char* buf, int len)        //打印字节缓冲区函数
    {
        int i;

        for (i = 0; i < len; i++) {
            printf("%02x ", (unsigned char)buf[i]);
            if (i % 16 == 15)
                    putchar('\n');
        }
        putchar('\n');
    }




    int NoEvpRsa()
    {
        // 产生 RSA 密钥对
        RSA *rsaKey = RSA_generate_key(1024, 65537, NULL, NULL);

        int keySize = RSA_size(rsaKey);

        char fData[] = "Jeep car";
        printf("明文：%s\n", fData);
        char tData[128];

        int    flen = strlen(fData);
        int ret = RSA_public_encrypt(flen, (unsigned char *)fData, (unsigned char *)tData, rsaKey,
RSA_PKCS1_PADDING);
        //ret = 128

        puts("密文：");
        PrintBuf((unsigned char*)tData, ret);

        ret = RSA_private_decrypt(128, (unsigned char *)tData, (unsigned char *)fData, rsaKey,
RSA_PKCS1_PADDING);

        if (ret != -1)
            printf("解密结果：%s\n", fData);

        RSA_free(rsaKey);
        return 0;
    }

    int main(int argc, char **argv)
    {
        char origin_text[] = "hello world!";
        char enc_text[512] = "";
        char dec_text[512] = "";
        size_t enc_len = 512;
```

```
        size_t dec_len = 512;

        printf("明文：%s\n", origin_text);
        // 生成公钥和私钥文件
        generate_key_files(PUBLIC_KEY_FILE, PRIVATE_KEY_FILE, (const unsigned char
*)RSA_PRIKEY_PSW, strlen(RSA_PRIKEY_PSW));

        EVP_PKEY *pub_key = open_public_key(PUBLIC_KEY_FILE);
        EVP_PKEY *pri_key = open_private_key(PRIVATE_KEY_FILE, (const unsigned char
*)RSA_PRIKEY_PSW);

        rsa_key_encrypt(pub_key, (const unsigned char *)&origin_text, sizeof(origin_text), (unsigned char
*)enc_text, enc_len);
        puts("密文：");
        PrintBuf((unsigned char*)enc_text, enc_len);
        rsa_key_decrypt(pri_key, (const unsigned char *)enc_text, enc_len,
            (unsigned char *)dec_text, dec_len, (const unsigned char *)RSA_PRIKEY_PSW);

        printf("解密结果：%s\n", dec_text);

        puts("---------------No Evp RSA-------------");
        NoEvpRsa();

        return 0;
    }
```

我们分别使用 EVP 系列函数和不用 EVP 函数两种方式进行了 RSA 加解密，其中函数 NoEvpRsa 是不用 EVP 系列函数的方式。在工程属性中添加附加包含目录： D:\openssl-1.1.1b\win32-debug\include，再添加附加库目录：D:\openssl-1.1.1b\win32-debug\lib。

（3）保存工程并运行，运行结果如图 6-10 所示。

图 6-10

6.9　随机大素数的生成

通过前面对 RSA 算法的描述可知，算法中的第一步是寻找大素数，选取出符合要求的大素数不仅是后续步骤的基础，也是保障 RSA 算法安全性的基础。在正整数序列中，素数具有不规则分布的性质，无法用固定的公式计算出需要的大素数或者证明所选取的数是否为一个素数；从耗费和安全的角度而言，也不可能事先制作并存储一个备用的大素数表。因此，选取一个固定位数的大素数存在着一定的难度。检测素数的方法大体分为确定性检测方法和概率性检测方法两类。确定性检测方法有试除法、Lucas 素性检测、椭圆曲线测试法等，这类测试法的计算量太大，使用确定性检测方法判定一个 100 位以上的十进制数的素性，以世界上最快的计算机需要消耗 103 年，这种方法在实际应用中显然没有意义。在 RSA 算法的应用中一般都使用概率性检测方法来检测一个大整数的素性，虽然可能会有极个别的合数遗漏，但是这种可能性很小，在很大程度上排除了合数的可能，速度较确定性检测方法也快得多。常见的概率性检测方法有费马素性检测法、Solovay-Strassen 检测法、Miller-Rabin 测试法，其中，Miller-Rabin 测试法容易理解、效率较高，在实际应用中也比较广泛。

6.10　RSA 算法的攻击及分析

RSA 公钥算法的破译方式主要分两大类：其一是密钥穷举法，即找出所有可能的密钥组合；其二是密码分析法。因为 RSA 算法的加解密变换具有庞大的工作量，用密钥穷举法进行破译基本上是行不通的，所以只能利用密码分析法对 RSA 算法的密文进行破译。目前，关于密码分析法的攻击方式主要有：因子分解攻击、选择密文攻击、公共模数攻击和小指数攻击等。

6.10.1　因子分解攻击

因子分解攻击是针对 RSA 公钥算法很直接的攻击方式，主要可以从三个角度进行：

（1）将模数 n 分解成两个素因子 p 和 q。如果分解成功，就可以计算出 $\phi(n)=(p-1)(q-1)$，再依据 $ed=1\bmod\phi(n)$，进而解得 d。

（2）不分解模数 n 的情况下，直接确定 $\phi(n)$，同样可以得到 d。

（3）不确定 $\phi(n)$，直接确定 d。

6.10.2　选择密文攻击

由于 n 是通过公钥传输的，因此恶意攻击者可以先利用公钥对明文进行加密，然后通过点击和试用找出其影响因素，如果有任何密文与之匹配，攻击者就可以获取原始消息，从而降低 RSA 算法的安全系数。选择密文攻击是 RSA 公钥算法很常用、很有效的攻击方式之一，是指恶意攻击者事先选择不同的密文，并尝试取得与之对应的明文，由此推算出私钥或模数，进而获得自己想要的明文。例如，如果攻击者想破译消息 x 获取其签名，可以事先虚构两个合法的消息 x_1 和 x_2，使得 $x \equiv (x_1 x_2) \bmod n$，并骗取用户对 x1 和 x2 的签名 $S_1 = x_1^d (\bmod\ n)$ 和 $S_2 = x_2 d(\bmod\ n)$，就可以计算出 x 的签名，$S = x^d = (((x_1 x_2)(\bmod\ n))^d)(\bmod\ n) = ((x_1^d\ \bmod\ n)(x_2^d\ \bmod\ n))\bmod\ n == (S_1 S_2)(\bmod\ n)$。

6.10.3　公共模数攻击

公共模数问题是指在公钥密码的实现过程中，一个系统中的不同用户共享同一个大整数，但却拥有不同的指数，即公钥指数 e。对于一个需要频繁加密的用户来说，如果这样的方法能够保证信息的安全，那么将极大地降低运营的成本。实际上，这不但不能保证安全性，还会是致命的，密码攻击者可以不需要任何私钥就能恢复出明文。很简单的一种情况是在两个用户共享同一个模数 n 的情况下，又对同一明文 M 进行加密。假设密码攻击者获得了 n、e_1、e_2、C_1、C_2，则根据 $C_1 = M^{e1}\ \bmod\ n$ 和 $C_2 = M^{e2}\ \bmod\ n$，明文就能被破译。这是因为 e_1 和 e_2 互素，所以根据欧几里得算法能够确定 r 和 s，使得 $e_1 r + e_2 s = 1$，由于公钥 e_1 和 e_2 都大于 0，故 r 和 s 中必然有一个为负数，假设 r 为负数，再根据欧几里得算法可以计算出 $C_1^{(-1)}$，于是有 $(C_1^{(-1)})^{(-r)}(C_2)^s = M\ \bmod\ n$。由上述分析可以看出，对于同一段明文，如果选择不同的加密指数，不必做复杂的分解就能破译 RSA 密码体制。

6.10.4　小指数攻击

小指数攻击针对的是 RSA 算法的实现细节。根据算法的原理，假设密码系统的公钥 e 和私钥 d 选取较小的值，算法签名和验证的效率可以得到提升，并且对于存储空间的需求也会降低，但是若 e、d 选取的太小，则可能会受到小指数攻击。例如，同一系统内的三个用户分别选用不同的模数 n_1、n_2、n_3，且选取 e=3，假设将一段明文 M 发送给这三个用户，使用各人的公钥加密得：$C_1 = M^3\ \bmod\ n_1$、$C_2 = M^3\ \bmod\ n_2$、$C_3 = M^3\ \bmod\ n_3$。为了保证系统的安全性，一般要求 n_1、n_2、n_3 互素，根据 C_1、C_2、C_3 可得密文 $C = M^3(\bmod\ n_1 n_2 n_3)$。如果 $M < n_1$、$M < n_2$、$M < n_3$，那么 $M^3 < n_1 n_2 n_3$，可得 $M = \sqrt[3]{C}$。

利用独立随机数字对明文消息进行填充，或者指数 e 和 d 都取较大位数的值，这样可以使得算法能够有效地抵御小指数攻击。

第 7 章
◀ 数字签名技术 ▶

7.1 概述

　　互联网作为一种当今社会普遍使用的信息交换平台,越来越成为人们生活与工作中不可或缺的一部分,但是各种各样具有创新性、高复杂度的网络攻击方法也层出不穷。2016 年,国家互联网应急中心(CNCERT/CC)监测发现,我国境内约有 1.7 万个网站被篡改,针对境内网站的仿冒页约 17.8 万个。网络信息的分散性广、来源隐蔽、边界模糊等特点都使得信息的安全性与防御性十分脆弱,不法分子利用网络系统的漏洞肆意进行攻击、传播病毒、伪造信息和盗取机密等,给政府、企业造成了巨大的经济损失。随着网络信息与共享资源的不断扩大,网络环境的日益复杂,计算机网络信息安全的重要性也日益体现出来。因此,如何在计算机网络中实现信息的安全传输已成为近些年人们研究的热点课题之一。

　　为了保障网络中数据传输的保密性、完整性,传输服务的可用性,以及传输实体的真实性、可追溯性、不可否认性,通常情况下所采用的方法除了被动防卫型的安全技术(如防火墙技术)外,很大程度上依赖于基于密码学的网络信息加密技术。公钥体制是目前研究与应用非常深入的密码体制之一,其中 RSA 公钥算法是其中很典型、很具影响力的代表。从最早的 E-Mail、电子信用卡系统、网络安全协议的认证,到现在的车辆管理和云计算等各种安全或认证领域,这种密码算法可以抵御大多数的恶意攻击方式,因此被推荐为公钥加密的行业标准。与此同时,各种新的、针对性的攻击方式也在不断出现,512 位的 RSA 公钥算法早在 1999 年就已被超级计算机因式分解破译,768 位的 RSA 公钥算法也在 10 年后的 2009 年 12 月被攻破。2010 年,美国密歇根大学的三位科学家已经研究出了在 100 小时内破译 1024 位 RSA 公钥算法的方法。2013 年 8 月,Google 公司宣布使用 2048 位的 RSA 密钥加密和验证 Gmail 等服务。为了保证 RSA 公钥算法的安全性,有效的方法是不断地提高算法中密钥的位数。这样的做法虽然确保了算法的安全性,但是也增加了密钥选取的困难性与算法中的基本运算——大整数模幂乘运算的复杂性,算法的效率随之急剧地降低,也成为影响其发展的主要瓶颈之一。

　　数字签名是公钥密码学发展过程中衍生出的一种安全认证技术,主要用于提供实体认证、认证密钥传输和认证密钥协商等服务。简单来说,发送消息的一方可以通过添加一个起签名作用的编码来代表消息文件的特征,如果文件发生了改变,那么对应的数字签名也要发生改变,即不同的文件经过编码所得到的数字签名是不同的。使用基于 RSA 公钥算法的数字签名技术,如果密码攻击者试图对原始消息进行篡改和冒充等非法操作,由于无法获取消息发送方的私钥,因此也就无法得到正确的数字签名,若消息的接收方试图否认和伪造数字签名,则公证方可以用正确的数字签名对消息进行验证,判断消息是否来源于发送方,这样的方式很好地保证了消息文件的完整性,鉴定发送者身份的真实性与不可否认性。针对 RSA 公钥算法攻击方式的深入研究,制约了其在数字签名中的应用。并且,当下许多领域对数字签名技术提出了各种新的应用需求,在未来的网络信息安全和身份认证中,基于 RSA 公钥算法的数字签名技术在理论和实际应用方面仍具有重要的研究价值与研究意义。

20 世纪 70 年代,公钥密码体制被提出之后,应无纸化办公、数字化和信息化发展的要求,数字签名技术也随之应运而生。不同于一般的手写签名,数字签名是一种电子形式的签名方式,但是作用与一般的手写签名或者印章类似。数字签名技术在实现消息的保密传输、数据完整性、身份认证和不可否认性方面的功能,对于物联网、电子商务、医疗系统等领域的发展都起着非常重要的作用。

数字签名的方案主要依赖于密码技术,比较主流的签名方案主要有基于公开密钥的方案、基于 ElGamal 的方案、基于椭圆曲线 ECC 算法的方案等。RSA 公钥算法由于可以同时用于信息加密和数字签名,并且具有较好的安全性,是目前应用普遍的签名方案之一。随着数字签名技术研究的愈加深入,签名方案日益增多,有盲签名、群签名、代理签名等。同时,关于数字签名的安全性分析和攻击研究也在不断深入。

自从数字签名技术被提出以来,不少密码学者和相关的机构(如麻省理工学院、IBM 研究中心等)都开始致力于数字签名的研究,并高度关注该项技术的发展。1984 年 9 月,在国际标准化组织的建议下,SC20 率先开始为数字签名技术制订标准,将其分为带影子、带印章以及使用 Hash 函数的三种数字签名。WG2 在 1988 年 5 月起草了使用 Hash 函数的签名方案 DP9796,并于 1989 年 10 月将其升级为 DIS9796。与此同时,日本、英国等国的相关组织也迅速展开了对数字签名标准的制订工作。1991 年 8 月,美国 NIST 公布了 DSA 签名算法,并将其纳入 DSS 数字签名标准之中。2000 年 6 月,美国通过了有关数字签名的法案。目前,影响较大的制订数字签名相关标准的组织包括:国际电子技术委员会(International Electrotechnical Commission,IEC)、国际标准化组织(International Organization for Standardization,ISO)、美国国家标准与技术委员会(National Institute of Standards and Technology,NIST)等。在国际上,数字签名技术的相关标准和法案已日趋完善,我国因为在这一领域起步较晚的关系,在数字签名的操作中主要是吸收国外的经验,并且还存在很多不规范之处。鉴于此,2005 年 4 月正式颁布并施行了《中华人民共和国电子签名法》,这部法律不仅确立了数字签名的法律效力和地位,还规范了数字签名的行为,维护了有关方的合法权益,促进了我国电子商务的发展,我国数字签名研究工作的顺利进行也因此得到了有力的支持和保障。

7.2　什么是数字签名技术

7.2.1　签名

在文件上手写签名和盖章长期以来被用作证明作者的身份，或至少同意文件的内容。一个签名至少具有 5 个特性：（1）签名是可信的；（2）签名不可伪造；（3）签名不可重用；（4）签名的文件是不可改变的；（5）签名是不可抵赖的。我们使用数字签名技术来保证对电子文档的签名，也同样具有这 5 个特性，从而使数字签名跟手写签名和盖章一样，甚至具有更高的安全性。

7.2.2　数字签名的基本概念

数字签名是对手写签名的模拟，通过分析手写签名的特点，一个数字签名方案至少要满足以下三个条件：

（1）不可抵赖性。签名者事后不能否认他签署的签名。

（2）不可伪造性。其他任何人不能伪造签名者的签名。

（3）可仲裁性。当签名双方对一个签名的真实性发生争执时，第三方仲裁机构可以帮助解决争执。

数字签名算法与公钥加密算法类似，是私钥或公钥控制下的数学变换，而且通常可以从公钥加密算法派生而来。签名是利用签名者的私钥对消息进行计算、变换，而验证则是利用公钥检验该签名是不是由签名者签署。只有掌握了签名者的私钥，才能得到签名者的签名，从而实现不可否认性、不可伪造性和可仲裁性。

数字签名是公钥密码体制衍生出的重要的技术之一。相较于在纸上书写的物理签名，数字签名首先对信息进行处理，再将其绑附一个私钥上进行传输，形成一个比特串的表示形式，可以实现用户对电子信息来源的认证，并对信息进行签名，确认并保证信息的完整性与有效性。在数字签名出现之前，除了传统的物理签名外，还有一种"数字化"签名技术，即在电子板上进行签名，接着将签名传输到电子文件中，虽然相比物理签名，这种方式更加便捷，然而仍然可以被非法地复制并粘贴到其他文件上，因此签名的安全性无法得到保障。不同于"数字化"签名技术，数字签名与手写签名的形式毫无关系，它实际上是使用密码学的技术将发送方的信息明文转换成不可识别的密文进行传输，在信息的不可伪造性、不可抵赖性等方面有着其他签名方式无法替代的作用。

数字签名技术应用十分广泛，数字签名在包括身份认证识别、数据完整性保护、信息不可否认及匿名性等许多信息安全领域中都有重要的用途。甚至可以说有信息安全的地方，就有数字签名。特别是在网络安全通信、电子商务等系统中，数字签名具有重要作用。

7.2.3 数字签名的原理

原则上，所有的公开密钥算法都能用于数字签名。事实上，工业标准就是 RSA 算法，许多保密产品都使用它。数字签名发展至今，常见的签名算法除了 ElGamal 签名算法、RSA 签名算法外，还有 Schnorr 算法、DSA 算法等。公钥密码体制并非都可以同时用作加解密系统和进行数字签名，一般只能实现其中的一种功能，而我们学习的 RSA 公钥密码体制可以同时实现二者。下面给出数字签名的原理。

（1）系统的初始化，生成数字签名中所需的参数。

（2）发送方利用自己的私钥对消息进行签名。

（3）发送方将消息原文和作为原文附件的数字签名同时传给消息接收方。

（4）接收方利用发送方的公钥对签名进行解密。

（5）接收方将解密后获得的消息与消息原文进行对比，如果二者一致，那么表示消息在传输中没有受到过破坏或者篡改，反之不然。

消息签名和验证的基本原理如图 7-1 所示。

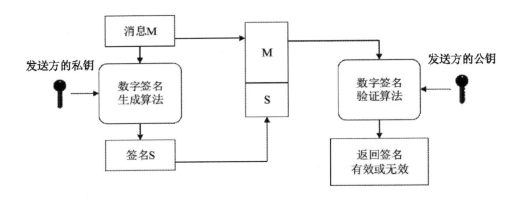

图 7-1

7.2.4 数字签名的一般性定义

一般来说，一个数字签名方案由三个集合和三个算法组成，这三个集合分别是消息空间，签名空间和密钥空间（包括私钥和公钥）。三个算法如下：

（1）密钥生成算法：这是一个概率多项式时间算法，输入为安全参数，输出为私钥 SK 和公钥 PK。

（2）签名生成算法：这是一个（概率）多项式时间算法，输入为私钥 SK 和待签消息 m，输出对应于私钥 SK 的关于消息 m 的签名 sign(m)。

（3）签名验证算法：这是一个确定性多项式时间算法，输入为签名 sign(m)、消息 m 和对应于私钥 SK 的公钥 PK，输出为"正确"或"错误"。正确就是验证通过，错误就是验证没通过。被验证为正确的签名称为有效签名。一个数字签名至少应满足正确性、不可伪造性和可仲裁性三个性质。

7.2.5　数字签名的分类

（1）基于数学难题的分类

根据数字签名方案所基于的数学难题，数字签名方案可分为基于离散对数问题的签名方案、基于素因子分解问题（包括二次剩余问题）的签名方案、基于椭圆曲线的数字签名方案、基于有限自动机理论的数字签名方案等。比如，ELGamal 数字签名方案和 DSA 数字签名方案都是基于离散对数问题的数字签名方案。而众所周知的 RSA 数字签名方案是基于素因子分解问题的数字签名方案。将离散对数问题和因子分解问题结合起来，又可以产生同时基于离散对数和素因子分解问题的数字签名方案。

（2）基于密码体制的分类

根据密码体制可以将数字签名分为对称密钥密码体制的数字签名和非对称密钥密码体制的数字签名两种。

对称密钥密码体制的数字签名：这种签名体制引入公证机关这个第三方，其文件的安全性和可靠性都取决于公证机关。具体来讲是先由发送方把明文用自己的密钥加密后传送给公证机关，公证机关用发送方的密钥对报文解密，再构造一个新报文，包括发送方的名字、地址、时间及原报文，用只有公证机关知道的密钥加密后送回发送方，发送方把此加密后的新报文发送给接收方，接收方因为不知道密码而无法恢复原报文，只能将此报文发至公证机关，公证机关解密后再用接收方的密钥进行加密，发回接收方，接收方即可解密还原报文。从以上过程不难看出，这种体制的数字签名由于两次通过公证机关，增加了报文的传输时间，降低了报文的传输效率。

非对称密钥密码体制的数字签名方案：这种体制的独特优点是具有公开密钥和秘密密钥两个密钥，以至于特别适合实现数字签名。其过程为：发送方先用其秘密密钥对报文进行解密运算，然后用接收方的公开密钥进行加密运算后，传送至接收方，接收方收到该报文后先用自己的秘密密钥进行解密运算，再用发送方的公开密钥进行加密运算，即可恢复出明文。在此过程中，因为除了发送方自己外，没有别人具有其解密密钥，所以除了发送方自己外，没有别人能产生密文，报文就被签名了。如果发送方抵赖曾发送报文给接收方，接收方可将发送方产生的密文出示给公证机关，公证机关用发送方的公开密钥去证实其发文的确实性，反之，如接收方对报文进行伪造篡改，则其不能用发送方的公开密钥进行加密后发送给第三方，证明其伪造了报文。以上过程表明，用非对称密钥密码体制实现数字签名既简便又安全。

（3）基于特殊用途的分类

当一般数字签名方案不能满足某些特别的签名需要时，便需要借助特殊数字签名方案。下面对几种常用的特殊数字签名进行简要的介绍。

盲签名（Blind Signature）：有时候消息的拥有者想让签名者对消息进行签名，而又不希望签名者知道消息的具体内容，同时签名者也不想了解所签消息的具体内容，他只是想让人们知道他曾经签署过这个消息，这时就需要使用盲签名。由于盲签名具有匿名的性质，因此在电子货币和电子选举系统中得到了广泛的应用。

双重签名（Dual Signature）：例如在安全电子交易（SET）协议中，交易时，客户需要发送订购信息（Order Information，OI）给商家，发送支付信息（Payment Information，PI）给银行。而客户发往银行的支付指令是通过商家转发的，为了避免在交易的过程中商家窃取客户的信用卡信息，以及避免银行跟踪客户的行为，侵犯消费者的隐私，商家不需要知道客户的信用卡信息，银行也不需要知道客户订单的细节。但同时又不能影响商家和银行对客户所发信息的合理验证，这时 SET 协议可以采用双重签名来解决这一问题。在双重签名中，签名者希望验证者只知道报价单，中间人只知道授权指令，能够让中间人在签名者和验证者报价相同的情况下进行授权操作。

群签名（Group Signature）：允许一个群体中的成员以整个群体的名义进行数字签名，并且验证者能够确认签名者的身份。群签名中重要的是群密钥的分配，以能够高效处理群成员的动态加入和退出。一般的群密钥管理可以分为两大类别：集中式密钥管理和分布式密钥管理。

代理签名（Proxy Signature）：现实生活中人们常常会将自己的签名权力委托给可信的代理人，让代理人代表他们在文件上盖章或签名。在数字化的信息社会中，人们使用数字签名的过程中仍然会遇到需要将签名权力委托或转移给他人的情况。这时候就需要用到代理签名，代理签名允许密钥持有者授权第三方，获得授权的第三方能够代表密钥持有者进行数字签名。

（4）其他分类

根据接收者验证签名的方式可将数字签名分为真数字签名和仲裁数字签名两类。从签名者在一个数字签名方案中所能签的消息的个数来分，可将数字签名分为一次数字签名和非一次数字签名。根据数字签名方案中的验证方程是否为隐式或显式，可将数字签名分为隐式数字签名和显式数字签名。根据数字签名的功能，可将数字签名分为普通的数字签名和具有特殊性质的数字签名。

7.2.6 数字签名的安全性

针对数字签名的安全性的研究，即鉴定签名方案是否满足信息完整性、抗修改性和抗抵赖性等安全性质，一直是促进该项技术发展的重要方面之一。安全性的主要研究方法是从理论上进行分析，分析的技术分为三种：

（1）安全性评估。在数字签名方案设计的过程中，设计者对所设计的方案进行相关的密码分析，尽可能保证其在所能考虑到的范围内的安全性。由于一般情况下，方案设计者无法穷举所有可能出现的情况，因此这种分析不是证明，只是一种对签名方案安全性的评估，可以在一定程度上使用户对方案拥有信心。

（2）安全性证明。这种方式主要应用在数字签名方案设计的过程中，证明数字签名方案被密码攻击者破译的难度与破解一个公认的难题相当。目前主要的技术方案有两类——基于随机应答模型与基于标准模型。前者就是假设 Hash 函数是一个对所有请求都会做出随机应答的随机黑盒应答器，相同的请求得到的应答完全相同。然而实际上，Hash 函数并不满足这个假设，所以基于随机应答模型的证明不完全可靠。后者是指在不需要不合理假设的情况下，证明方案是安全的，所谓的标准模型本质上并不是一个具体的模型，仅是针对随机应答模型而言的。

（3）攻击。此类技术是指对方案的安全缺陷进行研究，主要针对的是目前已知的数字签名方案。分析人员从攻击者的角度进行演绎与推理，尝试通过不同的手段获取在方案安全性规定下不应该或者不能够获取的信息。如果成功地获取到了这样的信息，就找出了已知方案所存在的安全性缺陷，然后再次分析整个推理过程。针对攻击的分析中，恶意分析者被称为攻击者，方案分析人员演绎与推理的过程被称为一个攻击方法。攻击分析促使人们对存在安全性缺陷的方案进行改进或者直接淘汰，从客观上提升了数字签名的安全性。

7.2.7　数字签名的特征与应用

一个优秀的数字签名应当具备下列特征：

（1）消息发送方一旦给接收方发出签名之后，不可以再对他所签发的消息进行否认。

（2）消息接收方可以确认并证实发送方的签名，但是不可以伪造签名。

（3）如果签名是复制其他的签名获得的，那么消息接收方可以拒绝签名的消息，即不可以通过复制的方式将一个消息的签名变成其他消息的签名。

（4）如果消息接收方已收到签名的消息，就不能再否认。

（5）可以存在第三方确认通信双方之间的消息传输的过程，但是不可以伪造这个过程。

在互联网和通信技术迅猛发展的潮流下，电子商务一跃成为商务活动的新模式，越来越多的信息都以数字化的形式在互联网上流动。在传统的商务系统中，一般都是利用纸质文件的签名或印章等物来规定某些具有契约性质的责任，而在电子商务系统中，当事人身份与数据信息的真实性是利用传送的文件的电子签名进行证实的。电子商务包括电子数据交换、管理信息系统、商业增值网、电子订货系统等，其中电子数据交换既是电子商务这些部分的核心，又是一项涉及多个环节的复杂的人机工程，同时对信息安全性的要求也相当高。互联网环境的开放性、共享性等特点使得网络信息安全变得异常脆弱，如何保证数据信息在互联网上传输的安全性以及交易双方的身份确认，不仅是电子商务的必然要求，也是电子商务能否得到长足发展的关键。作为电子商务安全性的重要保障之一，RSA 公钥签名方案相对成功地解决了上述问题，并在各种互联网行为中都有着广泛的应用。

7.3　RSA 公钥算法在数字签名中的应用

基于公钥体制的 RSA 算法为信息安全传输的问题提供了新的解决思路和技术，也被用作数字签名方案，在实现消息认证方面得到了深入的应用。总的来说，RSA 公钥签名方案包括消息空间、参数生成算法、签名算法和验证算法等部分。签名和验证的过程具体包括消息摘要的生成、大素数和密钥的生成以及消息签名、消息验证等几个步骤。

传统的签名方案使用 RSA 公钥算法进行数字签名，签名的过程如下：

（1）参数的选择和密钥的生成。

（2）签名过程：用户 A 对消息 M 进行签名，则计算：

$$S=Sig(M)=M^d \bmod n$$

d 是私钥，相当于用私钥进行加密运算（但最好不要习惯说私钥加密，说私钥签名比较好，否则容易和公钥加密混淆，加密就是加密，签名就是签名，两者的目的不同，私钥是为了签名，不是加密。有些算法库提供了私钥加密函数，大家应该清楚实际上是私钥签名），然后将签名结果 S 作为用户 A 对消息 M 的数字签名附在消息 M 后面，发送给用户 B。

（3）验证过程：用户 B 验证用户 A 对 M 的数字签名 S，则计算：$M'=S^e \bmod n$，然后判断 M'和 M 是否相等，若二者相等，则可以证明签名 S 的确来源于用户 A，否则签名 S 有可能为伪造的签名。例如，假设用户 A 选取 p=823、q=953，那么模数 n=784319、φ(n)=(p-1)(q-1)=782544，然后选取 e=313 并计算出 d=160009，则公钥为(313,784319)，私钥为(160009,784319)。如果现在用户 A 拟发送消息 M=19070 给用户 B，用私钥对消息进行签名：M：19070->S=(19070)^{160009} mod 784319 = 210625 mod 78319，用户 A 将消息和签名同时发送给用户 B，用户 B 接收消息和签名，并计算出 M'：

$$M'=210625^{313} \bmod 784319=19070 \bmod 794319->M=M' \bmod n$$

因此，用户 B 验证了用户 A 的签名，并接收了消息。

在实际的应用过程中，待签名的消息一般都比较长，因此需要对消息明文先进行分组，然后对不同的分组明文分别进行签名。这样会致使算法对于长文件签名的效率十分低下。为了解决这个问题，可以利用单项摘要函数（Hash 函数），即在对消息进行签名之前，事先使用 Hash 函数对需要签名的消息做 Hash 变换，对变换后的摘要消息再进行数字签名。

增加了 Hash 运算，则发送者要发送三样东西：原文、原文的摘要值和摘要的数字签名值。这样，接收者收到三样东西：原文、原文的摘要以及摘要的数字签名。接收者先对原文做摘要，然后和收到的摘要值做比较，如果一致就说明原文没有被篡改过，接着用发送者的公钥对数字签名做验签，如果通过就说明一定是发送者本人发来的（因为只有拥有私钥的发送者才能签出这样一份数字签名）。

7.4 使用 OpenSSL 命令进行签名和验签

本节以 RSA 私钥签名为例进行介绍。首先生成 RSA 密钥对。打开操作系统的命令行窗口，输入 cd 进入 D:\openssl-1.1.1b\win32-debug\bin\，然后输入 openssl.exe，并按回车键开始运行。

我们输入生成私钥的命令：genrsa -out prikey.pem，如图 7-2 所示。

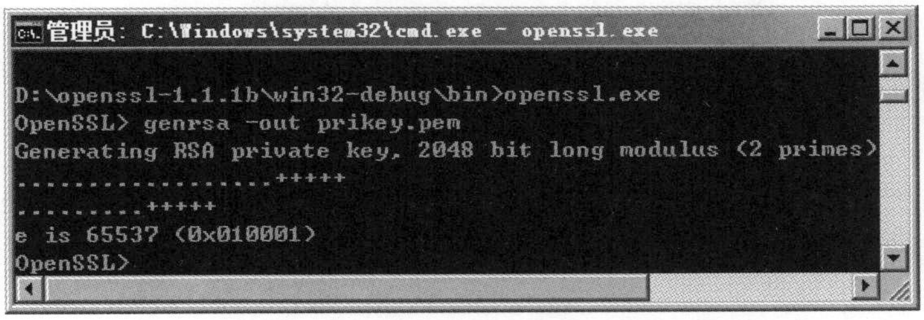

图 7-2

默认生成了一个长度为 2048 位的私钥。执行后，将在 D:\openssl-1.1.1b\win32-debug\bin\ 下生成一个名为 prikey.pem 的私钥文件，它是 PEM 格式的。

接着从私钥中导出公钥，输入命令：rsa -in prikey.pem-pubout -out pubkey.pem，如图 7-3 所示。

图 7-3

执行后，将在同目录下生成公钥文件 pubkey.pem。

公私钥准备好后，就可以开始签名了。我们用 RSA 私钥对 SHA1 计算得到的摘要值进行签名。首先，准备原文件，可以在 D:\openssl-1.1.1b\win32-debug\bin\下新建一个文本文件 file.txt，输入一行内容：helloworld，然后保存退出。接着，在 OpenSSL 提示符下，输入命令：

```
dgst -sign prikey.pem -sha1 -out sha1_rsa_file.sign file.txt
```

执行后，将在同目录下生成一个签名文件 sha1_rsa_file.sign，其内容就是摘要的 RSA 数字签名。

至此，签名工作完成。下面开始用相应的公钥和相同的摘要算法进行验签，在 OpenSSL 提示符下输入命令：

```
dgst -verify pubkey.pem -sha1 -signature sha1_rsa_file.sign file.txt
```

执行后，如果验签通过，就提示 Verified OK，如图 7-4 所示。

图 7-4

至此，RSA 验签成功。

7.5 基于 OpenSSL 的签名验签编程

和 RSA 加解密一样，签名验签的编程方式也有两种，一种是直接调用 RSA 加解密函数进行签名和验签，这种方式简称直接方式；另一种是使用 EVP 系列函数。

7.5.1 直接使用 RSA 函数进行签名验签

对于 RSA 签名，OpenSSL 提供了 RSA_sign 和 RSA_verify 这两个函数来完成签名和验签。其中，函数 RSA_sign 用于对摘要进行签名，它使用私钥对指定摘要算法的摘要结果进行签名，该函数声明如下：

```
int RSA_sign(int type, const unsigned char *m, unsigned int m_length,unsigned char *sigret, unsigned int *siglen, RSA *rsa);
```

其中，参数 type 表示摘要值所采用的摘要算法，常用取值如下：

- NID_md5：表示 MD5 摘要算法。
- NID_sha：表示 SHA 摘要算法。
- NID_sha1：表示 SHA1 摘要算法。
- NID_md5_sha1：表示同时做 MD5 和 SHA1 摘要。

参数 m 表示要签的摘要值；m_length 表示摘要 m 的长度；sigret 表示输出的签名结果；siglen 表示签名结果的长度；rsa 指向 RSA 结构体。如果函数执行成功就返回 1，否则返回 0。

RSA_sign 函数使用 PKCS#1 v2.0 中指定的私钥 RSA，对大小为 m_len 的消息摘要 m 进行签名。它将签名结果存储在 sigret 中，签名大小存储在 siglen 中。sigret 必须指向 RSA_size(RSA) 字节大小的内存缓冲区。

通常在函数 RSA_sign 调用前，要调用摘要函数对原文进行摘要计算，然后把摘要结果传到 RSA_sign 函数中。

函数 RSA_verify 验证 siglen 大小的签名 sigbuf 是否与 m_len 大小的给定消息摘要 m 匹配。类型表示用于生成签名的消息摘要算法。rsa 是签名者的公钥。该函数声明如下：

```
int RSA_verify(int type, const unsigned char *m, unsigned int m_length, const unsigned char *sigbuf, unsigned int siglen, RSA *rsa);
```

其中，参数 type 表示摘要值所采用的摘要算法，常用取值如下：

- NID_md5：表示 MD5 摘要算法。
- NID_sha：表示 SHA 摘要算法。
- NID_sha1：表示 SHA1 摘要算法。
- NID_md5_sha1：表示同时做 MD5 和 SHA1 摘要，此时 m_length 应该是 36，md5 是 16 字节，sha1 是 20 字节，一共 36 字节。在 RSA_sign 源码（rsa_sign.c）中，如果 m_length 不是 36，将返回 0，代码片段如下：

```
if (type == NID_md5_sha1) {
    if (m_len != SSL_SIG_LENGTH) {    // SSL_SIG_LENGTH 是一个宏，值是 36
        RSAerr(RSA_F_RSA_SIGN, RSA_R_INVALID_MESSAGE_LENGTH);
        return (0);
    }
...
```

参数 m 表示摘要值；m_length 表示摘要 m 的长度；sigbuf 表示输出的签名结果；siglen 表示签名结果的长度；rsa 指向 RSA 结构体，用于存放公钥。如果函数验签成功就返回 1，否则返回 0。

【例 7.1】 直接方式签名验签

（1）打开 VC 2017，新建一个控制面板工程，工程名是 test。

（2）在工程中打开 test.cpp，并输入代码如下：

```cpp
#include "pch.h"
#include <iostream>
#include<openssl/pem.h>
#include<openssl/ssl.h>
#include<openssl/rsa.h>
#include<openssl/evp.h>
#include<openssl/bio.h>
#include<openssl/err.h>
#include <stdio.h>
#include<iostream>
#include<fstream>

using namespace std;


#ifdef WIN32
#pragma comment(lib, "libcrypto.lib")
#pragma comment(lib, "ws2_32.lib")
#pragma comment(lib, "crypt32.lib")
#endif

int padding = RSA_PKCS1_PADDING;

char publicKey[] = "-----BEGIN PUBLIC KEY-----\n"\
"MIIBIjANBgkqhkiG9w0BAQEFAAOCAQ8AMIIBCgKCAQEAy8Dbv8prpJ/0kKhlGeJY\n"\
"ozo2t60EG8L0561g13R29LvMR5hyvGZlGJpmn65+A4xHXInJYiPuKzrKUnApeLZ+\n"\
"vw1HocOAZtWK0z3r26uA8kQYOKX9Qt/DbCdvsF9wF8gRK0ptx9M6R13NvBxvVQAp\n"\
"fc9jB9nTzphOgmM4JiEYvlV8FLhg9yZovMYd6Wwf3aoXK891VQxTr/kQYoq1Yp+68\n"\
"i6T4nNq7NWC+UNVjQHxNQMQMzU6lWCX8zyg3yH88OAQkUXIXKfQ+NkvYQ1cxaMoV\n"\
"PpY72+eVthKzpMeyHkBn7ciumk5qgLTEJAfWZpe4f4eFZj/Rc8Y8Jj2IS5kVPjUy\n"\
"wQIDAQAB\n"\
"-----END PUBLIC KEY-----\n";

char privateKey[] = "-----BEGIN RSA PRIVATE KEY-----\n"\
"MIIEowIBAAKCAQEAy8Dbv8prpJ/0kKhlGeJYozo2t60EG8L0561g13R29LvMR5hy\n"\
```

```
"vGZlGJpmn65+A4xHXInJYiPuKzrKUnApeLZ+vw1HocOAZtWK0z3r26uA8kQYOKX9\n"\
"Qt/DbCdvsF9wF8gRK0ptx9M6R13NvBxvVQApfc9jB9nTzphOgM4JiEYvlV8FLhg9\n"\
"yZovMYd6Wwf3aoXK891VQxTr/kQYoq1Yp+68i6T4nNq7NWC+UNVjQHxNQMQMzU6l\n"\
"WCX8zyg3yH88OAQkUXIXKfQ+NkvYQ1cxaMoVPpY72+eVthKzpMeyHkBn7ciumk5q\n"\
"gLTEJAfWZpe4f4eFZj/Rc8Y8Jj2IS5kVPjUywQIDAQABAoIBADhg1u1Mv1hAAlX8\n"\
"omz1Gn2f4AAW2aos2cM5UDCNw1SYmj+9SRIkaxjRsE/C4o9sw1oxrg1/z6kajV0e\n"\
"N/t008FdlVKHXAIYWF93JMoVvIpMmT8jft6AN/y3NMpivgt2inmmEJZYNioFJKZG\n"\
"X+/vKYvsVISZm2fw8NfnKvAQK55yu+GRWBZGOeS9K+LbYvOwcrjKhHz66m4bedKd\n"\
"gVAix6NE5iwmjNXktSQlJMCjbtdNXg/xo1/G4kG2p/MO1HLcKfe1N5FgBiXj3Qjl\n"\
"vgvjJZkh1as2KTgaPOBqZaP03738VnYg23ISyvfT/teArVGtxrmFP7939EvJFKpF\n"\
"1wTxuDkCgYEA7t0DR37zt+dEJy+5vm7zSmN97VenwQJFWMiulkHGa0yU3lLasxxu\n"\
"m0oUtndIjenIvSx6t3Y+agK2F3EPbb0AZ5wZ1p1IXs4vktgeQwSSBdqcM8LZFDvZ\n"\
"uPboQnJoRdIkd62XnP5ekIEIBAfOp8v2wFpSfE7nNH2u4CpAXNSF9HsCgYEA2l8D\n"\
"JrDE5m9Kkn+J4l+AdGfeBL1igPF3DnuPoV67BpgiaAgI4h25UJzXiDKKoa706S0D\n"\
"4XB74zOLX11MaGPMIdhlG+SgeQfNoC5lE4ZWXNyESJH1SVgRGT9nBC2vtL6bxCVV\n"\
"WBkTeC5D6c/QXcai6yw6OYyNNdp0uznKURe1xvMCgYBVYYcEjWqMuAvyferFGV+5\n"\
"nWqr5gM+yJMFM2bEqupD/HHSLoeiMm2O8KIKvwSeRYzNohKTdZ7FwgZYxr8fGMoG\n"\
"PxQ1VK9DxCvZL4tRpVaU5Rmknud9hg9DQG6xIbgIDR+f79sb8QjYWmcFGc1SyWOA\n"\
"SkjlykZ2yt4xnqi3BfiD9QKBgGqLgRYXmXp1QoVIBRaWUi55nzHg1XbkWZqPXvz1\n"\
"I3uMLv1jLjJlHk3euKqTPmC05HoApKwSHeA0/gOBmg404xyAYJTDcCidTg6hlF96\n"\
"ZBja3xApZuxqM62F6dV4FQqzFX0WWhWp5n301N33r0qR6FumMKJzmVJ1TA8tmzEF\n"\
"yINRAoGBAJqioYs8rK6eXzA8ywYLjqTLu/yQSLBn/4ta36K8DyCoLNlNxSuox+A5\n"\
"w6z2vEfRVQDq4Hm4vBzjdi3QfYLNkTiTqLcvgWZ+eX44ogXtdTDO7c+GeMKWz4XX\n"\
"uJSUVL5+CVjKLjZEJ6Qc2WZLl94xSwL71E41H4YciVnSCQxVc4Jw\n"\
"-----END RSA PRIVATE KEY-----\n";


//把字符串写成 public.pem 文件
int createPublicFile(char *file, const string &pubstr)
{
    if (pubstr.empty())
    {
        printf("public key read error\n");
        return (-1);
    }
    int len = pubstr.length();
    string tmp = pubstr;
    for (int i = 64; i < len; i += 64)
    {
        if (tmp[i] != '\n')
        {
            tmp.insert(i, "\n");
        }
        i++;
    }
    tmp.insert(0, "-----BEGIN PUBLIC KEY-----\n");
    tmp.append("\n-----END PUBLIC KEY-----\n");

    //写文件
    ofstream fout(file);
    fout<<tmp.c_str();
```

```
        return (0);
}

//把字符串写成 private.pem 文件
int createPrivateFile(char *file, const string &pristr)
{
    if (pristr.empty())
    {
        printf("public key read error\n");
        return (-1);
    }
    int len = pristr.length();
    string tmp = pristr;
    for (int i = 64; i < len; i += 64)
    {
        if (tmp[i] != '\n')
        {
            tmp.insert(i, "\n");
        }
        i++;
    }
    tmp.insert(0, "-----BEGIN RSA PRIVATE KEY-----\n");
    tmp.append("-----END RSA PRIVATE KEY-----\n");

    //写文件
    ofstream fout(file);
    fout << tmp.c_str();

    return (0);
}

//读取密钥
RSA* createRSA(unsigned char*key, int publi)
{
    RSA *rsa = NULL;
    BIO*keybio;
    keybio = BIO_new_mem_buf(key, -1);
    if (keybio == NULL)
    {
        printf("Failed to create key BIO\n");
        return 0;
    }

    if (publi)
    {
        rsa = PEM_read_bio_RSA_PUBKEY(keybio, &rsa, NULL, NULL);
    }
    else
    {
        rsa = PEM_read_bio_RSAPrivateKey(keybio, &rsa, NULL, NULL);
```

```
        }
        if (rsa == NULL)
        {
            printf("Failed to create RSA\n");
        }
        return rsa;
    }


    //公钥加密
    int public_encrypt(unsigned char*data, int data_len, unsigned char*key, unsigned char*encrypted)
    {
        RSA* rsa = createRSA(key, 1);
        int result = RSA_public_encrypt(data_len, data, encrypted, rsa, padding);
        return result;
    }
    //私钥解密
    int private_decrypt(unsigned char*enc_data, int data_len, unsigned char*key, unsigned char*decrypted)
    {
        RSA* rsa = createRSA(key, 0);
        int result = RSA_private_decrypt(data_len, enc_data, decrypted, rsa, padding);
        return result;
    }


    int public_decrypt(unsigned char*enc_data, int data_len, unsigned char*key, unsigned char*decrypted)
    {
        RSA* rsa = createRSA(key, 1);
        int result = RSA_public_decrypt(data_len, enc_data, decrypted, rsa, padding);
        return result;
    }


    //私钥签名
    int private_sign(const unsigned char *in_str, unsigned int in_str_len, unsigned char *outret, unsigned int *outlen,
unsigned char*key)
    {
        RSA* rsa = createRSA(key, 0);

        unsigned char md[20]="";
        SHA1(in_str, in_str_len, md);
        int result = RSA_sign(NID_sha1, md, 20, outret, outlen, rsa);
        if (result != 1)
        {
            printf("sign error\n");
            return -1;
        }
        return result;
    }
    //公钥验签
    int public_verify(const unsigned char *in_str, unsigned int in_len, unsigned char *outret, unsigned int outlen,
unsigned char*key)
```

```
{
    RSA* rsa = createRSA(key, 1);
    unsigned char md[20] = "";
    SHA1(in_str, in_len, md);
    int result = RSA_verify(NID_sha1, md, 20, outret, outlen, rsa);
    if (result != 1)
    {
        printf("verify error\n");
        return -1;
    }
    return result;
}

int main()    //主函数
{
    char plainText[2048 / 8] = "hello";//key length : 2048
    printf("create pem file\n");
//自己预定义公钥
    string strPublicKey =
"MIGfMA0GCSqGSIb3DQEBAQUAA4GNADCBiQKBgQChNr0TmflORv9C62+tSAYhyj4DwB6fyOHqttddq8Y+
R+8cIGT7EKuqSRuUUuLVBN6IIjd14UkxxtjHqrDxPWZz9WfX0LB2lTmnSdkg9Q10IfP9ZrVCW8Pe5vJ7gt5iQ4l
OebdqR47+ef9E7oE+eJFQhxSYGGy/FnKjBkadJQtwPQIDAQAB";
    int file_ret = createPublicFile((char*)"public_test.pem", strPublicKey);    //自己建立公钥文件

    unsigned char encrypted[4098] = {};
    unsigned char decrypted[4098] = {};
    unsigned char signret[4098] = {};
    unsigned int siglen;

    printf("source data=[%s]\n", plainText);

    printf("public encrytpt ----private decrypt \n\n");
    int encrypted_length = public_encrypt((unsigned char*)plainText, strlen(plainText), (unsigned
char*)publicKey, encrypted);
    if (encrypted_length == -1)
    {
        printf("encrypted error \n");
        exit(0);
    }
    printf("Encrypted length =%d\n", encrypted_length);
    int decrypted_length = private_decrypt((unsigned char*)encrypted, encrypted_length, (unsigned
char*)privateKey, decrypted);
    if (decrypted_length == -1)
    {
        printf("decrypted error \n");
        exit(0);
    }
    printf("DecryptedText =%s\n", decrypted);
    printf("DecryptedLength =%d\n", decrypted_length);
```

```
        printf("\nprivate sign ----public verify :%d\n\n");
        int ret = private_sign((const unsigned char*)plainText, strlen(plainText), signret, &siglen, (unsigned
char*)privateKey);
        printf("sign ret =[%d]\n", ret);
        ret = public_verify((const unsigned char*)plainText, strlen(plainText), signret, siglen, (unsigned
char*)publicKey);
        if(ret==1)
            printf("verify OK,ret =[%d]\n", ret);
        else
            printf("verify failed,ret =[%d]\n", ret);

        return (0);
    }
```

在代码中，我们对明文 hello 进行了加解密及签名和验签，签名和验签所使用的摘要算法是 SHA1，它的结果是 20 字节。

本例所使用的公私钥是预定义的，首先预定义了一段公钥存于 strPublicKey 中，并建立了一个公钥文件 public_test.pem，这给大家演示了如何手工构造一个 PEM 文件，其实并不神秘。然后我们显式地进行了加解密，解密时的私钥 privateKey 是一个全局变量，也是预置的私钥，效果其实和从 PEM 文件中读取是一样的，最终都是构造出 RSA 结构体来，构造 RSA 结构体的操作是在自定义函数 createRSA 中进行的，该函数的第二个参数 publi 用于标记是构造公钥还是私钥，如果是构造公钥就调用 PEM_read_bio_RSA_PUBKEY 函数，否则调用 PEM_read_bio_RSAPrivateKey 函数，这两个函数都是从内存中读取的公私钥内容（比如是已经准备的 PEM 格式，这很明显，因为这两个函数名的开头都是 PEM_）。

最后，在工程属性中添加附加包含目录：D:\openssl-1.1.1b\win32-debug\include，再添加附加库目录：D:\openssl-1.1.1b\win32-debug\lib。

（3）保存工程并运行，运行结果如图 7-5 所示。

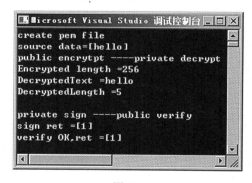

图 7-5

7.5.2 使用 EVP 系列函数进行签名验签

使用 EVP 系列函数进行签名，流程和摘要编程一样，也是三部曲，即签名初始化、签名更新（Update，一次或多次）、签名结束（Final）出结果。验签也是如此，即验签初始化、验签（一次或多次）、验签结束。

　　OpenSSL 在 Evp.h 中对签名和验证函数进行了封装。对数据签名其实就是对数据的摘要进行私钥加密。验证签名就是解密签名数据，和原始的摘要对比是否一样。在 OpenSSL 中签名是先对原始数据计算摘要，再对摘要进行私钥加密。在 OpenSSL 验证签名的过程是对原始消息计算摘要，解密签名值，和摘要对比是否一致。如果一致，就说明签名有效；否则认为原名或签名值被篡改。数字签名结合数字证书可以实现身份认证、防篡改、防抵赖的功能。签名的数据格式为 PKCS#1。

　　OpenSSL 处理签名的函数主要有 EVP_SignInit_ex、EVP_SignUpdate 和 EVP_SignFinal。验证签名的函数主要有 EVP_VerifyInit_ex、EVP_Verify_Update 和 EVP_VerifyFinal。其中，EVP_SignInit_ex 和 EVP_VerifyInit_ex 是摘要函数 EVP_DigestInit_ex 的宏定义，EVP_SignUpdate 和 EVP_VerifyUpdate 是摘要函数 EVP_Digest_Update 的宏定义。

1. 签名初始化函数 EVP_SignInit_ex

　　函数 EVP_SignInit_ex 用于签名初始化，这是签名工作的第一步，主要功能是设置摘要算法和摘要算法引擎等。该函数是一个宏定义函数，其实际定义如下：

```
#define EVP_SignInit_ex(a,b,c)   EVP_DigestInit_ex(a,b,c)
```

　　函数 EVP_DigestInit_ex 声明如下：

```
int EVP_DigestInit_ex(EVP_MD_CTX *ctx, const EVP_MD *type, ENGINE *impl);
```

　　其中，参数 ctx[in]指向 EVP_MD_CTX 结构体的指针；type[in]表示要使用的摘要算法，其值可以由表 7-1 所示的算法取得。

表 7-1　摘要算法

摘要算法	说　明
const EVP_MD *EVP_md2();	MD2 摘要算法
const EVP_MD *EVP_md4();	MD4 摘要算法
const EVP_MD *EVP_md5();	MD5 摘要算法
const EVP_MD *EVP_sha();	SHA 摘要算法
const EVP_MD *EVP_sha1();	SHA1 摘要算法
const EVP_MD *EVP_dss();	DSS 摘要算法
const EVP_MD *EVP_mdc2();	MDC2 摘要算法

　　参数 impl[in]表示摘要算法使用的引擎。应用程序可以使用自定义的算法引擎，如硬件摘要算法等。如果此参数为 NUL，就使用默认引擎。如果函数执行成功就返回 1，否则返回 0。

2. 签名函数 EVP_SignUpdate

　　这是签名三部曲中第二步要调用的函数，可以被多次调用，这样就可以处理大数据了。该函数也是宏定义函数，在 openssl/evp.h 文件中声明如下：

```
#define EVP_SignUpdate(a,b,c)        EVP_DigestUpdate(a,b,c)
```

EVP_DigestUpdate 函数声明如下:

```
int EVP_DigestUpdate(EVP_MD_CTX *ctx, const void *d, size_t cnt);
```

其中，参数 ctx[in]指向摘要上下文结构体，该结构体必须是已经初始化过的了；d[in]指向要进行摘要计算的源数据的缓冲区；cnt[in]表示要进行摘要计算的源数据的长度，单位是字节。如果函数执行成功就返回 1，否则返回 0。

3. 签名结束函数 EVP_SignFinal

这是签名三部曲中的第三步要调用的函数，也是最后一步调用的函数，该函数只能调用一次，而且是最后调用，调用完该函数，签名结果也就出来了。该函数声明如下:

```
int EVP_SignFinal(EVP_MD_CTX *ctx, unsigned char *md, unsigned int *s,EVP_PKEY *pkey);
```

其中，参数 ctx[in]指向摘要上下文结构体，该结构体必须是已经初始化过的了；md[out]存放输出的签名结果，对于不同的哈希算法，哈希结果长度不同，因此 md 所指向的缓冲区长度要注意不要开辟小了；s[out]指向整型变量的地址，该变量存放输出其签名结果的长度；pkey[in]表示签名的私钥。如果函数执行成功就返回 1，否则返回 0。

4. 验签初始化函数 EVP_VerifyInit_ex

前面理论部分讲到，因为验签的时候也要计算原文的摘要，所以这里初始化的时候肯定要设置和签名时一样的摘要算法。

函数 EVP_VerifyInit_ex 用于验签初始化，设置摘要算法、引擎等。该函数也是一个宏定义函数，它和消息摘要函数是一样的，函数声明如下:

```
#define    EVP_VerifyInit_ex(a,b,c)    EVP_DigestInit_ex(a,b,c)
```

函数 EVP_DigestInit_ex 声明如下:

```
int EVP_DigestInit_ex(EVP_MD_CTX *ctx, const EVP_MD *type, ENGINE *impl);
```

其中，参数 ctx[in]指向 EVP_MD_CTX 结构体的指针；type[in]表示要使用的摘要算法，其值可以由表 7-1 所示的算法取得；参数 impl[in]表示摘要算法使用的引擎。应用程序可以使用自定义的算法引擎，如硬件摘要算法等。如果此参数为 NULL，就使用默认引擎。如果函数执行成功就返回 1，否则返回 0。

5. 验签函数 EVP_VerifyUpdate

这是验签三部曲中第二步调用的函数，可以被多次调用，这样就可以处理大数据了。该函数也是宏定义函数，在 openssl/evp.h 文件中声明如下:

```
#define EVP_VerifyUpdate(a,b,c)        EVP_DigestUpdate(a,b,c)
```

EVP_DigestUpdate 函数声明如下:

```
int EVP_DigestUpdate(EVP_MD_CTX *ctx, const void *d, size_t cnt);
```

其中，参数 ctx[in]指向摘要上下文结构体，该结构体必须是已经初始化过了的；d[in]指向要进行摘要计算的源数据的缓冲区；cnt[in]表示要进行摘要计算的源数据的长度，单位是字节。如果函数执行成功就返回 1，否则返回 0。

6. 验签结束函数 EVP_VerifyFinal

该函数是验签三部曲的最后一步，只需要调用一次，该函数调用后就可以得到验签结果了，即通过还是没通过。该函数声明如下：

```
int EVP_VerifyFinal(EVP_MD_CTX *ctx,const unsigned char *sigbuf,unsigned int siglen,EVP_PKEY *pkey);
```

其中，参数 ctx[in]指向摘要上下文结构体，该结构体必须是已经初始化过了的；sigbuf[in]存放签名值；siglen[in]指向签名者的长度；pkey[in]表示验签要使用的公钥。如果验签成功就返回 1，否则返回 0。

在使用完之后，ctx 必须使用 EVP_MD_CTX_cleanup 函数释放内存，否则会导致内存泄漏。

【例 7.2】EVP 方式签名和验签

（1）打开 VC 2017，新建一个控制面板工程，工程名是 test。

（2）在工程中打开 test.cpp，并输入代码如下：

```cpp
#include "pch.h"
#include <stdio.h>
#include <string.h>
#include <windows.h>
#include <openssl/evp.h>
#include <openssl/x509.h>

#ifdef WIN32
#pragma comment(lib, "libeay32.lib")
#endif

void tSign()
{
    unsigned char sign_value[1024];              //保存签名值的数组
    unsigned int sign_len;                       //签名值长度
    EVP_MD_CTX mdctx;                            //摘要算法上下文变量
    char mess1[] = "I love China!";              //待签名的消息
    RSA *rsa = NULL;                             //RSA 结构体变量
    EVP_PKEY *evpKey = NULL;                     //EVP KEY 结构体变量
    int i;

    printf("正在产生 RSA 密钥...");
    rsa = RSA_generate_key(1024, RSA_F4, NULL, NULL); //产生一个 1024 位的 RSA 密钥
    if (rsa == NULL)
    {
        printf("gen rsa err\n");
        return;
    }
    printf(" 成功.\n");
    evpKey = EVP_PKEY_new();                      //新建一个 EVP_PKEY 变量
    if (evpKey == NULL)
```

```
    {
        printf("EVP_PKEY_new err\n");
        RSA_free(rsa);
        return;
    }
    if (EVP_PKEY_set1_RSA(evpKey, rsa) != 1)              //保存 RSA 结构体到 EVP_PKEY 结构体
    {
        printf("EVP_PKEY_set1_RSA err\n");
        RSA_free(rsa);
        EVP_PKEY_free(evpKey);
        return;
    }
    //以下计算签名代码
    EVP_MD_CTX_init(&mdctx);                              //初始化摘要上下文
    if (!EVP_SignInit_ex(&mdctx, EVP_md5(), NULL))        //签名初始化，设置摘要算法，本例为 MD5
    {
        printf("err\n");
        EVP_PKEY_free(evpKey);
        RSA_free(rsa);
        return;
    }
    if (!EVP_SignUpdate(&mdctx, mess1, strlen(mess1)))    //计算签名（摘要）更新
    {
        printf("err\n");
        EVP_PKEY_free(evpKey);
        RSA_free(rsa);
        return;
    }
    if (!EVP_SignFinal(&mdctx, sign_value, &sign_len, evpKey))  //签名输出
    {
        printf("err\n");
        EVP_PKEY_free(evpKey);
        RSA_free(rsa);
        return;
    }
    printf("消息\"%s\"的签名值是: \n", mess1);
    for (i = 0; i < sign_len; i++)
    {
        if (i % 16 == 0)
            printf("\n%08xH: ", i);
        printf("%02x ", sign_value[i]);
    }
    printf("\n");
    //EVP_MD_CTX_cleanup(&mdctx);

    printf("\n 正在验证签名...\n");
    //以下验证签名代码
    EVP_MD_CTX_init(&mdctx);                                       //初始化摘要上下文
    if (!EVP_VerifyInit_ex(&mdctx, EVP_md5(), NULL))//验证初始化，设置摘要算法，一定要和签名一致
    {
        printf("EVP_VerifyInit_ex err\n");
        EVP_PKEY_free(evpKey);
        RSA_free(rsa);
        return;
    }
```

```
        if (!EVP_VerifyUpdate(&mdctx, mess1, strlen(mess1)))          //验证签名（摘要）更新
        {
            printf("err\n");
            EVP_PKEY_free(evpKey);
            RSA_free(rsa);
            return;
        }
        if (!EVP_VerifyFinal(&mdctx, sign_value, sign_len, evpKey))          //验证签名
        {
            printf("verify err\n");
            EVP_PKEY_free(evpKey);
            RSA_free(rsa);
            return;
        }
        else
        {
            printf("验证签名正确.\n");
        }
        //释放内存
        EVP_PKEY_free(evpKey);
        RSA_free(rsa);
        //EVP_MD_CTX_cleanup(&mdctx);
        return;
}
int main()
{
        OpenSSL_add_all_algorithms();     //所有算法初始化函数
        SignAndVerify();
        return 0;
}
```

在代码中，我们在自定义函数 SignAndVerify 中对原文"I love China!"这一段字符串先进行签名再验签，签名要用到 RSA 私钥，验签要用到 RSA 公钥，所以显示生成了 1024 位的 RSA 公私钥对，然后开始 EVP 三部曲签名和验签，它们所使用的哈希函数是 EVP_md5。

最后在工程属性的附加包含目录旁添加 C:\openssl-1.0.2m\inc32，在工程属性的附加库目录旁添加 C:\openssl-1.0.2m\out32dll。

（3）保存工程并运行，运行结果如图 7-6 所示。

图 7-6

第 8 章

◀ 椭圆曲线密码体制 ▶

椭圆曲线密码体制（Elliptic Curve Cryptography，ECC）是一种新的公钥密码体制，在保证相同安全强度的情况下，所需密钥长度较其他公钥密码体制要短得多，所以特别适合存储空间和运算速度受限的移动设备。目前，在许多安全标准中都用到了 ECC。标量乘运算是 ECC 的核心，它直接决定了 ECC 的实现速度。因此，椭圆曲线密码体制的快速实现成了许多密码学专家所关心的问题。本章首先介绍椭圆曲线的数学基础和基本概念，对有限域上椭圆曲线的基本运算进行讨论，通过分析对椭圆曲线离散对数问题的常用攻击算法，给出了选取安全椭圆曲线的原则，最后通过 VC 2017 实现 ECC 算法。

8.1 概述

8.1.1 信息安全技术

随着现代通信技术和计算机技术的兴起，尤其是网络技术的迅猛发展，网络在信息交流和信息处理方面发挥着越来越重要的作用，给人们的生活带来了极大的便利。人类社会已经进入信息时代，每天都有大量的信息在网络上进行传输和交换，信息安全已经不再是政治、军事、外交的特有问题，它更普遍地存在于人们生产和生活的各个方面。人们在享受高科技带来的方便的同时，对信息的安全存储、安全处理和安全传输也提出了更高的要求，信息安全技术便是解决这些问题的有效手段。

信息安全有两层含义：一是信息系统整体的安全，即信息系统安全、可靠、不间断地运行，为系统中的所有用户提供有效服务；二是信息系统中信息的安全，即系统中以各种形式存在的信息不会因为内部或外部的原因遭到泄露、破坏或篡改。针对信息系统中信息的安全问题，人们提出了数据机密性、完整性、可靠性和不可抵赖性等安全需求，这些需求可以由密码系统所提供的几种方案来解决。

（1）身份鉴别：消息的接收者应该能够确认消息的来源，入侵者不能伪装成他人。身份鉴别通过数字签名来实现。

（2）数据完整性：接收者能够验证消息在传送过程中是否被篡改，入侵者无法用假消息代替合法消息。数据的完整性通过数字签名来实现。

（3）不可抵赖性：发送者事后无法否认他曾经发送过的消息，接收者可以向中立的第三方证实发送者确实发送了某个信息。不可否认性通过数字签名来实现。

（4）机密性：消息在发送者和接收者之间秘密传输，非授权人员无法获取信息。机密性通过数据加密来实现。

8.1.2　密码体制

密码学理论是信息安全的基础，它是一门古老而年轻的科学，起源于古罗马时代。但是，直到近代，密码学才真正得到了快速发展和应用。各种密码技术都建立在一定的密码体制之上。根据加密密钥和解密密钥是否相同，密码体制分为对称（私钥）密码体制和非对称（公钥）密码体制。

对于对称密码体制，通信的双方必须就密钥的秘密性和真实性达成一致，然后他们就可以利用对称加密来确保通信数据的安全性。应用对称加密算法设计的方案称为对称加密方案。对称加密方案要求通信的双方共同拥有同一密钥，并且通信双方需要相信对方不会将该密钥泄漏给第三方。对称加密方案的优点是加解密速度快。但是，它也有一个缺点，对于有 n 个通信方的网络来说，一方与网络中的任何一方进行安全通信需要(n-1)(n-2)/2 个密钥。若网络较大，即 n 值较大的时候，密钥量会大增，不便于管理。所以，对称加密方案适宜在通信方较少的网络中使用。但是，在实际应用中，通常将对称加密算法和非对称加密算法结合起来使用。

公钥密码体制与对称密码体制不同，通信双方拥有的不是同一密钥，而是一对密钥，包括公钥和私钥。私钥不公开，只有自己知道；公钥公开，以便同一安全方案下的参与方都知道。应用非对称加密算法设计的方案称为非对称加密方案。对于 n 个通信方的网络来说，一方与网络中的任何一方进行安全通信只需要保存自身的一个私钥，与其他参与方通信的时候查找相应的公钥即可，非对称加密方案很好地解决了对称加密方案中的密钥管理问题。公钥密码体制的安全性都是基于求解某个数学问题的困难性，通过私钥可以很容易得到公钥，而通过公钥却很难得到私钥。

8.1.3　椭圆曲线密码体制

椭圆曲线密码体制最早于 1985 年由 Miller 和 Koblitz 分别独立提出，它是利用有限域上椭圆曲线有限点群代替基于离散对数问题的密码体制的有限循环群所得到的一类密码体制。与其他公钥密码体制相比，椭圆曲线密码体制具有两大潜在的优点：一是有取之不尽的椭圆曲线可用于构造椭圆曲线有限点群；二是不存在计算椭圆曲线有限点群的离散对数问题的亚指数算法，因此椭圆曲线密码系统被认为是下一代通用的公钥密码系统。

截至目前，应用较多且具有一定安全性又比较容易实现的公钥密码体制，按照其所基于的数学难题，可以分为：

（1）基于大整数因子分解问题（IFP）的密码体制。这类密码体制以 RSA 为代表，是目前应用广泛的公钥密码体制。它的安全性是基于大整数因子分解的困难性。

（2）基于有限域离散对数问题的密码体制。这类密码体制以 DSA 为代表。它的安全性是基于离散对数问题求解的困难性。

（3）椭圆曲线密码体制，是基于有限域椭圆曲线离散对数问题的密码体制。它的安全性是基于椭圆曲线上离散对数问题求解的困难性。注意，椭圆曲线之所以叫"椭圆曲线"，是因为其曲线方程跟利用微积分计算椭圆周长的公式相似。实际上它的图像跟椭圆完全不搭边。

椭圆曲线密码体制与其他两类密码体制相比有以下优点：

第一，安全性高。目前已知的所有公钥密码体制中，椭圆曲线密码体制是每比特能够提供最高安全强度的一种公钥密码体制，且不容易被攻破，在抗攻击方面具有绝对的优势。

第二，带宽低，实用性强。对长消息进行加解密，这三类公钥密码系统有着相同的带宽要求。但对于短消息，椭圆曲线密码系统所要求的带宽要低得多。采用 ECC 所设计的安全服务、数字签名和密钥交换都是基于短消息的，要处理的数据量小。因此，椭圆曲线密码系统有着广泛的应用前景。

第三，节省处理时间。相对于其他的公钥密码系统，椭圆曲线密码系统需要更少的计算时间。

第四，占用的存储空间小。在提供相同的安全级别的情况下，ECC 所要求的密钥长度比其他的公钥系统短得多，160 位 ECC 与 1024 位 RSA、DSA 具有相同的安全强度，210 位 ECC 则与 2048 位 RSA、DSA 具有相同的安全强度。这意味着可以节省更多的存储空间。

第五，生成密钥对简单。只要选取一个合适的大整数，然后通过标量乘运算就可以得出椭圆曲线的密钥对。生成密钥对相对于其他密码体制要快得多，而且简单得多。

尽管 ECC 相对于其他公钥密码体制有着无可比拟的优势，但是在实现椭圆曲线密码体制的时候，仍然有一些亟待解决的问题。其中包括两个方面，一是随机安全椭圆曲线的选取问题，二是椭圆曲线密码体制的快速实现问题。由于标量乘法是椭圆曲线密码系统实现过程中很基本、很耗时的运算，因此椭圆曲线密码系统快速实现的关键就是椭圆曲线群运算中的标量乘运算。

在数学中，标量乘法是由线性代数中的向量空间定义的基本运算，所谓标量便是没有方向的量，比如路程是标量，质量也是标量，标量之间的相乘符合基本的数乘。椭圆曲线标量乘运算指，给定椭圆曲线上一点 P 和一个大整数 k，计算 kP，即利用加法运算将点 P 与自身相加 k 次。在椭圆曲线密码体制的实现中，标量乘运算是关键。它相当于有限域中的指数运算，它的逆运算就是求解椭圆曲线离散对数问题。在椭圆曲线公钥密码体制中，数据加密和数字签名都要用到标量乘运算，因此快速标量乘算法对研究椭圆曲线密码体制有重要意义。

对一些特殊曲线或固定基点 P，现在已经有了较好的算法。但是对一般曲线或随机点 P，如何快速计算 kP 仍没有一个好的方法。要快速实现椭圆曲线密码体制有很多技术问题需要研究。例如，根据实际需求，如何选取有限域、如何选取安全的椭圆曲线、如何表示基域中的元素、采用何种坐标系及采用何种计算方法。另外，各种攻击算法的出现对椭圆曲线密码体制的快速实现也构成了很大的威胁，因此，人们必须在速度和安全之间寻找较佳的结合点。

标量乘运算可以分为两个不同的层次：一是上层运算，它是将 kP 的运算化简为椭圆曲线上的点加运算和倍点运算；二是底层运算，它是点加运算和倍点运算在椭圆曲线 $E(F_q)$ 上展开的运算。显然，上层运算是椭圆曲线 $E(F_q)$ 上的运算，其运算对象是 $E(F_q)$ 中的元素，也就是椭圆曲线群运算。而底层运算是有限域 F_q 上的运算，也就是有限域中的算术运算，它的运算对象是 F_q 中的元素。显然，为了实现椭圆曲线密码体制的快速运算，这两层都需要优化。

目前计算椭圆曲线单标量乘的算法主要有：二进制展开法、m 进制法、窗口算法以及目前速度很快也很常用的仿射坐标下的完全不连接形式（Non Adjacent-Form，NAF）二进制法。双标量乘算法有 JSF（Joint Spare Form）算法。多标量乘算法有 Shamir 算法、快速 Shamir 算法、Shamir-NAF 算法等。

近年来，国内外众多学者在椭圆曲线密码体制的快速算法研究方面做了大量的工作，提出了很多方法，而且有些算法仍在不断的研究和改进中。

8.1.4　为什么使用椭圆曲线密码体制

RSA 解决分解整数问题需要亚指数时间复杂度的算法，而目前已知计算椭圆曲线离散对数问题的最好方法都需要全指数时间复杂度。这意味着在椭圆曲线系统中只需要使用相对于 RSA 短得多的密钥，就可以达到与其相同的安全强度。例如，一般认为 160 比特的椭圆曲线密钥提供的安全强度与 1024 比特的 RSA 密钥相当。使用短密钥的好处在于加解密速度快、节省能源、节省带宽、存储空间。

鉴于上述优点，比特币以及中国的二代身份证都使用了 256 比特的椭圆曲线密码算法。

8.2　背景基础知识

椭圆曲线的研究至今已有一百余年的历史，它是代数几何中的一个重要概念，通过引入有限域上的椭圆曲线这一概念，使其在密码学上有了重要应用。首先引入一个无穷远点，将这个点与椭圆曲线上的其他点放在一起共同构成一个椭圆曲线上点的集合，在这个集合上定义相关运算而构成一个群，常用的椭圆曲线密码体制中用到的群只有 GF(p) 与 GF(2^m) 两种，椭圆曲线加密算法都是基于椭圆曲线群上的离散对数问题的难解性而构造的。

自 1976 年公钥密码体制的概念被提出以来，各种新的公钥密码体制如雨后春笋般出现。但随着数学、计算机科学及密码学的发展，很多公钥密码体制相继被攻破，如 64 位 DES 已彻底被攻破，RSA 也越来越不安全，而且随着密钥尺寸的增长，加解密速度越来越慢。1985 年，Koblitz 和 Mller 利用椭圆曲线上的点构成的阿贝尔加法群，实现了公钥密码体制上的 Diffie-Hellman 密钥交换算法，椭圆曲线密码体制由此开始引起了人们的广泛关注。

椭圆曲线加密体制是基于椭圆域中的离散对数问题的密码体制。椭圆曲线加密算法是于 1985 年为替代已有的如 DSA 和 RSA 等公钥密码系统所提出的，并且到目前为止，还未寻找到亚指数时间复杂性的算法。在相同的安全条件下，相比于 DSA 与 RSA 密码体制，ECC 使用更小的参数来解决加解密问题。ECC 的优势有：使用的密钥长度相对较短，数字证书与数字签名更小，运算速度更快。

椭圆曲线密码体制具有良好的安全性，它的安全性是基于椭圆曲线上离散对数问题求解的困难性。对它的攻击难度要远远高于对有限域上离散对数和大整数因子分解问题的攻击。椭圆曲线密码体制只需要很短的密钥长度就可以达到离散对数问题和基于大整数因子分解问题需要较长密钥才能达到的安全强度。椭圆曲线密码体制可以提供加密及数字签名等各种安全服务,在信息安全中有着广阔的应用前景,尤其适用于运算速度较慢、存储空间受限的设备上。

椭圆曲线是代数几何中一类重要的曲线,而在密码学中所用的都是有限域上的椭圆曲线。通过引入无穷远点,将椭圆曲线上的点和无穷远点组成一个集合,并在该集合上定义一个运算,从而该集合和运算构成了群。常用到的有限域上的椭圆曲线群有两种,分别是基于素数域 GF(p) 和二进制域 GF(2^m)上的椭圆曲线域。它们各自有不同的群元素和群运算,因此要研究椭圆曲线必须先了解基础的数学知识。

8.2.1　无穷远点

在平面上,任意两条直线之间的关系只有两种,即相交和平行。为了将这两种关系统一,引入了无穷远点的概念。无穷远点就是两条平行直线的交点。有了这个概念,就可以认为平面上任意两条不同的直线都是相交的,对于平行的直线,它们的交点为无穷远点。

平行线永不相交,没有人怀疑吧?不过到了近代这个结论遭到了质疑。平行线会不会在很远很远的地方相交呢?事实上没有人见到过。所以"平行线永不相交"只是假设(大家想想初中学习的平行公理,是没有证明的)。既然可以假设平行线永不相交,也可以假设平行线在很远很远的地方相交了,即平行线相交于无穷远点 P∞(大家闭上眼睛,想象一下那个无穷远点 P∞,P∞是不是很虚幻?其实与其说数学锻炼人的抽象能力,还不如说是锻炼人的想象力),如图 8-1 所示。

图 8-1

直线上出现 P∞点所带来的好处是所有的直线都相交了,且只有一个交点。这就把直线的平行与相交统一了。为了与无穷远点相区别,把原来平面上的点叫作平常点。以下是无穷远点的几个性质:

(1)直线 L 上的无穷远点只能有一个(从定义可以直接得出)。

(2)平面上一组相互平行的直线有公共的无穷远点(从定义可以直接得出)。

(3)平面上任何相交的两直线 L1、L2 有不同的无穷远点(如果假设 L1 和 L2 有公共的无穷远点 P,那么 L1 和 L2 有两个交点,故假设错误)。

(4)平面上全体无穷远点构成一条无穷远的直线(可以自己想象一下这条直线)。

(5)平面上全体无穷远点与全体平常点构成射影平面。

8.2.2　射影平面坐标系

射影是物体在某平面或某空间形成的投影。平面上全体无穷远点与全体平常点构成射影平面。射影平面坐标系是对普通平面直角坐标系（就是我们初中学到的笛卡儿平面直角坐标系）的扩展。我们知道普通平面直角坐标系没有为无穷远点设计坐标，不能表示无穷远点。为了表示无穷远点，产生了射影平面坐标系，当然射影平面坐标系同样能很好地表示平常点（数学也是"向下兼容"的）。射影平面就是二维射影空间，它可以视为在平面添加一条无穷远的直线。这个新的坐标体系能够表示射影平面上所有的点，我们就把这个能够表示射影平面上所有点的坐标体系叫作射影平面坐标系。

图 8-2 所示是一个普通平面直角坐标系。

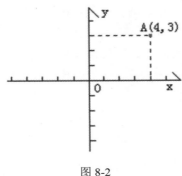

图 8-2

我们对普通平面直角坐标系上的点 A 的坐标(x,y)进行改造：令 $x=X/Z$、$y=Y/Z$（$Z \neq 0$），则 A 点可以表示为(X:Y:Z)。变成了有三个参量的坐标点，这就对平面上的点建立了一个新的坐标体系。

例 1：求点(1,2)在新的坐标体系下的坐标。

解：因为 $X/Z=1$、$Y/Z=2$（$Z \neq 0$），所以 $X=Z$、$Y=2Z$，所以坐标为(Z:2Z:Z)且 $Z \neq 0$，即(1:2:1)、(2:4:2)、(1.2:2.4:1.2)等形如(Z:2Z:Z)且 $Z \neq 0$ 的坐标都是(1,2)在新的坐标体系下的坐标。

我们也可以得到直线的方程 $aX+bY+cZ=0$（想想为什么，提示：普通平面直角坐标系下的直线方程一般是 $ax+by+c=0$）。新的坐标体系能够表示无穷远点吗？那要让我们先想想无穷远点在哪里。根据 8.2.1 节的知识，我们知道无穷远点是两条平行直线的交点。那么，如何求两条直线的交点坐标？这是初中的知识，就是将两条直线对应的方程联立求解。平行直线的方程是：

$aX+bY+c_1Z=0$；　$aX+bY+c_2Z=0$　（$c_1 \neq c_2$）（为什么？提示：可以从斜率考虑，因为平行线斜率相同）

将两个方程联立求解，有 $c_2Z=c_1Z=-(aX+bY)$，因为 $c_1 \neq c_2$，所以 $Z=0$，所以 $aX+bY=0$。

所以无穷远点就是这种形式的：(X:Y:0)。注意，平常点 $Z \neq 0$，无穷远点 $Z=0$，因此无穷远直线对应的方程是 $Z=0$。

例 2：求平行线 L1：$X+2Y+3Z=0$ 与 L2：$X+2Y+Z=0$ 相交的无穷远点。

解：因为 L1∥L2，所以有 $Z=0$，$X+2Y=0$，所以坐标为(-2Y:Y:0)且 $Y \neq 0$，即(-2:1:0)、(-4:2:0)、(-2.4:1.2:0)等形如(-2Y:Y:0)且 $Y \neq 0$ 的坐标都表示这个无穷远点。

总结一下，为了在坐标上把其他点和无穷远点都表示出来，使用齐次坐标(X,Y,Z)（X、Y、

Z 不全为 0)来表示平面上的点。齐次坐标点(X,Y,Z)和普通坐标点(x,y)之间的转化关系为 x=X/Z、y=Y/Z。之所以叫齐次坐标，是因为对于任意数 p，(pX,pY,pZ)表示同一个点。而无穷远点的齐次坐标表示形式为(X,Y,0)，无穷远直线的方程为 Z=0。假设普通坐标系下一条直线方程为 ax+by=c，则在齐次坐标系下该直线的方程为 aX+bY=cZ。任何曲线都可以实现方程之间的转化，而且任何曲线都包括无穷远点。

8.2.3 域

首先了解一下域。在抽象代数中，域是一种可进行加、减、乘、除运算的代数结构。域的概念是数域以及四则运算的推广。域是一个可以在其上进行加、减、乘、除运算而结果不会超出域的集合，如有理数集合、实数集合、复数集合都是域，但整数集合不是域（很明显，使用除法得到的分数或小数已超出整数集合）。除了由数构成的域外，还有由矢量构成的域，线性空间等。

8.2.4 数域

设 P 是由一些复数组成的集合，其中包括 0 与 1，如果 P 中任意两个数的和、差、积、商（除数不为 0）仍是 P 中的数，就称 P 为一个数域。常见的数域有：复数域 C、实数域 R、有理数域 Q（注意：自然数集 N 及整数集 Z 都不是数域）、伽罗华域（有限域）。

数域是由数构成的域，里面的元素都是数，比如有理数、实数、复数等。

8.2.5 有限域

有限域亦称伽罗华域，是仅包含有限个元素的域。它是伽罗华（Galois）于 18 世纪 30 年代研究代数方程根式求解问题时引出的。有限域的特征数必为某一素数 p。元素个数为 p 的有限域一般记为 GF(p)，GF 代表伽罗华域。

有限域运算和椭圆曲线上点的运算是椭圆曲线密码体制的数学基础。因此，如果我们要研究椭圆曲线，就不得不提到有限域，因为我们研究的是有限域上的椭圆曲线。

8.2.6 素数域

设 p 是一个素数,则有限域 GF(p)称为素数域,它由元素{0,1,2,…,p-1}和下面的操作组成：

加法：模 p 加法，令 a,b∈GF(p)，则 a+b=r，其中 0≤r≤p-1，r 是 a+b 对 p 求模的结果（即 r 是 a+b 被 p 除所得的余数），这个运算我们称之为模加运算。

乘法：模 p 乘法，令 a,b∈GF(p)，则 a*b=s，其中 0≤s≤p-1，s 是 a*b 对 p 求模的结果（即 s 是 a*b 被 p 除所得的余数），这个运算我们称之为模乘运算。

求逆：a 是 GF(p)上的不为零的元素，a 的逆元就是 GF(p)中的唯一元素 c，且满足 a*c=1。

例子：对于有限域 GF(13)，10+9=6（19 mod 13 =6），10*9=12（90 mod 13=12），9^{-1}=3（9*3 mod 13=1）。

8.2.7　逆元

每个数 a 均有唯一的与之对应的乘法逆元 x，使得 ax≡1(mod n)，一个数有逆元的充分必要条件是 gcd(a,n)=1，此时逆元唯一存在。如果 gcd(a,n)>1，就不存在逆元，比如 18 和 12。

模 n 意义下，一个数 a 如果有逆元 x，那么除以 a 相当于乘以 x。

逆元的定义：对于正整数 a、n，如果有 ax≡1(mod n)，就称 x 的最小正整数解为 a 模 n 的逆元。为什么要有乘法逆元呢？这是因为我们要求（a/b）mod p 的值，且 a 很大，大到会溢出，或者说 b 很大，大到会溢出，无法直接求得 a/b 的值时，就要用到乘法逆元。后面的例子中会用到。

求解逆元的方法有多种，比如循环找解法、扩展欧几里得算法、费马小定理及欧拉定理等。这里我们来看一下扩展欧几里得算法求解逆元。扩展欧几里得算法在第 6 章已经介绍过了，这里复习一下。

给定模数 m，求 a 的逆元相当于求解 ax≡1(mod m)，这个方程可以转化为 ax-my=1（小学知识：被除数=商乘以除数+余数），这里 y 是商。然后套用求二元一次方程的方法，用扩展欧几里得算法求得一组 x_0、y_0 和 gcd。接着检查 gcd 是否为 1，若 gcd 不为 1，则说明逆元不存在；若为 1，则调整 x_0 到 0~m-1 的范围即可。下面是实现代码。

【例 8.1】扩展欧几里得算法求逆元

（1）打开 VC 2017，新建一个控制面板工程 test。

（2）打开 test.cpp，输入代码如下：

```
#include "pch.h"
#include <iostream>
#include <cstdio>
using namespace std;

int exgcd(int a, int b, int &x, int &y)
{
    if (b == 0) {
        x = 1, y = 0;
        return a;
    }
    int r = exgcd(b, a%b, x, y);
    int t = x;
    x = y;
    y = t - a / b * y;
    return r;
}
int inv(int n, int m)
{
    int x, y;
    int ans = exgcd(n, m, x, y);
    if (ans == 1)
        return (x%m + m) % m;
    //定义：对于正整数 a、n，如果有 ax≡1(mod n)，就称 x 的最小整数解为 a 模 n 的逆元
```

```
        else
            return -1;
    }
    int main()
    {
        int i,n, m;
        for (i = 0; i < 4; i++)    //实验 4 组数据
        {
            cout << "enter m n(用空格隔开）: ";
            cin >> n >> m;
            int ans = inv(n, m);
            ans == -1 ? cout << "没有逆元" << endl : cout <<"逆元: "<< ans << endl;
        }
        return 0;
    }
```

其中，exgcd 是用扩展欧几里得算法求二元一次方程的函数，我们在第 6 章实现过了。inv 函数用于求解逆元。

（3）保存工程并按 Ctrl+F5 键运行，运行结果如图 8-3 所示。

图 8-3

8.3 椭圆曲线的定义

椭圆曲线密码体制因其单比特安全强度远超过 RSA 系统，被公认为是公钥密码未来的发展方向。

什么是椭圆曲线？想必大家首先想到的是高中时学习的标准椭圆曲线方程，如图 8-4 所示。

$$\frac{x^2}{a^2}+\frac{y^2}{b^2}=1 \ (\ a>b，焦点在x轴，a<b，焦点在y轴)$$

图 8-4

但我们这里讲的椭圆曲线跟高中时学习的椭圆曲线方程基本无关。椭圆曲线的椭圆一词来源于椭圆周长积分公式。总之记住，椭圆曲线不是椭圆，之所以叫椭圆曲线，是因为其表达式和计算椭圆周长的积分公式有相似之处（这个命名深究起来比较复杂，了解一下就可以了）。

8.2 节我们建立了射影平面坐标系，这一节将在这个坐标系下建立椭圆曲线方程。我们知道坐标中的曲线是可以用方程来表示的（比如单位圆方程是 $x^2+y^2=1$），椭圆曲线是曲线，自然椭圆曲线也有方程。

椭圆曲线定义的方法有很多种，但常用的是维尔斯特拉斯（Weierstrass）方程所确定的平面曲线。设 K 是一个数域，则由方程

$$y^2+a_1xy+a_3y=x^3+a_2x^2+a_4x+a_6$$

在 K 上的解集连同一个称之为无穷远点的特殊点 O 所确定的一条曲线 E，称为 K 上的椭圆曲线。其中，系数 a_i（i=1,2,3,4,6）是定义在有理数域、复数域、实数域和有限域上的实数，简单地讲，它们是满足某些简单条件的实数。x 和 y 是实数集上的取值，为了简化研究，一般情况下，我们讨论其简化形式：

$$y^2=x^3+a_2x^2+a_4x+a_6$$

就已经足够。对于定义在特定域 K 上的椭圆曲线 E，我们将其记为 E/K。

图 8-5 和图 8-6 展示了椭圆曲线的几种不同的图像。

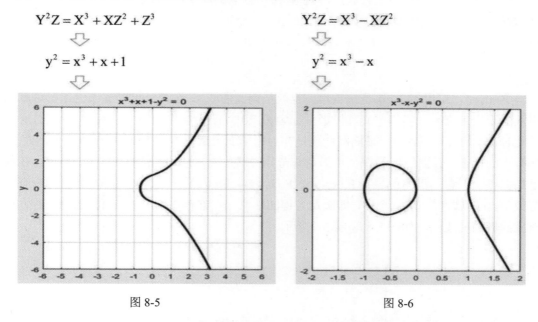

图 8-5   图 8-6

提醒大家注意一点，这几幅图像可能会给大家产生一种错觉，即椭圆曲线是关于 x 轴对称的。事实上，椭圆曲线并不一定关于 x 轴对称。例如 $y^2-xy=x^3+1$，其对应的图形如图 8-7 所示。

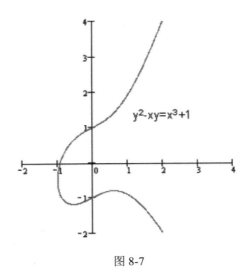

图 8-7

椭圆曲线上存在奇点和无穷远点,为了解决这方面的问题,我们对椭圆曲线引入投影坐标,令 x=X/Z、y=Y/Z,代入简化的 Weierstrass 方程,整理得到投影平面{X,Y,Z}上的 Weierstrass 方程:

$$Y^2Z=X^3+a_2X^2Z+a_4XZ^2+a_6Z^3 \tag{8-1}$$

当 Z=0 时,可以得 X=0 是三重根,也就是椭圆曲线 E 在无穷远处交于三点,这就是我们引入的无穷远点∞,我们定义其投影坐标为{0,1,0},表示椭圆曲线上坐标为(x,∞)的点。

此时,我们又可以说,一条椭圆曲线是在射影平面上满足方程 $Y^2Z=X^3+a_2X^2Z+a_4XZ^2+a_6Z^3$ 的所有点的集合,且曲线上的每个点都是非奇异(或光滑)的。所谓非奇异或光滑的,在数学中是指曲线上任意一点的偏导数 $F_x(x,y,z)$、$F_y(x,y,z)$、$F_z(x,y,z)$不能同时为 0。如果你没有学过高等数学,可以这样理解这个词,即满足方程的任意一点都存在切线。下面我们再来看方程及其对应的椭圆曲线图,如图 8-8 和图 8-9 所示。

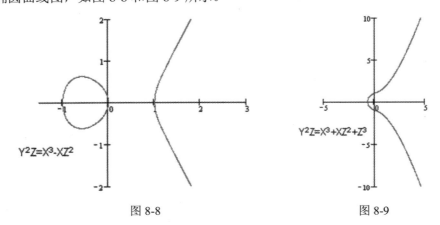

图 8-8   图 8-9

下面两个方程都不是椭圆曲线(如图 8-10 和图 8-11 所示),尽管它们是方程(8-1)的形式。

$Y^2Z=X^3$

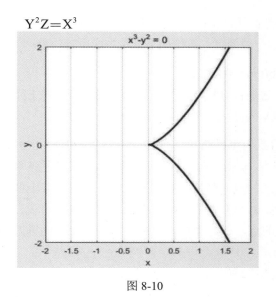

$Y^2Z=X^3+X^2$

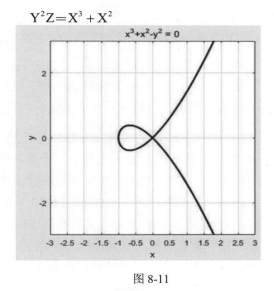

图 8-10   图 8-11

因为它们在(0:0:1)点处（原点）没有切线。

由椭圆曲线的定义可以知道，椭圆曲线是光滑的，所以椭圆曲线上的平常点都有切线。

8.4 密码学中的椭圆曲线

我们现在基本上对椭圆曲线有了初步的认识，但请大家注意，前面学到的椭圆曲线是连续的，并不适合用于加密。所以，我们必须把椭圆曲线变成离散的点。

让我们想一想，为什么椭圆曲线是连续的？是因为椭圆曲线上点的坐标是实数的（也就是说前面讲到的椭圆曲线是定义在实数域上的），实数是连续的，导致曲线也是连续的。因此，我们要把椭圆曲线定义在有限域上（顾名思义，有限域是一种由有限个元素组成的域）。可以说，这里所讲的密码学中的椭圆曲线是有限域上的椭圆曲线，有限域上的椭圆曲线就是模素数 p 的椭圆曲线。

同时，由于不是所有的椭圆曲线都适合加密，因此椭圆曲线密码计算一般基于有限域。加密椭圆曲线主要分为两种类型的椭圆曲线：一种是在素数域，选择两个满足下列条件的小于 p（p 为素数，且大于 3）的非负整数 a、b（a、b 属于 Fp）：

$$4a^3+27b^2\neq0 \qquad (mod \ p)$$

则满足下列方程的所有点(x,y)，再加上无穷远点 $O\infty$，构成一条椭圆曲线。

$$y^2=x^3+ax+b \qquad (mod \ p) \qquad (8-2)$$

也可以写成：$y^2 \ mod \ p\equiv(x^3+ax+b) \ mod \ p$ 或 $y^2\equiv(x^3+ax+b) \ mod \ p$。

x 和 y 使得等号两边同时模 p 后相等，x 和 y 属于 0 到 p-1 间的整数，并将这条椭圆曲线记

为 $E_p(a,b)$。$y^2=x^3+ax+b$ 是一类可以用来加密的椭圆曲线，也是最为简单的一类。对于椭圆曲线，只关注从(0,0)到(p,p)的满足上述方程的非负整数。一般而言，可按如下方法生成所有的点：

（1）对满足 $0<x<p$ 的任何 x，计算 $x^3+ax+b(mod\ p)$。

（2）对步骤（1）中计算出的每个值，确定它是否有模 p 的平方根。若没有，则在 Ep(ab) 上没有值为 x 的点，否则有两个平方根 y（除非 y 为 0），因此(x,y)是 Ep(ab)上的点。

比如，$y^2=x^3+x+1$，也就是 a、b 都等于 1。然后我们可以查找，比如 x＝3，计算 x^3+x+1=31，31mod 23＝8。然后查找 23 中有没有一个数的平方，y^2mod 23=8，可以找到 y=10 满足条件，如果有的话，那 x、y 就是这个有限域椭圆曲线上的点，然后根据对称，x、-y 也是其上的一个点，因其为非负数，所以-10mod 23=13，所以 3、13 也是椭圆曲线上的点。也就是说，3、10 与 3、13 都是这个 a、b 都为 1 的椭圆曲线上的点，以此类推，将这个方法带去你的椭圆曲线中就可以找到该有限域椭圆曲线上的点了。

我们看一下 p=23、$y^2=x^3+x+1$ 的图像，如图 8-12 所示。

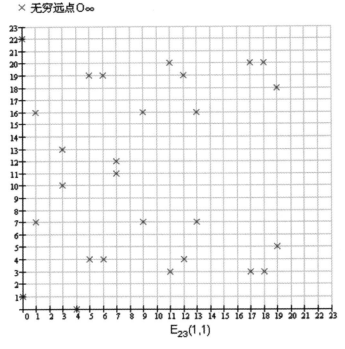

图 8-12

我们可以看到 x=3 时，y 是 10。一定要注意：$y^2=x^3+ax+b(mod\ p)$的意思是，等号两边分别 mod p 后再相等。

是不是觉得不可思议，椭圆曲线怎么变成了这般模样，成了一个一个离散的点？椭圆曲线在不同的数域中会呈现出不同的样子，但其本质仍是一条椭圆曲线。举一个不太恰当的例子，好比水在常温下是液体，到了零下就变成冰，成了固体，而温度上升到一百度，又变成了水蒸气，但其本质仍是 H_2O。

其实方程（8-1）也是由 $y^2=x^3+a_2x^2+a_4x+a_6$（当数域 K 的特征大于 3 时）转换而来的，过程就不给大家推导了。

此外，Fp 上的椭圆曲线同样有加法：

（1）无穷远点 $O\infty$ 是零元，有 $O\infty+O\infty=O\infty$，$O\infty+P=P$。

（2）$P(x,y)$ 的负元是 $(x,-y \bmod p)=(x,p-y)$，有 $P+(-P)=O\infty$。

这样，当我们求出点 (x,y) 的时候，同时能得到另一个点 $(x,p-y)$，该点叫 P 的负元，用 -P 来表示。这里要记住的是第（2）点，点 P 和其负元点 -P 相加后是无穷远点，-P 的坐标是 $(x,p-y)$，后面讲到求某点阶的时候，可以回头来看看这里，必定豁然开朗。

另一种适合加密的椭圆曲线是在二元域 $F(2^m)$，稍微复杂一些，本书不进行讲解。本书讲解的都是素数域上的椭圆曲线。

下面来看一个例子，求出某个椭圆曲线的所有点。算法的原理完全是按照方程（8-1）来的，即在 $0\sim p-1$ 这个范围内，一个一个试探，把满足该等式的 x 和 y 值找出来。

【例 8.2】求椭圆曲线 $y^2=x^3-x$ 在有限域 GF(89) 上所有的点

（1）打开 VC 2017，新建一个控制面板工程 test。

（2）打开 test.cpp，输入代码如下：

```
#include "pch.h"
#include <iostream>

#include<string.h>
#include<math.h>
#include<time.h>
#define MAX 100

typedef struct point {
    int point_x;
    int point_y;
}Point;
typedef struct ecc {
    struct point p[MAX];
    int len;
}ECCPoint;
typedef struct generator {
    Point p;
    int p_class;
}GENE_SET;

char alphabet[ ] = "abcdefghijklmnopqrstuvwxyz";
int a = -1,   b = 0,   p = 89;        //椭圆曲线为 E89(-1,0)：y²=x³-x (mod 89)
ECCPoint eccPoint;
GENE_SET geneSet[MAX];
int geneLen;
char plain[] = "yes";
int m[MAX];
int cipher[MAX];
int nB;//私钥
```

```
Point P1， P2， Pt， G， PB;
Point Pm;
int C[MAX];

//取模函数
int mod_p(int s)
{
    int i;              //保存 s/p 的倍数
    int result;         //模运算的结果
    i = s / p;
    result = s - i * p;
    if (result >= 0)
    {
        return result;
    }
    else
    {
        return result + p;
    }
}


//判断平方根是否为整数
int int_sqrt(int s)
{
    int temp;
    temp = (int)sqrt(s);//转为整型
    if (temp*temp == s)
    {
        return temp;
    }
    else {
        return -1;
    }
}
//打印点集
void print()
{
    int i;
    int len = eccPoint.len;
    printf("\n 该椭圆曲线上共有%d 个点(包含无穷远点)\n"， len + 1);
    for (i = 0; i < len; i++)
    {
        if (i % 8 == 0)
        {
            printf("\n");
        }
        printf("(%2d， %2d)\t"， eccPoint.p[i].point_x， eccPoint.p[i].point_y);
    }
 printf("\n");
}


void get_all_points()
{
    int i = 0;
```

```
int j = 0;
int s,    y = 0;
int n = 0,    q = 0;
int modsqrt = 0;
int flag = 0;
if (4 * a * a * a + 27 * b * b != 0)
{
    for (i = 0; i <= p - 1; i++)
    {
        flag = 0;
        n = 1;
        y = 0;
        s = i * i * i + a * i + b;
        while (s < 0)
        {
            s += p;
        }
        s = mod_p(s);
        modsqrt = int_sqrt(s);
        if (modsqrt != -1)
        {
            flag = 1;
            y = modsqrt;
        }
        else
        {
            while (n <= p - 1)
            {
                q = s + n * p;
                modsqrt = int_sqrt(q);
                if (modsqrt != -1)
                {
                    y = modsqrt;
                    flag = 1;
                    break;
                }
                flag = 0;
                n++;
            }
        }
        if (flag == 1)
        {
            eccPoint.p[j].point_x = i;
            eccPoint.p[j].point_y = y;
            j++;
            if (y != 0)
            {
                eccPoint.p[j].point_x = i;
                eccPoint.p[j].point_y = (p-y)% p;    //注意：P(x,y)的负元是 (x,p-y)
                j++;
            }
        }
    }
    eccPoint.len = j;            //点集个数
    print();            //打印点集
```

```
        }
    }
    int main()
    {
        get_all_points();
    }
```

代码不是很难，就是在[0,p-1]这个范围查找满足 $y^2=x^3-x(mod\ 89)$ 的 x 和 y。要注意的是，当找到一个点(x,y)后，(x,p-y)也是满足条件的点。

（3）保存工程并运行，运行结果如图 8-13 所示。

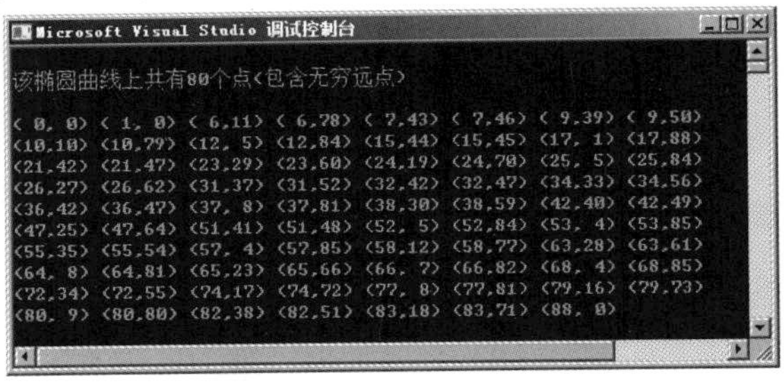

图 8-13

8.5 ECC 算法体系

除了复杂的数学理论外，椭圆曲线密码系统还涉及大量的算法操作，包括大整数的乘法和加减法、有限域上的模逆、模乘和模加减速操作，以及椭圆曲线上的点加、倍点和点的标量乘（或称点乘）操作。这些运算操作之间具有层次关系，最上层的椭圆曲线密码协议主要是依靠点乘算法来实现的，而点乘是反复调用点加和倍点的运算，而点加和倍点运算又是通过调用底层有限域上的模乘、模加和模逆等算法来实现的。因此，我们可以对椭圆曲线密码系统的算法进行分层。

ECC 算法体系的层次结构自下而上可以分为 4 层，分别为：（1）有限域层的模运算，主要有模加算法、模减算法和模乘算法；（2）曲线层的点加算法和倍点算法，主要涉及仿射坐标系和不同投影坐标系下点加/倍点算法的不同表现形式；（3）群运算层的标量乘算法（点乘算法），主要有 Double-and-Add、Montgomery、窗口 NAF 等多种点乘调度算法；（4）应用层的顶层协议，具体包括密钥交换、数据加/解密、数字签名、签名认证等应用协议。ECC 运算操作层次图如图 8-14 所示。

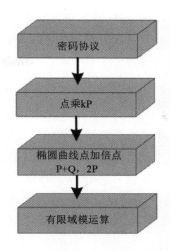

图 8-14

在ECC算法的每个层次都可以采用相应的加速算法和安全措施来提高ECC运算速度和安全性，点乘运算（kP）几乎占据了椭圆曲线密码协议的全部时间，作为 ECC 密码系统的核心运算，点乘决定着整个系统的运行效率，所以 ECC 加速器的实现实质上就是点乘运算模块的优化实现，点乘运算的速度和安全性的提升，需要从点乘算法、点加算法、倍点算法以及有限域基本算法的优化实现来考虑。

8.5.1　有限域的模运算

有限域 GF(q)上的主要运算有加法、减法、乘法和求逆运算，其中最耗时的操作是乘法和求逆。有限域 GF(q)，又称素数域，由整数{0,1,2,…,p-1}及下面的算术操作构成：

（1）加法：若 a,b∈GF(q)，则 a+b=r，其中 r 是 a+b 被 p 整除的剩余，0<=r<=p-1，这里加法和代数上的加法是不同的，这里的加法是指模 p 加。

（2）减法：域元素的减法和加法基本相同，减法完全可以转化为加法运算，若 a,b∈GF(q)，则 a-b=a+(-b)，其中-b∈GF(q)。

（3）乘法：若 a,b∈GF(q)，则 a*b=s，其中 s 是 a*b 被 p 整除的剩余，0<=s<=p-1，这里的乘法也不是代数商的乘法，这里的乘是指模 p 乘。

（4）除法（求逆）：若 a 是 GF(q)上的非零元，a 的模 p 逆记为 a^{-1}，则 a^{-1}∈GF(q)，且 a^{-1}=1，除法是乘法的逆运算。

椭圆曲线上点的算术运算都是通过有限域上的运算实现的，有限域上的运算是整个点乘运算架构的基础，本文是基于素数域 F(P)实现的，有限域中算法的实现只考虑素数域中的运算，主要包括模乘、模加/减、模逆运算。这些模运算都是在大整数运算的基础上实现的，和普通大数运算最大的不同在于取模操作，即给定模数 p，有限域上的加、减、乘、除的结果都应保证在模 p 的范围内。对一个整数 a 的取模操作通常用 a mod p 表示。模加、模减操作是有限域中很基本、很简单的运算，通过普通的大数加减和取模实现。模逆操作是有限域中最耗时、最复杂的运算，ECC 算法可以通过坐标变换避免模逆操作，只需要在坐标转换中执行一次模逆操作即可，有限域上的模逆一般采用二进制扩展欧几里得求逆算法，这种算法只有加法、减法和移位操作，极大地提高了模逆的效率。

8.5.2 椭圆曲线上的点加和倍点运算

素数域上椭圆曲线上点的运算包括点加运算和倍点运算。点加就是椭圆曲线上的点的加法运算。椭圆曲线的点加规则用几何方法阐述为：在椭圆曲线 E 上选取两个不同的点 $P(x_1,y_1)$ 和 $Q(x_2,y_2)$，即 $P \neq Q$，令 $P+Q=R(x_3,y_3)$，点 R 就是点 P 和点 Q 的点加结果。那么如何确定 R 呢？我们可以连接 P 和 Q 的直线交于一点 R'，此点也是椭圆曲线上的点，它关于 x 轴的对称点即为 R 点，如图 8-15 所示。

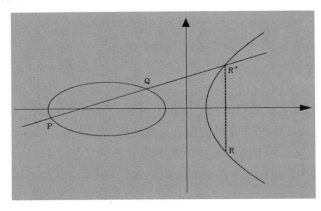

图 8-15

其结果 R 的坐标如何求呢？开始推导：

已知椭圆曲线不同的两点 $P(x_1,y_1)$、$Q(x_2,y_2)$，设 L 为经过这两个点的直线，并设直线 L 的斜率为 k，则：

$$k=(\frac{y_2-y_1}{x_2-x_1}) \qquad\qquad x_1 \neq x_2$$

这是斜率方程，读过高中数学的朋友应该认识。下面设直线 L 的方程为 $y=kx+v$，则 $v=y_1-kx_1=y_2-kx_2$，将直线方程代入椭圆方程中，得：

$$(kx+v)^2=x^3+ax+b$$
$$k^2x^2+2kvx+v^2=x^3+ax+b$$

即：

$$x^3-k^2x^2-(2kv-a)x-v^2+b=0$$

由一元三次方程的根与系数的关系可得：

$$x_1+x_2+x_3=k^2$$

即：
$$x_3=k^2-x_1-x_2$$

直线 L 上的点 R'满足 y=kx+v，因为 R 和 R'关于 x 轴对称，所以 R'的坐标是$(x_3, -y_3)$，代入直线方程：

$$-y_3=kx_3+v=k(k^2-x_1-x_2)+v$$

即：

$$y_3=-kx_3-v=-k^3+kx_1+kx_2-v$$

当 P≠Q、P+Q=R(x_3,y_3)时，可以得到以下结果：

$$x_3=(\frac{y_2-y_1}{x_2-x_1})^2-x_1-x_2$$

$$y_3=-(\frac{y_2-y_1}{x_2-x_1})^3+2(\frac{y_2-y_1}{x_2-x_1})^2 x_1+(\frac{y_2-y_1}{x_2-x_1})^2 x_2-y_1$$

为了减少总的计算量，将 x_3 作为一个中间变量，则可以简化为：

$$x_3=(\frac{y_2-y_1}{x_2-x_1})^2-x_1-x_2$$

$$y_3=-(\frac{y_2-y_1}{x_2-x_1})x_3+(\frac{y_2-y_1}{x_2-x_1})x_1-y_1$$

至此，点加的运算结果出来了。下面我们来看倍点运算。

在椭圆曲线 C 上选取两个相同的点 P(x_1,y_1)和 Q(x_2,y_2)，其中 P=Q，那么 P、Q、R(x_3,y_3)的对应关系为：过点 P 做曲线 C 的切线，R'点是切线 PQ 和曲线 C 的交点，R 点就是 R'这一点通过 X 轴对称得到的。这一几何表示如图 8-16 所示。

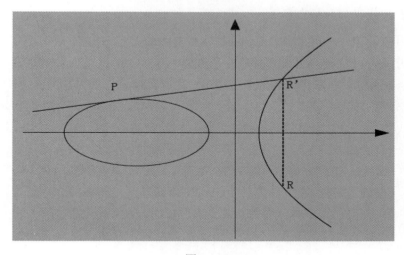

图 8-16

我们把 P=Q 时，P+Q=P+P=2P=R 的运算叫作倍点运算。设 P 坐标为(x_1,y_1)，现在我们来推导 2P 的结果 R 的坐标(x_3,y_3)。对椭圆曲线方程 $y^2=x^3+ax+b$ 的两边求导，得到：

$$2yy'=3x^2+a$$

即：
$$斜率\ k=\frac{3x_1^2+a}{2y_1}$$

仿照上面的过程可得：

$$x_3=k^2-2x_1$$
$$-y_3=k(k^2-2x_1)+y_1-kx_1$$

即：
$$y_3=-k^3+3kx_1-y_1$$

最终当 P=Q 时，可以得到以下结果：

$$x_3=(\frac{3x_1^2+a}{2y_1})^2-2x_1$$

$$y_3=-(\frac{3x_1^2+a}{2y_1})^3+3(\frac{3x_1^2+a}{2y_1})x_1-y_1$$

为了减少总的计算量，将 x_3 作为一个中间变量，则可以化简为：

$$x_3=(\frac{3x_1^2+a}{2y_1})^2-2x_1$$

$$y_3=-(\frac{3x_1^2+a}{2y_1})x_3+(\frac{3x_1^2+a}{2y_1})x_1-y_1$$

至此，倍点运算结果推导成功。或许有点枯燥，但稍后的编程会用到。

【例 8.3】实现点加和倍点算法

（1）打开 VC 2017，新建一个控制面板工程 test。

（2）打开 test.cpp，输入代码如下：

```
#include "pch.h"
#include <iostream>

#define MAX 100
typedef struct point {
    int point_x;
    int point_y;
}Point;

int a = -1, b = 0, p = 89;     //椭圆曲线为 E89(-1,0)：   y²=x³-x (mod 89)

//求 b 关于 n 的逆元
int inverse(int n, int b)
{
    int q, r, r1 = n, r2 = b, t, t1 = 0, t2 = 1, i = 1;
    while (r2 > 0)
    {
        q = r1 / r2;
        r = r1 % r2;
```

```
            r1 = r2;
            r2 = r;
            t = t1 - q * t2;
            t1 = t2;
            t2 = t;
        }
        if (t1 >= 0)
            return t1 % n;
        else {
            while ((t1 + i * n) < 0)
                i++;
            return t1 + i * n;
        }
}


//点加和倍点运算
Point add_two_points(Point p1, Point p2)
{
        long t;
        int x1 = p1.point_x;
        int y1 = p1.point_y;
        int x2 = p2.point_x;
        int y2 = p2.point_y;
        int tx, ty;
        int x3, y3;
        int flag = 0;

        if ((x2 == x1) && (y2 == y1))    //判断两点是否相等
        {
            //相同点相加，即倍点运算
            if (y1 == 0)
            {
                    flag = 1;
            }
            else {
                    t = (3 * x1*x1 + a)*inverse(p, 2 * y1) % p;    //斜率，可以参考斜率公式
            }
            //printf("inverse(p,2*y1)=%d\n",inverse(p,2*y1));
        }
        else {
            //不同点相加，即点加运算
            ty = y2 - y1;
            tx = x2 - x1;
            while (ty < 0)
            {
                    ty += p;
            }
            while (tx < 0)
            {
                    tx += p;
            }
```

```
            if (tx == 0 && ty != 0)
            {
                flag = 1;
            }
            else {
                t = ty * inverse(p, tx) % p;    //计算出点加时的斜率
            }
        }
        if (flag == 1)
        {
            p2.point_x = -1;
            p2.point_y = -1;
        }
        else {
            x3 = (t*t - x1 - x2) % p;
            y3 = (t*(x1 - x3) - y1) % p;
            //使结果在有限域 GF(P)上
            while (x3 < 0)
            {
                x3 += p;
            }
            while (y3 < 0)
            {
                y3 += p;
            }
            p2.point_x = x3;
            p2.point_y = y3;
        }
        return p2;
    }

int main()
{
    Point p1, p2, p3;
    p1.point_x = 6; p1.point_y = 78;
    p2.point_x = 7; p2.point_y = 43;
    p3 = add_two_points(p1, p2);
    printf("p3=(%d,%d)\n", p3.point_x, p3.point_y);
}
```

函数 add_two_points 用于计算点加和倍点。计算倍点时，参数 p1 和 p2 相等，我们利用倍点时的斜率公式得到斜率 t。当 p1 和 p2 不相等的时候，则利用点加时的斜率公式计算出斜率 t。两种情况的斜率都计算出来后，就可以代入最终的公式中得到 x_3 和 y_3。其中，函数 inverse 表示逆元，当我们除以某一个数的时候，相当于乘以该数的逆元。

在 main 函数中，我们使用了椭圆曲线上的两个不同的点(6,78)、(7,43)作为参数输入 add_two_points 函数中，然后得到的结果点是椭圆曲线上的点(55,35)。注意，本例采用的椭圆曲线和上例的椭圆曲线是一样的，所以我们采用的 p1 和 p2 可以从上例中的所有点中获取。

（3）保存工程并按 Ctrl+F5 键运行，运行结果如图 8-17 所示。

图 8-17

8.5.3 标量乘运算

椭圆曲线标量乘运算定义为：设 k 是一个整数，P 是定义在有限域上的椭圆曲线 E 上的一个点，计算 kP 的运算称为标量乘运算，也称为点乘运算或多倍点运算（注：倍点运算就是 2 乘以 P，多倍点运算就是 k 乘以 P）。标量乘是椭圆曲线密码体制中主要的运算，它的优劣直接决定了整个系统的效率。对标量乘算法的改良对于实现椭圆曲线密码体制有着极其重要的意义。需要注意的是，椭圆曲线上的点并不能相乘，只能相加。所谓的点乘，计算 kP 其实就是点 P 对自身累加 k 次的运算。例如，5P=P+P+ P+P+P。

计算标量乘法 kP 的全过程有两个层次：一个层次是底层运算，即通过有限域 F 上的乘法、平方、求逆、加法等操作来实现上层运算中的点加和倍点运算，点加和倍点运算上一节已经实现了；另一个层次是上层运算，即将求 k 个 P 相加的运算化简为点加和倍点运算，比如 P+P 是倍点运算，2P+P 就是点加运算（2P 和 P 是两个不同的点），以此类推，也就是说一旦相加的两个点相同就是倍点运算，一旦不同就是点加运算。接下来利用上节例子中的函数，用递归来实现 k 个 P 相加。

【例 8.4】递归法实现标量乘运算

（1）打开 VC 2017，新建一个控制面板工程 test。

（2）打开 test.cpp，输入代码如下：

```cpp
#include "pch.h"
#include <iostream>

#define MAX 100

typedef struct point {
    int point_x;
    int point_y;
}Point;

int a = -1, b = 0, p = 89;        //椭圆曲线为 E89(-1,0)：y²=x³-x (mod 89)


//求 b 关于 n 的逆元
int inverse(int n, int b)
{
    int q, r, r1 = n, r2 = b, t, t1 = 0, t2 = 1, i = 1;
    while (r2 > 0)
    {
        q = r1 / r2;
```

```
            r = r1 % r2;
            r1 = r2;
            r2 = r;
            t = t1 - q * t2;
            t1 = t2;
            t2 = t;
        }
        if (t1 >= 0)
            return t1 % n;
        else {
            while ((t1 + i * n) < 0)
                i++;
            return t1 + i * n;
        }
    }

//两点的点加运算或倍点运算
Point add_two_points(Point p1, Point p2)
{
    long t;
    int x1 = p1.point_x;
    int y1 = p1.point_y;
    int x2 = p2.point_x;
    int y2 = p2.point_y;
    int tx, ty;
    int x3, y3;
    int flag = 0;
    //求
    if ((x2 == x1) && (y2 == y1))
    {
        //相同点相加
        if (y1 == 0)
        {
            flag = 1;
        }
        else {
            t = (3 * x1*x1 + a)*inverse(p, 2 * y1) % p;
        }
        //printf("inverse(p,2*y1)=%d\n",inverse(p,2*y1));
    }
    else {
        //不同点相加
        ty = y2 - y1;
        tx = x2 - x1;
        while (ty < 0)
        {
            ty += p;
        }
        while (tx < 0)
        {
            tx += p;
```

```
            }
            if (tx == 0 && ty != 0)
            {
                    flag = 1;
            }
            else {
                    t = ty * inverse(p, tx) % p;
            }
        }
        if (flag == 1)
        {
            p2.point_x = -1;
            p2.point_y = -1;
        }
        else {
            x3 = (t*t - x1 - x2) % p;
            y3 = (t*(x1 - x3) - y1) % p;
            //使结果在有限域 GF(P)上
            while (x3 < 0)
            {
                    x3 += p;
            }
            while (y3 < 0)
            {
                    y3 += p;
            }
            p2.point_x = x3;
            p2.point_y = y3;
        }
        return p2;
}
Point timesPiont(int k, Point p0)
{
        if (k == 1) {
            return p0;
        }
        else if (k == 2) {
            return add_two_points(p0, p0);
        }
        else {
            return add_two_points(p0, timesPiont(k - 1, p0));
        }
}

int main()
{
        Point pt;
        pt.point_x = 6; pt.point_y = 78;
        Point p = timesPiont(5, pt);
        printf("p=(%d,%d)\n", p.point_x, p.point_y);
}
```

本例比上例多了一个 timesPiont 函数，而实现点加和倍点算法的函数 add_two_points 是和上例一样的。timesPiont 中调用了 add_two_points，并且是递归调用的。因为 k-1 个 p0 和当前 p0 点加后就是 k 个 p0，利用这一点不难设计递归算法。如果 timesPiont 传进来的两个点一样，都是 p0，那么 add_two_points(p0, p0);实现的是倍点运算。如果 k 为 1，就只有一个点，那么直接返回 p0 即可。

值得注意的是，两个 p0 倍点运算后的结果依然是椭圆曲线上的点，而该点再和 p0 点加后，依然是椭圆曲线上的点，所以 k 个点经过标量乘后，最终结果依然是椭圆曲线上的点。本例中，我们使用的初始化点是(6,78)，它经过 5 次累加后，最终结果是(65,23)，该点依然是椭圆曲线上的点。

（3）保存工程并按 Ctrl+F5 键运行，运行结果如图 8-18 所示。

图 8-18

ECC 中很基本、很耗时的运算是椭圆曲线上的标量乘法。相应的标量乘法的研究思路分为两条：一是对底层域算法进行研究，包括乘法、平方和求逆运算；二是找到标量的有效表示形式，从而减少点加次数。

在 ECC 加密算法中，标量乘运算是 ECC 加密算法的重要性能指标，一个快速的标量乘算法会让 ECC 密钥加密体制的速度成倍缩短。在计算方法上，标量乘法大致分为三类：第一类 k 是变化的，而点 P 是固定不变的，如果要优化算法，可以增加预计算，并存储预计算结果为最终计算做准备；第二类 k 是固定的，点 P 每次计算都会不同，优化方案可以向改进标量 k 的方向努力；第三类是前两者的结合，优化方案要具体问题具体分析。

在 ECC 密码协议中，点乘是整个加密算法很关键、很核心的运算，同时也是功耗分析的攻击点，其算法效率直接关系着 ECC 运算的性能，所以选择合适的点乘加速算法十分重要。常用的加速算法有：二进制展开法、NAF 加减算法、滑动窗口算法等。限于篇幅，这里就不具体展开了。

8.5.4　数据加解密算法

一路披荆斩棘，终于到了面向用户的最上层。在这一层有不少知识点需要攻克，比如椭圆曲线的选定、基点 G 的选取等，随便一个主题都可以研究好几年。这里，我们阐述基本的内容。

1. 有限域椭圆曲线上的点的阶

如果椭圆曲线上的一点 P 存在最小的正整数 n 使得数乘 nP=O∞，就将 n 称为 P 的阶。若 n 不存在，则 P 是无限阶的。根据定义，我们要找阶 n，可以从 1 开始不停地计算 nP，直到出

现 $nP = O\infty$。比如，图 8-19 演示了在椭圆曲线 $E_{23}(1,1)$ 上点 $P(3,10)$ 的各个点乘的结果。

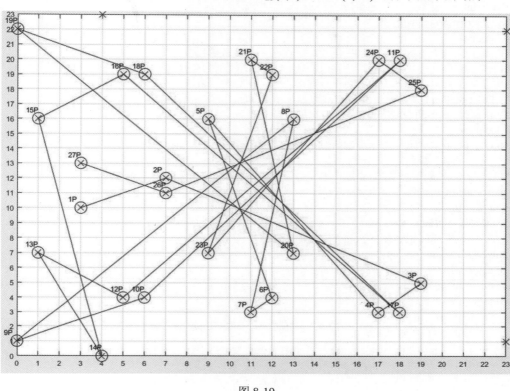

图 8-19

该曲线的 P=23，计算可得 27P 的坐标是 (3,13)，即 (3,23-10)，正是点 P(3,10) 的负元点（复习前面负元的概念），而我们知道，$P+(-P)=O\infty$（如果忘记了，可以复习一下 8.4 节），所以，$P+27P=28P=O\infty$，P 的阶为 28。显然，点的分布与顺序都是杂乱无章的。事实上，在有限域上定义的椭圆曲线上所有点的阶 n 都是存在的（如果要证明，可以参考近世代数方面的书）。

根据 $P+(-P)=O\infty$，我们可以对点 P 不断地做点乘运算，当某次点上的横坐标等于 P 的横坐标时，次数 n 再加 1 就是阶了。下面我们来计算椭圆曲线 $y^2=x^3-x$ 在 GF(89) 上的所有点的阶。

【例 8.5】求椭圆曲线 $y^2=x^3-x$ 所有点的阶

（1）打开 VC 2017，新建一个控制面板工程 test。

（2）打开 test.cpp，输入代码如下：

```
#include "pch.h"
#include <iostream>
#define MAX 100
typedef struct point {
    int point_x;
    int point_y;
}Point;
typedef struct ecc {
    struct point p[MAX];
```

```
        int len;
}ECCPoint;
typedef struct generator {
        Point p;
        int p_class;
}GENE_SET;

ECCPoint eccPoint;
GENE_SET geneSet[MAX];
int geneLen;
int a = -1, b = 0, p = 89;          //椭圆曲线为 E89 (-1,0)：y²=x³-x (mod 89)

//这几个函数在前面的例子中实现过了，这里为了节省篇幅不再赘述，但源码工程有定义
void get_all_points();
int int_sqrt(int s);
Point timesPiont(int k,Point p);
Point add_two_points(Point p1,Point p2);
int inverse(int n,int b);
void get_generator_class();
int mod_p(int s);
void print();
int isPrime(int n);


//求点的阶
void get_generator_class()
{
    int i, j = 0;
    int count = 1;
    Point p1, p2;
    get_all_points();

    printf("\n************输出点的阶：******************\n");
    for (i = 0; i < eccPoint.len; i++)
    {
        count = 1;
        p1.point_x = p2.point_x = eccPoint.p[i].point_x;
        p1.point_y = p2.point_y = eccPoint.p[i].point_y;
        while (1)
        {
            p2 = add_two_points(p1, p2);
            if (p2.point_x == -1 && p2.point_y == -1)
            {
                break;
            }
            count++;
            if (p2.point_x == p1.point_x)        //两个点的横坐标相同，认为负元找到了
            {
                break;
            }
        }
```

```
        count++;
        if (count <= eccPoint.len + 1)
        {

            geneSet[j].p.point_x = p1.point_x;
            geneSet[j].p.point_y = p1.point_y;
            geneSet[j].p_class = count;
            printf("点(%d,%d)的阶：%d\t", geneSet[j].p.point_x, geneSet[j].p.point_y, geneSet[j].p_class);
            j++;
            if j % 3 == 0) {        //满三个就换行，达到每行三列的打印效果
                printf("\n");
            }
        }
        geneLen = j;
    }
}

int main()
{
    get_generator_class();
    return 0;
}
```

本例中，我们新定义了函数 get_generator_class()，该函数用来生成所有基点（也称生成元）及其阶，原理就是 $P+(-P)=O\infty$。

（3）保存工程并运行，运行结果如图 8-20 所示。

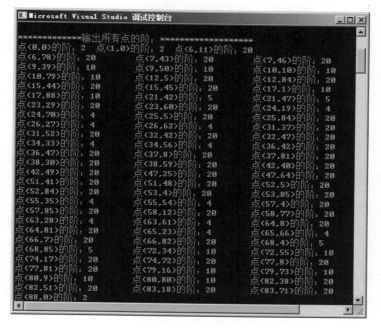

图 8-20

2. ECC 加解密的原理

考虑 K=kG，其中 K、G 为椭圆曲线 Ep(a,b) 上的点，n 为 G 的阶（nG=O∞），k 为小于 n 的整数。给定 k 和 G，根据加法法则，计算 K 很容易，但反过来，给定 K 和 G，求 k 就非常困难。因为实际使用中的 ECC 原则上把 p 取得相当大，n 也相当大，要把 n 个解点逐一计算出来是不可能的。这就是椭圆曲线加密算法的数学依据。通常把点 G 称为基点（Base Point），或称生成元；k（k<n）为私有密钥（Private Key）；K 为公开密钥（Public Key）。

现在描述一个用 ECC 加解密通信的过程模型：

（1）用户 A 选定一条椭圆曲线 Ep(a,b)，并取椭圆曲线上的一点，作为基点 G。

（2）用户 A 选择一个私有密钥 k，并生成公开密钥 K=kG。

（3）用户 A 将 Ep(a,b) 和点 K、G 传给用户 B。

（4）用户 B 接收到信息后，将待传输的明文编码到 Ep(a,b) 上的一点 M（编码方法很多，这里不作讨论），并产生一个随机整数 r（r<n）。用户 B 计算点 C1=M+rK、C2=rG。用户 B 将 C1、C2 传给用户 A。

（5）用户 A 接收到信息后，计算 C1-kC2，结果就是点 M。因为 C1-kC2=M+rK-k(rG)=M+rK-r(kG)=M，再对点 M 进行解码就可以得到明文。

在这个加密通信中，如果有一个偷窥者 H，他只能看到 Ep(a,b)、K、G、C1、C2，而通过 K、G 求 k 或通过 C2、G 求 r 都是相对困难的。因此，H 无法得到 A、B 间传送的明文信息。

ECC 加解密模型可以用图 8-21 来表示。

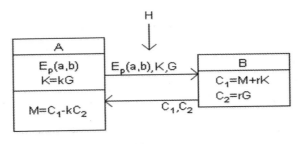

图 8-21

3. 椭圆曲线的基点

我们把点 G 称为基点。因为 n 是点 G 的阶，所以有 nP=O∞。

基点的确定：既然要求 n 为素数，则只要在所有有阶的点中寻找阶为素数的那些点，就可以用来作为基点。

4. 椭圆曲线参数的选择

在密码学中，描述一条 Fp 上的椭圆曲线常用到 6 个参量：

T=(p,a,b,G,n,h)

其中，（p,a,b）用来确定一条椭圆曲线；G 为基点；n 为点 G 的阶，n 要求为素数；h 是椭圆曲线上所有点的个数 m 与 n 相除的整数部分。这几个参量取值的选择直接影响加密的安全性。参量值一般要求满足以下几个条件：

（1）p 越大越安全，但越大，计算速度会越慢，200 位左右即可满足一般安全要求。

（2）p≠n×h。

（3）$p^t \neq 1 (\mathrm{mod}\ n)$，1≤t<20。

（4）$4a^3+27b^2 \neq 0\ (\mathrm{mod}\ p)$。

（5）n 为素数。

（6）h≤4。

确定系统参数的过程中，最困难的部分是寻找素数阶的基点。

5. 实现 ECC 加解密

有了上面的加解密过程模型，我们就可以对照着写出代码来了。我们为了学习，n 不会取得很大。下面进入实际加解密阶段，依旧是利用曲线方程 $y^2=x^3-x$，有限域为 GF(89)。然后对一段字符明文进行加密，然后解密。明文的编码这里采用简单的方法，就是字母字符转换为对应的 ASCII 码值。

【例 8.6】实现 ECC 加解密

（1）打开 VC 2017，新建一个控制面板工程 test。

（2）打开 test.cpp，输入代码如下：

```
#include "pch.h"
#include <iostream>
#include<math.h>
#include<time.h>
#define MAX 100


typedef struct point {
    int point_x;
    int point_y;
}Point;
typedef struct ecc {
    struct point p[MAX];
    int len;
}ECCPoint;
typedef struct generator {
    Point p;
    int p_class;
}GENE_SET;


char alphabet[] = "abcdefghijklmnopqrstuvwxyz";
int a = -1, b = 0, p = 89;        //椭圆曲线为 E89(-1,0)：y²=x³-x(mod 89)
ECCPoint eccPoint;
```

```
GENE_SET geneSet[MAX];
int geneLen;
char plain[] = "yes";
int m[MAX];
int cipher[MAX];
int nB;//私钥
Point P1, P2, Pt, G, PB;
Point Pm;
int C[MAX];


//打印点集
void print()
{
    int i;
    int len = eccPoint.len;
    printf("\n 该椭圆曲线上共有%d 个点(包含无穷远点)\n", len + 1);
    for (i = 0; i < len; i++)
    {
        if (i % 8 == 0)
        {
            printf("\n");
        }
        printf("(%2d,%2d)\t", eccPoint.p[i].point_x, eccPoint.p[i].point_y);
    }
    printf("\n");
}

//取模函数
int mod_p(int s)
{
    int i;                          //保存 s/p 的倍数
    int result;                     //模运算的结果
    i = s / p;
    result = s - i * p;
    if (result >= 0)
    {
        return result;
    }
    else
    {
        return result + p;
    }
}

//判断平方根是否为整数
int int_sqrt(int s)
{
    int temp;
    temp = (int)sqrt(s);            //转为整型
    if (temp*temp == s)
```

```
        {
            return temp;
        }
        else {
            return -1;
        }
    }
    //求 b 关于 n 的逆元
    int inverse(int n, int b)
    {
        int q, r, r1 = n, r2 = b, t, t1 = 0, t2 = 1, i = 1;
        while (r2 > 0)
        {
            q = r1 / r2;
            r = r1 % r2;
            r1 = r2;
            r2 = r;
            t = t1 - q * t2;
            t1 = t2;
            t2 = t;
        }
        if (t1 >= 0)
            return t1 % n;
        else {
            while ((t1 + i * n) < 0)
                    i++;
            return t1 + i * n;
        }
    }


    //task1:求出椭圆曲线上所有的点
    void get_all_points()
    {
        int i = 0;
        int j = 0;
        int s, y = 0;
        int n = 0, q = 0;
        int modsqrt = 0;
        int flag = 0;
        if (4 * a * a * a + 27 * b * b != 0)
        {
            for (i = 0; i <= p - 1; i++)
            {
                    flag = 0;
                    n = 1;
                    y = 0;
                    s = i * i * i + a * i + b;
                    while (s < 0)
                    {
                            s += p;
```

```
                }
                s = mod_p(s);
                modsqrt = int_sqrt(s);
                if (modsqrt != -1)
                {
                    flag = 1;
                    y = modsqrt;
                }
                else {
                    while (n <= p - 1)
                    {
                        q = s + n * p;
                        modsqrt = int_sqrt(q);
                        if (modsqrt != -1)
                        {
                            y = modsqrt;
                            flag = 1;
                            break;
                        }
                        flag = 0;
                        n++;
                    }
                }
                if (flag == 1)
                {
                    eccPoint.p[j].point_x = i;
                    eccPoint.p[j].point_y = y;
                    j++;
                    if (y != 0)
                    {
                        eccPoint.p[j].point_x = i;
                        eccPoint.p[j].point_y = (p - y) % p;
                        j++;
                    }
                }
            }
        }
        eccPoint.len = j;               //点集个数
        print();                        //打印点集
    }
}

//两点的加法运算
Point add_two_points(Point p1, Point p2)
{
    long t;
    int x1 = p1.point_x;
    int y1 = p1.point_y;
    int x2 = p2.point_x;
    int y2 = p2.point_y;
    int tx, ty;
    int x3, y3;
```

```
int flag = 0;
//求
if ((x2 == x1) && (y2 == y1))
{
    //相同点相加
    if (y1 == 0)
    {
        flag = 1;
    }
    else {
        t = (3 * x1*x1 + a)*inverse(p, 2 * y1) % p;
    }
    //printf("inverse(p,2*y1)=%d\n",inverse(p,2*y1));
}
else {
    //不同点相加
    ty = y2 - y1;
    tx = x2 - x1;
    while (ty < 0)
    {
        ty += p;
    }
    while (tx < 0)
    {
        tx += p;
    }
    if (tx == 0 && ty != 0)
    {
        flag = 1;
    }
    else {
        t = ty * inverse(p, tx) % p;
    }
}
if (flag == 1)
{
    p2.point_x = -1;
    p2.point_y = -1;
}
else {
    x3 = (t*t - x1 - x2) % p;
    y3 = (t*(x1 - x3) - y1) % p;
    //使结果在有限域 GF(P)上
    while (x3 < 0)
    {
        x3 += p;
    }
    while (y3 < 0)
    {
        y3 += p;
    }
```

```
            p2.point_x = x3;
            p2.point_y = y3;
        }
        return p2;
    }


//求点的阶
void get_generator_class()
{
    int i, j = 0;
    int count = 1;
    Point p1, p2;
    get_all_points();

    printf("\n***********输出所有点的阶：******************\n");
    for (i = 0; i < eccPoint.len; i++)
    {
        count = 1;
        p1.point_x = p2.point_x = eccPoint.p[i].point_x;
        p1.point_y = p2.point_y = eccPoint.p[i].point_y;
        while (1)
        {
            p2 = add_two_points(p1, p2);
            if (p2.point_x == -1 && p2.point_y == -1)
            {
                break;
            }
            count++;
            if (p2.point_x == p1.point_x)
            {
                break;
            }
        }
        count++;
        if (count <= eccPoint.len + 1)
        {
            geneSet[j].p.point_x = p1.point_x;
            geneSet[j].p.point_y = p1.point_y;
            geneSet[j].p_class = count;
            printf("点(%d,%d)的阶：%d\t", geneSet[j].p.point_x, geneSet[j].p.point_y, geneSet[j].p_class);
            j++;
            if (j % 3 == 0) {
                printf("\n");
            }
        }
        geneLen = j;
    }
}

Point timesPiont(int k, Point p0)
```

```
{
    if (k == 1) {
        return p0;
    }
    else if (k == 2) {
        return add_two_points(p0, p0);
    }
    else {
        return add_two_points(p0, timesPiont(k - 1, p0));
    }
}
//判断是否为素数
int isPrime(int n)
{
    int i,k;
    k = sqrt(n);
    for (i = 2; i <= k;i++)
    {
    if (n%i == 0)
        break;
    }
    if (i <=k){
    return -1;
    }
    else {
    return 0;
    }
}


//加密
void encrypt_ecc()
{
    int num,i,j;
    int gene_class;
    int num_t;
    int k;

    printf("\n\n 明文数据：%s\n", plain);
    srand(time(NULL));
    //明文转换过程
    for(i=0;i<strlen(plain);i++)
    {
        for(j=0;j<26;j++) //for(j=0;j<26;j++)
        {
            if(plain[i]==alphabet[j])
            {
                m[i]=j;                    //将字符串明文换成数字，并存到整型数组 m 里面
            }
        }
    }
    //选择生成元
```

```
            num=rand()%geneLen;
            gene_class=geneSet[num].p_class;
            while(isPrime(gene_class)==-1)//不是素数
            {
                num=rand()%(geneLen-3)+3;
                gene_class=geneSet[num].p_class;
            }
            //printf("gene_class=%d\n", gene_class);
            //printf("gene_class=%d\n",gene_class);
            G=geneSet[num].p;
            //printf("G:(%d,%d)\n",geneSet[num].p.point_x,geneSet[num].p.point_y);
            nB=rand()%(gene_class-1)+1;        //选择私钥
            PB=timesPiont(nB,G);                  //PB 是公钥
            printf("\n 公钥: \n");
            printf("{y^2=x^3%d*x+%d,%d,(%d,%d),(%d,%d)}\n",a,b,gene_class,G.point_x,G.point_y,PB.point_x,
PB.point_y);
            printf("私钥: \n");
            printf("nB=%d\n",nB);
            //加密
            k=rand()%(gene_class-2)+1;
            P1=timesPiont(k,G);
            //
            num_t=rand()%eccPoint.len;         //选择映射点
            Pt=eccPoint.p[num_t];
            //printf("Pt:(%d,%d)\n",Pt.point_x,Pt.point_y);
            P2=timesPiont(k,PB);
            Pm=add_two_points(Pt,P2);
            printf("加密数据: \n");
            printf("kG=(%d,%d),Pt+kPB=(%d,%d),C={",P1.point_x,P1.point_y,Pm.point_x,Pm.point_y);
            for(i=0;i<strlen(plain);i++)
            {
                C[i]=m[i]*Pt.point_x+Pt.point_y;
                printf("{%d}",C[i]);
            }
            printf("}\n");
    }
    //解密
    void decrypt_ecc()
    {
        Point temp,temp1;
        int m,i;
        temp=timesPiont(nB,P1);
        temp.point_y=0-temp.point_y;
        temp1=add_two_points(Pm,temp);              //求解 Pt
         // printf("(%d,%d)\n",temp.point_x,temp.point_y);
          // printf("(%d,%d)\n",temp1.point_x,temp1.point_y);
        printf("\n 解密结果:");
        for(i=0;i<strlen(plain);i++)
        {
            m=(C[i]-temp1.point_y)/temp1.point_x;
            printf("%c",alphabet[m]);              //输出密文
```

```
    }
    printf("\n");
}

int main()
{
    get_generator_class();
    encrypt_ecc();
    decrypt_ecc();
    return 0;
}
```

假设明文为 yes，然后选择基点，得到私钥和公钥，进行加密，并输出密文，最后进行解密。

（3）保存工程并运行，运行结果如图 8-22 所示。

图 8-22

第 9 章
◀CSP和CryptoAPI▶

9.1 什么是 CSP

CSP 是 Windows 平台的加密服务提供者（Cryptographic Service Provider），它是真正执行密码运算的独立模块。物理上一个 CSP 由两部分组成：一个是动态链接库，另一个是签名文件。其中签名文件保证密码服务提供者经过了认证，以防出现攻击者冒充 CSP。若加密算法由硬件实现，则 CSP 还包括硬件装置。

Microsoft 通过捆绑 RSA Base Provider（RST 基础提供者），在操作系统中提供一个 CSP，使用 RSA 公司的公钥加密算法，更多的 CSP 可以根据需要增加到应用中。Windows 2000 以后自带了多种不同的 CSP。

CSP 是 Windows 密码服务系统的底层实现，它通过统一的编程接口 CryptoAPI 面向用户，提供编程调用服务。

9.2 CryptoAPI 简介

当前，有关加密的 API 国际标准有如下 4 类：

（1）GSS-API（Generic Security Services API）

（2）CDSA

（3）RSA PKCS#11

（4）微软 CryptoAPI

在 Windows 领域，微软 CryptoAPI 是重要的加密标准，所以必须学。微软的 CryptoAPI 是 Win32 平台下为应用程序开发者提供的数据加解密和证书服务的编程接口。CryptoAPI 提供了很多和信息安全相关的函数，如编码、解码、加密、解密、哈希、数字证书、证书管理、证书存储等。CryptoAPI 的编程模型与 Windows 系统的图形设备接口 GDI 比较类似，其中加密服务提供者（CSP）等同于图形设备驱动程序，加密部件（可选）等同于图形部件，其上层的应用程序也类似，都不需要同设备驱动程序和硬件直接打交道。

9.3　CSP 服务体系

微软 Windows 加密系统由不同的元素组成。这三个可执行部分包括应用程序（包含CryptoAPI）、操作系统（OS）和加密服务提供者（CSP）。应用程序通过加密 API（CryptoAPI）与 OS 通信。操作系统通过加密服务提供程序接口（CryptoSPI）与 CSP 通信。图 9-1 显示了这些概念。

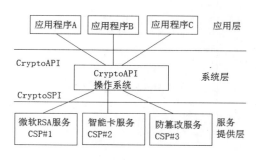

图 9-1

从系统调用层次来看，分为相互独立的三层（参看上图的服务分层体系）：

（1）最底层是加密服务提供层，即具体的一个 CSP，它是加密服务提供机构提供的独立模块，担当真正的数据加密工作，包括使用不同的加密和签名算法产生密钥、交换密钥、进行数据加密以及产生数据摘要、数字化签名。它独立于应用层和操作系统，并提供通用的 SPI编程接口与操作系统层进行交互。有些 CSP 还会使用硬件进行加密工作，以达到更为安全的效果。

（2）中间层，即操作系统（OS）层，在此是指具体的 Windows 操作系统平台，在 CSP体系中，它为应用层提供统一的 API 接口，为加密服务提供层提供 SPI 接口，操作系统层为应用层隔离了底层 CSP 和具体的加密实现细节，用户可独立各个 CSP 进行交互，它担当一定的管理功能，包括定期验证 CSP 等。

（3）应用层，也就是任意用户进程或线程具体通过调用操作系统层提供的 CryptoAPI 使用加密服务的应用程序。

根据 CSP 服务分层体系，应用程序不必关心底层 CSP 的具体实现细节，利用统一的 API接口进行编程，而由操作系统通过统一的 SPI 接口来与具体的加密服务提供者进行交互，由其他的厂商根据服务编程接口 SPI 实现加密、签名算法，有利于实现数字加密与数字签名。

应用程序中要实现数字加密与数字签名时，一般是调用微软提供的应用程序编程接口CryptoAPI。应用程序不能直接与 CSP 通信，只能通过 CryptoAPI 操作系统界面过滤后，经过CryptoSPI 系统服务接口与相应的 CSP 通信。CSP 才是真正实现所有加密操作的独立模块。

CSP 是执行实际加密操作的独立单元（CryptoAPI 只是面向用户的接口，真正的加解密运算在 CSP）。CSP 通过 Coredll.dll 与应用程序通信。CSP 负责创建和销毁密钥，并使用它们执行各种加密操作。每个 CSP 都提供了 CryptoAPI 的不同实现。有些提供更强大的加密算法，而另一些包含硬件加解密实现。图 9-2 显示了应用程序 Coredll.dll 和 CSP 之间的关系。

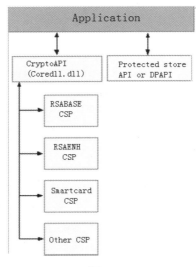

图 9-2

CSP 至少由动态链接库（DLL）和签名文件组成。签名文件确保操作系统识别 CSP。操作系统定期验证此签名，以验证 CSP 未被篡改。

加密标准常被划分为不同的系列组，每个系列都包含一组数据格式和协议。即使使用相同的算法，两个家族也经常使用不同的密码模式、密钥长度和默认模式。在 CryptoAPI 中，每个 CSP 类型代表一个不同的家族。默认情况下，当应用程序连接到特定类型的 CSP 时，每个 CryptoAPI 函数都以与 CSP 类型对应的系列指定的方式操作。表 9-1 显示了由应用程序选择的 CSP 类型指定的项。

表 9-1　由应用程序选择的 CSP 类型指定的项

CSP 类型属性	描　述
密钥交换算法	指定一个密钥交换算法，特定类型的每个 CSP 都必须实现此算法，应用程序指定密钥交换算法的唯一方法是选择适当的 CSP 类型
数字签名算法	这与密钥交换算法相同，每个 CSP 类型指定一个数字签名算法
密钥二进制大对象格式	指定导出键的格式。密钥可以从 CSP 导出为密钥二进制大对象格式，以增强 CSP 之间传输时的安全性
数字签名格式	规定了特定的数字签名格式，这确保由 CSP 生成的签名可以由同一类型的任何 CSP 验证
会话密钥派生方案	指定用于派生会话密钥的方法
密钥长度	指定密钥长度
默认模式	指定各种选项的默认模式，例如块加密密码模式或块加密填充方法

9.4 CSP 的组成

CSP 为 Windows 平台上加解密运算的核心层实现，是真正执行加密工作的独立模块。CSP 与 Windows 的接口以 DLL 形式实现。

按照 CSP 的不同实现方法，可分为纯软件实现与带硬件的实现，其中带硬件的实现 CSP 按照硬件芯片不同，可以分为使用智能卡芯片（内置加密算法）的加密型和不使用智能卡芯片的存储型两种，与计算机的接口现在一般都用 USB，所以把 CSP 的硬件部分称为 USB Key。

物理上一个 CSP 由两部分组成：动态链接库和签名文件。CSP 逻辑上的组成如图 9-3 所示。

图 9-3

（1）微软提供的 SPI 接口函数实现。在微软提供的 SPI 接口中共有 23 个基本密码系统函数，由应用程序通过 CAPI 调用，CSP 必须支持这些函数，这些函数提供了基本的功能。

（2）加密签名算法实现。如果是纯软件实现的 CSP 与用存储型的 USB Key 实现的 CSP，这些函数就在 CSP 的 DLL 或辅助 DLL 中实现；带硬件设备实现的 CSP，并且使用加密型的 USB Key，CSP 的动态库就是一个框架，一般的函数实现在 CSP 的动态库中，而主要函数的核心在硬件中实现。在 CSP 的动态库中只是函数的框架，如加/解密、散列数据、验证签名等，这是因为私钥一般不导出，这些函数的实现主要在硬件设备中，保密性好。

（3）CSP 的密钥库及密钥容器。每一个加密服务提供程序都有一个独立的密钥库，它是一个 CSP 内部数据库，此数据库包含一个和多个分属于每个独立用户的容器，每个容器都用一个独立的标识符进行标识。不同的密钥容器内存放不同用户的签名密钥对、交换密钥对以及 x.509 数字证书。出于安全性考虑，私钥一般不可以被导出。带硬件实现的 CSP，CSP 的密钥库及密钥容器放在硬件存储器中，纯软件的 CSP 实现放在硬盘上的文件中。

9.5 CryptoAPI 体系结构

密码服务编程接口 CryptoAPI 体系架构由五大部分组成：

（1）基本加密函数：用于选择 CSP、建立 CSP 连接、产生密钥、交换及传输密钥等操作。

（2）简单的消息函数：用于消息处理，比如消息编解码、消息加解密、数字签名及签名验签等操作。它是把多个底层消息函数包装在一起以完成某个特定任务，方便用户使用。

（3）底层消息函数：底层消息函数对传输的 PKCS#7 数据进行编码，对接收到的 PKCS#7 数据进行解码，并且对接收到的消息进行解码和验证。它可以实现简单消息函数可以实现的所有功能，且提供更大的灵活性，但一般需要更多的函数调用。

（4）证书编解码函数：用于数据加密、解密、哈希等操作，创建和校验数字签名操作，实现证书请求和证书扩展编码和解码操作。

（5）证书库管理函数：用于证书管理等操作。这组函数用于管理证书、证书撤销列表和证书信任列表的使用、存储、获取等。

其中前三者可用于对敏感信息进行加密或签名处理，可保证网络传输信息交流中的私有性；后两者通过对证书的使用，可保证网络信息交流中的认证性。

我们可以使用图 9-4 所示的 CryptoAPI 体系结构。

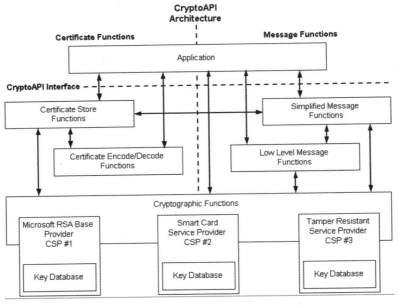

图 9-4

9.6 CryptoAPI 调用底层 CSP 服务方式

微软 CryptoAPI 从两方面保证安全通信：保密性和验证。

CryptoAPI 函数调用底层 CSP 函数时，首先使用函数 CryptAcquireContext 给出欲选择 CSP 的名称参数和类型参数，该函数返回一个指向被选择的 CSP 的句柄。CSP 有一个密钥库。密钥库用于存储密钥，每个密钥库包括一个或多个密钥容器（Key Containers）。每个密钥容器中包含属于一个特定用户的所有密钥对。每个密钥容器被赋予唯一的名字，以这个名字做函数 CryptAcquireContext 参数，从而获得指向这个密钥容器的句柄。CSP 将永久保存密钥容器，包括保存每个密钥容器中的公/私钥对（会话密钥除外）。在交换密钥时，或密钥需要离开 CSP（导出密钥）时，就存在选择什么样的数据结构存储密钥的问题。微软 CryptoAPI 采用 KeyBlob 数据结构存储离开了 CSP 内部的密钥。密钥总是在 CSP 内部被安全地保存，应用程序只能通过句柄访问密钥，而 KeyBlob 例外。当使用 CryptExportKey 函数从 CSP 中导出密钥时，KeyBlob 被创建。之后某一时间，使用 CryptImportKey 函数将密钥导入其他 CSP 中（不同机器上的不同 CSP）。因此，KeyBlob 是在不同 CSP 之间安全地传送密钥载体。KeyBlob 由一个标准信息头和位于信息头之后一段表示密钥本身的数据组成。应用程序不访问 KeyBlob 内部，而是把 KeyBlob 当作一个透明对象。

由于公/私钥对的私钥部分需要绝对保密，因此私钥要用对称加密算法加密。加密 PrivateKeyBlob 时，除了 BlobHeader 之外，所有部分都要加密。但加密所用的算法和密钥（或密钥参数）不与该 KeyBlob 存储在一起，应用程序负责管理这些信息。

9.7　CrpytoAPI 的基本功能

利用 CryptoAPI，开发者可以给基于 Windows 的应用程序添加安全服务，包括 ANS.1 编码/解码、数据加解密、身份认证、数字证书管理，同时支持 PKI、对称密码技术等。CrpytoAPI 基本功能有：

（1）密钥管理

在 CryptoAPI 中，支持两种类型的密钥：会话密钥和公私钥对。会话密钥也称为对称密钥，用于对称密钥算法。为了保证密钥的安全性，在 CryptoAPI 中，这些密钥都保存在 CSP 内部，用户可以通过 CryptExportKey 以加密密钥形式导出。公私钥用于非对称加密算法。非对称加密算法主要用于加解密会话密钥和数字签名。在 CryptoAPI 中，一般来说，大多数 CSP 产生的密钥容器包含两对密钥对，一对用于加密会话密钥，称为交换密钥对；另一对用于产生数字签名，称为签名密钥对。在 CryptoAPI 中，所有的密钥都存储在 CSP 中，CSP 负责密钥的创建、销毁、导入导出等操作。

（2）数据编解码

CryptoAPI 采用的编码方式为 ASN.1，编码规则为 DER，表示发送数据时先把数据抽象为 ASN.1 对象，然后使用 DER 编码规则把 ASN.1 对象转化为可传输的 0、1 串；接收方接收到数据后，利用 DER 解码规则把 0、1 串转化为 ASN.1 对象，然后把 ASN.1 对象转化为具体应用支持的数据对象。

（3）数据加解密

在 CryptoAPI 中约定加密较大的数据块时，采用对称密钥算法。通过其封装好的加解密函数来实现数据加解密操作。

（4）哈希和数字签名

哈希和数字签名一般用于数据的完整性校验和身份鉴别。在 CryptoAPI 中，通过其封装好的哈希与数字签名函数来实现相关操作。微软公司提供的 CSP 产生的数字签名遵循 RSA 标准（PKCS#6）。

（5）数字证书管理

数字证书主要用于安全通信中的身份鉴别。在 CryptoAPI 中，对数字证书的使用管理函数分为证书与证书库函数、证书验证函数两大部分。

9.8 搭建 CryptoAPI 开发环境

本节我们使用 VC 2017 来开发 CryptoAPI 应用程序，因此只需在 VC 工程中包含相关头文件即可。下面我们来看一个例子，例子中只调用了一个 CryptoAPI 函数，如果调用成功，就说明开发环境搭建成功。

【例 9.1】第一个 CryptoAPI 应用程序

（1）打开 VC 2017，新建一个控制面板工程，工程名是 test。

（2）在 test.cpp 中输入代码如下：

```cpp
#include "pch.h"
#include <iostream>
#include <windows.h>
#include <wincrypt.h>          //这里面声明了 CryptoAPI 的库函数

int main()
{
    HCRYPTPROV hCryptProv;

    if (!CryptAcquireContext(&hCryptProv, NULL, NULL, PROV_RSA_FULL, CRYPT_SILENT|
CRYPT_VERIFYCONTEXT))
    {
        printf("CryptAcquireContext failed:0x%x",GetLastError());
        return -1;
    }

    std::cout << "CryptAcquireContext OK\n";
    CryptReleaseContext(hCryptProv, 0);
    return 0;
}
```

值得注意的是，windows.h 必须在 wincrypt.h 前面包含。在代码中，我们调用了两个 CryptoAPI 库函数 CryptAcquireContext 和 CryptReleaseContext。其中，CryptAcquireContext 用来连接 CSP，获得指定 CSP 的密钥容器的句柄；CryptReleaseContext 释放由 CryptAcquireContext 得到的句柄。

（3）保存工程并运行，运行结果如图 9-5 所示。

图 9-5

9.9 基本加密函数

　　CSP 是真正实行加密的独立模块，它既可以由软件实现，又可以由硬件实现。但是它必须符合 CryptoAPI 接口的规范。每个 CSP 都有一个名字和一个类型。每个 CSP 的名字是唯一的，这样便于 CryptoAPI 找到对应的 CSP。目前已经有 9 种 CSP 类型，并且还在增长。表 9-2 列出了它们支持的密钥交换算法、签名算法、对称加密算法和 Hash 算法。

表 9-2　基本加密函数

CSP 类型	密钥交换算法	签名算法	对称加密算法	Hash 算法
PROV_RSA_FULL	RSA	RSA	RC2 RC4	MD5 SHA
PROV_RSA_SIG	none	RSA	none	MD5 SHA
PROV_RSA_SCHANNEL	RSA	RSA	RC4 DES Triple DES	MD5 SHA
PROV_DSS	DSS	none	DSS	MD5 SHA
PROV_DSS_DH	DH	DSS	CYLINK_MEK	MD5 SHA
PROV_DH_SCHANNEL	DH	DSS	DES Triple DES	MD5 SHA
PROV_FORTEZZA	KEA	DSS	Skipjack	SHA
PROV_MS_EXCHANGE	RSA	RSA	CAST	MD5
PROV_SSL	RSA	RSA	Varies	Varies

　　基本加密函数为开发加密应用程序提供了足够灵活的空间。所有 CSP 的通信都是通过这些函数进行的。一个 CSP 是实现所有加密操作的独立模块。在每一个应用程序中至少需要提供一个 CSP 来完成所需的加密操作。如果使用一个以上的 CSP，在加密函数调用中就要指定所需的 CSP。微软基本加密提供者（Microsoft Base Cryptographic Provider）是默认绑定到 CryptoAPI 中的。如果没有指定其他 CSP，这个 CSP 就是默认的。

　　每一个 CSP 对 CryptoAPI 提供了一套不同的实现。一些 CSP 提供了更加强大的加密算法；

另外一些 CSP 包含对硬件的支持，比如智能卡；还有一些 CSP 偶尔和使用者直接通信，比如数字签名就使用了用户的签名私钥。

基本加密函数包含这几类：服务提供者函数、密钥的产生和交换函数、编码/解码函数、数据加密/解密函数、哈希函数和数字签名函数。

9.9.1 服务提供者函数

服务提供者函数是很重要的基本加密函数。应用程序使用服务提供者函数来连接和断开一个 CSP。表 9-3 所示就是主要的服务提供者函数。

表 9-3　主要的服务提供者函数

主要的服务提供者函数	说　明
CryptAcquireContext	获得指定 CSP 的密钥容器的句柄
CryptContextAddRef	增加一个应用计数
CryptEnumProviders	枚举当前计算机中的 CSP
CryptEnumProviderTypes	枚举 CSP 的类型
CryptGetDefaultProvider	对于指定 CSP 类型的默认 CSP
CryptGetProvParam	得到一个 CSP 的属性
CryptInstallDefaultContext	安装先前得到的 HCRYPTPROV 上下文作为当前默认的上下文
CryptReleaseContext	释放由 CryptAcquireContext 得到的句柄
CryptSetProvider 和 CryptSetProviderEx	为指定 CSP 类型指定一个默认的 CSP
CryptSetProvParam	指定一个 CSP 的属性
CryptUninstallDefaultContext	删除先前由 CryptInstallDefaultContext 安装的默认上下文

1. 连接 CSP 的函数 CryptAcquireContext

该函数用于获得指定 CSP 的密钥容器的句柄。该函数声明如下：

```
BOOL CryptAcquireContext(
    HCRYPTPROV *phProv,
    LPCTSTR pszContainer,
    LPCTSTR pszProvider,
    DWORD    dwProvType,
    DWORD   dwFlags);
```

● phProv: [out]所获取的 CSP 的句柄指针。
● pszContainer: [in]指向密钥容器的字符串指针，用于指定在所要寻找的 CSP 中所寻找的密钥容器的名字。如果 dwFlags 为 CRYPT_VERIFYCONTEXT，pszContainer 就必须为 NULL。
● pszProvider: [in]指定所寻找的 CSP 的名字。
● dwProvType: [in]请求的 CSP 的类型。
● dwFlags: [in]标记请求的 CSP 的用途，该参数的可选值和含义如表 9-4 所示。

表 9-4　dwFlags 参数的可选值和含义

值	含 义
CRYPT_VERIFYCONTEXT	此选项指出应用程序不需要使用公钥/私钥对，如程序只执行哈希和对称加密，只有程序需要创建签名和解密消息时才需要访问私钥
CRYPT_NEWKEYSET	使用指定的密钥容器名称创建一个新的密钥容器。如果 pszContainer 为 NULL，密钥容器就使用默认的名称创建
CRYPT_MACHINE_KEYSET	由此标志创建的密钥容器只能由创建者本人或有系统管理员身份的人使用
CRYPT_DELETEKEYSET	删除由 pszContainer 指定的密钥容器。如果 pszContainer 为 NULL，默认名称的容器就会被删除。此容器里的所有密钥对也会被删除
CRYPT_SLIENT	应用程序要求 CSP 不显示任何用户界面

如果函数执行成功就返回 TRUE，否则返回 FALSE，此时可以用函数 GetLastError 来获取错误码。

这个函数用来取得指定 CSP 密钥容器句柄，以后任何加密操作都是针对此 CSI 句柄而言的。函数首先查找由 dwprovtype 和 pszprovider 指定的 CSP，如果找到了 CSP，函数就查找由此 CSP 指定的密钥容器。由适当的 dwflags 标志，这个函数就可以创建和销毁密钥容器，如果不要求访问私钥，也可以提供对 CSP 临时密钥容器的访问，比如 CryptAcquireContext(&hProv, NULL, NULL, PROV_RSA_FULL, 0));。

2. 枚举 CSP 的函数 CryptEnumProviders

该函数用于枚举计算机上的所有 CSP。此函数可以得到第一个或下一个可用的 CSP。如果循环调用，可以得到计算机上所有可用的 CSP。函数声明如下：

```
BOOL WINAPI CryptEnumProviders(
    DWORD dwIndex,
    DWORD *pdwReserved,
    DWORD dwFlags,
    DWORD *pdwProvType,
    LPTSTR pszProvName,
    DWORD *pcbProvName
);
```

- dwIndex: [in]枚举下一个 CSP 的索引。
- pdwReserved: [in]保留参数，必须为 NULL。
- dwFlags: [in]为未来的保留参数，必须设为 0。
- pdwProvType: [out]CSP 的类型。
- pszProvName: [out] 指向接收 CSP 名称的缓冲区字符串指针。此指针可为 NULL，用来得到字符串的大小。
- pcbProvName: [in/out]指明 pszProvName 所指字符串的长度。

如果函数执行成功就返回 TRUE，否则返回 FALSE，此时可以用函数 GetLastError 来获取错误码。

下面来看一个例子，枚举本机上的所有 CSP。

【例9.2】枚举计算机上的所有 CSP

（1）打开 VC 2017，新建一个控制面板工程，工程名是 test。

（2）在工程中打开 test.cpp 中，输入代码如下：

```
#include "pch.h"
#include <stdio.h>
#include <string.h>
#include <windows.h>
#include <WinCrypt.h>
int main()
{
    DWORD dwIndex = 0;
    DWORD dwType;
    DWORD cbNameLen;
    LPWSTR   pszName;
    DWORD i = 0;

    //查看机器中所有的 CSP
    pszName = (LPTSTR)LocalAlloc(LMEM_ZEROINIT, 256);
    cbNameLen = 256;
    while (CryptEnumProviders(dwIndex++, NULL, 0, &dwType, pszName, &cbNameLen))
    {
        wprintf(L"dwType=%2.0d,len=%d CSPName=%s\n", dwType, cbNameLen, pszName); cbNameLen =
256;   //这里要加这个
    }
    LocalFree(pszName);
    return 0;
}
```

在代码中，我们通过循环调用 CryptEnumProviders 函数来获取当前计算机的所有 CSP。

（3）保存工程并运行，运行结果如图 9-6 所示。

图 9-6

3. 获取默认 CSP 的函数 CryptGetDefaultProvider

函数 CryptGetDefaultProvider 用于获取系统默认的 CSP。该函数声明如下：

```
BOOL CryptGetDefaultProvider(
  DWORD dwProvType,
  DWORD *pdwReserved,
  DWORD dwFlags,
  LPSTR pszProvName,
```

```
DWORD *pcbProvName);
```

- dwProvType: [in]要找的默认 CSP 的类型。
- pdwReserved: [in]该参数保留，赋 NULL 即可。
- dwFlags: [in]标志位。
- pszProvName: [out]指向存放 CSP 名称的缓冲区的字符串指针。
- pcbProvName: [in/out]输入时，表示 pszProvName 的大小；输出时，表示实际 CSP 名称的大小。

当函数执行成功时返回 TRUE，否则返回 FALSE，此时可以用函数 GetLastError 来获取错误码。

4. 设置默认 CSP 的函数 CryptSetProvider

函数 CryptSetProviderong 用来指定当前用户默认的加密服务提供程序。函数声明如下：

```
BOOL CryptSetProvider( LPCTSTR pszProvName,DWORD dwProvType);
```

- pszProvName: [in]指向存放 CSP 名称的字符串缓冲区。
- dwProvType: [in]表示 CSP 类型。

如果函数执行成功就返回 TRUE，否则返回 FALSE，此时可以用函数 GetLastError 来获取错误码。

5. 获取 CSP 参数属性的函数 CryptGetProvParam

函数 CryptGetProvParam 用于获取 CSP 各种参数属性，函数声明如下：

```
BOOL CryptGetProvParam( HCRYPTPROV hProv,DWORD dwParam,BYTE* pbData,DWORD*
pdwDataLen,DWORD dwFlags);
```

- hProv: [in]CSP 句柄。
- dwParam: [in]指定查询的参数，可选值如表 9-5 所示。

表 9-5　dwParam 可选值

参 数 名	作 用
PP_CONTAINER	指向密钥名称的字符串
PP_ENUMALGS	不断地读出 CSP 支持的所有算法
PP_ENUMALGS_EX	比 PP_ENUMALGS 获得更多的算法信息
PP_ENUMCONTAINERS	不断地读出 CSP 支持的密钥容器
PP_IMPTYPE	指出 CSP 怎样实现
PP_NAME	指向 CSP 名称的字符串
PP_VERSION	CSP 的版本号
PP_KEYSIZE_INC	AT_SIGNATURE 的位数
PP_KEYX_KEYSIZE_INC	AT_KEYEXCHANGE 的位数
PP_KEYSET_SEC_DESCR	密钥的安全描述符
PP_UNIQUE_CONTAINER	当前密钥容器的唯一名称

（续表）

参 数 名	作 用
PP_PROVTYPE	CSP 类型
PP_ENUMALGS_EX	比 PP_ENUMALGS 获得更多的算法信息
PP_ENUMCONTAINERS	不断地读出 CSP 支持的密钥容器

● pbData：[out]指向接收数据的缓冲区指针。

● pdwDataLen：[in/out]指出 pbData 的数据长度。

● dwFlags：[in]如果指定 PP_ENUMCONTAINERS，就指定 CRYPT_MACHINE_KEYSET。

如果函数执行成功就返回 TRUE，否则返回 FALSE，此时可以用函数 GetLastError 来获取错误码。

下面的代码演示了 CryptGetProvParam 的使用：

```
HCRYPTPROV hCryptProv;

BYTE pbData[1000];
DWORD cbData;
//默认 CSP 名称
cbData = 1000;
if(CryptGetProvParam( hCryptProv,  PP_NAME,  pbData,  &cbData,  0))
{
    printf("CryptGetProvParam succeeded.\n");
    printf("Provider name: %s\n", pbData);
}
else
{
    printf("Error reading CSP name. \n");
    exit(1);
}
cbData = 1000;
if(CryptGetProvParam(  hCryptProv,  PP_CONTAINER,  pbData,  &cbData,  0))
{
    printf("CryptGetProvParam succeeded. \n");
    printf("Key Container name: %s\n", pbData);
}
else
{
    printf("Error reading key container name. \n");
    exit(1);
}
```

6. 设置 CSP 参数的函数 CryptSetProvParam

函数 CryptSetProvParam 用于设置 CSP 的各种参数，函数声明如下：

```
BOOL CryptSetProvParam( HCRYPTPROV hProv, DWORD dwParam, BYTE* pbData, DWORD dwFlags);
```

● hProv：[in]CSP 句柄。

● dwParam：[in]指定设置的参数，可选值如表 9-6 所示。

表 9-6 dwParam 可选值

值	说　　明
PP_CLIENT_HWND	设置 Windows 句柄
PP_KEYSET_SEC_DESCR	密钥的安全描述
PP_USE_HARDWARE_RNG	指出硬件是否支持随机数发生器

- pbData: [in]指向设置数据的缓冲区指针。
- dwFlags: [in]标志位。

如果函数执行成功就返回 TRUE，否则返回 FALSE，此时可以用函数 GetLastError 来获取错误码。

7. 断开 CSP 的函数 CryptReleaseContext

函数 CryptReleaseContext 用于断开 CSP 并释放 CSP 句柄。该函数和函数 CryptAcquireContext 对应起来使用。该函数声明如下：

```
BOOL    CryptReleaseContext( HCRYPTPROV hProv,DWORD dwFlags);
```

- hProv: [in]CSP 句柄。
- dwFlags: [in]标志位，保留参数，必须为 0。

如果函数执行成功就返回 TRUE，否则返回 FALSE，此时可以用函数 GetLastError 来获取错误码。

9.9.2　密钥的产生和交换函数

密钥产生函数用于创建、配置和销毁加密密钥。它们也用于和其他用户交换密钥。表 9-7 所示就是一些主要的函数。

表 9-7　主要的密钥产生和交换函数

CryptAcquireCertificatePrivateKey	对于指定证书上下文得到一个 HCRYPTPROV 句柄和 dwKeySpec
CryptDeriveKey	从一个密码中派生一个密钥
CryptDestoryKey	销毁密钥
CryptDuplicateKey	制作一个密钥和密钥状态的精确复制
CryptExportKey	把 CSP 的密钥做成 BLOB 传送到应用程序的内存空间中
CryptGenKey	创建一个随机密钥
CryptGenRandom	产生一个随机数
CryptGetKeyParam	得到密钥的参数
CryptGetUserKey	得到一个密钥交换或签名密钥的句柄
CryptImportKey	把一个密钥 BLOB 传送到 CSP 中
CryptSetKeyParam	指定一个密钥的参数

9.9.3 编码/解码函数

有一些编码/解码函数可以用来对证书、证书撤销列表、证书请求和证书扩展进行编码和解码。表 9-8 所示就是这些编码/解码函数。

表 9-8　编码/解码函数

函　数	说　明
CryptDecodeObject	对 lpszStructType 结构进行解码
CryptDecodeObjectEx	对 lpszStructType 结构进行解码，此函数支持内存分配选项
CryptEncodeObject	对 lpszStructType 结构进行编码
CyptEncodeObjectEx	对 lpszStructType 结构进行编码，此函数支持内存分配选项

9.9.4 数据加密/解密函数

这些函数支持数据的加密/解密操作。CryptEncrypt 和 CryptDecrypt 要求在被调用前指定一个密钥。这个密钥可以由 CryptGenKey、CryptDeriveKey 或 CryptImportKey 产生。创建密钥时要指定加密算法。CryptSetKeyParam 函数可以指定额外的加密参数，如表 9-9 所示。

表 9-9　CryptSetKeyParam 函数可以指定的额外的加密参数

函　数	说　明
CryptDecrypt	使用指定加密密钥来解密一段密文
CryptEncrypt	使用指定加密密钥来加密一段明文
CryptProtectData	执行对 DATA_BLOB 结构的加密
CryptUnprotectData	执行对 DATA_BLOB 结构的完整性验证和解密

9.9.5 哈希和数字签名函数

这些函数在应用程序中完成计算哈希、创建和校验数字签名，如表 9-10 所示。

表 9-10　哈希和数字签名函数

函　数	说　明
CryptCreateHash	创建一个空哈希对象
CryptDestoryHash	销毁一个哈希对象
CryptDuplicateHash	复制一个哈希对象
CryptGetHashParam	得到一个哈希对象参数
CryptHashData	对一块数据进行哈希，把它加到指定的哈希对象中
CryptHashSessionKey	对一个会话密钥进行哈希，把它加到指定的哈希对象中
CryptSetHashParam	设置一个哈希对象的参数
CryptSignHash	对一个哈希对象进行签名
CryptVerifySignature	校验一个数字签名

【例 9.3】加解密一个文件

（1）打开 VC 2017，新建一个控制面板工程，工程名是 test。

（2）在 D 盘新建一个文本文档，并输入一行文本，比如 hello。接着，在 VC 工程中打开 test.cpp，并输入代码如下：

```
#include "pch.h"

#define _CRT_SECURE_NO_DEPRECATE
#define _CRT_SECURE_NO_WARNINGS   //为了使用 fopen
#include <windows.h>
#include <stdio.h>
#include <stdlib.h>
#include <wincrypt.h>
//确定使用 RC2 块编码或 RC4 流式编码
#ifdef USE_BLOCK_CIPHER
#define ENCRYPT_ALGORITHM CALG_RC2
#define ENCRYPT_BLOCK_SIZE 8
#else

#define ENCRYPT_ALGORITHM CALG_RC4
#define ENCRYPT_BLOCK_SIZE 1
#endif

void CAPIDecryptFile(PCHAR szSource, PCHAR szDestination, PCHAR szPassword);
void CAPIEncryptFile(PCHAR szSource, PCHAR szDestination, PCHAR szPassword);

int main(int argc, char *argv[])
{
    CHAR szSource[] = "d:\\plain.txt";
    CHAR szDestination[] = "d:\\en.dat";
    CHAR szDeDestination[] = "D:\\check.txt";
    CHAR szPassword[] = "123";

    CAPIEncryptFile(szSource, szDestination, szPassword);
    CAPIDecryptFile(szDestination, szDeDestination, szPassword);
    return 0;
}

/*szSource 为要加密的文件名称，szDestination 为加密过的文件名称，szPassword 为加密口令*/
void CAPIEncryptFile(PCHAR szSource, PCHAR szDestination, PCHAR szPassword)
{
    FILE *hSource = NULL;
    FILE *hDestination = NULL;
    INT eof = 0;
    HCRYPTPROV hProv = 0;
    HCRYPTKEY hKey = 0;
    HCRYPTKEY hXchgKey = 0;
    HCRYPTHASH hHash = 0;
    PBYTE pbKeyBlob = NULL;
```

```
        DWORD dwKeyBlobLen;
        PBYTE pbBuffer = NULL;
        DWORD dwBlockLen=16;
        DWORD dwBufferLen;
        DWORD dwCount;

        hSource=fopen(szSource, "rb");                      //打开源文件
        if (!hSource)
        {
            printf("fopen %s failed", szSource);
            return;
        }
        hDestination=fopen(szDestination, "wb");        //打开目标文件
        //连接默认的 CSP
        CryptAcquireContext(&hProv, NULL, NULL, PROV_RSA_FULL, 0);
        if (szPassword == NULL)
        {
            //口令为空，使用随机产生的会话密钥加密
            //产生随机会话密钥
            CryptGenKey(hProv,ENCRYPT_ALGORITHM,CRYPT_EXPORTABLE, &hKey);
            //取得密钥交换对的公共密钥
            CryptGetUserKey(hProv, AT_KEYEXCHANGE, &hXchgKey);
            //计算隐码长度并分配缓冲区
            CryptExportKey(hKey, hXchgKey, SIMPLEBLOB, 0, NULL, &dwKeyBlobLen);
            pbKeyBlob = (PBYTE)malloc(dwKeyBlobLen);
            //将会话密钥输出至隐码
            CryptExportKey(hKey, hXchgKey, SIMPLEBLOB, 0, pbKeyBlob, &dwKeyBlobLen);
            //释放密钥交换对的句柄
            CryptDestroyKey(hXchgKey);
            hXchgKey = 0;
            //将隐码长度写入目标文件
            fwrite(&dwKeyBlobLen, sizeof(DWORD), 1, hDestination);
            //将隐码长度写入目标文件
            fwrite(pbKeyBlob, 1, dwKeyBlobLen, hDestination);
        }
        else
        {
            //口令不为空，使用从口令派生出的密钥加密文件
            CryptCreateHash(hProv, CALG_MD5, 0, 0, &hHash);                      //建立散列表
            CryptHashData(hHash, (BYTE*)szPassword,strlen(szPassword), 0);       //散列口令
            //从散列表中派生密钥
            CryptDeriveKey(hProv, ENCRYPT_ALGORITHM, hHash, 0, &hKey);
            //删除散列表
            CryptDestroyHash(hHash);
            hHash = 0;
        }
        //计算一次加密的数据字节数，必须为 ENCRYPT_BLOCK_SIZE 的整数倍，dwBlockLen = 1000-1000 %
ENCRYPT_BLOCK_SIZE;
        //如果使用块编码，就需要额外空间
        if (ENCRYPT_BLOCK_SIZE > 1)
            dwBufferLen = dwBlockLen + ENCRYPT_BLOCK_SIZE;
```

```
        else
            dwBufferLen = dwBlockLen;
        //分配缓冲区
        pbBuffer = (PBYTE)malloc(dwBufferLen);
        //加密源文件并写入目标文件
        do {
            // 从源文件中读出 dwBlockLen 字节
            dwCount = fread(pbBuffer, 1, dwBlockLen, hSource);
            eof = feof(hSource);
            //加密数据
            CryptEncrypt(hKey, 0, eof, 0, pbBuffer, &dwCount, dwBufferLen);
            // 将加密过的数据写入目标文件
            fwrite(pbBuffer, 1, dwCount, hDestination);
        } while (!feof(hSource));
        //关闭文件、释放内存
        fclose(hSource);
        fclose(hDestination);
        if (pbKeyBlob)
        {
            free(pbKeyBlob);
            pbKeyBlob = NULL;
        }
        printf("加密成功\n");
}

void CAPIDecryptFile(PCHAR szSource, PCHAR szDestination, PCHAR szPassword)
{
        FILE *hSource = NULL;
        FILE *hDestination = NULL;
        INT eof = 0;
        HCRYPTPROV hProv = 0;
        HCRYPTKEY hKey = 0;
        HCRYPTKEY hXchgKey = 0;
        HCRYPTHASH hHash = 0;
        PBYTE pbKeyBlob = NULL;
        DWORD dwKeyBlobLen;
        PBYTE pbBuffer = NULL;
        DWORD dwBlockLen;
        DWORD dwBufferLen;
        DWORD dwCount;

        hSource = fopen(szSource, "rb");            // 打开源文件
        if (!hSource)
        {
            printf("fopen %s failed", szSource);
            return;
        }
        hDestination = fopen(szDestination, "wb");   //打开目标文件
        //变量声明、文件操作同文件加密程序
        CryptAcquireContext(&hProv, NULL, NULL, PROV_RSA_FULL, 0);
        if (szPassword == NULL)
```

```
    {
        //口令为空，使用存储在加密文件中的会话密钥解密
        //读隐码的长度并分配内存
        fread(&dwKeyBlobLen, sizeof(DWORD), 1, hSource);
        pbKeyBlob = (PBYTE)malloc(dwKeyBlobLen);
        //从源文件中读隐码
        fread(pbKeyBlob, 1, dwKeyBlobLen, hSource);
        //将隐码输入 CSP
        CryptImportKey(hProv, pbKeyBlob, dwKeyBlobLen, 0, 0, &hKey);
    }
    else
    {
        //口令不为空，使用从口令派生出的密钥解密文件
        CryptCreateHash(hProv, CALG_MD5, 0, 0, &hHash);
        CryptHashData(hHash, (BYTE*)szPassword, strlen(szPassword), 0);
        CryptDeriveKey(hProv, ENCRYPT_ALGORITHM, hHash, 0, &hKey);
        CryptDestroyHash(hHash);
        hHash = 0;
    }
    dwBlockLen = 1000 - 1000 % ENCRYPT_BLOCK_SIZE;
    if (ENCRYPT_BLOCK_SIZE > 1)
        dwBufferLen = dwBlockLen + ENCRYPT_BLOCK_SIZE;
    else
        dwBufferLen = dwBlockLen;
    pbBuffer = (PBYTE)malloc(dwBufferLen);
    //解密源文件并写入目标文件
    do {
        dwCount = fread(pbBuffer, 1, dwBlockLen, hSource);
        eof = feof(hSource);
        // 解密数据
        CryptDecrypt(hKey, 0, eof, 0, pbBuffer, &dwCount);
        // 将解密过的数据写入目标文件
        fwrite(pbBuffer, 1, dwCount, hDestination);
    } while (!feof(hSource));
    //关闭文件、释放内存
    fclose(hSource);
    fclose(hDestination);
    if (pbKeyBlob)
    {
        free(pbKeyBlob);
        pbKeyBlob = NULL;
    }
    printf("解密成功\n");
}
```

第 10 章
◀ 身份认证和PKI理论基础 ▶

10.1　身份认证概述

随着计算机网络技术的发展以及网络应用在各行各业的迅速普及，网络安全越来越受到人们的重视，作为网络安全的第一道门槛，网络身份认证技术已成为网络安全的一个重要课题，它对网络应用的安全性起着至关重要的作用。世界各国经过多年的努力，已初步形成了一套比较完整的身份认证系统解决方案，即公钥基础设施（PKI），该方案为网络应用透明地提供了通用的信息安全服务。当前，PKI 技术还处在不断发展与完善的阶段，通过对 PKI 的分析、设计与系统应用等方面的研究，可以解决现有 PKI 系统中存在的诸多问题与难题，增强 PKI 系统的安全性、可用性及易管理性，提高系统的效率，为网络安全系统应用提供更高效、更实用的解决方案。

10.1.1　网络安全与身份认证

21 世纪是网络信息的时代，随着微电子、光电子、计算机、通信和信息服务业的发展，Internet 已得到了广泛的应用。互联网络正以惊人的速度改变着人们的工作和生活方式，从机构到个人都在越来越多地通过互联网或其他电子媒介发送电子邮件、互换资料及网上交易，这无疑给社会、企业乃至个人带来了前所未有的便利。所有这一切正是得益于互联网的开放性和匿名性的特征，然而开放性和匿名性也决定了单纯的互联网不可避免地存在信息安全隐患，表现在互联网经常会受到各种各样的非法入侵和攻击，因而对互联网信息安全性的要求也愈来愈高，特别是以 Internet 为支撑平台的电子商务的出现和蓬勃发展，使人们对信息安全提出了更高的要求，使得网络安全的重要性日益凸显。

网络安全是一个很广泛的概念，广义的网络安全指网络中涉及的所有安全问题，范围涵盖系统安全、信息安全和通信安全等内容。网络安全技术一般包括数据机密性（Data Confidentiali1y）、数据完整性（Data Integrity）、身份认证（Authentication）、授权控制（Authorization）、审计（Audit）等多个方面，这些技术都是以密码学技术为基础的。其中，身份认证技术用于实现网络通信双方身份可靠的验证，身份认证技术为其他安全技术提供基础，例如基于身份的访问控制、计费等。对于大多数网络应用，尤其是电子商务这样的商业应用来说，身份认证是其服务过程中的关键环节。

身份认证在网络安全中占据着十分重要的位置。身份认证是网络安全系统中的第一道关卡，如图 10-1 所示。

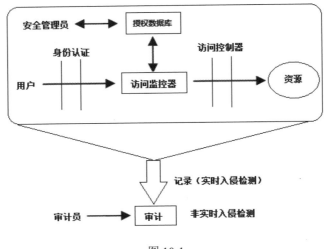

图 10-1

用户在访问网络系统之前，首先经过身份认证系统识别身份，然后访问监控器根据用户的身份和授权数据库决定用户是否能够访问某个资源。授权数据库由安全管理员按照需要进行配置。审计系统根据审计设置记录用户的请求和行为，同时入侵检测系统实时或非实时地判定是否有入侵行为。访问控制和审计系统都要依赖于身份认证系统提供的"信息"——用户的身份。可见身份认证是基本的安全服务，其他的安全服务都要依赖于它。一旦身价认证系统被攻破，那么系统的所有安全措施将形同虚设。网络黑客攻击的目标往往就是身份认证系统。因此要加快网络信息安全的建设，身份认证技术理论及其应用的研究是一个非常重要的课题。

10.1.2　网络环境下身份认证所面临的威胁

网络中非法攻击者采用的攻击手段主要有：非法窃取合法用户的口令，因而可以访问对其而言并未获得授权的系统资源；对合法用户的通信信息进行窃取分析并进行破译；截获合法的用户信息，然后传送给接收者；阻止系统资源的合法管理和使用。目前身份认证所面临的威胁主要有：

（1）中间人攻击。非法用户截获信息，替换或修改信息后再传送给接收者，或者非法用户冒充合法用户发送信息，其目的在于盗取系统的可用性，阻止系统资源的合法管理和使用，其原因主要是认证系统设计结构上的问题，比如一个典型的问题是很多身份认证协议只实现了单向身份认证，其身份信息与认证信息可以相互分离。

（2）重放攻击。网络认证还需防止认证信息在网络传输过程中被第三方获取，并记载下来，然后传送给接收者，这就是重放攻击。攻击的主要目的在于实现身份伪造，或者破坏合法用户身份认证的同步性。

（3）密码分析攻击。攻击者通过密码分析破译用户口令/身份信息或猜测下次用户身份的认证信息。系统实现上的简化可能为密码分析提供条件，系统设计原理上的缺陷可能为密码分析创造条件。

（4）口令猜测攻击。侦听者在知道了认证算法后，可以对用户的口令字进行猜测，使用计算机猜测口令字，利用得到的报文进行验证。这种攻击办法直接有效，特别是当用户的口令有缺陷时，比如口令字短、使用名字做口令字、使用一个字（Word）做口令字（可以使用字典攻击）等。非法用户获得合法用户身份的口令，这样就可以访问对其而言并未获得授权的系统资源。

（5）身份信息的暴露。认证时暴露身份信息是不可取的。某些信息尽管算不上秘密，但大多数用户仍然不希望隐私资料任意扩散。例如在网上报案系统中，需要身份认证以确认信息的来源是真实的。但如果认证过程中暴露了参与者的身份，则报案者完全可能受到打击报复，从而影响公民举报犯罪的积极性。

（6）对认证服务器的攻击。认证服务器是身份认证系统的安全关键所在。在服务器中存放了大量的用户认证信息和配套数据。如果攻破了身份认证服务器，那么后果将是灾难性的。

为了抵御网络环境下的身份认证面临的上述威胁，我们在进行网络身份认证技术研究、设计和实现一个网络身份认证系统时，要满足信息来源的可信性、信息传输的完整性、信息传送的不可抵赖性、控制非法用户对系统资源的访问等目标，同时身份认证系统还应考虑要达到抵抗重放攻击、抵抗密码分析攻击、实现双向身份认证功能、提供双因子身份认证、实现良好的认证同步机制、保护身份认证者的身份信息、提高身份认证协议的效率、减少认证服务器的敏感信息等要求。身份认证技术研究及身份认证系统实现都是绕着上述目标和要求来进行的。

10.1.3　网络身份认证体系的发展现状

身份认证是网络安全应用系统中的第一道防线，目的是验证通信双方的真实身份，防止非法用户假冒合法用户窃取敏感数据。在安全的网络通信中，涉及的通信各方必须通过某种形式的身份验证机制来证明他们的身份，验证用户的身份与其所宣称的是否一致，然后才能实现对于不同用户的访问控制和记录。

一般来说，用户身份认证可以通过三种基本方式或其组合方式来实现：

（1）用户所知道的某个秘密信息，例如用户知道自己的口令。

（2）用户持有的某个秘密信息（硬件），用户必须持有合法的随身携带的物理介质，例如智能卡中存储用户的个人特定私有信息，访问系统资源时必须有智能卡。

（3）用户所具有的生物特征，如指纹、声音、视网膜扫描等，但这种方案一般造价较高，适用于保密程度很高的场合。

传统的认证技术采用简单的口令形式，系统事先保存每个用户的二元组信息（IDX,PwX），进入系统时用户 x 输入用户名 IDx 和口令 PwX，系统对保存的用户信息与用户输入的信息进行比较，从而判断用户身份的合法性。这种认证方法操作十分简单，但同时又很不安全，因为其安全性仅仅基于用户口令的保密性，而用户口令一般较短且容易猜测，因此这种方案不能抵御口令猜测攻击；另外，其最大的问题是用户名和口令都是以明文方式在网络中传输的，极易遭受重放攻击和字典攻击，因此难以支持交换敏感的、重要的数据应用。目前一般都采用高强度的密码技术进行身份认证。

当前互联网上典型的身份认证系统有基于共享密钥（或对称密钥）的集中式认证和以 RSA 算法为代表的公钥认证两种。前者的代表是 MIT（美国麻省理工大学）开发的 Kerberos 协议，后者是基于 PKI 的系统。

Kerberos 提供了一种在开放式网络环境下进行身份认证的方法，是基于可信赖的第三方的认证系统。Kerberos 基于对称密码学（采用的是 DES，但也可以用其他算法代替），它与网络上的每个实体分别共享一个不同的秘密密钥，是否知道该秘密密钥便是身份的证明。采用基于 PKI 的认证技术类似于 Kerberos 技术，它也依赖于共同信赖的第三方来实现认证，不同的是它采用非对称密码体制（公钥体制），并利用"数字证书"这一静态的电子文件来实施公钥认证。

与共享密钥认证相比，公钥认证的优势主要体现在两个方面：

（1）更高的安全强度。Kerberos 系统中的密钥分发中心（Key Distribution Center，KDC）需要在线参与每一对通信双方的会话密钥协商过程，只要连入 Internet，就有可能受到来自网络的攻击，只要 KDC 被攻破，整个 Kerberos 系统就完全崩溃。而且当通信对象很多时，KDC 就会成为网络瓶颈。与此不同，基于 PKI 的系统中通信方之间的相互认证并不需要证书权威 CA（Certificate Authority）的在线参与，管理证书的 CA 可以离线操作，完全脱离外部 Internet 的骚扰，只要物理上是安全的，攻击者根本没法接触到 CA，更谈不上攻击了，所以 CA 的安全性比 KDC 好。

（2）公钥系统便于提供严格意义上的数字签名服务，这在电子商务中是很重要的，而 Kerberos 协议最初是设计用来提供认证和密钥交换的，它不能用来进行数字签名，因而也不能提供非否认机制。

在大规模的网络环境下，利用密码学技术进行通信方的身份认证，无论是共享密钥还是公钥体制，理想的途径都是有一个权威的第三方来协助进行密钥分发及身份鉴别。在 PKI 体制中，权威的第三方不需要在线参与认证过程，采用证书的形式使得整个安全体系有很好的扩展性，它对数字签名的良好支持能为交易提供不可否认性的仲裁，这些都是共享密钥的认证系统无法达到的，因而以 PKI 体制为代表的公钥认证技术正逐渐取代共享密钥认证成为网络身份认证和授权体系的主流。

公钥技术具有签名和加密的功能，可以分别构造基本挑战/响应协议。基于公钥加密的双向挑战/响应协议的认证技术能够提供很可靠的认证服务。公钥认证需要双方事先已经拥有对方的公开密钥，因此公钥的分发成为公钥认证协议的重要环节。公钥系统采用证书权威机构 CA 签发证书的方式来分发公钥，X.509 协议定义了证书格式。公钥基础设施（PKI）以公钥技术为基础，它很好地解决了网络中用户的身份认证问题，并且保障了网络上信息传送的准确性、完整性和不可否认性。也正是在它的支持下，在线支付得以实施，电子商务才真正得以开展起来。

目前公钥认证技术逐渐成为主流，基于 X.509 证书和 CA 的 PKI 认证系统将是 Internet 网络认证系统的主要发展方向。利用建立在 PKI 基础上的 X.509 数字证书，通过把要传输的数字信息进行加密和签名，可以保证信息传输的机密性、真实性、完整性和不可否认性，从而保证信息的安全传输。但是 PKI 也存在一些缺点，除了它的完整、庞大建设成本很高和实现技术复杂外，目前重点还要考虑的是不同 PKI 系统之间如何实现相互兼容性和相互操作性，如何建设沟通不同 PKI 信任体系的管理机制和技术机制，实现 CA 机构和 CA 机构的互联互通问题。

10.2　身份认证技术基础

身份认证理论是一门新兴的理论，是现代密码学发展的重要分支。在一个身份认证系统设计中，身份认证是第一道关卡，用户在访问所有系统之前，首先应该经过身份认证系统识别身份，然后由身份认证系统根据用户的身份和授权数据库决定用户是否能够访问某个资源。

所谓身份认证，指的是证实被认证对象是否属实和是否有效的一个过程。其基本思想是通过验证被认证对象的属性来达到确认被认证对象是否真实有效的目的。被认证对象的属性可以是口令、数字签名或者像指纹、声音、视网膜这样的生理特征。身份认证常常被用于通信双方相互确认身份，以保证通信的安全。

目前，身份认证技术已经在各个行业领域得到广泛的应用，根据实体间的关系可分为单向、双向认证；根据认证信息的性质可分为秘密支持证明、物理介质证明、实体特征证明；根据认证对象可分为实体对象身份认证、信息认证；根据双方的信任关系可分为无仲裁、有仲裁认证。

当前，网络上流行的身份认证技术主要有基于口令的认证、基于智能卡的认证、动态口令认证、生物特性认证、USB Key 认证等，这些认证技术并非孤立，有很多认证过程同时使用了多种认证机制，互相配置，以达到更加可靠安全的目的。

10.2.1　用户名/密码认证

用户名/密码是很简单、很常用的身份认证方法，是基于"what you know"的验证手段。每个用户的密码是由用户自己设定的，只有用户自己才知道。只要能够正确输入密码，计算机就认为操作者是合法用户。实际上，由于许多用户为了防止忘记密码，经常采用诸如生日、电话号码等容易被猜测的字符串作为密码，或者把密码抄在纸上放在一个自认为安全的地方，这样很容易造成密码泄漏。即使能保证用户密码不被泄漏，由于密码是静态的数据，在验证过程中需要在计算机内存和网络中传输，而每次验证使用的验证信息都是相同的，很容易被驻留在计算机内存中的木马程序或网络中的监听设备截获。因此，从安全性上讲，用户名/密码方式是一种极不安全的身份认证方式。

10.2.2　智能卡认证

智能卡是一种内置集成电路的芯片，芯片中存有与用户身份相关的数据，智能卡由专门的厂商通过专门的设备生产，是不可复制的硬件。智能卡由合法用户随身携带，登录时必须将智能卡插入专用的读卡器读取其中的信息，以验证用户的身份。智能卡认证是基于"what you have"的手段，通过智能卡硬件不可复制来保证用户身份不会被仿冒。然而由于每次从智能卡中读取的数据是静态的，通过内存扫描或网络监听等技术，还是很容易截取到用户的身份验证信息，因此还是存在安全隐患。

10.2.3　生物特征认证

生物识别技术主要是指通过可测量的身体或行为等生物特征进行身份认证的一种技术。生物特征是指唯一的、可以测量或可自动识别和验证的生理特征或行为方式。生物特征分为身体特征和行为特征两类。身体特征包括：指纹、掌型、视网膜、虹膜、人体气味、脸型、手的血管和 DNA 等；行为特征包括：签名、语音、行走步态等。目前部分学者将视网膜识别、虹膜识别和指纹识别等归为高级生物识别技术，将掌型识别、脸型识别、语音识别和签名识别等归为次级生物识别技术，将血管纹理识别、人体气味识别、DNA 识别等归为"深奥的"生物识别技术。

由于不同的人具有不同的生物特征，因此几乎不可能被仿冒。生物特征认证的安全性很高，但各种相关识别技术还没有成熟，没有规模商品化，准确性和稳定性有待提高。生物特征认证基于生物特征识别技术，受到现在的生物特征识别技术成熟度的影响，采用生物特征认证还具有较大的局限性，特别是当生物特征缺失时，就可能没法利用。

10.2.4　动态口令

动态口令技术是一种让用户密码按照时间或使用次数不断变化、每个密码只能使用一次的技术。它采用一种叫作动态令牌的专用硬件，内置电源、密码生成芯片和显示屏，密码生成芯片运行专门的密码算法，根据当前时间或使用次数生成当前密码并显示在显示屏上。认证服务器采用相同的算法计算当前的有效密码，用户使用时只需要将动态令牌上显示的当前密码输入客户端计算机，即可实现身份认证。由于每次使用的密码必须由动态令牌来产生，只有合法用户才持有该硬件，因此只要通过密码验证就可以认为该用户的身份是可靠的。而用户每次使用的密码都不相同，即使黑客截获了一次密码，也无法利用这个密码来仿冒合法用户的身份。

动态口令技术采用一次一密的方法，有效保证了用户身份的安全性。但是如果客户端与服务端的时间或次数不能保持良好的同步，就可能发生合法用户无法登录的问题。并且用户每次登录时需要通过键盘输入一长串无规律的密码，一旦输入错误就要重新操作，使用起来非常不方便。国内目前较为典型的有 VeriSign VIP 动态口令技术和 RSA 动态口令技术，而 VeriSign 依托本土的数字认证厂商 iTrustChina，在密码技术上针对国内进行了改良。

10.2.5　USB Key 认证

　　基于 USB Key 的身份认证方式是近几年发展起来的一种方便、安全的身份认证技术。它采用软硬件相结合、一次一密的强双因子认证模式,很好地解决了安全性与易用性之间的矛盾。USB Key 是一种 USB 接口的硬件设备,它内置单片机或智能卡芯片,可以存储用户的密钥或数字证书,利用 USB Key 内置的密码算法实现对用户身份的认证。基于 USB Key 身份认证系统主要有两种应用模式:一种是基于冲击响应的认证模式,另一种是基于 PKI 体系的认证模式。

10.2.6　基于冲击响应的认证模式

　　USB Key 内置单向散列算法(MD5),预先在 USB Key 和服务器中存储一个证明用户身份的密钥,当需要在网络上验证用户身份时,先由客户端向服务端发出一个验证请求。服务端接到此请求后生成一个随机数回传给客户端 PC 上插着的 USB Key,此为“冲击”。USB Key 使用该随机数与存储在 USB Key 中的密钥进行 MD5 运算,得到一个运算结果作为认证证据传送给服务器,此为“响应”。与此同时,服务端使用该随机数与存储在服务端数据库中的该客户密钥进行 MD5 运算,如果服务器的运算结果与客户端传回的响应结果相同,就认为客户端是一个合法用户。

　　可以用 x 代表服务器提供的随机数,Key 代表密钥,y 代表随机数和密钥经过 MD5 运算后的结果,通过网络传输的只有随机数 x 和运算结果 y,用户密钥身份认证技术基础密钥 Key 既不在网络上传输又不在客户端计算机内存中出现,网络上的黑客和客户端计算机中的木马程序都无法得到用户的密钥。由于每次认证过程使用的随机数“x”和运算结果“y”都不一样,即使在网络传输的过程中认证数据被黑客截获,也无法逆推获得密钥。因此,从根本上保证了用户身份无法被仿冒。

10.2.7　基于数字证书 PKI 的认证模式

　　PKI(Public Key Infrastructure,公钥基础设施体系)利用一对互相匹配的密钥进行加密、解密,一个公共密钥(公钥,Public Key)和一个私有密钥(私钥,Private Key)。其基本原理是:由一个密钥进行加密的信息内容,只能由与之配对的另一个密钥才能进行解密。公钥可以广泛地发给与自己有关的通信者,私钥则需要十分安全地存放起来。

　　每个用户拥有一个仅为本人所掌握的私钥,用它进行解密和签名;同时拥有一个公钥用于文件发送时加密。当发送一份保密文件时,发送方使用接收方的公钥对数据加密,而接收方则使用自己的私钥解密,这样信息就可以安全无误地到达目的地,即使被第三方截获,由于没有相应的私钥,也无法进行解密。

　　冲击响应模式可以保证用户身份不被仿冒,但无法保证认证过程中数据在网络传输过程中的安全。而基于 PKI 的“数字证书认证方式”可以有效保证用户的身份安全和数据传输安全。数字证书是由可信任的第三方认证机构——数字证书认证中心(Certificate Authority,CA)颁发的一组包含用户身份信息的数据结构,PKI 体系通过采用加密算法构建了一套完善的流程,保证数字证书持有人的身份安全。而使用 USB Key 可以保障数字证书无法被复制，所有密钥运算在 USB Key 中实现，用户密钥不在计算机内存出现，也不在网络中传播，只有 USB Key 的持有人才能够对数字证书进行操作，安全性有了保障。由于 USB Key 具有安全可靠、便于携带、使用方便、成本低廉的优点，加上 PKI 体系完善的数据保护机制，因此使用 USB Key 存储数字证书的认证方式已经成为目前主要的认证模式。

10.3 PKI 概述

随着网络信息安全技术的发展，公钥基础设施——PKI 在国内外得到广泛的应用。我国目前已经公布了国家 PKI 的总体框架。它由国家电子政务 PKI 体系和国家公共 PKI 体系组成。PKI 是目前解决电子商务安全的主要方案。

PKIX（Public-Key Infrastructure using X.509）工作组给 PKI 的定义为："是一组建立在公开密钥算法基础上的硬件、软件、人员和应用程序的集合，它应具备产生、管理、存储、分发和废止证书的能力"。PKI 是一种遵循一定标准的密钥管理平台，它能够为所有网络应用提供加密和数字签名等密码服务及所必需的密钥和证书管理。

10.3.1 PKI 的国内外应用状态

美国是最早提出 PKI 概念的国家，并于 1996 年成立了美国联邦 PKI 筹委会。与 PKI 相关的绝大部分标准都由美国制定，其 PKI 技术在世界上处于领先地位。2000 年 6 月 30 日，美国前总统克林顿正式签署美国《全球及全国商业电子签名法》给予电子签名、数字证书以法律上的保护，这一决定使电子认证问题迅速成为各国政府关注的热点。加拿大在 1993 就已经开始了政府 PKI 体系雏形的研究工作，到 2000 年已在 PKI 体系方面获得重要的进展，已建成的政府 PKI 体系为联邦政府与公众机构、商业机构等进行电子数据交换时提供信息安全的保障，推动了政府内部管理电子化的进程。加拿大与美国代表了发达国家 PKI 发展的主流。

欧洲在 PKI 基础建设方面也成绩显着，已颁布了 93/1999EC 法规，强调技术中立、隐私权保护、国内与国外相互认证以及无歧视等原则。为了解决各国 PKI 之间的协同工作问题，它采取了一系统策略，如积极资助相关研究所、大学和企业研究 PKI 相关技术，资助 PKI 互操作性相关技术研究，并建立 CA 网络及其顶级 CA。并且于 2000 年 10 月成立了欧洲桥 CA 指导委员会，于 2001 年 3 月 23 日成立了欧洲桥 CA。

在亚洲，韩国是最早开发 PKI 体系的困家。韩国的认证架构主要分为三个等级：最上一层是信息通信部，中间是信息通信部设立的国家 CA 中心，最下级是信息通信部指定的下级授权认证机构（LCA）。日本的 PKI 应用体系按公众和私人两大领域来划分，而且在公众领域的市场还要进一步细分，主要分为商业、政府以及公众管理内务、电信、邮政三大块。此外，还有很多国家在开展 PKI 方面的研究，并且都成立了 CA 认证机构。较有影响力的国外 PKI 公司有 Baltimore 和 Entrust，其产品如 Entrust/PKI5.0，已经能较好地满足商业企业的实际需求。Verisign 公司也已经开始提供 PKI 服务，Internet 上很多软件的签名认证都来自 Verisign 公司。

被誉为"PK 技术盛会"的亚洲 PKI 论坛第三届国际大会于 2002 年 7 月 8 日到 10 日在韩国首尔举行。会议结果表明：目前 PKI 技术在亚洲各国、各地区已经有了一定的发展与应用，尤其在电子政务与电子商务领域，PKI 技术正在发挥着巨大的作用。但是，PKI 技术在整个亚洲还处于"爬坡"阶段，还存在着许多亟待解决的问题。而在中国，PKI 技术在中国的商业银行、政府采购以及网上购物中得到广泛应用，PKI 技术在中国有着广泛的应用前景。

我国的 PKI 技术从 1998 年开始起步，由于政府和各有关部门近年来对 PKI 产业的发展给予了高度重视，2001 年 PKI 技术被列为"十五"863 计划信息安全主题重大项目，并于同年 10 月成立了国家 863 计划信息安全基础设施研究中心。国家计委也在制定新的计划来支持 PKI 产业的发展，在国家电子政务工程中明确提出了要构建 PKI 体系。目前，我国已全面推动 PKI 技术研究与应用。

1998 年，国内第一家以实体形式运营的上海 CA 中心（SHECA）成立。目前，国内的 CA 机构分为区域型、行业型、商业型和企业型 4 类。截至 2002 年年底，前三种 CA 机构已有 60 余家，58%的省市建立了区域 CA，部分部委建立了行业 CA。其中，全国性的行业 CA 中心有中国金融认证中心（CFCA）、中国电信认证中心（CTCA）等。区域型 CA 有一定地区性，也称为地区 CA，如上海 CA 中心、广东电子商务认证中心。

我国正在拟订全面发展国内 PKI 建设的规则，其中包括国家电子政务 PKI 体系和国家公共 PKI 体系的建设。从 2003 年 1 月 7 日在京召开的中国 PKI 战略发展与应用研讨会可知，我国将组建一个国家 PKI 协调管理委员会来统管国内的 PKI 建设，由其来负责制订国家 PKI 管理政策、国家 PKI 体系发展规划，监督、指导国家电子政务 PKI 体系和国家公共 PKI 体系的建设、运行和应用。据有关机构预测，有关电子政务的外网 PKI 体系建设即将展开，在电子政务之后，将迎来电子商务这个 PKI 建设的更大商机。中国的 PKI 建设即将迎来大发展。

10.3.2　PKI 的应用前景

广泛的应用是普及一项技术的保障。PKI 支持 SSL、IP over VPN、S/MIME 等协议，这使得它可以支持加密 Web、VPN、安全邮件等应用。而且，PKI 支持不同 CA 间的交叉认证，并能实现证书、密钥对的自动更换，这扩展了它的应用范畴。

一个完整的 PKI 产品除主要功能外，还包括交叉认证、支持 LDAP 协议、支持用于认证的智能卡等。此外，PKI 的特性融入各种应用（如防火墙、浏览器、电子邮件、群件、网络操作系统）也正在成为趋势。基于 PKI 技术的 IPSec 协议现在已经成为架构 VPN 的基础。它可以为路由器之间、防火墙之间或者路由器和防火墙之间提供经过加密和认证的通信。目前，发展很快的安全电子邮件协议是 S/MIME，S/MIME 是一个用于发送安全报文的 IETF 标准。它采用了 PKI 数字签名技术并支持消息和附件的加密，无须收发，双方共享相同密钥。目前该标准包括密码报文语法、报文规范、证书处理以及证书申请语法等方面的内容。基于 PKI 技术的 SSL/TLS 是互联网中访问 Web 服务器很重要的安全协议。当然，它们也可以应用于基于客户机/服务器模型的非 Web 类型的应用系统。SSL/TLS 都利用 PKI 的数字证书来认证客户和服务器的身份。

从应用前景来看，随着 Internet 应用的不断普及和深入，政府部门需要 PKI 支持管理；商业企业内部、企业与企业之间、区域性服务网络、电子商务网站都需要 PKI 技术和解决方案；大企业需要建立自己的 PKI 平台；小企业需要社会提供商业 PKI 服务。此外，作为 PKI 的一种应用，基于 PKI 的虚拟专用网市场也随着 B2B 电子商务的发展而迅速膨胀。

总的来说，PKI 的市场需求非常巨大，基于 PKI 的应用包括许多内容，如 WWW 安全、电子邮件安全、电子数据交换、信用卡交易安全、VPN 等。从行业应用来看，电子商务、电子政务、远程教育等方面都离不开 PKI 技术。

10.3.3　PKI 存在的问题及发展趋势

尽管取得了很大的进展，在 PKI 领域还存在以下问题亟待解决，今后 PKI 技术将主要在这些方面进行更深入的研究。

（1）X.509 属性证书

提起属性证书就不能不提起授权管理基础设施（Privilege Management Infrastructure，PMI）。PMI 授权技术的核心思想是以资源管理为核心，将对资源的访问控制权统一交由授权机构进行管理，即由资源的所有者来进行访问控制管理。与 PKI 信任技术相比，两者的主要区别在于 PKI 证明用户是谁，并将用户的身份信息保存在用户的公钥证书中；而 PMI 证明这个用户有什么权限、什么属性、能干什么，并将用户的属性信息保存在授权证书（又称管理证书）中。例如，销售商为了决定一笔订货是否可信，是否应该发货给定货人，他就必须知道定货人的信用情况，而不仅仅是其名字。为了使上述附加信息能够保存在证书中，X.509 v4 中引入了公钥证书扩展项，这种证书扩展项可以保存任何类型的附加数据。随后，各个证书系统纷纷引入了自己的专有证书扩展项，以满足各自应用的需求。

（2）漫游证书

到目前为止，能提供证书和其对应私钥移动性的实际解决方案有两种：第一种是智能卡技术，其缺点是易丢失和损坏，并且依赖读卡器；第二种是将证书和私钥复制到一张软盘备用，但软盘不仅容易丢失和损坏，而且安全性也较差。一个更新的解决方案——漫游证书正逐步被采用，它通过第三方软件提供，只需在任何系统中正确地配置，该软件（或者插件）就可以允许用户访问自己的公钥/私钥对。它的基本原理很简单，即将用户的证书和私钥放在一个安全的中央服务器上，当用户登录一个本地系统时，从服务器安全地检索出公钥/私钥对，并将其放在本地系统的内存中以备后用，当用户完成工作并从本地系统注销后，该软件自动删除存放在本地系统中的用户证书和私钥。这种解决方案的好处是可以明显提高易用性，降低证书的使用成本，但它与已有的一些标准不一致，因而在应用中受到了一定限制。

（3）无线 PKI

随着无线通信技术的广泛应用，无线通信领域的安全问题也引起了广泛的重视。将 PKI

技术直接应用于无线通信领域存在两方面的问题：其一是无线终端的资源有限（运算能力、存储能力等）；其二是通信模式不同。为了适应这些需求，目前已公布了 WPKI 草案，其内容涉及 WPKI 的运作方式、WPKI 如何与现行的 PKI 服务相结合等。WPKI 中定义了三种不同的通信安全模式：使用服务器证书的 WTLS Class2 模式、使用 Client 证书的 ITLS Class3 模式、使用 Client 证书合并 WMLScript 的 Signet 模式。所谓的 Class1、Class2 及 Class3 是定义在 WTLS 标准中的安全需求。在证书编码方面，WPKI 证书格式想尽量减少常规证书所需的存储量。采用的机制有两种：其一是重新定义一种证书格式（WTLS 证书格式），以此减小 X.509 证书的尺寸；其二是采用 ECC 算法减小证书的尺寸，因为 ECC 密钥的长度比其他算法的密钥要短得多。目前，对 PKI 技术的研究与应用正处于探索中，但它代表了 PKI 技术发展的一个重要趋势。

（4）信任模型

PKI 从根本上说致力于解决通过网络交互的实体之间的信任问题。信任模型的构建是 PKI 系统在宏观角度上的核心问题。建立一个可以连接 Internet 上任意实体的全球化的信任体系是 PKI 研究的一个长期目标。PEW（Privacy Enhanced Mail）的失败证明了严格层次化的信任模型不适用于 Internet 这样灵活的结构；以 PGP（Pretty Good Privacy）为代表的以用户为中心的信任模型无法扩展到大规模的应用；依赖于流行浏览器中预安装的信任 CA 证书的 Web 信任模型在安全性上一直存在着很大的漏洞；通过交叉认证实现的分布式信任模型被广泛地应用，但是路径长度与路径发现问题增加了 PKI 系统使用时的复杂性。改进和结合各种已有模式的新型信任模型也正在不断地涌现，但是建立真正的全球化信任体系仍然是 PKI 研究中的一个难题。

（5）证书撤销

CA 如何发布证书撤销信息是影响其是否能被广泛应用的重要因素。1994 年，美国的 MITRE 公司在一个报告中指出，撤销证书信息的发布将潜在地成为运营大规模 PKI 系统成本最昂贵的部分。同时，MITRE 公司提出了一种基本的证书撤销机制，即使用证书撤销列表机制。基本证书撤销列表机制的缺陷在于 CRL 的长度可能很大，由此产生的网络带宽资源消耗在大规模 PKI 系统中是不可忽视的。同时，因为 CRL 是周期性发布的，不适用于具有实时性证书撤销信息需求的证书使用环境。针对这些问题，有很多改进的方案被提出，如增量 CRL，致力于减小发布 CRL 的平均带宽和间隔时间；CRL 分布点，通过向不同的地点发布 CRL 分段减小每一个 CRL 分段的长度；分时 CRL，减小发布 CRL 的峰值带宽。此外，针对实时性问题，目前广泛采取的方案是在线证书状态协议（Online Certificate Status Protocol，OCSP）。基于该协议的证书撤销机制使验证者能够实时地对用于某特定交易的证书进行检查。上述各种方案及其改进方案都致力于解决证书撤销中的一个或几个方面的问题,但是目前尚不存在一种真正适用于大规模 PK 系统的高性能的证书撤销方案。

（6）实体命名问题

证书绑定实体身份与实体公钥，而实体身份通过证书上的实体名表示。X.509 v3 证书格式定义中的实体名采用 X.500 可识别名，即通常所说的 DN。从理论上考虑，通过 X.500DN 区分全球的不同实体是完全可以实现的，但是实际上 DN 机制并不完全成功。首先，X.500 目录概念并没有得到充分的推广和接受；其次，在很多场合中，X.500 命名机制中各个层次的命名机构并不具有实际的权威性，它们对于名称分配可能是不必要的。证书中的扩展字段（Subject Alternative Name）正是基于这个原因产生的，但是仅仅通过这个字段增加实体命名方式并不能从根本上解决问题。目前许多 PKI 研究和标准化活动，比如 SDSI（Simple Distributed Security Infrastructure，MIT 提出的一种试图解决分布式计算环境中安全问题的信任模型）、SPKI（Simple Public-Key Infrastructure， TETF SPKI 工作组以简化证书格式为主要目的建立的 PKI 信任模型）等，都关注于解决 PKI 的实体命名问题。

10.4 基于 X.509 证书的 PKI 认证体系

目前，X.509 证书已得到广泛的应用，成为开放网络环境中公钥管理的重要手段。公开密钥的管理是一个整体，除了数字证书外，还需要证书签发者（CA）、注册中心（RA）、存储库（Reposition）等多种实体的参与。各参与方都要维护自己的安全参数，如自己的密钥对、所信任的 CA 公钥以及所遵循的安全策略等。同时，为了保证公钥的有效性，还应该有合理的证书撤销机制和证书发布策略。所有这些构成了公钥基础设施（PKI），它建立在一套严格定义的标准之上，这些标准用于控制证书生命周期的各个方面。

10.4.1 数字证书

1. 基本定义

数字证书就是互联网通信中标志通信各方身份信息的一系列数据，提供了一种在 Internet 上验证身份的方式，其作用类似于司机的驾驶执照或日常生活中的身份证。它是由一个权威的证书授权机构发行的，人们可以在网上用它来识别对方的身份。数字证书是一个经证书授权中心数字签名的、包含公开密钥拥有者信息以及公开密钥的文件。简单的证书包含一个公开密钥、名称以及证书授权中心的数字签名。

在数字签名过程中，人们用发送方的公钥对数字签名进行解密，从而来证实文件确实是发送方发送的，但是没有证实发送方是否确实是其所声称的文件拥有者。在公钥体制中，公钥本身的保密性并不重要，对公钥而言本来就是要公开的，没有防监听和泄漏的问题，但公钥的发布仍然存在安全性问题，必须确信拿到的公钥确实是属于它申明的那个人，否则就无法保证系统的安全性，攻击者就可能用伪造公钥制造伪签字行骗，防止这种情况出现的方法显然是通过信任渠道得到公钥。目前的解决方法是通过签发数字证书把公钥与其真正的拥有者紧密结合起来。

数字证书是一段包含用户身份信息、用户公钥信息以及身份验证机构数字签名的数据。身份验证机构的数字签名可以确保证书信息的真实性。通常数字证书采用公钥体制，即利用一对互相匹配的密钥进行加密、解密。每个用户自己设定特定的仅为本人所有的私有密钥（私钥），用它进行解密和签名；同时设定公共密钥（公钥）并由本人公开，为一组用户所共享，用于加密和验证签名。当发送一份保密文件时，发送方使用接收方的公钥对数据加密，而接收方则使用自己的私钥解密，这样信息就可以安全无误地到达目的地了。通过数字的手段保证加密过程是一个不可逆的过程，即只有用私钥才能解密。公开密钥技术解决了密钥发布的管理问题，用户可以公开其公钥，而保留其私钥。

数字证书颁发过程一般为：用户首先产生自己的密钥对，并将公共密钥及部分个人身份信息传送给认证中心。认证中心在核实身份后，将执行一些必要的步骤，以确信请求确实由用户发送而来，然后认证中心将发给用户数字证书，该证书内包含用户的个人信息和其公钥信息，同时还附有认证中心的签名信息。用户就可以使用自己的数字证书进行相关的各种活动了。数字证书由独立的证书发行机构发布。数字证书各不相同，每种证书可提供不同级别的可信度。

2. 数字证书的特点

数字证书在一个身份和该身份的持有者所拥有的公私钥对之间建立了一种联系，它具有以下特点：

（1）数字证书是 PKI 体系的核心元素

PKI 的核心执行机构是 CA 认证中心，认证中心所签发的数字证书是 PKI 的核心组成部分，而且是 PKI 基本的活动工具，是 PKI 的应用主体。它完成 PKI 所提供的全部安全服务功能，可以说 PKI 体系中的一切活动都是围绕数字证书进行的。

（2）数字证书是权威的电子文档

数字证书实际上是由可信的、公正的第三方权威认证机构所签发的。数字证书的内容必须包含权威认证机构的数字签名，即对数字证书的内容进行散列杂凑值运算后，再用该 CA 机构的私钥对证书的杂凑值进行非对称加密运算，即 CA 对证书的数字签名。CA 对其签发的数字证书内容的签名具有法律效力，是符合国家电子签名法要求的，所以，它在网上交易、网上实际相互认证的过程中是一个公认的、权威的电子文档。

（3）数字证书是网上身份的证明

互联网上的身份认证靠证书机制实现身份的识别与鉴别，因为数字证书的主要内容就有证书持有者的真实姓名、身份唯一标识和该实体的公钥信息。电子认证机构 CA 靠对实体签发的这个数字证书来证实该实体在网上的真实身份。

（4）数字证书是 PKI 体系公钥的载体

公钥基础设施是靠公/私钥对的加/解密运算机制完成 PKI 服务的，私钥严格保密，公钥要方便地公布。方便地传递和发布公钥是公钥基础设施的优势。公钥发布或传递的方式一是靠 LDAP 目录服务器，即将 CA 签发的证书发布在目录服务器上，供需进行通信的证书依赖方索取；二是由通信双方的一方将公钥证书与加密（签名）后的数据一起发送给依赖方的证书用户。这种公钥的传递载体就是数字证书。

3. 数字证书的格式

数字证书包含一个公开密钥、名称以及证书授权中心的数字签名。一般情况下，证书中还包括密钥的有效时间、发证机关（证书投权中心）的名称、该证书的序列号等信息，数字证书的格式遵循 IUT-T X509 国际标准。

X.509 目前有三个版本：v1、v2 和 v3，X.509 v3 证书标准是在 v2 版的基础上对证书形式形成能够附带额外信息的扩展项后形成的，如表 10-1 所示。

表 10-1　X.509 v3 证书标准的扩展项

序　号	项 名 称	描　　述
1	Version	版本号
2	serialNumber	序列号
3	Signature	签名算法
4	Issuer	颁发者
5	Validity	有效日期
6	Subject	主体
7	subjectPublicKeyInfo	主体公钥信息
8	issuserUniqueID	颁发者唯一标识符
9	subjectUniqueID	主体唯一标识符
10	Extensions	扩展项

X.509 结构也可通过 ASN.1 标准编码，其基本数据结构描述为：

```
Certificate::=SEQUENCE{
    tbsCertificate        TBSCertificate，
    signatureAlgorithm        AlgorithmIdentifer,
    signatureValue      BIT STRING
}
TBScertificate ::SEQUENCE{
    Version [0]EXPLICIT Version DEFAUT V1,
    serivalNumber        CertificateSerialNumber
    signature    AlgorithmIdentifier,
    Issuer    Name,
    validity    Validity,
    subject         Name,
    subjectPublicKeyInfo    SubjectPublicKeyInfo,
    issuerUniqueID[1] IMPLICIT Uniqueidentifier OPTIONAL,//如果出现该项，version 必须是 v2 或 v3
    subjectUniqueID[2] IMPLICIT UniqueIdentifier OPTIONAL,//如果出现该项，version 必须是 v2 或 v3
    externsion[3] EXPLICIT Extensions OPTIONAL,     //如果出现该项 version 必须是 v3
}
Version::=INTEGER(V1(0),V2(1),V3(2)}
CerificationSerialNumber ::= INTEGER
Validity :=SEQUENCE{
notbefore Time,
notafter Time}
Time::={
    utcTime UTCTime,
```

```
generalTime GeneralizedTime}
UniqueIdentifier::=BIT STRING
SubjectPublicKeyInfo ::=SEQUENCE{
algorithm AlgorithmIdentifie,
subjectPublicKey BITSTRING}
Extension ::=SEQUENCE SIZE(1..MAX)OF Extension
extnID OBJECT IDENTIFIER,
critical BOOLEAN DEFAULT FALSE,
extn Value OCTET STRING}
```

上述的证书数据结构由 tbsCertificate、signatureAlgorithm 和 signatureValue 三个域构成。这些域的含义如下：

（1）tbsCertificate 域包含主体名称和签发者名称、主体的公钥、证书的有效期及其他的相关信息。

（2）signatureAlgorithm 域包含证书签发机构签发该证书所使用的密码算法的标识符。一个算法标识符的 ASN.1 结构如下：

```
AlgorithmIdentifier:: =SEQUENCE{
Algorithm OBJECT IDENTIFIER,
parameters    ANY    DEFINED BY algorithm OPTIONAL}
```

算法标识符用来标识一个密码算法，其中的 OBJECT IDENTIFIER 部分标识了具体的算法（如 DSA with SHA-1），其可选参数的内容完全依赖于所标识的算法。该域的算法标识符必须与 tbsCertificate 中的 signature 标识的签名算法相同。

SignatureValue 域包含对 tbsCertificate 域进行数字签名的结果。采用 ASN.IDER 编码的 tbsCertificate 作为数字签名的输入，而签名的结果则按照 ASN.1 编码成 BIT STRING 类型并保存在证书签名值域内。

10.4.2　数字信封

数字信封是身份认证过程中常用的一种信息保护手段。

数字信封就是信息发送端利用接收端的公钥对一个通信密钥（对称密钥）进行加密，形成一个数字信封并传送给对方。只有指定接收方才能用对应的私钥打开数字信封，获取该对称密钥，用它来解读传送的信息。这就好比在实际生活中，将一把钥匙装在信封里，邮寄给对方，对方收到信件后，将钥匙取出，再用它打开保密箱一样。

数字信封技术结合了对称密钥加密技术和公开密钥加密技术的优点，可克服对称密钥加密中密钥分发困难和公开密钥加密中加密时间长的问题，使用两个层次的加密来获得公开密钥技术的灵活性和对称密钥技术的高效性，保证信息的安全。

数字信封的具体实现步骤如下：

（1）信息发送方首先利用随机产生的对称密钥 SK 加密待发送的信息 E，包括信息明文、数字签名和发送者证书公钥。

（2）发送方利用接收方的公钥加密对称密钥，被公钥加密后的对称密钥被称为数字信封DE。

（3）发送方将第一步和第二步的结果传给接收方。

（4）信息接收方用自己的私钥解密数字信封，得到对称密钥SK。

（5）利用对称密钥解密所得到的信息。

这样就保证了数据传输的真实性和完整性。信息发送方使用密码对信息进行加密，从而保证只有规定的收信人才能阅读信的内容。采用数字信封技术后，即使加密文件被他人非法截获，因为截获者无法得到发送方的通信密钥，故不可能对文件进行解密。

10.4.3　PKI 体系结构

1. PKI 结构模型

一个完整的 PKI 产品通常应具备这些功能：根据 X.509 标准发放证书，产生密钥对，管理密钥和证书，为用户提供 PKI 服务，如用户安全登录、增加和删除用户、检验证书等。其他相关功能还包括交叉认证、支持 LDAP 协议、支持用于认证的智能卡等。图 10-2 所示是一个典型的 PKI 实体图。

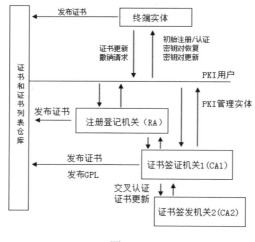

图 10-2

一个典型完整、有效的 PKI 应用系统至少应具有以下部分：

（1）认证中心（CA）

CA 是 PKI 的核心，CA 负责管理 PKI 结构下的所有用户（包括各种应用程序）的证书，把用户的公钥和用户的其他信息捆绑在一起，在网上验证用户的身份，CA 还要负责用户证书废止列表（CRL）的管理。

（2）注册机构（RA）

RA 的主要功能为证实证书申请者的身份，批准证书申请者的证书申请，将申请者的身份信息和公钥以数字签名的方式发送给 CA，验证其有效性，并向 CA 发出该申请。在实际应用中，PKI 的 RA 功能并不独立存在，而是合并在 CA 之中。

（3）证书库

证书库存放了经 CA 签发的证书和已撤销证书列表，用户可以使用应用程序从证书库中得到对方的证书，验证其真伪，查询证书的状态。证书库通过目录技术实现网络服务。LDAP（轻量级目录访问协议）定义了标准的协议来存取目录系统。支持 LDAP 协议的目录系统能够支持大量用户同时访问，对检索请求也有很好的响应。

（4）证书的申请者和证书的信任方

证书的申请者也是证书的持有者。PKI 可以为证书申请者提供包括证书请求、密钥对生成、证书生成、密钥更新和证书撤销等功能。PKI 为证书信任方提供了检查证书申请者身份以及与证书申请者进行安全数据交换的功能。证书信任方的功能包括接收证书、证书请求、核实证书、数字加密、检查身份和数字签名等。

（5）客户端软件

为了方便用户操作，解决 PKI 的应用问题，在客户端安装软件以实现数字签名、加密传输数据等功能。此外，客户端软件还负责在认证过程中查询证书和相关证书的撤销消息以及进行证书路径处理等。

除了上述基本的部分外，一个完备的 PKI 还需要具备这些系统：密钥备份及恢复系统、证书撤销处理系统、PKI 应用接口等。

2. PKI 的标准与协议

从整个 PKI 体系建立与发展的历程来看，与 PKI 相关的标准主要有：

（1）X.500（1993）信息技术之开放系统互联：概念、模型及服务简述

X.500 是一套已经被国际标准化组织（ISO）接受的目录服务系统标准，它定义了一个机构如何在全局范围内共享其名字和与之相关的对象。X.500 是层次性的，其中的管理域（机构、分支、部门和工作组）可以提供这些域内的用户和资源信息。在 PKI 体系中，X.500 被用来唯一标识一个实体，该实体可以是机构、组织、个人或一台服务器。X.500 被认为是实现目录服务的较佳途径，但 X.500 的实现需要较大的投资，并且比其他方式速度慢，而其优势是具有信息模型、多功能和开放性。

（2）X.509（1993）信息技术之开放系统互联：鉴别框架

X.509 是由国际电信联盟（ITU-T）制定的数字证书标准。在 X.500 确保用户名称唯一性的基础上，X.509 为 X.500 用户名称提供了通信实体的鉴别机制，并规定了实体鉴别过程中广泛适用的证书语法和数据接口。X.509 的最初版本公布于 1988 年。X.509 证书由用户公共密钥和用户标识符组成，此外，还包括版本号、证书序列号、CA 标识符、签名算法标识、签发者名称、证书有效期等信息。这一标准的新版本是 X.509 V3，它定义了包含扩展信息的数字证书。该版数字证书提供了一个扩展信息字段，用来提供更多的灵活性及特殊应用环境下所需的

信息传送。

（3）PKCS 系列标准

由 RSA 实验室制订的 PKCS 系列标准是一套针对 PKI 体系的加解密、签名、密钥交换、分发格式及行为的标准，该标准目前已经成为 PKI 体系中不可缺少的一部分。

（4）在线证书状态协议

OCSP（Online Certificate Status Protocol，在线证书状态协议）是 IEIF 颁布的用于检查数字证书在某一交易时刻是否仍然有效的标准。该标准提供给 PKI 用户一条方便快捷的数字证书状态查询通道，使 PKI 体系能够更有效、更安全地在各个领域中被广泛应用。

（5）轻量级目录访问协议

LDAP（Lightweight Directory Access Protocol，轻量级目录访问协议）规范（RFC1487）简化了笨重的 X.500 目录访问协议，并且在功能性数据表示、编码和传输方面都进行了相应的修改。1997 年，LDAP 第 3 版成为互联网标准。目前，LDAP V3 已经在 PKI 体系中被广泛地应用于证书信息发布、CRL 信息发布、CA 政策以及与信息发布相关的各个方面。

除了以上协议外，还有一些构建在 PKI 体系上的应用协议，包括 SET 协议和 SSL 协议。目前 PKI 体系中已经包含众多的标准和标准协议，由于 PKI 技术的不断进步和完善，以及其应用的不断普及，将来还会有更多的标准和协议加入。

3. PKI 的功能

PKI 提供了一整套安全机制，其主要包括以下功能：

（1）产生、验证和分发密钥

根据密钥生成模式不同，用户公私钥对的产生、验证及分发有两种方式：用户自己产生密钥对，这种方式适用于分布式密钥生成模式；CA 为用户产生密钥对，这种方式适用于集中式密钥生成模式。

（2）签名和验证

在 PKI 体系中，对信息和文件的签名以及对数字签名的验证都是很普遍的操作。其数字签名和验证可采用多种方法，如 RSA、DES 等。

（3）证书的获取

在验证信息的数字签名时，用户必须事先获取信息发送者的公钥证书，以对信息进行解密验证，并验证发送者身份的有效性。

（4）验证证书

验证证书的过程是迭代寻找证书链中下一个证书和它相应的上级 CA 证书。在检查每个证书前必须检查相应的 CRL。用户检查证书的路径从最后一个证书的有效性开始，一旦验证通过，就提取该证书的公钥，用于检查下一个证书，直到验证完发送者的签名证书，并用该证书的公钥验证签名。这个过程是回溯的。

（5）保存证书

保存证书是指 PKI 实体本地存储证书，以减少在 PKI 体系中获得证书的时间，并提高数字签名的效率。证书存储单元对证书进行定时维护，包括清除与新发布的 CRL 文件比较作废或过期的证书。

（6）证书废止的申请

当 PKI 中某实体的私钥被泄密时，被泄密的私钥对应的公钥证书应该作废。另一种情况是证书持有者终止该证书的使用或与某组织的关系中止，该证书也应该作废。证书终止的方式有两种，如果是密钥泄漏，证书持有者可以直接通知相应 CA；如果是因关系中止，就由原关系中的组织方面通知 CA。

（7）密钥的恢复

在密钥泄密、证书作废后，为了恢复 PKI 实体的业务处理和产生数字签名，泄密实体将获得一对新的密钥，并要求 CA 产生新的证书。每一个实体产生新的密钥时，会获得 CA 用新私钥签发的新证书，而原来用泄密的密钥签发的旧证书将作废，并放入 CRL。

（8）CRL 的获取

每一个 CA 均可以产生 CRL。CRL 可以定期产生，也可以每次有证书作废请求后实时产生。CA 应将其产生的 CRL 及时发送到目录服务器上去。CRL 的获取可以有多种方式：CA 产生 CRL 后，自动发送给下属各实体；大多数情况下，由使用证书的各 PKI 实体从目录服务器中获得相应的 CRL。

（9）密钥更新

在密钥泄密的情况下，将产生新的密钥和证书。在密钥没有被泄密的情况下，密钥也应该定时更换。更换的方式有多种，PKI 体系中的各实体可以在同一天，也可以在不同时间更换密钥。无论哪种方式，PKI 中的实体都应该在密钥截止日期之前获得新的密钥对和新证书。

（10）交叉认证

交叉认证就是多个 PKI 域之间实现互操作。交叉认证实现的方法有多种：一种方法是桥接 CA，即用一个第三方 CA 作为桥，将多个 CA 连接起来，成为一个可信任的统一体；另一种方法是多个 CA 的根 CA（RCA）互相签发根证书，这样当不同 PKI 域中的终端用户沿着不同的认证链检验认证到根时，就能达到互相信任的目的。通常网络通信认证关系通过信任关系树来实现，但是通过交叉认证机制会缩短信任关系路径，提高效率。

10.4.4　认证机构

认证机构（CA）系统是 PKI 的核心，主要负责产生、分配、管理所有参与的实体所需的身份认证数字证书。每一份数字证书都与上一级的数字签名证书相关联，最终通过安全链追溯到一个已知的并被广泛认为是安全的、权威的、足以信赖的机构——根认证中心（根 CA）。它对网上的数据加密、数字签名、防止抵赖、数据的完整性以及身份认证所需的密钥和证书进行统一的集中管理,支持参与的各实体在网络环境中建立和维护信任关系，以保证网络的安全。

CA 系统在创建和发布证书时，首先获得用户的请求信息，其中包括公钥，根据用户信息产生证书，并用自己的私钥对证书签名。其他实体将使用 CA 的公钥对证书进行验证。若 CA 可信，则验证证书的实体可信，证书的公钥属于该实体。

CA 还负责维护和发布证书、维护证书废止列表（Certificate Revocation Lists，CRL，又称证书黑名单）。当一个证书的公钥因为其他原因（不是因为到期）无效时，CRL 提供一种通知用户和其他应用的中心管理方式。CA 系统产生 CRL 后，可放到 LDAP 服务器或 Web 服务器的合适位置，以浏览器的方式供用户查询和下载。

一个典型的 CA 系统包括 CA 服务器、RA 注册机构、LDAP 服务器、安全服务器和数据库服务器。

（1）CA 服务器

CA 服务器是整个证书机构的核心，用于数字证书签发。首先产生自身的公私密钥，然后生成数字证书，并将其传送给安全服务器。CA 还为操作员、安全服务器以及注册机构服务器 RA 生成数字证书，安全服务器之间也需要传递证书。CA 服务器作为整体的主要机构，出于安全考虑，应将其与其他服务器相隔离。

（2）RA 注册机构

RA（Registration Authority）是数字证书注册审批机构。RA 系统是 CA 的证书发放、管理的延伸。它面向操作员，负责证书申请者的信息录入、审核以及证书发放等工作；同时，对发放的证书完成相应的管理功能。RA 系统在整个 CA 体系中起到中介的作用，一方面向 CA 服务器转发传过来的证书申请请求，另一方面向 LDAP 服务器和安全服务器转发 CA 颁发的证书和证书撤销列表。

（3）安全服务器

安全服务器面向用户，用于提供证书的申请、证书的浏览、证书的撤销列表及证书下载等安全服务。安全服务器与用户通信采用安全信道方式，该信道用安全服务器的数字证书（由 CA 颁发）加密，传送用户的申请信息，保证证书申请的安全性。

（4）LDAP 服务器

LDAP 服务器提供目录浏览服务，负责将 RA 传过来的用户信息及数字证书加入服务器中。这样，用户通过访问 LDAP 服务器就能够得到其他用户的数字证书。

（5）数据库服务器

数据库服务器用于认证机构的数据（如密钥、用户信息等）、日志和统计信息的存储和管理。数据库服务器可采用如磁盘阵列、双机备份和多处理器等方式提高可靠性、稳定性、可伸缩性等。

10.4.5　基于 X.509 证书的身份认证

X.509 是目前唯一已经实施的 PKI 系统。X.509 V3 是目前的新版本，在原有版本的基础上扩充了许多功能。X.509 是定义目录服务建设 X.500 系列的一部分，其核心是建立存放每个用户的公钥证书的目录（仓库）。用户公钥证书由可信赖的 CA 创建，并由 CA 或用户存放于目录中。

目前以 ITU-T X.509 证书格式为基础的 PKI 体制正逐渐取代对称密钥认证，成为网络身份认证和授权体系的主流。PKI 体制的基本原理是利用"数字证书"这一静态的电子文件来实施公钥认证。在 PKI 体制下，通信双方首先交换证书，通过 CA 公钥检验证书的正确性，可以知道证书中的公钥对应的是一个特定的对象，然后用挑战/应答（Challenge-Response）协议就可以判断对方是否持有证书中公钥相对应的私钥，从而完成身份认证过程。当然，这种认证的有效性是基于用户的私钥不被泄漏的基础之上。

由于这种认证技术中采用了非对称密码体制，CA 和用户的私钥都不会在网络上传输。攻击者即使截获了用户的证书，但由于无法获得用户的私钥，也就无法解读服务器传给用户的信息，因此有效地保证了通信双方身份的真实性和不可抵赖性。

若用户 A 想与用户 B 通信，则 A 首先查找数据库并得到一个从 A 到 B 的证书路径和用户 B 的公开密钥，这时 A 可使用单向、双向和三向认证协议。

（1）单向认证（One-Way Authentication）协议是从 A 到 B 的单向通信。它不但建立了 A 和 B 双方身份的证明以及从 A 到 B 的任何通信信息的完整性，而且可以防止通信过程中的任何重放攻击。单向认证单向鉴别涉及信息从一个用户（A）传送到另一个用户（B），它建立如下要素：

① A 的身份标识和由 A 产生的报文。

② 打算传递给 B 的报文。

③ 报文的完整性和新鲜性（还没有发送过多次）。

在这个过程中仅验证发起实体的身份标识，而不验证对应的实体标识。

报文至少要包括一个时间戳 Ta、一个现时 Ra 和 B 的身份标识，它们均用 A 的私用密钥签名。时间戳由一个可选的产生时间和过期时间组成，这将防止报文的延迟传送。现时 Ra 用于检测重放攻击。现时值在报文的有效时间和过期时间内必须是唯一的，这样 B 能存储这个现时直到其过期并拒绝有相同的现时的报文。

（2）双向认证（Two-Way Authentication）协议与单向认证协议类似，但它增加了来自 B 的应答，既保证是 B 而不是冒名者发送来的应答，又保证双方通信的机密性并可防止重放攻击。单向和双向认证协议都使用了时间标记。

双向认证除了单向认证列的三个要素外，还要建立如下要素：

① B 的身份标识和 B 产生的回答报文。

② 打算传递给 A 的报文。

③ 回答报文的完整性和新鲜性。

因此，双向鉴别允许通信双方验证对方的身份。

为了验证回答报文，回答报文包括 A 的现时，还包括 B 产生的一个时间戳和一个现时。

和前面一样，报文可能包括签名的附加信息和用 A 的公开密钥加密的会话密钥。

（3）三向认证（Three-Way Authentication）协议另外增加了从 A 到 B 的消息，并避免了使用时间标记（用鉴别时间取代）。

X.509 包括三个可选的认证过程以供不同的应用使用。所有的这些过程都使用公开密钥签名。它假定双方都知道对方的公开密钥，通过从目录获取对方的证书，或者证书被包含在每方的初始报文中。

三向认证在三向鉴别中包括一个从 A 到 B 的报文，它含有一个现时的签名备份。这样设计的目的是无须检查时间戳，因为两个现时均需由另一端返回，每一端可以检查返回的现时来探测重放攻击。当没有时钟同步时，需要采用这种方法。

用户的身份认证可以根据双方的约定选择采用 X.509 的三种强身份认证协议中的任何一种。这三种协议都能够有效地防止中间人攻击和重发攻击等多种常用的攻击手段。以上三种强度认证是一个逐步完善的过程，三向认证协议安全性最好。

第 11 章
◀ 实战PKI ▶

虽然本书是讲述 Windows 下的加解密编程,但考虑到 CA 服务器都是部署在 Linux 下的,因此这一章我们把 CA 部署到 Linux 下,也为大家今后从事 Linux 下的加解密开发热热身,笔者的下一本加解密图书将在 Linux 下进行。当然,其实本章搭建的 CA 系统也可以在 Windows 下进行,但为了综合 Linux 和 Windows 的联合作战效果,我们特地在 Linux 下签发证书,然后在 Windows 下解析证书。记住,一个密码行业的开发者,要同时会在 Linux 和 Windows 下开发,这是基本功。

11.1　只有密码算法是不够的

前面介绍了非对称算法,是不是只有这些密码算法就可以进行安全通信并高枕无忧了呢?答案是否定的。在实际应用中,简单地直接使用公钥密码算法存在较为严重的安全问题。先让我们来看一下公钥密码算法的应用流程。

（1）李四独立地生成自己的密钥对（包括公钥和私钥）,并且将公钥完全公开。

（2）当张三需要与李四进行秘密通信时,张三查找到李四的公钥,然后加密消息（实际上一般用对称密钥加密消息,再用公钥加密对称密钥,因为公钥直接加密消息比较慢,这里为了讲述方便、突出重点,假设公钥直接加密消息）,将密文发送给李四。

（3）李四使用相应的私钥解密消息,得到明文。虽然张三可以通过公开的信道获取李四的公钥,但是张三如何确定所得到的公钥就是属于李四的呢?如果攻击者王五生成一对公私密钥对,谎称是李四的公钥,蒙在鼓里的张三就用假的李四的公钥去加密自己的消息,那么王五就可以解密密文消息了,从而窃听本来张三发给李四的秘密信息,李四反而不能解密这些信息。由此看出,如何保证张三能够正确地获取李四的公钥是非常重要的。

（4）当利用数字签名来判断数据发送者身份的时候,也需要确定公钥的归属。数字签名就是对消息的摘要进行私钥加密,然后接收方用发送方的公钥进行解密,如果解密成功,就可以确认发送方的身份（因为私钥只能是发送方所有）。但是,如果攻击者王五生成一对公私密钥对,然后将公钥公开,并谎称是张三的公钥,王五就能以张三的名义对一份假消息进行加密,然后接收方李四用"张三的公钥"（其实是王五的公钥）进行解密,一看解密成功,李四就认为这份消息的确是张三发来的,以为发送方就是张三了。而实际上,张三的身份已经被攻击者王五冒用了。

从上面的分析可以看出，要应用公钥密码算法，首先需要解决公钥归属问题，需要正确地回答：公钥到底属于哪个人？或者说，正确回答：每一个用户的公钥是什么？值得强调的是，我们所说的公钥归属或者说公钥属于谁，实际上是指谁拥有与该公钥配对的私钥，而不是简单的公钥持有。

在 Diffie 和 Hellman 首次公开提出公钥密码算法的时候，也设想了相应的解决方案：每个人的公钥都存储在专门的可信资料库上。当张三需要获取李四的公钥时，就向该可信资料库查询。

Diffie 和 Hellman 所设想的可信资料库方式要求所有用户都能与其在线通信，每次使用公钥都要向资料库查询。这种方式不方便离线用户使用，而且当用户大规模应用时，频繁地并发查询也会对资料库带来很高的性能要求。查询过程中也可能存在一定的安全问题，如中间人攻击等。为了更安全地提供公钥的拥有证明并减少在线的集中查询，Kohnfelder 在 1978 年提出了数字证书的概念。由证书认证中心签发证书来解决公钥属于谁的问题。

在证书中包含持有者的公钥数据与其身份信息，并且由 CA 对这些信息进行审查并进行数字签名。数字签名保证了证书的不可篡改。这样就使得每个人可以有更多的途径来获得其他用户的证书，通过验证证书上的数字签名就可以离线地判断公钥拥有的正确性。由于证书上带有 CA 的数字签名，用户可以在不可靠的介质上缓存证书而不必担心被篡改，可以离线验证和使用，不必每一次使用都向资料库查询。

有了 CA 的支持，张三和李四的通信可以按照下列步骤进行：

（1）李四生成自己的公私密钥对，将公钥和自己的身份资料信息提交给 CA。

（2）CA 检查李四的身份证明后，确认无误后为李四签发数字证书，证书中包含李四的身份信息和公钥，以及 CA 对证书的签名结果。

（3）当张三需要与李四进行保密通信时，就可以查找李四的证书，然后使用 CA 的公钥来验证证书上的数字签名是否有效，确保证书不是攻击者伪造的。

（4）验证证书之后，张三就可以使用证书上所包含的公钥与李四进行保密通信和身份鉴别等。

需要注意的是，张三可以从不可信的途径（如没有安全保护的 WWW 或 FP 服务器、匿名的电子邮件等）获取证书，由 CA 的数字签名来防止证书伪造或篡改。相比于 Diffie 和 Hellman 最初设想的在线安全资料库，张三并不需要与 CA 在线通信，也不必考虑获取途径的安全问题，如通信信道的安全问题。在上述过程中，主要包括三种执行不同功能的实体。

（1）证书认证中心

CA 具有自己的公私密钥对，负责为其他人签发证书，用自己的密钥来证实用户李四的公钥信息。

（2）证书持有者（Certificate Holder）

在上述通信过程中，李四拥有自己的证书和与证书中公钥匹配的私钥，被称为证书持有者。证书持有者的身份信息和对应的公钥会出现在证书中。

（3）依赖方（Relying Party）

在上述通信过程中，张三可以没有自己的公私密钥对和证书，与李四的安全通信依赖于 CA 给李四签发的证书以及 CA 的公钥。我们一般将 CA 应用过程中使用其他人的证书来实现安全功能（机密性、身份鉴别等）的通信实体称为依赖方，或者证书依赖方，如张三。

CA、证书持有者和依赖方共同组成了一个基本的安全系统，这个系统被称为 PKI 系统，即公开密钥基础设施。PKI 系统中的基本功能组件（简称为基本组件）有三个：分别为 CA、证书持有者和依赖方。

需要注意，证书持有者与依赖方的区分并不是绝对的，它们的区分只是相对的。只有对特定的通信过程区分证书持有者与依赖方才有意义。同一个实体在不同的通信过程中，可能既是证书持有者，又是依赖方。例如，当张三使用李四的证书进行数据加密时，我们将张三称为依赖方，将李四称为证书持有者。如果张三也有自己的证书，李四利用张三的证书给张三发送机密信息时，则张三是证书持有者，李四是依赖方。另一个更显着的例子是 SSL/TLS 的双向鉴别握手过程。在该握手过程中，服务端和客户端都分别持有自己的证书，相互进行身份认证，每一方都既是证书持有者，又是依赖方。虽然张三和李四都会拥有自己的公私密钥对，但是它们只是利用证书来获取 PKI 的安全服务，并不为其他人提供证书签发服务。我们通常将使用证书服务的实体统称为末端实体（End Entity）。

11.2　OpenSSL 实现 CA 的搭建

上面讲了一堆理论，相信大家已有困意。下面我们来实际操作和演示一遍，利用 OpenSSL 实现 CA 的搭建。OpenSSL 是一套开源软件，在 Linux 中可以很容易地安装。它能够很容易地完成密钥生成以及证书管理。我们接下来就利用 OpenSSL 搭建 CA 证书，并实现证书的申请与分发。搭建过程中需要准备三台 Linux 虚拟机，或者也可以准备三台 Linux 主机。这里我们采用三台 Linux 虚拟机，这样投资最少，这三台虚拟机安装了 CentOS 7，OpenSSL 也是用其自带的版本 1.0.1e（当然其他版本用起来类似）：

```
[root@localhost 桌面]# openssl version
OpenSSL 1.0.1e-fips 11 Feb 2013
```

11.2.1　准备实验环境

首先我们应该准备三台虚拟机，它们分别用来表示根 CA 证书机构、子 CA 证书机构和证书申请用户。那么问题来了，用户向子 CA 证书机构申请证书，子 CA 机构向根 CA 机构申请授权，根 CA 是如何取得证书的呢？答案是根 CA 自己给自己颁发证书。实验环境的拓扑结构如图 11-1 所示。

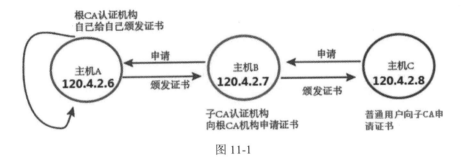

图 11-1

Linux 虚拟机采用 CentOS 7 操作系统，虚拟机软件是 VMware Workstation 12，通常可以装完一台虚拟机，其他复制即可，网络连接模式都设置为桥接模式，如图 11-2 所示。

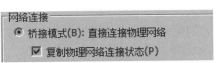

图 11-2

但要注意的是，复制后，可能会导致虚拟机 Linux 的网卡 Mac 地址相同，从而 Ping 不通对方，此时可以在"虚拟机设置"中把现有网卡删除，再重新添加一块新的网卡。反正要做到三台虚拟机要能相互 Ping 通，因为下面要在线传送文件。另外，CentOS 7 的防火墙默认是开着的，这可能会影响我们 Ping 通，所以要把它关闭。首先查看防火墙的状态：

[root@localhost ~]# firewall-cmd --state

如果是 Running，就将其关闭：

[root@localhost ~]# systemctl stop firewalld

但这个关闭是临时性的，重启后又会打开。

11.2.2　熟悉 CA 环境

我们的 CA 准备通过 OpenSSL 来实现，而 CentOS 7 已经默认安装了 OpenSSL，因此基本的 CA 基础环境也就有了。我们可以直接通过配置文件来熟悉这个 CA 环境。

要手动创建 CA 证书，就必须首先了解 OpenSSL 中关于 CA 的配置，配置文件的位置在 /etc/pki/tls/openssl.cnf。我们通过命令 cat 可以查看其内容，命令形式如下：

[root@localhost ~]# cat /etc/pki/tls/openssl.cnf

然后就可以看到该配置文件的内容（因为内容较多，下面摘取部分，我们对其进行了解释）：

```
###############################################################
[ ca ]
default_ca= CA_default        #默认 CA
###############################################################
[ CA_default ]
dir=/etc/pki/CA   # CA 的工作目录这里其实定义了一个变量，后面用美元符$可以引用该变量
certs= $dir/certs                   #证书存储路径
```

```
crl_dir= $dir/crl                                    #证书吊销列表
database= $dir/index.txt                             #证书数据库列表

new_certs_dir= $dir/newcerts                         #新的证书路径
certificate= $dir/cacert.pem                         #CA 自己的证书，.pem 是证书的二进制格式
serial= $dir/serial                                  #当前证书的编号，十六进制，默认为 00
crlnumber= $dir/crlnumber                            #当前要被吊销的证书编号，十六进制，默认为 00
crl= $dir/crl.pem                                    #当前 CRL
private_key= $dir/private/cakey.pem                  #CA 的私钥
RANDFILE= $dir/private/.rand                         #私有的随机数文件
x509_extensions = usr_cert                           #加入证书中的扩展部分


# Comment out the following two lines for the "traditional"
# (and highly broken) format.
name_opt = ca_default                                #命名方式
cert_opt = ca_default                                #CA 的选项


# Extension copying option: use with caution.
# copy_extensions = copy



# Extensions to add to a CRL. Note: Netscape communicator chokes on V2 CRLs
# so this is commented out by default to leave a V1 CRL.
# crlnumber must also be commented out to leave a V1 CRL.
# crl_extensions= crl_ext
default_days= 365                                    #默认证书的有效期限
default_crl_days= 30                                 #CRL 到下一个 CRL 前的时间 zww
default_md= default                                  #使用公钥默认 MD
preserve= no                                         #保持传递的 DN 排序


#指定请求的相似程度的几种不同方法
#  对于类型 CA，列出的属性必须相同
policy= policy_match          #策略
#这里记录的是将来 CA 在搭建的时候，以及客户端申请证书的时候，需要提交的信息的匹配程度


# For the CA policy
[ policy_match ]                                     #match 意味着 CA 以及子 CA 必须一致
countryName      = match                             #国家
stateOrProvinceName= match                           #州或者省
organizationName= match                              #组织公司
organizationalUnitName      = optional
commonName= supplied
emailAddress= optional


#为了"任何事"的政策，此时，必须列出所有可接受的"对象"类型
[ policy_anything ]              #可以对外提供证书申请，这时证书的匹配就可以不用那么严格
countryName= optional
stateOrProvinceName= optional
localityName= optional
```

organizationName= optional
organizationalUnitName= optional
commonName= supplied
emailAddress= optional

11.2.3　创建所需要的文件

在 CA 上有两个文件需要预先创建好，分别是/etc/pki/CA/index.txt 和/etc/pki/CA/serial。如果不提前创建这两个文件，那么在生成证书的过程中会出现错误。

这里有一点需要注意，我们的实验环境中包含三个主机，其中两个的角色是作为 CA 认证机构存在的，即位于主机 A 的根 CA、位于主机 B 的子 CA，所以创建所需要的文件的时候，主机 A 和主机 B 都需要创建。

生成证书索引数据库文件：touch /etc/pki/CA/index.txt。

指定第一个颁发证书的序列号：echo 01 > /etc/pki/CA/serial。

11.2.4　CA 自签名证书（构造根 CA）

首先在主机 A 上构造根 CA 的证书。因为没有任何机构能够给根 CA 颁发证书，所以只能根 CA 自己给自己颁发证书。首先要生成私钥文件，私钥文件是非常重要的文件，除了自己以外，其他任何人都不能获取。所以在生成私钥文件的同时最好修改该文件的权限，并且采用加密的形式进行生成。

我们可以通过执行 OpenSSL 中的 genrsa 命令生成私钥文件，并采用 DES3 的方式对私钥文件进行加密，同时临时指定 umask，使得生成的私钥文件只对自己具有读写权限。过程如下：

```
[root@localhost ~]#(umask 066;openssl genrsa -out /etc/pki/CA/private/cakey.pem -des3 2048 )
Generating RSA private key，  2048 bit long modulus
...............+++
........................................+++
e is 65537 (0x10001)
Enter pass phrase for /etc/pki/CA/private/cakey.pem:          #这里需要输入口令
Verifying - Enter pass phrase for /etc/pki/CA/private/cakey.pem:  #这里确认口令
[root@localhost ~]#
```

其中，umask 用于设置所创建文件的权限掩码。openssl genrsa 用于生成一个 RSA 私钥，后面指定了 2048，因此生成的私钥是 2048 位的，私钥文件名是 cakey.pem，是.pem 格式的，并且已经被加密了，因为我们加了选项-des3。私钥通常用一个口令来保护，以防别人乱用，这里我们输入的口令是"123456"，建议实际使用时使用更复杂的口令，以防猜测。

我们可以查看一下该私钥文件：

```
[root@localhost ~]# cat /etc/pki/CA/private/cakey.pem
-----BEGIN RSA PRIVATE KEY-----
Proc-Type: 4，ENCRYPTED
DEK-Info: DES-EDE3-CBC，4F6722BEF1EA163C

5Ue9wR5izSC9N+UhU46F1FCvBV7EbNp2wYzbo2nqOVhyjySEIqfwPWzmfp3ztiMB
```

```
LWgbRvfMQiTCpwqKw13k3C7yaWClfOkwsMaExPXuaIrdPuDHCXFG4VJhx97HUpv6
9J1Rb2/0HAJVqw8zRdHhX38Da/6JqqZ1EnPAiXEqwnqjj9yCut6RNItEupKFmyE/
FKWOTGklbceaWZboq80mHznwsOQrzhGtz1GwsKc6bBnuSLoqd3w4jCYZI1CUStzW
6kKM9Qwcl6JwZtd61Yc72xsYkmxEW0GFVx9ZAW5t9XCpnuRjlKwS41hJdq1CZIbV
zX++Yi/n4PNSOD/Go+7yvTgfJYNA2u+3wEVcIIeEHxut7ozd9vLDqYum5eR58x0P
RqAQ5nG3AdBN9LILR9Iw6z+ubLQozG+2xzDn7z/cVD+62gS+HO5H+Jiu7WX2o9LJ
h/R8xzXB8EyySmw4loIXor6+xs9ci1BnUkRfRZ5VBkUYw0b03xltyQYeqJQkfUzM
4hj7UVjXmy5qO2+tkPMR0//797uNFv8Ovi5pF2tkuh2xm4NnYcvrko5XcqUh3F7G
DvVQVjM+D2z9bIoNbJsUSd+CchXgA2qf0qpeXjrVRbYEO1CsOA5SopKMZ5qCdPLLQ
uq6pfMbwNnyUg51/ekeIBCjrW7r/+EL3bpnWS+vGWfCGEEXlb2GN53k7hqg8TxGo
2jrH201vkwiWcopwxV8Bz3bq2ibMeg7xDctBQpSLO72MONPs+XKqG4sUXp9Fc2ft
yjY1Xaf8Qf7ypWa2pSd3j4ImtxTZEmAfV94dePyhZBLg3W4+e74Um7DUaNJ+Bsbv
ER6w29fPCZyFvF3aM0zlyrKNwOExEda53hMYyYU5z8qsQk5FNtQ3EoVjKBJ/JM/7
jd4QhQ9cFCXUqo/B+sdpn4yCQ5OcYcUb416WZRAYFCLJxzQx4yUrVV5JTxVodLOq
r/CN2z8Gjhs7kAC1vs6V/UodrT2vV54/NmGPJypw+TZAHYPD9jVLD5JoIpz6FmVK
yaNxlbZiHYuLMOq7jZ8FP00PUiqQuCBUP/u7ns7XH75UbOco39OHrOXXwsnBiXLK
Hzi5geIy0REjW/65KTXJKOJx/Sy+me+tWIA2gWQ6qVEHV4/et78UVS00/2d//pUb
nSV68oHIi87nCNN3xub3Q1kzknETVMN74sjgyhZiqUeIJ/3TTmZl+wG4MRSAP9Bp
jrY0vMf0AScn14BeitvwXuKWlM+TNxGFLIQzinijxX5339WArIVsvz92JEmSkid6
QPNBdtZ7Gz1pgS8A57tcAZQk1uBCPDo/6t2wKw+bG0n48RFgxRI1ZBS/r10dmm7z
//rgAfWlSYLzWy1h9njWMMGceBCNcwf9F4PcWv8Ov0G9dUlBORF4O1k8yCWo/dUt
ZOdo83OvqJp4Yhr3MAL9wO6VJEu+dO9heUlItLqzBH2SnunqdmZemPTN25kAWXNi
A9vIiQGHpyOFB3CP+tL8rATSmSYThFh4WnJ8Do2evM6c9io+M0XzTOgp/DDISyLQ
392zZNAn/dvl1qYdRirxU1hYq99bQRXKDzwdljmhH3E5xUG21MdyAg==
-----END RSA PRIVATE KEY-----
[root@localhost ~]#
```

　　私钥也是一个随机数，所以每次生成都不同。再次强调一下，私钥文件是非常重要的文件，除了自己本身以外，其他任何人都不能获取。所以在生成私钥文件的同时最好修改该文件的权限，并且采用加密的形式进行生成。

　　生成私钥后，我们就可以生成一张自签名证书了。

```
[root@localhost ~]# openssl req -new -x509 -key    /etc/pki/CA/private/cakey.pem -days 7300 -out
/etc/pki/CA/cacert.pem
        Enter pass phrase for /etc/pki/CA/private/cakey.pem:
        You are about to be asked to enter information that will be incorporated
        into your certificate request.
        What you are about to enter is what is called a Distinguished Name or a DN.
        There are quite a few fields but you can leave some blank
        For some fields there will be a default value，
        If you enter '.',    the field will be left blank.
        -----
        Country Name (2 letter code) [XX]:CN
        State or Province Name (full name) []:shandong
        Locality Name (eg，  city) [Default City]:qingdao
        Organization Name (eg，  company) [Default Company Ltd]:pojun.tech
        Organizational Unit Name (eg，  section) []:opt
        Common Name (eg，  your name or your server's hostname) []:ca.pojun.tech
        Email Address []:
```

其中，命令 openssl req 的主要功能是生成证书请求文件、查看验证证书请求文件以及生成自签名证书，这里调用该命令用来生成自签名证书 cacert.pem；-new 表示生成一个新的证书请求，并提示用户输入个人信息，比如后面让我们输入的 CN、Shandong 等信息，如果没有指定-key，就会先生成一个私钥文件，再生成证书请求；-x509 表示专用于 CA 生成自签证书；-key 表示生成请求时用到的私钥文件，该选项只与生成证书请求选项-new 配合；-days n 表示证书的有效期限；-out 指定生成的证书请求或者自签名证书名称。Enter pass phrase 的意思是生成证书的过程中需要输入之前设定的私钥的口令，这里是 123456。在上面命令的末尾段要求输入一些证书信息，解释如下：

```
Country Name (2 letter code) [XX]:                          //输入一个国家名字的缩写，可为空
State or Province Name (full name) []:                      //州或省名称，全名，可为空
Locality Name (eg,  city) [Default City]:                   //地区名称，如城市，可为空
Organization Name (eg,  company) [Default Company Ltd]:     //组织名称，默认有限公司，可为空
Organizational Unit Name (eg,  section) []:                 //组织单元名称，可为空
Common Name (eg,  your name or your server's hostname) []:www.amber.com //常见的名字（例如你的名字
或你的服务器的主机名），输入该网址的域名，必填
Email Address []:          //邮件地址，可为空
```

现在我们拥有一个 CA 根证书了，证书路径为/etc/pki/CA/cacert.pem。有了根证书就可以向子 CA 颁发证书，也就是签发一张证书给子 CA。

11.2.5 根 CA 为子 CA 颁发证书

颁发证书将分成两个环节介绍，分别是子 CA 证书机构向根 CA 证书机构申请证书和普通用户向子 CA 证书机构申请证书。

申请并颁发证书的流程如下：

（1）在需要使用证书的主机（这里是子 CA）上生成证书请求。

（2）将证书的申请文件传递给根 CA。

（3）根 CA 签发证书。

（4）将根 CA 生成的证书发送给子 CA。

1. 子 CA 生成证书请求文件

我们的环境中，B 充当子 CA，因此在主机 B 上生成证书请求。首先在 B 主机上生成私钥，这个过程与前面根 CA 机构生成私钥的过程是一致的。

这次，我们为子 CA 生成一个 1024 位长度的私钥，并且没有采用加密的方式生成。在主机 B 的终端下输入如下命令：

```
[root@localhost 桌面]# (umask 066;openssl genrsa -out /etc/pki/CA/private/cakey.pem 1024)
Generating RSA private key,  1024 bit long modulus
....................++++++
...........++++++
e is 65537 (0x10001)
```

然后查看私钥文件 cakey.pem：

```
[root@localhost 桌面]# cat /etc/pki/CA/private/cakey.pem
-----BEGIN RSA PRIVATE KEY-----
MIICXAIBAAKBgQDSwWVSyLq4ZI/wZq75HPYfo6RtXOZAj+DNfjAyJmFe5ZN/EJe4
e913Gh7r/5sJkfJizn1h2POaIeoxTg7TUpdOG6e+xD8A0OQZJuV3YEIdDwaT7I0d
CX3aJH+DTOUec3F/DgNw+hyncXpxOa/afpYlicSoDzwTczdJ8HIHqLhIjwIDAQAB
AoGBANIxU66Wx7KziOMIZiXJfqbbfFgeOP3XASuxWLwLjz0n1kz57XdvAdeRU5mn
maaXyphEvMPjrkDg5kM6SIr2ajMK/0aXJFElmWiBcHqlN8t4cZucD0mrNmfPOZNV
Wbym0t8kq2KZDMZasQvDK5riaSnXeFQXtZQTAZRZmb+D+RnhAkEA64/99pVzI8Lg
IrJ6A4ylB2S3XWwpgrnfyojSTEs3eFGewoaRIpSxSNf5qivliKrPp1Ry190maD5e
L1Z69O4LdwJBAOUKbCe12b7qweRiYX0RBZGYji4wKiNiWvoCFjBzWsdFG6JHVi+I
Zw3m5Z4agTs+aBgukQm+PgtxlmnsMWYCwakCQAEr+DFv0ODOqVrC1ISMAI4m3Bqk
3Rf/YLObNqCWhzIcBdQl4zbu0mrwWBeWnE+vudS1QNT+DqDaHpHRtk7dmEUCQDNK
RjYOTxil0Y2nSlWLfkfAdfZ56rXJzL23wehPrMB7BVktyGsUjJ9cWYcyQEZYD096
/hfEdnhxk1FdByLk8yECQGDtwaplTf7PcU0d6osgzi6iRN+2NCUwmZ4jlpWjOONg
yUSx870/9QyzYUErtOVYXNEoLJ+n0F/QnALeRUqNpII=
-----END RSA PRIVATE KEY-----
[root@localhost 桌面]#
```

查看私钥文件可以发现，没有了加密的标识。同时，因为生成时指定了 1024 的长度，私钥的长度明显变短了。

有了私钥就可以正式生成证书请求文件了。在主机 B 终端下输入命令如下：

```
[root@localhost 桌面]# openssl req -new -key /etc/pki/CA/private/cakey.pem -days 3650 -out
/etc/pki/tls/subca.csr
You are about to be asked to enter information that will be incorporated
into your certificate request.
What you are about to enter is what is called a Distinguished Name or a DN.
There are quite a few fields but you can leave some blank
For some fields there will be a default value，
If you enter '.',  the field will be left blank.
-----
Country Name (2 letter code) [XX]:CN

State or Province Name (full name) []:shandong
Locality Name (eg， city) [Default City]:qingdao
Organization Name (eg， company) [Default Company Ltd]:pojun.tech
Organizational Unit Name (eg， section) []:opt
Common Name (eg， your name or your server's hostname) []:subca.pojun.tech
Email Address []:

Please enter the following 'extra' attributes
to be sent with your certificate request
A challenge password []:
Please enter the following 'extra' attributes
to be sent with your certificate request
A challenge password []:123456
An optional company name []:magedu.com
```

其中，subca.csr 就是生成的证书请求文件。其实这里的时间没有必要指定，因为证书的时间是由颁发机构指定的，所以申请机构填写了时间也没用。其中有些信息必须与根证书的内容相同，因为在根证书的 openssl.cnf 文件中已经指定。另外，'extra' attributes 后面的信息也可以不输入。

2. 将证书的申请文件传递给根 CA

下面将生成的证书的申请文件传递给根 CA 机构，我们使用 scp 命令进行网络复制。

```
scp /etc/pki/tls/subca.csr   120.4.2.6:/etc/pki/CA
Are you sure you want to continue connecting (yes/no)? yes
Warning: Permanently added '120.4.2.6' (ECDSA) to the list of known hosts.
root@120.4.2.6's password:
subca.csr                              100%   729        0.7KB/s    00:00
```

现在证书请求文件 subca.csr 在主机 A 的/etc/pki/CA/下了。在实际操作中，也可以用离线的方式导入根 CA 主机中，比如使用 U 盘载体等。

3. 根 CA 签发证书

下面我们回到主机 A（根 CA）上颁发证书。在第一次签发证书前，首先要在主机 A 上新建两个文件：

```
touch /etc/pki/CA/index.txt
touch /etc/pki/CA/serial
echo "01" > /etc/pki/CA/serial
```

其中，index.txt 用来存放新签发证书的记录；serial 用来存放序列号，这里用了 01。

下面在主机 A 的终端上输入证书生成命令：

```
[root@localhost 桌面]# openssl ca -in /etc/pki/CA/subca.csr -out /etc/pki/CA/certs/subca.crt -days 3650
Using configuration from /etc/pki/tls/openssl.cnf
Enter pass phrase for /etc/pki/CA/private/cakey.pem:
Check that the request matches the signature
Signature ok
Certificate Details:
        Serial Number: 1 (0x1)
        Validity
            Not Before: Aug 19 05:10:43 2019 GMT
            Not After : Aug 16 05:10:43 2029 GMT
        Subject:
            countryName               = CN
            stateOrProvinceName       = shandong
            organizationName          = pojun.tech
            organizationalUnitName    = opt
            commonName                = subca.pojun.tech
        X509v3 extensions:
            X509v3 Basic Constraints:
                CA:FALSE
            Netscape Comment:
                OpenSSL Generated Certificate
            X509v3 Subject Key Identifier:
                A5:91:63:E6:85:BF:73:CB:CB:0B:B2:AE:CD:B5:B5:7D:6A:35:41:84
```

```
          X509v3 Authority Key Identifier:
               keyid:38:1D:62:19:59:D7:7B:31:12:CE:85:8E:43:E7:54:87:D6:D7:65:7C

Certificate is to be certified until Aug 16 05:10:43 2029 GMT (3650 days)
Sign the certificate? [y/n]:y


1 out of 1 certificate requests certified,    commit? [y/n]y
Write out database with 1 new entries
Data Base Updated
```

在签发过程中，会用到根 CA 的私钥，所以会询问根 CA 私钥的口令。在后面还会有两次询问，直接输入 y 即可。生成成功后，查看 index.txt 文件，会看到增加了一条新的记录：

```
[root@localhost 桌面]# cat /etc/pki/CA/index.txt
V    290816051043Z    01    unknown  /C=CN/ST=shandong/O=pojun.tech/OU=opt/CN=subca.pojun.tech
```

这说明我们的证书签发成功了。

4. 将根 CA 生成的证书传送给子 CA

传送方式依然可以采用离线或在线方式。这里采用在线方式。另外，主机 B 是作为子 CA 机构存在的，所以证书文件必须是 cacert.pem（OpenSSL 命令需要.pem 形式），否则子 CA 将不能够给其他用户颁发证书。

在主机 A 的终端上输入命令如下：

```
[root@localhost 桌面]# scp   /etc/pki/CA/certs/subca.crt 120.4.2.7:/etc/pki/CA/cacert.pem
```

11.2.6　普通用户向子 CA 申请证书

这个过程与子 CA 向根 CA 申请证书的过程类似。基本步骤也是先生成用户私钥文件，再生成证书请求文件，然后把证书请求文件发给子 CA 让其签发出用户证书。

1. 生成用户私钥

登录主机 C 的终端，在命令行下输入私钥生成命令：

```
[root@localhost 桌面]# (umask 066; openssl genrsa -out /etc/pki/tls/private/app.key 1024)
Generating RSA private key,    1024 bit long modulus
.....++++++
...................++++++
e is 65537 (0x10001)
```

现在/etc/pki/tls/private/路径下就有另一个用户私钥文件 app.key 了。

2. 生成证书请求文件

有了私钥文件，才可以生成证书请求文件。登录主机 C 的终端，在命令行下输入生成证书请求文件的命令：

```
[root@localhost 桌面]# openssl req -new -key /etc/pki/tls/private/app.key   -out /etc/pki/tls/app.csr
You are about to be asked to enter information that will be incorporated
```

into your certificate request.

What you are about to enter is what is called a Distinguished Name or a DN.

There are quite a few fields but you can leave some blank

For some fields there will be a default value，

If you enter '.'，the field will be left blank.

Country Name (2 letter code) [XX]:CN

State or Province Name (full name) []:shangdong

Locality Name (eg，city) [Default City]:qingdao

Organization Name (eg，company) [Default Company Ltd]:pojun.tech

Organizational Unit Name (eg，section) []:dev

Common Name (eg，your name or your server's hostname) []:user.pojun.tech

Email Address []:

Please enter the following 'extra' attributes

to be sent with your certificate request

A challenge password []:123456

An optional company name []:

3. 将证书申请文件发送给子 CA

发送方式依然可以采用离线或在线方式。这里采用在线方式。

```
[root@localhost network-scripts]# scp /etc/pki/tls/app.csr   120.4.2.7:/etc/pki/CA
The authenticity of host '120.4.2.7 (120.4.2.7)' can't be established.
ECDSA key fingerprint is 5a:29:ed:4e:08:31:64:84:36:72:c7:28:46:46:58:34.
Are you sure you want to continue connecting (yes/no)? yes
Warning: Permanently added '120.4.2.7' (ECDSA) to the list of known hosts.
root@120.4.2.7's password:
app.csr                                         100%   692      0.7KB/s   00:01
```

4. 子 CA 签发用户证书

子 CA 收到用户的证书申请文件后，如果觉得没问题，就可以为其签发证书。在第一次签发证书前，首先要在主机 B 上新建两个文件：

```
touch /etc/pki/CA/index.txt
touch /etc/pki/CA/serial
echo "01" > /etc/pki/CA/serial
```

其中，index.txt 用来存放新签发证书的记录；serial 用来存放序列号，这里用了 01。

下面可以继续在主机 B 的终端上输入证书生成命令：

```
[root@localhost 桌面]# openssl ca -in /etc/pki/CA/app.csr -out /etc/pki/CA/certs/app.crt -days 365
Using configuration from /etc/pki/tls/openssl.cnf
Check that the request matches the signature
Signature ok
The stateOrProvinceName field needed to be the same in the
CA certificate (shandong) and the request (shangdong)
```

用户证书 app.crt 签发成功了。下面我们将生成的证书传递给申请者（这里是用户）。

5. 将生成的证书传送给用户

传送方式依然可以采用离线或在线方式。这里采用在线方式。这里是把主机 B 上的文件 app.crt 发送给主机 C。

```
[root@localhost 桌面]# scp /etc/pki/CA/certs/app.crt    120.4.2.8:/etc/pki/CA/certs/
The authenticity of host '120.4.2.8 (120.4.2.8)' can't be established.
ECDSA key fingerprint is 5a:29:ed:4e:08:31:64:84:36:72:c7:28:46:46:58:34.
Are you sure you want to continue connecting (yes/no)? yes
Warning: Permanently added '120.4.2.8' (ECDSA) to the list of known hosts.
root@120.4.2.8's password:
app.crt                                       100%      0       0.0KB/s      00:00
```

此时在主机 C 上可以看到有证书文件了。

```
[root@localhost ~]# ls /etc/pki/CA/certs/app.crt
/etc/pki/CA/certs/app.crt
```

以上就是利用 OpenSSL 实现一个小型 CA 的操作过程，虽然很小型，但基本原理和基本流程和专业 CA 是一样的。建议大家学习时从小型系统入手，再慢慢地深入。

现在 CA 操作基本流程完成了，证书也出来了。下面我们可以围绕证书进行编程操作。

11.3 基于 OpenSSL 的证书编程

身份认证、证书很重要，其重要性就像我们日常生活中的身份证一样，没有身份证寸步难行。同样在网络世界中，没有证书，没人会承认你是王者还是小兵。

在 Windows 平台下，假设要解析一个 X509 证书文件，直接的办法是使用微软的 CryptoAPI，但是在非 Windows 平台下，只能使用强大的开源跨平台库 OpenSSL。一个 X509 证书通过 OpenSSL 解码之后，得到一个 X509 类型的结构体指针。通过该结构体，我们就能够获取想要的证书项和属性等。

X509 证书文件依据封装的不同，主要有下面三种类型：

（1）*.cer：单个 X509 证书文件，不含私钥，可以是二进制和 Base64 格式。该类型的证书很常见。

（2）*.p7b：PKCS#7 格式的证书链文件，包括一个或多个 X509 证书，不含私钥。通常从 CA 中心申请 RSA 证书时，返回的签名证书就是.p7b 格式的证书文件。

（3）*.pfx：PKCS#12 格式的证书文件，能够包括一个或者多个 X509 证书，含有私钥，一般有 Password 保护。通常从 CA 中心申请 RSA 证书时，加密证书和 RSA 加密私钥就是一个.pfx 格式的文件。

证书如此重要，OpenSSL 当然对其提供了强大支持。现有的数字证书大都采用 X509 规范，主要由这些信息组成：版本号、证书序列号、有效期（证书生效和失效的时间）、拥有者信息

（姓名、单位、组织、城市、国家等）、颁发者信息、其他扩展信息（证书的扩展用法、CA自定义的扩展项等）、拥有者的公钥、CA 对以上信息的签名。

OpenSSL 实现了对 X.509 数字证书的所有操作，包括签发数字证书、解析和验证证书等。在实际应用开发中，针对证书应用，这里主要用到证书的验证（验证其证书链、有效期、吊销列表以及其他限制规则等）、证书的解析（获得证书的版本、公钥、拥有者信息、颁发者信息、有效期等）等操作。这些函数均定义在 OpenSSL/x509.h 中。涉及证书操作的主要函数有验证证书（验证证书链、有效期、CRL）、解析证书（获得证书的版本、序列号、颁发者信息、主题信息、公钥、有效期等）函数，首先我们来认识这些函数。

11.3.1　把 DER 编码转换为内部结构体函数 d2i_X509

该函数将一个 DER 编码的证书转换为 OpenSSL 内部结构体（X509 类型），该函数声明如下：

```
X509 *d2i_X509(X509 **cert,unsigned char **d,int len);
```

其中，cert[in]是 X509 结构体的指针，表示要转码的证书，其中结构体 X509 的定义如下：

```
struct x509_st {
    X509_CINF *cert_info;           //证书数据信息
    X509_ALGOR *sig_alg;            //签名算法
    ASN1_BIT_STRING *signature;     //CA 对证书的签名值
    int valid;
    int references;
    char *name;
    CRYPTO_EX_DATA ex_data;
    /*它们包含各种扩展值的副本*/
    long ex_pathlen;
    long ex_pcpathlen;
    unsigned long ex_flags;
    unsigned long ex_kusage;
    unsigned long ex_xkusage;
    unsigned long ex_nscert;
    ASN1_OCTET_STRING *skid;
    AUTHORITY_KEYID *akid;
    X509_POLICY_CACHE *policy_cache;
    STACK_OF(DIST_POINT) *crldp;
    STACK_OF(GENERAL_NAME) *altname;
    NAME_CONSTRAINTS *nc;
# ifndef OPENSSL_NO_RFC3779
    STACK_OF(IPAddressFamily) *rfc3779_addr;
    struct ASIdentifiers_st *rfc3779_asid;
# endif
# ifndef OPENSSL_NO_SHA
    unsigned char sha1_hash[SHA_DIGEST_LENGTH];
# endif
    X509_CERT_AUX *aux;
} /* X509 */;
```

其中，X509_CINF 的定义如下：

```
typedef struct x509_cinf_st {
    ASN1_INTEGER *version;              //证书版本，0 表示 v1，1 表示 v2
    ASN1_INTEGER *serialNumber;         //证书序列号
    X509_ALGOR *signature;              //签名算法
    X509_NAME *issuer;                  //颁发者信息
    X509_VAL *validity;                 //有效期
    X509_NAME *subject;                 //拥有者信息
    X509_PUBKEY *key;                   //拥有者公钥
    ASN1_BIT_STRING *issuerUID; /* 在 v2 中是可选的 */
    ASN1_BIT_STRING *subjectUID; /* 在 v2 中是可选的 */
    STACK_OF(X509_EXTENSION) *extensions;
    ASN1_ENCODING enc;
} X509_CINF;
```

参数 d[in]是 DER 编码的证书数据指针；len[in]是证书数据长度。如果函数执行成功，就返回 X509 结构体的证书数据。

11.3.2　获得证书版本函数 X509_get_version

该函数用于获取证书的版本。该函数是一个宏定义函数，定义如下：

```
#define X509_get_version(x)      ASN1_INTEGER_get((x)->cert_info->version)
```

其中，参数 x[in]指向 X509 结构体的指针。函数返回 LONG 类型的证书版本号。

11.3.3　获得证书序列号函数 X509_get_serialNumber

该函数用于获得证书序列号，函数声明如下：

```
ASN1_INTEGER *X509_get_serialNumber(X509*x);
```

其中，x[in]是 X509 结构体的指针，表示要获取序列号的证书。函数返回 ASN1_INTEGER *类型的证书序列号。

11.3.4　获得证书颁发者信息函数 X509_get_issuer_name

该函数用于获得证书颁发者的信息，函数声明如下：

```
X509_NAME *X509_get_issuer_name(X509 *a);
```

其中，a[in]是 X509*类型的指针，表示证书。函数返回证书颁发者信息，X509_NAME 的定义如下：

```
struct X509_name_st {
    STACK_OF(X509_NAME_ENTRY) *entries;
    int modified;                      /* 如果需要生成 bytes，就为 ture */
# ifndef OPENSSL_NO_BUFFER
    BUF_MEM *bytes;
# else
```

```
    char *bytes;
# endif
/* 无符号长散列 */
    unsigned char *canon_enc;
    int canon_enclen;
} /* X509_NAME */ ;
```

X509_NAME_ENTRY 的结构体定义如下:

```
typedef struct X509_name_entry_st {
    ASN1_OBJECT *object;
    ASN1_STRING *value;
    int set;
    int size;                              /* temp variable */
} X509_NAME_ENTRY;
```

X509_NAME 结构体包括多个 X509_NAME_ENTRY 结构体。X509_NAME_ENTRY 保存了颁发者的信息,这些信息包括对象和值(Object 7 和 Value)。对象的类型包括国家、通用名、单位、组织、地区、邮件等。

11.3.5 获得证书拥有者信息函数 X509_get_subject_name

该函数用于获得证书拥用者信息,函数声明如下:

```
X509_NAME *X509_get_subject_name(X509 *a);
```

其中,a[in]是 X509 *类型的指针,表示证书。函数返回证书拥有者信息。

11.3.6 获得证书有效期的起始日期函数 X509_get_notBefore

证书有效期从起始日期到结束日期,该函数用来获取证书有效期的起始日期。该函数是一个宏定义函数,声明如下:

```
#define X509_get_notBefore(x)          ((x)->cert_info->validity->notBefore)
```

其中,参数 x[in]是 X509 *类型的指针,表示证书。函数返回证书有效期的起始日期。

11.3.7 获得证书有效期的终止日期函数 X509_get_notAfter

证书有效期从起始日期到结束日期,该函数用来获取证书有效期的结束日期。该函数是一个宏定义函数,声明如下:

```
#define X509_get_notAfter(x)           ((x)->cert_info->validity->notAfter)
```

其中,参数 x[in]是 X509 *类型的指针,表示证书。函数返回证书有效期的结束日期。

11.3.8 获得证书公钥函数 X509_get_pubkey

该函数用来获得证书中的公钥,函数声明如下:

```
EVP_PKEY *X509_get_pubkey(X509 *x);
```

其中，参数 x[in]是 X509 *类型的指针，表示证书。函数返回证书公钥。

11.3.9　创建证书存储区上下文环境函数 X509_STORE_CTX

该函数用于创建证书存储区上下文环境，函数声明如下：

```
X509_STORE_CTX *X509_STORE_CTX_new();
```

如果函数操作成功，就返回证书存储区上下文环境指针，否则返回 NULL。

11.3.10　释放证书存储区上下文环境函数 X509_STORE_CTX_free

该函数用于释放证书存储区上下文环境，函数声明如下：

```
void X509_STORE_CTX_free(X509_STORE_CTX *ctx);
```

其中，参数 ctx[in]表示证书存储区上下文环境的指针。

11.3.11　初始化证书存储区上下文环境函数 X509_STORE_CTX_init

该函数用于初始化证书存储区上下文环境，主要功能是设置根证书、待验证的证书、CA
证书链等，函数声明如下：

```
int X509_STORE_CTX_init(X509_STORE_CTX *ctx, X509_STORE *store, X509 *x509, STACK_OF(X509)
*chain);
```

其中，参数 ctx[in]表示证书存储区上下文环境的指针，store[in]表示根证书存储区，chain[in]
表示证书链。如果函数执行成功就返回 1，否则返回 0。

11.3.12　验证证书函数 X509_verify_cert

该函数用于验证证书，检查证书链，依次验证上级颁发者对证书的签名，一直到根证书。
该函数会检查证书是否过期，以及其他策略。如果设置了 CRL，还会检查该证书是否在吊销
列表内。此函数必须在调用了 STORE_CTX_init 后才能使用。函数声明如下：

```
int X509_verify_cert(X509_STORE_CTX *ctx);
```

其中，参数 ctx[in]表示证书存储区上下文环境的指针。如果函数执行成功就返回 1，否则
返回 0。

11.3.13　创建证书存储区函数 X509_STORE_new

该函数用于创建一个证书存储区，函数声明如下：

```
X509_STORE *X509_STORE_new(void);
```

函数返回 X509_STORE 结构体类型的指针。其中，X509_STORE_CTX 定义如下：

```
typedef    struct x509_store_ctx_st    X509_STORE_CTX;
struct x509_store_st {
    /* The following is a cache of trusted certs */
    int cache;                        /* if true, stash any hits */
    STACK_OF(X509_OBJECT) *objs; /* Cache of all objects */
    /* These are external lookup methods */
    STACK_OF(X509_LOOKUP) *get_cert_methods;
    X509_VERIFY_PARAM *param;
    /* Callbacks for various operations */
    /* called to verify a certificate */
    int (*verify) (X509_STORE_CTX *ctx);
    /* error callback */
    int (*verify_cb) (int ok, X509_STORE_CTX *ctx);
    /* get issuers cert from ctx */
    int (*get_issuer) (X509 **issuer, X509_STORE_CTX *ctx, X509 *x);
    /* check issued */
    int (*check_issued) (X509_STORE_CTX *ctx, X509 *x, X509 *issuer);
    /* Check revocation status of chain */
    int (*check_revocation) (X509_STORE_CTX *ctx);
    /* retrieve CRL */
    int (*get_crl) (X509_STORE_CTX *ctx, X509_CRL **crl, X509 *x);
    /* Check CRL validity */
    int (*check_crl) (X509_STORE_CTX *ctx, X509_CRL *crl);
    /* Check certificate against CRL */
    int (*cert_crl) (X509_STORE_CTX *ctx, X509_CRL *crl, X509 *x);
    STACK_OF(X509) *(*lookup_certs) (X509_STORE_CTX *ctx, X509_NAME *nm);
    STACK_OF(X509_CRL) *(*lookup_crls) (X509_STORE_CTX *ctx, X509_NAME *nm);
    int (*cleanup) (X509_STORE_CTX *ctx);
    CRYPTO_EX_DATA ex_data;
    int references;
} /* X509_STORE */ ;
```

11.3.14　释放证书存储区函数 X509_STORE_free

该函数用于释放证书存储区，函数声明如下：

```
void X509_STORE_free(X509_STORE *v);
```

其中，参数 v 表示一个要释放的证书存储区。

11.3.15　向证书存储区添加证书函数 X509_STORE_add_cert

该函数将信任的根证书存储到证书存储区，函数声明如下：

```
int X509_STORE_add_cert(X509_STORE *ctx, X509 *x);
```

其中，参数 ctx [in]表示证书存储区，x[in]是受信任的根证书。如果函数执行成功就返回 1，否则返回 0。

11.3.16 向证书存储区添加证书吊销列表函数 X509_STORE_add_crl

该函数用于向证书存储区添加证书吊销列表，函数声明如下：

```
int X509_STORE_add_crl(X509_STORE *ctx, X509_CRL *x);
```

其中，参数 ctx [in]表示证书存储区，x[in]表示证书吊销列表。如果函数执行成功就返回 1，否则返回 0。

11.3.17 释放 X509 结构体函数 X509_free

该函数用于释放 X509 结构体，函数声明如下：

```
void X509_free(X509 *a);
```

其中，a[in]是 X509 结构体的指针，表示要释放的证书。

11.4 证书编程实战

前面我们介绍了 OpenSSL 库中一些常用的证书函数。现在我们就利用这些函数小试牛刀。功能很简单，就是解析一个 DER 编码的 RSA 证书。

首先要准备好证书，前面我们搭建 CA 的时候产生了一个 subca.crt 证书，这个证书是 PEM 编码的，现在我们将其转为 DER 编码的证书。转换很简单，因为 OpenSSL 提供了相应的转换命令。先进入 subca.crt 所在的目录，然后在终端下输入如下命令：

```
openssl x509 -in subca.crt -outform der -out subca.der
```

此时，在同目录下生成一个 DER 编码的证书文件 subca.der，下面我们可以编程对其进行解析。为了方便大家使用，我们把 subca.der 放到了下例的工程目录下。

【例 11.1】解析 DER 编码的证书

（1）打开 VC 2017，新建一个对话框工程，工程名是 test。

（2）在 VC 2017 中，切换到对话框设计界面，然后从控件工具箱中拖曳一个编辑框和按钮到对话框上，并设置编辑框的 Read only 属性为 True，这样编辑框就只读了，再设置 Mutiline 属性为 True，这样可以支持多行文本，再设置 Auto VScroll 和 Vertical Scroll 属性为 True，这样就会出现垂直滚动条。

最后设置按钮的标题为"选择证书"。该按钮的功能是选择一个证书文件并解析，解析后的结果显示在只读的编辑框中。

（3）为按钮添加事件处理函数，代码如下：

```
void CtestDlg::OnBnClickedSelCert()
{
```

```
        // TODO: 在此添加控件通知处理程序代码
        unsigned char buf[4096] = "";
        CFileDialog dlg(TRUE, //TRUE 是创建打开文件对话框，FALSE 则创建的是保存文件对话框
            ".der",                //默认打开文件的类型
            NULL,                  //默认打开的文件名
            OFN_HIDEREADONLY | OFN_OVERWRITEPROMPT,   //打开只读文件
            "文本文件(*.der)|*.der|所有文件  (*.*)|*.*||");            //所有可以打开的文件类型
        if (dlg.DoModal() == IDOK)
        {
            CString strPath = dlg.GetPathName();
            FILE *fp = fopen((LPSTR)(LPCSTR)strPath, "rb");
            if(!fp)
            {
                AfxMessageBox("文件打开失败");
                return;
            }
            int nSize = fread(buf, 1, 4096, fp);
            AnsX509(buf, nSize);
            m_strCert = gstr;
            UpdateData(FALSE);
        }
    }
```

在代码中，首先调用文件选择对话框让用户选择一个 DER 编码的证书文件。然后读取文件数据，并存于缓冲区 buf 中，接着调用自定义的 AnsX509 函数进行解析，代码如下：

```
void AnsX509(unsigned char *usrCertificate, unsigned long usrCertificateLen)
{
    X509 *x509Cert = NULL;                //X509 证书结构体
    unsigned char *pTmp = NULL;
    X509_NAME *issuer = NULL;             //X509_NAME 结构体，保存证书颁发者信息
    X509_NAME *subject = NULL;            //X509_NAME 结构体，保存证书拥有者信息
    int i;
    int entriesNum;
    X509_NAME_ENTRY *name_entry;
    ASN1_INTEGER *Serial = NULL; //保存证书序列号
    long Nid;
    ASN1_TIME *time;                      //保存证书有效期时间
    EVP_PKEY *pubKey;                     //保存证书公钥
    long Version;                         //保存证书版本
    unsigned char derpubkey[1024];
    int derpubkeyLen;
    unsigned char msginfo[1024];
    int msginfoLen;
    unsigned short *pUtf8 = NULL;
    int nUtf8;
    int rv;

    char szSign[256];
    ULONG ulen = 256;
```

```
char szTmp[256] = "";
//把 DER 证书转化为 X509 结构体
pTmp = usrCertificate;
x509Cert = d2i_X509(NULL, (const unsigned char**)&pTmp, usrCertificateLen);
if (x509Cert == NULL)
{
    AfxMessageBox("解析失败：非 DER 证书");
    return;
}

//获取证书版本
Version = X509_get_version(x509Cert);
myprintf("X509 Version:V%ld\r\n", Version + 1);
//获取证书序列号
Serial = X509_get_serialNumber(x509Cert);
//打印证书序列号
myprintf("序列号: ");
for (i = 0; i < Serial->length; i++)
{
    myprintf("%02x", Serial->data[i]);
}
myprintf("\r\n");

if (-1 == get_SignatureAlgOid(x509Cert, szSign, &ulen))
    return;
myprintf("签名算法：%s\r\n", szSign);

//获取证书颁发者信息，X509_NAME 结构体保存了多项信息，包括国家、组织、部门、通用名、Mail
等

issuer = X509_get_issuer_name(x509Cert);
//获取 X509_NAME 条目个数
entriesNum = sk_X509_NAME_ENTRY_num(issuer->entries);
//循环读取各条目信息
for (i = 0; i < entriesNum; i++)
{
    //获取第 i 个条目值
    name_entry = sk_X509_NAME_ENTRY_value(issuer->entries, i);
    //获取对象 ID
    Nid = OBJ_obj2nid(name_entry->object);
    //判断条目编码的类型
    if (name_entry->value->type == V_ASN1_UTF8STRING)   //把 UTF8 编码数据转化成可见字符
    {
        nUtf8 = 2 * name_entry->value->length;
        pUtf8 = (unsigned short*)malloc(nUtf8);
        memset(pUtf8, 0, nUtf8);

        rv = MultiByteToWideChar(
            CP_UTF8,
            0,
            (char*)name_entry->value->data,
```

411

```
                       name_entry->value->length,
                       (LPWSTR)pUtf8,
                       nUtf8);
               rv = WideCharToMultiByte(
                       CP_ACP,
                       0,
                       (LPCWSTR)pUtf8,
                       rv,
                       (char*)msginfo,
                       nUtf8,
                       NULL,
                       NULL);
               free(pUtf8);
               pUtf8 = NULL;
               msginfoLen = rv;
               msginfo[msginfoLen] = '\0';
           }
           else
           {

               msginfoLen = name_entry->value->length;
               memcpy(msginfo, name_entry->value->data, msginfoLen);
               msginfo[msginfoLen] = '\0';
           }
           //根据 NID 打印出信息
           switch (Nid)
           {
           case NID_countryName:              //国家
               myprintf("签发者国家:    %s\r\n", msginfo);
               break;
           case NID_stateOrProvinceName:      //省
               myprintf("签发者省份:    %s\r\n", msginfo);
               break;
           case NID_localityName:             //地区
               myprintf("签发者 localityName:         %s\r\n", msginfo);
               break;
           case NID_organizationName:         //组织
               myprintf("签发者 organizationName:         %s\r\n", msginfo);
               break;
           case NID_organizationalUnitName:   //单位
               myprintf("签发者 organizationalUnitName:       %s\r\n", msginfo);
               break;
           case NID_commonName:               //通用名
               myprintf("签发者 commonName:    %s\r\n", msginfo);
               break;
           case NID_pkcs9_emailAddress:       //Mail
               myprintf("签发者 emailAddress:      %s\r\n", msginfo);
               break;
           }//end switch
       }
       //获取证书主题信息
       subject = X509_get_subject_name(x509Cert);
```

```
//获得证书主题信息条目个数
entriesNum = sk_X509_NAME_ENTRY_num(subject->entries);
//循环读取条目信息
for (i = 0; i < entriesNum; i++)
{
    //获取第 i 个条目值
    name_entry = sk_X509_NAME_ENTRY_value(subject->entries, i);
    Nid = OBJ_obj2nid(name_entry->object);
    //判断条目编码的类型
    if (name_entry->value->type == V_ASN1_UTF8STRING)   //把 UTF8 编码数据转化成可见字符
    {
        nUtf8 = 2 * name_entry->value->length;
        pUtf8 = (unsigned short*)malloc(nUtf8);
        memset(pUtf8, 0, nUtf8);

        rv = MultiByteToWideChar(
            CP_UTF8,
            0,
            (char*)name_entry->value->data,
            name_entry->value->length,
            (LPWSTR)pUtf8,
            nUtf8);
        rv = WideCharToMultiByte(
            CP_ACP,
            0,
            (LPCWSTR)pUtf8,
            rv,
            (char*)msginfo,
            nUtf8,
            NULL,
            NULL);
        free(pUtf8);
        pUtf8 = NULL;
        msginfoLen = rv;
        msginfo[msginfoLen] = '\0';
    }
    else
    {
        msginfoLen = name_entry->value->length;
        memcpy(msginfo, name_entry->value->data, msginfoLen);
        msginfo[msginfoLen] = '\0';
    }
    switch (Nid)
    {
    case NID_countryName:                //国家
        myprintf("持有者  countryName:      %s\r\n", msginfo);
        break;
    case NID_stateOrProvinceName:      //省
        myprintf("持有者     ProvinceName: %s\r\n", msginfo);
        break;
```

```
            case NID_localityName:              //地区
                myprintf("持有者  localityName:        %s\r\n", msginfo);
                break;
            case NID_organizationName:          //组织
                myprintf("持有者  organizationName:        %s\r\n", msginfo);
                break;
            case NID_organizationalUnitName:    //单位
                myprintf("持有者  organizationalUnitName:        %s\r\n", msginfo);
                break;
            case NID_commonName:                //通用名
                myprintf("持有者  commonName:      %s\r\n", msginfo);
                break;
            case NID_pkcs9_emailAddress:        //Mail
                myprintf("持有者  emailAddress:        %s\r\n", msginfo);
                break;
        }//end switch
    }
    //获取证书生效日期
    time = X509_get_notBefore(x509Cert);
    myprintf("Cert notBefore:      %s\r\n", time->data);
    //获取证书过期日期
    time = X509_get_notAfter(x509Cert);
    myprintf("Cert notAfter: %s\r\n", time->data);

    //获取证书公钥
    if (szSign[4] == '8')    //判断是不是 RSA 公钥
    {
        myprintf("RSA 公钥:\r\n");
        pubKey = X509_get_pubkey(x509Cert);
        if (!pubKey)
            goto end;

        pTmp = derpubkey;
        //把证书公钥专为 DER 编码的数据
        derpubkeyLen = i2d_PublicKey(pubKey, &pTmp);
        for (i = 0; i < derpubkeyLen; i++)
        {
            if (i > 0 && i % 16 == 0)
                myprintf("\r\n");
            myprintf("%02x", derpubkey[i]);

        }
    }

end:
    myprintf("\r\n");
    X509_free(x509Cert);
}
```

代码很简单，主要是调用 OpenSSL 提供的库函数。我们对代码做了详尽的注释。值得注意的是，证书所包含的签名算法可能不同，因此我们需要判断证书中的签名算法是哪种算法，因此定义函数 get_SignatureAlgOid，该函数定义如下：

```
ULONG   get_SignatureAlgOid(X509 *x509Cert, LPSTR lpscOid, ULONG *pulLen)
{
    char oid[128] = { 0 };
    ASN1_OBJECT* salg = NULL;

    if (!x509Cert)
    {
        return -1;
    }
    if (!pulLen)
    {
        return -1;
    }

    salg = x509Cert->sig_alg->algorithm;
    OBJ_obj2txt(oid, 128, salg, 1);
    if (!lpscOid)
    {
        *pulLen = strlen(oid) + 1;
        return -1;
    }
    if (*pulLen < strlen(oid) + 1)
    {
        return -1;
    }

    strncpy(lpscOid, oid, *pulLen);
    *pulLen = strlen(oid) + 1;
    return 0;
}
```

结构体 x509Cert 内的成员字段 sig_alg->algorithm 包含算法类型。得到的签名算法名称存于输出参数 lpscOid 中。

另外，我们把解析后的信息都归总保存到一个全局的字符串 gstr 中，定义如下：

```
CString gstr;
```

而向 gstr 保存信息是通过自定义函数 myprintf 进行的，该函数定义如下：

```
void myprintf(const char *format, ...)
{
    va_list    vl;
    char       Buffer[2 * MAX_PATH] = { 0 };        //根据实际情况定大小
    LONG       nRes;
    va_start(vl, format);
    vsprintf(Buffer, format, vl);

    CString str;
```

```
    str.Format("%s", Buffer);
    gstr += str;
}
```

（4）保存工程并运行，运行结果如图 11-3 所示。

图 11-3

第 12 章
◄ SSL-TLS编程 ►

12.1　SSL 协议规范

12.1.1　什么是 SSL 协议

安全套接字层（Secure Sockets Layer，SSL）协议是一个中间层协议，它位于 TCP/IP 层和应用层之间，为应用层程序提供一条安全的网络传输通道。它的主要目标是在两个通信应用之间提供私有性和可靠性。SSL 协议由两层组成，最低层是 SSL 记录层协议（SSL Record Protocol），它基于可靠的传输层协议（如 TCP），用于封装各种高层协议；高层协议主要包括 SSL 握手协议（SSL Handshake Protocol）、改变加密规约协议（Change Cipher Spec Protocol）、告警协议（Alert Protocol）等。

12.1.2　SSL 协议的优点

SSL 协议的一个优点是它与应用层协议无关，一个高层的协议可以透明地位于 SSL 协议层的上方。SSL 协议提供的安全连接具有以下几个基本特性：

（1）连接是安全的，在初始化握手结束后，SSL 使用加密方法来协商一个秘密的密钥，数据加密使用对称密钥技术（如 DES、RC4 等）。

（2）可以通过非对称（公钥）加密技术（如 RSA、DSA）等认证对方的身份。

（3）连接是可靠的，传输的数据包含数据完整性的校验码，使用安全的哈希函数（如 SHA、MD5 等）计算校验码。

12.1.3　SSL 协议的发展

SSL v1.0 最早由网景公司（NetScape，以浏览器闻名）在 1994 年提出，该方案第一次解决了安全传输的问题。1995 年公开发布了 SSL v2.0，该方案于 2011 年被弃用（RFC6176-Prohibiting Secure Sockets Layer（SSL）Version 2.0）。1996 年发布了 SSL v3.0（2011年才补充的 RFC 文档：RFC 6101-The Secure Sockets Layer（SSL）Protocol Version 3.0），被大规模应用，于 2015 年弃用（RFC7568-Deprecating Secure Sockets Layer（SSL）Version 3.0）。

这之后经过几年发展，于1999年被IETF纳入标准化（RFC2246-The TLS Protocol Version 1.0），改名叫TLS（Transport Layer Security Protocol，安全传输层协议），和SSL v3.0相比几乎没有什么改动。2006年提出了TLS v1.1（RFC4346-The Transport Layer Security（TLS）Protocol Version 1.1），修复了一些Bug，支持更多参数。2008年提出了TLS v1.2（RFC5246-The Transport Layer Security（TLS）Protocol Version 1.2），做了更多的扩展和算法改进，是目前几乎所有新设备的标配。TLS v1.3在2014年已经提出，2016年开始草案制定，然而由于TLS v1.2的广泛应用，必须考虑到支持v1.2的网络设备能够兼容v1.3，因此反复修改直到第28个草案才于2018年正式纳入标准（The Transport Layer Security Protocol Version 1.3）。TLS v1.3改善了握手流程，减少了时延，并采用安全的密钥交换算法。图12-1演示了SSL的发展。

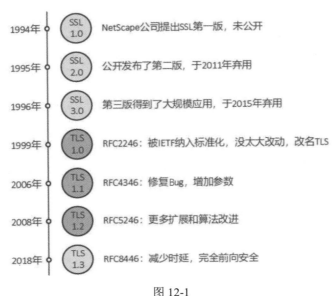

图 12-1

12.1.4　SSL v3/TLS 提供的服务

（1）客户方和服务器的合法性认证

保证通信双方能够确信数据将被送到正确的客户方或服务器上。客户方和服务器都有各自的证书。为了验证用户，SSL/TLS要求双方在交换证书以进行身份认证的同时获取对方的公钥。

（2）对数据进行加密

使用的加密技术既有对称算法，又有非对称算法。具体地说，在安全的连接建立起来之前，双方先用非对称算法加密握手信息和进行对称算法密钥交换，安全连接建立之后，双方用对称算法加密数据。

（3）保证数据的完整性

采用消息摘要函数（MAC）提供数据完整性服务。

12.1.5　SSL 协议层次结构模型

SSL 协议是一个分层的协议，由两层组成。SSL 协议的层次结构如图 12-2 所示。

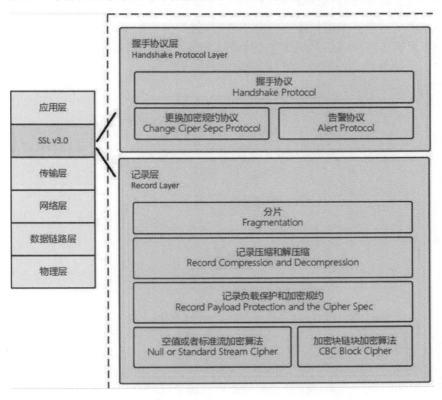

图 12-2

SSL 记录协议（SSL Record Protocol）：建立在可靠的传输协议（如 TCP）之上，为高层协议提供数据封装、压缩、加密等基本功能的支持。

SSL 握手协议（SSL Handshake Protocol）：建立在 SSL 记录协议之上，用于在实际的数据传输开始前，通信双方进行身份认证、协商加密算法、交换加密密钥等。SSL 协议实际上是 SSL 握手协议、SSL 修改密文协议、SSL 警告协议和 SSL 记录协议组成的一个协议族。SSL 握手协议是 SSL 协议的核心。

12.1.6　SSL 记录层协议

SSLv3/TLS 记录层协议是一个分层的协议。每一层都包含长度、描述和数据内容。记录层协议把要传送的数据、消息进行分段，可能还会进行压缩，最后进行加密传送。对输入数据解密、解压、校验，然后传送给上层调用者。

协议中定义了 4 种记录层协议的调用者：握手协议、告警协议、加密修改协议、应用程序数据协议。为了允许对协议进行扩展，对其他记录类型也可以支持。任何新类型都必须另外分配其他的类型标志。如果一个 SSLv3/TLS 要实现接收它不能识别的记录类型，就必须将其丢弃。运行于 SSLv3/TLS 之上的协议必须注意防范基于这点的攻击。因为长度和类型字段是不受加密保护的，所以必须小心非法用户可能针对这一点进行使用分析。

　　SSL 记录协议可为 SSL 连接提供保密性业务和消息完整性业务。保密性业务是通信双方通过握手协议建立一个共享密钥，用于对 SSL 负载的单钥加密消息。完整性业务是通过握手协议建立一个用于计算 MAC 的共享密钥。我们来看一个记录层协议的执行过程，如图 12-3 所示。

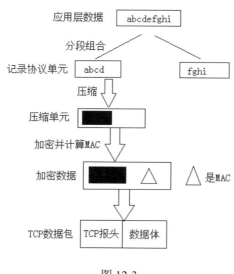

图 12-3

　　SSL 将被发送的数据分为可供处理的数据段（这个过程称为分片或分段），它没有必要去解释这些数据，并且这些数据可以是任意长度的非空数据块。接着对这些数据进行压缩、加密，然后把密文交给下一层网络传输协议处理。对于收到的数据，处理过程与上面相反，即解密、验证、解压缩、拼装，然后发送到更高层的用户。

1. 分片

　　SSL 记录层把上层送来的数据块切分成以 16KB 为单位的 SSL 明文记录块，最后一块可能不足 16KB。在记录层中，并不保留上层协议的消息边界，也就是说，同一内容类型的多个上层消息可以被连接起来，封装在同一 SSL 明文记录块中。不同类型的消息内容还是会被分离处理，应用层数据的传输优先级一般比其他类型的优先级低。

2. 记录块的压缩和解压缩

　　被切分后的记录块将使用当前会话状态中定义的压缩算法来压缩。一般来说，都会有一个压缩算法被激活，但在初始化时都被设置成使用空算法（不使用数据压缩）。压缩算法将 SSL 明文记录转化为 SSL 压缩记录。使用的压缩必须是无损压缩，而且不能使压缩后的数据长度增加超过 1024B（在原来的数据就已经是压缩数据时，再使用压缩算法就可能因添加了压缩信息而增大）。

3. 记录负载的保护

所有的记录都会用当前的密码约定中定义的加密算法和 MAC 算法来保护。通常都会有一个激活的加密约定，但是在初始化时，加密约定被定义为空，这意味着并不提供任何的安全保护。

一旦握手成功，通信双方就共享一个会话密钥，这个会话密钥用来加密记录，并计算它们的消息校验码（MAC）。加密算法和 MAC 函数把 SSL 压缩记录转换成 SSL 密文记录；解密算法则进行反向处理。

12.1.7　SSL 握手协议层

1. 握手协议

握手协议在 SSL 记录层之上，它产生会话状态的密码参数。当 SSL 客户端和服务器开始通信时，它们协商一个协议版本，选择密码算法对彼此进行验证，使用公开密钥加密技术产生共享密钥。这些过程在握手协议中进行。

SSL 协议既用到了公钥加密技术（非对称加密），又用到了对称加密技术，SSL 对传输内容的加密采用的是对称加密，然后对对称加密的密钥使用公钥进行非对称加密。这样做的好处是，对称加密技术比公钥加密技术速度快，可用来加密较大的传输内容，公钥加密技术相对较慢，提供了更好的身份认证技术，可用来加密对称加密过程使用的密钥。

SSL 的握手协议非常有效地让客户和服务器之间完成相互之间的身份认证，其主要过程如下：

（1）客户端的浏览器向服务器传送客户端 SSL 协议的版本号、加密算法的种类、产生的随机数以及其他服务器和客户端之间通信所需要的各种信息。

（2）服务器向客户端传送 SSL 协议的版本号、加密算法的种类、随机数以及其他相关信息，同时服务器还将向客户端传送自己的证书。

（3）客户端利用服务器传过来的信息验证服务器的合法性，服务器的合法性包括：证书是否过期、发行服务器证书的 CA 是否可靠、发行者证书的公钥能否正确解开服务器证书的"发行者的数字签名"、服务器证书上的域名是否和服务器的实际域名相匹配。如果合法性验证没有通过，通信将中断；如果合法性验证通过，将继续进行第（4）步。

（4）客户端随机产生一个用于后面通信的"对称密码"，用服务器的公钥（服务器的公钥从步骤（2）中的服务器的证书中获得）对其加密，然后将加密后的"预主密码"传给服务器。

（5）如果服务器要求客户的身份认证（在握手过程中为可选），用户可以建立一个随机数，然后对其进行数据签名，将这个含有签名的随机数和客户自己的证书以及加密过的"预主密码"一起传给服务器。

（6）如果服务器要求客户的身份认证，服务器必须检验客户证书和签名随机数的合法性，具体的合法性验证过程包括：客户的证书使用日期是否有效、为客户提供证书的 CA 是否可靠、发行 CA 的公钥能否正确解开客户证书的发行 CA 的数字签名、检查客户的证书是否在证书废止列表（CRL）中。检验如果没有通过，通信立刻中断；如果验证通过，服务器将用自己的私钥解开加密的"预主密码",然后执行一系列步骤来产生主通信密码(客户端也将通过同样的方法产生相同的主通信密码)。

(7)服务器和客户端用相同的主密码,即"通话密码",一个对称密钥用于 SSL 协议的安全数据通信的加解密通信。同时,在 SSL 通信过程中还要完成数据通信的完整性,防止数据通信中的任何变化。

(8)客户端向服务器端发出信息,指明后面的数据通信将使用步骤(7)中的主密码为对称密钥,同时通知服务器客户端的握手过程结束。

(9)服务器向客户端发出信息,指明后面的数据通信将使用步骤(7)中的主密码为对称密钥,同时通知客户端服务器的握手过程结束。

(10)SSL 的握手部分结束,SSL 安全通道的数据通信开始,客户端和服务器开始使用相同的对称密钥进行数据通信,同时进行通信完整性的检验。

简而言之,握手过程可以用图 12-4 来表示。

图 12-4

在客户端发送 Client Hello 信息后,对应的服务器回应 Server Hello 信息,否则产生一个致命错误,导致连接失败。Client Hello 和 Server Hello 用于在客户端和服务器之间建立安全增强功能,并建立协议版本号、会话标识符、密码组和压缩方法。此外,产生和交换两组随机值:ClientHello. random 和 ServerHello. random。

在 Hello 信息之后,如果需要被确认,服务器将发送其证书信息。如果服务器被确认,并且适合所选择的密码组,就需要对客户端请求证书信息。

现在,服务器将发送 Server Hello Done 信息,表示握手阶段的 Hello 信息部分已经完成,服务器将等待客户端响应。

如果服务器已发送了一个证书请求（Certificate Request）信息，客户端可回应证书信息或无证书（No Certificate）警告。然后发送 Client Key Exchange 信息，信息的内容取决于在 Client Hello 和 Server Hello 之间选定的公开密钥算法。如果客户端发送一个带有签名能力的证书，服务器发送一个数字签名的 Certificate Verify 信息用于检验这个证书。

这时，客户端发送一个 ChangeCipherSpec 信息，将 PendingCipherSpec（待用密码参数）复制到 CurrentCipherSpec（当前密码参数），然后客户端立即在新的算法、密钥和密码下发送结束（Finished）信息。对应地，如果服务器发送自己的 ChangeCipherSpec 信息，并将 Pending Cipher Spec 复制到 Current Cipher Spec，然后在新的算法、密钥和密码下发送结束信息。这一时刻，握手结束。客户端和服务器可开始交换其应用层数据。

下面介绍 HandshakeType 的各类信息。

（1）Hello Request（问候请求）

服务器可在任何时候发送信息，如果客户端正在一次会话中或者不想重新开始会话，客户端可以忽略这条信息。如果服务器没有和客户端进行会话，发送了 Hello Request，而客户端没有发送 Client Hello，就会发生致命错误，关闭同客户端的连接。

（2）Client Hello（客户端问候）

当客户端第一次连接到服务器时，应将 Client Hello 作为第一条信息发给服务器。Client Hello 包含客户端支持的所有压缩算法，如果服务器均不支持，则本次会话失败。

（3）Server Hello（服务器问候）

Server Hello 信息的结构类似于 Client Hello，它是服务器对客户端的 ClientHello 信息的回复。

（4）Server Certificate（服务器证书）

如果要求验证服务器，则服务器立刻在 Server Hello 信息后发送其证书。证书的类型必须适合密钥交换算法，通常为 x.509 v3 证书或改进的 x.509 证书。

（5）Certificate Request（证书请求）

如果和所选密码组相适应，服务器可以向客户端请求一个证书。如果服务器是匿名的，则在请求客户端证书时会导致致命错误。

（6）Server Hello Done（服务器问候结束）

服务器发出该信息表明 Server Hello 结束，然后等待客户端响应。客户端收到该信息后检查服务器提供的证书是否有效，以及服务器的 Hello 参数是否可接受。

（7）Client Certificate（客户端证书）

该信息是客户端收到服务器的 Server Hello Done 后可以发送的第一条信息。只有当服务器请求证书时才需发此信息。如果客户端没有合适的证书，则发送"没有证书"的警告信息，如果服务器要求有"客户端验证"，则收到警告后宣布握手失败。

（8）Client Key Exchange（客户端密钥交换）

信息的选择取决于采用哪种公开密钥算法。

（9）Certificate Verify（证书检查）

该信息用于提供客户端证书的验证。它仅在具有签名能力的客户端证书之后发送。

（10）Finished（结束）

该信息在 Change Cipher Spec 之后发送，以证明密钥交换和验证的过程已顺利进行。发方在发出 Finished 信息后可立即开始传送秘密数据，接收方在收到 Finished 信息后必须检查其内容是否正确。

2. 更换加密规约协议

更换加密规约协议的存在是为了使密码策略能得到及时的通知。该协议只有一个消息（是一个字节的数值），传输过程中使用当前的加密约定来加密和压缩，而不是改变后的加密约定。

客户端和服务器都会发出改变加密约定的消息，通知接收方后面发送的记录将使用刚刚协商的加密约定来保护加密约定的消息；服务器则在成功处理从客户端接收到的密钥交换消息后发送。一个意外改变的加密约定消息将导致一个 Unexpected Message 告警。当恢复之前的会话时，改变加密约定消息将在问候消息后发送。

3. 告警协议

告警协议是 SSL 记录层支持的协议之一。告警消息传送该消息的严重程度和该告警的描述。告警消息的致命程度会导致连接立即终止。在这种情况下，同一会话的其他连接可能还将继续，但必须使会话的标识符失效，以防止失败的会话还继续建立新的连接。与其他消息一样，告警消息也经过加密和压缩，使用当前连接状态的约定。

（1）关闭告警

为了防止截断攻击（Truncation Attack），客户端和服务器必须都知道连接已经结束了。任何一方都可以发起关闭连接，发送 Close Notify 告警消息，在关闭告警之后收到的数据都会被忽略。

（2）错误告警

SSL 握手协议中的错误处理很简单：当检测到错误时，检测的这一方就发送一个消息给另一方，传输或接收到一个致命告警消息，双方都马上关闭连接，要求服务器和客户端都清除会话标识、密钥以及与失败连接有关的秘密。错误告警包括：意外消息告警、记录 MAC 错误告警、解压失败告警、握手失败告警、缺少证书告警、已破坏证书告警、不支持格式证书告警、证书已作废告警、证书失效告警、不明证书发行者告警以及非法参数告警。

12.2 OpenSSL 中的 SSL 编程

在了解了 SSL 协议的基本原理后，我们就可以进入实战环节了。OpenSSL 实现了 SSL 协议 1.0、2.0、3.0 以及 TLS 协议 1.0。我们可以利用 OpenSSL 提供的函数进行安全编程，这些函数定义在 openssl/ssl.h 文件中。

我们利用 SSL 编程主要是开发安全的网络程序。网络编程常见的套路是套接字编程，而基于 OpenSSL 进行 SSL 编程就是安全的套接字编程，其过程和普通的套接字编程类似。

OpenSSL 中提供和普通 Socket 类似的函数，如常用的 connect、acep、write、read，对应 OpenSSL 中的 SSL_connect、SSL_accept、SSL_wrie、SSL_read。不同的是 OpenSSL 还需要设置其他环境参数，如服务器证书等。

12.3　SSL 函数

12.3.1　初始化 SSL 算法库函数　SSL library_init

该函数用于初始化 SSL 算法库，在调用 SSL 系列函数之前必须先调用此函数。函数声明如下：

```
int SSL_library_init();
```

若函数执行成功则返回 1，否则返回 0。

也可以用下列两个宏定义：

```
#define OpenSSL_add_ssl_algorithms()    SSL_library_init()
#define SSLeay_add_ssl_algorithms()     SSL_library_init()
```

12.3.2　初始化 SSL 上下文环境变量函数　SSL_CTX_new

该函数用于初始化 SSL CTX 结构体，设置 SSL 协议算法。可以设置 SSL 协议的哪个版本，以及客户端的算法或服务端的算法。该函数声明如下：

```
SSL_CTX *SSL_CTX_new(SSL METHOD *meth);
```

其中，参数 meth[in] 表示使用的是 SSL 协议算法。OpenSSL 支持的算法如表 12-1 所示。

表 12-1　OpenSSL 支持的算法

函　　数	说　　明
SSL_METHOD *SSLv2_server_method();	基于 SSL V2.0 协议的服务端算法
SSL_METHOD *SSLv2_client_method();	基于 SSL V2.0 协议客户端的算法
SSL_METHOD *SSLv3_server_method();	基于 SSL V3.0 协议的服务端算法
SSL_METHOD *SSLv3_client_method();	基于 SSL V3.0 协议的客户端算法
SSL_METHOD *SSLv23_server_method();	同时支持 SSL V2.0 和 3.0 协议的服务端算法
SSL_METHOD *SSLv23_client_method();	同时支持 SSL V2.0 和 3.0 协议的客户端算法
SSL_METHOD *TLSv1_server_method();	基于 TLS V1.0 协议的服务端算法
SSL_METHOD *TLSv1_client_method();	基于 TLS V1.0 协议的客户端算法

如果函数执行成功就返回 SSL_CTX 结构体的指针，否则返回 NULL。

12.3.3 释放 SSL 上下文环境变量函数 SSL_CTX_free

该函数用于释放 SSL_CTX 结构体，该函数要和 SSL_CTX_new 配套使用，函数声明如下：

```
void SSL_CTX_free(SSL_CTX *ctx);
```

其中，ctx[in]是已经初始化的 SSL 上下文的 SSL_CTX 结构体指针，表示 SSL 上下文环境。

12.3.4 文件形式设置 SSL 证书函数 SSL_CTX_use_certificate_file

该函数以文件的形式设置 SSL 证书。对于服务端，用来设置服务器证书；对于客户端，用来设置客户端证书。函数声明如下：

```
int SSL_CTX_use_certificate_file(SSL_CTX *ctx,const char *file,int type);
```

其中，参数 ctx[in]是已经初始化的 SSL 上下文的 SSL_CTX 结构体指针，表示 SSL 上下文环境；file[in]表示证书路径；type[in]表示证书的类型，type 取值如下：

- SSL_FILETYPE_PEM：PEM 格式的，即 Base64 编码格式的文件。
- SSL_FILETYPE_ASN1：ASN1 格式的，即 DER 编码的文件。

如果函数执行成功就返回 1，否则返回 0。

12.3.5 结构体方式设置 SSL 证书函数 SSL_CTX_use_certificate

该函数用于设置证书，函数声明如下：

```
int SSL_CTX_use_certificate (SSL_CTX *ctx,X509 *x);
```

其中，参数 ctx[in]是已经初始化的 SSL_CTX 结构体指针，表示 SSL 上下文环境；X509[in]表示数字证书。如果函数执行成功就返回 1，否则返回 0。

12.3.6 文件形式设置 SSL 私钥函数 SSL_CTX_use_PrivateKey_file

该函数以文件形式设置 SSL 私钥，函数声明如下：

```
int SSL_CTX_use_PrivateKey_file(SSL_CTX *ctx,const char *file,int type);
```

其中，参数 ctx[in]是已经初始化的 SSL 上下文的 SSL_CTX 结构体指针，表示 SSL 上下文环境；file[in]表示私钥文件路径；type[in]表示私钥的编码类型，支持的参数如下：

- SSL_FILETYPE_PEM：PEM 格式的，即 Base64 编码格式的文件。
- SSL_FILETYPE_ASN1：ASN1 格式的，即 DER 编码的文件。

如果函数执行成功就返回 1，否则返回 0。

12.3.7　结构体方式设置 SSL 私钥函数 SSL_CTX_use_PrivateKey

该函数以结构体方式设置 SSL 私钥，函数声明如下：

```
int SSL_CTX_use_PrivateKey (SSL_CTX *ctx,EVP_PKEY *pkey);
```

其中，参数 ctx[in]是已经初始化的 SSL_CTX 结构体指针，表示 SSL 上下文环境；pkey[in]
是 EVP_PKEY 结构体的指针，表示私钥。如果函数执行成功就返回 1，否则返回 0。

12.3.8　检查 SSL 私钥和证书是否匹配函数 SSL_CTX_check_private_key

该函数检查私钥和证书是否匹配，该函数必须在设置了私钥和证书后才能调用，函数声明
如下：

```
int SSL_CTX_check_private_key(const SSL_CTX *ctx);
```

其中，参数 ctx[in]是已经初始化的 SSL_CTX 结构体指针，表示 SSL 上下文环境。如果匹
配成功就返回 1，否则返回 0。

12.3.9　创建 SSL 结构函数 SSL_new

该函数用于申请一个 SSL 套接字，即创建一个新的 SSL 结构，用于保存 TLS/SSL 连接的
数据。新结构继承了底层上下文 ctx、连接方法（SSL v2/SSL v3/TLS v1）、选项、验证和超
时的设置。该函数声明如下：

```
SSL *SSL_new(SSL_CTX *ctx);
```

其中，参数 ctx[in]表示上下文环境。如果函数执行成功就返回 SSL 结构体指针，否则返
回 NULL。

12.3.10　释放 SSL 套接字结构体函数 SSL_free

该函数用于释放由 SSL_new 建立的 SSL 结构体，在内部，该函数会减少 SSL 的引用计数，
并删除 SSL 结构，如果引用计数已达到 0，就释放分配的内存。该函数声明如下：

```
void SSL_free(SSL *ssl);
```

其中，参数 ssl[in]表示要删除释放的 SSL 结构体指针。

12.3.11　设置读写套接字函数 SSL_set_fd

该函数用于设置 SSL 套接字为读写套接字。该函数声明如下：

```
int SSL_set_fd(SSL *s,int fd);
```

其中，参数 s[in]表示 SSL 套接字（结构体）的指针，fd 表示读写文件描述符。如果函数
执行成功就返回 1，否则返回 0。

12.3.12　设置只读套接字函数 SSL_set_rfd

该函数用于设置 SSL 套接字为只读套接字。该函数声明如下：

```
int SSL_set_rfd(SSL *s,int fd);
```

其中，参数 s[in]表示 SSL 套接字（结构体）的指针，fd 表示只读文件描述符。如果函数执行成功就返回 1，否则返回 0。

12.3.13　设置只写套接字函数 SSL_set_wfd

该函数用于设置 SSL 套接字为只写套接字。该函数声明如下：

```
int SSL_set_wfd(SSL *s,int fd);
```

其中，参数 s[in]表示 SSL 套接字（结构体）的指针，fd 表示只写文件描述符。如果函数执行成功就返回 1，否则返回 0。

12.3.14　启动 TLS/SSL 握手函数 SSL_connect

该函数用于发起 SSL 连接，即启动与 TLS/SSL 服务器的 TLS/SSL 握手，该函数声明如下：

```
int SSL_connect(SSL *ssl);
```

其中，参数 ssl[in]表示 SSL 套接字（结构体）的指针。如果函数执行成功就返回 1，否则返回 0。

12.3.15　接受 SSL 连接函数 SSL_accept

该函数用在服务端，表示接受客户端的 SSL 连接，类似于 Socket 编程中的 accept 函数。该函数声明如下：

```
int SSL_accept(SSL *ssl);
```

其中，参数 ssl[in]表示 SSL 套接字（结构体）的指针。如果函数执行成功就返回 1，表示 TLS/SSL 握手已成功完成，已建立 TLS/SSL 连接。如果返回 0，表示 TLS/SSL 握手不成功，但已被关闭，由 TLS/SSL 协议的规范控制，此时可以调用函数 SSL_get_error()找出原因。如果返回值小于 0，表示 TLS/SSL 握手失败，原因是在协议级别发生了致命错误，或者发生了连接故障，此时可以调用函数 SSL_get_error()找出原因。

12.3.16　获取对方的 X509 证书函数 SSL_get_peer_certificate

该函数用于获取对方的 X509 证书。根据协议定义，TLS/SSL 服务端将始终发送证书（如果存在）。只有在服务端明确请求时，客户端才会发送证书。如果使用匿名密码，就不发送证书。

如果返回的证书不指示有关验证状态的信息，就使用 SSL-get-verify-result 检查验证状态。该函数将导致 X509 对象的引用计数递增一，这样在释放包含对等证书的会话时，它不会被销毁，必须使用 X509_free()显式释放 X509 对象。

该函数声明如下：

```
X509 *SSL_get_peer_certificate(const SSL *ssl);
```

其中，参数 ssl[in]表示 SSL 套接字（结构体）的指针。如果函数执行成功，就返回对方提供的证书结构体的指针，如果返回 NULL，表示对方未提供证书或未建立连接。

12.3.17　向 TLS/SSL 连接写数据函数 SSL_write

该函数将缓冲区 buf 中的 num 字节写入指定的 SSL 连接，即发送数据。该函数声明如下：

```
int SSL_write(SSL *ssl, const void *buf, int num);
```

其中，参数 ssl[in]表示 SSL 套接字（结构体）的指针，buf 表示要写入的数据，num 表示写入数据的字节长度。如果返回值大于 0，表示实际写入的数据长度。如果返回值等于 0，表示写入操作未成功，原因可能是基础连接已关闭，此时可以调用 SSL_get_error()查明是否发生错误或连接已完全关闭（SSL_error_ZERO_return），SSL v2（已弃用）不支持关闭警报协议，因此只能检测是否关闭了基础连接。如果返回值小于 0，表示写入操作未成功，原因要么是发生错误，要么是调用进程必须执行某个操作，调用 SSL_get_error()可以找出原因。

12.3.18　从 TLS/SSL 连接中读取数据函数 SSL_Read

该函数尝试从指定的 SSL 连接中读取 num 字节到缓冲区 buf。该函数声明如下：

```
int SSL_read(SSL *ssl, void *buf, int num);
```

其中，参数 ssl[in]表示 SSL 套接字（结构体）的指针；buf[in]指向一个缓冲区，该缓冲区用于存放读到的数据；num 表示要读取数据的字节数。如果返回值大于 0，表示读取操作成功，此时返回值是从 TLS/SSL 连接中实际读取到的字节数；如果返回值为 0，表示读取操作未成功，原因可能是由于对方发送"关闭通知"警报而导致完全关闭，在这种情况下，设置处于 SSL 关闭状态的 SSL_RECEIVED_SHUTDOWN 标志也有可能，对方只是关闭了底层传输，而关闭是不完整的，使用 SSL_get_error()函数可以获得错误信息，以查明是否发生错误或连接已完全关闭（SSL_ERROR_ZERO_RETURN）；如果返回值小于 0，表示读取操作未成功，原因可能是发生错误或进程必须执行某个操作，此时可以调用 SSL_get_error()找出原因。

12.4　准备 SSL 通信所需的证书

由于 SSL 网络编程需要用到证书，因此我们需要搭建环境建立 CA，并签发证书。

12.4.1　准备实验环境

严格来讲，应该准备三台安装 Windows 系统的计算机，CA 端一台、服务端一台、客户端一台，然后在服务端生成证书请求文件，再复制到 CA 端去签发，再把签发出来的服务端证书复制到服务端保存好。同样，客户端也是先生成证书请求文件，但考虑到某些同学的机器性能或者没有那么多台计算机，所以我们就用一台物理机来完成所有证书签发工作。对于实验而言方便一些，避免要在多个 Windows 下安装 VC 2107 和 OpenSSL。

12.4.2　熟悉 CA 环境

我们的 CA 准备通过 OpenSSL 来实现，而编译安装 OpenSSL 1.0.2m 后，基本的 CA 基础环境也就有了。在 C:\myOpensslout\ssl 下有一个配置文件 openssl.cnf。我们可以直接通过该配置文件来熟悉这个默认的 CA 环境。

要手动创建 CA 证书，就必须首先了解 OpenSSL 中关于 CA 的配置，配置文件的位置在 C:\myOpensslout\ssl\openssl.cnf。我们通过 Windows 下的编辑软件（比如 Notepad++或 UltraEdit 等）可以查看其内容。

12.4.3　创建所需要的文件

根据 CA 配置文件，一些目录和文件需要预先建立好。首先在 C:\myOpensslout\bin\下新建一个文件夹 demoCA，再在 demoCA 下建立子文件夹 newcerts，接着在 demoCA 下新建两个文本文件 index.txt 和 serial，并用 Notepad++打开 serial 后输入 01，然后保存并关闭。如果不提前创建这两个文件，那么在生成证书的过程中会出现错误。

因为 openssl.exe 位于 C:\myOpensslout\bin\下，所以我们要在 C:\myOpensslout\bin\下新建文件夹 demoCA。

12.4.4　创建根 CA 的证书

首先在物理主机上构造根 CA 的证书。因为没有任何机构能够给根 CA 颁发证书，所以只能根 CA 自己给自己颁发证书。首先要生成私钥文件，私钥文件是非常重要的文件，除了自己以外，其他任何人都不能获取。所以在生成私钥文件的同时最好修改该文件的权限，并且采用加密的形式生成。

我们可以通过执行 OpenSSL 中的 genrsa 命令生成私钥文件，并采用 DES3 的方式对私钥文件进行加密，过程如下：

（1）生成 CA 根证书私钥

在命令行下进入 C:\myOpensslout\bin\后执行 OpenSSL 程序，然后在 OpenSSL 提示符下输入命令：

```
genrsa -des3 -out root.key 1024
```

其中，genrsa 表示采用 RSA 算法生成根证书私钥；-des3 表示使用 3DES 给根证书私钥加密；1024 表示根证书私钥的长度，建议使用 2048，越长越安全。命令 genrsa 用来生成 1024 位的 RSA 私钥，并在当前目录下自动新建一个 root.key，私钥就保存到该文件中。在命令中，私钥用 3DES

对称算法来保护，所以我们需要输入保护口令，这里输入 123456，如图 12-5 所示。

图 12-5

此时，如果到 C:\myOpensslout\bin\下查看，可以发现多了一个 root.key 文件，这就是我们加过密的私钥文件，其格式是 Base64 编码的 PEM 格式文件。

（2）生成根证书请求文件

下面可以准备生成根证书了，有两种方式，如果我们的根证书需要别的签名机构来签名，就需要先生成根证书签名请求文件，格式为.csr，然后拿这个签名请求文件给该签名机构，让其帮我们签名，签名完后，会返回一个.crt 格式的证书。生成证书请求文件的命令如下：

```
req -new  -key   root.key -out root.csr
```

其中，req 命令用来生成证书请求文件，注意生成证书请求文件需要用到私钥；-key 这里需要指向上一步生成的根证书私钥；-out 这里会生成我们的根证书签名请求文件。

如果不想这样麻烦，可以自签根证书。这里我们就采用自签根证书的方法。

（3）生成 CA 的自签证书

要生成自签证书，直接利用私钥即可。在 OpenSSL 提示符下输入如下命令：

```
req -new -x509 -key root.key -out root.crt
```

该命令执行后，首先会要求输入 root.key 的保护口令（这里是 123456），然后会要求输入证书的信息，比如国家名、组织名等，如图 12-6 所示。

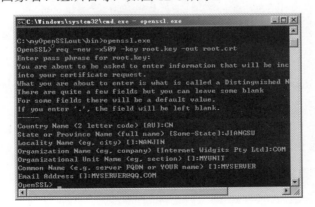

图 12-6

此时，如果到 C:\myOpensslout\bin\下查看，可以发现多了一个 root.crt 文件，这就是我们的根证书文件。有了根证书，我们就可以为服务端和客户端签发出它们的证书了。同样，首先要在两端分别生成证书请求文件，然后到 CA 去签发出证书。

12.4.5　生成服务端的证书请求文件

生成证书请求需要用到私钥，所以先要生成服务端的私钥。在 OpenSSL 提示符下输入如下命令：

```
genrsa -des3 -out server.key 1024
```

我们用了 3DES 算法来加密保存私钥文件 server.key，该命令执行过程中会提示输入 3DES 算法的密码，这里输入 123456。执行后，会在 C:\myOpensslout\bin 下看到 server.key，这个文件就是服务端的私钥文件。

然后，可以准备生成证书请求文件，在 OpenSSL 提示符下输入如下命令：

```
req -new -key server.key -out server.csr
```

在命令执行过程中，首先要求输入 3DES 的密码来对 server.key 解密，然后生成证书请求文件 server.csr，生成证书请求文件同样需要输入一些信息，比如国家、组织名等。注意输入的组织信息要和根证书一致，这里都是 COM，如图 12-7 所示。

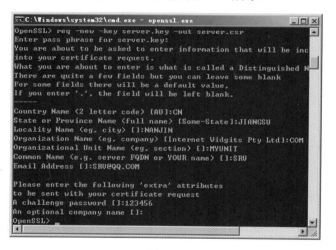

图 12-7

此时，如果到 C:\myOpensslout\bin\下查看，可以发现多了一个 server.csr 文件，这就是我们的服务端的证书请求文件，有了它，就可以到 CA 那里签发证书了。

12.4.6　签发出服务端证书

在 OpenSSL 提示符下输入如下命令：

```
ca -in server.csr -out server.crt -keyfile root.key -cert root.crt -days 365 -config ../ssl/openssl.cnf
```

其中，ca 命令用来签发证书；-in 表示输入 CA 的文件，这里需要输入的是证书请求文件 server.csr；-out 表示 CA 输出的证书文件，这里输出的是 server.crt；-days 表示所签发的证书有效期，这里是 365 天。该命令执行过程中，会首先要求输入 root.key 的保护口令，然后要求确认两次信息，输入 y 即可，如图 12-8 所示。

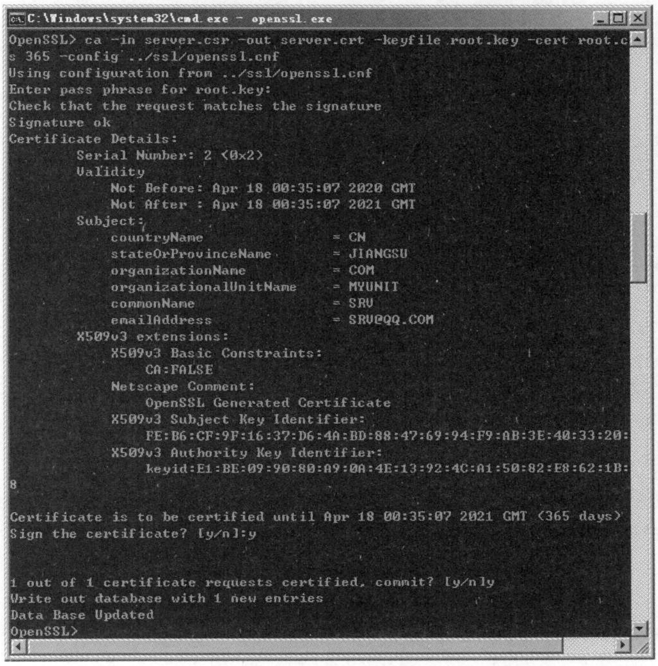

```
C:\Windows\system32\cmd.exe - openssl.exe
OpenSSL> ca -in server.csr -out server.crt -keyfile root.key -cert root.c
s 365 -config ../ssl/openssl.cnf
Using configuration from ../ssl/openssl.cnf
Enter pass phrase for root.key:
Check that the request matches the signature
Signature ok
Certificate Details:
        Serial Number: 2 (0x2)
        Validity
            Not Before: Apr 18 00:35:07 2020 GMT
            Not After : Apr 18 00:35:07 2021 GMT
        Subject:
            countryName               = CN
            stateOrProvinceName       = JIANGSU
            organizationName          = COM
            organizationalUnitName    = MYUNIT
            commonName                = SRV
            emailAddress              = SRV@QQ.COM
        X509v3 extensions:
            X509v3 Basic Constraints:
                CA:FALSE
            Netscape Comment:
                OpenSSL Generated Certificate
            X509v3 Subject Key Identifier:
                FE:B6:CF:9F:16:37:D6:4A:BD:88:47:69:94:F9:AB:3E:40:33:20:
            X509v3 Authority Key Identifier:
                keyid:E1:BE:09:90:80:A9:0A:4E:13:92:4C:A1:50:82:E8:62:1B:
8

Certificate is to be certified until Apr 18 00:35:07 2021 GMT (365 days)
Sign the certificate? [y/n]:y


1 out of 1 certificate requests certified, commit? [y/n]y
Write out database with 1 new entries
Data Base Updated
OpenSSL>
```

图 12-8

此时，如果到 C:\myOpensslout\bin\下查看，可以发现多了一个 server.crt 文件，这就是我们的服务端的证书文件。

12.4.7　生成客户端的证书请求文件

生成证书请求需要用到私钥，所以先要生成服务端的私钥。在 OpenSSL 提示符下输入如下命令：

```
genrsa -des3 -out client.key 1024
```

我们用了 3DES 算法来加密保存私钥文件 client.key，该命令执行过程中，会提示输入 3DES 算法的密码，这里输入 123456。执行后，会在 C:\myOpensslout\bin 下看到 client.key，这个文件就是服务端的私钥文件。

然后，可以准备生成证书请求文件，在 OpenSSL 提示符下输入如下命令：

```
req -new -key client.key -out client.csr
```

在命令执行过程中，首先要求输入 3DES 的密码来对 client.key 解密，然后生成证书请求文件 client.csr，生成证书请求文件同样需要输入一些信息，比如国家、组织名等。注意输入的组织信息要和根证书一致，这里都是 COM，如图 12-9 所示。

图 12-9

此时，如果到 C:\myOpensslout\bin\下查看，可以发现多了一个 client.csr 文件，这就是我们的服务端的证书请求文件，有了它，就可以到 CA 那里签发证书了。

12.4.8　签发客户端证书

在 OpenSSL 提示符下输入如下命令：

```
ca -in client.csr -out client.crt -keyfile root.key -cert root.crt -days 365 -config ../ssl/openssl.cnf
```

其中，ca 命令用来签发证书；-in 表示输入 CA 的文件，这里需要输入的是证书请求文件 server.csr；-out 表示 CA 输出的证书文件，这里输出的是 client.crt；-days 表示所签发的证书有效期，这里是 365 天。该命令执行过程中，会首先要求输入 root.key 的保护口令，然后要求确认两次信息，输入 y 即可，如图 12-10 所示。

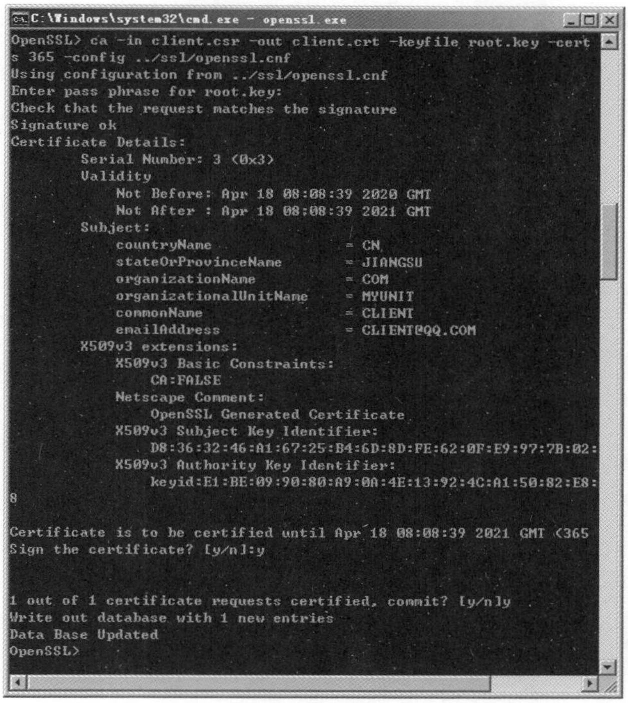

图 12-10

此时，如果到 C:\myOpensslout\bin\下查看，可以发现多了一个 client.crt 文件，这就是我们的客户端的证书文件。

至此，服务端和客户端证书全部签发成功，双方有了证书就可以进行 SSL 通信了。

12.5　实战 SSL 网络编程

我们的程序是一个安全的网络程序，分为两部分：客户端和服务端。我们的目的是利用 SSL/TLS 的特性保证通信双方能够互相验证对方的身份（真实性），并保证数据的完整性、私密性，这三个特性是任何安全系统中常见的要求。

对程序来说，OpenSSL 将整个 SSL 握手过程用一对函数体现，即客户端的 SSL_connect 和服务端的 SSL_accept，而后的应用层数据交换则用 SSL_read 和 SSL_write 来完成。

SSL 通信的一般流程如图 12-11 所示。

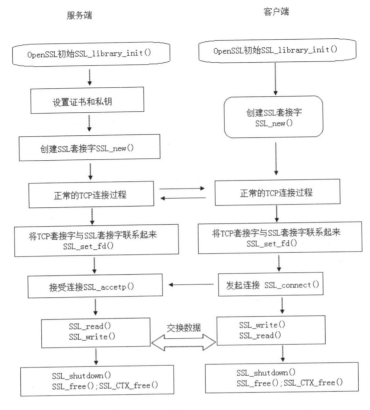

图 12-11

基本上，编程流程就是按照这个模型来进行的。

【例 12.1】 SSL 服务端和客户端通信

（1）首先创建服务端工程。打开 VC 2017，新建一个控制面板工程，工程名是 sslserver。

（2）在 VC 中打开 sslserver.cpp，并输入代码如下：

```
/***********************************************************
*SSL/TLS 服务端程序 WIN32 版（以 demos/server.cpp 为基础）
*需要用到动态连接库 libeay32.dll、ssleay.dll
*同时在 setting 中加入 ws2_32.lib、libeay32.lib、ssleay32.lib
*以上库文件在编译 OpenSSL 后可在 out32dll 目录下找到
***********************************************************/
#include "pch.h"
#include <stdio.h>
#include <stdlib.h>
#include <memory.h>
#include <errno.h>
#include <sys/types.h>

#include <winsock2.h>

#include "openssl/rsa.h"
```

```
#include "openssl/crypto.h"
#include "openssl/x509.h"
#include "openssl/pem.h"
#include "openssl/ssl.h"
#include "openssl/err.h"

#pragma comment(lib,"libeay32.lib")
#pragma comment(lib,"ssleay32.lib")
#pragma comment(lib,"ws2_32.lib")

/*所有需要的参数信息都在此处以#define 的形式提供*/
#define CERTF    "server.crt"    /*服务端的证书（需经 CA 签名）*/
#define KEYF     "server.key"    /*服务端的私钥（建议加密存储）*/
#define CACERT "root.crt"        /*CA 的证书*/
#define PORT    1111             /*准备绑定的端口*/

#define CHK_NULL(x) if ((x)==NULL) exit (1)
#define CHK_ERR(err,s) if ((err)==-1) { perror(s); exit(1); }
#define CHK_SSL(err) if ((err)==-1) { ERR_print_errors_fp(stderr); exit(2); }

int main()
{
    int err;
    int listen_sd;
    int sd;
    struct sockaddr_in sa_serv;
    struct sockaddr_in sa_cli;
    int client_len;
    SSL_CTX* ctx;
    SSL*      ssl;
    X509*     client_cert;
    char*     str;
    char      buf[4096];
    const SSL_METHOD *meth;
    WSADATA wsaData;

    if (WSAStartup(MAKEWORD(2, 2), &wsaData) != 0) {
        printf("WSAStartup()fail:%d\n", GetLastError());
        return -1;
    }

    SSL_load_error_strings();                  /*为打印调试信息作准备*/
    OpenSSL_add_ssl_algorithms();              /*初始化*/
    meth = TLSv1_server_method();              /*采用什么协议（SSL v2/SSL v3/TLS v1）在此指定*/

    ctx = SSL_CTX_new(meth);
    CHK_NULL(ctx);

    SSL_CTX_set_verify(ctx, SSL_VERIFY_PEER, NULL);     /*验证与否*/
    SSL_CTX_load_verify_locations(ctx, CACERT, NULL); /*若验证，则放置 CA 证书*/
```

```
if (SSL_CTX_use_certificate_file(ctx, CERTF, SSL_FILETYPE_PEM) <= 0) {
    ERR_print_errors_fp(stderr);
    exit(3);
}
if (SSL_CTX_use_PrivateKey_file(ctx, KEYF, SSL_FILETYPE_PEM) <= 0) {
    ERR_print_errors_fp(stderr);
    exit(4);
}

if (!SSL_CTX_check_private_key(ctx)) {
    printf("Private key does not match the certificate public key\n");
    exit(5);
}

SSL_CTX_set_cipher_list(ctx, "RC4-MD5");

printf("I am ssl-server\n");
/*开始正常的 TCP Socket 过程................................*/
listen_sd = socket(AF_INET, SOCK_STREAM, 0);
CHK_ERR(listen_sd, "socket");

memset(&sa_serv, '\0', sizeof(sa_serv));
sa_serv.sin_family = AF_INET;
sa_serv.sin_addr.s_addr = INADDR_ANY;
sa_serv.sin_port = htons(PORT);

err = bind(listen_sd, (struct sockaddr*) &sa_serv,

    sizeof(sa_serv));

CHK_ERR(err, "bind");

/*接受 TCP 链接*/
err = listen(listen_sd, 5);
CHK_ERR(err, "listen");

client_len = sizeof(sa_cli);
sd = accept(listen_sd, (struct sockaddr*) &sa_cli, &client_len);
CHK_ERR(sd, "accept");
closesocket(listen_sd);

printf("Connection from %lx, port %x\n",
    sa_cli.sin_addr.s_addr, sa_cli.sin_port);

/*TCP 连接已建立，进行服务端的 SSL 过程 */
printf("Begin server side SSL\n");

ssl = SSL_new(ctx);
CHK_NULL(ssl);
SSL_set_fd(ssl, sd);
err = SSL_accept(ssl);
```

```
        printf("SSL_accept finished\n");
        CHK_SSL(err);

        /*打印所有加密算法的信息（可选）*/
        printf("SSL connection using %s\n", SSL_get_cipher(ssl));

        /*得到服务端的证书并打印信息（可选）*/
        client_cert = SSL_get_peer_certificate(ssl);
        if (client_cert != NULL) {
            printf("Client certificate:\n");

            str = X509_NAME_oneline(X509_get_subject_name(client_cert), 0, 0);
            CHK_NULL(str);
            printf("\t subject: %s\n", str);
            OPENSSL_free(str);

            str = X509_NAME_oneline(X509_get_issuer_name(client_cert), 0, 0);
            CHK_NULL(str);
            printf("\t issuer: %s\n", str);
            OPENSSL_free(str);

            X509_free(client_cert);/*若不再需要，则需将证书释放 */
        }
        else
            printf("Client does not have certificate.\n");

        /* 数据交换开始，用 SSL_write、SSL_read 代替 write、read */
        err = SSL_read(ssl, buf, sizeof(buf) - 1);
        CHK_SSL(err);
        buf[err] = '\0';
        printf("Got %d chars:'%s'\n", err, buf);

        err = SSL_write(ssl, "I hear you.", strlen("I hear you."));
        CHK_SSL(err);

        /* 收尾工作*/
        shutdown(sd, 2);
        SSL_free(ssl);
        SSL_CTX_free(ctx);

        return 0;
    }
```

打开"test 属性页"对话框，在"配置属性"→"C/C++"→"常规"→"附加包含目录"右边添加 C:\openssl-1.0.2m\inc32，然后保存并关闭工程属性对话框。接着，把 C:\myOpensslout\lib\下的 libeay32.lib 和 ssleay32.lib 放到工程目录下，把 C:\myOpensslout\bin 下的 libeay32.dll 和 ssleay32.dll 放到解决方案的 Debug 目录下，即与生成的.exe 文件在同一目录下。

由于程序中使用的 server.key 必须处于已经解密的状态,因此我们要对加密过的 server.key

进行解密，在 OpenSSL 提示符下输入命令：

```
rsa -in server.key -out server.key
```

输入口令 123456 后，即在 C:\myOpensslout\bin 生成新的 server.key，此时的这个私钥文件是没有被加密的。我们把 C:\myOpensslout\bin\下的 server.key、server.crt 和 root.crt 复制到工程目录下，因为上述程序的函数会用到。

保存工程并运行，会发现此时服务端在等待连接了。

（3）下面我们开始实现 SSL 客户端工程。打开另一个新的 VC 2017，新建一个控制面板工程，工程名是 sslclient。

（4）在 VC 中打开 sslclient.cpp，输入代码如下：

```
/*************************************************************
*SSL/TLS 客户端程序 WIN32 版（以 demos/cli.cpp 为基础）
*需要用到动态连接库 libeay32.dll、ssleay.dll
*同时在 setting 中加入 ws2_32.lib、libeay32.lib、ssleay32.lib
*以上库文件在编译 OpenSSL 后可在 out32dll 目录下找到
*/
#include "pch.h"
#include <stdio.h>
#include <stdlib.h>
#include <memory.h>
#include <errno.h>
#include <sys/types.h>

#include <winsock2.h>

#include "openssl/rsa.h"
#include "openssl/crypto.h"
#include "openssl/x509.h"
#include "openssl/pem.h"
#include "openssl/ssl.h"
#include "openssl/err.h"
#include "openssl/rand.h"

#pragma comment(lib,"libeay32.lib")
#pragma comment(lib,"ssleay32.lib")
#pragma comment(lib,"ws2_32.lib")

/*所有需要的参数信息都在此处以#define 的形式提供*/
#define CERTF    "client.crt"            /*客户端的证书（需经 CA 签名）*/
#define KEYF    "client.key"            /*客户端的私钥（建议加密存储）*/
#define CACERT "root.crt"               /*CA 的证书*/
#define PORT     1111                   /*服务端的端口*/
#define SERVER_ADDR "127.0.0.1"    /*服务段的 IP 地址*/

#define CHK_NULL(x) if ((x)==NULL) exit (-1)
#define CHK_ERR(err,s) if ((err)==-1) { perror(s); exit(-2); }
#define CHK_SSL(err) if ((err)==-1) { ERR_print_errors_fp(stderr); exit(-3); }

int main()
{
```

```
int             err;
int             sd;
struct sockaddr_in sa;
SSL_CTX*        ctx;
SSL*            ssl;
X509*           server_cert;
char*           str;
char            buf[4096];
const SSL_METHOD    *meth;
int             seed_int[100];        /*存放随机序列*/

WSADATA         wsaData;

if (WSAStartup(MAKEWORD(2, 2), &wsaData) != 0)
{
    printf("WSAStartup()fail:%d\n", GetLastError());
    return -1;
}

/*初始化*/
OpenSSL_add_ssl_algorithms();
/*为打印调试信息作准备*/
SSL_load_error_strings();

/*采用什么协议（SSL v2/SSL v3/TLS v1）在此指定*/
meth = TLSv1_client_method();
/*申请 SSL 会话环境*/
ctx = SSL_CTX_new(meth);
CHK_NULL(ctx);

/*验证与否，是否要验证对方*/
SSL_CTX_set_verify(ctx, SSL_VERIFY_PEER, NULL);
/*若验证对方，则放置 CA 证书*/
SSL_CTX_load_verify_locations(ctx, CACERT, NULL);

/*加载自己的证书*/
if (SSL_CTX_use_certificate_file(ctx, CERTF, SSL_FILETYPE_PEM) <= 0)
{
    ERR_print_errors_fp(stderr);
    exit(-2);
}

/*加载自己的私钥，以用于签名*/
if (SSL_CTX_use_PrivateKey_file(ctx, KEYF, SSL_FILETYPE_PEM) <= 0)
{
    ERR_print_errors_fp(stderr);
    exit(-3);
}
/*调用了以上两个函数后，检验一下自己的证书与私钥是否配对*/
if (!SSL_CTX_check_private_key(ctx))
{
    printf("Private key does not match the certificate public key\n");
    exit(-4);
}
```

```
/*构建随机数生成机制，WIN32 平台必需*/
srand((unsigned)time(NULL));
for (int i = 0; i < 100; i++)
    seed_int[i] = rand();
RAND_seed(seed_int, Sizeof(seed_int));

printf("I am ssl-client\n");
/*开始正常的 TCP Socket 过程...............................*/
sd = socket(AF_INET, SOCK_STREAM, 0);
CHK_ERR(sd, "socket");

memset(&sa, '\0', sizeof(sa));
sa.sin_family = AF_INET;
sa.sin_addr.s_addr = inet_addr(SERVER_ADDR);    /* 服务器 IP 地址 */
sa.sin_port = htons(PORT);              /* 服务器端口 */

err = connect(sd, (struct sockaddr*) &sa, sizeof(sa));
CHK_ERR(err, "connect");

/* TCP 链接已建立，开始 SSL 握手过程......................... */
printf("Begin SSL negotiation \n");

/*申请一个 SSL 套接字*/
ssl = SSL_new(ctx);
CHK_NULL(ssl);

/*绑定读写套接字*/
SSL_set_fd(ssl, sd);
err = SSL_connect(ssl);
CHK_SSL(err);

/*打印所有加密算法的信息（可选）*/
printf("SSL connection using %s\n", SSL_get_cipher(ssl));

/*得到服务端的证书并打印信息（可选）   */
server_cert = SSL_get_peer_certificate(ssl);
CHK_NULL(server_cert);
printf("Server certificate:\n");

str = X509_NAME_oneline(X509_get_subject_name(server_cert), 0, 0);
CHK_NULL(str);
printf("\t subject: %s\n", str);
OPENSSL_free(str);

str = X509_NAME_oneline(X509_get_issuer_name(server_cert), 0, 0);
CHK_NULL(str);
printf("\t issuer: %s\n", str);
OPENSSL_free(str);

X509_free(server_cert);    /*若不再需要，则需将证书释放 */

/* 数据交换开始，用 SSL_write、SSL_read 代替 write、read */
printf("Begin SSL data exchange\n");

err = SSL_write(ssl, "Hello World!", strlen("Hello World!"));
```

```
    CHK_SSL(err);

    err = SSL_read(ssl, buf, sizeof(buf) - 1);
    CHK_SSL(err);

    buf[err] = '\0';
    printf("Got %d chars:'%s'\n", err, buf);
    SSL_shutdown(ssl);    /* 发送 SSL/TLS 关闭通知 */

    /* 收尾工作 */
    shutdown(sd, 2);
    SSL_free(ssl);
    SSL_CTX_free(ctx);

    return 0;
}
```

打开"test 属性页"对话框，在"配置属性"→"C/C++"→"常规"→"附加包含目录"右边添加 C:\openssl-1.0.2m\inc32，然后保存并关闭工程属性对话框。接着，把 C:\myOpensslout\lib\下的 libeay32.lib 和 ssleay32.lib 放到工程目录下，把 C:\myOpensslout\bin 下的 libeay32.dll 和 ssleay32.dll 放到解决方案的 Debug 目录下，即与生成的.exe 文件在同一目录下。

由于程序中使用的 client.key 必须处于已经解密的状态，因此我们要对加密过的 client.key 进行解密，在 OpenSSL 提示符下输入命令：

```
rsa -in client.key -out client.key
```

输入口令 123456 后，即在 C:\myOpensslout\bin 生成新的 client.key，此时的这个私钥文件是没有被加密的。我们把 C:\myOpensslout\bin\下的 client.key、client.crt 和 root.crt 复制到工程目录下，因为上述程序的函数会用到。

保存工程并运行，会发现此时和服务端能通信了，并且服务端打印出了服务端的证书，如图 12-12 和图 12-13 所示。

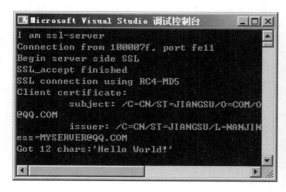

图 12-12

图 12-13

443

第 13 章

◄ SM2算法的数学基础 ►

SM2 算法比 RSA 算法复杂得多，只有打好其数学背景知识基础，才能正确实现其算法。本章不少数学知识都来自近代代数，如果要深入理解，可以借阅专门的近代代数数学图书进行系统学习。限于篇幅，我们在这里不可能对细枝末节都完全展开，只能挑重点的相关知识进行阐述。

强调一下，SM2 非常重要，在工作中也经常会碰到，因此务必打好基础。

13.1 素域 F_p

13.1.1 素域 F_p 的定义

设 p 是一个素数，F_p 由 $\{0,1,2,\cdots,p-1\}$ 中 p 个元素构成，称 F_p 为素域。加法单位是整数 0，乘法单位是整数 1，F_p 的元素满足如下运算法则：

加法：设 $a,b \in F_p$，则 $a+b = r$，其中 $r = (a+b) \bmod p$，$r \in [0, p-1]$。

乘法：设 $a,b \in F_p$，则 $a \cdot b = s$，其中 $s = (a \cdot b) \bmod p$，$s \in [0, p-1]$。

记 F_p^* 是由 F_p 中所有非零元构成的乘法群，由于 F_p^* 是循环群，因此在 Fp 中至少存在一个元素 g，使得 Fp 中任一非零元都可以由 g 的一个方幂表示，称 g 为 F_p^* 的生成元（或本原元），即 $F_p^* = \{g^i | 0 \leq i \leq p-2\}$。

设 $a = g^i \in F_p^*$，其中 $0 \leq i \leq p-2$，则 a 的乘法逆元为：$a^{-1} = g^{p-1-i}$。

示例 1：素域 F_2，$F_2 = \{0,1\}$，F_2 的加法表如图 13-1 所示。

+	0	1
0	0	1
1	1	0

图 13-1

乘法表如图 13-2 所示。

·	0	1
0	0	0
1	0	1

图 13-2

示例 2：素域 F_{19}，$F_{19} = \{0,1,2,\ldots,18\}$。

F_{19} 中加法的示例：$10, 14 \in F_{19}$，$10+14=24$，$24 \bmod 19=5$，则 $10+14=5$。

F_{19} 中乘法的示例：$7, 8 \in F_{19}$，$7 \times 8=56$，$56 \bmod 19=18$，则 $7 \cdot 8=18$。

13 是 F_{19}^{*} 的一个生成元，则 F_{19}^{*} 中的元素可由 13 的方幂表示出来：

$13^0 = 1$，$13^1 = 13$，$13^2 = 17$，$13^3 = 12$，$13^4 = 4$，$13^5 = 14$，$13^6 = 11$，$13^7 = 10$，$13^8 = 16$，$13^9 = 18$，$13^{10} = 6$，$13^{11} = 2$，$13^{12} = 7$，$13^{13} = 15$，$13^{14} = 5$，$13^{15} = 8$，$13^{16} = 9$，$13^{17} = 3$，$13^{18} = 1$。

13.1.2　F_p 上椭圆曲线的定义

F_p 上椭圆曲线常用的表示形式有两种：仿射坐标和射影坐标。

1. 仿射坐标

当 p 是大于 3 的素数时，F_p 上椭圆曲线方程在仿射坐标系下可以简化为 $y^2 = x^3+ax+b$，其中 $a,b \in F_p$，且使得 $(4a^3 +27b^2) \bmod p \neq 0$。椭圆曲线上的点集记为 $E(F_p) = \{(x;y) | x,y \in F_p$ 且满足曲线方程 $y^2 = x^3+ax+b\} \cup \{O\}$，其中 O 是椭圆曲线的无穷远点。

$E(F_p)$ 上的点按照下面的加法运算规则构成一个阿贝尔群：

（1）$O+O = O$。

（2）$\forall P = (x,y) \in E(F_p) \backslash \{O\}$，$P+O = O+P = P$。

（3）$\forall P = (x,y) \in E(F_p) \backslash \{O\}$，P 的逆元素 $-P = (x,-y)$，$P+(-P) = O$。

（4）点 $P_1 = (x_1,y_1) \in E(F_p) \backslash \{O\}$，$P_2 = (x_2,y_2) \in E(F_p) \backslash \{O\}$，$P_3 = (x_3,y_3)=P_1+P_2 \neq O$，则

$$\begin{cases} x_3 = \lambda^2 - x_1 - x_2 \\ y_3 = \lambda(x_1 - x_3) - y_1 \end{cases}$$

其中：

$$\begin{cases} \dfrac{y_2 - y_1}{x_2 - x_1}, 若 x_1 \neq x_2 \\ \dfrac{3x_1^2 + a}{2y_1}, 若 x_1 \neq x_2 且 P_2 \neq P_1 \end{cases}$$

示例 3：有限域 F_{19} 上的一条椭圆曲线。

F_{19} 上的方程：$y^2=x^3+x+1$，其中 a=1、b=1，则 F_{19} 上曲线的点为：(0,1),(0,18),(2,7),(2,12),(5,6), (5,13), (7,3), (7,16), (9,6), (9,13), (10,2), (10,17), (13,8), (13,11), (14,2),(14,17), (15,3), (15,16), (16,3), (16,16)，则 $E(F_{19})$ 有 21 个点（包括无穷远点 O）。

a）取 $P_1=(10,2)$，$P_2=(9,6)$，计算 $P_3=P_1+P_2$：

$$\lambda = \frac{y_2 - y_1}{x_2 - x_1} = \frac{6-2}{9-10} = \frac{4}{-1} = -4 \equiv 15(\bmod 19)$$

$x_3=15^2-10-9=225-10-9\equiv16-10-9=-3\equiv16(\bmod19)$

$y_3=15\times(10-16)-2=15\times(-6)-2\equiv3(\bmod19)$

所以 $P_3=(16,3)$。

b）取 $P_1=(10,2)$，计算 $[2]P_1$：

$$\lambda=\frac{3x_1^2+a}{2y_1}=\frac{3\times10^2+1}{2\times2}=\frac{3\times5+1}{4}=\frac{16}{4}=-4\equiv15(\bmod19)$$

$x_3=4^2-10-10=-4\equiv15(\bmod19)$

$y_3=4\times(10-15)-2=-22\equiv16(\bmod19)$

所以 $[2]P_1=(15,16)$。

2. 射影坐标

射影坐标的表示有两种：标准射影坐标系和 Jacobian 加重射影坐标系。

（1）标准射影坐标系

当 p 是大于 3 的素数时，F_p 上椭圆曲线方程在标准射影坐标系下可以简化为 $y^2z = x^3 +axz^2 +bz^3$，其中 $a,b\in F_p$，且 $4a^3 +27b^2 \neq 0 \bmod p$。椭圆曲线上的点集记为 $E(F_p) = \{(x,y,z)|x,y,z\in F_p$ 且满足曲线方程 $y^2z=x^3+axz^2+bz^3\}$。对于 (x_1,y_1,z_1) 和 (x_2,y_2,z_2)，若存在某个 $u\in F_p$ 且 $u\neq 0$，使得：$x_1=ux_2$，$y_1=uy_2$，$z_1=uz_2$，则称这两个三元组等价，表示同一个点。

若 $z\neq 0$，记 $X=x/z$，$Y=y/z$，则可从标准射影坐标表示转化为仿射坐标表示：$Y^2=X^3+aX+b$。

若 $z=0$，$(0,1,0)$ 对应的仿射坐标系下的点即为无穷远点 O。

标准射影坐标系下，$E(F_p)$ 上点的加法运算定义如下：

① $O+O=O$。

② $\forall P=(x,y,z)\in E(F_p)\backslash\{O\}$，$P+O=O+P=P$。

③ $\forall P=(x,y,z)\in E(F_p)\backslash\{O\}$，P 的逆元素 $-P=(ux,-uy,uz)$，$u\in F_p$ 且 $u\neq 0$，$P+(-P)=O$。

④ 设点 $P_1=(x1,y_1,z_1)\in E(F_p)\backslash\{O\}$，$P_2=(x_2,y_2,z_2)\in E(F_p)\backslash\{O\}$，$P_3=P_1+P_2=(x_3,y_3,z_3)\neq O$。

若 $P_1\neq P_2$，则：$\lambda_1=x_1z_2$，$\lambda_2=x_2z_1$，$\lambda_3=\lambda_1-\lambda_2$，$\lambda_4=y_1z_2$，$\lambda_5=y_2z_1$，$\lambda_6=\lambda_4-\lambda_5$，$\lambda_7=\lambda_1+\lambda_2$，$\lambda_8=z_1z_2$，$\lambda_9=\lambda_3^2$，$\lambda_{10}=\lambda_3\lambda_9$，$\lambda_{11}=\lambda_8\lambda_6^2-\lambda_7\lambda_9$，$x_3=\lambda_3\lambda_{11}$，$y_3=\lambda_6(\lambda_9\lambda_1-\lambda_{11})-\lambda_4\lambda_{10}$，$z_3=\lambda_{10}\lambda_8$。

若 $P_1=P_2$，则：$\lambda_1=3x_1^2+az_1^2$，$\lambda_2=2y_1z_1$，$\lambda_3=y_1^2$，$\lambda_4=\lambda_3x_1z_1$，$\lambda_5=\lambda_2^2$，$\lambda_6=\lambda_1^2-8\lambda_4$，$x_3=\lambda_2\lambda_6$，$y_3=\lambda_1(4\lambda_4-\lambda_6)-2\lambda_5\lambda_3$，$z_3=\lambda_2\lambda_5$。

（2）Jacobian 加重射影坐标系

在 Jacobian 加重射影坐标系下，F_p 上椭圆曲线方程可以简化为 $y^2=x^3+axz^4 +bz^6$。其中 a,b

$\in F_p$，且 $4a^3+27b^2 \neq 0 \bmod p$。椭圆曲线上的点集记为 $E(F_p)=\{(x,y,z)|x,y,z \in F_p$ 且满足曲线方程 $y^2=x^3+axz^4+bz^6\}$。对于 (x_1,y_1,z_1) 和 (x_2,y_2,z_2)，若存在某个 $u \in F_p$ 且 $u \neq 0$，使得：$x_1=u^2x_2$，$y_1=u^3y_2$，$z_1=uz_2$，则称这两个三元组等价，表示同一个点。

若 $z \neq 0$，记 $X=x/z^2$，$Y=y/z^3$，则可从 Jacobian 加重射影坐标表示转化为仿射坐标表示：$Y^2=X^3+aX+b$。

若 $z=0$，则 $(1,1,0)$ 对应的仿射坐标系下的点即为无穷远点 O。

Jacobian 加重射影坐标系下，$E(F_p)$ 上点的加法运算定义如下：

① $O+O=O$。

② $\forall P=(x,y,z) \in E(F_p) \backslash \{O\}$，$P+O=O+P=P$。

③ $\forall P=(x,y,z) \in E(F_p) \backslash \{O\}$，P 的逆元素 $-P=(u^2x,-u^3y,uz)$，$u \in F_p$ 且 $u \neq 0$，$P+(-P)=O$。

④ 设点 $P_1=(x_1,y_1,z_1) \in E(F_p) \backslash \{O\}$，$P_2=(x_2,y_2,z_2) \in E(F_p) \backslash \{O\}$，$P_3=P_1+P_2=(x_3,y_3,z_3) \neq O$。

若 $P_1 \neq P_2$，则：$\lambda_1=x_1z_2^2$，$\lambda_2=x_2z_1^2$，$\lambda_3=\lambda_1-\lambda_2$，$\lambda_4=y_1z_2^3$，$\lambda_5=y_2z_1^3$，$\lambda_6=\lambda_4-\lambda_5$，$\lambda_7=\lambda_1+\lambda_2$，$\lambda_8=\lambda_4+\lambda_5$，$x_3=\lambda_6^2-\lambda_7\lambda_3^2$，$\lambda_9=\lambda_7\lambda_3^2-2x_3$，$y_3=(\lambda_9\lambda_6-\lambda_8\lambda_3^3)/2$，$z_3=z_1z_2\lambda_3$。

若 $P_1=P_2$，则：$\lambda_1=3x_1^2+az_1^4$，$\lambda_2=4x_1y_1^2$，$\lambda_3=8y_1^4$，$x_3=8_1^2-2\lambda_2$，$y_3=\lambda_1(\lambda_2-x_3)-\lambda_3$，$z_3=2y_1z_1$。

13.1.3　F_p 上椭圆曲线的阶

F_p（p 为大于 3 的素数）上一条椭圆曲线的阶是指点集 $E(F_p)$ 中元素的个数，记为 $\#E(F_p)$。由 Hasse 定理得知：$p+1-2p^{1/2} \leqslant \#E(F_p) \leqslant p+1+2p^{1/2}$。

在素域 F_p 上，若一条曲线的阶 $\#E(F_p)=p+1$，则称此曲线为超奇异的，否则为非超奇异的。

13.2　二元扩域 F_{2^m}

13.2.1　二元扩域 F_{2^m} 的定义

由 2^m 个元素构成的有限域 F_{2^m} 是 F_2 的 m 次扩张，称为 m 次二元扩域。F_{2^m} 可以看成 F_2 上维数为 m 的向量空间，也就是说，在 F_{2^m} 中存在 m 个元素 $\alpha_0,\alpha_1,\dots,\alpha_{m-1}$ 使得 $\forall \alpha \in F_{2^m}$，$\alpha$ 可以唯一表示为：$\alpha=a_0\alpha_0+a_1\alpha_1+\dots+a_{m-1}\alpha_{m-1}$，其中 $a_i \in F_2$，称 $\{\alpha_0,\alpha_1,\dots,\alpha_{m-1}\}$ 为 F_{2^m} 在 F_2 上的一组基。给定这样一组基，就可以由向量 $(a_0,a_1,\dots,a_{m-1})$ 来表示域元素 α。F_{2^m} 在 F_2 上的基有多种选择，域元素的加法在不同的基下的运算规则是一致的，都可以通过向量按分量异或运算得到；域元素的乘法在不同的基下有不同的运算规则（如用多项式基表示和用正规基表示时其运算规则就不一致）。

1. 多项式基

设 F_2 上 m 次不可约多项式 $f(x)=x^m+f_{m-1}x^{m-1}+\dots+f_2x^2+f_1x+f_0$（其中 $f_i \in F_2$；$i=0,1,\dots,m-1$）是二元扩域 F_{2^m} 的约化多项式。F_{2^m} 由 F_2 上所有次数低于 m 的多项式构成，即：$F_{2^m}=\{a_{m-1}x^{m-1}+a_{m-2}x^{m-2}+\dots+a_1x+a_0|a_i \in F_2$，$i=0,1,\dots,m-1\}$。

多项式集合$\{x^{m-1}, x^{m-2}, \ldots, x, 1\}$是$F_{2^m}$作为向量空间在$F_2$上的一组基，称为多项式基。

域元素 $a_{m-1}x^{m-1} + a_{m-2}x^{m-2} + \ldots + a_1x + a_0$ 相对多项式基可以由长度为 m 的比特串 $(a_{m-1}a_{m-2}\ldots a_1a_0)$来表示，所以$F_{2^m} = \{(a_{m-1}a_{m-2}\ldots a_1a_0) | a_i \in F_2; i=0,1,\cdots,m-1\}$乘法单位 1 由$(00\ldots01)$表示，零元由$(00\ldots00)$表示。

域元素的加法和乘法定义如下：

①加法运算：

$\forall (a_{m-1}a_{m-2}\ldots a_1a_0), (b_{m-1}b_{m-2}\ldots b_1b_0) \in F_{2^m}$，则$(a_{m-1}a_{m-2}\ldots a_1a_0) + (b_{m-1}b_{m-2}\ldots b_1b_0) = (c_{m-1}c_{m-2}\ldots c_1c_0)$，其中 $c_i = a_i \oplus b_i$，$i = 0,1,\ldots,m-1$，即加法运算按分位异或运算执行。

②乘法运算：

$\forall (a_{m-1}a_{m-2}\ldots a_1a_0), (b_{m-1}b_{m-2}\ldots b_1b_0) \in F_{2^m}$，则$(a_{m-1}a_{m-2}\ldots a_1a_0) \cdot (b_{m-1}b_{m-2}\ldots b_1b_0) = (r_{m-1}r_{m-2}\ldots r_1r_0)$，其中多项式$(r_{m-1}x^{m-1} + r_{m-2}x^{m-2} + \ldots + r_1x + r_0)$是$(a_{m-1}x^{m-1} + a_{m-2}x^{m-2} + \ldots + a_1x + a_0) \cdot (b_{m-1}x^{m-1} + b_{m-2}x^{m-2} + \ldots + b_1x + b_0)$ 在 F_2上 $\mod f(x)$的余式。

注意，F^{2^m}包含2^m个元素。记$F^{*}_{2^m}$是由F^{2^m}中所有非零元构成的乘法群，$F^{*}_{2^m}$是循环群，在F^{2^m}中至少存在一个元素 g，使得$F^{*}_{2^m}$中任一非零元都可以由 g 的一个方幂表示，称 g 为$F^{*}_{2^m}$的生成元（或本原元），即：$F^{*}_{2^m} = \{g^i | 0 \leq i \leq 2^m - 2\}$。设$a = g^i \in F^{*}_{2^m}$，其中$0 \leq i \leq 2^m - 2$，则 a 的乘法逆元为：$a^{-1} = g^{2^m-1-i}$。

示例：二元扩域F_{2^5}的多项式基表示。

取F_2上的一个不可约多项式$f(x) = x^5 + x^2 + 1$，则F_{2^5}中的元素是：(00000)，(00001)，(00010)，(00011)，(00100)，(00101)，(00110)，(00111)，(01000)，(01001) (01010)，(01011)，(01100)，(01101)，(01110)，(01111)，(10000)，(10001)，(10010)，(10011)，(10100)，(10101)，(10110)，(10111)，(11000)，(11001)，(11010)，(11011)，(11100)，(11101)，(11110)，(11111)。

加法：$(11011) + (10011) = (01000)$。

乘法：$(11011) \cdot (10011) = (00100)$。

$(x^4 + x^3 + x + 1) \cdot (x^4 + x + 1) = x^8 + x^7 + x^4 + x^3 + x^2 + 1$

$= (x^5 + x^2 + 1) \cdot (x^3 + x^2 + 1) + x2$

$\equiv x^2 (\mod f(x))$

即x^2是$(x^4 + x^3 + x + 1) \cdot (x^4 + x + 1)$除以 $f(x)$的余式。

乘法单位是(00001)，$\alpha = x$是$F^{*}_{2^5}$的一个生成元，则α的方幂为：$\alpha^0 = (00001)$，$\alpha^1 = (00010)$，$\alpha^2 = (00100)$，$\alpha^3 = (01000)$，$\alpha^4 = (10000)$，$\alpha^5 = (00101)$，$\alpha^6 = (01010)$，$\alpha^7 = (10100)$，$\alpha^8 = (01101)$，$\alpha^9 = (11010)$，$\alpha^{10} = (10001)$，$\alpha^{11} = (00111)$，$\alpha^{12} = (01110)$，$\alpha^{13} = (11100)$，$\alpha^{14} = (11101)$，$\alpha^{15} = (11111)$，$\alpha^{16} = (11011)$，$\alpha^{17} = (10011)$，$\alpha^{18} = (00011)$，$\alpha^{19} = (00110)$，$\alpha^{20} = (01100)$，$\alpha^{21} = (11000)$，$\alpha^{22} = (10101)$，$\alpha^{23} = (01111)$，$\alpha^{24} = (11110)$，$\alpha^{25} = (11001)$，$\alpha^{26} = (10111)$，$\alpha^{27} = (01011)$，$\alpha^{28} = (10110)$，$\alpha^{29} = (01001)$，$\alpha^{30} = (10010)$，$\alpha^{31} = (00001)$。

2. 三项式基和五项式基

三项式基和五项式基是特殊的多项式基。

（1）三项式基

F_2 上的三项式是形如 x^m+x^k+1 的多项式，其中 $1 \leq k \leq m-1$。

F_{2^m} 的一个三项式基表示是由 F_2 上一个 m 次不可约三项式决定的，只有某些特定的 m 值存在这样的三项式。上述示例即为 F_{2^5} 的三项式基表示。

对于 $192 \leq m \leq 512$，图 13-3 给出了存在 m 次不可约三项式的每一个 m 值，并对每个这样的 m 给出了最小的 k，使得三项式 x^m+x^k+1 在 F_2 上是不可约的。

$m,\ k$	$m,\ k$	$m,\ k$	$m,\ k$	$m,\ k$	$m,\ k$
193, 15	194, 87	196, 3	198, 9	199, 34	201, 14
202, 55	204, 27	207, 43	209, 6	210, 7	212, 105
214, 73	215, 23	217, 45	218, 11	220, 7	223, 33
225, 32	228, 113	231, 26	233, 74	234, 31	236, 5
238, 73	239, 36	241, 70	242, 95	244, 111	247, 82
249, 35	250, 103	252, 15	253, 46	255, 52	257, 12
258, 71	260, 15	263, 93	265, 42	266, 47	268, 25
270, 53	271, 58	273, 23	274, 67	276, 63	278, 5
279, 5	281, 93	282, 35	284, 53	286, 69	287, 71
289, 21	292, 37	294, 33	295, 48	297, 5	300, 5
302, 41	303, 1	305, 102	308, 15	310, 93	313, 79
314, 15	316, 63	318, 45	319, 36	321, 31	322, 67
324, 51	327, 34	329, 50	330, 99	332, 89	333, 2
337, 55	340, 45	342, 125	343, 75	345, 22	346, 63
348, 103	350, 53	351, 34	353, 69	354, 99	358, 57
359, 68	362, 63	364, 9	366, 29	367, 21	369, 91
370, 139	372, 111	375, 16	377, 41	378, 43	380, 47
382, 81	383, 90	385, 6	386, 83	388, 159	390, 9
391, 28	393, 7	394, 135	396, 25	399, 26	401, 152
402, 171	404, 65	406, 141	407, 71	409, 87	412, 147
414, 13	415, 102	417, 107	418, 199	420, 7	422, 149
423, 25	425, 12	426, 63	428, 105	431, 120	433, 33
436, 165	438, 65	439, 49	441, 7	444, 81	446, 105
447, 73	449, 134	450, 47	455, 38	457, 16	458, 203
460, 19	462, 73	463, 93	465, 31	468, 27	470, 9
471, 1	473, 200	474, 191	476, 9	478, 121	479, 104
481, 138	484, 105	486, 81	487, 94	489, 83	490, 219
492, 7	494, 17	495, 76	497, 78	498, 155	500, 27
503, 3	505, 156	506, 23	508, 9	510, 69	511, 10

图 13-3

（2）五项式基

F_2 上的五项式是形如 $x^m+x^{k_3}+x^{k_2}+x^{k_1}+1$ 的多项式，其中 $1 \leq k_1 < k_2 < k_3 \leq m-1$。$F_{2^m}$ 的五项式基表示是由 F_2 上一个 m 次不可约五项式决定的。对于 $4 \leq m \leq 512$，均存在这样的五项式。

对于 $192 \leq m \leq 512$ 且不存在不可约三项式的 m，图 13-4 列出了其不可约五项式的 m 值，并对每一个这样的 m 列出三元组 (k_1, k_2, k_3)，满足：

① $x^m+x^{k_3}+x^{k_2}+x^{k_1}+1$ 在 F_2 上不可约。

② k_1 取值尽可能小。

③ 对于这个选定的 k_1，k_2 取值尽可能小。

④ 对于选定的 k_1 和 k_2，k_3 取值尽可能小。

m	(k_1, k_2, k_3)	m	(k_1, k_2, k_3)	m	(k_1, k_2, k_3)	m	(k_1, k_2, k_3)
192	(1, 2, 7)	195	(1, 2, 37)	197	(1, 2, 21)	200	(1, 2, 81)
203	(1, 2, 45)	205	(1, 2, 21)	206	(1, 2, 63)	208	(1, 2, 83)
211	(1, 2, 165)	213	(1, 2, 62)	216	(1, 2, 107)	219	(1, 2, 65)
221	(1, 2, 18)	222	(1, 2, 73)	224	(1, 2, 159)	226	(1, 2, 30)
227	(1, 2, 21)	229	(1, 2, 21)	230	(1, 2, 13)	232	(1, 2, 23)
235	(1, 2, 45)	237	(1, 2, 104)	240	(1, 3, 49)	243	(1, 2, 17)
245	(1, 2, 37)	246	(1, 2, 11)	248	(1, 2, 243)	251	(1, 2, 45)
254	(1, 2, 7)	256	(1, 2, 155)	259	(1, 2, 254)	261	(1, 2, 74)
262	(1, 2, 207)	264	(1, 2, 169)	267	(1, 2, 29)	269	(1, 2, 117)
272	(1, 3, 56)	275	(1, 2, 28)	277	(1, 2, 33)	280	(1, 2, 113)
283	(1, 2, 200)	285	(1, 2, 77)	288	(1, 2, 191)	290	(1, 2, 70)
291	(1, 2, 76)	293	(1, 3, 154)	296	(1, 2, 123)	298	(1, 2, 78)
299	(1, 2, 21)	301	(1, 2, 26)	304	(1, 2, 11)	306	(1, 2, 106)
307	(1, 2, 93)	309	(1, 2, 26)	311	(1, 3, 155)	312	(1, 2, 83)
315	(1, 2, 142)	317	(1, 3, 68)	320	(1, 2, 7)	323	(1, 2, 21)
325	(1, 2, 53)	326	(1, 2, 67)	328	(1, 2, 51)	331	(1, 2, 134)
334	(1, 2, 5)	335	(1, 2, 250)	336	(1, 2, 77)	338	(1, 2, 112)
339	(1, 2, 26)	341	(1, 2, 57)	344	(1, 2, 7)	347	(1, 2, 96)
349	(1, 2, 186)	352	(1, 2, 263)	355	(1, 2, 138)	356	(1, 2, 69)
357	(1, 2, 28)	360	(1, 2, 49)	361	(1, 2, 44)	363	(1, 2, 38)
365	(1, 2, 109)	368	(1, 2, 85)	371	(1, 2, 156)	373	(1, 3, 172)
374	(1, 2, 109)	376	(1, 2, 77)	379	(1, 2, 222)	381	(1, 2, 5)
384	(1, 2, 299)	387	(1, 2, 146)	389	(1, 2, 159)	392	(1, 2, 145)
395	(1, 2, 333)	397	(1, 2, 125)	398	(1, 3, 23)	400	(1, 2, 245)
403	(1, 2, 80)	405	(1, 2, 38)	408	(1, 2, 323)	410	(1, 2, 16)
411	(1, 2, 50)	413	(1, 2, 33)	416	(1, 3, 76)	419	(1, 2, 129)
421	(1, 2, 81)	424	(1, 2, 177)	427	(1, 2, 245)	429	(1, 2, 14)
430	(1, 2, 263)	432	(1, 2, 103)	434	(1, 2, 64)	435	(1, 2, 166)
437	(1, 2, 6)	440	(1, 2, 37)	442	(1, 2, 32)	443	(1, 2, 57)
445	(1, 2, 225)	448	(1, 3, 83)	451	(1, 2, 33)	452	(1, 2, 10)
453	(1, 2, 88)	454	(1, 2, 195)	456	(1, 2, 275)	459	(1, 2, 332)
461	(1, 2, 247)	464	(1, 2, 310)	466	(1, 2, 78)	467	(1, 2, 210)
469	(1, 2, 149)	472	(1, 2, 33)	475	(1, 2, 68)	477	(1, 2, 121)
480	(1, 2, 149)	482	(1, 2, 13)	483	(1, 2, 352)	485	(1, 2, 70)
488	(1, 2, 123)	491	(1, 2, 270)	493	(1, 2, 171)	496	(1, 3, 52)
499	(1, 2, 174)	501	(1, 2, 332)	502	(1, 2, 99)	504	(1, 3, 148)
507	(1, 2, 26)	509	(1, 2, 94)	512	(1, 2, 51)		

图 13-4

3. 选择多项式基的规则

F_{2^m} 的不同多项式基表示取决于约化多项式的选择：

（1）若存在 F_2 上的 m 次不可约三项式，则约化多项式 f(x)选用不可约三项式 $x^m + x^k + 1$，为了使实现的效果更好，k 的取值应尽可能小。

（2）若不存在 F_2 上的 m 次不可约三项式，则约化多项式 f(x)选用不可约五项式 $x^m + x^{k_3} + x^{k_2} + x^{k_1} + 1$。为了使实现的效果更好：$k_1$ 应尽可能小；对于这个选定的 k_1，k_2 应尽可能小；对于选定的 k_1 和 k_2，k_3 应尽可能小。

4. 正规基

形如 $\{\beta,\beta^2,\beta^{2^2},\cdots,\beta^{2^{m-1}}\}$ 的基是 F_{2^m} 在 F_2 上的一组正规基，其中 $\beta\in F_{2^m}$。这样的基总是存在的。$\forall\alpha\in F_{2^m}$，则 α 则 $\alpha_0\beta^{2^0}+a_1\beta^{2^1}+\ldots+a_{m-1}\beta^{2^{m-1}}$，其中 $a_i\in F_2(i=0,1,\ldots,m-1)$，并记为 α 并记为 $_0a_1a_2\ldots a_{m-2}a_{m-1})$，域元素 α 由长度为 m 的比特串表示。所以 $F_{2^m}=\{(a_0a_1a_2\ldots a_{m-2}a_{m-1})|a_i\in F_2, 0aa$ 表示 $-1\}$，乘法单位 1 由 m 个 1 的比特串 $(11\ldots1)$ 表示，零元由 m 个 0 的比特串 $(00\ldots0)$ 表示。

注意：通过约定，正规基表示的比特排序同多项式基表示的比特排序是不一样的。

在正规基表示下，F_{2^m} 中的求平方运算是循环右移位运算：

$$\forall\alpha\in F_{2^m},\alpha=a_0\beta^{2^0}+a_1\beta^{2^1}+\ldots a_{m-1}\beta^{2^{m-1}}=(a_0a_1a_2\ldots a_{m-2}a_{m-1})$$
$$\alpha^2=(\sum_{i=0}^{m-1}a_i\beta^{2^i})^2=\sum_{i=0}^{m-1}a_i^2\beta^{2^{i+1}}=\sum_{i=0}^{m-1}a_{i-1}\beta^{2^i}=(a_{m-1}a_0\ldots a_{m-2})$$

在这种情况下，求平方运算只是长度为 m 的比特串的循环移位，便于在硬件上实现。

5. 高斯正规基

F_{2^m} 在 F_2 上的正规基是形式为 $N=\{\beta,\beta^2,\beta^{2^2},\ldots,\beta^{2^{m-1}}\}$ 的一组基，其中 $\beta\in F_{2^m}$。正规基表示在求取元素的平方时有计算优势，但对于一般意义下的不同元素的乘法运算不太方便。因此，通常专用一种称为高斯正规基的基，对于这样的基，乘法既简单又有效。

当 m 不能被 8 整除时，F_{2^m} 存在高斯正规基。高斯正规基的类型 T 是指在此基下度量乘法运算复杂度的一个正整数。一般情况下，类型 T 越小，乘法效率越高。对于给定的 m 和 T，域 F_{2^m} 至多有一个类型 T 的高斯正规基。在所有正规基中，类型 1 和类型 2 的高斯正规基有最有效的乘法运算，因而也称它们为最优正规基。类型 1 的高斯正规基称为 I 型最优正规基，类型 2 的高斯正规基称为 II 型最优正规基。

有限域 F_{2^m} 中的元素 a 在高斯正规基下可以由长度为 m 的比特串 $(a_{m-1}a_{m-2}\ldots a_1a_0)$ 来表示。

13.2.2　F_{2^m} 上椭圆曲线的定义

F_{2^m} 上椭圆曲线常用的表示形式有两种：仿射坐标表示和射影坐标表示。

1. 仿射坐标表示

在仿射坐标系下，F_{2^m} 上非超奇异椭圆曲线方程可以简化为 $y^2+xy=x^3+ax^2+b$，其中 $a,b\in F_{2^m}$，且 $b\neq0$。椭圆曲线上的点集记为 $E(F_{2^m})=\{(x,y)|x,y\in F_{2^m}$ 且满足曲线方程 $y^2+xy=x^3+ax^2+b\}\cup\{O\}$，其中 O 是椭圆曲线的无穷远点，又称为零点。

$E(F_{2^m})$ 按照下面的加法运算规则构成一个阿贝尔群：

（1）$O+O=O$。

（2）$\forall P=(x,y)\in E(F_{2^m})\backslash\{O\}$，$P+O=O+P=P$。

（3）$\forall P=(x,y)\in E(F_{2^m})\backslash\{O\}$，$P$ 的逆元素$-P=(x,x+y)$，$P+(-P)=O$。

（4）两个非互逆的不同点相加的规则：

设 $P_1=(x_1,y_1)\in E(F_{2^m})\backslash\{O\}$，$P_2=(x_2,y_2)\in E(F_{2^m})\backslash\{O\}$，且 $x_1=x_2$。

设 $P_3=(x_3,y_3)=P_1+P_2$，则：

$$\begin{cases} x_3 = \lambda^2 + \lambda + x_1 + x_2 + a \\ y_3 = \lambda(x_1 + x_3) + x_3 + y_1 \end{cases}$$

其中，$\lambda = \dfrac{y_1 + y_2}{x_1 + x_2}$

（5）倍点规则：

设 $P_1=(x_1,y_1)\in E(F_{2^m})\backslash\{O\}$ 且 $x_1\neq 0$，$P_3=(x_3,y_3)=P_1+P_2$，则：

$$\begin{cases} x_3 = \lambda^2 + \lambda + a \\ y_3 = x_1^2 + (\lambda + 1)x_3 \end{cases}$$

其中 $\lambda = x_1 + \dfrac{y_1}{x_1}$。

2. 射影坐标表示

射影坐标的表示有两种：标准射影坐标系和 Jacobian 加重射影坐标系。

（1）标准射影坐标系

在标准射影坐标系下，F_{2^m} 上非超奇异椭圆曲线方程可以简化为 $y^2z+xyz=x^3+ax^2z+bz^3$，其中 $a,b\in F_{2^m}$，且 $b\neq 0$。$E(F_{2^m})=\{(x,y,z)|x,y,z\in F_{2^m}$ 且满足曲线方程 $y^2z+xyz=x^3+ax^2z+bz^3\}$。对于 (x_1,y_1,z_1) 和 (x_2,y_2,z_2)，若存在某个 $u\in F_{2^m}$ 且 $u\neq 0$，使得：$x_1=ux_2$，$y_1=uy_2$，$z_1=uz_2$，则称这两个三元组等价，表示同一个点。

若 $z\neq 0$，记 $X=x/z$，$Y=y/z$，则可从标准射影坐标表示转化为仿射坐标表示：$Y^2+XY=X^3+aX^2+b$；若 $z=0$，则 $(0,1,0)$ 对应的仿射坐标系下的点即无穷远点 O。

在标准射影坐标系下，$E(F_{2^m})$ 上点的加法运算定义为：椭圆曲线 $E(F_{2^m})$ 上的点按照下面的加法运算规则构成一个交换群：

① $O+O=O$。

② $\forall P=(x,y,z)\in E(F_{2^m})\backslash\{O\}$，$P+O=O+P=P$。

③ $\forall P=(x,y,z)\in E(F_{2^m})\backslash\{O\}$，$P$ 的逆元素$-P=(ux,u(x+y),uz)$，$u\in F_{2^m}$ 且 $u\neq 0$，$P+(-P)=O$。

④ 设点 $P_1=(x_1,y_1,z_1)\in E(F_{2^m})\backslash\{O\}$，$P_2=(x_2,y_2,z_2)\in E(F_{2^m})\backslash\{O\}$，$P_3=P_1+P_2=(x_3,y_3,z_3)\neq O$。

若 $P_1\neq P2$，则：

$\lambda_1 = x_1z_2$，$\lambda_2 = x_2z_1$，$\lambda_3 = \lambda_1+\lambda_2$，$\lambda_4 = y_1z_2$，$\lambda_5 = y_2z_1$，$\lambda_6 = \lambda_4+\lambda_5$，$\lambda_7 = z_1z_2$，

$\lambda_8 = \lambda_3^2$，$\lambda_9 = \lambda_8\lambda_7$，$\lambda_{10} = \lambda_3\lambda_8$，$\lambda_{11} = \lambda_6\lambda_7(\lambda_6+\lambda_3)+\lambda_{10}+a\lambda_9$，$x_3 = \lambda_3\lambda_{11}$，

$y_3 = \lambda_6(\lambda_1\lambda_8+\lambda_{11})+x_3+\lambda_{10}\lambda_4$, $z_3 = \lambda_3\lambda_9$。

若 $P_1=P_2$，则：

$\lambda_1 =x_1z_1$, $\lambda_2 = x_1^2$, $\lambda_3 =\lambda_2+y_1z_1$, $\lambda_4 =\lambda_1^2$, $\lambda_5 =\lambda_3(\lambda_1+\lambda_3)+a\lambda_4$, $x_3 =\lambda_1\lambda_5$,

$y_3 =\lambda_2^2\lambda_1+\lambda_3\lambda_5+x_3$, $z_3 =\lambda_1\lambda_4$。

（2）Jacobian 加重射影坐标系

在 Jacobian 加重射影坐标系下，F_{2^m} 上非超奇异椭圆曲线方程可以简化为 $y^2+xyz=x^3+ax^2z^2+bz^6$，其中 $a,b\in F_{2^m}$，且 $b\neq 0$。$E(F_{2^m})=\{(x,y,z)|x,y,z\in F_{2^m}$ 且满足曲线方程 $y^2+xyz=x^3+ax^2z^2+bz^6\}$。对于 (x_1,y_1,z_1) 和 (x_2,y_2,z_2)，若存在某个 $u\in F_{2^m}$ 且 $u\neq 0$，使得：$x_1=u^2x_2$，$y_1=u^3y_2$，$z_1=uz_2$，则称这两个三元组等价，表示同一个点。

若 $z\neq 0$，记 $X=x/z_2$，$Y=y/z_3$，则可从 Jacobian 加重射影坐标表示转化为仿射坐标表示：$Y_2+XY=X^3+aX^2+b$。

若 $z=0$，则 $(1,1,0)$ 对应的仿射坐标系下的点即无穷远点 O。

在 Jacobian 加重射影坐标系下，$E(F_{2^m})$ 上点的加法运算定义如下：

椭圆曲线 $E(F_{2^m})$ 上的点按照下面的加法运算规则构成一个交换群：

① O+O=O；

② $\forall P=(x,y,z)\in E(F_{2^m})\backslash\{O\}$，P+O=O+P=P。

③ $\forall P=(x,y,z)\in E(F_{2^m})\backslash\{O\}$，P 的逆元素 $-P=(u^2x,u^2x+u^3y,uz)$，$u\in F_{2^m}$ 且 $u\neq 0$，P+(−P)=O。

④ 设点 $P_1=(x_1,y_1,z_1)\in E(F_{2^m})\backslash\{O\}$，$P_2=(x_2,y_2,z_2)\in E(F_{2^m})\backslash\{O\}$，$P_3=P_1+P_2=(x_3,y_3,z_3)\neq O$。

若 $P_1\neq P_2$，则：

$\lambda_1=x_1z_2^2$, $\lambda_2=x_2z_1^2$, $\lambda_3=\lambda_1+\lambda_2$, $\lambda_4=y_1z_2^3$, $\lambda_5=y_2z_1^3$, $\lambda_6=\lambda_4+\lambda_5$, $\lambda_7=z_1\lambda_3$, $\lambda_8=\lambda_6x_2+\lambda_7y_2$, $z_3=\lambda_7z_2$, $\lambda_9=\lambda_6+z_3$,

$x_3=az_3^3+\lambda_6\lambda_9+\lambda_3^3$, $y_3=\lambda_9x_3+\lambda_8\lambda_7^2$。

若 $P_1=P_2$，则：

$z_3 = x_1z_1^2$, $x_3 = (x_1+bz_1^2)^4$, $\lambda =z_3+x_1^2+y_1z_1$, $y_3 = x_1^4z_3+\lambda x_3$。

13.2.3　F_{2^m} 上椭圆曲线的阶

F_{2^m} 上的一条椭圆曲线 E 的阶是指点集 $E(F_{2^m})$ 中元素的个数，记为 $\#E(F_{2^m})$。

由 Hasse 定理可知：$2^{m+1}-2^{1+m/2}\leqslant\#E(F_{2^m})\leqslant2^m+1+2^{1+m/2}$。

13.3　椭圆曲线多倍点运算

13.3.1　定义

设 P 是椭圆曲线 E 上阶为 N 的点，k 为正整数，P 的 k 倍点为 Q，即：

$$Q=[k]P = P+P+\cdots+P \qquad （k 个 P 相加）$$

13.3.2 椭圆曲线多倍点运算的实现

椭圆曲线多倍点运算的实现有多种方法，这里给出三种方法，以下都假设 1≤k<N。

1. 算法一：二进制展开法

输入：点 P，l 比特的整数 $k = \sum_{j=0}^{l-1} k_j 2^j$，$k_j \in \{0,1\}$。

输出：Q=[k]P。

（1）置 Q=O。

（2）j 从 l-1 下降到 0 执行：

① Q=[2]Q。

② 若 k_j=1，则 Q=Q+P。

（3）输出 Q。

2. 算法二：加减法

输入：点 P，l 比特的整数 $k = \sum_{j=0}^{l-1} k_j 2^j$，$k_j \in \{0,1\}$。

输出：Q=[k]P。

（1）设 3k 的二进制表示是 $h_r h_{r-1} \cdots h_1 h_0$，其中最高位 h_r 为 1。

（2）设 k 的二进制表示是 $k_r k_{r-1} \cdots k_1 k_0$，显然 r=l 或 l+1。

（3）置 Q=P。

（4）对 i 从 r-1 下降到 1 执行：

① Q=[2]Q。

② 若 h_i=1，且 k_i=0，则 Q=Q+P。

③ 若 h_i=0，且 k_i=1，则 Q=Q-P。

（5）输出 Q。

注意：减去点(x,y)，只要加上(x,-y)（对域 F_p），或者(x,x+y)（对域 F_{2^m}）。有多种不同的变种可以加速这一运算。

3. 算法三：滑动窗法

输入：点 P，l 比特的整数 $k = \sum_{j=0}^{l-1} k_j 2^j$，$k_j \in \{0,1\}$。

输出：Q=[k]P。

设窗口长度 r>1。

（1）P_1=P，P_2=[2]P。

（2）i 从 1 到 2^{r-1}-1 计算 $P_{2i+1}=P_{2i-1}+P_2$。

（3）置 j=l-1，Q=O。

主循环

（4）当 j≥0 执行：

    ① 若 k_j=0，则 Q=[2]Q，j=j-1。

    ② 否则：

        1）令 t 是使 j-t+1≤r 且 k_t=1 的最小整数。

        2）$h_j = \sum_{i=0}^{j-t} k_{t+i} 2^j$。

        3）$Q=[2^{j-t+1}]Q+P_{hj}$。

        4）置 j=t-1。

（5）输出 Q。

13.3.3　椭圆曲线多倍点运算复杂度估计

不同坐标系下椭圆曲线的点加运算和倍点运算的复杂度各不相同。我们先看素域上椭圆曲线加法运算的复杂度，如图 13-5 所示。

运　算	坐　标　系		
	仿射坐标	标准射影坐标	Jacobian加重射影坐标
一般加法	1I+2M+1S	13M+2S	12M+4S
倍　点	1I+2M+2S	8M+5S	4M+6S

图 13-5

再看二元扩域上椭圆曲线加法运算的复杂度，如图 13-6 所示。

运　算	坐　标　系		
	仿射坐标	标准射影坐标	Jacobian加重射影坐标
一般加法($a \neq 0$)	1I+2M+1S	15M+1S	15M+5S
倍　点	1I+2M+2S	8M+3S	5M+5S

图 13-6

注意：图中 I、M 和 S 分别表示有限域中的求逆运算、乘法运算和平方运算。

计算多倍点 Q = [k]P，设 k 的比特数为 l，k 的汉明重量为 W，则算法一需要 l-1 次椭圆曲线 2 倍点和 W-1 次点加运算；算法二需要 l 次椭圆曲线 2 倍点和 l/3 次点加运算；算法三分两部分：预计算时需要一次 2 倍点运算和 $2^{r-1}-1$ 次点加运算，主循环部分需要 l-1 次 2 倍点运算和 l/(r+1)-1 次点加运算，共需要 l 次 2 倍点运算和 $2^{r-1}+l/(r+1)-2$ 次点加运算。一般有 W≈l/2，则多倍点运算的复杂度如下（基域为二元扩域时，假设 a≠0，当 a=0 时，少一次乘法运算）：

1. 算法一

基域为素域：

- 仿射坐标下的复杂度：1.5lI+3lM+2.5lS。
- 标准射影坐标下的复杂度：14.5lM+6lS。
- Jacobian加重射影坐标下的复杂度：10lM+8lS。

基域为二元扩域：

- 仿射坐标下的复杂度：1.5lI+3lM+2.5lS。
- 标准射影坐标下的复杂度：15.5lM+3.5lS。
- Jacobian加重射影坐标下的复杂度：12.5lM+7.5lS。

2. 算法二

基域为素域：

- 仿射坐标下的复杂度：1.33lI+2.67lM+2.33lS。
- 标准射影坐标下的复杂度：12.33lM+5.67lS。
- Jacobian加重射影坐标下的复杂度：8lM+7.33lS。

基域为二元扩域：

- 仿射坐标下的复杂度：1.33lI+2.67lM+2.33lS。
- 标准射影坐标下的复杂度：13lM+3.33lS。
- Jacobian加重射影坐标下的复杂度：10lM+6.67lS。

3. 算法三

基域为素域：

- 仿射坐标下的复杂度：$(l+l/(r+1)+2^{r-1}-2)(2M+I+S)+lS$。
- 标准射影坐标下的复杂度：$(l/(r+1)+2^{r-1}-2)(13M+2S)+l(8M+5S)$。
- Jacobian加重射影坐标下的复杂度：$(l/(r+1)+2^{r-1}-2)(12M+4S)+l(4M+6S)$。

基域为二元扩域：

- 仿射坐标下的复杂度：$(l+l/(r+1)+2^{r-1}-2)(2M+I+S)+lS$。
- 标准射影坐标下的复杂度：$(l/(r+1)+2^{r-1}-2)(15M+1S)+l(8M+3S)$。
- Jacobian加重射影坐标下的复杂度：$(l/(r+1)+2^{r-1}-2)(15M+5S)+l(5M+5S)$。

13.4 求解椭圆曲线离散对数问题的方法

13.4.1 椭圆曲线离散对数求解方法

已知椭圆曲线 E(Fq)，阶为 n 的点 P∈E(F_q) 及 Q∈(P)，椭圆曲线离散对数问题是指确定整

数 $k \in [0,n-1]$，使得 $Q=[k]P$ 成立。

ECDLP 现有攻击方法：

- Pohlig-Hellman 方法：设 l 是 n 的最大素因子，则算法复杂度为 $O(l^{1/2})$。
- BSGS 方法：时间复杂度与空间复杂度均为 $(\pi n/2)^{1/2}$。
- Pollard 方法：算法复杂度为 $(\pi n/2)^{1/2}$。
- 并行 Pollard 方法：设 r 为并行处理器的个数，算法复杂度降至 $(\pi n/2)^{1/2}/r$。
- MOV 方法：把超奇异椭圆曲线及具有相似性质的曲线的 ECDLP 降到 Fq 的小扩域上的离散对数。

将 ECDLP 转化为超椭圆曲线离散对数问题，而求解高亏格的超椭圆曲线离散对数存在亚指数级计算复杂度算法。

对于一般曲线的离散对数问题，目前的求解方法都为指数级计算复杂度，未发现有效的亚指数级计算复杂度的一般攻击方法；而对于某些特殊曲线的离散对数问题，存在多项式级计算复杂度或者亚指数级计算复杂度算法。

选择曲线时，应避免使用易受上述方法攻击的密码学意义上的弱椭圆曲线。

13.4.2　安全椭圆曲线满足的条件

1. 抗 MOV 攻击条件

A.Menezes、T.Okamoto、S.Vanstone、G.Frey 和 H.Rück 的约化攻击将有限域 Fq 上的椭圆曲线离散对数问题约化为 FqB(B>1)上的离散对数问题。这个攻击方法只有在 B 较小时是实用的，大多数椭圆曲线不符合这种情况。抗 MOV 攻击条件确保一条椭圆曲线不易受此约化方法攻击。多数 Fq 上的椭圆曲线确实满足抗 MOV 攻击的条件。

在验证抗 MOV 攻击条件之前，必须选择一个 MOV 阈，它是使得求取 FqB 上的离散对数问题至少与求取 Fq 上的椭圆曲线离散对数问题同样难的一个正整数 B。对于 $q > 2^{191}$ 的标准，要求 $B \geqslant 27$。选择 $B \geqslant 27$ 排除了对超奇异椭圆曲线的选取。

下述算法用于验证椭圆曲线系统的参数是否满足抗 MOV 攻击条件。

输入：MOV 阈 B、素数幂 q 和素数 n。n 是 #E(Fq)=p 的素因子，其中 E(Fq)是 Fq 上的椭圆曲线。

输出：若 Fq 上包含 n 阶基点的椭圆曲线满足抗 MOV 攻击条件，则输出"正确"；否则输出"错误"。

（1）置 t=1。

（2）对 i 从 1 到 B 执行：

①　置 $t=(t \cdot q)\bmod n$。

②　若 t=1，则输出"错误"并结束。

（3）输出"正确"。

2. 抗异常曲线攻击条件

设 $E(F_p)$ 为定义在素域 F_p 上的椭圆曲线，若 $\#E(F_p) = p$，则称椭圆曲线 $E(F_p)$ 为异常曲线。N.Smart、T.Satoh 和 K.Araki 证明可在多项式时间内求解异常曲线的离散对数。抗异常曲线攻击条件为 $\#E(F_p) \neq p$，满足此条件确保椭圆曲线不受异常曲线攻击。F_p 上的绝大多数椭圆曲线确实满足抗异常曲线攻击的条件。

下述算法用于验证椭圆曲线系统的参数是否满足抗异常曲线攻击条件。

输入：F_p 上的椭圆曲线 $E(F_p)$，阶 $N=\#E(F_p)$。

输出：若 $E(F_p)$ 满足抗异常曲线攻击条件，则输出消息"正确"；否则输出消息"错误"。

若 $N = p$，则输出"错误"；否则输出"正确"。

3. 其他条件

为了避免 Pohlig-Hellman 方法和 Pollard 方法的攻击，基点的阶 n 必须是一个足够大的素数；为了避免 GHS 方法的攻击，F_{2^m} 中的 m 应该选择素数。

13.5 椭圆曲线上点的压缩

13.5.1 定义

对于椭圆曲线 $E(F_q)$ 上的任意非无穷远点 $P=(x_P, y_P)$，该点能由仅存储 x 坐标 $x_P \in F_q$ 以及由 x_P 和 y_P 导出的一个特定比特简洁地表示，称为点的压缩表示。

13.5.2 F_p 上椭圆曲线点的压缩与解压缩方法

设 $P=(x_P, y_P)$ 是定义在 F_p 上椭圆曲线 $E: y^2 = x^3 + ax + b$ 上的一个点，$\tilde{y}_P$ 为 y_P 的最～右边的一个比特，则点 P 可由 x_P 和比特 $\tilde{y}_P$ 表示。

由 x_P 和 $\tilde{y}_P$ 恢复 y_P 的方法如下：

（1）计算域元素 $\alpha = (x_p^3 + ax_P + b) \bmod p$。

（2）计算 $\alpha \bmod p$ 的平方根 β，若输出是"不存在平方根"，则报错。

（3）若 β 的最右边比特等于 $\tilde{y}_P$，则置 $y_P = \beta$；否则置 $y_P = p - \beta$。

13.5.3 F_{2^m} 上椭圆曲线点的压缩与解压缩方法

设 $P=(x_P, y_P)$ 是定义在 F_{2^m} 上的椭圆曲线 $E: y^2 + xy = x^3 + ax^2 + b$ 上的一个点。若 $x_P = 0$，则令 $\tilde{y}_P$ 为 0；若 $x_P \neq 0$，则令 $\tilde{y}_P$ 为域元素 $y_P \cdot x_p^{-1}$ 的最右边一个比特。

由 x_P 和 $\tilde{y}_P$ 恢复 y_P 的方法如下：

（1）若 $x_P=0$，则 $y_P=b^{2^{m-1}}$ （y_P 是 b 在 F_{2^m} 中的平方根）。

（2）若 $x_P \neq 0$，则执行：

　　① 在 F_{2^m} 中计算域元素 $\beta = x_P + a + bx_P^{-2}$。

　　② 寻找一个域元素 z，使得 $z^2 + z = \beta$，若输出是"解不存在"，则报错。

　　③ 设 $\tilde{z}$ 为 z 的最后一个比特。

　　④ 若 $y_P \neq \tilde{z}$，则置 z=z+1，其中 1 是乘法单位。

　　⑤ 计算 $y_P = x_P \cdot z$。

13.6 有限域和模运算

13.6.1 有限域中的指数运算

设 a 是正整数，g 是域 F_q 上的元素，指数运算是计算 g^a 的运算过程。通过以下概述的二进制方法可以有效地执行指数运算。

输入：正整数 a，域 F_q，域元素 g。

输出：g^a。

（1）置 $e = a \bmod (q-1)$，若 e=0，则输出 1。

（2）设 e 的二进制表示是 $e = e_r e_{r-1} \cdots e_1 e_0$，其最高位 e_r 为 1。

（3）置 x=g。

（4）对 i 从 r-1 下降到 0 执行：

　　① 置 $x = x_2$。

　　② 若 $e_i = 1$，则置 $x = g \cdot x$。

（5）输出 x。

13.6.2 有限域中的逆运算

设 g 是域 F_q 上的非零元素，则逆元素 g^{-1} 是使得 $g \cdot c = 1$ 成立的域元素 c。由于 c=gq-2，因此求逆可通过指数运算实现。注意到，若 q 是素数，g 是满足 $1 \leq g \leq q-1$ 的整数，则 g-1 是整数 c，$1 \leq c \leq q-1$，且 $g \cdot c \equiv 1 (\bmod q)$。

输入：域 F_q，F_q 中的非零元素 g。

输出：逆元素 g^{-1}。

（1）计算 $c = g^{q-2}$。

（2）输出 c。

此外，还可以用扩展的欧几里得算法来解，扩展的欧几里得算法我们在第 6 章已经介绍过了。

13.6.3　Lucas 序列的生成

令 X 和 Y 是非零整数，X 和 Y 的 Lucas 序列 U_k, V_k 的定义如下：

$U_0 = 0, U_1 = 1,$	当 k≥2 时，$U_k = X \cdot U_k - 1 - Y \cdot U_k - 2$。
$V_0 = 2, V_1 = X,$	当 k≥2 时，$V_k = X \cdot V_k - 1 - Y \cdot V_k - 2$。

上述递归式适用于计算 k 值较小的 U_k 和 V_k。对于大整数 k，下面的算法可以有效地计算 $U_k \bmod p$ 和 $V_k \bmod p$。

输入：奇素数 p，整数 X 和 Y，正整数 k。

输出：$U_k \bmod p$ 和 $V_k \bmod p$。

（1）置 $\Delta = X^2 - 4Y$。

（2）设 k 的二进制表示是 $k = k_r k_{r-1} \cdots k_1 k_0$，其中最高位 k_r 为 1。

（3）置 U=1，V=X。

（4）对 i 从 r−1 下降到 0 执行：

　　① 置 $(U,V) = ((U \cdot V) \bmod p, ((V^2 + \Delta \cdot U^2)/2) \bmod p)$。

　　② 若 $k_i = 1$，则置 $(U;V) = (((X \cdot U + V) = 2) \bmod p, ((X \cdot V + \Delta \cdot U) = 2) \bmod p)$。

（5）输出 U 和 V。

13.6.4　模素数平方根的求解

设 p 是奇素数，g 是满足 0≤g<p 的整数，g 的平方根(mod p)是整数 y，0≤y<p，且 $y^2 \equiv g \pmod p$。

若 g=0，则只有一个平方根，即 y=0；若 g≠0，则 g 有零个或两个平方根(mod p)，若 y 是其中一个平方根，则另一个平方根就是 p−y。

下面的算法可以确定 g 是否有平方根(mod p)，若有，则计算其中一个根。

输入：奇素数 p，整数 g，0<g<p。

输出：若存在 g 的平方根，则输出一个平方根 mod p，否则输出"不存在平方根"。

算法 1：对于 $p \equiv 3 \pmod 4$，即存在正整数 u，使得 p=4u+3。

（1）计算 $y = g^{u+1} \bmod p$。

（2）计算 $z = y^2 \bmod p$。

（3）若 z=g，则输出 y；否则输出"不存在平方根"。

算法 2：对于 $p \equiv 5 \pmod 8$，即存在正整数 u，使得 p=8u+5。

（1）计算 $z = g^{2u+1} \bmod p$。

（2）若 $z \equiv 1 \pmod p$，计算 $y = g^{u+1} \bmod p$，输出 y，终止算法。

（3）若 $z \equiv -1 \pmod p$，计算 $y = (2g \cdot (4g)^u) \bmod p$，输出 y，终止算法。

（4）输出"不存在平方根"。

算法 3：对于 p≡1(mod 8)，即存在正整数 u，使得 p=8u+1。

（1）置 Y=g。

（2）生成随机数 X，0<X<p。

（3）计算 Lucas 序列元素：U=U_{4u+1}mod p，V=V_{4u+1}mod p。

（4）若 V^2≡4Y(mod p)，则输出 y=(V/2)mod p，并终止。

（5）若 U mod p≠1 且 U mod p≠p−1，则输出"不存在平方根"，并终止。

（6）返回步骤（2）。

13.6.5　迹函数和半迹函数

设 α 是 F_{2^m} 中的元素，α 的迹是：Tr(α)=$\alpha+\alpha^2+\alpha^{2^2}+\ldots+\alpha^{2^{m-1}}$。

F_{2^m} 中有一半元素的迹是 0，另一半元素的迹是 1。迹的计算方法如下：

若 F_{2^m} 中的元素用正规基表示：

设 α =($\alpha_0\alpha_1\ldots\alpha_{m-1}$)，则 Tr(α)=$\alpha_0 \oplus \alpha_1 \oplus \ldots \oplus \alpha_{m-1}$。

若 F_{2^m} 中的元素用多项式基表示：

（1）置 T=α。

（2）对 i 从 1 到 m−1 执行：

　　T=T^2+b。

（3）输出 Tr(α)=T。

若 m 是奇数，则 α 的半迹是：$\alpha+\alpha^{2^2}+\alpha^{2^4}\ldots+\alpha^{2^{m-1}}$。

若 F_{2^m} 中的元素用多项式基表示，则半迹可通过下面的方法计算：

（1）置 T=α。

（2）对 i 从 1 到(m−1)=2 执行：

　　① T=T^2。

　　② T=T^2+b。

（3）输出半迹 T。

13.6.6　F_{2^m} 上二次方程的求解

设 β 是 F_{2^m} 中的元素，则方程 z^2+z=β 在 F_{2^m} 上有 2-2Tr（β）个解，因此方程有零个或两个解。若 β=0，则解是 0 和 1；若 β ≠0，z 是方程的解，则 z+1 也是方程的解。

给定 β，利用下面的算法可确定解 z 是否存在，若存在，则计算出一个解。

输入：F_{2^m} 及表示其元素的一组基，以及元素 β≠0。

输出：若存在解，则输出元素 z，使 z^2+z=β；否则输出"无解"。

算法 1：对正规基表示。

（1）设($\beta_0\beta_1\ldots\beta_{m-1}$)是 β 的表示。

（2）置 $z_0=0$。

（3）对 i 从 1 到 m-1 执行。

$z_i=z_{i-1} \oplus \beta_i$。

（4）置 $z=(z_0z_1 \cdots z_m-1)$。

（5）计算 $\gamma =z^2+z$。

（6）若 $\gamma =\beta$，则输出 z；否则输出"无解"。

算法2：对多项式基（m 是奇数）表示。

（1）计算 $z=\beta$ 的半迹。

（2）计算 $\gamma =z^2+z$。

（3）若 $\gamma =\beta$，则输出 z；否则输出"无解"。

算法3：对任意基表示。

（1）选择 $\tau \in F_{2^m}$，使得 $\tau +\tau^2 +...+\tau^{2^{m-1}}=1$。

（2）置 $z=0$，$w=\beta$。

（3）对 i 从 1 到 m-1 执行：

① $z=z^2+w^2 \cdot \tau$。

② $w=w^2+\beta$。

（4）若 $w \neq 0$，则输出"无解"，并终止。

（5）输出 z。

13.6.7　整数模素数阶的检查

设 p 是一个素数, 整数 g 满足 $1<g<p$, g mod p 的阶是指最小正整数 k, 使得 $g^k \equiv 1(\bmod p)$。以下算法测试 g mod p 的阶是否为 k。

输入：素数 p，整除 p-1 的正整数 k，整数 g 满足 $1<g<p$。

输出：若 k 是 g mod p 的阶，则输出为"正确"，否则输出"错误"。

（1）确定 k 的素因子。

（2）若 $g^k \bmod p \neq 1$，则输出"错误"，并终止。

（3）对 k 的每一个素因子 l，执行：

若 $g^{k/l} \bmod p=1$，则输出"错误"，并终止。

（4）输出"正确"。

13.6.8　整数模素数阶的计算

设 p 是素数，整数 g 满足 $1<g<p$。下面的算法确定 g mod p 的阶，此算法只在 p 较小时有效。

输入：素数 p 和满足 $1<g<p$ 的整数 g。

输出：g mod p 的阶 k。

（1）置 b=g，j=1。

（2）b=(g · b)mod p，j=j+1。

（3）若 b>1，则返回步骤（2）。

（4）输出 k=j。

13.6.9　模素数的阶为给定值的整数的构造

算法可求出 F_p 中阶为 T 的元素。此算法只在 p 值较小时有效。

输入：素数 p 和整除 p-1 的整数 T。

输出：模 p 的阶为 T 的整数 u。

（1）随机生成整数 g，1<g<p。

（2）计算 g mod p 的阶 k。

（3）若 T 不整除 k，则返回步骤（1）。

（4）输出 $u=g^{k/T}mod\ p$。

13.6.10　概率素性检测

u 是一个大的正整数，下面的概率算法（Miller-Rabin 检测）将确定 u 是素数还是合数。

输入：一个大的奇数 u 和一个大的正整数 T。

输出："概率素数"或"合数"。

（1）计算 v 和奇数 w，使得 $u-1=2^v*w$。

（2）对 j 从 1 到 T 执行：

　　① 在区间[2,u-1]中选取随机数 a。

　　② 置 $b=a^w mod\ u$。

　　③ 若 b=1 或 u-1，则转到步骤⑥。

　　④ 对 i 从 1 到 v-1 执行：

　　　　1）置 $b=b^2 mod\ u$。

　　　　2）若 b=u-1，则转到步骤⑥。

　　　　3）若 b=1，则输出"合数"并终止。

　　　　4）下一个 i。

　　⑤ 输出"合数"，并终止。

　　⑥ 下一个 j。

（3）输出"概率素数"。

若算法输出"合数"，则 u 是一个合数。若算法输出"概率素数"，则 u 是合数的概率小于 2^{-2T}。这样，通过选取足够大的 T，误差可以忽略。

13.6.11　近似素性检测

给定一个试除的界 l_{max}，若正整数 h 的每个素因子都不超过 l_{max}，则称 h 为 l_{max}-光滑的。给定一个正整数 r_{min}，若存在某个素数 v≥r_{min}，使得正整数 u=h·v，且整数 h 是 l_{max}-光滑的，则称 u 为近似素数。使用下面的算法检查 u 的近似素性。

输入：正整数 u、l_{max} 和 r_{min}。

输出：若 u 是近似素数，则输出 h 和 v；否则输出"不是近似素数"。

（1）置 v=u，h=1。

（2）对 1 从 2 到 l_{max} 执行：

　　① 若 1 是合数，则转到步骤③。

　　② 当 1 整除 v 时，循环执行：

　　　　1）置 v=1 和 h=h·1。

　　　　2）若 v<r_{min}，则输出"不是近似素数"并终止。

　　③ 下一个 1。

（3）若 v 是概率素数，则输出 h 和 v 并终止。

（4）输出"不是近似素数"。

13.7　椭圆曲线算法

13.7.1　椭圆曲线阶的计算

对于有限域上随机的椭圆曲线，其阶的计算是一个相当复杂的问题。目前有效的计算方法是 SEA 算法和 Satoh 算法。

13.7.2　椭圆曲线上点的寻找

给定有限域上的椭圆曲线，利用下面的算法可以有效地找出曲线上任意一个非无穷远点。

1. F_p 上的椭圆曲线

输入：素数 p，F_p 上一条椭圆曲线 E 的参数 a、b。

输出：E 上一个非无穷远点。

（1）选取随机整数 x，0≤x<p。

（2）置 α =(x^3+ax+b) mod p。

（3）若 α =0，则输出(x,0)并终止。

（4）求 α mod p 的平方根。

（5）若步骤（4）的输出是"不存在平方根"，则返回步骤（1）；否则步骤（4）的输出是整数 y，0<y<p，且 $y^2 \equiv \alpha \pmod{p}$。

（6）输出(x,y)。

2. F_{2^m} 上的椭圆曲线

输入：二元扩域 F_{2^m}，F_{2^m} 上的椭圆曲线 E 的参数 a、b。

输出：E 上一个非无穷远点。

（1）在 F_{2^m} 中选取随机元素 x。

（2）若 x=0，则输出$(0,b^{2^{m-1}})$并终止。

（3）置 $\alpha=x^3+ax^2+b$。

（4）若 $\alpha=0$，则输出(x,0)并终止。

（5）置 $\beta=x^{-2}\alpha$。

（6）求 z，使得 $z^2+z=\beta$。

（7）若步骤（6）的输出是"无解"，则返回步骤（1）；否则步骤（6）的输出是解 z。

（8）置 y=x·z。

（9）输出(x,y)。

13.8　曲线示例

13.8.1　F_p 上的椭圆曲线

假设椭圆曲线方程为：$y^2=x^3+ax+b$。

1. 示例 1：F_p–192 曲线

素数 p：

BDB6F4FE 3E8B1D9E 0DA8C0D4 6F4C318C EFE4AFE3 B6B8551F

系数 a：

BB8E5E8F BC115E13 9FE6A814 FE48AAA6 F0ADA1AA 5DF91985

系数 b：

1854BEBD C31B21B7 AEFC80AB 0ECD10D5 B1B3308E 6DBF11C1

基点 G = (x,y)，其阶记为 n。

坐标 x：

4AD5F704 8DE709AD 51236DE6 5E4D4B48 2C836DC6 E4106640

坐标 y：

02BB3A02 D4AAADAC AE24817A 4CA3A1B0 14B52704 32DB27D2

阶 n：

BDB6F4FE 3E8B1D9E 0DA8C0D4 0FC96219 5DFAE76F 56564677

2. 示例 2：F_p-256 曲线

素数 p：

8542D69E 4C044F18 E8B92435 BF6FF7DE 45728391 5C45517D 722EDB8B 08F1DFC3

系数 a：

787968B4 FA32C3FD 2417842E 73BBFEFF 2F3C848B 6831D7E0 EC65228B 3937E498

系数 b：

63E4C6D3 B23B0C84 9CF84241 484BFE48 F61D59A5 B16BA06E 6E12D1DA 27C5249A

基点 G = (x;y)，其阶记为 n。

坐标 x：

421DEBD6 1B62EAB6 746434EB C3CC315E 32220B3B ADD50BDC 4C4E6C14 7FEDD43D

坐标 y：

0680512B CBB42C07 D47349D2 153B70C4 E5D7FDFC BFA36EA1 A85841B9 E46E09A2

阶 n：

8542D69E 4C044F18 E8B92435 BF6FF7DD 29772063 0485628D 5AE74EE7 C32E79B7

13.8.2　F_{2^m} 上的椭圆曲线

假设椭圆曲线方程：$y^2+xy = x^3+ax^2+b$。

1. 示例 3：F_{2^m}-193 曲线

基域生成多项式：$x^{193}+x^{15}+1$。

系数 a：

0

系数 b：

00 2FE22037 B624DBEB C4C618E1 3FD998B1 A18E1EE0 D05C46FB

基点 G = (x,y)，其阶记为 n。

坐标 x：

00 D78D47E8 5C936440 71BC1C21 2CF994E4 D21293AA D8060A84

坐标 y：

00 615B9E98 A31B7B2F DDEEECB7 6B5D8755 86293725 F9D2FC0C

阶 n：

80000000 00000000 00000000 43E9885C 46BF45D8 C5EBF3A1

2. 示例 4：F_{2^m}-257 曲线

基域生成多项式：$x^{257}+x^{12}+1$

系数 a：

0

系数 b：

00　E78BCD09　746C2023　78A7E72B　12BCE002　66B9627E　CB0B5A25　367AD1AD 4CC6242B

基点 G = (x,y)，其阶记为 n。

坐标 x：

00 CDB9CA7F 1E6B0441 F658343F 4B10297C 0EF9B649 1082400A 62E7A748 5735FADD

坐标 y：

01 3DE74DA6 5951C4D7 6DC89220 D5F7777A 611B1C38 BAE260B1 75951DC8 060C2B3E

阶 n：

7FFFFFFF FFFFFFFF FFFFFFFF FFFFFFFF BC972CF7 E6B6F900 945B3C6A 0CF6161D

13.9　椭圆曲线方程参数的拟随机生成

13.9.1　F_p 上椭圆曲线方程参数的拟随机生成

1. 方式 1

输入：素域的规模 p。

输出：比特串 SEED 及 F_p 中的元素 a、b。

（1）任意选择长度至少为 192 的比特串 SEED。

（2）计算 $H=H_{256}(SEED)$，并记 $H=(h_{255},h_{254},\cdots,h_0)$。

（3）置 $R=\sum_{i=0}^{255}h_i2^i$。

（4）置 $r=R \bmod p$。

（5）任意选择 F_p 中的元素 a 和 b，使 $r\cdot b^2\equiv a^3(\bmod\ p)$。

（6）若 $(4a^3+27b^2)\bmod p=0$，则转到步骤（1）。

（7）所选择的 F_p 上的椭圆曲线为 $E:y^2=x^3+ax+b$。

（8）输出(SEED,a,b)。

2. 方式 2

输入：素域的规模 p。

输出：比特串 SEED 及 F_p 中的元素 a、b。

（1）任意选择长度至少为 192 的比特串 SEED。

（2）计算 H=H256(SEED)，并记 H = $(h_{255}, h_{254}, \cdots, h_0)$。

（3）置 $R = \sum_{i=0}^{255} h_i 2^i$。

（4）置 r=R mod p。

（5）置 b=r。

（6）取 F_p 中的元素 a 为某个固定值。

（7）若 $(4a^3 + 27b^2)$ mod p=0，则转到步骤（1）。

（8）所选择的 F_p 上的椭圆曲线为 E：$y^2 = x^3 + ax + b$。

（9）输出(SEED,a,b)。

13.9.2　F_{2^m} 上椭圆曲线方程参数的拟随机生成

输入：域的规模 $q = 2^m$，F_{2^m} 的约化多项式 $f(x) = x^m + f_{m-1}x^{m-1} + \cdots + f_2x^2 + f_1x + f_0$（其中 $f_i \in F_2$，i=0,1,…,m−1）。

输出：比特串 SEED 及 F_{2^m} 中的元素 a、b。

（1）任意选择至少 192 比特长的比特串 SEED。

（2）计算 H=H_{256}(SEED)，并记 H=$(h_{255}, h_{254}, \ldots, h_0)$。

（3）若 i≥256，令 h_i=1，置比特串 HH=$(h_{m-1}, h_{m-2}, \ldots, h_0)$，b 为与 HH 对应的 F_{2^m} 中的元素。

（4）若 b=0，则转步骤（1）。

（5）取 a 为 F_{2^m} 中的任意元素。

（6）所选择的 F_{2^m} 上的椭圆曲线为 E：$y^2 + xy = x^3 + ax^2 + b$。

（7）输出(SEED,a,b)。

13.10　椭圆曲线方程参数的验证

13.10.1　F_p 上椭圆曲线方程参数的验证

1. 方式 1

输入：比特串 SEED 及 F_p 中的元素 a、b。

输出："有效"或"无效"。

（1）计算 H'=H_{256}(SEED)，并记 H'=$(h_{255}, h_{254}, \ldots, h_0)$。

（2）置 $R' = \sum\limits_{i=0}^{255} h_i 2^i$ 。

（3）置 r'=R'mod p。

（4）若 $r' \cdot b^2 \equiv a^3 \pmod{p}$，则输出"有效"；否则输出"无效"。

2. 方式 2

输入：比特串 SEED 及 F_p 中的元素 b。

输出："有效"或"无效"。

（1）计算 $H'=H_{256}(SEED)$，并记 $H'=(h_{255}, h_{254}, \ldots, h_0)$。

（2）置 $R' = \sum\limits_{i=0}^{255} h_i 2^i$ 。

（3）置 r'=R'modp。

（4）若 r'=b，则输出"有效"；否则输出"无效"。

13.10.2　F_{2^m} 上椭圆曲线方程参数的验证

输入：比特串 SEED 及 F_{2^m} 中的元素 b。

输出："有效"或"无效"。

（1）计算 $H'=H_{256}(SEED)$，并记 $H'=(h_{255}, h_{254}, \ldots, h_0)$。

（2）若 $i \geqslant 256$，令 $h_i=1$，置比特串 $HH'=(h_{m-1}, h_{m-2}, \ldots, h_0)$，b'为与 HH'对应的 F_{2^m} 中的元素。

（3）若 b'=b，则输出"有效"；否则输出"无效"。

第 14 章

◀ SM2算法的实现 ▶

SM2 国密非对称算法属于椭圆曲线密码体制。由于 ECC 算法的计算方式太过冗余，导致 ECC 算法的效率极低，因此国家密码管理局推出了 SM2 使用标准，极力推进 ECC 算法的研究。从本质上讲，SM2 算法就是更安全的 ECC 算法，只是在签名、密钥交换方面不同于 ECDSA、ECDH 等国际标准，采取了更为安全的机制。另外，SM2 推荐了一条 256 位的曲线作为标准曲线。

所以要学习 SM2，先要弄懂 ECC。但为了本章的独立性，我们假设读者没有学过 ECC 算法，会对 SM2 算法所涉及的数学基础知识进行介绍，但本章的数学知识介绍和第 8 章有所不同，第 8 章的数学知识是从基础内容推导出结论公式，而本章直接给出结论定义，不再重复推导。

14.1 为何要推出 SM2 算法

SM2 算法是我们国家基于 ECC 算法而设计的、更安全的公钥算法，是国产的非对称算法。SM2 算法是一种更先进、更安全的算法，在我们国家的商用密码体系中被用来替换 RSA 算法。这样，各行各业的信息系统更加安全，毕竟信息系统采用国产算法越多越安全可靠。随着密码技术和计算技术的发展，目前常用的 1024 位 RSA 算法面临严重的安全威胁，我们国家的密码管理部门经过研究，决定采用 SM2 算法替换 RSA 算法。表 14-1 展示了算法攻破时间。

表 14-1　算法攻破时间

RSA 密钥强度	椭圆曲线密钥强度	攻破时间（年）
512	106	104，已经被攻破
768	132	108，已经被攻破
1024	160	1011
2048	210	1020

我们再看一下算法性能对比，如表 14-2 所示。

表 14-2　算法性能对比

算　法	签名速度（次/秒）	验签速度（次/秒）
1024 位 RSA	2792	51224
2048 位 RSA	455	15122
256 位 RSA	4095	871

由此可见，SM2 算法几乎完胜 RSA 算法。鉴于目前不少旧的信息系统采用 RSA 算法，因此改造这些系统的任务显得尤为迫切。但是在改造的同时，依旧要保持在接口上兼容 RSA 算法，这是为了与国际上某些设备和系统进行互联互通，所以往后一段时间来看，RSA 和 SM2 算法将共存，即要同时支持。

14.2　SM2 算法采用的椭圆曲线方程

一提起椭圆曲线，大家就会想到方程，椭圆曲线算法是通过方程确定的，SM2 算法采用的椭圆曲线方程为：

$$y^2 = x^3 + ax + b$$

在 SM2 算法标准中，通过指定 a、b 系数确定了唯一的标准曲线。同时，为了将曲线映射为加密算法，SM2 标准中还确定了其他参数供算法程序使用。

14.3　SM2 算法的用途

SM2 算法作为公钥算法，可以完成数字签名、加密解密和密钥交换应用。数字签名能够实现对信息完整性及有效性的验证。公钥加密算法能够实现对信息的加解密，从而防止秘密信息泄露。密钥交换协议常用于密钥的管理和协商。

14.4　椭圆曲线密码体制的不足

椭圆曲线密码体制以其优势渐渐取代了 RSA 等传统的公钥密码体制，但是因其基于复杂的数学原理，当中采用了一些复杂耗时的运算，ECC 的运算效率需要考虑的影响因素烦琐复杂，与其他公钥密码体制相比还有一些不足需要克服：

（1）实现相对复杂

在椭圆曲线密码体制中有两个耗时的运算：点乘运算和求逆运算。若是在二进制域的情况下研究椭圆曲线，则很多基于 ECC 的运算都要考虑重新实现。但 RSA 仅仅是单一的整数模运算，计算简单。整体来说，对椭圆曲线密码系统的实现，其复杂程度要大很多。

（2）设计不好，容易导致实际计算速度不理想

虽然 ECC 的密钥比 RSA 短，理论上运算速度比较快，但因其复杂的结构导致设计不善时容易导致实际运行过程中并没有特别大的优势。

（3）复杂的安全参数选取

比起 RSA 使用两个大素数作为参数，ECC 需要选取一条安全的椭圆曲线作为参数。

14.5 椭圆曲线的研究热点

由于椭圆曲线密码体制本身复杂的特性，而形成了一个自下而上的密码研究体系。椭圆曲线密码体制的运算层次从上到下共分为 4 层：椭圆曲线密码协议（数字签名、数据加密、密钥交换）、点乘 kP、椭圆曲线点加和倍点以及有限域上的算术运算。层次由下而上，上层调用下层，下层是上层的基础。

基于这 4 层椭圆曲线密码研究体系，有如下几个研究热点：

（1）快速产生椭圆曲线参数。如何快速产生一条安全的椭圆曲线，确定 ECC 所需要的各个参数，在 ECC 系统建立过程中，需要综合考虑多种因素且计算过程复杂。为了保证系统的安全性，提高运算效率，如何快速产生可用的密码学中的安全椭圆曲线域参数，一直是密码学研究者在探索的问题。

（2）椭圆曲线密码算法的改进。在数学层面上，椭圆曲线的点加、倍点、点乘 kP 以及有限域算术运算都有一些学术界公认的算法。但这些算法并不一定适用于所有的应用情况，需根据具体的应用条件对已有的算法做出调整和改进。就算法本身而言，研究的热点主要是针对模逆和点乘两个椭圆曲线密码算法核心运算的改进，以提高系统整体运算效率。许多学术研究都体现在如何更好地平衡算法运算效率和算法耗费资源两个方面。通过对算法的改进使其更加适用于软硬件的实现。

（3）椭圆曲线密码系统的实现。在系统实现方面，一般二进制域适合硬件实现，而软件的实现通常选择在素数域上进行设计。软件的实现需考虑用什么语言来编写程序，以及该软件在什么配置的硬件平台来运行。程序编写的好坏取决于它是否能够很好地还原算法本身，运行软件所基于的硬件平台也是非常重要的因素，二者共同决定椭圆曲线密码算法的运算效率。如何设计实现一个安全性好、运行效率高的椭圆曲线密码系统也一直是人们研究的重点问题。

SM2 算法所基于的椭圆曲线性质如下：

（1）在有限域上，椭圆曲线在点加运算下构成有限交换群，且其阶与基域规模相近。

（2）类似于有限域乘法群中的乘幂运算，椭圆曲线多倍点运算构成一个单向函数。

在多倍点运算中，已知多倍点与基点，求解倍数的问题称为椭圆曲线离散对数问题。对于一般椭圆曲线的离散对数问题，目前只存在指数级计算复杂度的求解方法。与大数分解问题及有限域上的离散对数问题相比，椭圆曲线离散对数问题的求解难度要大得多。因此，在相同安全程度要求下，椭圆曲线密码较其他公钥密码所需的密钥规模要小得多。

14.6　SM2 算法中的有限域

这里给出 SM2 算法中的有限域 F_q 的描述及其元素的表示，q 是一个奇素数或者 2 的方幂。当 q 是奇素数 p 时，要求 p>2191；当 q 是 2 的方幂 2^m 时，要求 m>192 且为素数。

14.6.1　素域 F_q

当 q 是奇素数 p 时，素域 F_q 中的元素用整数 0,1,2,…,p−1 表示。

（1）加法单位是整数 0。
（2）乘法单位是整数 1。
（3）域元素的加法是整数的模 p 加法，即若 $a,b \in F_q$，则 a+b=(a+b)mod p。
（4）域元素的乘法是整数的模 p 乘法，即若 $a,b \in F_q$，则 a·b=(a·b)mod p。

14.6.2　二元扩域 F_{2^m}

当 q 是 2 的方幂 2^m 时，二元扩域 F_{2^m} 可以看成 F_2 上的 m 维向量空间，其元素可用长度为 m 的比特串表示。

F_{2^m} 中的元素有多种表示方法，其中常用的两种方法是多项式基（PB）表示和正规基（NB）表示。基的选择原则是使得 F_{2^m} 中的运算效率尽可能高。这里并不规定基的选择。下面以多项式基表示为例说明二元扩域 F_{2^m}。

设 F_2 上 m 次不可约多项式 $f(x)=x^m+f_{m-1}x^{m-1}+\ldots+f_2x^2+f_1x+f_0$（其中 $f_i \in F_2, i=0,1,\ldots,m-1$）是二元扩域 F_{2^m} 的约化多项式。F_{2^m} 由 F_2 上所有次数低于 m 的多项式构成。多项式集合 $\{x^{m-1},x^{m-2},\ldots,x,1\}$ 是 F_{2^m} 在 F_2 上的一组基，称为多项式基。F_{2^m} 中的任意一个元素 $a(x)=a_{m-1}x^{m-1}+a_{m-2}x^{m-2}+\ldots+a_1x+a_0$ 在 F_2 上的系数恰好构成了长度为 m 的比特串，用 $a=(a_{m-1},a_{m-2},\ldots,a_1,a_0)$ 表示。

（1）零元用全 0 比特串表示。
（2）乘法单位用比特串(00…001)表示。
（3）两个域元素的加法为比特串的按比特异或运算。
（4）域元素 a 和 b 的乘法定义为：设 a 和 b 对应的 F_2 上的多项式为 a(x)和 b(x)，则 a·b 定义为多项式(a(x)b(x))mod f(x)对应的比特串。

14.7　有限域上的椭圆曲线

有限域 F_q 上的椭圆曲线是由点组成的集合。在仿射坐标系下，椭圆曲线上点 P（非无穷远点）的坐标表示为 $P=(x_P,y_P)$，其中 x_P、y_P 为满足一定方程的域元素，分别称为点 P 的 x 坐标和 y 坐标。我们称 F_q 为基域。此外，不做特别说明，椭圆曲线上的点均采用仿射坐标表示。

14.7.1　F_p 上的椭圆曲线

定义在 F_p（p 是大于 3 的素数）上的椭圆曲线方程为：

$$y^2 = x^3+ax+b, \ a,b\in F_p, \ 且(4a^3+27b^2) \bmod p\neq 0 \tag{1}$$

椭圆曲线 $E(F_p)$定义为：

$E(F_q)=\{(x,y)|x,y\in F_p$，且满足上述方程（1）$\cup \{O\}$，其中 O 是无穷远点。

椭圆曲线 $E(F_p)$上的点的数目用#$E(F_p)$表示，称为椭圆曲线 $E(F_p)$的阶。

14.7.2　F_{2^m} 上的椭圆曲线

定义在 F_{2^m} 上的椭圆曲线方程为：

$$y^2+xy = x^3+ax^2+b, \ a,b\in F_{2^m}, \ 且 b\neq 0。 \tag{2}$$

椭圆曲线 $E(F_{2^m})$定义为：

$E(F_{2^m})=\{(x,y)|x,y\in F_{2^m}$，且满足方程（2）$\cup \{O\}$，其中 O 是无穷远点。

椭圆曲线 $E(F_{2^m})$上的点的数目用#$E(F_{2^m})$表示，称为椭圆曲线 $E(F_{2^m})$的阶。

14.8　椭圆曲线系统参数及其验证

14.8.1　一般要求

椭圆曲线系统参数是可以公开的，系统的安全性不依赖于对这些参数的保密。通常不规定椭圆曲线系统参数的生成方法，但规定了系统参数的验证方法。椭圆曲线阶的计算和基点的选取方法可参见 13.7 节，曲线参数的生成方法可参见 13.9 节。

椭圆曲线系统参数按照基域的不同可以分为两种情形：

（1）当基域是 F_p（p 为大于 3 的素数）时，F_p 上的椭圆曲线系统参数。
（2）当基域是 F_{2^m} 时，F_{2^m} 上的椭圆曲线系统参数。

14.8.2　F_p 上椭圆曲线系统参数及其验证

1. F_p 上的椭圆曲线系统参数

F_p 上的椭圆曲线系统参数包括：

（1）域的规模 q=p，p 是大于 3 的素数。

（2）一个长度至少为 192 的比特串 SEED。

（3）F_p 中的两个元素 a 和 b，它们定义椭圆曲线 E 的方程：$y^2=x^3+ax+b$。

（4）基点 $G=(x_G,y_G)\in E(F_p)$，$G\neq O$。

（5）基点 G 的阶 n（要求：$n>2^{191}$ 且 $n>4p^{1/2}$）。

（6）余因子 $h=\#E(F_p)=n$。

2. F_p 上的椭圆曲线系统参数的验证

下面的条件应由椭圆曲线系统参数的生成者加以验证。椭圆曲线系统参数的用户可选择验证这些条件。

输入：F_p 上椭圆曲线系统参数的集合。

输出：若椭圆曲线系统参数是有效的，则输出"有效"，否则输出"无效"。

（1）验证 q=p 是奇素数。

（2）验证 a、b、x_G 和 y_G 是区间[0,p−1]中的整数。

（3）若按照 13.9 节描述的方法拟随机产生椭圆曲线，验证 SEED 是长度至少为 192 的比特串，且 a、b 由 SEED 派生得到。

（4）验证$(4a^3+27b^2)\bmod p\neq 0$。

（5）验证 $y_G^2\equiv x_G^3+ax_G+b(\bmod p)$。

（6）验证 n 是素数，$n>2^{191}$ 且 $n>4p^{1/2}$。

（7）验证[n]G=O。

（8）计算 $h'=\lfloor (P^{1/2}+1)^2/n \rfloor$，并验证 h=h′。

（9）验证抗 MOV 攻击条件和抗异常曲线攻击条件成立。

（10）若以上任何一个验证失败，则输出"无效"；否则输出"有效"。

14.8.3 F_{2^m} 上椭圆曲线系统参数及其验证

1. F_{2^m} 上的椭圆曲线系统参数

F_{2^m} 上的椭圆曲线系统参数包括：

（1）域的规模 $q=2^m$，对 F_{2^m} 中元素表示法（三项式基 TPB、五项式基 PPB 或高斯正规基 GNB）的标识，一个 F_2 上的 m 次约化多项式（若所用的基是 TPB 或 PPB）。

（2）（选项）一个长度至少为 192 的比特串 SEED。

（3）F_{2^m} 中的两个元素 a 和 b，它们定义椭圆曲线 E 的方程：$y^2+xy=x^3+ax^2+b$。

（4）基点 $G=(x_G,y_G)\in E(F_{2^m})$，$G\neq O$。

（5）基点 G 的阶 n（要求：n>2191 且 $n>2^{2+m/2}$）。

（6）余因子 $h=\#E(F_{2^m})=n$。

2. F_{2^m} 上的椭圆曲线系统参数的验证

下面的条件应由椭圆曲线系统参数的生成者加以验证。椭圆曲线系统参数的用户可选择验证这些条件。

输入：F_{2^m} 上的椭圆曲线系统参数的集合。

输出：若椭圆曲线系统参数是有效的，则输出"有效"，否则输出"无效"。

（1）对某个 m，验证 $q=2^m$；若所用的是 TPB，则验证约化多项式是 F_2 上的不可约三项式；若所用的是 PPB，则验证不存在 m 次不可约三项式，且约化多项式是 F_2 上的不可约五项式；若所用的是 GNB，则验证 m 不能被 8 整除。

（2）验证 a、b、x_G 和 y_G 是长度为 m 的比特串。

（3）若按照 13.9 节描述的方法拟随机产生椭圆曲线，验证 SEED 是长度至少为 192 的比特串，且 a、b 由 SEED 派生得到。

（4）验证 $b \neq 0$。

（5）在 F_{2^m} 中验证 $y_G^2 + x_G y_G = x_G^3 + a x_G^2 + b$。

（6）验证 n 是一个素数，$n > 2^{191}$ 且 $n > 2^{2+m/2}$。

（7）验证 $[n]G = O$。

（8）计算 $h' = \lfloor (2^{m/2}+1)^2 / n \rfloor$，验证 $h = h'$。

（9）验证抗 MOV 攻击条件成立。

（10）若以上任何一个验证失败，则输出"无效"，否则输出"有效"。

14.9 密钥对的生成

输入：一个有效的 F_q（$q=p$ 且 p 为大于 3 的素数，或 $q=2^m$）上的椭圆曲线系统参数的集合。

输出：与椭圆曲线系统参数相关的一个密钥对(d,P)。

（1）用随机数发生器产生整数 $d \in [1, n-2]$。

（2）G 为基点，计算点 $P=(xp, yp)=[d]G$。

（3）密钥对是(d,P)，其中 d 为私钥，P 为公钥。

14.10　公钥的验证

14.10.1　F_p 上椭圆曲线公钥的验证

输入：一个有效的 F_p（$p>3$ 且 p 为素数）上的椭圆曲线系统参数集合及一个相关的公钥 P。

输出：对于给定的椭圆曲线系统参数，若公钥 P 是有效的，则输出"有效"，否则输出"无效"。

（1）验证 P 不是无穷远点 O。

（2）验证公钥 P 的坐标 x_P 和 y_P 是域 F_p 中的元素（即验证 x_P 和 y_P 是区间[0,p−1]中的整数）。

（3）验证 $y_P^2 \equiv x_P^3 + ax_P + b(\bmod\ p)$。

（4）验证[n]P=O。

（5）若通过了所有验证，则输出"有效"，否则输出"无效"。

14.10.2　F_{2^m} 上椭圆曲线公钥的验证

输入：一个有效的 F_{2^m} 上的椭圆曲线系统参数集合及一个相关的公钥 P。

输出：对于给定的椭圆曲线系统参数，若公钥 P 是有效的，则输出"有效"，否则输出"无效"。

（1）验证 P 不是无穷远点 O。

（2）验证公钥 P 的坐标 x_P 和 y_P 是域 F_{2^m} 中的元素（验证 x_P 和 y_P 是长度为 m 的比特串）。

（3）在 F_{2^m} 中验证 $y_P^2 + x_P y_P = x_P^3 + a_P^2 + b$。

（4）验证[n]P=O。

（5）若通过了所有验证，则输出"有效"，否则输出"无效"。

注意：公钥的验证是可选项。

14.11　MIRACL 库入门

学到现在，是不是感觉密码学的根基其实就是数学，如果要实现密码学的相关算法，相应的大数运算的实现必不可少，但要实现这些大数运算并非易事。幸运的是，我们可以站在巨人的肩膀上，利用一些现成的大数运算函数库来实现密码算法。这里我们介绍大名鼎鼎的 MIRACL（Multiprecision Integer and Rational Arithmetic C/C++Library，多精度整数与有理数算法的 C/C++库），这个大数运算库的功能非常强大，无论是大家以后是否有志创造出新的密码算法，还是实现目前已有的密码算法，该大数运算库都可以利用，这样很多基础性的数学功能不必重复了。

MIRACL 是一套由 Shamus Software Ltd.开发的关于大数运算函数的库，用来设计与大数运算相关的密码学的应用，包含 RSA 公开密码学、Diffie-Hellman 密钥交换（Key Exchange）、AES、DSA 数字签名，还包含较新的椭圆曲线密码学（Elliptic Curve Cryptography）等。MIRACL 运算速度快，并提供源代码。国外著名的密码学函数库还有 GMP、NTL、Crypto++、LibTomCrypt（LibTomMath）、OpenSSL 等。

下面我们简要说明怎样在 Windows 平台下使用 MIRACL。

14.11.1　获取 MIRACL

我们可以到GitHub上获取MIRACL的源码，GitHub网址是https://github.com/miracl/MIRACL。下载下来的文件是 MIRACL-master.zip。

14.11.2　生成静态库并测试

因为 MIRACL 是开源的，因此我们可以通过源代码文件生成一个静态库，以便在以后的工程中使用这个库。

【例 14.1】生成 MIRACL 静态库并测试

（1）打开 VC 2017，按快捷键 Ctrl+Shift+N 打开"新建项目"对话框，然后在界面左边展开 Visual C++→"Windows 桌面"，在右边选中"Windows 桌面向导"，并输入工程的名称，比如 mymiracl，如图 14-1 所示。

图 14-1

然后单击"确定"按钮，此时出现"Windows 桌面项目"对话框，在"应用程序类型"下选中"静态库（.lib）"，并取消勾选"预编译标头"复选框，如图 14-2 所示。

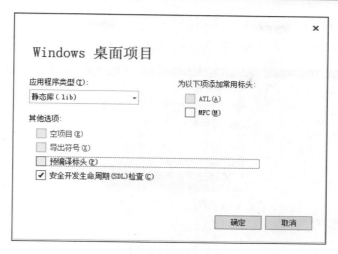

图 14-2

然后单击"确定"按钮，此时一个 Win32 静态库工程就建立起来了。

（2）把解压后的 MIRACL 文件夹下的 include 子文件夹下的两个头文件 miracl.h 和 mirdef.h 复制到本工程目录下，再把 MIRACL 文件夹下的 source 子文件夹下的 mr 开头的所有源文件（.c）复制到本工程目录下。

把本工程目录下的.h 文件和.c 文件分别加入 VC 工程中，如图 14-3 所示。

图 14-3

（3）单击菜单"生成"→"生成解决方案"，稍等片刻，生成成功。此时可以在解决方案目录的 Debug 子目录下看到一个文件 mymiracl.lib，这就是我们生成的静态库，如图 14-4 所示。

图 14-4

下面我们来测试这个静态库。

（4）回到本工程 VC 中，新建一个空的控制面板工程，即在"添加新项目"对话框中选中"Windows 桌面向导"，并输入工程名 test，如图 14-5 所示。

图 14-5

然后单击"确定"按钮，在随后出现的"Windows 桌面项目"对话框的应用程序类型下选择"控制面板应用程序（.exe）"，并勾选"空项目"复选框，再取消勾选"预编译标头"复选框，如图 14-6 所示。

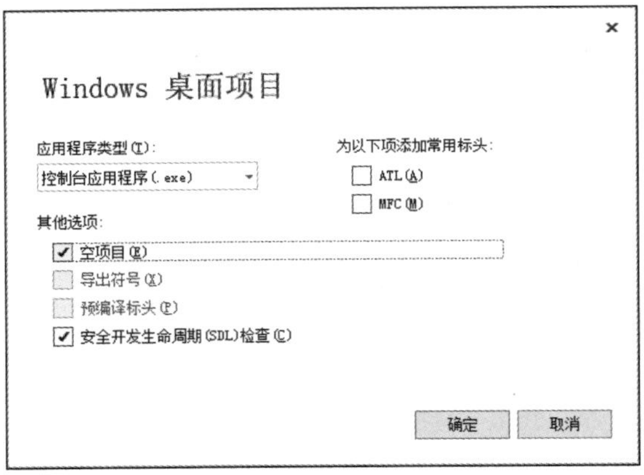

图 14-6

然后单击"确定"按钮，此时一个空的控制面板应用程序工程就建立起来了。我们把 MIRACL 文件夹下的 source 子文件夹下的 brent.c 文件（注意是.c 文件，不要弄错了，因为还有一个 brent.cpp 文件）复制到 test 工程的工程目录下，并在 VC 中添加该文件。

在 VC 中打开 brent.c 可以看到 main 函数，居然都帮我们写好了，真是贴心啊。我们可以把 test 工程中自动生成的 test.cpp 删除掉。

在 brent.c 的开头添加静态库包含指令：

```
#pragma comment(lib,"mymiracl.lib")
```

把 mymiracl 工程目录下的 miracl.h 和 mirdef.h 复制到 test 工程目录下。

（5）保存工程并运行，运行结果如图 14-7 所示。

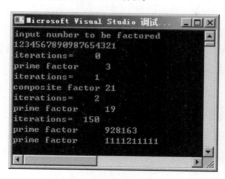

图 14-7

至此，说明 mymiracle.lib 静态库测试成功。强大的武器已经准备好，下面可以学习 SM2 算法了。

14.12　SM2 加解密算法

有了 SM2 加解密算法，消息发送者可以利用接收者的公钥对消息进行加密，接收者用对应的私钥进行解密，以获取消息。此外，作为国家标准公钥加密算法，还可以为安全产品生产商提供产品和技术的标准定位以及标准化的参考，提高安全产品的可信性与互操作性。

14.12.1　算法参数

1. 椭圆曲线系统参数

椭圆曲线系统参数包括有限域 F_q 的规模 q（当 $q=2^m$ 时，还包括元素表示法的标识和约化多项式）；定义椭圆曲线 $E(F_q)$ 的方程的两个元素 $a,b \in F_q$；$E(F_q)$ 上的基点 $G=(x_G,y_G)(G \neq O)$，其中 x_G 和 y_G 是 F_q 中的两个元素；G 的阶 n 及其他可选项（如 n 的余因子 h 等）。

椭圆曲线系统参数及其验证应符合 14.10 节所述内容。

2. 用户密钥对

用户 B 的密钥对包括其私钥 d_B 和公钥 $P_B=[d_B]G$。
用户密钥对的生成算法与公钥验证算法应符合 14.9 节的规定。

14.12.2　辅助函数

SM2 公钥算法涉及 3 类辅助函数：密码杂凑函数、密钥派生函数和随机数发生器。这 3 类辅助函数的强弱直接影响加密算法的安全性。

1. 密码杂凑函数

必须使用国家密码管理局批准的密码杂凑算法，如 SM3 密码杂凑算法。

2. 密钥派生函数

密钥派生函数的作用是从一个共享的秘密比特串中派生出密钥数据。在密钥协商过程中，密钥派生函数作用在密钥交换所获的共享秘密比特串上，从中产生所需的会话密钥或进一步加密所需的密钥数据。

密钥派生函数需要调用密码杂凑函数。

设密码杂凑函数为 H_v，其输出是长度恰为 v 比特的杂凑值。

密钥派生函数 KDF(Z, klen)：

输入：比特串 Z，整数 klen（表示要获得的密钥数据的比特长度，要求该值小于$(2^{32}-1)v$）。

输出：长度为 klen 的密钥数据比特串 K。

（1）初始化一个 32 比特构成的计数器 ct=0x00000001。

（2）对 i 从 1 到 $\lceil klen/v \rceil$ 执行：

    ① 计算 $H_{ai}=H_v(Z\|ct)$。

    ② ct++。

（3）若 klen/v 是整数，令 $Ha!_{\lceil klen/v \rceil}=Ha_{\lceil klen/v \rceil}$，否则令 $Ha!_{\lceil klen/v \rceil}$ 为 $Ha_{\lceil klen/v \rceil}$ 最左边的 $(klen-(v\times\lceil klen/v \rceil))$ 比特。

（4）令 $K=Ha_1\|Ha_2\|\cdots\|Ha_{\lceil klen/v \rceil-1}\|Ha!_{\lceil klen/v \rceil}$。

3. 随机数发生器

随机数发生器用来产生随机数，必须使用国家密码管理局批准的随机数发生器。也就是说，产生的随机数的随机性要经得起检验。

14.12.3 加密算法及流程

1. 加密算法

设需要发送的消息为比特串 M，klen 为 M 的比特长度。

为了对明文 M 进行加密，作为加密者的用户 A 应实现以下运算步骤：

（1）用随机数发生器产生随机数 $k\in[1,n-1]$。

（2）计算椭圆曲线点 $C_1=[k]G=(x_1,y_1)$，将 C_1 的数据类型转换为比特串。

（3）计算椭圆曲线点 $S=[h]P_B$，若 S 是无穷远点，则报错并退出。

（4）计算椭圆曲线点 $[k]P_B=(x_2,y_2)$，将坐标 x_2、y_2 的数据类型转换为比特串。

（5）计算 $t=KDF(x_2\|y_2,klen)$，若 t 为全 0 比特串，则返回步骤（1）。

（6）计算 $C_2=M\oplus t$。

（7）计算 $C_3=Hash(x_2\|M\|y_2)$。

（8）输出密文 $C=C_1\|C_2\|C_3$。

2. 加密算法流程图（见图 14-8）

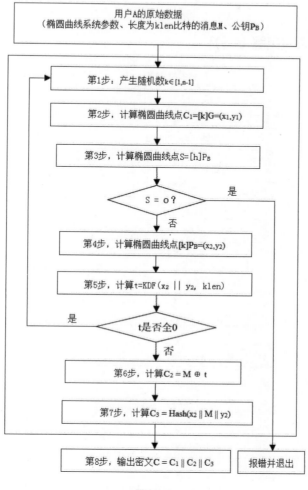

图 14-8

14.12.4 解密算法及流程

1. 解密算法

设 klen 为密文中 C_2 的比特长度。

为了对密文 $C=C_1\|C_2\|C_3$ 进行解密，作为解密者的用户 B 应实现以下运算步骤：

（1）从 C 中取出比特串 C_1，将 C_1 的数据类型转换为椭圆曲线上的点，验证 C_1 是否满足椭圆曲线方程，若不满足则报错并退出。

（2）计算椭圆曲线点 $S=[h]C_1$，若 S 是无穷远点，则报错并退出。

（3）计算$[d_B]C_1=(x_2,y_2)$，将坐标 x_2、y_2 的数据类型转换为比特串。

（4）计算 $t=KDF(x_2\|y_2,klen)$，若 t 为全 0 比特串，则报错并退出。

（5）从 C 中取出比特串 C_2，计算 $M'=C_2\oplus t$。

（6）计算 $u=Hash(x_2\|M'\|y_2)$，从 C 中取出比特串 C_3，若 $u\neq C_3$，则报错并退出。

（7）输出明文 M'。

2. 解密算法流程图（见图 14-9）

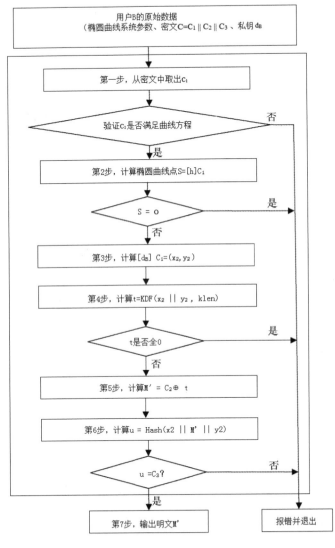

图 14-9

14.12.5 椭圆曲线消息加解密示例

1. F_p 上的椭圆曲线消息加解密示例

假设椭圆曲线方程为：$y^2=x^3+ax+b$。

示例 1：F_p-256

素数 p：

8542D69E 4C044F18 E8B92435 BF6FF7DE 45728391 5C45517D 722EDB8B 08F1DFC3

系数 a：

787968B4 FA32C3FD 2417842E 73BBFEFF 2F3C848B 6831D7E0 EC65228B 3937E498

系数 b：

63E4C6D3 B23B0C84 9CF84241 484BFE48 F61D59A5 B16BA06E 6E12D1DA 27C5249A

基点 $G=(x_G,y_G)$，其阶记为 n。

坐标 x_G：

421DEBD6　1B62EAB6　746434EB　C3CC315E　32220B3B　ADD50BDC　4C4E6C14　7FEDD43D

坐标 y_G：

0680512B CBB42C07 D47349D2 153B70C4 E5D7FDFC BFA36EA1 A85841B9 E46E09A2

阶 n：

8542D69E 4C044F18 E8B92435 BF6FF7DD 29772063 0485628D 5AE74EE7 C32E79B7

待加密的消息 M：encryption standard。

消息 M 的十六进制表示：656E63 72797074 696F6E20 7374616E 64617264。

私钥 d_B：

1649AB77 A00637BD 5E2EFE28 3FBF3535 34AA7F7C B89463F2 08DDBC29 20BB0DA0

公钥 $P_B=(x_B,y_B)$：

坐标 x_B：

435B39CC A8F3B508 C1488AFC 67BE491A 0F7BA07E 581A0E48 49A5CF70 628A7E0A

坐标 y_B：

75DDBA78　F15FEECB　4C7895E2　C1CDF5FE　01DEBB2C　DBADF453　99CCF77B　BA076A42

接下来加密各步骤中的有关值。

产生随机数 k：

4C62EEFD 6ECFC2B9 5B92FD6C 3D957514 8AFA1742 5546D490 18E5388D 49DD7B4F

计算椭圆曲线点 $C_1=[k]G=(x_1,y_1)$：

坐标 x_1：

245C26FB 68B1DDDD B12C4B6B F9F2B6D5 FE60A383 B0D18D1C 4144ABF1 7F6252E7

坐标 y_1：

76CB9264 C2A7E88E 52B19903 FDC47378 F605E368 11F5C074 23A24B84 400F01B8

在此 C_1 选用未压缩的表示形式，点转换成字节串的形式为 $PC\|x_1\|y_1$，其中 PC 为单一字节且 PC=04，仍记为 C1。

计算椭圆曲线点$[k]PB=(x_2,y_2)$：

坐标 x_2：

64D20D27 D0632957 F8028C1E 024F6B02 EDF23102 A566C932 AE8BD613 A8E865FE

坐标 y_2：

58D225EC A784AE30 0A81A2D4 8281A828 E1CEDF11 C4219099 84026537 5077BF78

消息 M 的比特长度 klen=152。

计算 $t=KDF(x_2 \| y_2, klen)$：

006E30 DAE231B0 71DFAD8A A379E902 64491603

计算 $C_2=M \oplus t$：

650053 A89B41C4 18B0C3AA D00D886C 00286467

计算 $C_3=Hash(x_2 \| M \| y_2)$：

$x_2 \| M \| y_2$：

64D20D27 D0632957 F8028C1E 024F6B02 EDF23102 A566C932 AE8BD613 A8E865FE
656E6372 79707469 6F6E2073 74616E64 61726458 D225ECA7 84AE300A 81A2D482
81A828E1 CEDF11C4 21909984 02653750 77BF78

C_3：

9C3D7360 C30156FA B7C80A02 76712DA9 D8094A63 4B766D3A 285E0748 0653426D

输出密文 $C = C_1 \| C_2 \| C_3$：

04245C26 FB68B1DD DDB12C4B 6BF9F2B6 D5FE60A3 83B0D18D 1C4144AB F17F6252
E776CB92 64C2A7E8 8E52B199 03FDC473 78F605E3 6811F5C0 7423A24B 84400F01
B8650053 A89B41C4 18B0C3AA D00D886C 00286467 9C3D7360 C30156FA B7C80A02
76712DA9 D8094A63 4B766D3A 285E0748 0653426D

接下来解密各步骤中的有关值。

计算椭圆曲线点$[d_B]C_1=(x_2, y_2)$：

坐标 x_2：

64D20D27 D0632957 F8028C1E 024F6B02 EDF23102 A566C932 AE8BD613 A8E865FE

坐标 y_2：

58D225EC A784AE30 0A81A2D4 8281A828 E1CEDF11 C4219099 84026537 5077BF78

计算 $t = KDF(x_2 \| y_2, klen)$：

006E30 DAE231B0 71DFAD8A A379E902 64491603

计算 $M'=C_2 \oplus t$：

656E63 72797074 696F6E20 7374616E 64617264

计算 u=Hash(x_2‖M'‖y_2):

9C3D7360 C30156FA B7C80A02 76712DA9 D8094A63 4B766D3A 285E0748 0653426D

明文 M':

656E63 72797074 696F6E20 7374616E 64617264，即为：encryption standard

2. F_{2^m} 上的椭圆曲线消息加解密示例

假设椭圆曲线方程为：$y^2+xy=x^3+ax^2+b$。

示例 2：F_{2^m} −257

基域生成多项式为：$y^{257}+x^{12}+1$

系数 a：

0

系数 b：

00　E78BCD09　746C2023　78A7E72B　12BCE002　66B9627E　CB0B5A25　367AD1AD 4CC6242B

基点 G=(x_G,y_G)，其阶记为 n。

坐标 x_G：

00 CDB9CA7F 1E6B0441 F658343F 4B10297C 0EF9B649 1082400A 62E7A748 5735FADD

坐标 y_G：

01　3DE74DA6　5951C4D7　6DC89220　D5F7777A　611B1C38　BAE260B1　75951DC8 060C2B3E

阶 n：

7FFFFFFF FFFFFFFF FFFFFFFF FFFFFFFF BC972CF7 E6B6F900 945B3C6A 0CF6161D

待加密的消息 M：encryption standard。

消息 M 的十六进制表示：656E63 72797074 696F6E20 7374616E 64617264。

私钥 d_B：

56A270D1 7377AA9A 367CFA82 E46FA526 7713A9B9 1101D077 7B07FCE0 18C757EB

公钥 P_B=(x_B,y_B)：

坐标 x_B：

00　A67941E6　DE8A6180　5F7BCFF0　985BB3BE　D986F1C2　97E4D888　0D82B821 C624EE57

坐标 y_B：

01 93ED5A67 07B59087 81B86084 1085F52E EFA7FE32 9A5C8118 43533A87 4D027271

接下来加密各步骤中的有关值。

产生随机数 k：

6D3B4971 53E3E925 24E5C122 682DBDC8 705062E2 0B917A5F 8FCDB8EE 4C66663D

计算椭圆曲线点 $C_1=[k]G=(x_1,y_1)$：

坐标 x1：

01 9D236DDB 305009AD 52C51BB9 32709BD5 34D476FB B7B0DF95 42A8A4D8 90A3F2E1

坐标 y1：

00 B23B938D C0A94D1D F8F42CF4 5D2D6601 BF638C3D 7DE75A29 F02AFB7E 45E91771

在此 C_1 选用未压缩的表示形式，点转换成字节串的形式为 PC‖x_1‖y_1，其中 PC 为单一字节且 PC=04，仍记为 C_1。

计算椭圆曲线点$[k]P_B=(x_2,y_2)$：

坐标 x_2：

00 83E628CF 701EE314 1E8873FE 55936ADF 24963F5D C9C64805 66C80F8A 1D8CC51B

坐标 y_2：

01 524C647F 0C0412DE FD468BDA 3AE0E5A8 0FCC8F5C 990FEE11 60292923 2DCD9F36

消息 M 的比特长度 klen=152。

计算 $t=KDF(x_2‖y_2,klen)$：

983BCF 106AB2DC C92F8AEA C6C60BF2 98BB0117

计算 $C_2=M \oplus t$：

FD55AC 6213C2A8 A040E4CA B5B26A9C FCDA7373 FCDA7373

计算 $C_3=Hash(x_2‖M‖y_2)$：

$x_2‖M‖y_2$：

0083E628 CF701EE3 141E8873 FE55936A DF24963F 5DC9C648 0566C80F 8A1D8CC5
1B656E63 72797074 696F6E20 7374616E 64617264 01524C64 7F0C0412 DEFD468B
DA3AE0E5 A80FCC8F 5C990FEE 11602929 232DCD9F 36

C3：

73A48625 D3758FA3 7B3EAB80 E9CFCABA 665E3199 EA15A1FA 8189D96F 579125E4

输出密文 $C=C_1‖C_2‖C_3$：

04019D23 6DDB3050 09AD52C5 1BB93270 9BD534D4 76FBB7B0 DF9542A8 A4D890A3
F2E100B2 3B938DC0 A94D1DF8 F42CF45D 2D6601BF 638C3D7D E75A29F0 2AFB7E45

E91771FD 55AC6213 C2A8A040 E4CAB5B2 6A9CFCDA 737373A4 8625D375 8FA37B3E
AB80E9CF CABA665E 3199EA15 A1FA8189 D96F5791 25E4

接下来解密各步骤中的有关值。

计算椭圆曲线点$[d_B]C1=(x_2,y_2)$:

坐标 x_2:

00 83E628CF 701EE314 1E8873FE 55936ADF 24963F5D C9C64805 66C80F8A 1D8CC51B

坐标 y_2:

01 524C647F 0C0412DE FD468BDA 3AE0E5A8 0FCC8F5C 990FEE11 60292923
2DCD9F36

计算 $t=KDF(x_2\|y_2,klen)$:

983BCF 106AB2DC C92F8AEA C6C60BF2 98BB0117

计算 $M'=C_2 \oplus t$:

656E63 72797074 696F6E20 7374616E 64617264

计算 $u=Hash(x_2\|M'\|y_2)$:

73A48625 D3758FA3 7B3EAB80 E9CFCABA 665E3199 EA15A1FA 8189D96F 579125E4
明文 M': 656E63 72797074 696F6E20 7374616E 64617264,即为 encryption standard。

14.12.6　用代码实现 SM2 加解密算法

前面我们介绍了 SM2 加解密算法的步骤以及示例,下面要正式开始上机实现了。如果对前面的理论有些地方不理解,没关系,这也很正常,毕竟涉及很多数学知识,而且同一知识,不同人的理解可能会不同,所以导致理解偏差很正常,这在很多学习的场景中都会发生。但我们学计算机的人有一个优势,就是对于理论不理解的地方,可以通过代码来理解,即通过实现成功的代码来帮助我们理解理论算法,或者边看理论算法的步骤,边对应着代码,就能达到事半功倍的效果。当然,前提是代码按照相应的算法来实现。

【例 14.2】实现并测试 SM2 加解密算法

(1)新建一个空的控制面板工程,即在"添加新项目"对话框中选中"Windows 桌面向导",并输入工程名 test,然后单击"确定"按钮,在随后出现的"Windows 桌面项目"对话框的应用程序类型下选择"控制面板应用程序(.exe)",并勾选"空项目"复选框,再取消勾选"预编译标头"复选框,如图 14-10 所示。

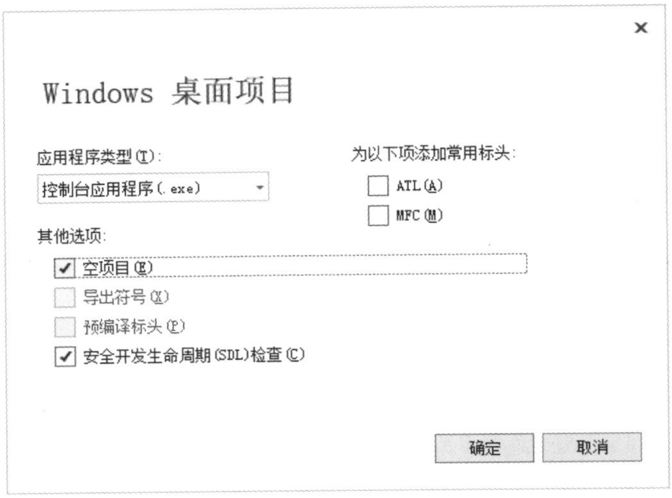

图 14-10

然后单击"确定"按钮，此时一个空的控制面板应用程序工程就建立起来了。

（2）在工程中新建一个头文件 kdf.h，并输入代码如下：

```
#include "SM2_ENC.h"
#include <string.h>
#define SM3_len 256
#define SM3_T1 0x79CC4519
#define SM3_T2 0x7A879D8A
#define SM3_IVA 0x7380166f
#define SM3_IVB 0x4914b2b9
#define SM3_IVC 0x172442d7
#define SM3_IVD 0xda8a0600
#define SM3_IVE 0xa96f30bc
#define SM3_IVF 0x163138aa
#define SM3_IVG 0xe38dee4d
#define SM3_IVH 0xb0fb0e4e
/* Various logical functions */
#define SM3_p1(x) (x^SM3_rotl32(x,15)^SM3_rotl32(x,23))
#define SM3_p0(x) (x^SM3_rotl32(x,9)^SM3_rotl32(x,17))
#define SM3_ff0(a,b,c) (a^b^c)
#define SM3_ff1(a,b,c) ((a&b)|(a&c)|(b&c))
#define SM3_gg0(e,f,g) (e^f^g)
#define SM3_gg1(e,f,g) ((e&f)|((~e)&g))
#define SM3_rotl32(x,n) (((x) << n) | ((x) >> (32 - n)))
#define SM3_rotr32(x,n) (((x) >> n) | ((x) << (32 - n)))
typedef struct {
    unsigned long state[8];
    unsigned long length;
    unsigned long curlen;
    unsigned char buf[64];
} SM3_STATE;
void BiToWj(unsigned long Bi[], unsigned long Wj[]);
```

```
void WjToWj1(unsigned long Wj[], unsigned long Wj1[]);
void CF(unsigned long Wj[], unsigned long Wj1[], unsigned long V[]);
void BigEndian(unsigned char src[], unsigned int bytelen, unsigned char des[]);
void SM3_init(SM3_STATE *md);   //初始化 SM3 上下文状态
void SM3_process(SM3_STATE * md, unsigned char buf[], int len);
void SM3_done(SM3_STATE *md, unsigned char *hash);
void SM3_compress(SM3_STATE * md);
void SM3_256(unsigned char buf[], int len, unsigned char hash[]);
void SM3_KDF(unsigned char *Z, unsigned short zlen, unsigned short klen, unsigned char *K);
```

其中，函数 SM3_init 用于初始化 SM3 上下文状态，相当于 SM3 三部曲中的第一步；函数 SM3_process 处理消息中前面 len/64 个块，相当于 SM3 三部曲中的第 2 步；函数 SM3_done 用于处理剩下的消息内容，并输出结果，相当于 SM3 三部曲中的最后一步。函数 SM3_compress 由 SM3_process 和 SM3_done 调用，用于压缩单个消息块。BiToW 由 SM3_compress 调用，用于 Bi 到 W 的转换。WToW1 由 SM3_compress 调用，用于 W 到 W'的转换。CF 由 SM3_compress 调用，用于计算 CF。函数 BigEndian 由 SM3_compress 调用，用于将小端 CPU 字节序转为大端。SM3_KDF 是密钥派生函数，里面调用 SM3_init、SM3_process 和 SM3_done，用来生成密钥流。

下面我们来实现这些函数，在工程中新建一个源文件 kdf.c，并输入代码如下：

```
#include "kdf.h"
/***********************************************************
Function: BiToW
Description: calculate W from Bi
Calls:
Called By: SM3_compress
Input: Bi[16] //a block of a message
Output: W[68]
Return: null
Others:
***********************************************************/
void BiToW(unsigned long Bi[], unsigned long W[])
{
    int i;
    unsigned long tmp;
    for (i = 0; i <= 15; i++)
    {
        W[i] = Bi[i];
    }
    for (i = 16; i <= 67; i++)
    {
        tmp = W[i - 16]
            ^ W[i - 9]
            ^ SM3_rotl32(W[i - 3], 15);
        W[i] = SM3_p1(tmp)
            ^ (SM3_rotl32(W[i - 13], 7))
            ^ W[i - 6];
    }
```

```
}
/*****************************************************************
Function: WToW1
Description: calculate W1 from W
Calls:
Called By: SM3_compress
Input: W[68]
Output: W1[64]
Return: null
Others:
*****************************************************************/
void WToW1(unsigned long W[], unsigned long W1[])
{
    int i;
    for (i = 0; i <= 63; i++)
    {
        W1[i] = W[i] ^ W[i + 4];
    }
}
/*****************************************************************
Function: CF
Description: calculate the CF compress function and update V
Calls:
Called By: SM3_compress
Input: W[68]
W1[64]
V[8]
Output: V[8]
Return: null
Others:
*****************************************************************/
void CF(unsigned long W[], unsigned long W1[], unsigned long V[])
{
    unsigned long SS1;
    unsigned long SS2;
    unsigned long TT1;
    unsigned long TT2;
    unsigned long A, B, C, D, E, F, G, H;
    unsigned long T = SM3_T1;
    unsigned long FF;
    unsigned long GG;
    int j;
    //reg init,set ABCDEFGH=V0
    A = V[0];
    B = V[1];
    C = V[2];
    D = V[3];
    E = V[4];
    F = V[5];
    G = V[6];
    H = V[7];
```

```
for (j = 0; j <= 63; j++)
{
    //SS1
    if (j == 0)
    {
        T = SM3_T1;
    }
    else if (j == 16)
    {
        T = SM3_rotl32(SM3_T2, 16);
    }
    else
    {
        T = SM3_rotl32(T, 1);
    }
    SS1 = SM3_rotl32((SM3_rotl32(A, 12) + E + T), 7);
    //SS2
    SS2 = SS1 ^ SM3_rotl32(A, 12);
    //TT1
    if (j <= 15)
    {
        FF = SM3_ff0(A, B, C);
    }
    else
    {
        FF = SM3_ff1(A, B, C);
    }
    TT1 = FF + D + SS2 + *W1;
    W1++;
    //TT2
    if (j <= 15)
    {
        GG = SM3_gg0(E, F, G);
    }
    else
    {
        GG = SM3_gg1(E, F, G);
    }
    TT2 = GG + H + SS1 + *W;
    W++;
    //D
    D = C;
    //C
    C = SM3_rotl32(B, 9);
    //B
    B = A;
    //A
    A = TT1;
    //H
H = G;
    //G
```

```
            G = SM3_rotl32(F, 19);
            //F
            F = E;
            //E
            E = SM3_p0(TT2);
        }
        //update V
        V[0] = A ^ V[0];
        V[1] = B ^ V[1];
        V[2] = C ^ V[2];
        V[3] = D ^ V[3];
        V[4] = E ^ V[4];
        V[5] = F ^ V[5];
        V[6] = G ^ V[6];
        V[7] = H ^ V[7];
}
/*************************************************************************
```

Function: BigEndian
Description: unsigned int endian converse.GM/T 0004-2012 requires to use big-endian.
if CPU uses little-endian, BigEndian function is a necessary
call to change the little-endian format into big-endian format.
Calls:
Called By: SM3_compress, SM3_done
Input: src[bytelen]
bytelen
Output: des[bytelen]
Return: null
Others: src and des could implies the same address
```
**************************************************************************/
void BigEndian(unsigned char src[], unsigned int bytelen, unsigned char des[])
{
    unsigned char tmp = 0;
    unsigned long i = 0;
    for (i = 0; i < bytelen / 4; i++)
    {
        tmp = des[4 * i];
        des[4 * i] = src[4 * i + 3];
        src[4 * i + 3] = tmp;
        tmp = des[4 * i + 1];
        des[4 * i + 1] = src[4 * i + 2];
        des[4 * i + 2] = tmp;
    }
}
/*************************************************************************
```

Function: SM3_init
Description: initiate SM3 state
Calls:
Called By: SM3_256
Input: SM3_STATE *md
Output: SM3_STATE *md
Return: null

```
Others:
***********************************************************************/
void SM3_init(SM3_STATE *md)
{
    md->curlen = md->length = 0;
    md->state[0] = SM3_IVA;
    md->state[1] = SM3_IVB;
    md->state[2] = SM3_IVC;
    md->state[3] = SM3_IVD;
    md->state[4] = SM3_IVE;
    md->state[5] = SM3_IVF;
    md->state[6] = SM3_IVG;
    md->state[7] = SM3_IVH;
}
/***********************************************************************
Function: SM3_compress
Description: compress a single block of message
Calls: BigEndian
BiToW
WToW1
CF
Called By: SM3_256
Input: SM3_STATE *md
Output: SM3_STATE *md
Return: null
Others:
***********************************************************************/
void SM3_compress(SM3_STATE * md)
{
    unsigned long W[68];
    unsigned long W1[64];
    //if CPU uses little-endian, BigEndian function is a necessary call
    BigEndian(md->buf, 64, md->buf);
    BiToW((unsigned long *)md->buf, W);
    WToW1(W, W1);
    CF(W, W1, md->state);
}
/***********************************************************************
Function: SM3_process
Description: compress the first (len/64) blocks of message
Calls: SM3_compress
Called By: SM3_256
Input: SM3_STATE *md
unsigned char buf[len] //the input message
int len //bytelen of message
Output: SM3_STATE *md
Return: null
Others:
***********************************************************************/
void SM3_process(SM3_STATE * md, unsigned char *buf, int len)
{
```

```
        while (len--)
    {
        /* copy byte */
        md->buf[md->curlen] = *buf++;
        md->curlen++;
        /* is 64 bytes full? */
        if (md->curlen == 64)
        {
            SM3_compress(md);
            md->length += 512;
            md->curlen = 0;
        }
    }
}
```
/**
Function: SM3_done
Description: compress the rest message that the SM3_process has left behind
Calls: SM3_compress
Called By: SM3_256
Input: SM3_STATE *md
Output: unsigned char *hash
Return: null
Others:
**/
```
void SM3_done(SM3_STATE *md, unsigned char hash[])
{
    int i;
    unsigned char tmp = 0;
    /* increase the bit length of the message */
    md->length += md->curlen << 3;
    /* append the '1' bit */
    md->buf[md->curlen] = 0x80;
    md->curlen++;
    /* if the length is currently above 56 bytes, appends zeros till
    it reaches 64 bytes, compress the current block, creat a new
    block by appending zeros and length,and then compress it
    */
    if (md->curlen > 56)
    {
        for (; md->curlen < 64;)
        {
            md->buf[md->curlen] = 0;
            md->curlen++;
        }
        SM3_compress(md);
        md->curlen = 0;
    }
    /* if the length is less than 56 bytes, pad upto 56 bytes of zeroes */
    for (; md->curlen < 56;)
    {
        md->buf[md->curlen] = 0;
```

```
                md->curlen++;
        }
        /* since all messages are under 2^32 bits we mark the top bits zero */
        for (i = 56; i < 60; i++)
        {
                md->buf[i] = 0;
        }
        /* append length */
        md->buf[63] = md->length & 0xff;
        md->buf[62] = (md->length >> 8) & 0xff;
        md->buf[61] = (md->length >> 16) & 0xff;
        md->buf[60] = (md->length >> 24) & 0xff;
        SM3_compress(md);
        /* copy output */
        memcpy(hash, md->state, SM3_len / 8);
        BigEndian(hash, SM3_len / 8, hash);//if CPU uses little-endian, BigEndian function is a necessary call
}
/***************************************************************************
Function: SM3_256
Description: calculate a hash value from a given message
Calls: SM3_init
SM3_process
SM3_done
Called By:
Input: unsigned char buf[len] //the input message
int len //bytelen of the message
Output: unsigned char hash[32]
Return: null
Others:
***************************************************************************/
void SM3_256(unsigned char buf[], int len, unsigned char hash[])
{
        SM3_STATE md;
        SM3_init(&md);
        SM3_process(&md, buf, len);
        SM3_done(&md, hash);
}
/***************************************************************************
Function: SM3_KDF
Description: key derivation function
Calls: SM3_init
SM3_process
SM3_done
Called By:
Input: unsigned char Z[zlen]
unsigned short zlen //bytelen of Z
unsigned short klen //bytelen of K
Output: unsigned char K[klen] //shared secret key
Return: null
Others:
***************************************************************************/
```

```
void SM3_KDF(unsigned char Z[], unsigned short zlen, unsigned short klen, unsigned char K[])
{
    unsigned short i, j, t;
    unsigned int bitklen;
    SM3_STATE md;
    unsigned char Ha[SM2_NUMWORD];
    unsigned char ct[4] = { 0,0,0,1 };
    bitklen = klen * 8;
    if (bitklen%SM2_NUMBITS)
        t = bitklen / SM2_NUMBITS + 1;
    else
        t = bitklen / SM2_NUMBITS;
    //s4: K=Ha1||Ha2||...
    for (i = 1; i < t; i++)
    {
        //s2: Hai=Hv(Z||ct)
        SM3_init(&md);
        SM3_process(&md, Z, zlen);
        SM3_process(&md, ct, 4);
        SM3_done(&md, Ha);
        memcpy((K + SM2_NUMWORD * (i - 1)), Ha, SM2_NUMWORD);
        if (ct[3] == 0xff)
        {
            ct[3] = 0;
            if (ct[2] == 0xff)
            {
                ct[2] = 0;
                if (ct[1] == 0xff)
                {
                    ct[1] = 0;
                    ct[0]++;
                }
                else ct[1]++;
            }
            else ct[2]++;
        }
        else ct[3]++;
    }
    //s3: klen/v 非整数的处理
    SM3_init(&md);
    SM3_process(&md, Z, zlen);
    SM3_process(&md, ct, 4);
    SM3_done(&md, Ha);
    if (bitklen%SM2_NUMBITS)
    {
        i = (SM2_NUMBITS - bitklen + SM2_NUMBITS * (bitklen / SM2_NUMBITS)) / 8;
        j = (bitklen - SM2_NUMBITS * (bitklen / SM2_NUMBITS)) / 8;
        memcpy((K + SM2_NUMWORD * (t - 1)), Ha, j);
    }
    else
    {
```

```
        memcpy((K + SM2_NUMWORD * (t - 1)), Ha, SM2_NUMWORD);
    }
}
```

这个头文件里也包含一些简单函数的实现。算法原理都是密钥派生函数 KDF 的实现，其中，SM2_ENC.h 是供对外调用的加解密函数的声明，也是我们在工程中新建的一个头文件。

在工程新建一个头文件 SM2_ENC.h，代码如下：

```
#pragma once   //为了防止重复包含

#include "miracl.h"
#define ECC_WORDSIZE 8
#define SM2_NUMBITS 256
#define SM2_NUMWORD (SM2_NUMBITS/ECC_WORDSIZE) //32
#define ERR_INFINITY_POINT 0x00000001
#define ERR_NOT_VALID_ELEMENT 0x00000002
#define ERR_NOT_VALID_POINT 0x00000003
#define ERR_ORDER 0x00000004
#define ERR_ARRAY_NULL 0x00000005
#define ERR_C3_MATCH 0x00000006
#define ERR_ECURVE_INIT 0x00000007
#define ERR_SELFTEST_KG 0x00000008
#define ERR_SELFTEST_ENC 0x00000009
#define ERR_SELFTEST_DEC 0x0000000A

extern unsigned char SM2_p[32];
extern unsigned char SM2_a[32];
extern unsigned char SM2_b[32];
extern unsigned char SM2_n[32];
extern unsigned char SM2_Gx[32];
extern unsigned char SM2_Gy[32];
extern unsigned char SM2_h[32];

big para_p, para_a, para_b, para_n, para_Gx, para_Gy, para_h;
epoint *G;
miracl *mip;
int Test_Point(epoint* point);
int Test_PubKey(epoint *pubKey);
int Test_Null(unsigned char array[], int len);
int SM2_Init();
int SM2_KeyGeneration(big priKey, epoint *pubKey);
int SM2_Encrypt(unsigned char* randK, epoint *pubKey, unsigned char M[], int klen, unsigned char C[]);
int SM2_Decrypt(big dB, unsigned char C[], int Clen, unsigned char M[]);
int SM2_ENC_SelfTest();
```

其中，SM2_ENC_SelfTest 用来自测 SM2 加解密算法。

在工程新建一个头文件 SM2_ENC.c，代码如下：

```
#include "miracl.h"
#include "mirdef.h"
#include "SM2_ENC.h"
```

```
#include "kdf.h"

#pragma comment(lib,"mymiracl.lib")    //导入大数静态库

unsigned char SM2_p[32] =
{ 0xFF,0xFF,0xFF,0xFE,0xFF,0xFF,0xFF,0xFF,0xFF,0xFF,0xFF,0xFF,0xFF,0xFF,0xFF,0xFF,
    0xFF,0xFF,0xFF,0xFF,0x00,0x00,0x00,0x00,0xFF,0xFF,0xFF,0xFF,0xFF,0xFF,0xFF,0xFF };
unsigned char SM2_a[32] =
{ 0xFF,0xFF,0xFF,0xFE,0xFF,0xFF,0xFF,0xFF,0xFF,0xFF,0xFF,0xFF,0xFF,0xFF,0xFF,0xFF,
    0xFF,0xFF,0xFF,0xFF,0x00,0x00,0x00,0x00,0xFF,0xFF,0xFF,0xFF,0xFF,0xFF,0xFF,0xFC };
unsigned char SM2_b[32] =
{ 0x28,0xE9,0xFA,0x9E,0x9D,0x9F,0x5E,0x34,0x4D,0x5A,0x9E,0x4B,0xCF,0x65,0x09,0xA7,
    0xF3,0x97,0x89,0xF5,0x15,0xAB,0x8F,0x92,0xDD,0xBC,0xBD,0x41,0x4D,0x94,0x0E,0x93 };
unsigned char SM2_n[32] =
{ 0xFF,0xFF,0xFF,0xFE,0xFF,0xFF,0xFF,0xFF,0xFF,0xFF,0xFF,0xFF,0xFF,0xFF,0xFF,0xFF,
    0x72,0x03,0xDF,0x6B,0x21,0xC6,0x05,0x2B,0x53,0xBB,0xF4,0x09,0x39,0xD5,0x41,0x23 };
unsigned char SM2_Gx[32] =
{ 0x32,0xC4,0xAE,0x2C,0x1F,0x19,0x81,0x19,0x5F,0x99,0x04,0x46,0x6A,0x39,0xC9,0x94,
    0x8F,0xE3,0x0B,0xBF,0xF2,0x66,0x0B,0xE1,0x71,0x5A,0x45,0x89,0x33,0x4C,0x74,0xC7 };
unsigned char SM2_Gy[32] =
{ 0xBC,0x37,0x36,0xA2,0xF4,0xF6,0x77,0x9C,0x59,0xBD,0xCE,0xE3,0x6B,0x69,0x21,0x53,
    0xD0,0xA9,0x87,0x7C,0xC6,0x2A,0x47,0x40,0x02,0xDF,0x32,0xE5,0x21,0x39,0xF0,0xA0 };
unsigned char SM2_h[32] =
{ 0x00,0x00,0x00,0x00,0x00,0x00,0x00,0x00,0x00,0x00,0x00,0x00,0x00,0x00,0x00,0x00,
    0x00,0x00,0x00,0x00,0x00,0x00,0x00,0x00,0x00,0x00,0x00,0x00,0x00,0x00,0x00,0x01 };


/************************************************************
Function: Test_Point
Description: test if the given point is on SM2 curve
Calls:
Called By: SM2_Decrypt, Test_PubKey
Input: point
Output: null
Return: 0: sucess
3: not a valid point on curve
Others:
************************************************************/
int Test_Point(epoint* point)
{
    big x, y, x_3, tmp;
    x = mirvar(0);
    y = mirvar(0);
    x_3 = mirvar(0);
    tmp = mirvar(0);
    //test if y^2=x^3+ax+b
    epoint_get(point, x, y);
    power(x, 3, para_p, x_3); //x_3=x^3 mod p
    multiply(x, para_a, x); //x=a*x
    divide(x, para_p, tmp); //x=a*x mod p , tmp=a*x/p
    add(x_3, x, x); //x=x^3+ax
    add(x, para_b, x); //x=x^3+ax+b
    divide(x, para_p, tmp); //x=x^3+ax+b mod p
    power(y, 2, para_p, y); //y=y^2 mod p
    if (mr_compare(x, y) != 0)
```

```
                return ERR_NOT_VALID_POINT;
        else
                return 0;
}
/************************************************************
Function: SM2_TestPubKey
Description: test if the given point is valid
Calls:
Called By: SM2_Decrypt
Input: pubKey //a point
Output: null
Return: 0: sucess
1: a point at infinity
2: X or Y coordinate is beyond Fq
3: not a valid point on curve
4: not a point of order n
Others:
************************************************************/
int Test_PubKey(epoint *pubKey)
{
    big x, y, x_3, tmp;
    epoint *nP;
    x = mirvar(0);
    y = mirvar(0);
    x_3 = mirvar(0);
    tmp = mirvar(0);
    nP = epoint_init();
    //test if the pubKey is the point at infinity
    if (point_at_infinity(pubKey))// if pubKey is point at infinity, return error;
        return ERR_INFINITY_POINT;
    //test if x<p and y<p both hold
    epoint_get(pubKey, x, y);
    if ((mr_compare(x, para_p) != -1) || (mr_compare(y, para_p) != -1))
        return ERR_NOT_VALID_ELEMENT;
    if (Test_Point(pubKey) != 0)
        return ERR_NOT_VALID_POINT;
    //test if the order of pubKey is equal to n
    ecurve_mult(para_n, pubKey, nP); // nP=[n]P
    if (!point_at_infinity(nP)) // if np is point NOT at infinity, return error;
        return ERR_ORDER;
    return 0;
}
/************************************************************
Function: Test_Null
Description: test if the given array is all zero
Calls:
Called By: SM2_Encrypt
Input: array[len]
len //byte len of the array
Output: null
Return: 0: the given array is not all zero
1: the given array is all zero
Others:
************************************************************/
int Test_Null(unsigned char array[], int len)
```

```
{
    int i = 0;
    for (i = 0; i < len; i++)
    {
        if (array[i] != 0x00)
            return 0;
    }
    return 1;
}
/*************************************************************
Function: SM2_Init
Description: Initiate SM2 curve
Calls: MIRACL functions
Called By:
Input: null
Output: null
Return: 0: sucess;
7: paremeter error;
4: the given point G is not a point of order n
Others:
*************************************************************/
int SM2_Init()
{
    epoint *nG;
    para_p = mirvar(0);
    para_a = mirvar(0);
    para_b = mirvar(0);
    para_n = mirvar(0);
    para_Gx = mirvar(0);
    para_Gy = mirvar(0);
    para_h = mirvar(0);
    G = epoint_init();
    nG = epoint_init();
    bytes_to_big(SM2_NUMWORD, SM2_p, para_p);
    bytes_to_big(SM2_NUMWORD, SM2_a, para_a);
    bytes_to_big(SM2_NUMWORD, SM2_b, para_b);
    bytes_to_big(SM2_NUMWORD, SM2_n, para_n);
    bytes_to_big(SM2_NUMWORD, SM2_Gx, para_Gx);
    bytes_to_big(SM2_NUMWORD, SM2_Gy, para_Gy);
    bytes_to_big(SM2_NUMWORD, SM2_h, para_h);
    ecurve_init(para_a, para_b, para_p, MR_PROJECTIVE);//Initialises GF(p) elliptic curve.
    //MR_PROJECTIVE specifying projective coordinates
        if (!epoint_set(para_Gx, para_Gy, 0, G))//initialise point G
        {
            return ERR_ECURVE_INIT;
        }
    ecurve_mult(para_n, G, nG);
    if (!point_at_infinity(nG)) //test if the order of the point is n
    {
        return ERR_ORDER;
    }
    return 0;
}
/*************************************************************
Function: SM2_KeyGeneration
```

Description: calculate a pubKey out of a given priKey
Calls: SM2_TestPubKey
Called By:
Input: priKey // a big number lies in[1,n-2]
Output: pubKey // pubKey=[priKey]G
Return: 0: sucess
1: fail
Others:
```
**************************************************************/
int SM2_KeyGeneration(big priKey, epoint *pubKey)
{
    int i = 0;
    big x, y;
    x = mirvar(0);
    y = mirvar(0);
    ecurve_mult(priKey, G, pubKey);//通过大数和基点产生公钥
    epoint_get(pubKey, x, y);
    if (Test_PubKey(pubKey) != 0)
        return 1;
    else
        return 0;
}
/**************************************************************
```
Function: SM2_Encrypt
Description: SM2 encryption
Calls: SM2_KDF,Test_null,Test_Point,SM3_init,SM3_process,SM3_done
Called By:
Input: randK[SM2_NUMWORD] // a random number K lies in [1,n-1]
pubKey // public key of the cipher receiver
M[klen] // original message
klen // byte len of original message
Output: C[klen+SM2_NUMWORD*3] // cipher C1||C3||C2
Return: 0: sucess
1: S is point at infinity
5: the KDF output is all zero
Others:
```
**************************************************************/
int SM2_Encrypt(unsigned char* randK, epoint *pubKey, unsigned char M[], int klen, unsigned char C[])
{
    big C1x, C1y, x2, y2, rand;
    epoint *C1, *kP, *S;
    int i = 0;
    unsigned char x2y2[SM2_NUMWORD * 2] = { 0 };
    SM3_STATE md;
    C1x = mirvar(0);
    C1y = mirvar(0);
    x2 = mirvar(0);
    y2 = mirvar(0);
    rand = mirvar(0);
    C1 = epoint_init();
    kP = epoint_init();
    S = epoint_init();
    //Step2. calculate C1=[k]G=(rGx,rGy)
    bytes_to_big(SM2_NUMWORD, randK, rand);
    ecurve_mult(rand, G, C1); //C1=[k]G
```

```
        epoint_get(C1, C1x, C1y);
        big_to_bytes(SM2_NUMWORD, C1x, C, 1);
        big_to_bytes(SM2_NUMWORD, C1y, C + SM2_NUMWORD, 1);
        //Step3. test if S=[h]pubKey if the point at infinity
        ecurve_mult(para_h, pubKey, S);
        if (point_at_infinity(S))// if S is point at infinity, return error;
            return ERR_INFINITY_POINT;
        //Step4. calculate [k]PB=(x2,y2)
        ecurve_mult(rand, pubKey, kP); //kP=[k]P
        epoint_get(kP, x2, y2);
        //Step5. KDF(x2||y2,klen)
        big_to_bytes(SM2_NUMWORD, x2, x2y2, 1);
        big_to_bytes(SM2_NUMWORD, y2, x2y2 + SM2_NUMWORD, 1);
        SM3_KDF(x2y2, SM2_NUMWORD * 2, klen, C + SM2_NUMWORD * 3);
        if (Test_Null(C + SM2_NUMWORD * 3, klen) != 0)
            return ERR_ARRAY_NULL;
        //Step6. C2=M^t
        for (i = 0; i < klen; i++)
        {
            C[SM2_NUMWORD * 3 + i] = M[i] ^ C[SM2_NUMWORD * 3 + i];
        }
        //Step7. C3=hash(x2,M,y2)
        SM3_init(&md);
        SM3_process(&md, x2y2, SM2_NUMWORD);
        SM3_process(&md, M, klen);
        SM3_process(&md, x2y2 + SM2_NUMWORD, SM2_NUMWORD);
        SM3_done(&md, C + SM2_NUMWORD * 2);
        return 0;
}
/****************************************************************
Function: SM2_Decrypt
Description: SM2 decryption
Calls: SM2_KDF,Test_Point,SM3_init,SM3_process,SM3_done
Called By:
Input: dB // a big number lies in [1,n-2]
pubKey // [dB]G
C[Clen] // cipher C1||C3||C2
Clen // byte len of cipher
Output: M[Clen-SM2_NUMWORD*3] // decrypted data
Return: 0: sucess
1: S is a point at finity
3: C1 is not a valid point
5: KDF output is all zero
6: C3 does not match
Others:
****************************************************************/
int SM2_Decrypt(big dB, unsigned char C[], int Clen, unsigned char M[])
{
    SM3_STATE md;
    int i = 0;
    unsigned char x2y2[SM2_NUMWORD * 2] = { 0 };
    unsigned char hash[SM2_NUMWORD] = { 0 };
    big C1x, C1y, x2, y2;
    epoint *C1, *S, *dBC1;
    C1x = mirvar(0);
```

```
        C1y = mirvar(0);
        x2 = mirvar(0);
        y2 = mirvar(0);
        C1 = epoint_init();
        S = epoint_init();
        dBC1 = epoint_init();
        //Step1. test if C1 fits the curve
        bytes_to_big(SM2_NUMWORD, C, C1x);
        bytes_to_big(SM2_NUMWORD, C + SM2_NUMWORD, C1y);
        epoint_set(C1x, C1y, 0, C1);
        i = Test_Point(C1);
        if (i != 0)
            return i;
        //Step2. S=[h]C1 and test if S is the point at infinity
        ecurve_mult(para_h, C1, S);
        if (point_at_infinity(S))// if S is point at infinity, return error;
            return ERR_INFINITY_POINT;
        //Step3. [dB]C1=(x2,y2)
        ecurve_mult(dB, C1, dBC1);
        epoint_get(dBC1, x2, y2);
        big_to_bytes(SM2_NUMWORD, x2, x2y2, 1);
        big_to_bytes(SM2_NUMWORD, y2, x2y2 + SM2_NUMWORD, 1);
        //Step4. t=KDF(x2||y2,klen)
        SM3_KDF(x2y2, SM2_NUMWORD * 2, Clen - SM2_NUMWORD * 3, M);
        if (Test_Null(M, Clen - SM2_NUMWORD * 3) != 0)
            return ERR_ARRAY_NULL;
        //Step5. M=C2^t
        for (i = 0; i < Clen - SM2_NUMWORD * 3; i++)
            M[i] = M[i] ^ C[SM2_NUMWORD * 3 + i];
        //Step6. hash(x2,m,y2)
        SM3_init(&md);
        SM3_process(&md, x2y2, SM2_NUMWORD);
        SM3_process(&md, M, Clen - SM2_NUMWORD * 3);
        SM3_process(&md, x2y2 + SM2_NUMWORD, SM2_NUMWORD);
        SM3_done(&md, hash);
        if (memcmp(hash, C + SM2_NUMWORD * 2, SM2_NUMWORD) != 0)
            return ERR_C3_MATCH;
        else
            return 0;
}
/*************************************************************
Function: SM2_ENC_SelfTest
Description: test whether the SM2 calculation is correct by comparing the result with the standard data
Calls: SM2_init,SM2_ENC,SM2_DEC
Called By:
Input: NULL
Output: NULL
Return: 0: sucess
1: S is a point at finity
2: X or Y coordinate is beyond Fq
3: not a valid point on curve
4: the given point G is not a point of order n
5: KDF output is all zero
6: C3 does not match
8: public key generation error
```

```
9: SM2 encryption error
a: SM2 decryption error
Others:
***********************************************************/
int SM2_ENC_SelfTest()
{
    int tmp = 0, i = 0;
    unsigned char Cipher[115] = { 0 };
    unsigned char M[19] = { 0 };
    unsigned char kGxy[SM2_NUMWORD * 2] = { 0 };
    big ks, x, y;
    epoint *kG;
    //standard data
    unsigned char std_priKey[32] =
{ 0x39,0x45,0x20,0x8F,0x7B,0x21,0x44,0xB1,0x3F,0x36,0xE3,0x8A,0xC6,0xD3,0x9F,0x95,
    0x88,0x93,0x93,0x69,0x28,0x60,0xB5,0x1A,0x42,0xFB,0x81,0xEF,0x4D,0xF7,0xC5,0xB8 };
    unsigned char std_pubKey[64] =
{ 0x09,0xF9,0xDF,0x31,0x1E,0x54,0x21,0xA1,0x50,0xDD,0x7D,0x16,0x1E,0x4B,0xC5,0xC6,
    0x72,0x17,0x9F,0xAD,0x18,0x33,0xFC,0x07,0x6B,0xB0,0x8F,0xF3,0x56,0xF3,0x50,0x20,
    0xCC,0xEA,0x49,0x0C,0xE2,0x67,0x75,0xA5,0x2D,0xC6,0xEA,0x71,0x8C,0xC1,0xAA,0x60,
    0x0A,0xED,0x05,0xFB,0xF3,0x5E,0x08,0x4A,0x66,0x32,0xF6,0x07,0x2D,0xA9,0xAD,0x13 };
    unsigned char std_rand[32] =
{ 0x59,0x27,0x6E,0x27,0xD5,0x06,0x86,0x1A,0x16,0x68,0x0F,0x3A,0xD9,0xC0,0x2D,0xCC,
    0xEF,0x3C,0xC1,0xFA,0x3C,0xDB,0xE4,0xCE,0x6D,0x54,0xB8,0x0D,0xEA,0xC1,0xBC,0x21 };
    unsigned char std_Message[19] =
{ 0x65,0x6E,0x63,0x72,0x79,0x70,0x74,0x69,0x6F,0x6E,0x20,0x73,0x74,0x61,0x6E,
    0x64,0x61,0x72,0x64 };
    unsigned char std_Cipher[115] =
{ 0x04,0xEB,0xFC,0x71,0x8E,0x8D,0x17,0x98,0x62,0x04,0x32,0x26,0x8E,0x77,0xFE,0xB6,
    0x41,0x5E,0x2E,0xDE,0x0E,0x07,0x3C,0x0F,0x4F,0x64,0x0E,0xCD,0x2E,0x14,0x9A,0x73,
    0xE8,0x58,0xF9,0xD8,0x1E,0x54,0x30,0xA5,0x7B,0x36,0xDA,0xAB,0x8F,0x95,0x0A,0x3C,
    0x64,0xE6,0xEE,0x6A,0x63,0x09,0x4D,0x99,0x28,0x3A,0xFF,0x76,0x7E,0x12,0x4D,0xF0,
    0x59,0x98,0x3C,0x18,0xF8,0x09,0xE2,0x62,0x92,0x3C,0x53,0xAE,0xC2,0x95,0xD3,0x03,
    0x83,0xB5,0x4E,0x39,0xD6,0x09,0xD1,0x60,0xAF,0xCB,0x19,0x08,0xD0,0xBD,0x87,0x66,
    0x21,0x88,0x6C,0xA9,0x89,0xCA,0x9C,0x7D,0x58,0x08,0x73,0x07,0xCA,0x93,0x09,0x2D,0x65,0x1E,0xFA };
    mip = mirsys(1000, 16);
    mip->IOBASE = 16;
    x = mirvar(0);
    y = mirvar(0);
    ks = mirvar(0);
    kG = epoint_init();
    bytes_to_big(32, std_priKey, ks); //ks is the standard private key
    //initiate SM2 curve
    SM2_Init();
    //generate key pair
    tmp = SM2_KeyGeneration(ks, kG);
    if (tmp != 0)
        return tmp;
    epoint_get(kG, x, y);
    big_to_bytes(SM2_NUMWORD, x, kGxy, 1);
    big_to_bytes(SM2_NUMWORD, y, kGxy + SM2_NUMWORD, 1);
    if (memcmp(kGxy, std_pubKey, SM2_NUMWORD * 2) != 0)
        return ERR_SELFTEST_KG;
    puts("原文: ");
    for (i = 0; i < 19; i++)
```

```
    {
        if (i > 0 && i % 8 == 0) printf("\n");
        printf("0x%x,", std_Message[i]);
    }
    //encrypt data and compare the result with the standard data
    tmp = SM2_Encrypt(std_rand, kG, std_Message, 19, Cipher);
    if (tmp != 0)
        return tmp;
    if (memcmp(Cipher, std_Cipher, 19 + SM2_NUMWORD * 3) != 0)
            return ERR_SELFTEST_ENC;


    puts("\n\n 密文： ");
    for (i = 0; i < 19 + SM2_NUMWORD * 3; i++)
    {
        if (i > 0 && i % 8 == 0) printf("\n");
        printf("0x%x,", Cipher[i]);
    }

    //decrypt cipher and compare the result with the standard data
    tmp = SM2_Decrypt(ks, Cipher, 115, M);
    if (tmp != 0)
        return tmp;

    puts("\n\n 解密结果： ");
    for (i = 0; i < 19; i++)
    {
        if (i>0&&i%8 == 0) printf("\n");
        printf("0x%x,", M[i]);
    }

    if (memcmp(M, std_Message, 19) != 0)
        return ERR_SELFTEST_DEC;
    puts("\n 解密成功");

    return 0;
}
```

　　其中，SM2_Encrypt 是加密函数，加密出来的结果长度是明文长度+96（SM2_NUMWORD
* 3）。SM2_Decrypt 是解密函数。SM2_ENC_SelfTest 中对一个字节数组 std_Message 进行了
加密，并随后解密，解密结果和原文比较来判断是否解密成功。在代码中，我们用到了大数库
MIRACL，因此需要在开头导入静态库 mymiracl.lib，记得要把 mymiracl.lib 从上例的 test 工程
目录下复制到本例的工程目录下，同时还要复制两个头文件 miracl.h 和 mirdef.h 到本例工程目
录下。

　　最后，新建一个测试文件 test.c 到工程中，并输入代码如下：

```
#include "SM2_ENC.h"
void main()
{
    SM2_ENC_SelfTest();
}
```

代码很简单，直接调用 SM2 加解密自测函数 SM2_ENC_SelfTest。

（3）保存工程并运行，运行结果如图 14-11 所示。

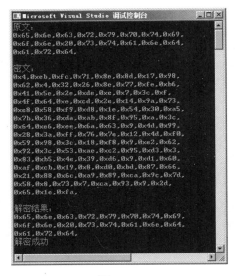

图 14-11

14.13 SM2 数字签名

数字签名（Digital Signature）是附加在数据单元（消息）上的一些数据，或是对数据单元进行密码变换的结果，当正常应用时提供服务：①数据来源的确认；②数据完整性的验证；③签名者不可抵赖的保证。

数字签名算法由一个签名者对数据产生数字签名，并由一个验证者验证签名的可靠性。每个签名者都有一个公钥和一个私钥，其中私钥用于产生签名，验证者用签名者的公钥验证签名。在签名生成过程之前，要用密码杂凑函数对 M（包含 ZA 和待签消息 M）进行压缩；在验证过程之前，要用密码杂凑函数对 M′（包含 ZA 和验证消息 M′）进行压缩。

14.13.1 算法参数

1. 椭圆曲线系统参数

椭圆曲线系统参数包括有限域 F_q 的规模 q（当 $q=2^m$ 时，还包括元素表示法的标识和约化多项式）；定义椭圆曲线 $E(F_q)$ 的方程的两个元素 a,b $\in F_q$；$E(F_q)$ 上的基点 $G=(x_G,y_G)(G \neq O)$，其中 x_G 和 y_G 是 F_q 中的两个元素；G 的阶 n 及其他可选项（如 n 的余因子 h 等）。

椭圆曲线系统参数及其验证应符合 14.10 节所述内容。

2. 用户密钥对

用户 A 的密钥对包括其私钥 d_A 和公钥 $P_A=[d_A]G=(x_A,y_A)$。

用户密钥对的生成算法与公钥验证算法应符合 14.9 节的规定。

14.13.2　辅助函数

在 SM2 签名算法中，涉及两类辅助函数：密码杂凑函数与随机数发生器。

1. 密码杂凑函数

必须使用国家密码管理局批准的密码杂凑算法，如 SM3 密码杂凑算法。

2. 随机数发生器

随机数发生器用来产生随机数，必须使用国家密码管理局批准的随机数发生器。也就是说，产生的随机数的随机性要经得起检验。

3. 用户其他信息

作为签名者的用户 A 具有长度为 $entlen_A$ 比特的可辨别标识 ID_A，记 $ENTL_A$ 是由整数 $entlen_A$ 转换而成的 2 字节，在 SM2 数字签名算法中，签名者和验证者都需要用密码杂凑函数求得用户 A 的杂凑值 Z_A。在具体实现中，将椭圆曲线方程参数 a、b、G 的坐标 x_G、y_G 和 P_A 的坐标 x_A、y_A 的数据类型转换为比特串，$Z_A=H_{256}(ENTL_A\|ID_A\|a\|b\|x_G\|y_G\|x_A\|y_A)$。

14.13.3　数字签名的生成算法及流程

1. 数字签名的生成算法

设待签名的消息为 M，为了获取消息 M 的数字签名(r,s)，作为签名者的用户 A 应实现以下运算步骤：

（1）置 $\bar{M}=Z_A\|M$。

（2）计算 $e=Hv(\bar{M})$，将 e 的数据类型转换为整数。

（3）用随机数发生器产生随机数 $k\in[1,n-1]$。

（4）计算椭圆曲线点 $(x_1,y_1)=[k]G$，将 x_1 的数据类型转换为整数。

（5）计算 $r=(e+x_1)\bmod n$，若 r=0 或 r+k=n，则返回步骤（3）。

（6）计算 $s=((1+d_A)^{-1}\cdot(k-r*d_A))\bmod n$，若 s=0，则返回步骤（3）。

（7）将 r、s 的数据类型转换为字节串，消息 M 的签名为(r,s)。

2. 数字签名生成算法流程（见图 14-12 所示）

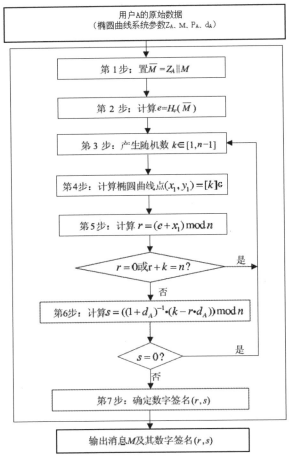

图 14-12

14.13.4 数字签名的验证算法及流程

1. 数字签名的验证算法

为了检验收到的消息 M′及其数字签名(r′,s′)，作为验证者的用户 B 应实现以下运算步骤：

（1）检验 r′∈[1,n−1]是否成立，若不成立，则验证不通过。

（2）检验 s′∈[1,n−1]是否成立，若不成立，则验证不通过。

（3）置 $\bar{M}'=Z_A\|M'$。

（4）计算 e′=Hv($\bar{M}'$)，将 e′的数据类型转换为整数。

（5）将 r′、s′的数据类型转换为整数，计算 t=(r′+s′)mod n，若 t=0，则验证不通过。

（6）计算椭圆曲线点（ x_1' , y_1' ）=[s′]G+[t]P$_A$。

（7）将 x_1' 的数据类型转换为整数，计算 R=(e′+ x_1')mod n，检验 R=r′是否成立，若成立则验证通过，否则验证不通过。

注意：如果 Z_A 不是用户 A 所对应的杂凑值，则验证自然通不过。

2. 数字签名验证算法流程（见图 14-13）

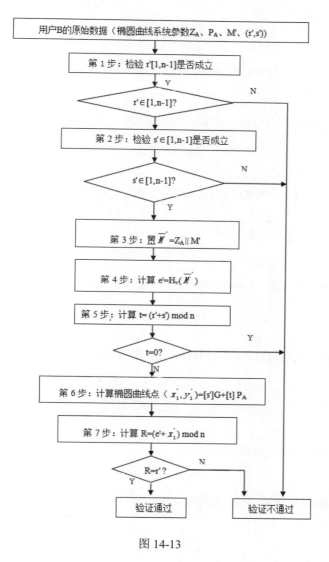

图 14-13

14.13.5 数字签名与验证示例

这里我们选用密码杂凑函数 SM3，其输入是长度小于 2^{64} 的消息比特串，输出是长度为 256 比特的杂凑值，记为 $H_{256}()$。

在示例中，所有用 16 进制表示的数，左边为高位，右边为低位。消息采用 ASCII 编码。

设用户 A 的身份是：ALICE123@YAHOO.COM。用 ASCII 编码记 ID_A：414C 49434531 32334059 41484F4F 2E434F4D。$ENTL_A$=0090。

1. F_p上的椭圆曲线数字签名

假设椭圆曲线方程为：$y^2 = x^3 + ax + b$。

示例 1：F_p-256

素数 p：

8542D69E 4C044F18 E8B92435 BF6FF7DE 45728391 5C45517D 722EDB8B 08F1DFC3

系数 a：

787968B4 FA32C3FD 2417842E 73BBFEFF 2F3C848B 6831D7E0 EC65228B 3937E498

系数 b：

63E4C6D3 B23B0C84 9CE84241 484BFE48 F61D59A5 B16BA06E 6E12D1DA 27C5249A

基点 G=(x_G,y_G)，其阶记为 n。

坐标 x_G：

421DEBD6 1B62EAB6 746434EB C3CC315E 32220B3B ADD50BDC 4C4E6C14 7FEDD43D

坐标 y_G：

0680512B CBB42C07 D47349D2 153B70C4 E5D7FDFC BFA36EA1 A85841B9 E46E09A2

阶 n：

8542D69E 4C044E18 E8B92435 BE6FE7DD 29772063 0485628D 5AE74EE7 C32E79B7

待签名的消息 M：message digest。

私钥 d_A：

128B2FA8 BD433c6C 068C8D80 3DEF7979 2A519A55 171B1B65 0c23661D 15897263

公钥 P_A=(x_A,y_A)：

坐标 x_A：

0AE4C779 8AA0F119 471BEE11 825BE462 02BB79E2 A5844495 E97c04FF 4DE2548A

坐标 y_A：

7C0240F8 8F1CD4E1 6352A73C 17B7F16F 07353E53 A176D684 A9FE0C6B B798E857

杂凑值 Z_A=H$_{256}$(ENTL$_A$ ∥ ID$_A$ ∥ a ∥ b ∥ x_G ∥ y_G ∥ x_A ∥ y_A)。

Z_A：

F4A38489　E32B45B6　F876E3AC　2168CA39　2362DC8F　23459c1D　1146FC3D　BEB7BC9A

接下来签名各步骤中的有关值。

$\bar{M}'=Z_A\|M$：

F4A38489　E32B45B6　F876E3AC　2168CA39　2362DC8F　23459C1D　1146FC3D　1146FC3D　BFB7BC9A　6D657373　61676520　64696765　7374

密码杂凑函数值 $e=H_{256}(\bar{M})$：

B524F552 CD82B8B0 28476E00 5C377FB1 9A87E6FC 682D48BB 5D42E3D9 B9EFFE76

产生随机数 k：

6CB28D99 385C175C 94F94E93 4817663F C176D925 DD72B727 260DBAAE 1FB2F96F

计算椭圆曲线点 $(x_1,y_1)=[k]G$：

坐标 x_1：

110FCDA5 7615705D 5E7B9324 AC4B856D 23E6D918 8B2AE477 59514657 CE25D112

坐标 y_1：

1C65D68A 4A08601D F24B431E 0CAB4EBE 084772B3 817E8581 1A8510B2 DF7ECA1A

计算 $r=(e+x_1) \bmod n$：

40F1EC59 F793D9F4 9E09DCEF 49130D41 94F79FB1 EED2CAA5 5BACDB49 C4E755D1

$(1+dA)^{-1}$：

79BFCF30 52C80DA7 B939E0C6 914A18CB B2D96D85 55256E83 122743A7 D4F5F956

计算 $s=((1+dA)^{-1} \cdot (k-r \cdot d_A)) \bmod n$：

6FC6DAC3 2C5D5CF1 0C77DFB2 0F7C2EB6 67A45787 2FB09EC5 6327A67E C7DEEBE7

消息 M 的签名为 (r,s)：

值 r：

40F1EC59 F793D9F4 9E09DCEF 49130D41 94F79FB1 EED2CAA5 5BACDB49 C4E755D1

值 s：

6FC6DAC3 2C5D5CF1 0C77DFB2 0F7C2EB6 67A45787 2FB09EC5 6327A67E C7DEEBE7

接下来验证各步骤中的有关值。

密码杂凑函数值 $e'=H_{256}(M')$：

B524F552 CD82B8B0 28476E00 5C377FB1 9A87E6FC 682D48BB 5D42E3D9 B9EFFE76

计算 $t=(r'+s')\bmod n$：

2B75F07E D7ECE7CC C1C8986B 991F441A D324D6D6 19FE06DD 63ED32E0 C997C801

计算椭圆曲线点$(x_0', y_0')=[s']G$

坐标x_0'：

7DEACE5F D121BC38 5A3C6317 249F413D 28C17291 A60DFD83 B835A453 92D22B0A

坐标y_0'：

2E49D5E5 279E5FA9 1E71FD8F 693A64A3 C4A94611 15A4FC9D 79F34EDC 8BDDEBD0

计算椭圆曲线点$(x_{00}', y_{00}')=[t]P_A$：

坐标x_{00}'：

1657FA75 BF2ADCDC 3C1F6CF0 5AB7B45E 04D3ACBE 8E4085CF A669CB25 64F17A9F

坐标y_{00}'：

19F0115F 21E16D2F 5C3A485F 8575A128 BBCDDF80 296A62F6 AC2EB842 DD058E50

计算椭圆曲线点$(x_1', y_1')=[s']G+[t]P_A$：

坐标x_1'：

110FCDA5 7615705D 5E7B9324 AC4B856D 23E6D918 8B2AE477 59514657 CE25D112

坐标y_1'：

1C65D68A 4A08601D F24B431E 0CAB4EBE 084772B3 817E8581 1A8510B2 DF7ECA1A

计算$R=(e'+x_1') \bmod n$：

40F1EC59 F793D9F4 9E09DCEF 49130D41 94F79FB1 EED2CAA5 5BACDB49 C4E755D1

2. F_{2^m} 上的椭圆曲线数字签名

椭圆曲线方程为：$y^2+xy=x^3+ax^2+b$。

示例2：F_{2^m} -257

基域生成多项式：$x^{257}+x^{12}+1$。

系数a：

0

系数b：

00 E78BCD09 746C2023 78A7E72B 12BCE002 66B9627E CB0B5A25 367AD1AD 4CC6242B

基点$G=(x_G, y_G)$，其阶记为 n。

坐标x_G：

00 CDB9CA7F 1E6B0441 F658343F 4B10297C 0EF9B649 1082400A 62E7A748 5735FADD

坐标 y_G：

01　3DE74DA6　5951C4D7　6DC89220　D5F7777A　611B1C38　BAE260B1　75951DC8　060C2B3E

阶 n：

7FFFFFFF FFFFFFFF FFFFFFFF FFFFFFFF BC972CF7 E6B6F900 945B3C6A 0CF6161D

待签名的消息 M：message digest。

私钥 d_A：

771EF3DB FF5F1CDC 32B9C572 93047619 1998B2BF 7CB981D7 F5B39202 645F0931

公钥 $P_A=(x_A, y_A)$：

坐标 x_A：

01 65961645 281A8626 607B917F 657D7E93 82F1EA5C D931F40F 6627F357 542653B2

坐标 y_A：

01 68652213 0D590FB8 DE635D8F CA715CC6 BF3D05BE F3F75DA5 D5434544 48166612

杂凑值 $Z_A=H_{256}(ENTL_A\|ID_A\|a\|b\|x_G\|y_G\|x_A\|y_A)$。

Z_A：

26352AF8 2EC19F20 7BBC6F94 74E11E90 CE0F7DDA CE03B27F 801817E8 97A81FD5

接下来签名各步骤中的有关值。

$\overline{M} = Z_A\|M$：

26352AF8　2EC19F20　7BBC6F94　74E11E90　CE0F7DDA　CE03B27F　801817E8　97A81FD5　6D657373　61676520　64696765　7374

密码杂凑函数值 $e=H_{256}(\overline{M})$：

AD673CBD　A3114171　29A9EAA5　F9AB1AA1　633AD477　18A84DFD　46C17C6F　A0AA3B12

产生随机数 k：

36CD79FC 8E24B735 7A8A7B4A 46D454C3 97703D64 98158C60 5399B341 ADA186D6

计算椭圆曲线点 $(x_1, y_1)=[k]G$：

坐标 x_1：

00　3FD87D69　47A15F94　25B32EDD　39381ADF　D5E71CD4　BB357E3C　6A6E0397　EEA7CD66

坐标 y_1：

00　80771114　6D73951E　9EB373A6　58214054　B7B56D1D　50B4CD6E　B32ED387　A65AA6A2

计算 $r=(e+x_1)$ mod n:

6D3FBA26 EAB2A105 4F5D1983 32E33581 7C8AC453 ED26D339 1CD4439D 825BF25B

$(1 + dA)^{-1}$:

73AF2954 F951A9DF F5B4C8F7 119DAA1C 230C9BAD E60568D0 5BC3F432 1E1F4260

计算 $s = ((1+d_A)^{-1} \cdot (k - r \cdot d_A))$ mod n:

3124C568 8D95F0A1 0252A9BE D033BEC8 4439DA38 4621B6D6 FAD77F94 B74A9556

消息 M 的签名为(r,s):

值 r:

6D3FBA26 EAB2A105 4F5D1983 32E33581 7C8AC453 ED26D339 1CD4439D 825BF25B

值 s:

3124C568 8D95F0A1 0252A9BE D033BEC8 4439DA38 4621B6D6 FAD77F94 B74A9556

接下来验证各步骤中的有关值。

密码杂凑函数值 $e'=H_{256}(\bar{M}')$:

AD673CBD A3114171 29A9EAA5 F9AB1AA1 633AD477 18A84DFD 46C17C6F
A0AA3B12

计算 $t=(r'+s')$ mod n:

1E647F8F 784891A6 51AFC342 0316F44A 042D7194 4C91910F 835086C8 2CB07194

计算椭圆曲线点$(x_0' , y_0')=[s']G$:

坐标 x_0':

00 252CF6B6 3A044FCE 553EAA77 3E1E9264 44E0DAA1 0E4B8873 89D11552 EA6418F7

坐标 y_0':

00 776F3C5D B3A0D312 9EAE44E0 21C28667 92E4264B E1BEEBCA 3B8159DC
A382653A

计算椭圆曲线点$(x_{00}' , y_{00}')=[t]P_A$:

坐标 x_{00}':

00 07DA3F04 0EFB9C28 1BE107EC C389F56F E76A680B B5FDEE1D D554DC11
EB477C88

坐标 y_{00}':

01 7BA2845D C65945C3 D48926C7 0C953A1A F29CE2E1 9A7EEE6B E0269FB4
803CA68B

计算椭圆曲线点计算椭圆曲线点$(x_1' , y_1')=[s']G +[t]P_A$:

坐标 x_1' ：

00　3FD87D69　47A15F94　25B32EDD　39381ADF　D5E71CD4　BB357E3C　6A6E0397　EEA7CD66

坐标 y_1' ：

00　80771114　6D73951E　9EB373A6　58214054　B7B56D1D　50B4CD6E　B32ED387　A65AA6A2

计算 R=(e′+ x_1')mod n：

6D3FBA26 EAB2A105 4F5D1983 32E33581 7C8AC453 ED26D339 1CD4439D 825BF25B

14.13.6　用代码实现 SM2 签名验签算法

【例 14.3】实现并测试 SM2 签名验签

（1）新建一个空的控制面板工程，即在"添加新项目"对话框中选中"Windows 桌面向导"，并输入工程名 test，然后单击"确定"按钮，在随后出现的"Windows 桌面项目"对话框的应用程序类型下选择"控制面板应用程序（.exe）"，并勾选"空项目"复选框，再取消勾选"预编译标头"复选框，如图 14-14 所示。

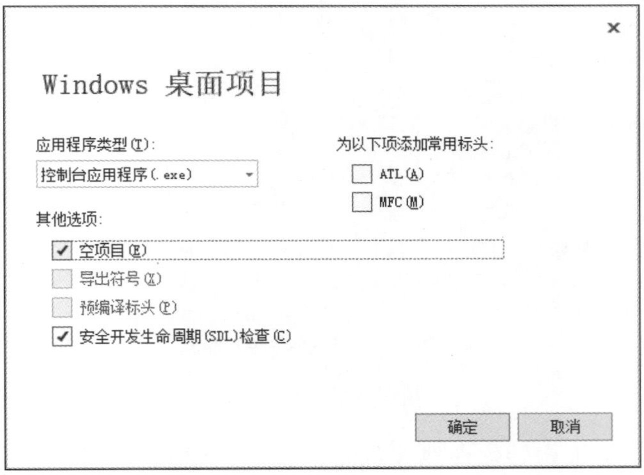

图 14-14

然后单击"确定"按钮，此时一个空的控制面板应用程序工程就建立起来了。

（2）在工程中新建头文件 kdf.h 和 kdf.c，这两个文件的代码和上例是一样的。在工程中新建一个头文件 SM2_sv.h，代码如下：

```
#include<string.h>
#include<malloc.h>
#include "miracl.h"
#define SM2_WORDSIZE 8
#define SM2_NUMBITS 256
```

```
#define SM2_NUMWORD (SM2_NUMBITS/SM2_WORDSIZE) //32
#define ERR_ECURVE_INIT 0x00000001
#define ERR_INFINITY_POINT 0x00000002
#define ERR_NOT_VALID_POINT 0x00000003
#define ERR_ORDER 0x00000004
#define ERR_NOT_VALID_ELEMENT 0x00000005
#define ERR_GENERATE_R 0x00000006
#define ERR_GENERATE_S 0x00000007
#define ERR_OUTRANGE_R 0x00000008
#define ERR_OUTRANGE_S 0x00000009
#define ERR_GENERATE_T 0x0000000A
#define ERR_PUBKEY_INIT 0x0000000B
#define ERR_DATA_MEMCMP 0x0000000C

extern unsigned char SM2_p[32];
extern unsigned char SM2_a[32];
extern unsigned char SM2_b[32];
extern unsigned char SM2_n[32];
extern unsigned char SM2_Gx[32];
extern unsigned char SM2_Gy[32];
extern unsigned char SM2_h[32];

big Gx, Gy, p, a, b, n;
epoint *G, *nG;
int SM2_Init();
int Test_Point(epoint* point);
int Test_PubKey(epoint *pubKey);
int Test_Zero(big x);
int Test_n(big x);
int Test_Range(big x);
int SM2_KeyGeneration(unsigned char PriKey[], unsigned char Px[], unsigned char Py[]);
int SM2_Sign(unsigned char *message, int len, unsigned char ZA[], unsigned char rand[], unsigned char d[],
unsigned char R[], unsigned char S[]);
int SM2_Verify(unsigned char *message, int len, unsigned char ZA[], unsigned char Px[], unsigned char Py[],
unsigned char R[], unsigned char S[]);
int SM2_SelfCheck();
```

其中，SM2_Init 用于初始化曲线，Test_Point 用于测试给定的点是否在椭圆曲线上，Test_PubKey 函数检查公钥是否有效，Test_Zero 函数检查大数 x 是否等于 0，SM2_Sign 是签名函数，Test_n 函数检查大数 x 是否等于 n，函数 Test_Range 用于测试大数 x 是否在[1,n-1]范围内，函数 SM2_KeyGeneration 用于生成公钥，SM2_Verify 是验签函数，SM2_SelfCheck 是自检函数。

下面来实现这些函数，在工程中新建 SM2_sv.c 文件，并添加代码如下：

```
#include "SM2_sv.h"
#include "KDF.h"

#pragma comment(lib,"mymiracl.lib")
```

```
unsigned char SM2_p[32] = { 0xff,0xff,0xff,0xfe,0xff,0xff,0xff,0xff,0xff,0xff,0xff,0xff,0xff,0xff,0xff,
    0xff,0xff,0xff,0xff,0x00,0x00,0x00,0x00, 0xff,0xff,0xff,0xff, 0xff,0xff,0xff,0xff };
unsigned char SM2_a[32] = { 0xff,0xff,0xff,0xfe,0xff,0xff,0xff,0xff,0xff,0xff,0xff,0xff,0xff,0xff,0xff,
    0xff,0xff,0xff,0xff,0x00,0x00,0x00,0x00, 0xff,0xff,0xff,0xff, 0xff,0xff,0xff,0xfc };
unsigned char SM2_b[32] = { 0x28,0xe9,0xfa,0x9e, 0x9d,0x9f,0x5e,0x34,
0x4d,0x5a,0x9e,0x4b,0xcf,0x65,0x09,0xa7,
    0xf3,0x97,0x89,0xf5, 0x15,0xab,0x8f,0x92, 0xdd,0xbc,0xbd,0x41,0x4d,0x94,0x0e,0x93 };
unsigned char SM2_Gx[32] = { 0x32,0xc4,0xae,0x2c,
0x1f,0x19,0x81,0x19,0x5f,0x99,0x04,0x46,0x6a,0x39,0xc9,0x94,
    0x8f,0xe3,0x0b,0xbf,0xf2,0x66,0x0b,0xe1,0x71,0x5a,0x45,0x89,0x33,0x4c,0x74,0xc7 };
unsigned char SM2_Gy[32] =
{ 0xbc,0x37,0x36,0xa2,0xf4,0xf6,0x77,0x9c,0x59,0xbd,0xce,0xe3,0x6b,0x69,0x21,0x53,0xd0,
    0xa9,0x87,0x7c,0xc6,0x2a,0x47,0x40,0x02,0xdf,0x32,0xe5,0x21,0x39,0xf0,0xa0 };
unsigned char SM2_n[32] = { 0xff,0xff,0xff,0xfe,0xff,0xff,0xff,0xff,0xff,0xff,0xff,0xff,0xff,0xff,
    0x72,0x03,0xdf,0x6b,0x21,0xc6,0x05,0x2b,0x53,0xbb,0xf4,0x09,0x39,0xd5,0x41,0x23 };


/*****************************************************************
Function: SM2_Init
Description: Initiate SM2 curve
Calls: MIRACL functions
Called By: SM2_KeyGeneration,SM2_Sign,SM2_Verify,SM2_SelfCheck
Input: null
Output: null
Return: 0: sucess;
1: parameter initialization error;
4: the given point G is not a point of order n
Others:
******************************************************************/
int SM2_Init()
{
    Gx = mirvar(0);
    Gy = mirvar(0);
    p = mirvar(0);
    a = mirvar(0);
    b = mirvar(0);
    n = mirvar(0);
    bytes_to_big(SM2_NUMWORD, SM2_Gx, Gx);
    bytes_to_big(SM2_NUMWORD, SM2_Gy, Gy);
    bytes_to_big(SM2_NUMWORD, SM2_p, p);
    bytes_to_big(SM2_NUMWORD, SM2_a, a);
    bytes_to_big(SM2_NUMWORD, SM2_b, b);
    bytes_to_big(SM2_NUMWORD, SM2_n, n);
    ecurve_init(a, b, p, MR_PROJECTIVE);
    G = epoint_init();
    nG = epoint_init();
    if (!epoint_set(Gx, Gy, 0, G))//initialise point G
    {
        return ERR_ECURVE_INIT;
    }
    ecurve_mult(n, G, nG);
```

```
        if (!point_at_infinity(nG)) //test if the order of the point is n
        {
            return ERR_ORDER;
        }
    return 0;
}
/**************************************************************
Function: Test_Point
Description: test if the given point is on SM2 curve
Calls:
Called By: SM2_KeyGeneration
Input: point
Output: null
Return: 0: sucess
3: not a valid point on curve
Others:
**************************************************************/
int Test_Point(epoint* point)
{
    big x, y, x_3, tmp;
    x = mirvar(0);
    y = mirvar(0);
    x_3 = mirvar(0);
    tmp = mirvar(0);
    //test if y^2=x^3+ax+b
    epoint_get(point, x, y);
    power(x, 3, p, x_3); //x_3=x^3 mod p
    multiply(x, a, x); //x=a*x
    divide(x, p, tmp); //x=a*x mod p , tmp=a*x/p
    add(x_3, x, x); //x=x^3+ax
    add(x, b, x); //x=x^3+ax+b
    divide(x, p, tmp); //x=x^3+ax+b mod p
    power(y, 2, p, y); //y=y^2 mod p
    if (mr_compare(x, y) != 0)
        return ERR_NOT_VALID_POINT;
    else
        return 0;
}
/**************************************************************
Function: Test_PubKey
Description: test if the given public key is valid
Calls:
Called By: SM2_KeyGeneration
Input: pubKey //a point
Output: null
Return: 0: sucess
2: a point at infinity
5: X or Y coordinate is beyond Fq
3: not a valid point on curve
4: not a point of order n
Others:
```

```
**********************************************************/
int Test_PubKey(epoint *pubKey)
{
    big x, y, x_3, tmp;
    epoint *nP;
    x = mirvar(0);
    y = mirvar(0);
    x_3 = mirvar(0);
    tmp = mirvar(0);
    nP = epoint_init();
    //test if the pubKey is the point at infinity
    if (point_at_infinity(pubKey))// if pubKey is point at infinity, return error;
        return ERR_INFINITY_POINT;
    //test if x<p and y<p both hold
    epoint_get(pubKey, x, y);
    if ((mr_compare(x, p) != -1) || (mr_compare(y, p) != -1))
        return ERR_NOT_VALID_ELEMENT;
    if (Test_Point(pubKey) != 0)
        return ERR_NOT_VALID_POINT;
    //test if the order of pubKey is equal to n
    ecurve_mult(n, pubKey, nP); // nP=[n]P
    if (!point_at_infinity(nP)) // if np is point NOT at infinity, return error;
        return ERR_ORDER;
    return 0;
}
/**********************************************************
Function: Test_Zero
Description: test if the big x is zero
Calls:
Called By: SM2_Sign
Input: pubKey //a point
Output: null
Return: 0: x!=0
1: x==0
Others:
**********************************************************/
int Test_Zero(big x)
{
    big zero;
    zero = mirvar(0);
    if (mr_compare(x, zero) == 0)
        return 1;
    else return 0;
}
/**********************************************************
Function: Test_n
Description: test if the big x is order n
Calls:
Called By: SM2_Sign
Input: big x //a miracl data type
Output: null
```

```
Return: 0: sucess
    1: x==n,fail
Others:
*************************************************************/
int Test_n(big x)
{
    // bytes_to_big(32,SM2_n,n);
    if (mr_compare(x, n) == 0)
        return 1;
    else return 0;
}
/*************************************************************
Function: Test_Range
Description: test if the big x belong to the range[1,n-1]
Calls:
Called By: SM2_Verify
Input: big x ///a miracl data type
Output: null
Return: 0: sucess
    1: fail
Others:
*************************************************************/
int Test_Range(big x)
{
    big one, decr_n;
    one = mirvar(0);
    decr_n = mirvar(0);
    convert(1, one);
    decr(n, 1, decr_n);
    if ((mr_compare(x, one) < 0) | (mr_compare(x, decr_n) > 0))
        return 1;
    return 0;
}
/*************************************************************
Function: SM2_KeyGeneration
Description: calculate a pubKey out of a given priKey
Calls: SM2_SelfCheck()
Called By: SM2_Init()
Input: priKey // a big number lies in[1,n-2]
Output: pubKey // pubKey=[priKey]G
Return: 0: sucess
    2: a point at infinity
    5: X or Y coordinate is beyond Fq
    3: not a valid point on curve
    4: not a point of order n
Others:
*************************************************************/
int SM2_KeyGeneration(unsigned char PriKey[], unsigned char Px[], unsigned char Py[])
{
    int i = 0;
    big d, PAx, PAy;
```

```
        epoint *PA;
        SM2_Init();
        PA = epoint_init();
        d = mirvar(0);
        PAx = mirvar(0);
        PAy = mirvar(0);
        bytes_to_big(SM2_NUMWORD, PriKey, d);
        ecurve_mult(d, G, PA);
        epoint_get(PA, PAx, PAy);
        big_to_bytes(SM2_NUMWORD, PAx, Px, TRUE);
        big_to_bytes(SM2_NUMWORD, PAy, Py, TRUE);
        i = Test_PubKey(PA);
        if (i)
            return i;
        else
            return 0;
}
/*****************************************************************
Function: SM2_Sign
Description: SM2 signature algorithm
Calls: SM2_Init(),Test_Zero(),Test_n(), SM3_256()
Called By: SM2_SelfCheck()
Input: message //the message to be signed
len //the length of message
ZA // ZA=Hash(ENTLA|| IDA|| a|| b|| Gx || Gy || xA|| yA)
rand //a random number K lies in [1,n-1]
d //the private key
Output: R,S //signature result
Return: 0: sucess
1: parameter initialization error;
4: the given point G is not a point of order n
6: the signed r equals 0 or r+rand equals n
7 the signed s equals 0
Others:
*****************************************************************/
    int SM2_Sign(unsigned char *message, int len, unsigned char ZA[], unsigned char rand[], unsigned char d[],
unsigned char R[], unsigned char S[])
    {
        unsigned char hash[SM3_len / 8];
        int M_len = len + SM3_len / 8;
        unsigned char *M = NULL;
        int i;
        big dA, r, s, e, k, KGx, KGy;
        big rem, rk, z1, z2;
        epoint *KG;
        i = SM2_Init();
        if (i) return i;
        //initiate
        dA = mirvar(0);
        e = mirvar(0);
        k = mirvar(0);
```

523

```
        KGx = mirvar(0);
        KGy = mirvar(0);
        r = mirvar(0);
        s = mirvar(0);
        rem = mirvar(0);
        rk = mirvar(0);
        z1 = mirvar(0);
        z2 = mirvar(0);
        bytes_to_big(SM2_NUMWORD, d, dA);//cinstr(dA,d);
        KG = epoint_init();
        //step1,set M=ZA||M
        M = (char *)malloc(sizeof(char)*(M_len + 1));
        memcpy(M, ZA, SM3_len / 8);
        memcpy(M + SM3_len / 8, message, len);
        //step2,generate e=H(M)
        SM3_256(M, M_len, hash);
        bytes_to_big(SM3_len / 8, hash, e);
        //step3:generate k
        bytes_to_big(SM3_len / 8, rand, k);
        //step4:calculate kG
        ecurve_mult(k, G, KG);
        //step5:calculate r
        epoint_get(KG, KGx, KGy);
        add(e, KGx, r);
        divide(r, n, rem);
        //judge r=0 or n+k=n?
        add(r, k, rk);
        if (Test_Zero(r) | Test_n(rk))
            return ERR_GENERATE_R;
        //step6:generate s
        incr(dA, 1, z1);
        xgcd(z1, n, z1, z1, z1);
        multiply(r, dA, z2);
        divide(z2, n, rem);
        subtract(k, z2, z2);
        add(z2, n, z2);
        multiply(z1, z2, s);
        divide(s, n, rem);
        //judge s=0?
        if (Test_Zero(s))
            return ERR_GENERATE_S;
        big_to_bytes(SM2_NUMWORD, r, R, TRUE);
        big_to_bytes(SM2_NUMWORD, s, S, TRUE);
        free(M);
        return 0;
}
/*****************************************************************
Function: SM2_Verify
Description: SM2 verification algorithm
Calls: SM2_Init(),Test_Range(), Test_Zero(),SM3_256()
Called By: SM2_SelfCheck()
```

```
Input: message //the message to be signed
len //the length of message
ZA //ZA=Hash(ENTLA|| IDA|| a|| b|| Gx || Gy || xA|| yA)
Px,Py //the public key
R,S //signature result
Output:
Return: 0: sucess
1: parameter initialization error;
4: the given point G is not a point of order n
B: public key error
8: the signed R out of range [1,n-1]
9: the signed S out of range [1,n-1]
A: the intermediate data t equals 0
C: verification fail
Others:
****************************************************************/
int SM2_Verify(unsigned char *message, int len, unsigned char ZA[], unsigned char Px[], unsigned char Py[],
unsigned char R[], unsigned char S[])
    {
        unsigned char hash[SM3_len / 8];
        int M_len = len + SM3_len / 8;
        unsigned char *M = NULL;
        int i;
        big PAx, PAy, r, s, e, t, rem, x1, y1;
        big RR;
        epoint *PA, *sG, *tPA;
        i = SM2_Init();
        if (i) return i;
        PAx = mirvar(0);
        PAy = mirvar(0);
        r = mirvar(0);
        s = mirvar(0);
        e = mirvar(0);
        t = mirvar(0);
        x1 = mirvar(0);
        y1 = mirvar(0);
        rem = mirvar(0);
        RR = mirvar(0);
        PA = epoint_init();
        sG = epoint_init();
        tPA = epoint_init();
        bytes_to_big(SM2_NUMWORD, Px, PAx);
        bytes_to_big(SM2_NUMWORD, Py, PAy);
        bytes_to_big(SM2_NUMWORD, R, r);
        bytes_to_big(SM2_NUMWORD, S, s);
        if (!epoint_set(PAx, PAy, 0, PA))//initialise public key
        {
            return ERR_PUBKEY_INIT;
        }
        //step1: test if r belong to [1,n-1]
        if (Test_Range(r))
```

```
            return ERR_OUTRANGE_R;
    //step2: test if s belong to [1,n-1]
    if (Test_Range(s))
        return ERR_OUTRANGE_S;
    //step3,generate M
    M = (char *)malloc(sizeof(char)*(M_len + 1));
    memcpy(M, ZA, SM3_len / 8);
    memcpy(M + SM3_len / 8, message, len);
    //step4,generate e=H(M)
    SM3_256(M, M_len, hash);
    bytes_to_big(SM3_len / 8, hash, e);
    //step5:generate t
    add(r, s, t);
    divide(t, n, rem);
    if (Test_Zero(t))
        return ERR_GENERATE_T;
    //step 6: generate(x1,y1)
    ecurve_mult(s, G, sG);
    ecurve_mult(t, PA, tPA);
    ecurve_add(sG, tPA);
    epoint_get(tPA, x1, y1);
    //step7:generate RR
    add(e, x1, RR);
    divide(RR, n, rem);
    free(M);
    if (mr_compare(RR, r) == 0)
        return 0;
    else
        return ERR_DATA_MEMCMP;
}
/***********************************************************
Function: SM2_SelfCheck
Description: SM2 self check
Calls: SM2_Init(), SM2_KeyGeneration,SM2_Sign, SM2_Verify,SM3_256()
Called By:
Input:
Output:
Return: 0: sucess
1: paremeter initialization error
2: a point at infinity
5: X or Y coordinate is beyond Fq
3: not a valid point on curve
4: not a point of order n
B: public key error
8: the signed R out of range [1,n-1]
9: the signed S out of range [1,n-1]
A: the intermediate data t equals 0
C: verification fail
Others:
***********************************************************/
int SM2_SelfCheck()
```

```
{
    //the private key
    unsigned char dA[32] = { 0x39,0x45,0x20,0x8f,0x7b,0x21,0x44,0xb1,0x3f,0x36,0xe3,0x8a,0xc6,0xd3,0x9f,
    0x95,0x88,0x93,0x93,0x69,0x28,0x60,0xb5,0x1a,0x42,0xfb,0x81,0xef,0x4d,0xf7,0xc5,0xb8 };
    unsigned char rand[32] = { 0x59,0x27,0x6E,0x27,0xD5,0x06,0x86,0x1A,0x16,0x68,0x0F,0x3A,0xD9,0xC0,0x2D,
    0xCC,0xEF,0x3C,0xC1,0xFA,0x3C,0xDB,0xE4,0xCE,0x6D,0x54,0xB8,0x0D,0xEA,0xC1,0xBC,0x21 };
    //the public key
    /* unsigned char xA[32]={0x09,0xf9,0xdf,0x31,0x1e,0x54,0x21,0xa1,0x50,0xdd,0x7d,0x16,0x1e,0x4b,0xc5,
    0xc6,0x72,0x17,0x9f,0xad,0x18,0x33,0xfc,0x07,0x6b,0xb0,0x8f,0xf3,0x56,0xf3,0x50,0x20};
    unsigned char yA[32]={0xcc,0xea,0x49,0x0c,0xe2,0x67,0x75,0xa5,0x2d,0xc6,0xea,0x71,0x8c,0xc1,0xaa,
    0x60,0x0a,0xed,0x05,0xfb,0xf3,0x5e,0x08,0x4a,0x66,0x32,0xf6,0x07,0x2d,0xa9,0xad,0x13};*/
    unsigned char xA[32], yA[32];
    unsigned char r[32], s[32];// Signature
    unsigned char IDA[16] = { 0x31,0x32,0x33,0x34,0x35,0x36,0x37,0x38,0x31,0x32,0x33,
    0x34,0x35,0x36,0x37,0x38 };//ASCII code of userA's identification
    int IDA_len = 16;
    unsigned char ENTLA[2] = { 0x00,0x80 };//the length of userA's identification,presentation in ASCII code
    unsigned char *message = "message digest";//the message to be signed
    int len = strlen(message);//the length of message
    unsigned char ZA[SM3_len / 8];//ZA=Hash(ENTLA|| IDA|| a|| b|| Gx || Gy || xA|| yA)
    unsigned char Msg[210]; //210=IDA_len+2+SM2_NUMWORD*6
    int temp;
    miracl *mip = mirsys(10000, 16);
    mip->IOBASE = 16;
    temp = SM2_KeyGeneration(dA, xA, yA);
    if (temp)
        return temp;
    // ENTLA|| IDA|| a|| b|| Gx || Gy || xA|| yA
    memcpy(Msg, ENTLA, 2);
    memcpy(Msg + 2, IDA, IDA_len);
    memcpy(Msg + 2 + IDA_len, SM2_a, SM2_NUMWORD);
    memcpy(Msg + 2 + IDA_len + SM2_NUMWORD, SM2_b, SM2_NUMWORD);
    memcpy(Msg + 2 + IDA_len + SM2_NUMWORD * 2, SM2_Gx, SM2_NUMWORD);
    memcpy(Msg + 2 + IDA_len + SM2_NUMWORD * 3, SM2_Gy, SM2_NUMWORD);
    memcpy(Msg + 2 + IDA_len + SM2_NUMWORD * 4, xA, SM2_NUMWORD);
    memcpy(Msg + 2 + IDA_len + SM2_NUMWORD * 5, yA, SM2_NUMWORD);
    SM3_256(Msg, 210, ZA);
    temp = SM2_Sign(message, len, ZA, rand, dA, r, s);
    if (temp)
        return temp;
    temp = SM2_Verify(message, len, ZA, xA, yA, r, s);
    if (temp)
        return temp;
    return 0;
}
```

　　算法原理我们不再赘述，前面介绍算法步骤的时候已经说得很详细了，对照着看，相信读者能看得懂。

　　最后在工程中加入一个测试文件 test.c，代码如下：

```
#include "SM2_sv.h"

void main()
{
    if (SM2_SelfCheck())
    {
        puts("SM2 签名验签出错");
        return;
    }
    puts("SM2 签名验签成功");
}
```

我们直接调用自测函数 SM2_SelfCheck 来测试 SM2 签名验签功能，该函数返回 0 时，表示签名验签正确。

接着，把上例的 miracl.h、mirdef.h 和 mymiracl.lib 文件复制到本工程目录下。

（3）保存工程并运行，运行结果如图 14-15 所示。

图 14-15

伴随着孙露的《星语心愿》，行文至此，我们要说再见了。本来想把密钥协商也加入本章，但篇幅已经不允许了。只能考虑再版的时候加入该主题，以此来完整 SM2 算法。

本书介绍的密码学只是密码领域中的沧海一粟，但都是比较流行且工作中会用到的算法知识。本书能够引领读者入门，密码学的子领域很广，很多东西有待于读者入门后自己探索，希望我们国家的信息安全能牢牢掌握在自己手中，并领先于世界，各位年轻人要努力了！